单片机C语言程序设计实训100例

——基于STC8051+Proteus仿真与实战

彭 伟 著

電子工業出版社
Publishing House of Electronics Industry
北京 • BEIJING

内 容 简 介

本书基于 Keil μVision5 程序开发平台和 Proteus 硬件仿真平台，精心编写了 80 项 STC8051（STC15）C 语言程序设计案例，同时提供 20 项硬件实物实战案例，并分别在各案例中提出了难易适中的实训要求。

全书基础设计类案例涵盖 STC8051 基本 I/O、中断、定时/计数、A/D 转换、PCA、串口通信等程序设计；硬件应用类案例涵盖编/译码器、串/并转换芯片、LED 显示及驱动芯片、字符/图形液晶屏（包括 1602、OLED、TFT 彩屏）、实时日历时钟、I2C/SPI/1-Wire 总线器件、电机、温湿度传感器、雷达测距传感器、GPS、GSM、SD 卡等器件（或模块）；综合设计类案例包括多个实用型项目设计，如多功能电子日历牌、计算器、电子密码锁、电子秤、红外遥控、大幅面 LED 点阵屏、交流电压检测、铂电阻温度计、射击游戏、温室监控、小型气象站、MODBUS 及 uIP 应用等。为让读者在仿真设计基础上进一步积累实物设计经验，同时提供的选用硬件实物模板（10 套 20 个案例）除覆盖前述多项仿真案例内容之外，还增加了 3 色 LED、5 向微动开关、摇杆电位器、触摸面板、COG、RFID 模块、指纹模块、红外测温及北斗 BDS 模块等。

本书可作为本、专科院校学生学习和实践 STC8051（STC15）C 语言程序设计技术的教材或参考书籍，也可作为工程技术人员或单片机技术爱好者的学习参考书或工具书。

图书在版编目（CIP）数据

单片机 C 语言程序设计实训 100 例：基于 STC8051+Proteus 仿真与实战 / 彭伟著. —北京：电子工业出版社，2022.1
ISBN 978-7-121-42553-0

Ⅰ. ①单…　Ⅱ. ①彭…　Ⅲ. ①微控制器－C 语言－程序设计　Ⅳ. ①TP368.1②TP312.8

中国版本图书馆 CIP 数据核字（2021）第 269832 号

责任编辑：曲　昕　　文字编辑：靳　平
印　　刷：涿州市京南印刷厂
装　　订：涿州市京南印刷厂
出版发行：电子工业出版社
　　　　　北京市海淀区万寿路 173 信箱　邮编　100036
开　　本：787×1 092　1/16　印张：32.25　字数：846.2 千字
版　　次：2022 年 1 月第 1 版
印　　次：2022 年 1 月第 1 次印刷
定　　价：139.00 元

凡所购买电子工业出版社图书有缺损问题，请向购买书店调换。若书店售缺，请与本社发行部联系，联系及邮购电话：（010）88254888，88258888。

质量投诉请发邮件至 zlts@phei.com.cn，盗版侵权举报请发邮件至 dbqq@phei.com.cn。

本书咨询联系方式：（010）88254468，quxin@phei.com.cn。

前　言

Labcenter 推出的 Proteus 软件具有非常优秀的单片机仿真功能，能够非常好地支持多种单片机，包括 STC8051（STC15）。Proteus 软件提供了大量外围仿真元器件，并提供了多种虚拟仪器，使得仅用一台 PC 在纯软件环境就能完成单片机系统设计、调试、运行，为读者学习、运用单片机 C 语言程序设计技术提供了极为理想的平台。

本书基于大家熟知的 Keil μVision5 程序开发平台和 Proteus 硬件仿真平台，精心编写了 80 项 STC8051（STC15）C 语言程序设计案例，同时提供了 20 项硬件实物实战案例。本书分为以下四部分。

1．语言程序与仿真平台应用基础：包括第 1、2 章，简单介绍了开发单片机 C 语言程序必须熟悉与重点掌握的内容，传统 8051 与 STC8051（STC15）的比较，Proteus 仿真软件基本应用，为全书案例学习提供铺垫。

2．内置资源与扩展资源应用设计：包括第 3、4 章，分别介绍了基础设计与硬件应用两类案例。基础设计类案例涵盖 STC8051（STC15）所有内置资源，包括 I/O、中断、定时/计数、A/D 转换、PCA、串口通信等程序设计；硬件应用类案例重点涉及扩展资源应用技术，包括编/译码器、串/并转换芯片、LED 显示及驱动芯片、字符/图形液晶屏（包括 1602、OLED、TFT 彩屏）、实时日历时钟、I^2C/SPI/1-Wire 总线器件、电机、温湿度传感器、雷达测距传感器、GPS、GSM、SD 卡等器件（或模块）。

3．资源整合与功能集成应用设计：包括第 5 章，所介绍的案例全部为综合型案例，如多功能电子日历牌、计算器、电子密码锁、电子秤、红外遥控、大幅面 LED 点阵屏、交流电压检测、铂电阻温度计、射击游戏、温室监控、小型气象站、MODBUS 及 uIP 应用等。

4．主辅式实物板实测与应用设计：包括第 6 章，所介绍的内容可使读者在仿真设计基础上进一步积累实物设计应用经验，所提供的供选用硬件实物模板共 10 套，每套模板左边为辅助扩展资源板、右边为 STC8051（STC15）核心微控制器板，共给出实物案例 20 个，覆盖前述多项仿真案例内容，并增加了当前版本 Proteus 软件暂不支持的 5 向微动开关、摇杆电位器、触摸面板（4 键）、COG、RFID 模块、指纹模块、红外测温、北斗 BDS 等相关案例。

由于作者水平有限，加之技术发展迅速，元器件平台迭代升级，书中错漏之处在所难免，在此真诚欢迎读者多提宝贵意见，以期持续改进。作者邮箱：pw95aaa@foxmail.com。

本书所有案例配套资料压缩包可到电子工业出版社华信教育资源网（www.hxedu.com.cn）下载，包括仿真案例电路、C 语言源代码框架及对应的 HEX 文件、硬件资源应用说明等。

作者

2021 年 10 月

目 录

第 1 章 8051 单片机 C 语言程序设计概述……1
1.1 传统型 8051 单片机简介……1
1.2 STC8051 单片机简介……4
1.3 数据与程序内存……9
1.4 特殊功能寄存器……11
1.5 外部中断、定时/计数器及串口应用……19
1.6 有符号与无符号数应用、数位分解、位操作……24
1.7 变量、存储类型与存储模式……26
1.8 关于 C 语言运算符的优先级……28
1.9 字符编码……30
1.10 数组、字符串与指针……31
1.11 流程控制……33
1.12 可重入函数和中断函数……34
1.13 C 语言在单片机系统开发中的优势……35
第 2 章 Proteus 操作基础……36
2.1 Proteus 操作界面简介……36
2.2 仿真电路原理图设计……38
2.3 元器件选择……40
2.4 调试仿真……44
2.5 Proteus 在 8051 单片机应用系统开发中的优势……44
第 3 章 基础程序设计……46
3.1 闪烁的 LED……46
3.2 双向来回的流水灯……49
3.3 花样流水灯……50
3.4 LED 模拟交通灯……52
3.5 分立式数码管循环显示 0～9……54
3.6 集成式数码管动态扫描显示……56
3.7 按键调节数码管闪烁增减显示……59
3.8 数码管显示 4×4 键盘矩阵按键……62
3.9 普通开关与拨码开关应用……64
3.10 继电器及双向晶闸管控制照明设备……67
3.11 INT0 中断计数……69
3.12 INT0～INT3 中断计数……72
3.13 TIMER0 控制单只 LED 闪烁……75
3.14 TIMER1 控制数码管动态显示……80
3.15 TIMER0、TIMER1 及 INT0 控制音阶及多段音乐输出……84

3.16 TIMER0、TIMER1 及 INT0 控制报警器与旋转灯……89
3.17 TIMER2 控制 8×8 LED 点阵屏显示数字……92
3.18 TIMER3 控制门铃声音输出……95
3.19 TIMER4 定时器控制交通指示灯……97
3.20 两路 A/D 转换与数码管显示……100
3.21 用 PCA/CCP 捕获模式实现频率检测……104
3.22 PCA 模块软件定时、高速脉冲、PWM 输出测试……109
3.23 双机串口双向通信……115
3.24 PC 与单片机双向通信……122
3.25 单片机内置 EEPROM 读写测试……126
第 4 章 硬件应用……133
4.1 74HC138 译码器与反相缓冲器控制数码管显示……133
4.2 串入并出芯片 74HC595 控制数码管显示 4 位数字……136
4.3 串入并出芯片 74HC595 控制 14 段与 16 段数码管演示……139
4.4 数码管 BCD 码-7 段码译码/驱动器 CD4511 与 DM7447 应用……143
4.5 串行共阴显示驱动器 MAX7219 控制 4+2+2 集成式数码管显示……146
4.6 16 键编码器 MM74C922 及触控芯片 TTP224 应用……150
4.7 62256 扩展 32KB 外部 SRAM 应用……153
4.8 1602 字符液晶屏（HD44780）工作于 8 位模式切换显示……156
4.9 1602 字符液晶屏（HD44780）工作于 4 位模式显示 DS1302 时钟……165
4.10 1604 字符液晶屏（HD44780）显示 I^2C 接口 PCF8583 日历时钟……172
4.11 ERM19264（KS0108）液晶屏应用测试……181
4.12 PG160128A（T6963C）液晶屏图文演示……188
4.13 Nokia5110（PCD8544）液晶屏演示……202
4.14 UG-2864（SSD1306）I^2C-OLED 显示测试……210
4.15 EADOGS102（UC1701）SPI 接口液晶屏显示测试……218
4.16 TFT 彩屏 ILI9341 显示测试……230
4.17 I^2C 接口存储器 AT24C04 读写与显示（4 片）……246
4.18 I^2C 存储器设计的中文硬件字库应用……254
4.19 I^2C 接口 4 通道 A/D 与单通道 D/A 转换器 PCF8591 应用……259
4.20 兼容 I^2C 接口的 MAX6953 驱动 4 片 5×7 点阵显示器……263
4.21 兼容 I^2C 接口的 MAX6955 驱动 16 段数码管显示……267
4.22 SPI 接口数字电位器 MCP41010 应用……272
4.23 SPI 接口存储器 AT25F1024 读写与显示……276
4.24 SPI 接口温度传感器 TC72 应用……283
4.25 16 位 A/D 转换芯片 LTC1864 应用……289
4.26 NTC 热敏电阻应用测试……291
4.27 温湿度传感器 SHT75 应用……295
4.28 温湿度传感器 DHT22 应用……301
4.29 数字气压传感器 BMP180 应用……308

4.30 直流电机正反转及增强型 PWM 调速控制……317
4.31 硬件 PWM 控制多路伺服电机运行……321
4.32 ULN2803 驱动单极步进电机正反转……326
4.33 L298N 驱动双极步进电机运行……330
4.34 1-Wire 总线温度传感器 DS18B20 应用测试……335
4.35 1-Wire 总线可寻址开关 DS2405 应用测试……342
4.36 GP2D12 红外测距传感器应用……347
4.37 SRF04 雷达测距传感器应用……353
4.38 GPS 导航系统仿真……356
4.39 GSM 模块应用测试……360
4.40 SD 卡 FAT32 文件系统读写测试……368
第 5 章 综合设计……378
5.1 带日历时钟及温度显示的电子万年历……378
5.2 用 STC15+1601LCD 设计的整型计算器……383
5.3 用 AT24C04 与 1602LCD 设计的简易加密电子密码锁……389
5.4 基于 HX711 称重传感器的电子秤……394
5.5 NEC 红外遥控收发仿真……401
5.6 ULN2003 与 74HC595 控制楼层点阵屏滚动显示与继电器开关……410
5.7 用 MCP3421 与 PT100 设计的铂电阻温度计……413
5.8 交流电压检测与数字显示仿真……421
5.9 T6963C 液晶屏模拟射击训练游戏……425
5.10 可接收串口信息的带中英文硬字库的 80×16 LED 点阵屏……430
5.11 1-Wire 总线器件 ROM 搜索与多点温度监测……437
5.12 温室监控系统仿真……452
5.13 基于 STC15 的小型气象站系统……458
5.14 基于 STC15 的 MODBUS 总线数据采集与开关控制……461
5.15 基于 STC15+ENC28J60+uIP1.0 的以太网仿真应用……478
第 6 章 板上实践（选学）……488
6.1 独立按键控制 8 位 LED 与 3 色 LED 显示……497
6.2 按键控制单只与集成式数码管显示……498
6.3 32×16 点阵屏滚动显示中英文……498
6.4 上位机串口发送信息刷新点阵屏显示……499
6.5 1602 液晶屏和键盘矩阵模拟计算器……499
6.6 1602LCD +继电器+蜂鸣器+键盘设计电子密码锁……500
6.7 触摸面板控制 I^2C/SPI 接口存储器读写显示……500
6.8 OLED 显示 DS18B20/DHT22 传感器数据……501
6.9 OLED 显示 DS1302 日期时间……501
6.10 OLED 显示可变电位器及光敏/热敏元件 A/D 转换值……502
6.11 COG 显示 BMP180 气压及 MLX90614 红外测温值……502
6.12 COG 显示 GPS 与 BDS（北斗）导航信息……503

6.13 COG 显示 SD 卡文件读写信息……504
6.14 TFT 彩屏与 HX711 设计电子秤……504
6.15 TFT 彩屏显示 HC-SR04 雷达测距值……505
6.16 摇杆电位器控制 SG90 舵机摆动及 OLED 显示……505
6.17 红外遥控控制直流电机运转……506
6.18 4 相 5 线及 2 相 4 线步进电机运转控制……506
6.19 RFID 识别与指纹识别控制继电器开关……507
6.20 基于 STC15+W5500 的以太网远程控制……507

第 1 章 8051 单片机 C 语言程序设计概述

开发 8051 单片机应用系统时，使用 C 语言可以大幅提高开发效率，缩短开发周期，所编写的程序可读性好且易于移植，选用 C 语言开发单片机应用系统程序已经成为趋势。为引导读者深入学习 8051 单片机内置资源、扩展硬件开发技术及综合型项目设计技术，本书给出了 Keil μVision 开发平台下编写的单片机 C 语言程序，全部针对 STC8051 单片机（主要为 STC15 系列），其中 80 项在 Proteus 仿真环境下运行，20 项在实物电路板上运行。为提高实践应用开发能力，全书提供了一系列难易适中的实训设计目标要求。阅读本书要求已学习了 8051 单片机 C 语言程序设计基本技术。本章仅介绍使用 C 语言设计 STC8051 单片机应用系统必须参考和重点掌握的内容，这些内容会给阅读、调试、研究全书案例及进行设计实训提供重要帮助。

1.1 传统型 8051 单片机简介

图 1-1 给出了 8051 单片机的不同封装形式及引脚。本节先来看一下 8051 单片机的 4 个双向输入/输出（I/O）端口引脚、控制引脚、晶振及电源引脚。

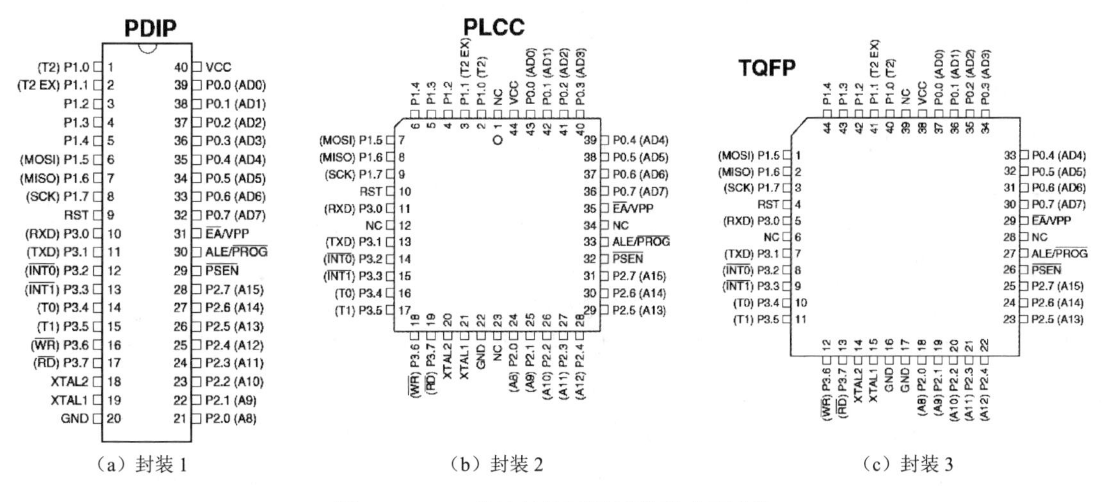

（a）封装 1　　（b）封装 2　　（c）封装 3

图 1-1　8051 单片机的不同封装形式及引脚

图 1-2 给出了 8051 单片机的 4 个 8 位并行端口 P0、P1、P2、P3 的位结构。这些端口都是双向的，每个端口位均包含两个三态输入缓冲器、一个输出锁存器及一个场效应管（FET）驱动器，其中 P0 端口位还包含一个上拉场效应管。位结构中的两个输入缓冲器分别受内部“读锁存器”和“读引脚”信号控制，位锁存器用典型的 D 触发器表示。

当 CPU 发出“写锁存器”信号到 D 触发器 CL 端时，内部总线的值将送入 D 触发器。

当 CPU 发出“读锁存器”信号到缓冲器 1 时，触发器 Q 端输出至内部总线上。

当 CPU 发送“读引脚”信号到缓冲器 2 时，外部引脚输入值将置于内部总线上。

一些指令读端口时将激活“读锁存器”信号，另一些指令则激活“读引脚”信号。对于“读—改—写”这样的指令操作，CPU 发出的将是“读锁存器”信号。具体执行“读锁存器”还是“读引脚”将由 CPU 根据不同指令自动处理。有关细节将在 1.4 节“特殊功能寄存器”中讨论。

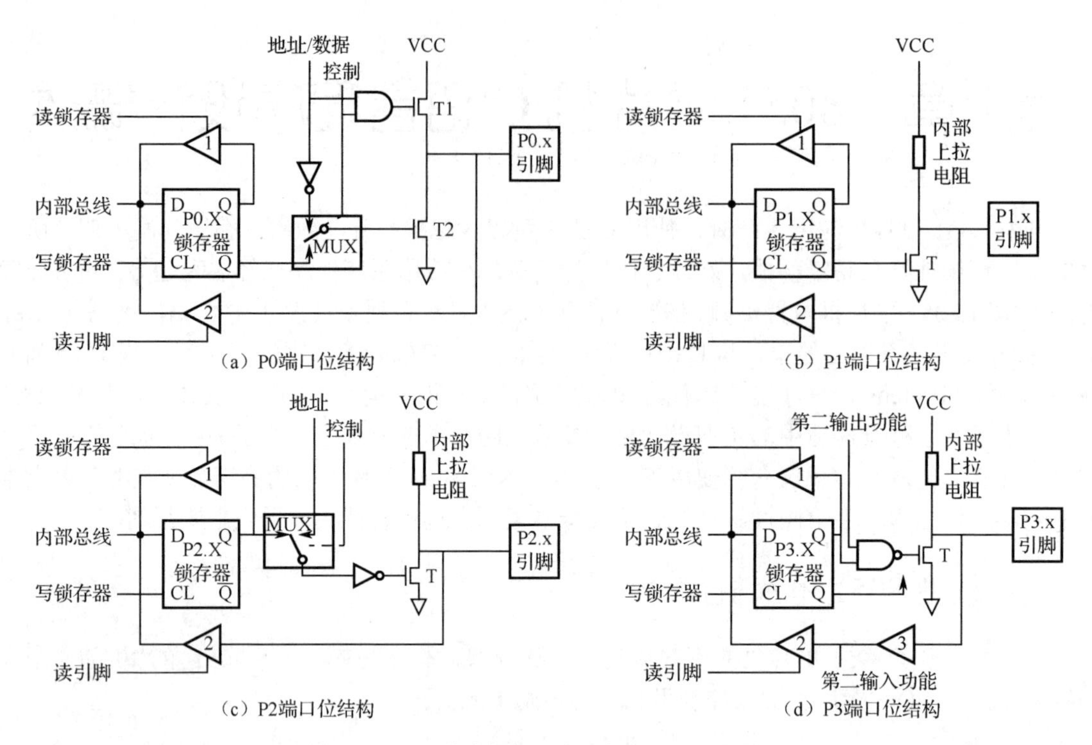

图 1-2　8051 单片机的 4 个 8 位并行端口位结构

1. P0 端口

P0 端口位结构如图 1-2（a）所示，包含输入缓冲器、锁存器、切换开关（MUX）、非门、与门、上拉场效应管 T1、驱动场效应管 T2。由该图可知，P0 端口具有双重工作方式，既可作为普通 I/O 端口（General I/O Port），也可作为地址/数据总线（Address/Data Bus）。

1）作为普通 I/O 端口

在“普通 I/O 端口”方式下，CPU 发出控制电平“0”使与门输出“0”，T1 截止，同时使 MUX 接通下面的触点，使 $\overline{Q}$ 端连通 T2 栅极，内部总线与 P0 端口同相。由于上拉场效应管 T1 截止，输出驱动场效应管 T2 漏极开路，故而 P0 端口要外接上拉电阻。

下面分别说明 P0 端口在“普通 I/O 端口”方式下的输出与输入操作。

输出操作：以 3.3 节“花样流水灯”为例，8 只 LED 阴极接 P0，而阳极通过限流电阻接 VCC 引脚，这一组限流电阻同时扮演了上拉电阻的角色。如果将这一组 LED 阳极接 P0 端口，而阴极串接限流电阻后接 GND 引脚，尽管 P0 端口仍然在输出 0、1 序列，但 8 只 LED 却无法实现演示效果，因为场效应管 T2 没有上拉电阻。此时可仍将 LED 阳极接 P0 端口，而阴极接 GND，电阻则改为一端接 P0 端口，另一端接 VCC 引脚。

输入操作：如果此前内部总线刚刚输出了低电平，此时锁存器 Q=0，$\overline{Q}$=1，驱动场效应管 T2 导通，P0 端口呈现低电平，此时无论 P0 端口外部信号是“1”还是“0”，从 P0 端口引脚读取的信号都将为“0”，这显然将无法正确读取 P0 端口引脚信号。

故而，在执行输入操作前，应先向 P0 端口锁存器写“1”，D 触发器的 $\overline{Q}$ 端输出“0”使 T2 截止，外部引脚处于悬浮（Float/FLT）状态，变为高阻抗输入状态（此时 T1 也是截止的）。

在 3.10 节“继电器及双向晶闸管控制照明设备”中，使用 P0.0 作为 K1 按键输入信号引脚，P0.0 引脚外接了上拉电阻（因为 T1 截止，T2 漏极开路），但读取按键输入信号前，整个源代码中并未出现向 P0.0 引脚写“1”的操作。这是因为 8051 单片机上电时默认已经向所有端口（P0、P1、P2、P3）全部写入“1”，在仿真调试时观察到初始时 LED0 不亮（为灰色），这显然就是因为初始上电时，内部默认写入 P0 端口锁存器的“1”已经截止了 T2。

2）作为地址/数据总线

P0 端口作为地址/数据总线是通过 CPU 内部写控制信号“1”实现的。该信号使 MUX 连接上面的触点，“地址/数据”信号通过非门连接到 T2 的栅极。由于控制信号为“1”，“地址/数据”信号通过与门连接 T1 的栅极，实际上相当于“直接”或称“同相”连接到 T1 的栅极。下面分别说明在“地址/数据总线”方式下的输出与输入操作。

输出操作：输出的“地址/数据”信号将通过与门驱动 T1，并同时通过非门驱动 T2。例如，在输出信号“0”时，T1 截止，T2 导通；反之，在输出信号“1”时，T1 导通，T2 截止，从而以推挽方式实现信号输出。

输入操作：从外部设备读取输入“数据”信号时，“数据”信号将通过缓冲器 2 进入内部总线。在“数据”信号输入时，CPU 将通过写控制信号“0”使 T1 截止，此时相当于瞬间又自动回到了“普通 I/O 端口”方式，随即 CPU 自动向 P0 端口锁存器写控制信号“1”截止 T2，并通过“读引脚”控制缓冲器读取“外部数据”信号，此时的“普通 I/O 端口”方式与此前讨论过的“普通 I/O 端口”方式有两个差别：一是无须外部上拉，二是向 P0 端口锁存器写控制信号“1”截止 T2 的操作是自动完成的。

在“地址/数据总线”方式下，数据总线（D0～D7）及地址总线的低 8 位（A0～A7）信号分时复用 P0 端口，地址总线的低 8 位信号在地址锁存允许（Address Latch Enable，ALE）信号的下降沿时被锁存到外部地址锁存器中（如 74LS373），地址总线的高 8 位信号则通过 P2 端口输出，不经过锁存器。紧接着的数据输出或输入操作将在 $\overline{WR}$/P3.6 及 $\overline{RD}$/P3.7 的自动控制下完成。

小结：P0 端口在“普通 I/O 端口”方式下为准双向口，因为 P0 端口在输出“0”后被改为输入端口时，要先输出“1”，然后才能成为输入端口。P0 端口在“地址/数据总线”方式下为真正的双向 I/O 端口。

2．P1 端口

P1 端口是通用的准双向 I/O 端口，由一个输出锁存器、两个三态输入缓冲器和一个输出驱动场效应管及内部上拉电阻组成。P1 端口与 P0 端口作为普通 I/O 端口时的原理相似，相当于 P0 省去了与门、非门、MUX，且上拉场效应管 T1 由内部上拉电阻代替。P1 端口无须外接上拉电阻，与 P0 端口作为普通 I/O 端口时的操作一样，作为输入端口时，除了初始时无须使 P1 端口写“1”以截止驱动场效应管以外，如果 P1 端口曾输出信号“0”，则每当 P1 由输出端口改为输入端口时，都要先输出信号“1”以截止场效应管，然后才能成为输入端口。

3．P2 端口

P2 端口与 P1 端口相比多出了一个转换控制部分，当 P2 端口与 P0 端口配合作为“地址/数据总线”方式下的高 8 位地址线（A8～A15）时，CPU 将写控制信号“1”使 MUX 切换到右边。在“地址/数据总线”方式下，无论 P2 端口中剩余多少引脚，均不能被用于普通 I/O 端口的操作。

反之，CPU 通过写控制信号“0”将 MUX 切换到左边，使之工作于“普通 I/O 端口”方式。P2 端口作为“普通 I/O 端口”时，P2 端口锁存器 Q 端通过非门驱动场效应管，相当于 P1 的 $\overline{Q}$ 端直接驱动场效应管。在“普通 I/O 端口”方式下，P2 端口与 P1 端口同为准双向 I/O 端口。

4. P3 端口

P3 端口为具有双重功能的 I/O 端口，与 P1 端口相比，增加了第二输入/输出功能。

在 P3 端口作为普通 I/O 端口时，CPU 将第二输出功能控制线信号保持为“1”，锁存器 Q 端通过与非门（此时等价于非门）驱动场效应管，相当于 P1 端口通过 $\overline{Q}$ 端直接驱动场效应管，或相当于 P2 端口通过 Q 端经非门驱动场效应管。在这种方式下，对 P3 端口的读/写操作与 P1、P2 的相同。

下面接着讨论 P3 端口处于第二输入/输出功能时的相关操作。

当 P3 端口处于第二输出功能时，CPU 自动向 P3 端口锁存器写“1”，由于 Q=1，与非门相当于一个非门，此时 P3 端口输出第二功能信号。例如，通过 TXD 引脚输出的 SBUF 寄存器串行数据及 $\overline{RD}$ 、$\overline{WR}$ 引脚输出的读/写控制信号。

当 P3 端口处于第二输入功能时，CPU 除自动向 P3 端口锁存器写“1”，置 Q=1 以外，还将向第二功能输出线写“1”，以保证 Q 端和第二功能输出线经过与非门后输出“0”，以使场效应管 T 截止，此时所读取的 P3 端口引脚信号将通过缓冲器 3 直接进入第二功能输入端。例如，RXD、INT0、INT1、T0、T1 引脚信号将通过第二功能输入端分别进入单片机内部的串行模块、外部中断处理模块、定时/计数器模块进行处理。

在下述情况下，P3 相应引脚将处于第二功能状态。

- 启动串行通信模块（RXD/TXD）。
- 使能外部中断输入（$\overline{INT0}$/$\overline{INT1}$）。
- 定时/计数器配置为外部计数状态（T0/T1）。
- 访问外部扩展存储器或接口扩展器件（$\overline{WR}$/$\overline{RD}$）。

在 P3 端口处于第二功能状态时，P3.0～P3.7 引脚分别对应于 RXD、TXD、$\overline{INT0}$、$\overline{INT1}$、T0、T1、$\overline{WR}$ 及 $\overline{RD}$ 引脚。第 3 章有关串口、外部中断及定时/计数器的案例分别涉及 RXD、TXD、$\overline{INT0}$、$\overline{INT1}$、T0、T1，第 4 章有关 62256 存储器扩展案例涉及了 $\overline{WR}$ 及 $\overline{RD}$ 引脚，它们用于总线控制。

5. 8051 单片机的其他相关引脚

传统 8051 单片机的控制引脚有 RST、ALE/$\overline{PROG}$、$\overline{PSEN}$、$\overline{EA}$/VPP，其中 RST（Reset）引脚连接系统复位电路，在 Proteus 中 RST 引脚未连接复位电路时不影响仿真，ALE 引脚在存储器扩展和 I/O 端口扩展时使用，$\overline{EA}$ 引脚用于选择程序从内部或外部 ROM 执行。

传统 8051 单片机的 XTAL1、XTAL2 引脚通常连接 12MHz 或 11.0592MHz 晶体振荡器（简称晶振），在串行通信案例中多数选择 11.0592MHz 晶振。Proteus 默认晶振连接时不影响仿真运行，这是因为晶振频率可在芯片属性中设置。主电源引脚 VSS、VCC 分别接 GND 和+5V 电源，在 Proteus 仿真电路中，电源引脚全部默认被连接。

1.2 STC8051 单片机简介

1999 年，STC（宏晶科技公司简称）于深圳市成立，目前已是全球最大的 8051 单片机设计公司，也是新一代增强型 8 位单片微型计算机标准的制定者和领导厂商。STC 主要从事增强型 8051 单片机研发、生产和销售，是国内最大的 8051 单片机经销商。2011 年 3 月，STC 从深圳市迁至南通市，更名为南通国芯微电子有限公司。

STC8051 单片机有 89、90、10、11、12、15 这几个大系列，每个系列都有自己的特点。其中，89 系列与 AT89 系列完全兼容，是 12T 单片机；15 系列是最新推出的产品，最大的特点是内部集成了高精度的 R/C 时钟，可以完全不用外接晶振。典型 STC8051 单片机（例如 STC15W4K32S4 单片机）的主要资源如图 1-3 所示。

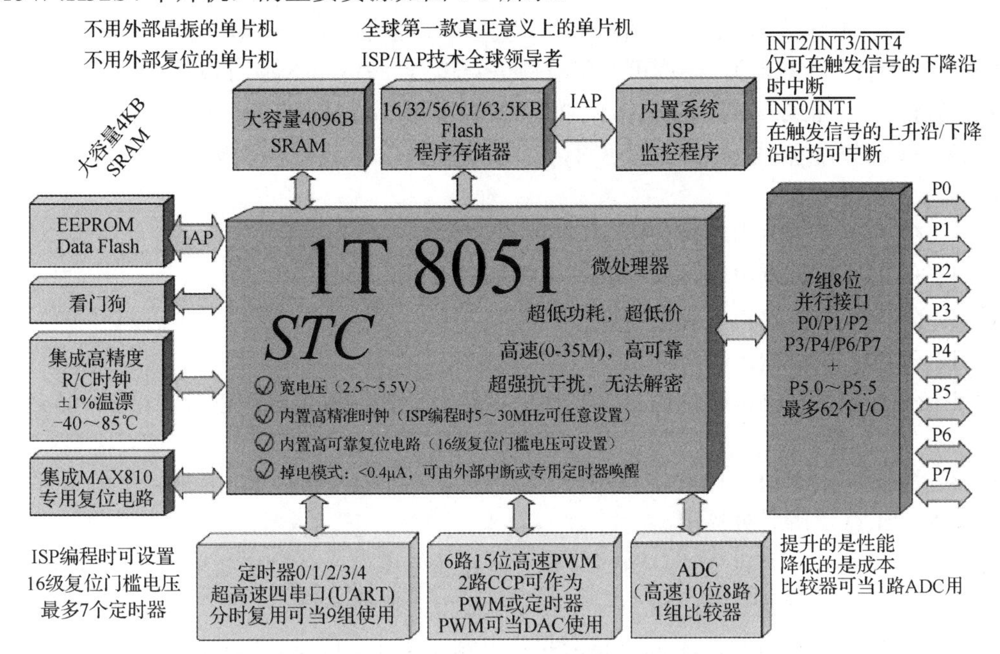

图 1-3　典型 STC8051 单片机（STC15W4K32S4 单片机）的主要资源

1. 典型 STC8051 单片机（STC15W4K32S4 单片机）主要性能

（1）大容量 RAM：具有 4096B 片内大容量 RAM 数据存储器。

（2）大容量 Flash：16/32/40/48/56/58/61/63.5KB 片内 Flash 程序存储器，擦写次数 10 万次以上。

（3）大容量 E^2PROM：内置的 E^2PROM 擦写次数可达 10 万次以上。

（4）宽电压：2.5～5.5V。

（5）低功耗：支持低速、空闲、掉电模式（可由外部中断或专用定时器唤醒）。

（6）ISP/IAP 引脚：用于支持在系统编程/在应用编程，无须编程器/仿真器。

（7）高速度：1 个时钟/机器周期，增强型 8051 单片机内核，速度比传统 8051 单片机快 7～12 倍。

（8）外部复位可省：编程时 16 级复位门槛电压可选，内置高可靠复位电路。

（9）外部晶振可省：编程时内部时钟频率可设置为 5～30MHz（相当于普通 8051 单片机的 60～360MHz）

（10）内部高精度 R/C 时钟（±0.3%），±1%温漂（-40～85℃），±0.6%常温下温漂（-20～65℃）。

（11）通用 I/O 端口：62/46/42/38/30/26 个，复位后为准双向口/弱上拉（8051 单片机传统 I/O 端口）

（12）高速 ADC：8 通道 10 位，速度可达 30 万次/s。

（13）比较器：可当 1 路 ADC 使用，并可用于掉电检测，支持外部 CMP+与 CMP-引脚信号进行比较，可产生中断信号，并可在 CMPO 引脚上产生输出（可设置极性），也支持外部 CMP+引脚信号与内部参考信号进行比较。

（14）PWM/CCP 引脚：6 通道 15 位高精度 PWM 引脚（带死区控制）+2 通道 CCP 引脚（利

用它的高速脉冲可实现 2 路 11～16 位 PWM），可用来实现 8 路 DAC 或 2 个 16 位定时器或 2 个外部中断。

（15）7 个定时/计数器：5 个 16 位可重装载定时/计数器（T0～T4，其中 T0、T1 兼容普通 8051 单片机的定时/计数器），并均可实现时钟信号输出。另外，SysClkO 引脚可将系统时钟信号对外分频输出（÷1 或÷2 或÷4 或÷16），2 路 CCP 引脚可再实现 2 个定时器。

（16）可编程时钟信号输出引脚：对内部系统时钟信号或外部引脚的时钟信号进行分频输出。

① T0 在 P3.5 引脚输出时钟信号。

② T1 在 P3.4 引脚输出时钟信号。

③ T2 在 P3.0 引脚输出时钟信号。

④ T3 在 P0.4 引脚输出时钟信号。

⑤ T4 在 P0.6 引脚输出时钟信号。以上 5 个定时/计数器输出时钟信号均可 1～65536 级分频输出。

⑥ 系统时钟在 P5.4/SysClkO 对外输出时钟信号（STC15 系列 8-pin 单片机的主时钟信号通过 P3.4/MCLKO 引脚对外输出）。

（17）4 个 UART：为完全独立的高速异步串行通信模块，分时切换可当 9 组串口使用。

（18）硬件 SPI：可通过专门指令与兼容 SPI 接口的器件通信。

STC15W4K32S4 单片机的不同封装形式及引脚如图 1-4 所示。STC15W4K32S4 单片机参考电路如图 1-5 所示。

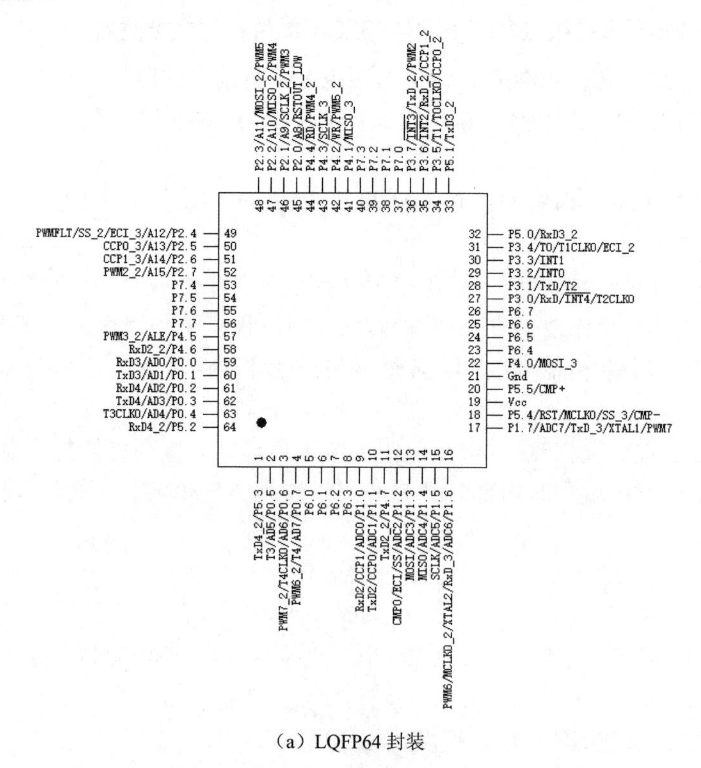

（a）LQFP64 封装

图 1-4　STC15W4K32S4 单片机的不同封装形式及引脚

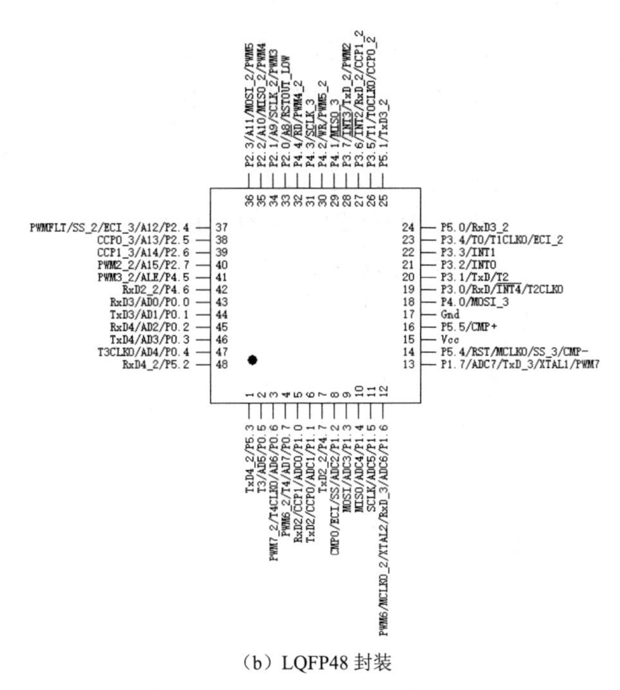

（b）LQFP48 封装

图 1-4　STC15W4K32S4 单片机的不同封装形式及引脚（续）

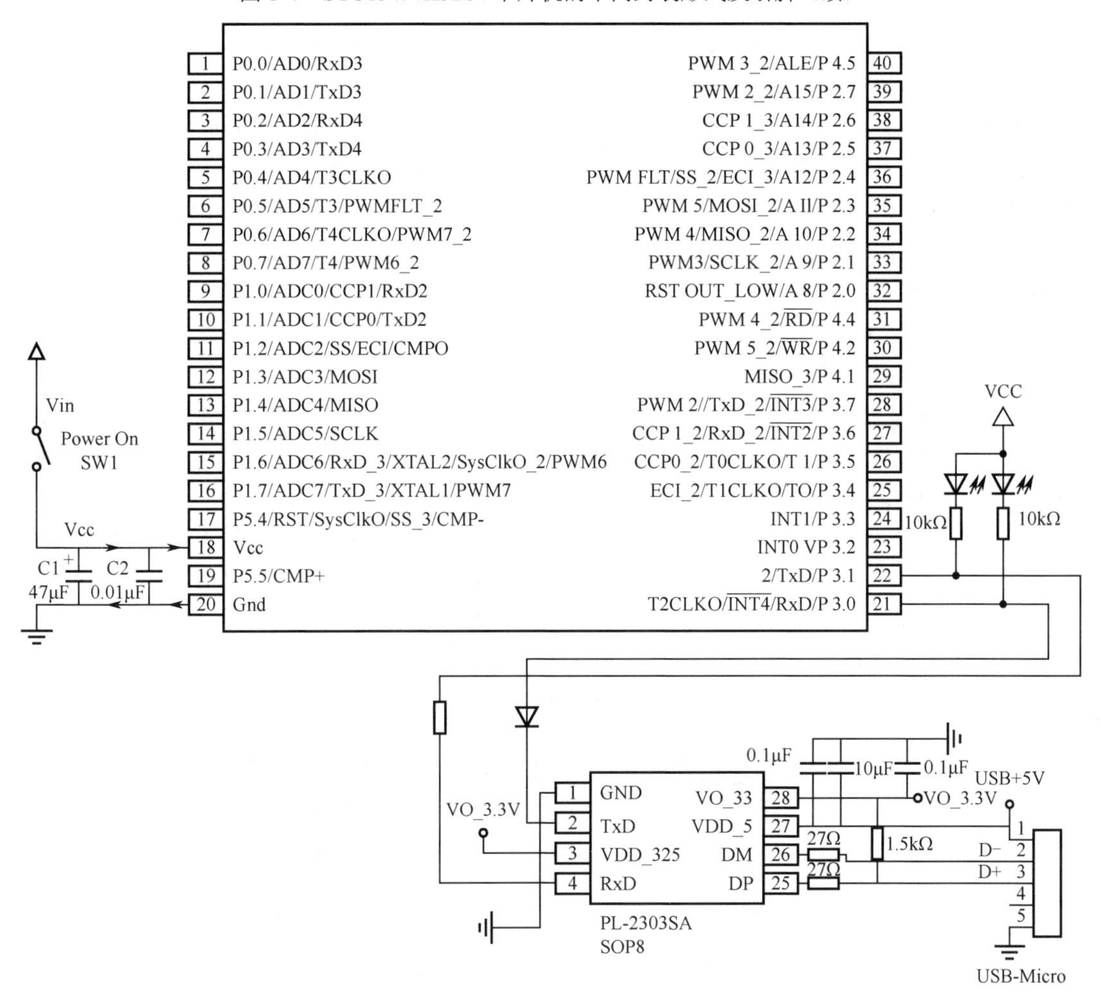

图 1-5　STC15W4K32S4 单片机参考电路

2. STC15 系列单片机 I/O 端口的工作模式

STC15 系列单片机（简称 STC15）I/O 端口有多种工作模式以适应不同需求，这一点有别于传统型 8051 单片机。

1）设置配置 I/O 端口的工作模式

STC15 的 I/O 端口有 P0.0～P0.7，P1.0～P1.7，P2.0～P2.7，P3.0～P3.7，P4.0～P4.7，P5.0～P5.5，P6.0～P6.7，P7.0～P7.7。可用软件设置这些 I/O 端口的 4 种工作模式，分别为准双向端口/弱上拉（传统 8051 单片机输出）模式、推挽/强上拉模式、高阻输入模式、开漏模式。STC15 系列单片机的 I/O 端口上电复位后为准双向端口/弱上拉（传统 8051 单片机的 I/O 端口）模式。STC15 I/O 端口工作模式的设定如表 1-1 所示。每个 I/O 端口驱动电流均可达到 20mA，但 40 针以上单片机整个芯片最大驱动电流不要超过 120mA，20 针以上 32 针以下（含 32 针）单片机整个芯片最大驱动电流不超过 90mA。

表 1-1　STC15 I/O 端口工作模式的设定

PxM1[7 : 0]	PxM0[7 : 0]	I/O 端口的工作模式
0	0	准双向口/弱上拉(传统 8051 单片机 I/O 端口)模式；灌电流可达 20mA；拉电流为 270μA，由于制造误差，实际为 270～150μA
0	1	推挽/强上拉模式；灌电流可达 20mA，要加限流电阻
1	0	高阻输入模式；电流既不能流入引脚也不能流出
1	1	开漏模式；引脚既可读外部状态也可对外输出高、低电平

虽然每个 I/O 端口在弱上拉（准双向口）/强推挽输出/开漏模式时均能承受 20mA 的灌电流，但还是要注意添加限流电阻，阻值可为 1kΩ、560Ω、472Ω 等。在强推挽输出时，引脚能输出 20mA 的拉电流（同样要加限流电阻），整个芯片工作电流推荐不超过 90mA，即从 MCU-VCC 流入、MCU-GND 流出的电流建议都不要超过 90mA，整体流入/流出电流建议也不要超过 90mA。

2）4 种工作模式的结构

（1）准双向口/弱上拉模式。

准双向口/弱上拉模式用于引脚的输出和输入功能而不用重新配置引脚的输出状态。这是因为当引脚输出高电平时，引脚的驱动能力很弱，允许外部装置将其拉为低电平。当引脚输出低电平时，引脚的驱动能力很强，可吸收相当大的电流。

准双向口/弱上拉模式结构如图 1-6 所示。准双向口/弱上拉模式结构有 3 个上拉晶体管以适应不同的需要。在 3 个上拉晶体管中，有 1 个上拉晶体管称为弱上拉晶体管。弱上拉晶体管提供基本驱动电流使引脚输出高电平。当引脚输出高电平而由外部装置将其下拉到低电平时，弱上拉晶体管关闭而极弱上拉晶体管维持开状态。为了把这个引脚强拉为低电平，外部装置必须有足够的灌电流能力使引脚上的电压降到门槛电压以下。

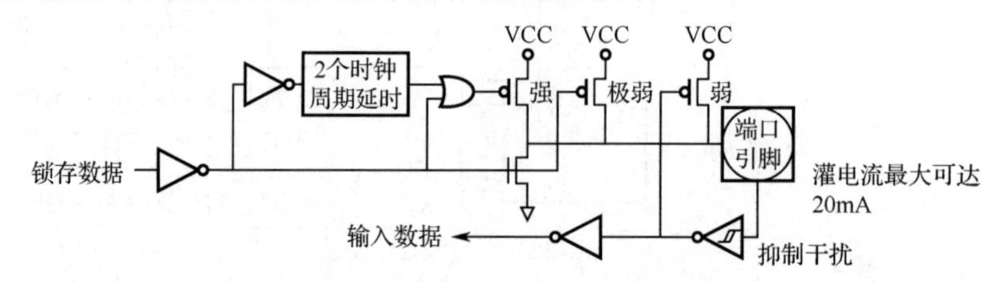

图 1-6　准双向口/弱上拉模式结构

对于 5V 单片机，弱上拉晶体管电流约为 250μA；对于 3.3V 单片机，弱上拉晶体管电流约为 150μA。

第 2 个上拉晶体管称为极弱上拉晶体管。当引脚悬空时，这个极弱上拉晶体管产生很弱的上拉电流将引脚上拉为高电平。对于 5V 单片机，极弱上拉晶体管电流约为 18μA；对于 3.3V 单片机，极弱上拉晶体管电流约为 5μA。

第 3 个上拉晶体管称为强上拉晶体管。当端口锁存器由“0”到“1”跳变时，强上拉晶体管用来加快引脚信号由“0”到“1”转换。当发生这种情况时，强上拉晶体管打开约 2 个时钟周期以使引脚能够迅速上拉到高电平。

STC 1T 系列单片机为 3.3V 器件，如果用户在其引脚加上 5V 电压，将会有电流从引脚流向电源，这样导致额外的功率消耗。因此，建议不要在准双向口/弱上拉模式中向 3.3V 单片机引脚施加 5V 电压。

准双向 I/O 端口（弱上拉）带有一个施密特触发输入以及一个干扰抑制电路。准双向端口（弱上拉）读外部状态前，要先锁存为“1”，这样才可读到外部正确的状态。

（2）推挽/强上拉模式。

推挽/强上拉模式一般用于 I/O 端口需要更大驱动电流的情况。推挽/强上拉模式结构如图 1-7 所示。

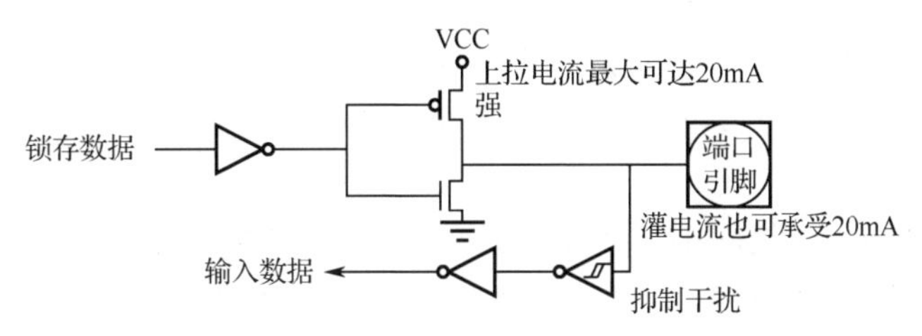

图 1-7　推挽/强上拉模式结构图

（3）高阻输入模式。

I/O 端口处于高阻输入模式时，电流既不能流入引脚，也不能流出引脚。高阻输入模式结构如图 1-8 所示。

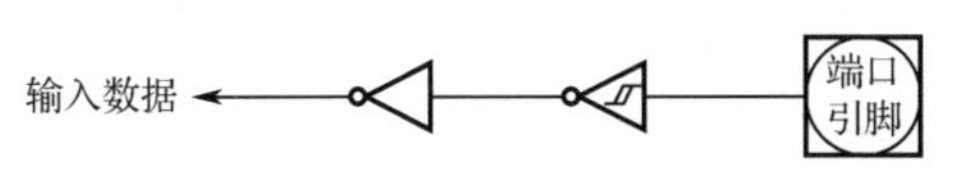

图 1-8　高阻输入模式结构

（4）开漏模式。

I/O 端口处于开漏模式时，引脚既可读外部状态，也可对外输出高电平或低电平。当引脚要正确读外部状态或对外输出高电平时，要外接上拉电阻。开漏模式结构如图 1-9 所示。

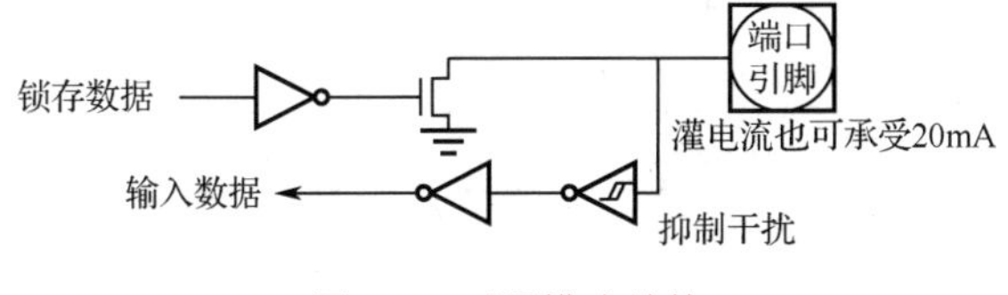

图 1-9　开漏模式结构

1.3　数据与程序内存

8051 单片机存储器结构如图 1-10 所示。存储器分为 4KB 片内程序存储器（片内 ROM）、64KB 片外程序存储器（片外 ROM）、256B 片内数据存储器（片内 RAM）、64KB 片外数据存储器（片外 RAM）4 部分。

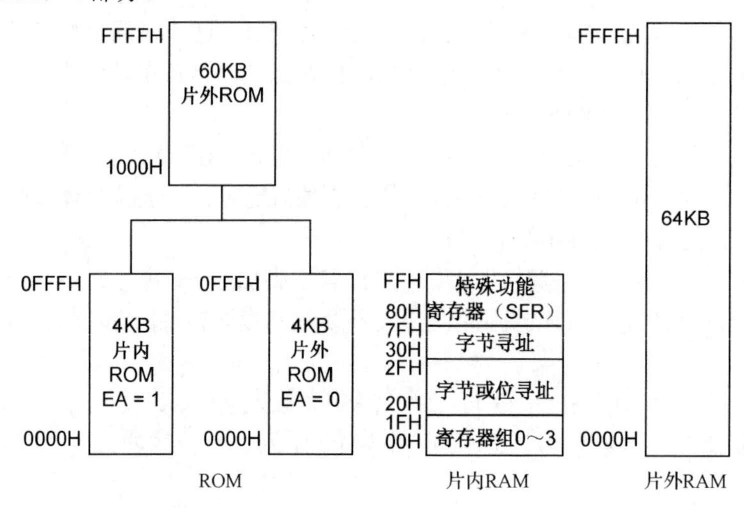

图 1-10　8051 单片机存储器的结构

在 8051 单片机存储器中，片内 ROM 用于存放 8051 单片机控制程序，并可扩展至 64KB，地址范围为 0000H～0FFFH，与 4KB 片内 ROM 地址重叠，使用过程中要用 $\overline{\text{EA}}$ 对其进行区分。对于带片内 ROM 的 8051 单片机，当 $\overline{\text{EA}}$ 引脚为高电平时，程序运行时将从片内 ROM 的 0000H 地址开始执行，当程序计数器（PC）的值超过 0FFFH 时，自动转换到片外 ROM 的 1000H～FFFFH 地址空间执行。

8051 单片机片内 RAM 空间中，00H～7FH 的 128B 空间是真正的 RAM 区，可读/写各种数据；片内 RAM 80H～FFH 的 128B 空间大部分被专门用于特殊功能寄存器（Special Function Register，SFR），8051 单片机在这个空间安排了 21 个特殊功能寄存器（SFR）。无论是用汇编语言还是用 C 语言编写单片机程序，都要熟练掌握这些特殊功能寄存器。

STC15 系列单片机片内数据存储器（SRAM）及其扩展空间如表 1-2 所示。

表 1-2　STC15 系列单片机片内数据存储器（SRAM）及其扩展空间

单片机型号	SRAM 空间	扩展片内 RAM 空间	扩展片外 RAM 空间
STC15W4K32S4	4KB（256B <idata> + 3840B <xdata>）	3840B	64KB
STC15F2K60S2	2KB（256B <idata> + 1792B <xdata>）	1792B	64KB
STC15W1K16S	1KB（256B <idata> +768B <xdata>）	768B	64KB
STC15W404S	512B（256B <idata> +256B <xdata>）	256B	64KB
STC15W401AS	512B（256B <idata> +256B <xdata>）	256B	无
STC15W201S	256B <idata>	无	无
STC15F408AD	512B（25B6 <idata> +256B <xdata>）	256B	无
STC15F100W	128B <idata>	无	无

片内 RAM 共 256B，可分为 3 个部分：低 128B RAM（与 8051 单片机兼容）、高 128B RAM 及特殊功能寄存器区（SFR）。其中，低 128B 数据存储器可直接或间接寻址；高 128B RAM 与特殊功能寄存器区都使用地址 80H～FFH，但在物理上二者是独立的，使用时通过不同的寻址方式加以区分，高 128B RAM 只能间接寻址，特殊功能寄存器区只可直接寻址。STC15 系列单片机存储器结构如图 1-11 所示。

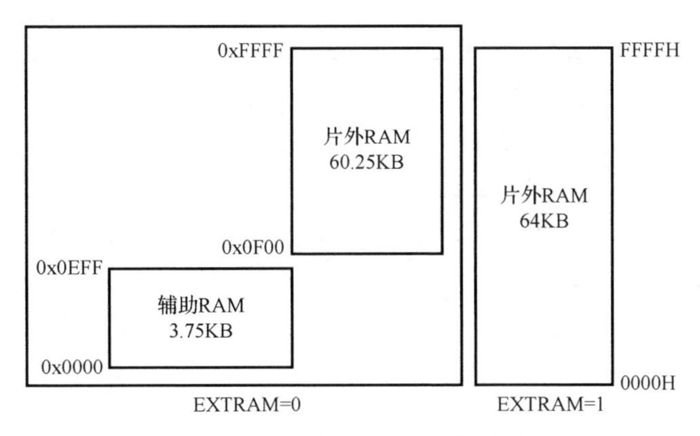

图 1-11　STC15 系列单片机存储器的结构

根据表 1-2 可知，STC15 除了集成 256B 片内 RAM 外，还集成了 3840B 扩展 RAM，地址范围为 0000H～0EFFH，访问扩展片内 RAM 的方法和 8051 单片机访问扩展片外 RAM 的方法相同，但是不影响 P0（数据总线和低 8 位地址总线）、P2（高 8 位地址总线）、WR/P4.2、RD/P4.4 和 ALE/P4.5。

对于扩展的片内 RAM，是否允许被访问受辅助寄存器 AUXR（地址为 8EH）中的 EXTRAM 位控制。EXTRAM 位默认为 0，表示扩展的片内 RAM 可以被存取。以 STC15W4K32S4 单片机为例，访问 00H～0EFFH 单元（3840B）要使用 MOVX @DPTR 指令；0F00H 及以上单元均指片外 RAM，而 MOVX @Ri 指令只能访问 0F00H～0FFFH 单元。将 EXTRAM 位置 1 时，禁止访问扩展的片内 RAM，此时 MOVX @DPTR/MOVX @Ri 指令的使用与普通 8052 单片机相同，且访问的均为扩展的片外 RAM。STC15W4K32S4 单片机扩展片外 RAM 的应用电路如图 1-12 所示。

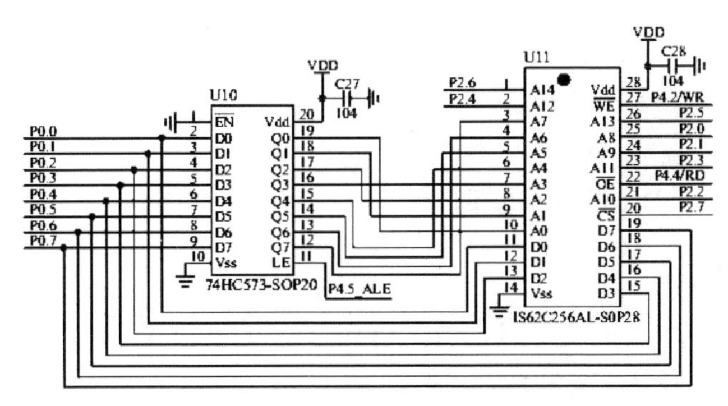

图 1-12　STC15W4K32S4 单片机扩展片外 RAM 的应用电路

1.4　特殊功能寄存器

8051 单片机特殊功能寄存器如表 1-3 所示。其中，片内 RAM 80H～FFH 单元大部分被用于特殊功能寄存器。

表 1-3　8051 单片机特殊功能寄存器

寄存器	寄存器位								地址	说明
	D7	D6	D5	D4	D3	D2	D1	D0		
P0*	P0.7	P0.6	P0.5	P0.4	P0.3	P0.2	P0.1	P0.0	0x80	P0 端口
P1*	P1.7	P1.6	P1.5	P1.4	P1.3	P1.2	P1.1	P1.0	0x90	P1 端口

续表

寄存器	寄存器位								地址	说明
	D7	D6	D5	D4	D3	D2	D1	D0		
P2*	P2.7	P2.6	P2.5	P2.4	P2.3	P2.2	P2.1	P2.0	0xA0	P2 端口
P3*	P3.7	P3.6	P3.5	P3.4	P3.3	P3.2	P3.1	P3.0	0xB0	P3 端口
PSW*	CY	AC	F0	RS1	RS0	OV	—	P	0xD0	程序状态字
ACC*									0xE0	累加器
B*									0xF0	乘法寄存器
SP									0x81	堆栈指针
DPL									0x82	数据存储器地址低字节
DPH									0x83	数据存储器地址高字节
PCON	SMOD				GF1	GF0	PD	IDL	0x87	电源控制及波特率选择
TCON*	TF1	TR1	TF0	TR0	IE1	IT1	IE0	IT0	0x88	定时器控制
TMOD	GATE	C/$\overline{T}$	M1	M0	GATE	C/$\overline{T}$	M1	M0	0x89	定时器方式选择
TL0									0x8A	T/C0 低字节
TL1									0x8B	T/C1 低字节
TH0									0x8C	T/C0 高字节
TH1									0x8D	T/C1 高字节
IE*	EA			ES	ET1	EX1	ET0	EX0	0xA8	中断允许寄存器
IP*				PS	PT1	PX1	PT0	PX0	0xB8	中断优先级寄存器
SCON*	SM0	SM1	SM2	REN	TB8	RB8	TI	RI	0x98	串口控制器
SBUF									0x99	串行数据缓冲

注：带有*号的特殊功能寄存器是可位寻址的。

上述特殊功能寄存器分别被用于以下功能单元。

CPU：ACC、B、PSW、SP、DPTR。

并行端口：P0、P1、P2、P3。

中断系统：IE、IP。

定时/计数器模块：TMOD、TCON、T0（TH0、TL0）、T1（TH1、TL1）。其中，TCON 还含有外部中断标志位及外部中断触发方式配置位。

串行通信模块：SCON、SBUF、PCON。

这些特殊功能寄存器在开发单片机 C 语言程序时将被大量使用。对于可位寻址的特殊功能寄存器，例如，ACC 寄存器常被用于判断字节中各位的状态。如果要判断某字节第 3 位是否为 1，可将 ACC 寄存器看成一个字节变量，ACC 寄存器获取该字节值后即可直接判断 ACC3 是否为 1，前提是要先定义 sbit ACC3 = ACC^3。

又如程序状态字（Program Status Word，PSW）寄存器，在 Keil\C51 下的头文件 reg51.h 中包含有该寄存器的各位定义，其部分内容如下：

```
/*  BIT Register  */
/*  PSW   */
sbit CY     = 0xD7;
sbit AC     = 0xD6;
sbit F0     = 0xD5;
sbit RS1    = 0xD4;
```

```
sbit RS0   = 0xD3;
sbit OV    = 0xD2;
sbit P     = 0xD0;
```

PSW 寄存器中的 CY 和 F0 在 C 语言程序中仍然被直接大量使用，如要将字节变量 d（假定为 10101101）由高位开始逐位串行发送，可对 d 进行 8 次左移，并逐次发送 CY，即

```
for (i = 0 ; i < 8 ; i++) {
   d <<= 1; DQ = CY;
}
```

其中，DQ 被定义为某外部芯片读/写串行数据的引脚。这段代码利用了汇编语言程序中常用的进位标志位 CY，可方便地获取移出的各位数据。

该头文件对 P0～P3 以外可位寻址寄存器位给出了独立定义，如果要直接引用 4 个 I/O 端口各引脚，要在程序中用 sbit 进行单独定义。当然也可将头文件 reg51.h（keil\c51\inc）改成 at89x52.h（keil\c51\inc\atmel），4 个 I/O 端口各引脚在该头文件中均被单独定义，如 P0.1 被定义为 P0_1。尽管其中有些定义对 8051 单片机是无效的，但这并不影响程序的正常编译运行。

此前曾提到 I/O 接口位结构中的“读锁存器”与“读引脚”的问题，这些问题的解释涉及 8051 单片机的相关特殊功能寄存器。凡是“读—改—写”这类指令，CPU 将执行“读锁存器”，否则 CPU 将执行“读引脚”。下面通过实例说明这一问题。

以汇编指令 ORL P2, A 为例，它相当于 C 语言的 P2 = P2 | ACC 或 P2 |= ACC 指令。现假设在 P2.0 引脚接有一个开关，执行程序之前先合上该开关使 P2.0 引脚接地，然后依次执行：

```
P2 = 0x33;        //0x33 即 0011 0011
ACC = 0x44;       //0x44 即 0100 0100
P2 = P2 | ACC;
while (1);
```

其中，最后的 while（1）相当于汇编语言指令 JMP $，它使程序执行到该位置后进入死循环，以便观察单片机接口状态。上述语句执行后，P2 引脚输出应为 0x77（0111 0111）还是 0x76（0111 0110）呢？

实际情况是，如果开关仍然是合上的，通过 Proteus 仿真软件可观察到 P2 引脚状态为 0x76；如果开关是断开的，则 P2 引脚状态变为 0x77。显然，对于 P2 = P2 | ACC 这样的“读—改—写”指令，CPU 执行的是“读锁存器”。这是因为如果是“读引脚”，则所读取的 P2 将为 0x32 而不是 0x33，最终结果将为 0x76 而不会在断开开关时变为 0x77。

可见，CPU 执行的是“读锁存器”而非“读引脚”，这样可避免此前输出到“引脚”的值可能被外部改变的情况。“读锁存器”可确保读取的是此前输出的原始值，而不是输出后被外部改变过的值。

又如，指令 MOV A, P1，相当于 C 语言的 ACC = P1，CPU 显然将发出“读引脚”信号。仍假设运行程序之前开关是合上的，P2.0 接地，依次执行下述语句：

```
P2 = 0x33;
ACC = P2;
P2 = ACC | 0x44;
while (1);
```

观察单片机 P2 引脚，可知其状态为 0x76，且断开开关后仍为 0x76。可见，对于 ACC = P2，CPU 执行的是“读 P2 引脚”上的 0x32，而不是“读 P2 锁存器”中的 0x33。

对于 P0～P3 端口的“读/写”操作还应注意，由于初始上电时它们全部被写入“1”，故可以不用初始化它们而直接读取它们的外部数据。但如果它们曾输出过“0”，之后又要逆向读入外部数据，此时则要在相应端口位上先输出“1”。

STC15 特殊功能寄存器与高 128B RAM 共用相同的地址，都使用 80H～FFH。访问特殊功

能寄存器必须用直接寻址指令。STC15 系列单片机特殊功能寄存器如表 1-4 所示。由表 1-4 可知，相较于传统型 8051 单片机，STC15 特殊功能寄存器被大量扩充，这也意味着其功能相较于传统 8051 单片机有了显著增强。

表 1-4　STC15 系列单片机特殊功能寄存器

符　号		描述	地址	位地址及符号 MSB							LSB	复位值
P0		P0 端口	80H	P0.7	P0.6	P0.5	P0.4	P0.3	P0.2	P0.1	P0.0	1111 1111B
SP		堆栈指针	81H									0000 0111B
DPTR	DPL	数据指针（低）	82H									0000 0000B
	DPH	数据指针（高）	83H									0000 0000B
S4CON		串口 4 控制寄存器	84H	S4SM0	S4ST4	S4SM2	S4REN	S4TB8	S4RB8	S4TI	S4RI	0000 0000B
S4BUF		串口 4 数据缓冲器	85H									xxxx xxxxB
PCON		电源控制寄存器	87H	SMOD	SMOD0	LVDF	POF	GF1	GF0	PD	IDL	0011 0000B
TCON		定时器控制寄存器	88H	TF1	TR1	TF0	TR0	IE1	IT1	IE0	IT0	0000 0000B
TMOD		定时器工作方式寄存器	89H	GATE	C/$\overline{T}$	M1	M0	GATE	C/$\overline{T}$	M1	M0	0000 0000B
TL0		定时器 0 低 8 位寄存器	8AH									0000 0000B
TL1		定时器 1 低 8 位寄存器	8BH									0000 0000B
TH0		定时器 0 高 8 位寄存器	8CH									0000 0000B
TH1		定时器 1 高 8 位寄存器	8DH									0000 0000B
AUXR		辅助寄存器	8EH	T0x12	T1x12	UART_M0x6	T2R	T2_C/$\overline{T}$	T2x12	EXTRAM	S1ST2	0000 0001B
INT_CLKO AUXR2		外部中断允许和时钟输出寄存器	8FH	—	EX4	EX3	EX2	MCKO_S2	T2CLKO	T1CLKO	T0CLKO	x000 0000B
P1		P1 端口	90H	P1.7	P1.6	P1.5	P1.4	P1.3	P1.2	P1.1	P1.0	1111 1111B
P1M1		P1 端口模式配置寄存器 1	91H									0000 0000B

续表

符　号	描述	地址	位地址及符号 MSB							LSB	复位值
P1M0	P1 端口模式配置寄存器 0	92H									0000 0000B
P0M1	P0 端口模式配置寄存器 1	93H									0000 0000B
P0M0	P0 端口模式配置寄存器 0	94H									0000 0000B
P2M1	P2 端口模式配置寄存器 1	95H									0000 0000B
P2M0	P2 端口模式配置寄存器 0	96H									0000 0000B
CLK_DIV PCON2	时钟分频寄存器	97H	MCKO_S1	MCKO_S1	ADRJ	Tx_Rx	MCLKO_2	CLKS2	CLKS1	CLKS0	0000 0000B
SCON	串口 1 控制寄存器	98H	SM0/FE	SM1	SM2	REN	TB8	RB8	TI	RI	0000 0000B
SBUF	串口 1 数据缓冲器	99H									xxxx xxxxB
S2CON	串口 2 控制寄存器	9AH	S2SM0	—	S2SM2	S2REN	S2TB8	S2RB8	S2TI	S2RI	0100 0000B
S2BUF	串口 2 数据缓冲器	9BH									xxxx xxxxB
P1ASF	P1 端口模拟功能配置寄存器	9DH	P17ASF	P16ASF	P15ASF	P14ASF	P13ASF	P12ASF	P11ASF	P10ASF	0000 0000B
P2	P2 端口	A0H	P2.7	P2.6	P2.5	P2.4	P2.3	P2.2	P2.1	P2.0	111 111B
BUS_SPEED	总线速度控制器	A1H	—	—	—	—	—	—	EXRTS[1:0]		xxxx xx10B
AUXR1 P_SW1	辅助寄存器 1	A2H	S1_S1	S1_S0	CCP_S1	CCP_S0	SPI_S1	SPI_S0	0	DPS	0000 0000B
IE	中断允许寄存器	A8H	EA	ELVD	EADC	ES	ET1	EX1	ET0	EX0	0000 0000B
SADDR	从机地址控制寄存器	A9H									0000 0000B
WKTCL WKTCL_CNT	掉电唤醒专用定时器控制寄存器低 8 位	AAH									1111 1111B

续表

符　号	描述	地址	位地址及符号								复位值
			MSB							LSB	
WKTCH WKTCH_CNT	掉电唤醒专用定时器控制寄存器高8位	ABH	WKTEN								0111 1111B
S3CON	串口3控制寄存器	ACH	S3SM0	S3ST3	S3SM2	S3REN	S3TB8	S3RB8	S3TI	S3RI	0000 0000B
S3BUF	串口3数据缓冲器	ADH									xxxx xxxxB
IE2	中断允许寄存器	AFH		ET4	ET3	ES4	ES3	ET2	ESPI	ES2	x000 0000B
P3	P3端口	B0H	P3.7	P3.6	P3.5	P3.4	P3.3	P3.2	P3.1	P3.0	1111 1111B
P3M1	P3端口模式配置寄存器1	B1H									0000 0000B
P3M0	P3端口模式配置寄存器0	B2H									0000 0000B
P4M1	P4端口模式配置寄存器1	B3H									0000 0000B
P4M0	P4端口模式配置寄存器0	B4H									0000 0000B
IP2	第二中断优先级低字节寄存器	B5H	—	—	—	PX4	PPWMFD	PPWM	PSPI	PS2	xxx0 0000B
IP	中断优先级寄存器	B8H	PPCA	PLVD	PADC	PS	PT1	PX1	PT0	PX0	0000 0000B
SADEN	从机地址掩膜寄存器	B9H									0000 0000B
P_SW2	外围设备功能切换控制寄存器	BAH	—	—	—	—	—	S4_S	S3_S	S2_S	xxxx x000B
ADC_CONTR	A/D转换控制寄存器	BCH	ADC_POWER	SPEED1	SPEED0	ADC_FLAG	ADC_START	CHS2	CHS1	CHS0	0000 0000B
ADC_RES	A/D转换结果高8位寄存器	BDH									0000 0000B
ADC_RESL	A/D转换结果低2位寄存器	BEH									0000 0000B

续表

符号	描述	地址	位地址及符号								复位值
			MSB							LSB	
P4	P4 端口	C0H	P4.7	P4.6	P4.5	P4.4	P4.3	P4.2	P4.1	P4.0	1111 1111B
WDT_CONTR	看门狗控制寄存器	C1H	WDT_FLAG	—	EN_WDT	CLR_WDT	IDLE_WDT	PS2	PS1	PS0	0x00 0000B
IAP_DATA	ISP/IAP 数据寄存器	C2H									1111 1111B
IAP_ADDRH	ISP/IAP 高 8 位地址寄存器	C3H									0000 0000B
IAP_ADDRL	ISP/IAP 低 8 位地址寄存器	C4H									0000 0000B
IAP_CMD	ISP/IAP 命令寄存器	C5H	—	—	—	—	—	—	MS1	MS0	xxxx xx00B
IAP_TRIG	ISP/IAP 命令触发寄存器	C6H									xxxx xxxxB
IAP_CONTR	ISP/IAP 控制寄存器	C7H	LAPEN	SWBS	SWRST	CMD_FAIL	—	WT2	WT1	WT0	0000 x000B
P5	P5 端口	C8H	—	—	P5.5	P5.4	P5.3	P5.2	P5.1	P5.0	xx11 1111B
P5M1	P5 端口模式配置寄存器 1	C9H									xxx0 0000B
P5M0	P5 端口模式配置寄存器 0	CAH									xxx0 0000B
P6M1	P6 端口模式配置寄存器 1	CBH									
P6M0	P6 端口模式配置寄存器 0	CCH									
SPSTAT	SPI 状态寄存器	CDH	SPIF	WCOL	—	—	—	—	—	—	00xx xxxxB
SPCTL	SPI 控制寄存器	CEH	SSIG	SPEN	DORD	MSTR	CPOL	CAPHA	SPR1	SPR0	0000 0100B
SPDAT	SPI 数据寄存器	CFH									0000 0000B
PSW	程序状态字寄存器	D0H	CY	AC	F0	RS1	RS0	OV	—	P	0000 00x0B

续表

符　号	描述	地址	位地址及符号 MSB							LSB	复位值
T4T3M	T4 和 T3 的控制寄存器	D1H	T4R	T4_C/$\overline{T}$	T4x12	T4CLKO	T3R	T3_C/$\overline{T}$	T3x12	T3CLKO	0000 0000B
T4H	定时器 4 高 8 位寄存器	D2H									0000 0000B
T4L	定时器 4 低 8 位寄存器	D3H									0000 0000B
T3H	定时器 3 高 8 位寄存器	D4H									0000 0000B
T3L	定时器 3 低 8 位寄存器	D5H									0000 0000B
T2H	定时器 2 高 8 位寄存器	D6H									0000 0000B
T2L	定时器 2 低 8 位寄存器	D7H									0000 0000B
CCON	控制寄存器	D8H	CF	CR	—	—	CCF3	CCF2	CCF1	CCF0	00xx 0000B
CMOD	模式寄存器	D9H	CIDL	—	—	—	—	CPS1	CPS0	ECF	0xxx x000B
CCAPM0	PCA 模式寄存器 0	DAH	—	ECOM0	CAPP0	CAPN0	MAT0	TOG0	PWM0	ECCF0	x000 0000B
CCAPM1	PCA 模式寄存器 1	DBH	—	ECOM1	CAPP1	CAPN1	MAT1	TOG1	PWM1	ECCF1	x000 0000B
CCAPM2	PCA 模式寄存器 2	DCH	—	ECOM2	CAPP2	CAPN2	MAT2	TOG2	PWM2	ECCF2	x000 0000B
ACC	累加器	E0H									0000 0000B
P7M1	P7 端口模式配置寄存器 1	E1H									0000 0000B
P7M0	P7 端口模式配置寄存器 0	E2H									0000 0000B
P6	P6 端口	E8H									1111 1111B
CL	PCA 时基定时器低 8 位	E9H									0000 0000B
CCAP0L	PCA 模式捕获寄存器 0 低 8 位	EAH									0000 0000B
CCAP1L	PCA 模式捕获寄存器 1 低 8 位	EBH									0000 0000B

续表

符　号	描述	地址	位地址及符号 MSB							LSB	复位值
CCAP2L	PCA 模式捕获寄存器 2 低 8 位	ECH									0000 0000B
B	B 寄存器	F0H									0000 0000B
PCA_PWM0	PCA PWM 模式辅助寄存器 0	F2H	EBS0_1	EBS0_0	—	—	—	—	EPC0H	EPC0L	xxxx xx00B
PCA_PWM1	PCA PWM 模式辅助寄存器 1	F3H	EBS1_1	EBS1_0	—	—	—	—	EPC1H	EPC1L	xxxx xx00B
PCA_PWM2	PCA PWM 模式辅助寄存器 2	F4H	EBS2_1	EBS2_0	—	—	—	—	EPC2H	EPC2L	xxxx xx00B
P7	P7 端口	F8H									1111 1111B
CH	PCA 时基定时器高 8 位	F9H									0000 0000B
CCAP0H	PCA 模式捕获寄存器 0 高 8 位	FAH									0000 0000B
CCAP1H	PCA 模式捕获寄存器 1 高 8 位	FBH									0000 0000B
CCAP2H	PCA 模式捕获寄存器 2 高 8 位	FCH									0000 0000B

注：串口为串行接口的简称。

1.5　外部中断、定时/计数器及串口应用

使用 C 语言开发 8051 单片机程序时，除了要控制好各 I/O 端口外，还要掌握 8051 单片机的外部中断、定时/计数器及串口通信等程序设计。定时/计数器及串口功能模块既可以工作于中断方式，也可以工作于非中断方式。图 1-13 给出了 8051 单片机中断系统结构。

8051 单片机有以下 5 个中断源。

- 外部中断请求 0：从 $\overline{\text{INT0}}$（P3.2）引脚输入，由 TCON 寄存器 IT0 位设置其触发方式。
- 外部中断请求 1：从 $\overline{\text{INT1}}$（P3.3）引脚输入，由 TCON 寄存器 IT1 位设置其触发方式。
- 片内定时/计数器 0（TIMER0，简记为 T0 或 T/C0）溢出中断请求。
- 片内定时/计数器 1（TIMER1，简记为 T1 或 T/C1）溢出中断请求。
- 片内串口收/发中断请求。

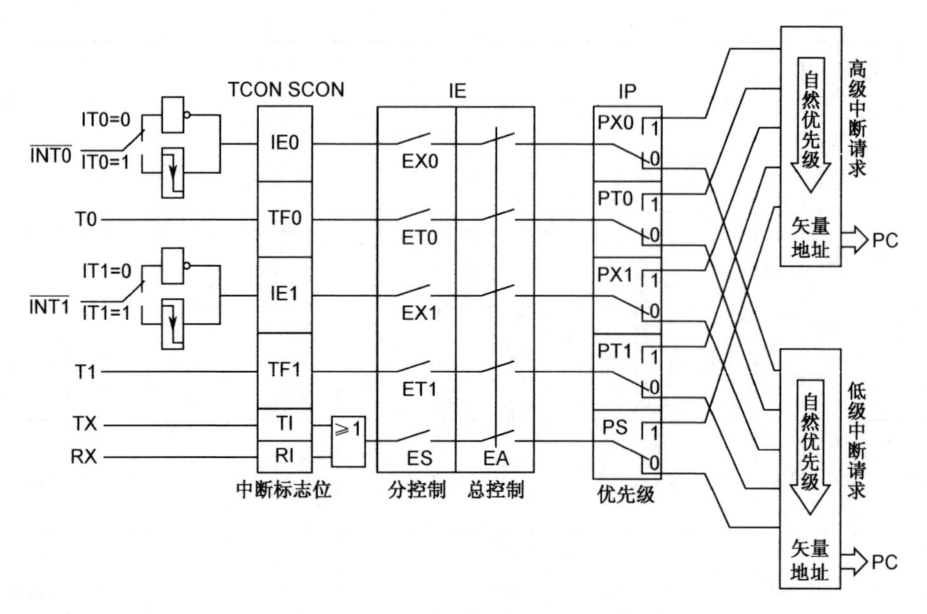

图 1-13　8051 单片机中断系统结构

这 5 个中断源的中断号分别是 0、2、1、3、4，用 C 语言编写中断程序时，中断函数名后要添加“interrupt n”，其中 n 为中断号。

8051 单片机仅支持两级中断优先级，允许高优先级中断屏蔽低优先级中断，不允许新到达的中断屏蔽同级或低级中断。中断优先级由中断优先级寄存器（Interrupt Priority，IP）管理。由图 1-13 可知，将 IP 寄存器中的 PS、PT1、PX1、PT0、PX0 位设置为“1”或“0”，就可将每个中断源设置为高优先级或低优先级。如果通过 IP 寄存器同时配置了几个高优先级和几个低优先级中断，那么同属于高优先级的若干中断与同属于低优先级的若干中断将分别按照内部“自然优先级顺序”查询逻辑确定执行顺序。8051 单片机的自然优先级顺序为

$$\overline{\text{INT0}} \rightarrow \text{T0} \rightarrow \overline{\text{INT1}} \rightarrow \text{T1} \rightarrow \text{TI/RI} \rightarrow \text{T2}\text{（如果存在 T/C2）}$$

有关外部中断、定时/计数器及串口应用的多个特殊功能寄存器支持按位寻址。在程序设计中，既可以给这些特殊功能寄存器直接赋值，也可以对其中的相应位赋值。例如，某程序同时允许 INT0 和 T0 中断，可有如下代码：

```
IE = 0x83;  //IE 被设为 10000011
```

或者写成

```
EX0 = 1;
ET0 = 1;
EA  = 1;
```

标准 8051 单片机寄存器头文件 reg51.h 已提供了它们的位定义，例如：

```
/*  IE   */
sbit EA  = 0xAF;
sbit ES  = 0xAC;
sbit ET1 = 0xAB;
sbit EX1 = 0xAA;
sbit ET0 = 0xA9;
sbit EX0 = 0xA8;
```

这些位定义将在 C 语言程序设计中被大量使用，对其含义及用途要熟练掌握。

下面再来看一下 STC15 中断请求源类型。STC15 中断源汇总如表 1-5 所示，中断系统结构如图 1-14 所示。本书重点应用的 STC15W4K32S4 单片机支持所有这 21 个中断源，除 INT2、

INT3、T2、T3、T4、串口 3、串口 4 中断及比较器中断固定为最低优先级中断外，其他中断均具有两个中断优先级。

表 1-5　STC15 中断源汇总

中断源类型	STC15F100W 单片机	STC15F408AD 单片机	STC15W201S 单片机	STC15W401AS 单片机	STC15W404S 单片机	STC15W1K16S 单片机	STC15F2K60S2 单片机	STC15W4K32S4 单片机
外部中断 0（INT0）	√	√	√	√	√	√	√	√
TIMER0 中断	√	√	√	√	√	√	√	√
外部中断 1（INT1）	√	√	√	√	√	√	√	√
TIMER1 中断					√	√	√	√
串口 1 中断		√	√	√	√	√	√	√
A/D 转换中断		√		√			√	√
低压检测（LVD）中断	√	√	√	√	√	√	√	√
CCP/PWM/PCA 中断		√		√			√	√
串口 2 中断							√	√
SPI 中断		√		√	√	√	√	√
外部中断 2（$\overline{\text{INT2}}$）	√	√	√	√	√	√	√	√
外部中断 3（$\overline{\text{INT3}}$）	√	√	√	√	√	√	√	√
TIMER2 中断	√	√	√	√	√	√	√	√
外部中断 4（$\overline{\text{INT4}}$）	√	√	√	√	√	√	√	√
串口 3 中断								√
串口 4 中断								√
TIMER3 中断								√
TIMER4 中断								√
比较器中断			√	√	√	√		√
PWM 中断								√
PWM 异常检测中断								√

注：√表示对应的系列有相应的中断源。

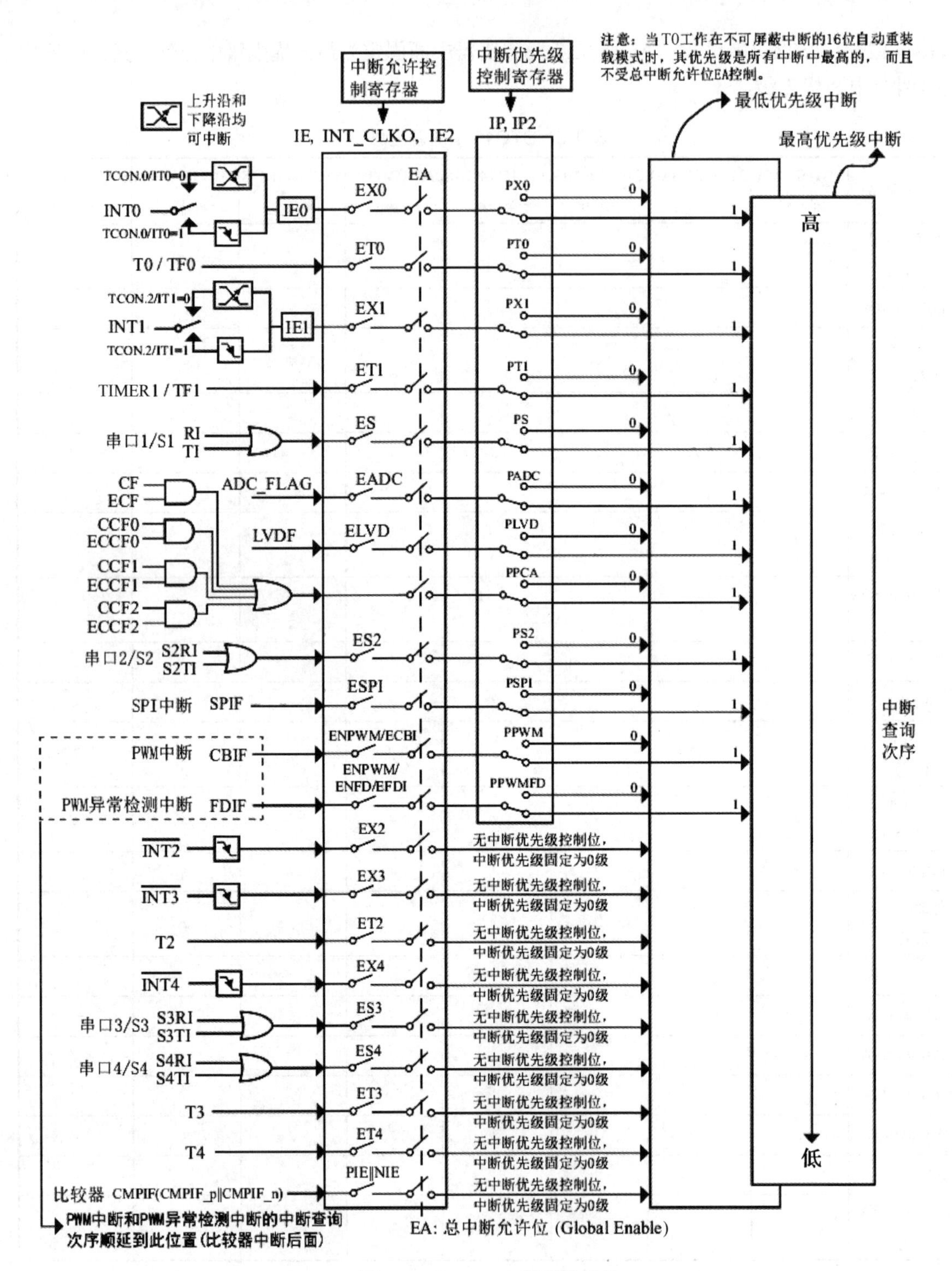

图 1-14 STC15 中断系统结构

STC15 中断触发条件如表 1-6 所示。STC15 中断设置信息如表 1-7 所示。

表 1-6 STC15 中断触发条件

中 断 源	触 发 条 件
INT0 （外部中断 0）	IT0=1：下降沿；IT0=0：上升沿和下降沿均可

续表

中　断　源	触　发　条　件
TIMER0	定时器 0 溢出
INT1 （外部中断 1）	IT1=1：下降沿；IT1=0：上升沿和下降沿均可
TIMER1	TIMER1 溢出
UART1	串口 1 发送或接收完成
ADC	A/D 转换完成
LVD	电源电压下降到低于 LVD 检测电压
UART2	串口 2 发送或接收完成
SPI	SPI 数据传输完成
$\overline{\mathrm{INT2}}$ （外部中断 2）	下降沿
$\overline{\mathrm{INT3}}$ （外部中断 3）	下降沿
TIMER2	TIMER2 溢出
$\overline{\mathrm{INT4}}$ （外部中断 4）	下降沿
UART3	串口 3 发送或接收完成
UART4	串口 4 发送或接收完成
TIMER3	TIMER3 溢出
TIMER4	TIMER4 溢出
Comparator （比较器）	比较器比较结果由“0”变成“1”或由“1”变成“0”

表 1-7　STC15 中断设置信息

中　断　源	中断向量入口地址	相同优先级内的查询次序	中断优先级设置	优先级 0（最低）	优先级 1（最高）	中断请求标志位	中断允许控制位
INT0 （外部中断 0）	0003H	0（highest）	PX0	0	1	IE0	EX0/EA
TIMER0	000BH	1	PT0	0	1	TF0	ET0/EA
INT1 （外部中断 1）	0013H	2	PX1	0	1	IE1	EX1/EA
TIMER1	001BH	3	PT1	0	1	TF1	ET1/EA
S1（UART1）	0023B	4	PS	0	1	RI+TI	ES/EA
ADC	002BH	5	PADC	0	1	ADC_FLAG	EADC/EA
LVD	0033H	6	PLAD	0	1	LVDF	ELVD/EA
CCP/PCA/PWM	003BH	7	PPCA	0	1	CF+CCF0+CCF+CCF2	(ECF+ECCF0+ECCF1+ECCF2)/EA
S2（UART2）	0043H	8	PS2	0	1	S2RI+S2TI	ES2/EA

续表

<table>
<tr><th>中　断　源</th><th>中断向量入口地址</th><th>相同优先级内的查询次序</th><th>中断优先级设置</th><th>优先级 0（最低）</th><th>优先级 1（最高）</th><th colspan="2">中断请求标志位</th><th>中断允许控制位</th></tr>
<tr><td>SPI</td><td>004BH</td><td>9</td><td>PSPI</td><td>0</td><td>1</td><td colspan="2">SPIF</td><td>ESPI/EA</td></tr>
<tr><td>$\overline{\text{INT2}}$（外部中断 2）</td><td>0053H</td><td>10</td><td>0</td><td>0</td><td></td><td colspan="2"></td><td>EX2/EA</td></tr>
<tr><td>$\overline{\text{INT3}}$（外部中断 3）</td><td>005BH</td><td>11</td><td>0</td><td>0</td><td></td><td colspan="2"></td><td>EX3/EA</td></tr>
<tr><td>TIMER2</td><td>0063H</td><td>12</td><td>0</td><td>0</td><td></td><td colspan="2"></td><td>ET2/EA</td></tr>
<tr><td>系统保留</td><td>0073H</td><td>14</td><td></td><td></td><td></td><td colspan="2"></td><td></td></tr>
<tr><td>系统保留</td><td>007BH</td><td>15</td><td></td><td></td><td></td><td colspan="2"></td><td></td></tr>
<tr><td>$\overline{\text{INT4}}$（外部中断 4）</td><td>0083H</td><td>16</td><td>0</td><td>0</td><td></td><td colspan="2"></td><td>EX4/EA</td></tr>
<tr><td>S3（UART3）</td><td>008BH</td><td>17</td><td>0</td><td>0</td><td></td><td colspan="2">S3RI+S3TI</td><td>ES3/EA</td></tr>
<tr><td>S4（UART4）</td><td>0093H</td><td>18</td><td>0</td><td>0</td><td></td><td colspan="2">S4RI+S4TI</td><td>ES4/EA</td></tr>
<tr><td>TIMER3</td><td>009BH</td><td>19</td><td>0</td><td>0</td><td></td><td colspan="2"></td><td>ET3/EA</td></tr>
<tr><td>TIMER4</td><td>00A3H</td><td>20</td><td>0</td><td>0</td><td></td><td colspan="2"></td><td>ET4/EA</td></tr>
<tr><td rowspan="2">Comparator（比较器）</td><td rowspan="2">00ABH</td><td rowspan="2">21</td><td rowspan="2">0</td><td rowspan="2">0</td><td rowspan="2"></td><td rowspan="2">CMPIF</td><td>CMPIF_p</td><td>PIE/EA（比较器上升沿中断允许位）</td></tr>
<tr><td>CMPIF_n</td><td>NIE/EA（比较器下降沿中断允许位）</td></tr>
<tr><td rowspan="7">PWM</td><td rowspan="7">00B3H</td><td rowspan="7">22</td><td rowspan="7">PPWM</td><td rowspan="7">0</td><td rowspan="7">1</td><td colspan="2">CBIF</td><td>ENPWM/ECBI/EA</td></tr>
<tr><td colspan="2">C2IF</td><td>ENPWM/EPWM2I/EC2T2SI||EC2T1SI/EA</td></tr>
<tr><td colspan="2">C3IF</td><td>ENPWM/EPWM3I/EC3T2SI||EC3T1SI/EA</td></tr>
<tr><td colspan="2">C4IF</td><td>ENPWM/EPWM4I/EC4T2SI||EC4T1SI/EA</td></tr>
<tr><td colspan="2">C5IF</td><td>ENPWM/EPWM5I/EC5T2SI||EC5T1SI/EA</td></tr>
<tr><td colspan="2">C6IF</td><td>ENPWM/EPWM6I/EC6T2SI||EC6T1SI/EA</td></tr>
<tr><td colspan="2">C7IF</td><td>ENPWM/EPWM7I/EC7T2SI||EC7T1SI/EA</td></tr>
<tr><td>PWM 异常检测</td><td>0BBH</td><td>23（lowest）</td><td>PPWMFD</td><td>01</td><td>1</td><td colspan="2">FDIF</td><td>ENPWM/ENFD/EFDI/EA</td></tr>
</table>

1.6　有符号与无符号数应用、数位分解、位操作

Keil C51 的数据类型如表 1-8 所示。大量案例中会使用到无符号数，对于 255 以内的整数，可定义为 u8 类型（相当于字节类型 BYTE）；对于 0～65 535 范围内的整数，可定义为 u16 类型（相当于字类型 WORD）。涉及正负数（有符号数）处理的案例，例如，温度控制程序中有

零上温度与零下温度，由于其温度传感器实际上可处理范围为−55～125℃，为使程序对温度值进行正确比较，程序中将温度数据类型定义为 char 类型（Keil C 默认 char 为 signed char 类型，即有符号字符型，其取值范围为−128～127）。

表 1-8 Keil C51 的数据类型

数 据 类 型	本书重定义	长度/位	值　域
bit		1	0,1
unsigned char	u8	8	0～255
signed char（char）		8	−128～127
unsigned int	u16	16	0～65 535
signed int（int）		16	−32 768～32 767
unsigned long	u32	32	0～4 294 967 295
signed long（long）		32	−2 147 483 648～2 147 483 647
float		32	±1.175494E−38～±3.402823E+38
sbit		1	0,1
sfr		8	0～255
sfr16		16	0～65 535

另外，大量案例用到的延时程序中可能有 u8 类型，也可能有 u16 类型。编写 C 程序时，例如，给某延时参数 x 赋值 2000（0x07D0），如果参数 x 定义为 u8 类型而不是 u16 类型，编译时并不会报错，但 x 实际所获得的值将为 0x07D0 的低字节 0xD0（208），编写的语句为 x=2000，而实际上 x=208。这一点在单片机 C 语言程序设计过程中要特别注意。

大量设计涉及用数码管显示整数或浮点数，这就要对显示数据进行数位分解，例如：

```
u8 d = 124;
u8 c[3];
c[0] = d / 100;
c[1] = d / 10 % 10;
c[2] = d % 10;
```

又如：

```
float x = 123.45;
```

如果要得到 x 的各个数位，可以先将 x 乘以 100，然后再分解各数位：

```
u16 y = x*100;
u8 c[5];
u8 i;
for (i = 4 ; i != 0xFF; i--) {
  c[i] = y % 10;  y /= 10;
}
```

上面 for 循环中的循环条件本来要写成 i>=0，但当 i = 0 时，如果将 i 再减 1，i 变为 0xFF，这个无符号数仍被认为大于或等于 0，这样就不能保证 5 次循环了，因此要改写成 i != 0xFF。如果将 i 定义成 char 类型而不是 u8 类型，使用 i>=0 时才能得到正确结果，这是因为前面已提到 Keil C 默认 char 为 signed char 类型。

上述数位分解常用于数码管数字显示，这是因为数码管显示时要根据各数位提取数码管段码。

在设计一般的 C 语言程序时，位操作较少被使用，但在单片机应用系统设计过程中，位操

作将被大量使用。在有关发光二极管（LED）流水灯、数码管位扫描控制、串行收/发信息、键盘扫描等大量案例中，位的各相关操作符及相关函数均会频繁出现。因此，要熟练掌握字节位循环左移函数（_crol_）、字节位循环右移函数（_cror_）、位左移（<<）、位右移（>>）、与（&）、或（|）、取反（～）、异或（^）、非（!）等。要注意，对于单个位，非（!）操作与取反（～）操作是等价的；但对于单个位以外的其他类型或定义，其操作则不等价。

下面是有关位操作的几个简单应用。

例如，将 P1 的 P1.7～P1.0 引脚逐个循环轮流置 1，可先设字节变量 c = 0x01，然后在循环语句中执行 c = _cror_(c,1)，并使 P1 = c，这样即可使 P1 依次为 10000000,01000000,00100000,…,00000001，如此重复。如果要将 P1.7～P1.0 引脚逐个循环轮流置 0，可先设 c = 0xFE，然后使用同样的循环移位操作即可。对于这两项操作，如果已经有循环语句及控制变量 i（取值为 0～7），还可以有 P1 = 0x80>>i 及 P1=～(0x80>>i)语句。这类位操作在 LED 流水灯或集成式数码管位扫描中时常会被用到。

又如，已知 P2.3 连接外部 LED 或蜂鸣器，如果要使 LED 闪烁或蜂鸣器发声，可先定义 sbit LED = P2^3 或 sbit BEEP = P2^3，然后在循环语句中执行语句 LED = ～LED 或 BEEP = ～BEEP 即可。对于独立的位定义，执行取反（～）与非（!）操作效果是一样的，但对于字节变量则是不同的。对于这里的 LED 闪烁或蜂鸣器发声操作，可以使用等效语句 LED = !LED 及 BEEP = !BEEP。

如果熟悉“异或”操作符，还可以用 P2 ^= (1<<3)这样的写法。这个写法可以省略位定义。

另外，在本书 4×4 键盘矩阵扫描程序中，假设 P1 端口高 4 位引脚连接矩阵行，低 4 位引脚连接矩阵列。为判断 16 个按键中是否有键被按下，通常会先在矩阵行上发送 4 位扫描码 0000，即 P1 = 0x0F，然后检查矩阵列上是否出现 0。这时，使用位操作语句：

```
        if ( (P1 & 0x0F) != 0x0F) {//有键按下}
```

由于“!=”的优先级高于“&”，因此要给该语句中的“与操作”表达式加括号。

在本书涉及的多个字符液晶显示器案例中，当向连接在 P0 端口的液晶屏发送显示数据时，要先判断液晶屏是否忙。因此，又有类似语句：

```
        if ( (P0 & 0x80) == 0x80) {//液晶屏忙}
```

1.7　变量、存储类型与存储模式

全局变量定义在函数外面。全局变量的生命期从所定义的地方开始，其后面的所有函数都可以读/写该全局变量。在本书有关案例中，在使用定时/计数器（Timer/Counter）时，为得到更大的延时值，程序中定义了全局变量 tCount，并在定时器中断内对该变量累加，从而得到更大的延时值。如果源程序中其他位置不使用该变量，则 tCount 可放在中断函数的上一行，而不必放在程序最前面。

静态（static）变量具有固定的内存定位。如果在某个函数内部定义了静态变量及初始值，仅在该函数被首次调用时，该静态变量将被初始化，此后对该函数的调用都不会再初始化该变量，这类似于定义了一个专属于该函数的全局变量。在有关定时器案例中，为通过软件实现更长的延时，常常在定时器溢出中断函数内部定义 static u8 tCount=0，通过在每次溢出中断发生时，累加 tCount 变量来实现更长的延时。

局部变量定义在函数内部。对于循环及其他的临时计算应尽可能使用局部变量。作为优化处理的一部分，编译程序会试图将局部变量维持在寄存器中。寄存器访问是最快的内存访问类型，特别是对于 unsigned char 和 unsigned int 类型的变量。

外部（extern）变量用于声明当前 C 语言程序要使用，且定义在当前项目内其他 C 语言程序文件中的变量。例如，某单片机程序项目由 2 个以上 C 语言程序文件构成；当前 C 语言程序文件中有定义 extern u8 x，这表示变量 x 是一个外部变量，它定义在项目内其他 C 语言程序文件内。

易变型（volatile）变量表示一个单变量或数组的值是会随时变化的，即使程序没有专门对其进行任何赋值操作。例如，作为输入的 I/O 端口，其引脚值将随时可能被用户改变；在中断函数内被修改的变量相对于主程序流程来讲也是随时变化的；很多特殊功能寄存器的值也将随着指令的运行而动态改变。所有这些类型的变量要注意将它们明确定义成“volatile”类型，该类型定义可通知编译器在优化处理过程中不能无故消除它们。

在单片机 C 语言程序中断函数内，凡是修改的是全局变量或全局数组，而这些变量或数组又被主程序或其他函数引用，则要注意添加 volatile 关键字。

在 8051 单片机中，程序存储器（ROM）与数据存储器（RAM）是严格分开的，特殊功能寄存器与片内 RAM 统一编址，这与一般微型计算机的存储结构是不同的。

Keil C51 编译器完全支持 8051 单片机硬件结构，可完全访问 8051 单片机的硬件系统的所有部分。Keil C51 编译器通过将变量、常量定义成不同的存储类型（data、bdata、idata、pdata、xdata、code），从而将它们定位在不同的存储区中。表 1-9 列出了 Keil C51 存储类型与 8051 单片机存储空间的对应关系。

表 1-9　Keil C51 存储类型与 8051 单片机存储空间的对应关系

存储类型	与存储空间的对应关系	地 址 范 围
data	直接寻址片内 RAM（前 128B）	00H～7FH
bdata	可位寻址片内 RAM，允许位与字节混合访问（16B）	20H～2FH
idata	间接寻址片内 RAM，可访问片内全部 RAM 空间	00H～FFH
pdata	分页寻址片外 RAM（256B），编译后由 MOVX @Rn 访问，地址高 8 位保存在 P2 接口	00H～FFH
xdata	片外 RAM（64KB），编译后由 MOVX @DPTR 访问	0000H～FFFFH
code	ROM（64KB），编译后由 MOVC @A+DPTR 访问	0000H～FFFFH

data、bdata、idata 存储类型将数据定位在片内 RAM 中，且只需要 8 位地址。

Keil C51 编译器提供了两种片外存储类型：xdata 和 pdata。指定为 xdata 存储器类型的数据保存在最大空间为 64KB 的片外 RAM 中。通过 P0 与 P2 端口给出的 16 位地址（2^{16}=64KB）可访问片外空间中的任意位置，但是 64KB 地址空间并非总是用于存储器寻址的，单片机外围扩展设备地址也可以映射到存储器空间（Memory Space）。这样，C 语言程序在访问外围设备时所使用语句与访问扩展内存的语句是相同的，并将这种技术称为内存映射 I/O 技术。本书有关 8255 和部分字符及图形液晶显示案例使用的就是这种技术。pdata 存储类型的数据保存在最大空间为一页的 256B 片外 RAM 中，而页地址则由 P2 接口提供。

在扩展片外存储器或外部设备时，源程序必须包含绝对内存访问（Absolute Memory Access）头文件 absacc.h。该文件中有宏定义：

```
#define XBYTE ((unsigned char volatile xdata *) 0)
```

由其中的 XBYTE 定义可知，表达式 XBYTE[地址] 或 *(XBYTE +地址) 均可用来读/写片外 RAM 空间的字节数据。在有关 62256 扩展内存案例中就使用了该表达式访问片外 RAM。该表达式相当于汇编语言中的 MOVX @DPTR 语句。

对于 STC15 单片机而言，上述关于片内与片外的描述是相对的，要真正选择片外存储，还需要 AUXR 寄存器的 EXTRAM 位配合。

在涉及数码管显示、图像与文字显示的案例中，由于数码管段码是固定的，待显示的图像或文字点阵数据也是固定的，将这些数据全部保存在 RAM 中会占用太多宝贵的空间，甚至导致编译失败并提示变量定义超出了 RAM 空间。这是因为单片机的 RAM 空间本来就是非常有限的。在使用 C 语言开发单片机程序时，应将那些运行过程中不会发生变化的数据定义为 code 存储类型，以保证将这些数据分配到 Flash ROM 中而不是 RAM 中。

定义变量时如果省略存储类型，编译程序将自动选择默认存储类型。默认存储类型有小模式（Small）、紧缩模式（Compact）和巨模式（Large）限制，存储模式决定了变量的默认存储类型、参数传递区和未指明存储类型变量的存储类型。表 1-10 列出了这 3 种存储模式及相关说明。

表 1-10　3 种存储模式及相关说明

存储模式	参数及局部变量分配	默认存储类型/空间大小
Small	放入可直接寻址的片内 RAM	data/128B
Compact	放入片外分页 RAM	pdata/256B
Large	放入片外 RAM	xdata/64KB

在固定的存储器地址上进行变量传递是 Keil C51 的特征之一。在 Small 模式下，参数传递在片内 RAM 中完成，Compact 和 Large 模式允许参数在片外 RAM 中传递。模式选择可在 Keil C51 项目选项窗口中的 Target 选项卡下完成，默认选择的是 Small 模式。

1.8　关于 C 语言运算符的优先级

设计 8051 单片机 C 语言程序时，涉及大量表达式的编写，对于多种类型运算符组合的表达式，要注意它们的优先级。表 1-11 给出了标准 C 语言运算符优先级，可作为阅读全书源程序及进行编程实践时的参考资料。例如，为判断从 P1 端口读取的低 3 位引脚信号是否全为“1”，可用如下语句：

```
if((P1 & 0x07) == 0x07){…}
```

如果将上述语句误写成：

```
if(P1 & 0x07 == 0x07){…}
```

在编译时不会提示任何错误，因为该语句的语法是正确的，但显然未实现所要求的目标。因为由表 1-11 可知，位运算符“&”的优先级低于关系运算符“==”的优先级，故要将“P1 & 0x07”单独添加“( )”以提升其优先级。

表 1-11　标准 C 语言运算符优先级

优 先 级	运 算 符	名称或含义	使 用 形 式	结 合 方 向
1	[]	数组下标	数组名[常量表达式]	左到右
	()	圆括号	（表达式）、函数名（形参表）	
	.	成员选择（对象）	对象.成员名	
	->	成员选择（指针）	对象指针->成员名	
2	-	负号运算符	-表达式	右到左
	（类型）	强制类型转换	（数据类型）表达式	
	++	递增 1	++变量名、变量名++	
	--	递减 1	--变量名、变量名--	
	*	根据指针（地址）取值	*指针变量	

续表

<table>
<tr><th>优 先 级</th><th>运 算 符</th><th>名称或含义</th><th>使 用 形 式</th><th>结 合 方 向</th></tr>
<tr><td rowspan="4">2</td><td>&</td><td>取地址</td><td>&变量名</td><td rowspan="4"></td></tr>
<tr><td>!</td><td>逻辑非</td><td>!表达式</td></tr>
<tr><td>~</td><td>按位取反</td><td>~表达式</td></tr>
<tr><td>sizeof</td><td>取数据类型长度</td><td>sizeof（数据类型）</td></tr>
<tr><td rowspan="3">3</td><td>/</td><td>除（或整除）</td><td>表达式/表达式</td><td rowspan="3">左到右</td></tr>
<tr><td>*</td><td>乘</td><td>表达式*表达式</td></tr>
<tr><td>%</td><td>取余数（取模）</td><td>整型表达式%整型表达式</td></tr>
<tr><td rowspan="2">4</td><td>+</td><td>加</td><td>表达式+表达式</td><td rowspan="2">左到右</td></tr>
<tr><td>−</td><td>减</td><td>表达式−表达式</td></tr>
<tr><td rowspan="2">5</td><td><<</td><td>左移</td><td>变量<<表达式</td><td rowspan="2">左到右</td></tr>
<tr><td>>></td><td>右移</td><td>变量>>表达式</td></tr>
<tr><td rowspan="4">6</td><td>></td><td>大于</td><td>表达式>表达式</td><td rowspan="4">左到右</td></tr>
<tr><td>>=</td><td>大于等于</td><td>表达式>=表达式</td></tr>
<tr><td><</td><td>小于</td><td>表达式<表达式</td></tr>
<tr><td><=</td><td>小于等于</td><td>表达式<=表达式</td></tr>
<tr><td rowspan="2">7</td><td>==</td><td>等于</td><td>表达式==表达式</td><td rowspan="2">左到右</td></tr>
<tr><td>!=</td><td>不等于</td><td>表达式!=表达式</td></tr>
<tr><td>8</td><td>&</td><td>按位与</td><td>表达式&表达式</td><td>左到右</td></tr>
<tr><td>9</td><td>^</td><td>按位异或</td><td>表达式^表达式</td><td>左到右</td></tr>
<tr><td>10</td><td>|</td><td>按位或</td><td>表达式|表达式</td><td>左到右</td></tr>
<tr><td>11</td><td>&&</td><td>逻辑与</td><td>表达式&&表达式</td><td>左到右</td></tr>
<tr><td>12</td><td>||</td><td>逻辑或</td><td>表达式||表达式</td><td>左到右</td></tr>
<tr><td>13</td><td>? :</td><td>三目条件运算符</td><td>表达式 1?表达式 2 : 表达式 3</td><td>右到左</td></tr>
<tr><td rowspan="11">14</td><td>=</td><td>赋值</td><td>变量=表达式</td><td rowspan="11">右到左</td></tr>
<tr><td>/=</td><td>除后赋值</td><td>变量/=表达式</td></tr>
<tr><td>*=</td><td>乘后赋值</td><td>变量*=表达式</td></tr>
<tr><td>%=</td><td>取模后赋值</td><td>变量%=表达式</td></tr>
<tr><td>+=</td><td>加后赋值</td><td>变量+=表达式</td></tr>
<tr><td>−=</td><td>减后赋值</td><td>变量−=表达式</td></tr>
<tr><td><<=</td><td>左移后赋值</td><td>变量<<=表达式</td></tr>
<tr><td>>>=</td><td>右移后赋值</td><td>变量>>=表达式</td></tr>
<tr><td>&=</td><td>按位与后赋值</td><td>变量&=表达式</td></tr>
<tr><td>^=</td><td>按位异或后赋值</td><td>变量^=表达式</td></tr>
<tr><td>|=</td><td>按位或后赋值</td><td>变量|=表达式</td></tr>
<tr><td>15</td><td>,</td><td>逗号运算符</td><td>表达式,表达式,…</td><td>左到右</td></tr>
</table>

1.9 字符编码

在设计英文或数字等字符（字符串）显示程序或串口收发信息等程序时，必须熟悉标准的ASCII编码表。ASCII编码（0x00～0x7F）如表1-12所示。由表1-12可知：

- 数字字符'0'～'9'的ASCII编码为0x30～0x39，与数字0～9的ASCII编码差值为0x30。两者在相互转换时可±0x30或者直接±'0'。
- 英文字符'A'～'Z'、'a'～'z'的ASCII编码为0x41～0x5A、0x61～0x7A。英文字符在大小写转换时可±0x20（因为0x61 - 0x41 = 0x20）。
- 字符串结束标识符'\0'的ASCII编码为0x00，即NUL或NULL（非打印字符）。
- 常用的空格字符（SP/SPACE）的ASCII编码为0x20。
- 在向串口发送字符串时，常以回车符/换行符（CR/LF）为结束标志，回车符/换行符的ASCII编码分别为0x0D、0x0A。
- 表1-12中前两行所列出的其他特殊控制字符（Control Characters）虽然多数已被废止，但有部分控制字符名称仍应用于某些现代产品设计。

表1-12 ASCII编码（0x00～0x7F）

ASCII	0	1	2	3	4	5	6	7	8	9	A	B	C	D	E	F
0	NUL	SOH	STX	ETX	EOT	ENQ	ACK	BEL	BS	HT	LF	VT	FF	CR	SO	SI
1	DLE	DC1	DC2	DC3	DC4	NAK	SYN	ETB	CAN	EM	SUB	ESC	FS	GS	RS	US
2	SP	!	"	#	$	%	&	'	(	)	*	+	,	-	.	/
3	0	1	2	3	4	5	6	7	8	9	:	;	<	=	>	?
4	@	A	B	C	D	E	F	G	H	I	J	K	L	M	N	O
5	P	Q	R	S	T	U	V	W	X	Y	Z	[	\	]	^	_
6	`	a	b	c	d	E	f	g	h	i	j	k	l	M	n	o
7	p	q	r	s	t	U	v	w	x	y	z	{	|	}	～	DEL

例如，某种射频读卡器（RFID）模块所设计的链路层协议以STX、ETX（文本起始符/结束符）作为数据帧的起始标识符，不过该厂商将STX与ETX的编码定义为0x82与0x83。另外，表1-12中的应答与非应答字符（ACK/NAK/NACK），其概念仍应用于全书所有有关I^{2}C器件的程序设计，所不同的是I^{2}C协议中的应答与非应答仅仅是一个脉冲位（0/1），而不再是一个字节编码。

在实际应用过程中，如果临时要查询某些字符编码，包括中文字符编码，可先用记事本（NotePad）输入字符内容，然后用超级编辑器（UltraEdit）打开，切换到十六进制模式查看字符编码。

用NotePad与UltraEdit获取字符编码如图1-15所示。从图1-15中可以看到，用NotePad输入的字符（包括中文字符）以及在UltraEdit中查看的十六进制字符编码的效果。UltraEdit不仅显示了所输入英文数字等字符的ASCII编码（小于0x80），而且显示了所输入汉字的内码。例如，“8051单片机C语言程序设计”的编码为“38 30 35 31 B5 A5 C6 AC BB FA 43 D3 EF D1 D4 B3 CC D0 F2 C9 E8 BC C6”。在图1-15的标底色编码部分，除“38 30 35 31”与“43”为数字与英文半角字符“8、0、5、1、C”的编码以外，其他编码全部大于或等于0xA0，且每两字节（汉字内码）表示一个汉字。8051单片机虽然支持在源程序中直接使用中文字符串或中英文混合字符串，且偶尔会编译正常通过，但实际运行时却会出现异常的情况，此时可考虑将中文字符串以编码（汉字内码）的方式提供。

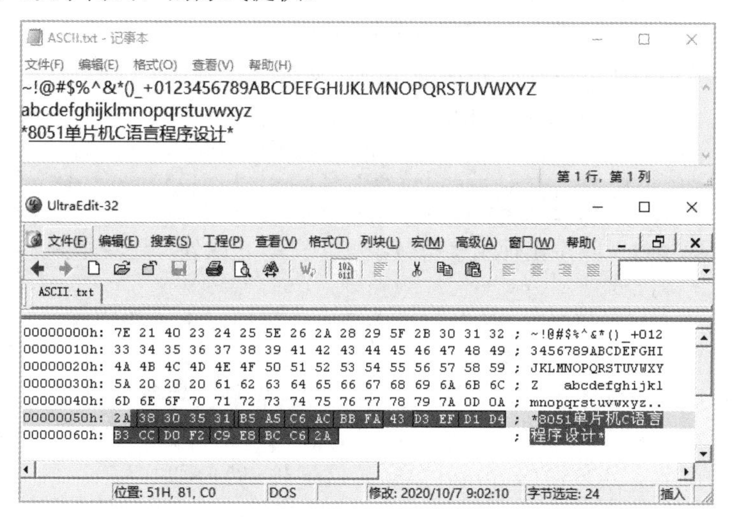

图 1-15　用 NotePad 与 UltraEdit 获取字符编码

1.10　数组、字符串与指针

大量单片机应用程序设计会用到数组定义，例如，下面的数组 SEG_CODE 定义了 0～9 的七段数码管段码表：

```
code u8 SEG_CODE[] = {0xC0,0xF9,0xA4,0xB0,0x99,0x92,0x82,0xF8,0x80, 0x90};
```

由于程序运行过程中 SEG_CODE 数组数据保持不变，因此上述语句将存储类型设为 code。如果将 code 改为 data 也不会影响程序的运行，但程序运行时数组会被分配到 RAM 中，而不是仅占用 Flash ROM 空间。在 Small 模式下，省略 code 相当于将程序存储类型设为默认的 data 类型。

编写单片机 C 语言程序时，如果定义的数组元素是动态变化的，则它必须被定义在 RAM 中。由于 data 类型仅允许使用 128B 内存，如果编译时提示 RAM 空间不够，可尝试将 data 改为 idata，例如：

```
u8 idata Sort_Result[200];
```

另外，存储类型 code、data 和 idata 还可以放到数据类型前面。

字符串类型在单片机 C 语言程序设计中也会被大量使用，例如，下面的字节串定义：

```
char s[20] = "Current Voltage:";
char s[20] = {"Current Voltage:"};
char s[20] = {'C','u','r','r','e','n','t',
             ' ','V','o','l','t','a','g','e',};
```

这 3 种定义是相同的，它们都占用 20B 存储空间，实际串长均为 16 个字符，且最后未明确赋值的 4 个字节全部为 0x00（即'\0'）。在液晶屏上显示这类字符串时，可用以下方法：

```
① for(i = 0; i < 16; i++)           {//显示字符 s[i]};
② for(i = 0; i < strlen(s); i++)    {//显示字符 s[i]};
③ i = 0; while (s[i++]!= '\0')      {//显示字符 s[i]};
```

要注意的是，如果字符串长为 16，而字符数组空间也只固定给出了 16B，那么上述方法中的后两种就不可靠了。这是因为最后一个字符后面不一定是字符串结束标志'\0'（0x00）。

字符串还可以这样定义：

```
char s [] = "Current Voltage:";
char *s = "Current Voltage:";
```

这两种定义也是相同的，其字符串长均为 16 个字符，所占用存储空间均为 17B。这是因为字符串末尾被自动附加了结束标志字节 0x00（'\0'）。

在已知字符串长时，上述 3 种字符串显示方法均可使用。在字符串长未知时，可使用上述方法中的后两种。另外，上述显示方法还可以改写成：

```
for(i = 0; i < 16; i++)          {//显示字符*(s+i)};
for(i = 0; i < strlen(s); i++) {//显示字符*(s+i)};
i = 0; while (*(s+i)!= '\0')    {//显示字符*(s+i); i++;};
```

在编写 C 语言程序时，除了常使用字符数组（字符串）以外，还会用到字符串数组，例如：

```
char s[][20] = {"Current Voltage:","Counter:      ","TH:     TL:     "};
```

如果要在液晶屏上显示“Counter:”这个字符串，可用以下语句实现：

```
for(i = 0; i < strlen(s[1]);i++) {//显示字符 s[1][i]};
```

在英文字符液晶屏上显示数值时，要将待显示数据转换为字符串。这时，可用此前提到的数据位分解方法，先分解出各位数字，然后加上 0x30（'0'）得到对应数字的 ASCII 编码。

另一种更为简单的方法是使用 sprintf 函数，示例代码如下：

```
char Buf[10];
float x = -123.45;
sprintf(Buf, "%8.2f", x);
```

上述语句运行后，Buf 会被以下字节填充：

```
0x20,0x2D,0x31,0x32,0x33,0x2E,0x34,0x35,0x00,0x00
```

这些字节代表字符串“ –123.45”，其最前面有一空格，用于填充使其总长到 8 字符，该字符串可直接送液晶屏显示。Keil C 跟踪 Buf 的填充效果如图 1-16 所示。

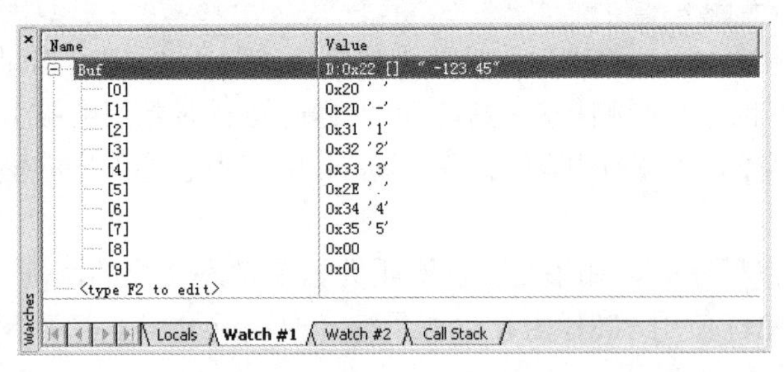

图 1-16　Keil C 跟踪 Buf 的填充效果

如果已经有语句：

```
char Buf[25] = "Result:               ";
```

语句 sprintf(Buf + 7, "%8.2f", x)会使 Buf 中的字符串变为“Result: -123.45”。此外，可以使用下面的语句得到同样的结果：

```
char Buf[25];
sprintf(Buf, "Result:%8.2f", x) ;
```

另外，C 语言还提供了与字符串有关的数据转换函数 atoi、atol、atof、strtod、strtol、strtoul。在程序设计中涉及数据输入/输出、运算与显示时，可以恰当使用这些函数。

指针是 C 语言的重要特色之一，对于语句：

```
u8 d[10] = {1,2,3,4,5,6,7,8,9,10};
u8 *pd = d;
```

pd 指向数组 d 中的第 0 个字节。显示数组内容可使用下面的代码：

```
for(i = 0;i < 10; i++) {//输出 d[i]、*(pd+i)、*pd++ 或 *(d+i)};
```

但是不能使用下面的代码：

```
for(i = 0;i < 10; i++) {//输出*d++};
```

数组名 d 虽然也是第 0 个字节的地址，但它不能在运行过程中改变，尽管数组名同样是数组中第 0 个元素的指针。某些函数定义中的形参为数组，调用函数时给出的实参常为指向同类型数据的指针，反之形参为指针，实参为数组名也很常见。

此前讨论的字符串示例中也出现了指针应用，这些应用同样要熟练掌握。

由于 8051 及其派生系列单片机具有独特的结构，Keil C51 支持以下两种不同类型的指针。

1. 通用指针

上述示例 u8 *pd 中的 pd 就是通用指针。其指针声明与标准 C 语言完全一样。其特点是总用 3 个字节来存储指针，第 1 个字节表示存储器类型，第 2、3 个字节分别是指针所指向数据地址的高字节和低字节。这种定义很方便但执行速度较慢，在所指向的目标空间不明确时普遍使用。

2. 存储器指针

存储器指针在定义时指明了存储器类型，并且总指向特定的存储器空间（片内 RAM、片外 RAM 或 ROM），例如：

```
char    data    *str;
int     xdata   *pd;
u32     code    *pul;
```

由于定义中已经指明了存储器类型，因此相对于通用指针而言，存储器指针第一字节被省略了。对于 data、bdata、idata 存储器类型，存储器指针仅需要 1 个字节，因为它们的寻址空间都在 256B 以内。对 code 和 xdata 存储类型，存储器指针则需要 2 个字节，因为它们的寻址空间最大为 64KB。

使用存储器指针比使用通用指针所占存储空间小、执行速度更快。在存储空间一定时，建议使用存储器指针。如果存储空间不确定，则使用通用指针。

1.11 流程控制

用 C 语言开发的单片机程序中，会大量出现流程控制语句 if、switch、for、while、do while、goto。下面仅对单片机程序中几个不同于常规的流程控制语句作简要说明，例如：

```
P1 = 0xFF;
if (P1 != 0xFF) {//执行相应操作}
```

初学者可能会奇怪，这里的 if 语句条件不是永远不会成立吗？实际情况是：P1 引脚外接一组按键，而各按键一端连接 P1 引脚、另一端接地；如果按键中有一个或多个被按下，即使 P1 先被赋值为 0xFF，在执行 if 语句之前 P1 的值仍会被按键改变，它可能不再是初始值 0xFF。可见，在用 C 语言开发单片机程序时，对某寄存器或端口赋值不同于标准 C 语言给某变量赋值，寄存器或端口不会一直保持所赋的值，其值会随时因外部影响而改变。

在用 if 语句进行多路平行判断时，宜改用 switch 语句编写程序。使用 switch 语句时要注意各 case 后的 break 语句，恰当地使用 break 和省略 break 可以使分支独立，或者使多个 case 分支共同使用某段操作。

在主程序中还会经常有这样的代码：

```
while (1) {
   //循环体;
}
```

用标准 C 语言编写程序时，这段代码中的循环体内必定有退出循环的语句存在。但是在用 C 语言编写单片机程序时会发现，几乎所有类似程序中都找不到退出循环的语句。这是因为单片机系统不同于普通的软件系统，一旦开始运行就会一直运行下去，并始终对外部操作或状态变化做出实时响应及处理，除非系统关闭或出现异常情况。

在很多单片机C语言程序中，还常常会发现主程序最后有一行代码：

```
while(1); 或 for(;;);
```

这显然是两个死循环语句，使用了上述语句的C语言程序中，外部事件的处理工作多数被放在中断函数内；主程序一旦完成若干初始化工作后就不再执行其他操作，且会一直停留在死循环所在行。该语句相当于汇编语言程序中最后面常见的语句：JMP $。

1.12 可重入函数和中断函数

Keil C51编译器在标准C语言函数上提供了很多扩展功能。

- 使用关键字reentrant指定函数是否可重入或可递归。
- 使用关键字interrupt将某函数定义为中断函数。
- 使用关键字using选择函数使用的寄存器组。

在标准C语言中调用函数时，函数参数及局部变量将被压栈。由于8051单片机内部堆栈空间有限，为提高效率，Keil C51编译器没有默认提供这种堆栈方式，而是为每个函数设置固定空间，用于存放局部变量。正是因为这种特征，普通Keil C51函数不能被递归调用，且在重入时，此前的参数值和局部变量将被覆盖。

在单片机C语言程序设计中，定义为可重入的函数允许在函数体内调用自身，可重入函数在被递归调用或多重调用时不必担心变量被覆盖。因为每次调用时局部变量会被单独保存（压栈），如果编写的函数必须重入，则函数须参照下面的示例编写：

```
void Comm1(int a,int b) reentrant {
  //局部变量;
  //函数代码;
}
```

在设计递归程序时，必须将递归函数声明为reentrant，这一点不同于标准C语言函数。另外，在单片机程序中，如果一般函数Function1和中断函数INT_Fx都可能调用同一个函数Comm1，那么Comm1也必须设为可重入，而这种调用并非递归调用。因为Function1正在调用Comm1时，中断事件的发生会使中断函数INT_Fx打断Function1对它的调用，开始也调用Comm1，这时Comm1必须具有保护现场的能力，因此reentrant关键字是必需的。

中断函数又称中断服务程序、中断例程、中断例行程序等。中断函数设计是单片机C语言程序设计技术中的重要内容。下面是一个中断函数示例，中断号由interrupt关键字设置：

```
void T0_INT() interrupt 1 using 1 {
  //T0 中断函数代码
}
```

中断函数调用与普通C语言函数调用是不一样的。中断事件发生后，示例中的“T0_INT”中断函数被自动调用，并没有函数参数，也没有返回值。用interrupt关键字将某函数设为中断函数会对生成的目标代码造成以下影响。

- 在必要时特殊功能寄存器ACC、B、DPH、DPL及PSW的内容被保存到堆栈中。
- 如果没有使用using关键字指明寄存器组，中断函数中的所有工作寄存器将被保存到堆栈中。
- 退出中断函数时，所有保存在堆栈中的工作寄存器及特殊功能寄存器被恢复。
- 函数由8051单片机的RETI指令中止并返回。
- Keil C51编译器会为中断函数自动生成中断向量。

在上述代码中，using 1使中断函数使用寄存器组1；using可选择0～3，它们代表8051单片机的 4 个寄存器组；在中断函数中用 using 设置寄存器组，可使中断函数不使用堆栈保存和恢复数据。对于本书案例中的中断函数，调试时可自行添加 using 关键字选择寄存器组。

1.13 C 语言在单片机系统开发中的优势

C 语言是一种源于开发 UNIX 操作系统的语言，是一种结构化程序设计语言，可以生成非常紧凑的代码。与汇编语言相比，C 语言的优势如下。

- 用 C 语言编写的程序可读性强。
- 在不了解单片机指令系统而仅熟悉 8051 单片机存储结构时，就可以使用 C 语言开发单片机程序。
- 寄存器分配、不同存储器寻址及数据类型等细节可由编译器管理。
- 程序可分为多个不同函数，这使程序设计结构化。
- 编译器提供的库函数丰富，数据处理能力很强。
- 程序编写及调试时间短，开发效率远高于汇编语言。
- 已编写好的通用程序模块易于移植到新的单片机应用系统项目，进一步提高了程序开发效率。

第 2 章　Proteus 操作基础

Proteus 是英国 Labcenter 公司开发的电路分析、实物仿真及印制电路板设计软件，可以仿真、分析各种模拟电路与集成电路。Proteus 提供了大量模拟与数字元器件、外部设备、各种虚拟仪器（如电压表、电流表、示波器、逻辑分析仪、信号发生器等）。

最为特别的是，Proteus 还具备对单片机及其外围电路组成的综合系统的交互仿真功能，目前，Proteus 仿真系统支持的主流单片机有 ARM7（LPC21xx）、8051/52 系列、AVR 系列、PIC 10/12/16/18 系列、HC11 系列等，还支持当前的 Arduino、Raspberry、STM32 单片机，当前版还增加了对国产 STC8051（STC15）单片机的支持。Proteus 支持的第三方软件开发、编译和调试环境有 Keil μVision、Atmel Studio、MPLAB IDEx 等。

2.1　Proteus 操作界面简介

Proteus 主要由 ISIS 和 ARES 两部分组成。ISIS 的主要功能是原理图设计及与电路原理图的交互仿真。ARES 主要用于印制电路板的设计。

ISIS 提供的 Proteus VSM（Virtual System Modelling）实现了混合式的 SPICE 电路仿真。ISIS 将虚拟仪器、高级图表应用、单片机仿真、第三方程序开发与调试环境有机结合，在搭建硬件模型之前即可在 PC 上完成原理图设计、电路分析与仿真，以及单片机程序实时仿真、测试及验证。

本书主要利用 ISIS 进行单片机系统案例的原理图设计，并在原理图上进行单片机 C 语言程序调试与仿真。图 2-1 是 Proteus ISIS 8.10 的操作界面，窗口左边是含有 3 个组成部分的模式选择工具栏，主要包括主模式图标、部件模式图标和二维图形模式图标。表 2-1～表 2-3 给出了这些 Proteus 模式图标的功能说明。

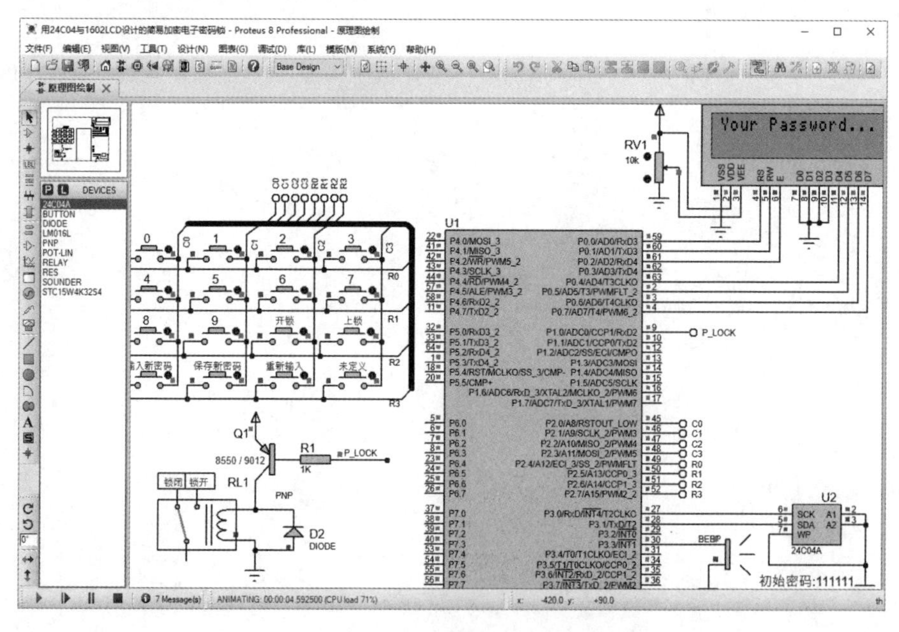

图 2-1　启动 Proteus ISIS 8.10 后的操作界面

表 2-1　主模式图标的功能说明

主模式图标	功能说明
选择模式（Selection Mode）	用于选取仿真电路图中的元器件等对象
元器件模式（Component Mode）	用于在元器件库中选取各种元器件
连接点模式（Junction Dot Mode）	用于在电路中放置连接点
连线标签模式（Wird Label Mode）	用于放置或编辑连线标签
文本脚本模式（Text Script Mode）	用于在电路中输入或编辑文本
总线模式（Buses Mode）	用于在电路中绘制总线
子电路模式（Subcircuit Mode）	用于在电路中放置子电路框图或子电路元器件

表 2-2　部件模式图标的功能说明

部件模式图标	功能说明
终端模式（Terminals Mode）	提供各种终端，如输入端、输出端、电源和地等
设备引脚模式（Device Pins Mode）	提供 6 种常用的元器件引脚
图形模式（Graph Mode）	列出可供选择的各种仿真分析所需要的图表，如模拟分析图表、数字分析图表、频率响应图表等
磁带记录器模式（Tape Recorder Mode）	对原理图分析分割仿真时用来记录前一步的仿真输出信号，作为下一步仿真的输入信号
发生器模式（Generator Mode）	用于列出可供选择的模拟和数字激励源，如正弦波信号、数字时钟信号及任意逻辑电平序列等
电压探针模式（Voltage Probe Mode）	用于记录模拟或数字电路中探针处的电压值
电流探针模式（Current Probe Mode）	用于记录模拟电路中探针处的电流值
虚拟仪器（Virtual Instruments Mode）	用于提供虚拟仪器，包括示波器、逻辑分析仪、虚拟终端、SPI 调试器、I2C 调试器、直流与交流电压表、直流与交流电流表

表 2-3　二维图形模式图标的功能说明

二维图形模式图标	功能说明
直线模式（2D Graphics Line Mode）	用于在创建元器件时绘制直线，或者直接在原理图中绘制直线
框线模式（2D Graphics Box Mode）	用于在创建元器件时绘制矩形框，或者直接在原理图中绘制矩形框
圆圈模式（2D Graphics Circle Mode）	用于在创建元器件时绘制圆圈，或者直接在原理图中绘制圆圈
封闭路径模式（2D Graphics Close Path Mode）	用于在创建元器件时绘制任意多边形，或者直接在原理图中绘制多边形
文本模式（2D Graphics Text Mode）	用于在原理图中添加说明文字
符号模式（2D Graphics Symbol Mode）	用于从符号库中选择各种元器件符号
标记模式（2D Graphics Markers Mode）	用于在创建或编辑元器件、符号、终端、引脚时产生各种标记图标

以上介绍了模式选择工具栏中的各种模式图标。紧挨着模式选择工具栏的两个小窗口分别是预览窗口和对象选择窗口。预览窗口显示的是当前仿真电路的缩略图。对象选择窗口列出的是当前仿真电路中用到的所有元器件、终端、虚拟仪器等。当前所显示的可选择对象与当前所选择的模式图标对应。

Proteus 主窗口（右边的大面积区域）是仿真电路原理图（Schematic）编辑窗口。下面将介绍该窗口中仿真电路原理图的设计与编辑。Proteus 主窗口最下面还有旋转与镜像、仿真运行、暂停及停止等控制按钮。

2.2 仿真电路原理图设计

本书案例以 STC 单片机为核心，在设计原理图时，可根据当前电路复杂程度和特定要求，在 Proteus 提供的模板中选择恰当的模板进行设计。打开模板时可单击“文件/新建设计”（File/New Design）菜单，打开“创建新设计”（Create New Design）对话框，然后选择相应模板。直接单击工具栏上的“新文件”（New File）按钮时，Proteus 会以默认模板建立原理图文件，调整图样大小或样式时可单击“系统/设置图样尺寸”（System/Set Paper Size）菜单进行设置。默认图样背景是灰色的，如果要改成其他背景颜色，以白色为例，可单击菜单“模板/设置设计默认值”（Template/Set Design Default）菜单，将对话框中的“图样颜色”（Paper Colour）改成白色。

创建空白文件后，建议在开始后续操作之前先将 pdsprj 文件保存到指定位置，然后向原理图中添加元器件。单击模式工具栏上的元器件模式（Component Mode）图标，对象选择窗口上会出现设备（DEVICE）。对于空白 pdsprj 文件，对象选择器中不会显示任何元器件，这时可单击“P”（Pick）按钮，打开图 2-2 所示的元器件选择窗口，在元器件库中选择各种模拟元器件、数字芯片、微控制器、光电元器件、机电元器件、显示元器件等。

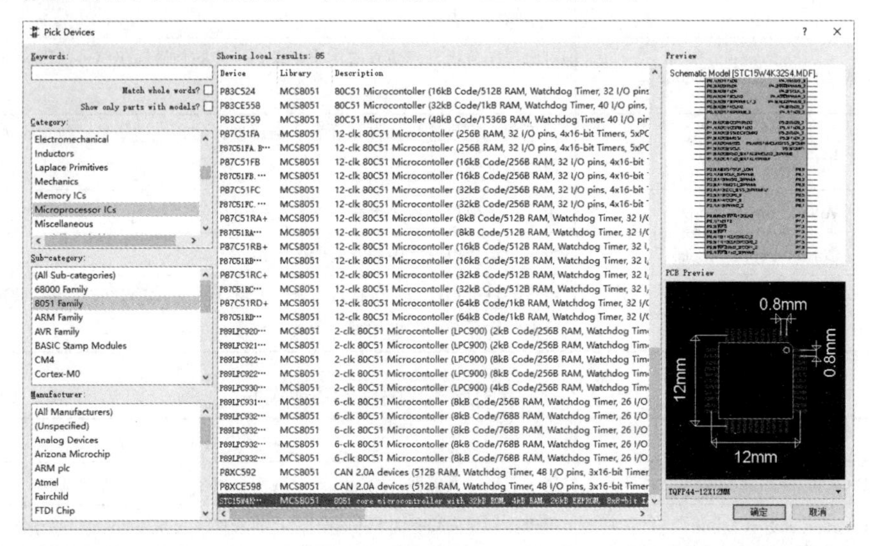

图 2-2　元器件选择窗口

放置在原理图中的所有元器件旁边都会出现<TEXT>，单击“模板/设置设计默认值”菜单，在打开的窗口中取消勾选“显示隐藏文本”（Show hidden text?）选项，可快速隐藏所有<TEXT>。

放置元器件后，单击便可以选中元器件。在元器件上双击可打开元器件属性窗口，而先右击再单击也可以打开属性窗口，连续两次右击则会删除元器件。主工具栏上还提供了在当前原理图内块复制（Block Copy）、块移动（Block Move）元器件或子电路的红绿色相间的工具按钮。对于选取的块电路，通过右键快捷菜单“复制到剪贴板”（Copy to Clipboard），可以很方便地将部分或全部电路或元器件复制到其他 pdsprj 文件中。

放置元器件后即可以开始连线，当光标指向连线的起始引脚时，在起始引脚上会出现红色小方框，这时单击，然后移动光标指向终点引脚再单击，连线即成功完成。如果连线过程中要按自己的要求拐弯，只要在移动光标的路径上单击要拐弯的地方即可。移动光标时还可以配合按 Ctrl 键，这样的连线会保持水平或垂直。

如果电路中并行的连线较多，或连接线路较长，这时可以使用模式选择工具栏中的总线模式（Buses Mode）图标绘制总线。绘制总线后，将起点出发的连线和到终点的连线都连接到总线上。要注意的是，这样连线时必须给各连线加上标签（Label）。标有同名标签的连线被认为是连通的。加标签时可直接在连线上右击，选“Place Wire Label”，或先单击模式选择工具栏中的标签模式（Label Mode）图标，然后移动光标指向连线，连线上出现“×”号时单击，在弹出的对话框中输入标签即可。

对于连接到总线的同样长度与形状的连线，可先绘制好其中一条。在绘制其他连线时，只要双击新的起点即可。

对于使用了总线的案例电路，连接到总线的双方（或多方）要进行对等同名标记。如果这些标记全部用逐个添加 Label 的方法完成，会浪费很多时间。为实现快速标记，Proteus 提供了专门的属性赋值工具（Property Assignment Tool），操作方法如下。

按下 A 键或单击菜单“Tools/ Property Assignment Tool”，打开图 2-3 所示窗口，在“字符串”文本框中输入“NET=D#”，计数初始值默认为 0，计数增量默认为 1，然后单击“确定”按钮。

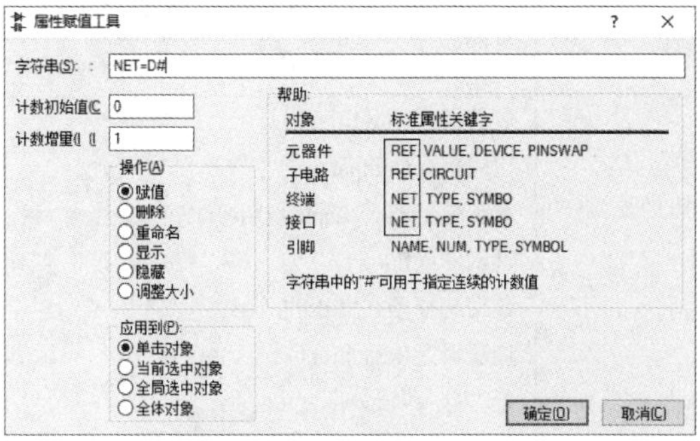

图 2-3　属性赋值工具窗口

接下来，将光标指向连接到总线的任意一条连线，指针旁边将出现绿色的“=”号，依次单击这些连线，它们会被分别标上 D0、D1、D2……显然，D#中的“#”号初始值为 Count，在单击过程中不断递增 1。

如果原理图中与总线的连线太多，且连线距离较长，原理图会显得非常复杂，通过属性赋值工具逐一单击输入 Label 的工作量也很大。例如，在“可接收串口信息的带中英文硬字库的 80×16 LED 点阵屏”案例中，为简化连线并快速标记，使用了大量的默认连接端子（TERMINALS/DEFAULT）。假设某 8 个端子要赋值为 R0～R7，可先选中这 8 个连接端子，然后打开“属性赋值工具”窗口，输入“NET=R#”，计数初始值与计数增量保持默认值，然后单击“确定”按钮，这 8 个端子的名称即可实现一次性快速批量标记。如果要赋值为 R8～R15，计数初始值应设为 8。如果一组端子要标记为 C0～C7，而显示出来的标记为 C7～C0，这时可将计数初始值设为 7，然后将计数增量设为−1。当前版本的 Proteus 不支持根据圈选方向自动设置递增方向。

上面讨论的是连线或端子的快速命名方法。类似地，如果要同时设置一组元器件的名称，例如，发光二极管 LED0～LED7，可在图 2-3 中输入“REF=LED#”，计数初始值默认为 0，计数增量默认为 1，单击“确定”按钮后，在电路图中逐个单击要命名的 LED 即可。如果要一次性命名 LED0～LED7，同样可以先圈选所有的 8 只 LED，再到“属性赋值工具”窗口中输入“REF=LED#”，计数初始值与计数增量保持默认值，最后单击“确定”按钮即可。

布线过程可能会遇到这样的问题：将一个 pdsprj 文件中的部分元器件或子电路复制到另一文件时，粘贴进来的部分元器件无法与电路中已有的元器件连线。这是因为两者在绘图时设置的网格分辨率不一样。遇到该问题时，可打开“查看”（View）菜单，选择不同的分辨率，分辨率越小越便于绘制密集的线条。

在设计电路原理图过程中，可能会有元器件加入 pdsprj 文件，但电路中没有使用该元器件，或者曾经使用过但随后又将其删除了。如果要将这些元器件从文件中彻底清除，可单击菜单“编辑/清理文件中没有用的元器件”（Edit/Tidy）。另外，单击“工具/材料清单”（Tools/Materials List）可以很方便地生成当前案例的所有元器件清单。

2.3　元器件选择

在设计仿真电路时，要从元器件库中选择所需要的元器件。在图 2-2 所示的窗口可输入所需元器件名的全称或部分名称，而在元器件拾取窗口可以进行快速查询。为便于选取元器件，表 2-4 给出了 Proteus 提供的所有元器件分类及子类。其中，CMOS 系列和 TTL 系列元器件多数子类是相同的，因此表 2-4 将它们列在同一行中。

表 2-4　Proteus 提供的所有元器件分类及子类

元器件分类	元器件子类
模拟芯片（Analogy ICs）	放大器（Amplifiers） 比较器（Comparators） 显示驱动器（Display Drivers） 过滤器（Filters） 数据选择器（Multiplexers） 稳压器（Regulators） 定时器（Timers） 基准电压（Voltage References） 杂类（Miscellaneous）
电容（Capacitors）	可动态显示充放电（Animated）电容 音响专用轴线（Audio Grade Axial）电容 轴线聚苯丙烯（Axial Lead Polypropylene）电容 轴线聚苯乙烯（Axial Lead Polystyrene）电容 陶瓷圆片（Ceramic Disc）电容 去耦片状（Decoupling Disc）电容 普通（Generic）电容 高温径线（High Temp Radial）电容 高温轴线电解（High Temperature Axial Electrolytic）电容 金属化聚酯膜（Metallised Polyester Film）电容 金属化聚烯（Metallised Ploypropene）电容 金属化聚烯膜（Metallised Ploypropene Film）电容 小型电解（Miniture Electrolytic）电容 多层金属化聚酯膜（Multilayer Metallised Polyester Film）电容 聚酯膜（Mylar Film）电容 镍栅（Nickel Barrier）电容 无极性（Non Polarized）电容 聚酯层（Polyester Layer）电容 径线电解（Radial Electrolytic）电容 树脂蚀刻（Resin Dipped）电容 钽珠（Tantalum Bead）电容 可变（Variable）电容 VX 轴线电解（VX Axial Electrolytic）电容

续表

元器件分类	元器件子类
连接器（Connectors）	音频接口（Audio） D 型接口（D-Type） 双排插座（DIL） 插头（Header Blocks） PCB 转接器（PCB Transfer） 带线（Ribbon Cable） 单排插座（SIL） 连线端子（Terminal Blocks） 杂类（Miscellaneous）
数据转换器（Data Converters）	模数转换器（A/D Converters） 数模转换器（D /A Converters） 采样保持器（Sample & Hold） 温度传感器（Temperature Sensors）
调试工具（Debugging Tools）	断点触发器（Breakpoint Triggers） 逻辑探针（Logic Probes） 逻辑激励源（Logic Stimuli）
二极管（Diodes）	整流桥（Bridge Rectifiers） 普通（Generic）二极管 整流管（Rectifiers） 肖特基（Schottky）二极管 开关管（Switching） 隧道（Tunnel）二极管 变容（Varicap）二极管 齐纳击穿（Zener）二极管
ECL 10000 系列（ECL 10000 Series）元器件	各种常用集成电路
机电（Electromechanical）	各类直流和步进电机
电感（Inductors）	普通电感（Generic） 贴片式电感（SMT Inductors） 变压器（Transformers）
拉普拉斯变换（Laplace Transformation）	一阶模型（1st Order） 二阶模型（2st Order） 控制器（Controllers） 非线性模式（Non-Linear） 算子（Operators） 极点/零点（Poles/Zones） 符号（Symbols）
存储芯片（Memory ICs）	动态数据存储器（Dynamic RAM） 电可擦除可编程存储器（EEPROM） 可擦除可编程存储器（EPROM） I^2C 总线存储器（I^2C Memories） SPI 总线存储器（SPI Memories） 存储卡（Memory Cards） 静态数据存储器（Static Memories）

续表

元器件分类	元器件子类
微处理器芯片（Microprocessor ICs）	68000 系列（68000 Family） 8051 系列（8051 Family） ARM 系列（ARM Family） AVR 系列（AVR Family） Parallax 公司微处理器（BASIC Stamp Modules） HCF11 系列（HCF11 Family） PIC10 系列（PIC10 Family） PIC12 系列（PIC12 Family） PIC16 系列（PIC16 Family） PIC18 系列（PIC18 Family） Z80 系列（Z80 Family） CPU 外设（Peripherals）
杂项（Miscellaneous）	含天线 ATA/IDE 硬盘驱动模型 单节与多节电池 串行物理接口模型 晶振 动态与通用保险 模拟电压与电流符号 交通信号灯
建模源（Modelling Primitives）	模拟（仿真分析）（Analogy（SPICE）） 数字（缓冲器与门电路）（Digital（Buffers & Gates）） 数字（杂类)（Digital（Miscellaneous)） 数字（组合电路)（Digital（Combinational）） 数字（时序电路)（Digital（Sequential）） 混合模式（Mixed Mode） 可编程逻辑器件单元（PLD Elements） 实时激励源（Realtime（Actuators）） 实时指示器（Realtime（Indictors））
运算放大器（Operational Amplifiers）	单路（Single）运算放大器 二路（Dual）运算放大器 三路（Triple）运算放大器 四路（Quad）运算放大器 八路（Octal）运算放大器 理想（Ideal）运算放大器 大量使用的（Macromodel）运算放大器
光电器件（Optoelectronics）	7 段数码管（7-Segment Displays） 英文字符与数字符号液晶显示器（Alphanumeric LCDs） 条形显示器（Bargraph Displays） 点阵显示器（Dot Matrix Displays） 图形液晶屏（Graphical LCDs） 灯泡（Lamp）

续表

元器件分类	元器件子类
光电器件（Optoelectronics）	液晶控制器（LCD Controllers） 液晶面板显示器（LCD Panels Displays） 发光二极管（LEDs） 光耦元件（Optocouplers） 串行液晶屏（Serial LCDs）
可编程逻辑电路与现场可编程门阵列（PLD & FPGA）	无子分类
电阻（Resistors）	0.6W 金属膜电阻（0.6W Metal Film） 10W 绕线电阻（10W Wirewound） 2W 金属膜电阻（2W Metal Film） 3W 金属膜电阻（3W Metal Film） 7W 金属膜电阻（7W Metal Film） 通用电阻符号（Generic） 高压电阻（High Voltage） 负温度系数热敏电阻（NTC） 排阻（Resistor Packs） 滑动变阻器（Variable） 可变电阻（Varistor）
仿真源（Simulator Primitives）	触发器（Flip-Flops） 门电路（Gates） 电源（Sources）
扬声器与音响设备（Speakers & Sounders）	无子分类
开关与继电器（Switchers & Relays）	键盘（Keypads） 普通继电器（Generic Relays） 专用继电器（Specific Relays） 按键与拨码开关（Switchs）
开关器件（Switching Devices）	双端交流开关元件（DIACs） 普通开关元件（Generic） 晶闸管（SCRs） 三端晶闸管（TRIACs）
热阴极电子管（Thermionic Valves）	二极真空管（Diodes） 三极真空管（Triodes） 四极真空管（Tetrodes） 五极真空管（Pentodes）
转换器（Transducers）	压力传感器（Pressure） 温度传感器（Temperature）
晶体管（Transistors）	双极性晶体管（Bipolar） 普通晶体管（Generic） 绝缘栅场效应管（Insulated Gate Bipolar Transistors，IGBT） 结型场效应晶体管（JFET） 金属-氧化物半导体场效应晶体管（MOSFET）

续表

元器件分类	元器件子类
晶体管（Transistors）	射频功率 LDMOS 晶体管（RF Power LDMOS） 射频功率 VDMOS 晶体管（RF Power VDMOS） 单结晶体管（Unijunction）
CMOS 4000 系列 （CMOS 4000 series） TTL 74 系列 （TTL 74 Series） TTL 74 增强型低功耗肖特基系列 （TTL 74ALS Series） TTL 74 增强型肖特基系列 （TTL 74AS Series） TTL 74 高速系列 （TTL 74F Series） TTL 74HC 系列 （TTL 74HC Series） TTL 74HCT 系列 （TTL 74HCT Series） TTL 74 低功耗肖特基系列 （TTL 74LS Series） TTL 74 肖特基系列 （TTL 74S Series）	加法器（Adders） 缓冲器/驱动器（Buffers & Drivers） 比较器（Comparators） 计数器（Counters） 解码器（Decoders） 编码器（Encoders） 触发器/锁存器（Flip-Flop & Latches） 分频器/定时器（Frequency Dividers & Timers） 门电路/反相器（Gates & Inverters） 数据选择器（Multiplexers） 多谐振荡器（Multivibrators） 振荡器（Oscillators） 锁相环（Phrase-Locked-Loops，PLL） 寄存器（Registers） 信号开关（Signal Switches） 收发器（Transceivers） 杂类逻辑芯片（Misc.Logic）

2.4 调试仿真

完成单片机系统仿真电路原理图设计后，即可开始给案例中的单片机绑定程序文件，并开始仿真运行。本书所有 C 语言源程序都在 Keil C 下编写。为了运行 C 语言程序生成的 HEX 文件，可先打开单片机属性窗口，在“Program Files”项中选择对应的 HEX 文件。

有的仿真案例可能还需要为外围芯片绑定数据映像文件。在设置映像文件时，可打开相应芯片的属性窗口，在“Image file”中选择对应的 BIN 文件。BIN 文件的创建方法将在相关章节中讨论。

当仿真电路和程序都没有问题时，直接单击 Proteus 主窗口下的“运行”（Play）按钮，即可仿真运行单片机系统，运行过程中可如同在硬件环境下一样与单片机交互。

运行过程中如果希望观察扩展内存、24C0X、温度传感器、时钟芯片等内部数据，可单击“单步”（Step）或“暂停“（Pause）按钮，然后在“调试”（Debug）菜单中打开相应元器件。

如果要观察仿真电路中某些位置的电压或波形等，可向电路中添加相应的虚拟仪器，如电压表、示波器等。如果没有显示系统运行时添加的虚拟仪器，可单击“调试”菜单将其打开。

2.5 Proteus 在 8051 单片机应用系统开发中的优势

本书利用 Proteus 设计所有 8051 单片机案例原理图，并在原理图上进行 Keil C51 程序调试与仿真。利用 Proteus 进行 8051 单片机应用系统开发的优势如下。

1. 廉价性

Proteus VSM 包含了大量虚拟仪器，包括逻辑分析仪、I^2C/SPI 协议分析仪等，还包括通用的电路原理图绘制及仿真环境。

2. 适用性

由于所有的工作在软件环境中完成，对原理图的重新布线、对固件的修改及重新测试，都只需要很少的时间。对于优化设计或软硬件的试验，均可以很快完成。在这样的透明环境中，设计者所做的修改效果可以立即观察到，对硬件的修改如同对软件的修改、验证一样简单和快捷。

3. 独特性

Proteus VSM 包括大量不能够或不容易在硬件环境中实现的特征。

诊断消息（Diagnostic messaging）功能允许访问系统元器件，获取所有与组件、外部电路及系统其他部分交互的动态报告文本。

仿真引擎可监视整个仿真过程，能够自动给出硬件和软件的错误警告，包括系统元器件之间的时序与逻辑冲突、写非法内存地址或破坏固件堆栈。

与系统固件的交互及对系统测试非常容易且效果明显。例如，要测试系统中的温度传感器代码，可手动调整外围温度并检查固件程序响应，然后将所获取的结果与等效的外围硬件原型环境温度进行比较。

4. 高效性

利用 Proteus 开发的 8051 单片机应用系统非常易于测试、分析与调试，易于修改与校正，从而快速改进系统设计，实现高效开发。

第3章　基础程序设计

前两章介绍了传统8051及STC8051单片机的基本硬件结构与内部资源，归纳了用C语言开发单片机程序必须参考和重点掌握的技术内容，列举了C语言在开发单片机系统中的优势，介绍了进行仿真设计与调试所使用的Proteus软件的基本操作等，为本章及后续章节Proteus环境下C语言程序设计案例的设计调试与研究做好了铺垫。

本章案例涉及STC15单片机内部资源程序设计及外围基础器件应用，共包括以下3部分。

第1部分：案例1～10，涉及基本I/O端口，使用了LED、数码管、按键开关与继电器等。

第2部分：案例11～22，涉及INTx中断、定时/计数器、A/D转换、PCA，使用了点阵屏、蜂鸣器等。

第3部分：案例23～25，涉及串口通信、内置EEPROM读/写。

通过对这些案例的分析研究与跟踪调试，加之有针对性的实训设计，可全面掌握STC15单片机C语言基础程序设计技术，熟练使用C语言和控制单片机内部资源，为后续扩展资源应用及系统综合开发打下基础。

3.1　闪烁的LED

STC15 P2.0引脚连接LED，程序按设定的时间间隔取反P2.0引脚的值，使LED按固定时间间隔持续闪烁。闪烁的LED电路如图3-1所示，注意要设置限流电阻R1的电阻值。

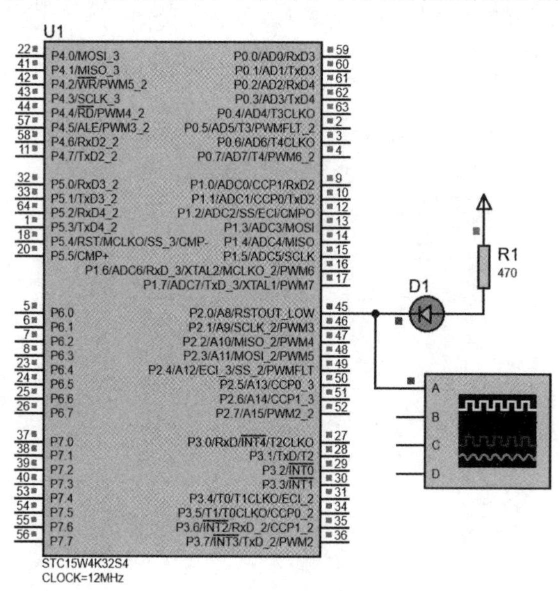

图3-1　闪烁的LED电路

1．程序设计与调试

1）关于头文件STC15xxx.h（传统8051单片机的头文件为reg51.h）

程序中包含的头文件STC15xxx.h不能被省略，它定义了所有的特殊功能寄存（SFR），例如其所包含的P0～P3的定义如下。

```
sfr P0 = 0x80;
sfr P1 = 0x90;
sfr P2 = 0xA0;
sfr P3 = 0xB0;
```

本例如果省略头文件 STC15xxx.h，编译时将出现以下错误提示。

```
Rebuild target 'Target 1'
compiling main.c...
main.c(10): error C202: 'P2': undefined identifier
main.c(26): error C202: 'P2M1': undefined identifier
main.c(26): error C202: 'P2M0': undefined identifier
main.c(28): error C202: 'LED': undefined identifier
Target not created.
Build Time Elapsed:  00:00:03
```

上述错误提示中，括号内为错误行号，“undefined identifier”表示“未定义标识符”。如果在省略该头文件时添加一行代码：sfr P2 = 0x80，其中 0x80 为 STC15 的 P2 地址，对其他寄存器（例如 P2M1、P2M0）也用同样方法添加定义，则编译仍可正常通过。

2）延时函数设计与应用

本案例中毫秒级延时函数由 STC-ISP 工具提供，其参考代码为：

```
void delay_ms(u8 ms) {
    u16 i;
    do{
        i = MAIN_Fosc / 13000;
        while(--i);
    }while(--ms);
}
```

如果 delay_ms 函数被放到了主函数 main 的后面，则应在其前面添加声明，例如：

```
void delay_ms(u8 ms);
```

注意函数声明语句后面要添加分号。

要改变 LED 的闪烁频率，可修改延时函数参数。由于延时函数参数类型为 u8，其取值范围可为 1～255，如果需要更大的延时值，不可直接在该参数中给出大于 255 的值，相应的延时函数应重新设计。例如，先通过 STC-ISP 工具得到 1ms 的延时函数，然后再通过一个参数为 u16 类型的函数来循环调用。使用 STC-ISP 工具生成软件延时函数的界面如图 3-2 所示。

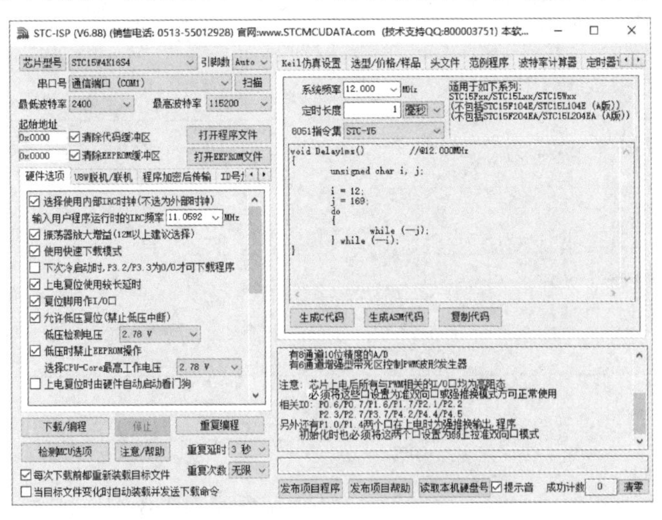

图 3-2　使用 STC-ISP 工具生成软件延时函数的界面

有的案例中并不需要太精确的延时，如本案例的 LED 闪烁控制，但有的项目设计中，必须精确控制延时，特别是在模拟有关传感器的操作时序时，必须提供精确的延时值，如温度传感器 DS18B20 的程序设计，其延时值精确到了微秒级。

3）关于两个常用的重定义类型

本案例程序及后续多个案例程序中均加入了重定义的 u8、u16 等类型参数，参数类型重定义可使含有大量变量的程序代码变得更加清晰、简洁。

4）仿真运行

当运行 Proteus 进行仿真时，用户可能观察到的 STC15 引脚状态颜色有以下 4 种。

- 红色：表示高电平（1）。
- 蓝色：表示低电平（0）。
- 灰色：表示高阻状态。
- 黄色：表示出现逻辑冲突。

对于图 3-1 所示电路，在运行时可观察到 P2.0 引脚状态颜色按“红色-蓝色”交替变化，它表示 P2.0 引脚按“1-0”，即“高电平-低电平”交替变化，这导致 LED 持续闪烁显示。

2. 实训要求

① 在 P2 端口增加若干个 LED，编写程序控制闪烁显示并提高闪烁频率。

② 分别将 LED 的阳极或阴极连接 P0，在这两种不同连接方式下分别实现 LED 闪烁控制。

③ 继续在 P1、P3 使用不同的连接 LED 方式实现 LED 的闪烁控制。

3. 源程序代码

```
1   //-----------------------------------------------------------------------
2   //  名称：闪烁的 LED
3   //-----------------------------------------------------------------------
4   //  说明：LED 按设定的时间间隔闪烁
5   //
6   //-----------------------------------------------------------------------
7   #include "STC15xxx.h"
8   #define u8  unsigned char
9   #define u16 unsigned int
10  #define MAIN_Fosc 12000000L      //时钟频率定义
11  sbit LED = P2^0;                 //LED 连接在 P2.0 引脚
12  //-----------------------------------------------------------------------
13  // 延时函数(参数取值限于 1～255)
14  //-----------------------------------------------------------------------
15  void delay_ms(u8 ms) {
16      u16 i;
17      do{
18          i = MAIN_Fosc / 13000;
19          while(--i);
20      }while(--ms);
21  }
22  //-----------------------------------------------------------------------
23  // 主程序
24  //-----------------------------------------------------------------------
25  void main() {
26      P2M1 = 0x00; P2M0 = 0x00;   //将 P2 配置为准双向口
27      while(1) {
28          LED = ~LED;              //反复取反操作,形成 LED 闪烁效果
```

```
29          //LED ^= 1;                 //或者与 1 执行异或操作,形成闪烁
30          delay_ms(200);              //延时（参数取值要不大于 255）
31      }
32  }
```

3.2 双向来回的流水灯

STC15 的 P1 分别连接 8 只 LED 的阴极，LED 的阳极则通过限流电阻连接 VCC。程序运行时 LED 上下双向循环滚动点亮，产生走马灯效果。双向来回的流水灯电路如图 3-3 所示。

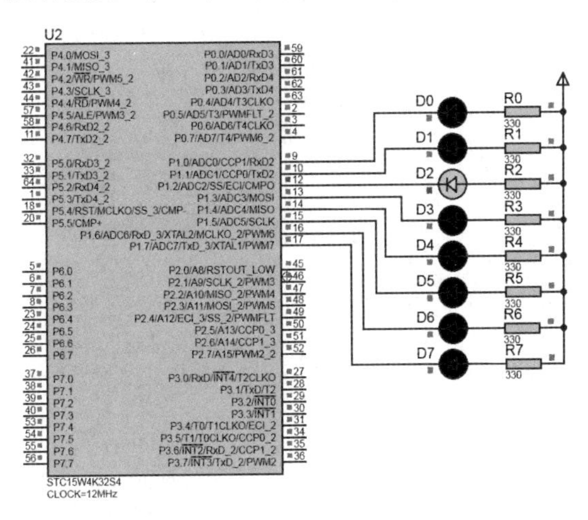

图 3-3 双向来回的流水灯电路

1．程序设计与调试

仿真电路中 8 只 LED 的阳极通过限流电阻接 VCC，阴极逐一直接连接 P1，将 P1 初值设为 0xFE（11111110）时，将使 P1.0 连接的第 0 只 LED 点亮。当 11111110 向左循环移位时，可使 8 只 LED 形成循环走马灯效果。循环左移由函数_crol_完成，要注意添加头文件 intrins.h。

另外，为实现更大延时，本案例程序先使用 STC-ISP 工具生成 1ms 延时函数 Delay1ms()，然后定义 void delay_ms(u16 x)，并在其内部循环调用 Delay1ms()。由于本例 delay_ms 的参数是 u16，其延时参数取值可为 1～65 535。

2．实训要求

① 将 LED 改用阳极连接 P1，仍实现走马灯效果。

② 将 8 只 LED 改接到其他端口，重新设计程序实现同样的功能。

3．源程序代码

```
1   //-----------------------------------------------------------------
2   //  名称：双向来回的流水灯
3   //-----------------------------------------------------------------
4   //  说明：程序利用循环移位函数_crol_和_cror_控制 LED 来回滚动显示。
5   //
6   //-----------------------------------------------------------------
7   #include "STC15xxx.h"
8   #include <intrins.h>
9   #define u8  unsigned char
10  #define u16 unsigned int
11  //-----------------------------------------------------------------
12  // 延时函数(1ms, xms)
```

```
13  //-----------------------------------------------------------------------
14  void Delay1ms() {    //@12MHz(使用工具 STC-ISP 生成)
15      u8 i = 12, j = 169;
16      do {
17          while (--j);
18      } while (--i);
19  }
20  //-----------------------------------------------------------------------
21  void delay_ms(u16 x) { while(x--) Delay1ms(); }
22  //-----------------------------------------------------------------------
23  // 主程序
24  //-----------------------------------------------------------------------
25  void main() {
26      u8 i;
27      P1M1 = 0; P1M0 = 0;                     //将 P1 配置为准双向口
28      P1 = 0xFE;                              //初始时仅点亮 P1.0 对应的 LED
29      delay_ms(100);                          //延时参数取值不大于 65 535
30      while(1) {
31          for (i = 0; i < 7; i++) {           //7 次循环左移控制
32              P1 = _crol_(P1,1);              //P1 端口的值左循环移动 1 位
33              delay_ms(100);                  //延时参数取值不大于 65 535
34          }
35          for (i = 0; i < 7; i++) {           //7 次循环右移控制
36              P1 = _cror_(P1,1);              //P1 端口的值右循环移动 1 位
37              delay_ms(300);                  //延时参数取值不大于 65 535
38          }
39      }
40  }
```

3.3 花样流水灯

在上述案例中，LED 只能按某种单调的规律显示，无法实现复杂多变的花样显示。花样流水灯电路如图 3-4 所示，两组 LED 连接在 P0 和 P1，实现了按预先设定花样的变换显示。

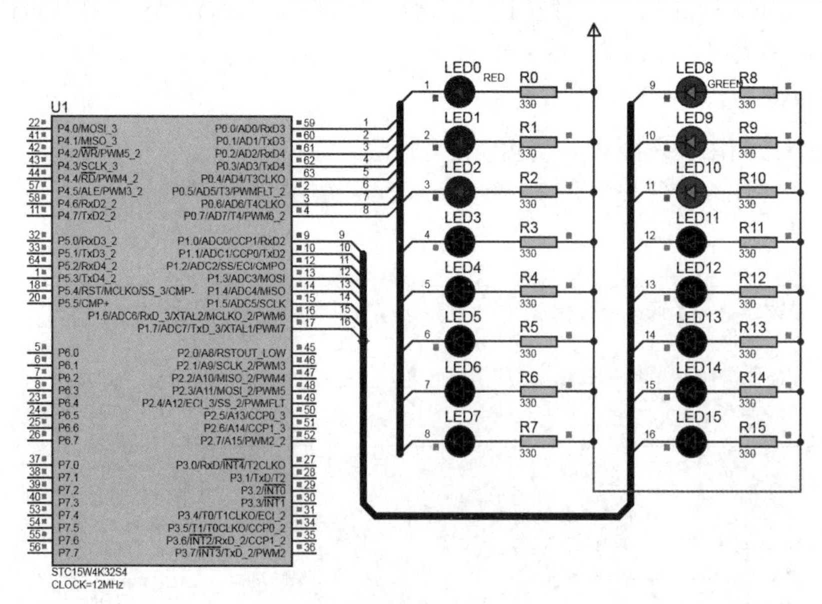

图 3-4 花样流水灯电路

1. 程序设计与调试

为实现 LED 变换花样显示，可将相应的变换数据预设在数组中，每个数组元素对应一种显示组合，通过程序循环逐一读取数组中的显示组合并送往端口，即可实现 LED 自定义花样的自由显示。

分别送给 P0 与 P1 显示的花样字节可分别定义为两组字节数组（u8 类型），也可合并定义为一个字数组（u16 类型）。本案例程序中按第二种方式给出花样数组定义。

由于花样数组所占内存空间较大，且预设后相对固定，因此应将存储类型设为 code，使其保存于 Flash 空间，而不会占用 RAM 空间。

2. 实训要求

① 调整数组内容，改变数组大小，实现其他自定义花样显示。

② 重新定义两组字节型花样数组，仍实现类似功能。

3. 源程序代码

```
1   //----------------------------------------------------------------------
2   //  名称：花样流水灯
3   //----------------------------------------------------------------------
4   //  说明：16 只 LED 分两组按预设的多种花样变换显示
5   //
6   //----------------------------------------------------------------------
7   #include "STC15xxx.h"
8   #define u8  unsigned char
9   #define u16 unsigned int
10  #define MAIN_Fosc 12000000L//时钟频率定义
11  code u16 Pattern[] = {      //16 位的花样数组（共 135 项）
12      0xFCFF,0xF9FF,0xF3FF,0xE7FF,0xCFFF,0x9FFF,0x3FFF,0x7FFE,0xFFFC,
13      0xFFF9,0xFFF3,0xFFE7,0xFFCF,0xFF9F,0xFF3F,0xFFFF,0xE7E7,0xDBDB,
14      0xBDBD,0x7E7E,0xBDBD,0xDBDB,0xE7E7,0xFFFF,0xE7E7,0xC3C3,0x8181,
15      0x0000,0x8181,0xC3C3,0xE7E7,0xFFFF,0xAAAA,0x5555,0x1818,0xFFFF,
16      0xF0F0,0x0F0F,0x0000,0xFFFF,0xF8F8,0xF1F1,0xE3E3,0xC7C7,0x8F8F,
17      0x1F1F,0x3F3F,0x7F7F,0x7F7F,0x3F3F,0x1F1F,0x8F8F,0xC7C7,0xE3E3,
18      0xF1F1,0xF8F8,0xFFFF,0x0000,0x0000,0xFFFF,0xFFFF,0x0F0F,0xF0F0,
19      0xFEFF,0xFDFF,0xFBFF,0xF7FF,0xEFFF,0xDFFF,0xBFFF,0x7FFF,0xFFFE,
20      0xFFFD,0xFFFB,0xFFF7,0xFFEF,0xFFDF,0xFFBF,0xFF7F,0xFF7F,0xFFBF,
21      0xFFDF,0xFFEF,0xFFF7,0xFFFB,0xFFFD,0xFFFE,0x7FFF,0xBFFF,0xDFFF,
22      0xEFFF,0xF7FF,0xFBFF,0xFDFF,0xFEFF,0xFEFF,0xFCFF,0xF8FF,0xF0FF,
23      0xE0FF,0xC0FF,0x80FF,0x00FF,0x00FE,0x00FC,0x00F8,0x00F0,0x00E0,
24      0x00C0,0x0080,0x0000,0x0000,0x0080,0x00C0,0x00E0,0x00F0,0x00F8,
25      0x00FC,0x00FE,0x00FF,0x80FF,0xC0FF,0xE0FF,0xF0FF,0xF8FF,0xFCFF,
26      0xFEFF,0x0000,0xFFFF,0x0000,0xFFFF,0x0000,0xFFFF,0x0000,0xFFFF
27  };
28  //----------------------------------------------------------------------
29  // 延时函数(参数取值限于 1～255)
30  //----------------------------------------------------------------------
31  void delay_ms(u8 ms) {
32      u16 i;
33      do{
34          i = MAIN_Fosc / 13000;
35          while(--i);
36      }while(--ms);
37  }
```

```
38  //-----------------------------------------------------------------------
39  // 主程序
40  //-----------------------------------------------------------------------
41  void main() {
42      u8 i;
43      P0M1 = 0;  P0M0 = 0;                //配置为准双向口
44      P1M1 = 0;  P1M0 = 0;
45      while(1) {
46          for(i = 0; i < 135; i++) {  //从数组中读取 135 项数据送 P0、P1 显示
47              P0 = Pattern[i] >> 8;   //发送 16 位花样数组的高 8 位
48              P1 = Pattern[i];        //发送 16 位花样数组的低 8 位
49              delay_ms(100);
50          }
51      }
52  }
```

3.4　LED 模拟交通灯

LED 模拟交通灯电路如图 3-5 所示，12 只 LED 分成东西向和南北向两组，各组指示灯均有相向的 2 只红色、2 只黄色与 2 只绿色的 LED，并在程序中对各 LED 单独进行位定义。程序运行时模拟了十字路口交通指示灯的切换过程与显示效果。

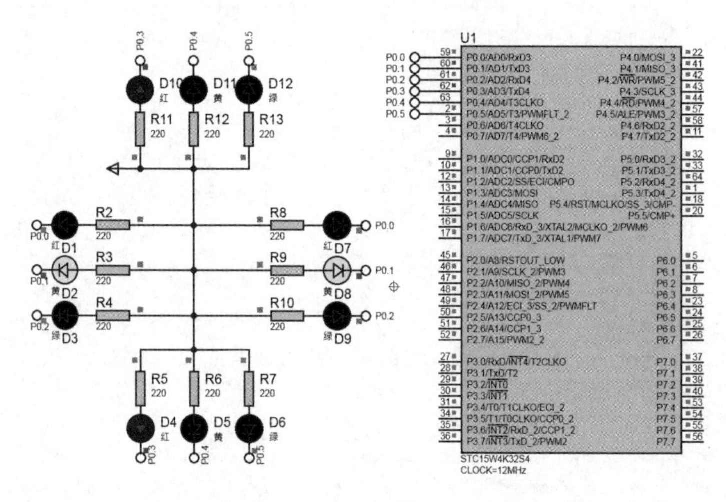

图 3-5　LED 模拟交通灯电路

1．程序设计与调试

在程序中，用 6 行 sbit 对东西和南北向的红、黄、绿指示灯分别进行定义，以便独立控制各路指示灯。在仿真程序中，将交通指示灯切换时间设置得较短，以便调试时较快观察到运行效果。在真实的交通灯应用中，还要考虑准确的定时问题、数字的显示问题及功率驱动问题等。

2．实训要求

① 修改程序，模拟实际应用中的交通指示灯切换过程。

② 在掌握后续有关蜂鸣器的程序设计后，添加黄灯闪烁的提示音输出功能。

3．源程序代码

```
1   //-----------------------------------------------------------------------
2   // 名称：LED 模拟交通灯
3   //-----------------------------------------------------------------------
```

```
4   // 说明: 东西向绿灯亮若干秒后,黄灯闪烁,闪烁 5 次后亮红灯
5   //        红灯亮后,南北向由红灯变为绿灯,若干秒后南北向黄灯闪烁
6   //        闪烁 5 次后亮红灯,东西向绿灯亮,如此往复
7   //        本案例将时间设得较短是为了调试时能较快观察到运行效果
8   //
9   //----------------------------------------------------------------------------
10  #include "STC15xxx.h"
11  #define u8  unsigned char
12  #define u16 unsigned int
13  sbit RED_A      = P0^0; //东西向指示灯
14  sbit YELLOW_A   = P0^1;
15  sbit GREEN_A    = P0^2;
16  sbit RED_B      = P0^3; //南北向指示灯
17  sbit YELLOW_B   = P0^4;
18  sbit GREEN_B    = P0^5;
19  //闪烁次数及操作类型变量定义
20  u8 Flash_Count = 0, Operation_Type = 1;
21  //----------------------------------------------------------------------------
22  // 延时函数(1ms, xms)
23  //----------------------------------------------------------------------------
24  void Delay1ms() {   //@12MHz
25      u8 i = 12, j = 169;
26      do {
27          while (--j);
28      } while (--i);
29  }
30  //----------------------------------------------------------------------------
31  void delay_ms(u16 x) { while(--x) Delay1ms(); }
32  //----------------------------------------------------------------------------
33  // 交通灯切换子程序
34  //----------------------------------------------------------------------------
35  void Traffic_Light() {
36      switch (Operation_Type)     {
37          case 1: //东西向绿灯与南北向红灯亮
38                  RED_A = 1; YELLOW_A = 1; GREEN_A = 0;
39                  RED_B = 0; YELLOW_B = 1; GREEN_B = 1;
40                  //延时
41                  delay_ms(3000);
42                  Operation_Type = 2;     //下一种操作
43                  break;
44          case 2: //东西向黄灯开始闪烁,绿灯关闭
45                  delay_ms(500);
46                  YELLOW_A = ~YELLOW_A;GREEN_A = 1;
47                  if (++Flash_Count != 10) return;//闪烁 5 次
48                  Flash_Count = 0;
49                  Operation_Type = 3;     //下一种操作
50                  break;
51          case 3: //东西向红灯与南北向绿灯亮
52                  RED_A = 0; YELLOW_A = 1; GREEN_A = 1;
53                  RED_B = 1; YELLOW_B = 1; GREEN_B = 0;
54                  delay_ms(3000);         //南北向绿灯亮若干秒后切换
55                  Operation_Type = 4;     //下一种操作
56                  break;
57          case 4: //南北向黄灯开始闪烁
```

```
58                  delay_ms(500);
59                  YELLOW_B = ~YELLOW_B; GREEN_B = 1;
60                  if (++Flash_Count != 10) return; //闪烁5次
61                  Flash_Count = 0;
62                  Operation_Type = 1;      //回到第一种操作
63         }
64  }
65  //-----------------------------------------------------------------------
66  // 主程序
67  //-----------------------------------------------------------------------
68  void main() {
69      P0M1 = 0; P0M0 = 0;                       //配置为准双向口
70      while(1) Traffic_Light();                 //循环控制
71  }
```

3.5　分立式数码管循环显示 0～9

在仿真电路中，单只分立式数码管连接在 P0，并在程序运行时循环显示 0,1,2,…,9。在设计调试程序时，要首先掌握共阴、共阳数码管的基本结构及数字段码设计。分立式数码管循环显示 0～9 的电路如图 3-6 所示。在图 3-6 中，附加了单个实物数码管的外部引脚正面视图。

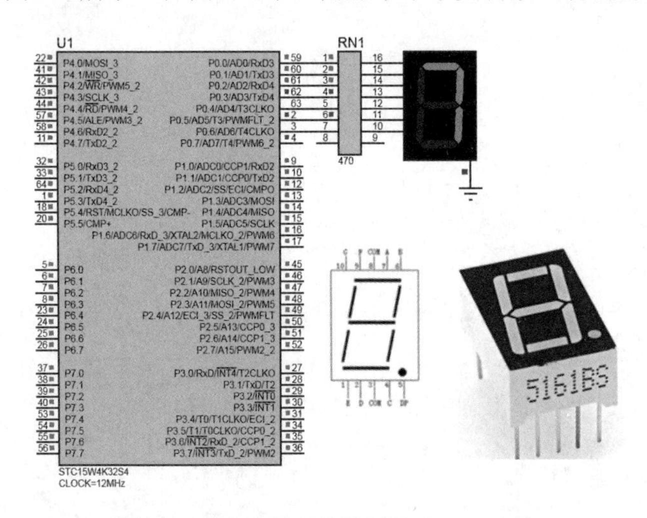

图 3-6　分立式数码管循环显示 0～9 电路

1. 程序设计与调试

1）数码管简介

仿真电路中单个共阴数码管组件名称为 7SEG-COM-CAT-GREEN。其中，7SEG 表示七段（7 Segments）；COM-CAT 表示共阴（Common-Cathode）；GREEN 表示显示颜色为绿色。如果选择共阳数码管组件，则其名称为 7SEG-COM-AN-GREEN。其中，COM-AN 表示共阳（Common-Anode）。仿真电路给出了数码管的外部引脚，共阴数码管的 COM 引脚接 GND，共阳数码管的 COM 引脚接 VCC。

单个实物数码管尺寸有 0.28、0.36、0.4、0.56in①等，对应型号为 2811BS、3611BS、4011BS、5611BS 或 2811AS、3611AS、4011AS、5611AS 等。在实物数码管型号中，带有 B 的表示是共阳数码管（对应于仿真元器件型号中的 COM-AN：CA），带有 A 的表示是共阴数码管（对应

① 1in=0.0254m。

于仿真元器件型号中的 COM-CAT：CC）。其中，3611A/B、5611A/B 等比较常用。

2）数码管段码表的编写

本案例电路中，共阴数码管段码引脚 A～G 连接在 STC15 的 P0 引脚。当 P0 某引脚值为 1 时，对应数码管段被点亮。在程序中，预设了数字 0～9 的共阴数码管段码表。数字 0～9 的段码按固定时间间隔由 P0 循环输出，形成数码管循环显示数字效果。

为便于理解段码的编写，表 3-1 给出了数字 0 与 7 的共阴、共阳数码管段码编写示例。

表 3-1　数字 0 与 7 的共阴、共阳数码管段码编写示例

数字	显示	说明	数码管类型	段码		对应管段（引脚）的值							
				十六进制	二进制	DP	G	F	E	D	C	B	A
0		点亮 A～F 共 6 段，即数码管外围一整圈	共阴	0x3F	0011 1111	0	0	1	1	1	1	1	1
			共阳	0xC0	1100 0000	1	1	0	0	0	0	0	0
7		点亮 A～C 共 3 段	共阴	0x07	0000 0111	0	0	0	0	0	1	1	1
			共阳	0xF8	1111 1000	1	1	1	1	1	0	0	0

说明：对于共阴数码管，要点亮的管段对应引脚必须为高电平；对于共阳数码管，要点亮的管段对应引脚必须为低电平；二进制段码最高位对应小数点 DP，最低位对应 A 段。

单片机大量应用设计涉及数码管显示，数码管段码是相对固定的，本案例程序中提供的共阴数码管段码表 SEG_CODE 将在后续案例中继续使用。

2. 实训要求

① 仍使用程序中提供的共阴数码管段码表，在单个共阳数码管上滚动显示数字 0～9。

② 将共阴数码管段码表改为共阳数码管段码表，改写程序使其仍实现相同功能。

③ 将两只分立数码管分别连接在 P1、P2 端口，实现 00～99 的循环显示。

3. 源程序代码

```
1   //-----------------------------------------------------------------
2   //  名称：分立式数码管循环显示 0～9
3   //-----------------------------------------------------------------
4   //  说明：主程序中的循环语句反复将 0～9 的段码送 P0，形成数字 0～9 的
5   //          循环显示
6   //-----------------------------------------------------------------
7   #include "STC15xxx.h"
8   #define u8  unsigned char
9   #define u16 unsigned int
10  //0～9 的共阴数码管段码表
11  code u8 SEG_CODE[] =
12   { 0x3F,0x06,0x5B,0x4F,0x66,0x6D,0x7D,0x07,0x7F,0x6F };
13  //-----------------------------------------------------------------
14  // 延时函数(1ms, xms, x 取值为 1～65 535)
15  //-----------------------------------------------------------------
```

```
16  void Delay1ms() {   //@12.000MHz(使用工具 STC-ISP 生成)
17      u8 i = 12, j = 169;
18      do {
19          while (--j);
20      } while (--i);
21  }
22  //----------------------------------------------------------------
23  void delay_ms(u16 x) { while(x--) Delay1ms(); }
24  //----------------------------------------------------------------
25  // 主程序
26  //----------------------------------------------------------------
27  void main() {
28      u8 i = 0;
29      P0M1 = 0x00; P0M0 = 0xFF;    //配置为推挽模式
30      while(1) {
31          P0 = SEG_CODE[i];        //向 P0 端口发送数字 i 的共阴数码管段码
32          i = (i+1) % 10;          //数字索引 i 在 0～9 范围内循环
33          delay_ms(400);           //延时
34      }
35  }
36  }
```

3.6 集成式数码管动态扫描显示

集成式数码管动态扫描显示电路图 3-7 所示。在该仿真电路运行时，集成式数码管“同时”显示多个不同字符。本案例程序设计使用了集成式数码管动态扫描显示技术。为将年、月、日的显示分开，在该仿真电路中未使用元器件库提供的 8 位集成式共阳数码管，而是选用了一组 4 位及两组 2 位的共阳集成式数码管，并将其拼装成一组“8 位集成式”数码管。在拼装时，要注意“段引脚并联、位引脚分立”。

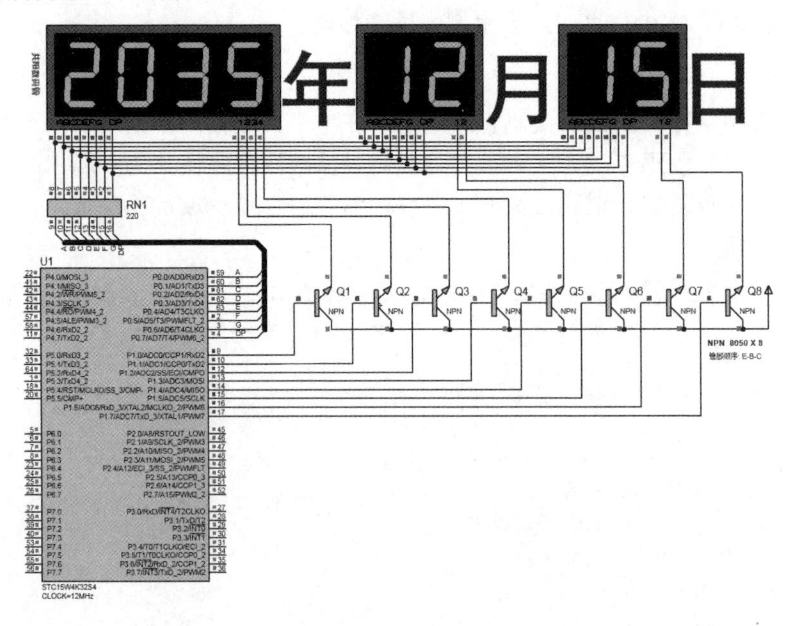

图 3-7　集成式数码管动态扫描显示电路

1．程序设计与调试

1）集成式数码管简介

本案例仿真电路中显示“年”时，使用了 4 位集成式七段蓝色共阳数码管（7SEG-MPX4-CA-BLUE）。其中，CA 表示共阳，MPX4 表示 4 位复用。第一组 4 位集成式数码管是共阳的，从“纵向”看，任意一个数码管内 A～G、DP 各段的阳极连接在一起，4 只数码管分别引出共阳极 1、2、3、4（或称 C1～C4）；从“横向”看，4 只数码管共有 4 个 A 段，所有 A 段的阴极引脚并联在一起，B、C、D、E、F、G、DP 阴极也分别“横向”并联，分别引出段引脚 A～G、DP。

根据上述构造可知，任何时候发送的段码都会传送给所有数码管的各段，管段是否被点亮取决于数码管的共阳极 1～4（或称 C1～C4）是否连接高电平。如果它们同时连接高电平，则所发送的数字将同时显示在 4 只数码管上。如果各数码管要分别独立显示，显然不能让所有位引脚同时为高电平。

后两组显示“月”与“日”的 2 位集成式数码管的结构与第一组 4 位集成式数码管相似。在本案例仿真电路中，3 组集成式数码管的段引脚全部并联，从逻辑上看，它们相当于一个 8 位的集成式共阳数码管。

2）集成式数码管动态扫描程序设计

仿真电路中，集成式数码管共阳极分别与 8 只 8050（NPN）三极管射极相连，集电极接高电平。若要选通某个数码管位引脚，只要在相应的连接 NPN 三极管基极的 P2 引脚输出高电平。程序运行时，任意时刻只能有一只数码管的位引脚（共阳极）连接+5V。当 P0 输出段码时，相应数字将只会显示在对应的那个数码管上。在依次循环选通 8 位数码管中的每一个时，即可逐个显示每位数字。

例如，要在最左边的数码管上显示数字，对于仿真电路中的共阳数码管，其位引脚 1（或称 C1）要连接+5V。当 P1.0 引脚值为 1，即 P1 端口输出位码 00000001 时，三极管 Q1 饱和导通，对应数码管共阳极连接+5V；不难看出，为显示下一位数字，P1 端口必须输出位码 00000010。

主程序中的 for 循环通过 P1 = 1 << i 逐一发送位码。当 i 取值为 0～7 时，P1 分别输出位码 00000001，00000010，00000100，…，10000000。在第 i 只共阳数码管被选通，结合对应输出的段码，相应的数字将显示在对应的第 i 只数码管上。

对于集成式数码管，任何时候发送的段码会被所有数码管收到。如果仿真电路中所有共阳数码管的位码均为 1（即 11111111，也就是 0xFF），则所有数码管都会显示同一字符。为使不同数码管显示不同字符，主程序使用了集成式数码管显示常用的动态扫描显示技术。在选通第一只数码管时，发送第一个数字的段码，选通第二只数码管时发送第二个数字的段码，以此类推，每次仅选通一只数码管，发送对应的段码。

如果切换选通下一个数码管并发送相应段码的时间间隔非常短，视觉惰性将使人感觉不到字符是一个接一个显示在不同数码管上的，而会觉得所有字符是很稳定地“同时”显示在不同数码管上，这就是人的视觉暂留特征。在控制切换延时时长的时候，要注意设置扫描频率高于视觉暂留频率 16～20Hz。电影胶片正是采取了 24 张/s 的播放速度，才使观众觉察不到人物或景色是一帧一帧显示出来的，相反会觉得画面非常连贯，没有任何抖动或闪烁感。

主函数中的 for 循环是控制数码管动态扫描显示的核心部分，根据数码管输出控制经验，可采取两种可靠方式输出，这样可以有效解决乱码现象或无显示现象。

方式 1：先暂时关闭段码，然后再发送位码和段码，该顺序简称为“段、位、段”；

方式 2：先暂时关闭位码，然后再发送段位和位码，该顺序简称为“位、段、位”。

两种方式均首先暂时关闭段码（或位码），然后再发送位码、段码（或段码、位码）。

对于集成式数码管，其位码输出通常使用以下两种方法。

方法 1：使用位码表。

使用该方法时要首先在程序中单独建立数码管位码表，对于所设计的仿真电路有：

```
const u8 Scan_BITs[] = { 0x01,0x02,0x04,0x08,0x10,0x20,0x40,0x80 };
```

有了位码表以后，主函数中发送位码的语句 P1 = 1<<i 即可改成 P1 = Scan_BITs[i]。

方法 2：使用位运算符（<<、>>、～）。

对于共阳数码管，可使用 1<<i 得到位码字节，当 i 取值为 0～7 时，输出序列为 00000001，00000010，…，10000000，可依次选通 8 位共阳数码管中的每一个。

对于共阴数码管，则可使用～（1<<i），输出序列为 11111110，11111101，…，01111111，可依次选通共阴数码管中的每一个。

此外，还可以使用 0x80>>i 和～（0x80>>i），其差别是扫描顺序刚好相反。

要注意，如果端口不是直接连接数码管位引脚的，而是通过 NPN 或 PNP 三极管控制位引脚的，位码输出序列要由三极管的开关控制码决定。

本案例程序使用了方法 2 列出的数码管扫描方法，通过单条语句实现动态扫描显示。

2. 实训要求

① 将代码中 delay_ms（4）语句的参数修改为 10、20 或 100 并编译运行，观察会出现什么样的效果。

② 改用位码表 Scan_BITs 实现对集成式数码管的位码控制。

3. 源程序代码

```
1   //-----------------------------------------------------------------
2   //  名称：集成式数码管动态扫描显示
3   //-----------------------------------------------------------------
4   //  说明：本案例使用动态扫描显示方法在 8 位数码管上显示指定数组内容
5   //
6   //-----------------------------------------------------------------
7   #include "STC15xxx.h"
8   #define u8  unsigned char
9   #define u16 unsigned int
10  #define MAIN_Fosc 12000000L
11  //共阳数码管 0～9 的段码表
12  code u8 SEG_CODE[] =
13   { 0xC0,0xF9,0xA4,0xB0,0x99,0x92,0x82,0xF8,0x80,0x90 };
14  //待显示到数码管的 8 个数字
15  code u8 array[] = { 2,0,3,5,1,2,1,5 };
16  //-----------------------------------------------------------------
17  // 延时函数(参数取值限于 1～255)
18  //-----------------------------------------------------------------
19  void delay_ms(u8 ms) {
20      u16 i;
21      do{
22          i = MAIN_Fosc / 13000;
23          while(--i);
24      }while(--ms);
25  }
26  //-----------------------------------------------------------------
27  // 主程序
```

```
28 //-----------------------------------------------------------------------
29 void main() {
30     u8 i;
31     P0M1 = 0x00; P0M0 = 0x00;                    //配置为准双向口
32     P1M1 = 0x00; P1M0 = 0x00;
33     while (1) {
34         for( i = 0; i < 8; i++ ) {               //8 位数码管循环动态扫描显示
35             P0 = 0xFF;                           //暂时关闭段码
36             P1 = 1 << i;                         //输出位扫描码
37             P0 = SEG_CODE[ array[i] ];           //输出数字 array[i]的段码
38             delay_ms(4);                         //短暂延时
39         }
40     }
41 }
```

3.7 按键调节数码管闪烁增减显示

按键调节数码管闪烁增减显示电路图 3-8 所示。在该仿真电路运行时，可通过 4 个按键分别实现数字增、减调节，确定及取消调节功能。在调节过程中，数码管将闪烁显示，确定后恢复正常显示，按下取消按键时将恢复到调节之前的值。

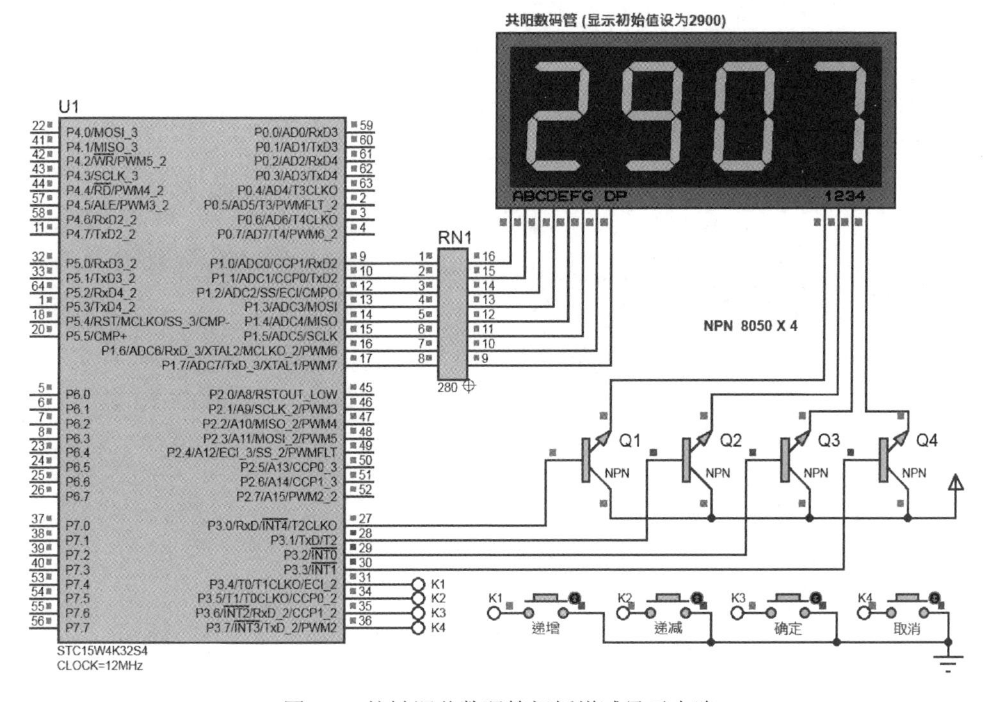

图 3-8 按键调节数码管闪烁增减显示电路

1. 程序设计与调试

对于 4 个整数的数位分解，本案例程序中使用了循环递减的方法，虽然程序代码比使用整除及取余运算符的程序代码复杂一些，但其分解速度却高于后者。

对于 4 个按键的处理，要注意加入消抖语句，以防出现操作不稳定的问题，尽管在仿真环境中即使不加入消抖语句也不会影响仿真效果。

为实现增、减调节时数码管的闪烁显示效果，本案例程序使用了 Adjust 变量。如果该变量为 1，则表示进入调节状态，主循环内第二部分中的 15 次循环及延时在跟踪按键操作的同时，由于延时达150ms，使数码管出现闪烁现象。主循环内第一部分内的循环次数越大（本案例设为35），每150ms的黑屏显示后的正常稳定显示时间就越长，否则正常稳定显示时间越短。

2. 实训要求

① 修改主循环内第一部分的循环次数，观察在增、减调节时的闪烁效果差异。

② 在增、减调节，确定或取消调节时，分别输出不同的提示音。

3. 源程序代码

```
1   //-------------------------------------------------------------------------
2   //  名称：按键调节数码管数字显示
3   //-------------------------------------------------------------------------
4   //  说明：本案例通过按键增减数码管所显示的数字，调节过程中数码管闪烁显示
5   //        确定后恢复正常显示，按下取消按键时将恢复到调节之前的值
6   //
7   //-------------------------------------------------------------------------
8   #include "STC15xxx.h"
9   #define u8  unsigned char
10  #define u16 unsigned int
11  //调节按键定义
12  sbit K1 = P3^4; //增
13  sbit K2 = P3^5; //减
14  sbit K3 = P3^6; //确定
15  sbit K4 = P3^7; //取消
16  //数字0～9的数码管段码表
17  u8 code SEG_CODE[] =
18   { 0xC0,0xF9,0xA4,0xB0,0x99,0x92,0x82,0xF8,0x80,0x90 };
19  u8  Adjust = 0;                    //标识当前是否处于调节状态
20  u8  Pre_key = 0xF0;                //保存上次按键状态
21  u8  array[] = {0,0,0,0,};          //保存数位分解结果的数组
22  u16 Count = 2900;                  //本案例所设置的显示初值
23  u16 Temp;                          //临时变量
24  #define MAIN_Fosc 12000000L        //时钟频率定义
25  //-------------------------------------------------------------------------
26  // 延时函数(参数取值限于1～255)
27  //-------------------------------------------------------------------------
28  void delay_ms(u8 ms) {
29      u16 i;
30      do{
31          i = MAIN_Fosc / 13000;
32          while(--i);
33      }while(--ms);
34  }
35  //-------------------------------------------------------------------------
36  // 数位分解函数(分解为4个数位)
37  // 使用循环减法的分解速度优于使用/与%分解
38  //-------------------------------------------------------------------------
39  void INT_TO_4Digit(u16 n) {
40      array[0] = 0;  while ( n >= 1000) { array[0]++; n -= 1000; }
41      array[1] = 0;  while ( n >= 100)  { array[1]++; n -= 100;  }
42      array[2] = 0;  while ( n >= 10)   { array[2]++; n -= 10;   }
43      array[3] = n;
44  }
45  //-------------------------------------------------------------------------
```

```
46  // 按键处理函数
47  //-----------------------------------------------------------------------
48  void key_handle() {
49      P3 |= 0xF0;                               //将 P3 高 4 位先置 1
50      if (Pre_key == (P3 & 0xF0)) return;       //按键状态未改变时继续
51      Pre_key = P3 & 0xF0;                      //保存当前新的按键状态
52      //-------------------------------------------------------------------
53      if (!K1) {                                //递增,进入调节状态
54          delay_ms(10);
55          if (!K1) {
56              if (Temp == 0) Temp = Count;      //备份 Temp,以便按下取消时还原
57              Count++; Adjust = 1;              //Count 递增,并进入调节状态
58          }
59      }
60      if (!K2) {                                //递减,进入调节状态
61          delay_ms(10);
62          if (!K2) {
63              if (Temp == 0) Temp = Count;      //备份 Temp,以便按下取消时还原
64              Count--; Adjust = 1;              //Count 递减,并进入调节状态
65          }
66      }
67      if (!K3) {                                //确定,进入正常显示状态
68          delay_ms(10); if (!K3) { Adjust = 0; Temp = 0; }
69      }
70      if (!K4) {                                //取消,进入正常显示状态
71          delay_ms(10);
72          if (!K4) {
73              if (Temp) Count = Temp; Temp = 0;//还原 Count,将 Temp 清零
74              Adjust = 0;
75          }
76      }
77  }
78  //-----------------------------------------------------------------------
79  // 主程序
80  //-----------------------------------------------------------------------
81  void main() {
82      u8 i;  u16 t;
83      P1M1 = 0x00; P1M0 = 0x00;             //将 P1 配置为准双向口
84      P3M1 = 0xF0; P3M0 = 0x00;             //将 P3 的高 4 位配置为输入口、低 4 位
85                                            //配置为准双向口
86      while(1) {
87          //1.正常刷新显示-------------------------------------------------
88          for (t = 0; t < 35; t++) {        //此循环用于保持数码管稳定显示
89              INT_TO_4Digit(Count);         //数位分解
90              for(i = 0; i < 4; i++) {      //4 位数码管扫描刷新显示
91                  P1 = 0xFF;                //先暂时关闭段码(共阳数码管)
92                  P3 = (P3 & 0xF0) | (1 << i);//P3 低 4 位为位码、高 4 位接按键
93                  P1 = SEG_CODE[ array[i] ]; //发送段码
94                  delay_ms(2);              //延时
95              }
96              key_handle();                 //数字调节按键处理
97          }
98          //2.处于调节状态-------------------------------------------------
99          if (Adjust) {                     //脱离了扫描刷新,数码管开始闪烁
```

```
100             P1 = 0xFF;                          //关闭所有数码管
101             for (t = 0; t < 15; t++){   //在此循环中保持按键响应
102                 delay_ms(20);  key_handle();
103             }
104         }
105     }
106 }
```

3.8 数码管显示 4×4 键盘矩阵按键

当按键较多时，会占用更多的控制器端口。图 3-9 所示电路中使用了 4×4 键盘矩阵，大大减少了对单片机端口的占用，但识别按键的代码比独立按键的代码要复杂一些。在程序运行过程中按下不同按键时，该按键序号将显示在数码管上。

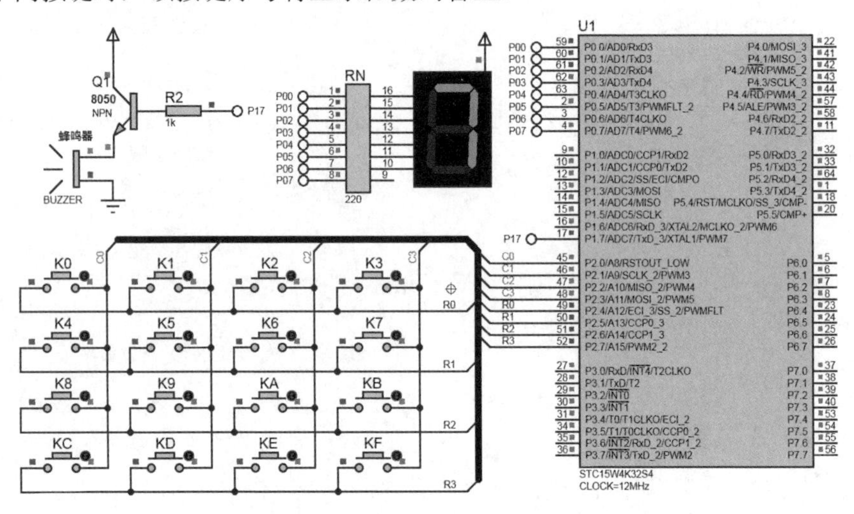

图 3-9　数码管显示 4×4 矩阵键盘按键电路

1. 程序设计与调试

在图 3-9 中，键盘矩阵行线 R0～R3 连接 P2.4～P2.7 引脚，列线 C0～C3 连接 P2.0～P2.3 引脚，扫描过程如下：

首先在 4 条行线输出 0000，4 条列线上输出 1111，即 P2 输出 0x0F。如果有任意一个按键被按下，则 4 条列线上的 1111 中必有一位变为 0，P2 的值将由 0x0F（00001111）变成 0000XXXX，X 中有 1 个为 0、3 个仍为 1。此时 P2 将有 4 种可能的值：0x0E，0x0D，0x0B，0x07。由这 4 个不同的值可知被按下的按键在 0～3 列中的哪一列。

得到被按下按键的列号后，再执行相反的操作，在 4 条列线输出 0000，4 条行线上输出 1111，即 P2 输出 0xF0。如果有任意一个按键被按下，则 4 条行线上的 1111 中必有一位变为 0，P2 的值将由 0xF0（11110000）变成 XXXX0000，X 中有 1 个为 0、3 个仍为 1。此时 P2 将有 4 种可能的值：0xE0，0xD0，0xB0，0x70。由这 4 个不同的值可知被按下的按键在 0～3 行中的哪一行。

根据被按下的按键所在的列号及行号，很容易得到该按键值（0～F）。

2. 实训要求

① 将键盘矩阵改接在 P0，编程实现矩阵键盘扫描及按键值显示。

② 将键盘矩阵行线连接 P2 低 4 位，列线连接 P2 高 4 位，编程实现矩阵键盘扫描及按键值显示。

3．源程序代码

```
1   //------------------------------------------------------------------------
2   //  名称：数码管显示 4×4 键盘矩阵按键序号
3   //------------------------------------------------------------------------
4   //  说明：按下任意一个按键时，数码管会显示它在键盘矩阵上的序号 0～F
5   //        扫描程序首先判断被按下的按键在哪一列，然后判断按键在哪一行，
6   //        根据不同列与行，即可得到按键序号 0～F
7   //
8   //------------------------------------------------------------------------
9   #include "STC15xxx.h"
10  #define u8  unsigned char
11  #define u16 unsigned int
12  //0～F 的共阳数码管段码，最后一个是“-”
13  const u8 SEG_CODE[] = {
14      0xC0,0xF9,0xA4,0xB0,0x99,0x92,0x82,0xF8,
15      0x80,0x90,0x88,0x83,0xC6,0xA1,0x86,0x8E,0xBF
16  };
17  sbit BEEP = P1^7;
18  //该矩阵中序号范围为 0～15，0xFF 表示无按键被按下
19  u8 keyNum = 0xFF;
20  //------------------------------------------------------------------------
21  // 延时函数(100us,1ms,xms,x100us)
22  //------------------------------------------------------------------------
23  void Delay100us() {      //@12.000MHz
24      u8 i = 2, j = 39;
25      do  {
26          while (--j);
27      } while (--i);
28  }
29  void Delay1ms() {        //@12MHz
30      u8 i = 12, j = 169;
31      do {
32          while (--j);
33      } while (--i);
34  }
35  //------------------------------------------------------------------------
36  void delay_ms(u8 x)          { while(x--) Delay1ms(); }
37  void delay_nx100us(u8 x)     { while(x--) Delay100us(); }
38  //------------------------------------------------------------------------
39  // 键盘矩阵扫描子程序 1
40  //------------------------------------------------------------------------
41  u8 Keys_Scan1() {
42      u8 keyNo = 0xFF;
43      //P2 低 4 位配置为输入口、高 4 位配置为输出口
44      P2 = 0xFF; P2 = 0x0F; Delay100us();
45      if (P2 == 0x0F) return 0xFF;          //无按键被按下时提前返回
46      //按下按键后 00001111 将变成 0000XXXX，X 中 1 个为 0、3 个仍为 1
47      //下面判断被按下的按键在 0～3 列中的哪一列
48      switch (P2 & 0x0F) {
49          case 0x0E: keyNo = 0; break;    //在第 0 列
50          case 0x0D: keyNo = 1; break;    //在第 1 列
51          case 0x0B: keyNo = 2; break;    //在第 2 列
52          case 0x07: keyNo = 3; break;    //在第 3 列
```

```
53          default:   return 0xFF;          //无按键被按下,提前返回
54      }
55      //P2 高 4 位作为输入口,低 4 位作为输出口
56      P2 = 0xFF; P2 = 0xF0; Delay100us();
57      //按下按键后 11110000 将变成 XXXX0000,X 中 1 个为 0、3 个仍为 1
58      //下面判断被按下的按键在 0～3 行中的哪一行
59      //对 0～3 行分别附加的起始值为: 0,4,8,12
60      switch (P2 & 0xF0) {
61          case 0xE0: keyNo += 0; break;   //在第 0 行
62          case 0xD0: keyNo += 4; break;   //在第 1 行
63          case 0xB0: keyNo += 8; break;   //在第 2 行
64          case 0x70: keyNo += 12;break;   //在第 3 行
65          default:   return 0xFF;         //无按键被按下,提前返回
66      }
67      return keyNo;
68  }
69  //-----------------------------------------------------------------------------
70  // 蜂鸣器子程序
71  //-----------------------------------------------------------------------------
72  void Beep() {
73      u8 i;
74      for (i = 0; i < 50; i++) { delay_nx100us(20); BEEP ^= 1; }
75      BEEP = 0;
76  }
77  //-----------------------------------------------------------------------------
78  // 主程序
79  //-----------------------------------------------------------------------------
80  void main() {
81      P0M1 = 0; P0M0 = 0;                 //配置为准双向口
82      P1M1 = 0; P1M0 = 0;
83      P2M1 = 0; P2M0 = 0;
84      P0 = 0xBF;                          //共阳数码管初始显示“-”
85      while(1) {
86          keyNum = Keys_Scan1();          //扫描键盘获取按键值
87          //无按键被按下时延时 10ms,然后继续扫描键盘
88          if (keyNum == 0xFF) { delay_ms(10); continue; }
89          //显示键值并输出蜂鸣声
90          P0 = SEG_CODE[keyNum]; Beep();
91          //未释放时等待
92          while (Keys_Scan1() != 0xFF) delay_ms(10);
93      }
94  }
```

3.9 普通开关与拨码开关应用

拨码开关常用于编码设置或状态设置，普通开关与拨码开关应用电路图 3-10 所示，其中中还使用了 8 总线三态驱动器 74LS245 控制数码管显示。开显示时，拨码开关当前编码值被实时刷新显示在数码管上。本案例还演示了单刀双掷开关控制报警器声音输出的效果。

1. 程序设计与调试

案例仿真电路中 74LS245 的 CE 引脚可以直接接 GND 的，但在图 3-10 中将其连接在 P2.0 引脚，用于动态控制 74LS245 的输出。主程序初始时将 CE 引脚值设为 0，使能输出。在关显

示时将 CE 引脚值设为 1 即关闭段码输出，以关闭显示。关闭显示还可以通过关闭段码或位码的方法实现。

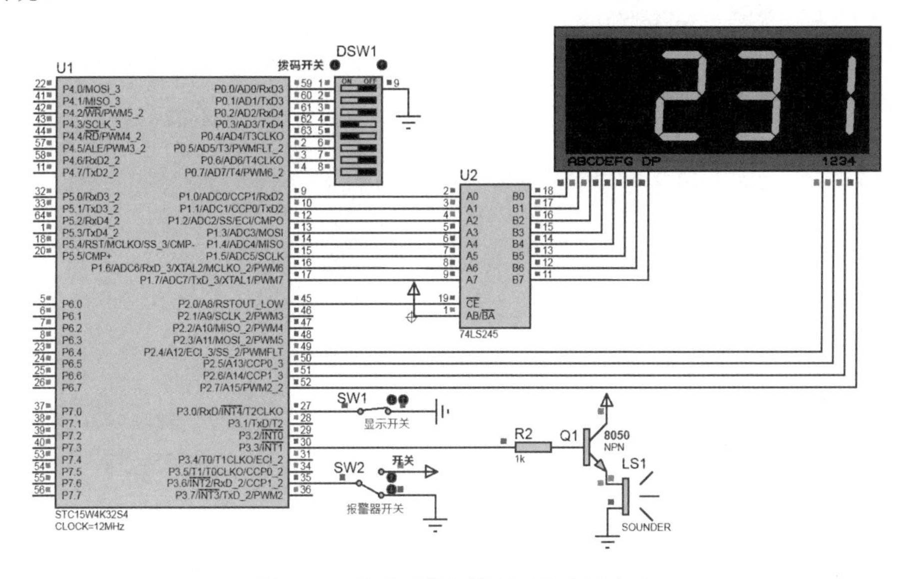

图 3-10　普通开关与拨码开关应用电路

由于 4 位数码管连接在 P2 端口的高四位，从左到右扫描时的位码应为 0x10、0x20、0x40、0x80（即 00010000，00100000，01000000，10000000），由于该 4 位数码管为共阴数码管，故其位码实际应为～0x10、～0x20、～0x40、～0x80（即 11101111、11011111、10111111、01111111）。P2 循环输出这 4 个位码即可实现扫描显示，对应语句为：

```
P2 = ～(0x10 << i);
```

但由于最左边的第一个数码管在本例是不用显示的，故有：

```
P2 = ～(0x20 << i);
```

由于拨码开关连接在 P0，主程序直接读取 P0 的值即可获得拨码开关编码值，并将其分解为 3 个数位放入 disp_buff，即可逐一发送数码管显示。

运行测试程序时本应出现正确结果，实际却出现显示异常。这是因为控制位码的语句 P2 = ～(0x20 << i)使 P2.0 引脚值恒为 1，为了开显示，CE 引脚值原本被置 0，即 P2.0 引脚值为 0，该语句却使其又被置 1。为解决这一问题，P2 端口的输出位码需要和 0xF0 执行与操作，修改后的数码管动态扫描显示程序中的位码输出语句如下。

```
P2 = (~(0x20 << i)) & 0xF0;      //发送位码
```

对于报警声音输出的程序设计，其关键在于 Alarm 函数，其中 BUZZER=～BUZZER 语句向 P3.3 引脚持续输出 1010101010…序列，形成的脉冲信号使扬声器输出声音，如果 BUZZER= ～BUZZER 语句的执行间隔相等，系统会发出单调的声音，不会模拟出报警效果。在 Alarm 函数内的双重 for 循环中，内层 for 循环由参数 t 控制，不同的 t 值使 BUZZER 输出具有可变的延时间隔，从而形成可变频率，模拟出报警声音的效果。当 SW2 合上时，Alarm(20) 与 Alarm(40)输出了两种不同频率的声音，模拟出很逼真的报警效果。

2．实训要求

① 修改程序，使拨码开关编码显示在数码管左 3 位上。

② 去掉 74LS245 驱动器，仍实现数码管的显示开关功能。

③ 调整程序中报警函数 Alarm 的参数值 20 与 40，所听到的声音效果有何变化？使用虚拟示波器能够观察到什么样的输出波形？

3. 源程序代码

```
1   //-----------------------------------------------------------------------
2   //  名称：普通开关与拨码开关应用
3   //-----------------------------------------------------------------------
4   //  说明：SW1 控制显示的开/关；拨码开关所设置的编码 000～255(0x00～0xFF)由
5   //        数码管显示；显示开关 SW1 的控制使用了 8 总线收发驱动器 74LS245 控制及
6   //        位码控制两种方法
7   //        SW2 控制报警器,实现两种不同频率的声音输出
8   //
9   //-----------------------------------------------------------------------
10  #include "STC15xxx.h"
11  #include <intrins.h>
12  typedef unsigned char  u8;
13  typedef unsigned int   u16;
14  code u8 SEG_CODE[] =              //共阴数码管段码
15   { 0x3F,0x06,0x5B,0x4F,0x66,0x6D,0x7D,0x07,0x7F,0x6F };
16  u8 disp_buff[3] = {0,0,0};        //显示缓冲区
17  sbit BUZZER = P3^3;               //蜂鸣器定义
18  sbit SW1    = P3^0;               //显示开关定义
19  sbit SW2    = P3^6;               //报警器开关定义
20  sbit CE     = P2^0;               //74LS245 使能控制端定义
21  //-----------------------------------------------------------------------
22  // 延时函数(100us,1ms,xms,x100us)
23  //-----------------------------------------------------------------------
24  void Delay100us() { //@12.000MHz
25     u8 i = 2, j = 39;
26     do  {
27         while (--j);
28     } while (--i);
29  }
30  //-----------------------------------------------------------------------
31  void Delay1ms() {   //@12MHz
32     u8 i = 12, j = 169;
33     do {
34         while (--j);
35     } while (--i);
36  }
37  //-----------------------------------------------------------------------
38  void delay_ms(u8 x)          { while(--x) Delay1ms();    }
39  void delay_nx100us(u8 x)     { while(--x) Delay100us(); }
40  //-----------------------------------------------------------------------
41  // 报警声音子程序
42  //-----------------------------------------------------------------------
43  void Alarm(u8 t) {
44     u8 i;
45     for(i = 0; i < 150; i++) {
46         BUZZER ^= 1;               //蜂鸣器输出
47         delay_nx100us(t);          //参数 t 形成不同的延时,输出不同频率的声音
48     }
49     BUZZER = 0;
50  }
51  //-----------------------------------------------------------------------
52  // 主程序
```

```
53  //------------------------------------------------------------------
54  void main() {
55      u8 i;                                   //循环控制变量
56      P0M1 = 0xFF; P0M0 = 0x00;              //将 P0 配置为高阻输入口
57      P1M1 = 0x00; P1M0 = 0x00;              //将 P1 配置为准双向口
58      P2M1 = 0x00; P2M0 = 0x00;              //将 P2 配置为准双向口
59      P3M1 = 0x41; P3M0 = 0x00;              //将 P3 的 P3.0、P3.6 引脚配置为高阻输入口，其余
60                                              //引脚配置为准双向口
61      BUZZER = 0;                             //蜂鸣器控制引脚初值为 0
62      CE = 0;                                 //初始时使能 74LS245
63      while(1) {
64          if (SW1){                           //SW1 断开（未合上）则关闭显示
65              CE = 1;                         //禁止 74LS245(关闭显示)
66              //P2 = 0xFF;                    //或者通过关闭位码来关闭显示
67          }
68          else {                              //SW1 合上则读取拨码开关值并分解显示
69              CE = 0;                         //使能 74LS245
70              //从 P0 读取拨码开关值并分解为三个数位
71              disp_buff[0] = P0 / 100;
72              disp_buff[1] = P0 / 10 % 10;
73              disp_buff[2] = P0 % 10;
74              //刷新 4 位数码管中的右 3 位动态显示
75              for(i = 0; i < 3; i++) {
76                  P1 = 0x00;                          //暂时关闭段码
77                  P2 = (~(0x20 << i)) & 0xF0;         //发送位码
78                  P1 = SEG_CODE[ disp_buff[i] ];      //发送段码
79                  delay_ms(3);
80              }
81          }
82          if(SW2) { Alarm(20); Alarm(40); }           //SW2 拨到上档则报警
83      }
84  }
```

3.10 继电器及双向晶闸管控制照明设备

如图 3-11 所示，分别使用双向晶闸管及继电器控制照明设备，且按下 K1、K2 时可分别实现对二者的开关控制。

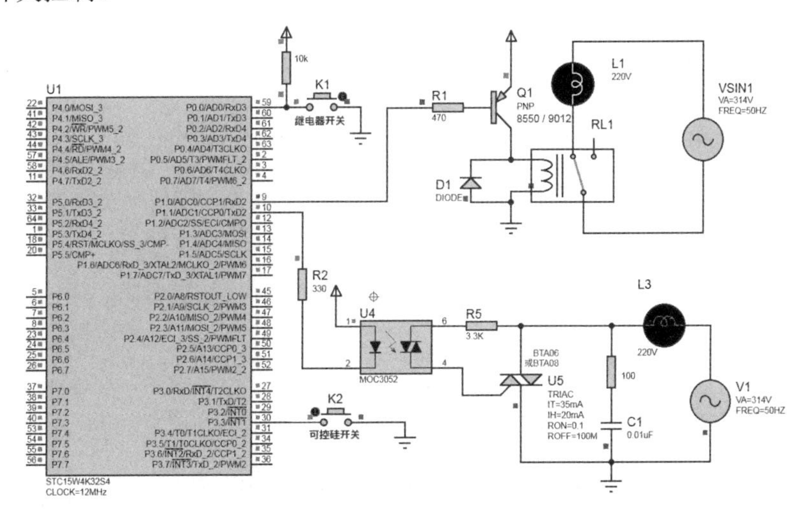

图 3-11　继电器及双向晶闸管控制照明设备电路

1. 程序设计与调试

继电器控制端 RELAY 被定义在 P1.0 引脚，晶闸管控制端 TRIAC 被定义在 P1.1 引脚。每次按下 K1、K2 并释放时，分别取反 RELAY 及 TRIAC。当 RELAY 为 0 时，PNP 三极管导通，继电器吸合，灯泡被点亮，反之三极管截止，继电器断开，灯泡熄灭。类似地，当 TRIAC 为 0 时，光耦合器 MOC3052 导通并触发晶闸管导通，灯泡被点亮，反之则熄灭。

2. 实训要求

① 在仿真电路中添加指示用的 LED。如果照明设备开启，指示 LED 闪烁；如果照明设备关闭，则指示 LED 熄灭。

② 搭建仿真电路编程实现对直流电机的启/停控制。

3. 源程序代码

```
1   //-----------------------------------------------------------------------
2   //  名称：继电器及双向晶闸管控制照明设备
3   //-----------------------------------------------------------------------
4   //  说明：K1/K2 分别控制继电器与晶闸管开关
5   //
6   //-----------------------------------------------------------------------
7   #include "STC15xxx.h"
8   #define u8  unsigned char
9   #define u16 unsigned int
10  sbit K1 = P0^0;                     //继电器控制按键(在 P0 端口注意接上拉电阻)
11  sbit K2 = P3^3;                     //双向晶闸管控制按键
12  sbit RELAY = P1^0;                  //继电器控制引脚
13  sbit TRIAC = P1^1;                  //双向晶闸管控制引脚
14  #define MAIN_Fosc 12000000L         //时钟频率定义
15  //-----------------------------------------------------------------------
16  // 延时函数(参数取值限于 1～255)
17  //-----------------------------------------------------------------------
18  void delay_ms(u8 ms) {
19      u16 i;
20      do{
21          i = MAIN_Fosc / 13000;
22          while(--i);
23      }while(--ms);
24  }
25  //-----------------------------------------------------------------------
26  // 主程序
27  //-----------------------------------------------------------------------
28  void main() {
29      P0M1 = 0x00; P0M0 = 0x00;          //将 P0、P1、P3 配置为准双向口
31      P1M1 = 0x00; P1M0 = 0x00;
30      P3M1 = 0x00; P3M0 = 0x00;
32      RELAY = 1;  TRIAC = 1;             //初始时两个灯泡全部被关闭
33      while(1) {
34          if ( K1 == 0)   {              //继电器开关控制
35              delay_ms(10);
36              if (K1 == 0) { while (K1 == 0);  RELAY = ~RELAY; }
37          }
38          if ( K2 == 0)   {              //晶闸管开关控制
39              delay_ms(10);
40              if (K2 == 0) { while (K2 == 0); TRIAC = ~TRIAC; }
```

```
41            }
42        }
43  }
```

3.11 INT0 中断计数

在仿真电路中用 3 只分立式数码管显示按键计数值，由于它们各自分立，对它们无须处理数码管动态扫描刷新显示问题。前面有关案例已涉及按键处理功能，图 3-12 中的清零按键控制方式与之类似，但计数按键则使用了新的外部中断技术。

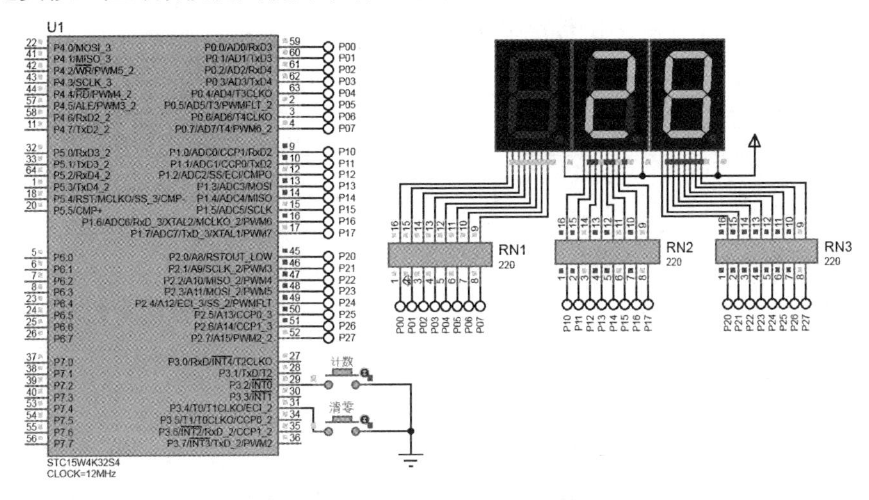

图 3-12 INT0 中断计数电路

1. 程序设计与调试

传统型 8051 单片机共有 5 个中断源，而 STC15 最高可支持 21 个中断源。对于传统型 8051 单片机，其支持的中断源包括两个外部中断（$\overline{INT0}$、$\overline{INT1}$），两个定时中断（TIMER0、TIMER1）及一个串口中断（Serial Port Interrupt）。如图 3-13 列出传统型 8051 单片机的中断源及 STC15 的部分对应中断源。这些中断源的中断触发标志位均属于 TCON 寄存器。表 3-2 列出了该寄存器的所有位。传统型 8051 单片机与 STC15 的 TCON 寄存器完全相同。

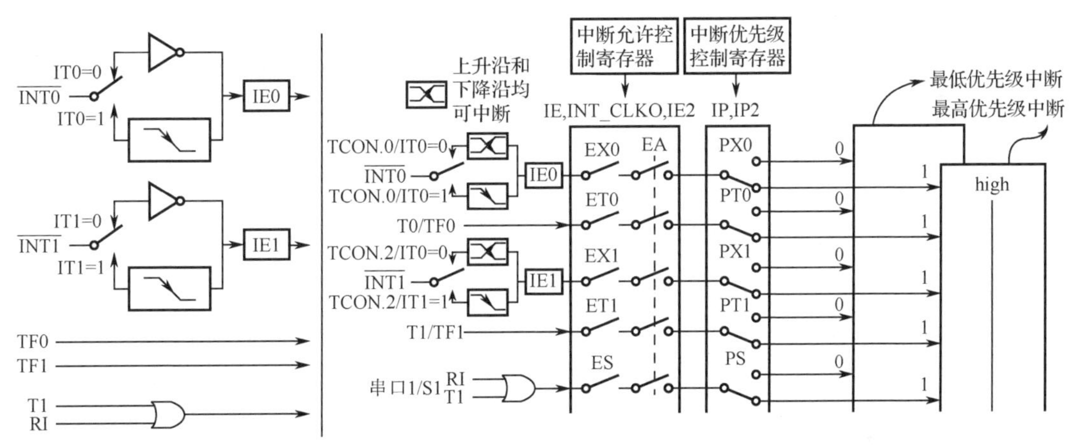

图 3-13 传统型 8051 单片机中断源与 STC15 中断源（部分）

表 3-2　定时/计数控制寄存器 TCON

7	6	5	4	3	2	1	0
TF1	TR1	TF0	TR0	IE1	IT1	IE0	IT0

中断使能寄存器 IE（Interrupt Enable Register）如表 3-3 所示。其中，右边第 0～4 位为 EX0，ET0，EX1，ET1，ES，它们分别独立使能或禁止 INT0，TIMER0，INT1，TIMER1 及串口中断，对 EX0，ET0，EX1，ET1，ES 置 1，则使能这些中断，置 0 则禁止这些中断；最高位 EA 用于一次性开启所有使能的中断或屏蔽所有中断。STC15 的 IE 寄存器增加了 ELVD 与 EADC，分别为低压检测中断允许位和 A/D 转换中断允许位。

表 3-3　中断使能寄存器 IE

7	6	5	4	3	2	1	0
EA	ELVD（STC15）	EADC（STC15）	ES	ET1	EX1	ET0	EX0

在本案例仿真电路中，计数按键连接单片机 P3.2 引脚（INT0），主程序设置 IE=0x81（10000001），并设置 EA=1（开中断）、EX0=1（允许 INT0 中断）。IE=0x81 可以用以下语句代替：

```
EA = 1;          //开中断
EX0 = 1;         //允许 INT0 中断
```

另外，由于 IT0 为 TCON 寄存器的最低位，设置 IT0=1 还可以写成：

```
TCON = 0x01;     //即 IT0 = 1;
```

主程序中所设置的 IT0（Interrupt Trigger INT0）是 TCON 寄存器中控制 INT0 中断方式的设置位。对于 STC15，设置 IT0=1 将 INT0 的中断触发方式设置为仅下降沿触发 INT0/P3.2 引脚，而设置 IT0=0 则为表示上升沿与下降沿均可触发 INT0/P3.2 引脚。本案例选择下降沿触发 INT0/P3.2 引脚，即当按下计数按键时，在 P3.2 引脚信号由高电平到低电平的跳变将触发 INT0 中断；如果按下计数按键后没有释放，INT0 中断不会被持续触发，只有在释放计数按键后再次按下该按键时，才会因为又出现了高电平到低电平的跳变而再次触发 INT0 中断。这样的设置会使计数值仅在计数按键每次重新被按下时累加。

为使计数按键能够稳定地操作，在实物电路上测试时注意在程序中添加消抖语句。计数按键是通过中断触发来识别的，每次中断触发时即表示计数按钮被按下，中断子程序 EX_INT0 被自动调用，全局变量 Count 随之累加，INT0 中断号为 0，中断函数用 interrupt 指明中断号 0。

清零按键由主程序中的 while 循环语句来轮询判断。该语句持续不断查看 P3.4 引脚值是否变为 0，如果变为 0 则表示清零按键被按下。

2．实训要求

① 改用查询方式判断计数按键，用中断方式控制清零按键，实现相同的运行效果。

② 将计数按键连接 P3.3 引脚，编写 INT1 中断子程序实现计数。

3．源程序代码

```
1   //-----------------------------------------------------------------------
2   //  名称: INT0 中断计数
3   //-----------------------------------------------------------------------
4   //  说明: 每次按下计数按键时触发 INT0 中断; 中断子程序累加计数
5   //        计数值显示在三只数码管上; 按下清零按键时使数码管清零
6   //
7   //-----------------------------------------------------------------------
8   #include "STC15xxx.h"
```

```
9   #include <intrins.h>
10  #define u8  unsigned char
11  #define u16 unsigned int
12  const u8 SEG_CODE[] =  //0～9的数字编码,最后一位为黑屏
13   { 0xC0,0xF9,0xA4,0xB0,0x99,0x92,0x82,0xF8,0x80,0x90,0xFF };
14  //计数器值分解后的各待显示数位
15  u8 Display_Buffer[3] = {0,0,0};
16  u16 Count = 0;
17  sbit Clear_Key = P3^4;
18  #define MAIN_Fosc 12000000L         //时钟频率定义
19  //--------------------------------------------------------------------
20  // 延时函数(参数取值限于1～255)
21  //--------------------------------------------------------------------
22  void delay_ms(u8 ms) {
23      u16 i;
24      do{
25          i = MAIN_Fosc / 13000;
26          while(--i);
27      }while(--ms);
28  }
29  //--------------------------------------------------------------------
30  // 在数码管上显示计数值
31  //--------------------------------------------------------------------
32  void Refresh_Display() {
33      Display_Buffer[0] = Count / 100;    //获取3个数位
34      Display_Buffer[1] = Count % 100 / 10;
35      Display_Buffer[2] = Count % 10;
36      if(Display_Buffer[0] == 0) {        //高位为0时不显示
37          Display_Buffer[0] = 10;
38          //高位为0时,如果第二位为0则同样不显示
39          if(Display_Buffer[1] == 0 ) Display_Buffer[1] = 10;
40      }
41      P0 = SEG_CODE[Display_Buffer[0]] ; //3只数码管独立显示
42      P1 = SEG_CODE[Display_Buffer[1]] ;
43      P2 = SEG_CODE[Display_Buffer[2]] ;
44  }
45  //--------------------------------------------------------------------
46  // 主程序
47  //--------------------------------------------------------------------
48  void main() {
49      P0M1 = 0x00; P0M0 = 0x00;           //将P0,P1,P2,P3配置为准双向口
50      P1M1 = 0x00; P1M0 = 0x00;
51      P2M1 = 0x00; P2M0 = 0x00;
52      P3M1 = 0x00; P3M0 = 0x00;
53      P0 = 0xFF; P1 = 0xFF; P2 = 0xFF;    //初始化显示端口
54      IE = 0x81;                          //允许INT0中断
55      IT0 = 1;                            //下降沿触发
56      while(1) {
57        if(Clear_Key == 0) Count = 0;     //清零
58        Refresh_Display();                //持续刷新显示
59      }
60  }
61  //--------------------------------------------------------------------
62  // INT0中断函数
```

```
63 //------------------------------------------------------------------
64 void EX_INT0() interrupt 0 {
65     EA = 0;                                     //禁止中断
66     delay_ms(10);                               //延时消抖
67     Count++;                                    //计数值递增
68     EA = 1;                                     //开中断
69 }
```

3.12 INT0～INT3 中断计数

传统型 8501 单片机仅支持两个外部中断，即 $\overline{\text{INT0}}$ 和 $\overline{\text{INT1}}$。STC15 支持的外部中断为 INT0～INT4。本案例同时启用 STC15 的 INT0～INT3 中断。当连接 P3.2/INT0 和 P3.3/INT1 引脚的两个计数按键触发中断时，对应的中断子程序分别执行累加计数操作，两组计数值分别显示在左、右各 3 位数码管上。另外两个连接在 P3.6/INT2 与 P3.7/INT3 引脚上的计数按键触发中断时，分别执行对应计数的清零操作。INT0～INT3 中断计数电路如图 3-14 所示。

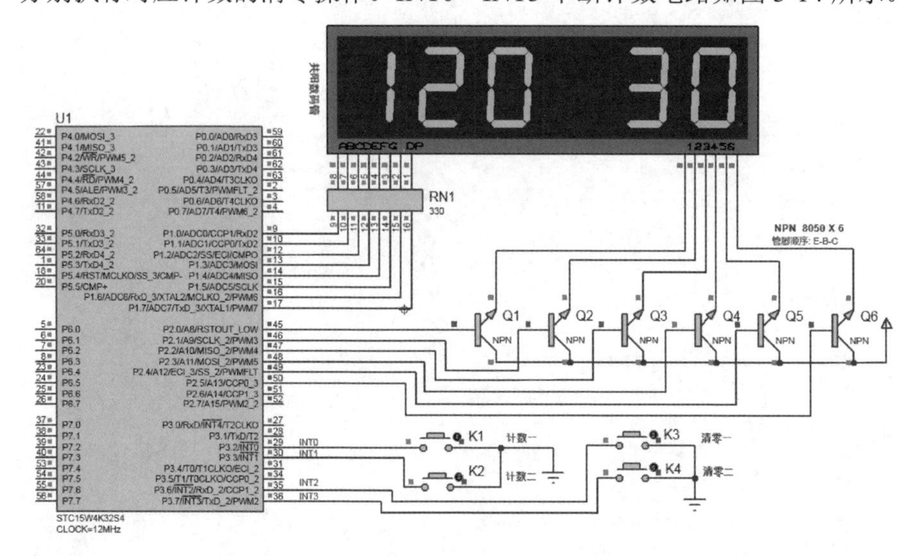

图 3-14 INT0～INT3 中断计数电路

1. 程序设计与调试

为同时允许 INT0 和 INT1 中断，主程序设置 IE = 0x05（00000101）。另外，为了将这两个中断触发方式均设为下降沿触发，主程序中将 IT0 和 IT1 均置 1（注：将 IT0 置 1 时 INT0 被配置为下降沿触发，由于当前版 Proteus 存在 BUG，仿真时仍显示为上、下沿均被触发）。

对于 STC15 扩展的外部中断 $\overline{\text{INT2}}$ ～ $\overline{\text{INT4}}$（本案例使用 $\overline{\text{INT2}}$ 和 $\overline{\text{INT3}}$），要使用 STC15 系列单片机新增寄存器 INT_CLKO（AUXR2）对其进行设置。STC15 外部中断允许和时钟输出寄存器 INT_CLKO（AUXR2）如表 3-4 所示。其中，EX2～EX4 分别对 $\overline{\text{INT2}}$ ～ $\overline{\text{INT4}}$ 进行设置，置 1 表示使能，置 0 表示禁止，且均只允许下降沿触发。程序通过语句 INT_CLKO |= (1<<4) | (1<<5)来使能 $\overline{\text{INT3}}$ 、$\overline{\text{INT4}}$ 中断。

表 3-4 STC15 外部中断允许和时钟输出寄存器 INT_CLKO（AUXR2）

7	6	5	4	3	2	1	0
—	EX4	EX3	EX2	MCKO_S2	T2CLKO	T1CLKO	T0CLKO

由 STC15 技术手册可知，INT0～INT4 的中断号分别为 0，2，10，11，16。本案例程序中

对前 4 个中断分别给出了服务器程序。其中，EX_INT0()、EX_INT1()这两个中断服务程序分别对计数变量 Count_A 与 Count_B 进行累加；EX_INT2()、EX_INT3()这两个中断服务程序则分别对计数变量 Count_A 与 Count_B 执行清零。

由于主程序的 while 循环语句内有对显示计数函数 Show_Counts()的循环调用，因此中断子程序无须处理计数值的显示，只要累加计数即可。显示计数函数 Show_Counts()首先完成两个计数值的数位分解，然后将 Count_A 分解后放入显示缓冲数组 disp_buff 的高 3 位，将 Count_B 分解后放入 disp_buff 的低 3 位，最后将这 6 个数位分别刷新显示到 6 位数码管。

2. 实训要求

① 源程序中两组计数值的分解均使用整除及取余运算符实现，完成调试后重新改用循环递减的方法实现数位分解。

② 使用移位运算符控制 6 位数码管扫描显示。

3. 源程序代码

```
1   //-----------------------------------------------------------------------
2   //  名称: INT0～INT3 中断计数
3   //-----------------------------------------------------------------------
4   //  说明: 每次按下 K1 计数按键时第 1 组计数值被累加并被显示在左边的 3 只数码管上
5   //        每次按下 K2 计数按键时第 2 组计数值被累加并被显示在右边的 3 只数码管上
6   //        后两个按键 K3、K4 分别用于对应清零
7   //
8   //-----------------------------------------------------------------------
9   #include "STC15xxx.h"
10  #include <intrins.h>
11  #define u8  unsigned char
12  #define u16 unsigned int
13  #define MAIN_Fosc 12000000L              //时钟频率定义
14  u8 code DSY_CODE[] =                     //共阳数码管段码表
15  { 0xC0,0xF9,0xA4,0xB0,0x99,0x92,0x82,0xF8,0x80,0x90,0xFF};
16  u8 code Scan_BITs[] = {0x20,0x10,0x08,0x04,0x02,0x01};
17  //两组计数的显示缓冲,前三位为一组,后三位为另一组
18  u8 data disp_buff[] = {0,0,0,0,0,0};
19  //两个计数值
20  u16 Count_A = 0,Count_B = 0;
21  //-------------------------------------------------------------------
22  // 延时函数(参数取值限于 1~255)
23  //-------------------------------------------------------------------
24  void delay_ms(u8 ms) {
25      u16 i;
26      do{
27          i = MAIN_Fosc / 13000;
28          while(--i);
29      }while(--ms);
30  }
31  //-------------------------------------------------------------------
32  // 计数值显示
33  //-------------------------------------------------------------------
34  void Show_Counts() {
35      u8 i;
36      //分解计数值 Count_A
37      disp_buff[5] = Count_A / 100;
```

```
38      disp_buff[4] = Count_A % 100 / 10;
39      disp_buff[3] = Count_A % 10;
40      if(disp_buff[5] == 0) {                    //高位为0时不显示
41          disp_buff[5] = 10;
42          if(disp_buff[4] == 0) disp_buff[4] = 10;
43      }
44      //分解计数值Count_B
45      disp_buff[2] = Count_B / 100;
46      disp_buff[1] = Count_B % 100 / 10;
47      disp_buff[0] = Count_B % 10;
48      if(disp_buff[2] == 0) {                    //高位为0时不显示
49          disp_buff[2] = 10;
50          if(disp_buff[1] == 0) disp_buff[1] = 10;
51      }
52      //数码管显示
53      for(i = 0;i < 6; i++) {
54          P1 = 0xFF;                             //暂时关闭段码
55          P2 = Scan_BITs[i];                     //位码
56          P1 = DSY_CODE[disp_buff[i]] ;          //段码
57          delay_ms(4);
58      }
59  }
60  //------------------------------------------------------------------
61  // 主程序
62  //------------------------------------------------------------------
63  void main() {
64      P1M1 = 0x00; P1M0 = 0x00;          //P1,P2,P3配置为准双向口
65      P2M1 = 0x00; P2M0 = 0x00;
66      P3M1 = 0x00; P3M0 = 0x00;
67      IT0 = 1;                           //INT0下降沿触发(注:当前版此行仿真有异常)
68      IT1 = 1;                           //INT1下降沿触发
69      PX0 = 1;                           //设置优先级
70      IE = 0x05;                         //INT0,INT1开中断
71      INT_CLKO |= (1<<4) | (1<<5);       //INT2,INT3开中断
72      EA = 1;                            //开总中断控制位
73      while(1) Show_Counts();            //循环刷新显示
74  }
75  //------------------------------------------------------------------
76  // INT0中断(INT0/P3.2:A累加)
77  // 注:因Proteus存在BUG,IT0=1时应为下降沿触发,但仿真时上下沿均被触发
78  //------------------------------------------------------------------
79  void EX_INT0() interrupt 0 {
80      EA = 0; delay_ms(10);  Count_A++;  EA = 1;
81  }
82  //------------------------------------------------------------------
83  // INT1中断(INT1/P3.3:B累加)
84  //------------------------------------------------------------------
85  void EX_INT1() interrupt 2 {
86      EA = 0; delay_ms(10);  Count_B++;  EA = 1;
87  }
88  //------------------------------------------------------------------
89  // INT2中断(INT2/P3.6:A清0)
90  //------------------------------------------------------------------
91  void EX_INT2() interrupt 10 {
```

```
92      EA = 0; delay_ms(10);   Count_A = 0;    EA = 1;
93  }
94  //--------------------------------------------------------------
95  // INT3 中断(INT3/P3.7:B 清 0)
96  //--------------------------------------------------------------
97  void EX_INT3() interrupt 11 {
98      EA = 0; delay_ms(10);   Count_B = 0;    EA = 1;
99  }
```

3.13 TIMER0 控制单只 LED 闪烁

此前有关单只或多只 LED 闪烁的程序设计均使用延时子程序使 LED 按一定延时亮或灭，形成闪烁效果。图 3-15 所示电路则通过 TIMER0 定时器实现了对 LED 的闪烁控制。TIMER0 通常简称为 T/C0 或 T0。

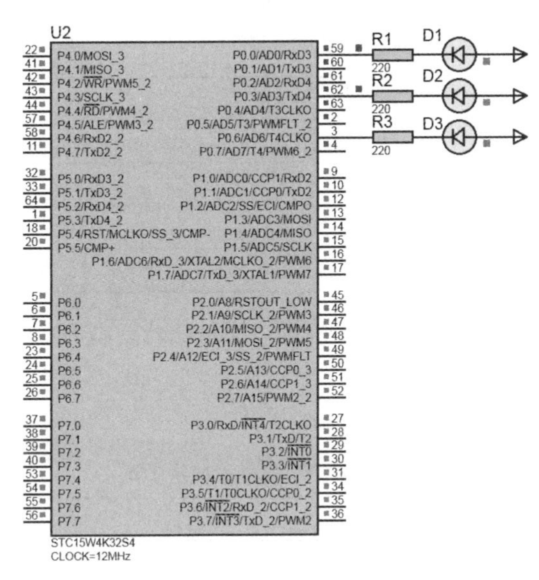

图 3-15 TIMER0 控制单只 LED 闪烁电路

1. 程序设计与调试

传统型 8051 单片机仅有 2 个 16 位定时/计数器 T/C0 与 T/C1（简称 T0 与 T1）。STC15W4K32S4 单片机内置了 5 个 16 位定时/计数器：T/C0～T/C4（简称 T0～T4）。T0～T4 均可工作于计数方式或定时方式。表 3-5 给出了 STC15 的定时/计数器相关寄存器。

表 3-5 STC15 的定时/计数器相关寄存器

符号	描述	地址	位地址及其符号 MSB							LSB	复位值
TCON	定时器控制寄存器	88H	TF1	TR1	TF0	TR0	IE1	IT1	IE0	IT0	0000 0000B
TMOD	定时器工作方式寄存器	89H	GATE	C/$\overline{T}$	M1	M0	GATE	C/$\overline{T}$	M1	M0	0000 0000B
TL0	T0 低 8 位寄存器	8AH									0000 0000B
TL1	T1 低 8 位寄存器	8BH									0000 0000B
TH0	T0 高 8 位寄存器	8CH									0000 0000B

续表

符号	描述	地址	位地址及其符号 MSB							LSB	复位值
TH1	T1 高 8 位寄存器	8DH									0000 0000B
IE	中断允许寄存器	A8H	EA	ELVD	EADC	ES	ET1	EX1	ET0	EX0	0000 0000B
IP	中断优先级寄存器	B8H	PPCA	PLVD	PADC	PS	PT1	PX1	PT0	PX0	0000 0000B
T2H	T2 高 8 位寄存器	D6H									0000 0000B
T2L	T2 低 8 位寄存器	D7H									0000 0000B
AUXR	辅助寄存器	8EH	T0x12	T1x12	UART_M0x6	T2R	T2_C/$\overline{T}$	T2x12	EXTRAM	S1ST2	0000 0001B
INT_CLKO AUXR2	外部中断允许和时钟输出寄存器	8FH		EX4	EX3	EX2	MCKO_S2	T2CLKO	T1CLKO	T0CLKO	0000 0000B
T4T3M	T4 和 T3 的控制寄存器	D1H	T4R	T4_C/$\overline{T}$	T4x12	T4CLKO	T3R	T3_C/$\overline{T}$	T3x12	T3CLKO	0000 0000B
T4H	T4 高 8 位寄存器	D2H									0000 0000B
T4L	T4 低 8 位寄存器	D3H									0000 0000B
T3H	T3 高 8 位寄存器	D4H									0000 0000B
T3L	T3 低 8 位寄存器	D5H									0000 0000B
IE2	中断允许寄存器	AFH	—	ET4	ET3	ES4	ES3	ET2	ESP	ES2	x000 0000B

对于 T0 与 T1，无论是 STC15 系列单片机，还是在传统型 8051 单片机，其工作方式均由 TMOD 寄存器配置，但两者的模式配置并不完全相同。T0、T1 模式寄存器 TMOD 如表 3-6 所示。

表 3-6　T0、T1 模式寄存器 TMOD

位序	简记	描述（8051）	描述（STC15）
7	GATE1	T1 门控制位 当 GATE1 为 0 时，将 TR1 置 1 即可启动 T1 当 GATE1 为 1 时，只有在 P3.3/$\overline{INT1}$ 引脚为高电平且 TR1 为 1 时才能启动 T1	
6	C/$\overline{T}$1	T1 定时/计数选择位 当 C/$\overline{T}$1 为 0 时，T1 在内部时钟驱动下计数（内部固定时钟驱动计数以实现定时） 当 C/$\overline{T}$1 为 1 时，T1 在外部 P3.5/T1 引脚出现负跳变信号时计数	
5	M11	T1 模式选择位（M11 M01=00/01/10/11） 00 模式 0：13 位定时/计数器（8 位 TH1 与 5 位 TL1） 01 模式 1：16 位定时/计数器（8 位 TH1 与 8 位 TL1） 10 模式 2：8 位自动重装载定时/计数器（8 位 TL1，溢出时 TH1 的值自动装入 TL1） 11 模式 3：T1 停止，计数值保持不变	T1 模式选择位（M11 M01=00/01/10/11） 00 16 位自动重装载定时器，当溢出时将 RL_TH1 和 RL_TL1 存放的值自动重装入 TH1 和 TL1 中 01 模式 1：16 位不可重装载模式，TH1、TL1 全用 10 模式 2：8 位自动重装载定时器，当溢出时将 TL1 存放的值自动重装入 TH1 11 模式 3：定时/计数器无效（停止计数）
4	M01		
3	GATE0	T0 门控制位 当 GATE0 为 0 时，将 TR0 置 1 即可启动 T0 当 GATE0 为 1 时，只有在 P3.2/$\overline{INT0}$ 引脚为高电平且 TR0 为 1 时才能启动 T0	
2	C/$\overline{T}$0	T0 定时/计数器选择位 当 C/$\overline{T}$0 为 0 时，T0 在内部时钟驱动下计数（内部固定时钟驱动计数以实现计时） 当 C/$\overline{T}$0 为 1 时，T0 在外部 P3.4/T0 引脚出现负跳变信号时计数	

续表

<table>
<tr><th>位序</th><th>简记</th><th>描述（8051）</th><th>描述（STC15）</th></tr>
<tr><td>1</td><td>M10</td><td rowspan="2">T0 模式选择位（M10 M00=00/01/10/11）
00 模式 0：13 位定时/计数器（8 位 TH0 与 5 位 TL0）
01 模式 1：16 位定时/计数器（8 位 TH0 与 8 位 TL0）
10 模式 2：8 位自动重装载定时/计数器（8 位 TL0，溢出时 TH0 的值自动装入 TL0）
11 模式 3：8 位定时/计数器（8 位的 TL0）</td><td rowspan="2">T0 模式选择位（M10 M00=00/01/10/11）
00 16 位自动重装载定时器，当溢出时将 RL_TH0 和 RL_TL0 存放的值自动重装入 TH0 和 TL0 中
01 模式 1：16 位不可重装载模式，TH0、TL0 全用
10 模式 2：8 位自动重装载定时器，当溢出时将 TL0 存放的值自动重装入 TH0
11 模式 3：不可屏蔽中断的 16 位自动重装载定时器</td></tr>
<tr><td>0</td><td>M00</td></tr>
</table>

使用 T0、T1 时，还涉及控制寄存器 TCON，它包括 TF1、TF0、TR1、TR0、IT1、IT0、IE1、IE0 共 8 位。其中，TFx 为定时器溢出标志位；TRx 为定时器运行控制位。

使用定时/计数器，主要有以下两种方法。

- 溢出中断处理：定时/计数寄存器溢出时触发中断，自动调用预先设计的中断子程序。
- 溢出标志位查询：循环检查定时/计数器溢出标志位（TFx）；当 TFx=1 时，执行指定程序。

本案例通过 STC15 的 T0 控制 LED 闪烁，并使用上述方法 2 实现，要完成的工作如下。

- 设置辅助寄存器 AUXR 配置时钟分频（仅针对 T0～T2）。
- 定时/计数器工作模式设置（对于 T0、T1 的设置通过 TMOD 完成）。
- 设置定时/计数寄存器初值（对于 T0、T1，对应为 TH0/TL0、TH1/TL1）。
- 允许定时/计数器中断（对于 T0、T1，可设置 IE，或单独设置 EA 及 ET0、ET1）。
- 启动定时/计数器（对于 T0、T1，可设置 TCON 或单独设置 TR0、TR1）。

对于 STC15 拓展的其他定时/计数器，所对应的配置寄存器会存在差异。例如，T3 与 T4 的分频配置使用 T4T3M 寄存器完成。

完成上述设置工作后，余下的最为重要的工作是编写定时/计数器中断子程序，当定时/计数器时间到达或计数值溢出即触发中断，所编写的相应中断子程序将被自动调用。

对于 STC15 的 T0，其技术手册推荐使用其模式 0，即 16 自动重装载模式。16 位的最大值为 $2^{16}-1=65\ 535$，计数至 65 536 时溢出，其 16 位的原始值将被恢复，计数重新开始。图 3-16 给出了 STC15 的 T0 模式 0 的工作原理。

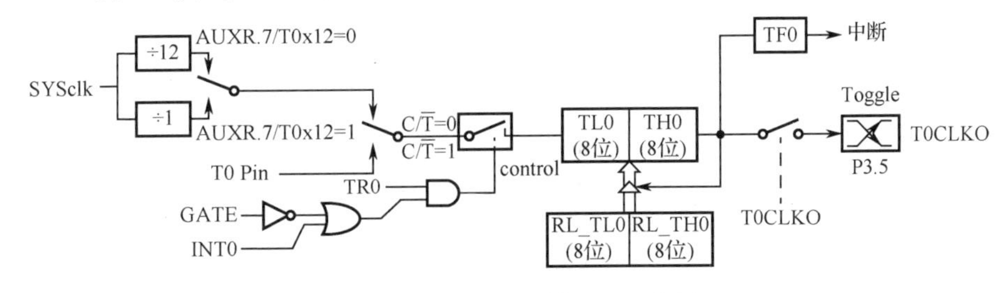

图 3-16 STC15 的 T0 模式 0 工作原理

由图 3-16 可知，对 STC15 而言，驱动 T0 工作的系统时钟可以被设置为 8051 单片机的 12 分频，也可以被设置为 1 分频。对于 12MHz 振荡器频率，在 12 分频模式下，T0 计数周期 $T_{cy}=1/(12\text{MHz}/12)=1\mu\text{s}$，如果振荡器频率为 11.059 2MHz，在 12 分频模式下，$T_{cy}=1/(11.059\ 2\text{MHz}/12)\approx 1.085\ 1\mu\text{s}$。在开启定时/计数器后，每个计数周期都将使定时/计数寄存器累加 1。

为使用 T0 实现 12 分频模式下的 5ms（5 000μs）定时，使用 STC-ISP 工具，在定时/计算器中可生成图 3-17 所示代码。

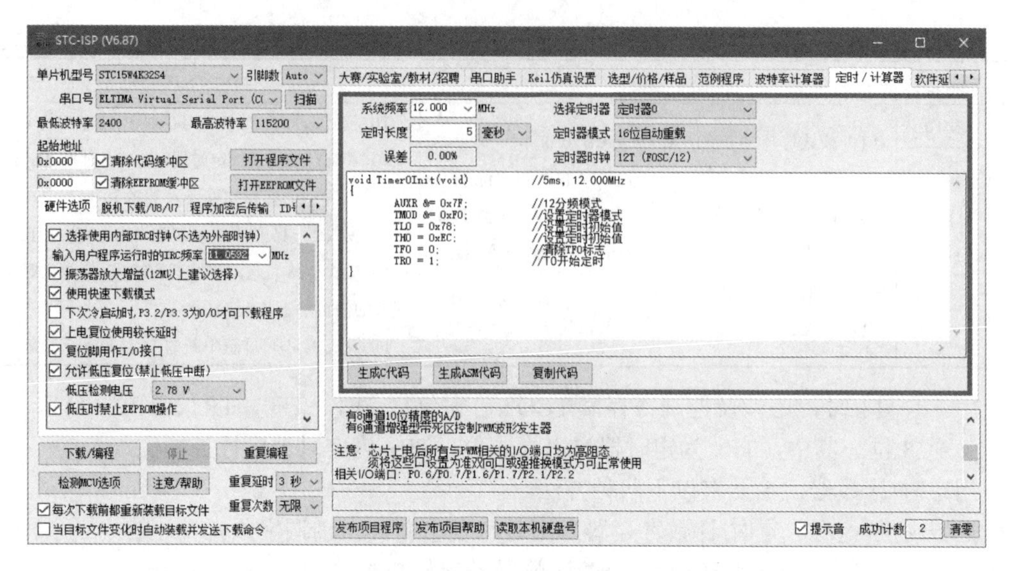

图 3-17　使用 STC-ISP 工具生成定时器初始化代码

对于 AUXR &= 0x7F（01111111），根据图 3-16 可知，AUXR 的最高位 T0x12 被置 0，选择 12 分频；对于 TMOD &= 0xF0，其低 4 位 GATE0、C/T0、M10、M00 全部被置 0。其中，GATE0=0 表示只要 TR0 = 1 即可启动 T0；C/T0=0 表示 T0 在内部时钟驱动下计数；M10 M00=00 表示 T0 工作于模式 0，即 STC15 的 16 位自动重装载模式。

在图 3-17 中，TL0 = 0x78，TH0 = 0xEC，定时初值 0xEC78=60 536，它们等价于 TL0 = (65 536 − 5 000) & 0x00FF 与 TH0 = (65 536 − 5 000) >> 8，或者是 TL0 = − 5 000 & 0x00FF 与 TH0 = − 5 000 >> 8。

之所以可直接使用“负数”，是因为 65 536 即 17 位二进制数 1 0000 0000 0000 0000 的最高位为 1，其余 16 位为 0。对于 16 位的寄存器，65 536 与 0 是相等的。为检验这一结果，可打开 Win10 附件中的计算器，切换到“程序员”模式，如图 3-18 所示，选择 DEC（十进制），计算“65 536-5 000”，得到的结果为 60 536；对应 HEX（十六进制）的结果为 EC78，即 TL0 = 0x78，TH0 = 0xEC；如果输入“0-5 000”，可得结果为-5 000，即十六进制数 FFFF FFFF FFFF EC78。其末尾数位同样为 EC78，所得结果中仅有 EC78（共 4 个十六进制位，也就是共 16 位二进制位）被分别保存到两个 8 位的寄存器 TH0 与 TL0。

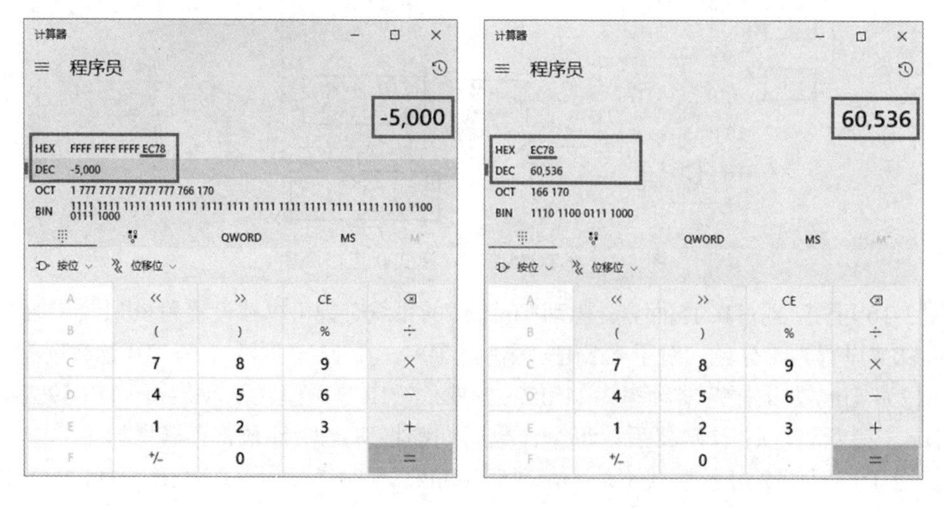

图 3-18　使用 Win10 计算器程序员模式验算定时初值

在程序中，可直接写入看似烦琐的常量表达式，这样可提高程序可读性。

由图 3-16 可知，启动 T0 开始工作时，可直接置 TR0 = 1，在 12MHz/12=1MHz 计数时钟驱动下，对所设置的定时/计数寄存器初值 0xEC78（即 60 536），该值将会每微秒递增 1，5 000μs 后该值为 65 536(60 536+5 000)。由于模式 0 为 16 位，最大值为 65 535，定时/计数寄存器的值递增至 65 536 时产生溢出，触发 T0 中断，硬件置位 TF0。

在中断子程序中，T0 和 T1 的中断号分别为 1、3，不要将其误设为 0、1。本案例编写的是 T0 中断子程序，该子程序后面添加了 interrupt 1。

对于中断函数内的代码还有以下两点说明。

① 由于本案例 T0 工作于模式 0，所设置 TL0 与 TH0 初值将被同时保存至与 TL0、TH0 共用地址的，被隐藏的 RL_TL0、RL_TH0 寄存器中，其中 RL 表示重装载（ReLoad）。当 TL0、TH0 溢出时将触发 T0 中断，参照图 3-16 可知，RL_TL0、RL_TH0 的初值将被重装回 TL0、TH0。8051 单片机的 T0 模式 0 为 13 位模式，且 TL0、TH0 初值的重装要通过软件代码完成。

② 在当前 12MHz 时钟、12 分频模式下，T0 最大可独立实现 65ms 定时，此时定时/计数初值将为 65 536−65 000 = 536 = 0x0218，也就是 TL0 = 0x18、TH0 = 0x02，其中的 65 000 对应 65ms（65 000μs），如果要实现更大延时，则要引入静态变量或全局变量，如 T_Count，通过变量累加来实现更长定时。

2．实训要求

① 用 TIMER0 控制 LED 每隔 0.5s 被点亮，并在 2s 后熄灭，如此不断重复。

② 用 TIMER0 控制数码管以 0.5s 的间隔循环显示数字 0～9。

3．源程序代码

```
1   //-----------------------------------------------------------------
2   //  名称：定时器控制单只 LED 闪烁
3   //-----------------------------------------------------------------
4   //  说明：TIMER0 控制 LED 闪烁
5   //-----------------------------------------------------------------
6   #include "STC15xxx.h"
7   #include <intrins.h>
8   #define u8  unsigned char
9   #define u16 unsigned int
10  //-----------------------------------------------------------------
11  // T0 初始化(16 位自动重装载模式/12 分频,5ms@12MHz)
12  //-----------------------------------------------------------------
13  void Timer0Init() {
14      AUXR &= 0x7F;              // 12 分频模式
15      TMOD &= 0xF0;              //设置定时器模式
16      TL0 = 0x78;                //设置定时初值
17      TH0 = 0xEC;                //设置定时初值
18      //上述两行由 STC-ISP 工具自动生成的语句还可写成以下语句
19      //TL0 = (65536 - 5000) & 0x00FF;
20      //TH0 = (65536 - 5000) >> 8;
21      //或者:
22      //TL0 = - 5000 & 0x00FF;
23      //TH0 = - 5000 >> 8;
24      TF0 = 0;                   //清除 TF0 标志
25      TR0 = 1;                   //T0 开始定时
26  }
27  //-----------------------------------------------------------------
```

```
28  // 主程序
29  //-----------------------------------------------------------------------
30  void main() {
31      P0M1 = 0; P0M0 = 0;        //P0 配置为准双向口
32      Timer0Init();              //T0 初始化
33      IE = 0x82;                 //允许 T0 中断
34      TR0 = 1;                   //启动 T0
35      while(1);
36  }
37  //-----------------------------------------------------------------------
38  // T0 中断函数
39  //-----------------------------------------------------------------------
40  void LED_Flash() interrupt 1 {
41      static u8 T_Count = 0;
42      if ( ++T_Count == 50) { //累加形成 5ms×50=250ms 定时
43          P0 = ~P0;              //P0 端口的 LED 整体闪烁
44          T_Count = 0;
45      }
46  }
```

3.14　TIMER1 控制数码管动态显示

集成式数码管显示一般采用动态扫描刷新显示方法，即在发送段码与位码完成一位数码显示后，调用延时函数 delay_ms，在短暂延时后显示下一位数码，如此循环快速扫描，实现刷新显示。在图 3-19 所示电路中，改用了新的动态扫描刷新显示方法，数码管刷新程序由定时器溢出中断控制，同样实现了集成式数码管的动态显示。为实现更丰富的演示功能，仿真电路中对两组数据（年、月、日，时、分、秒）实现了切换显示。

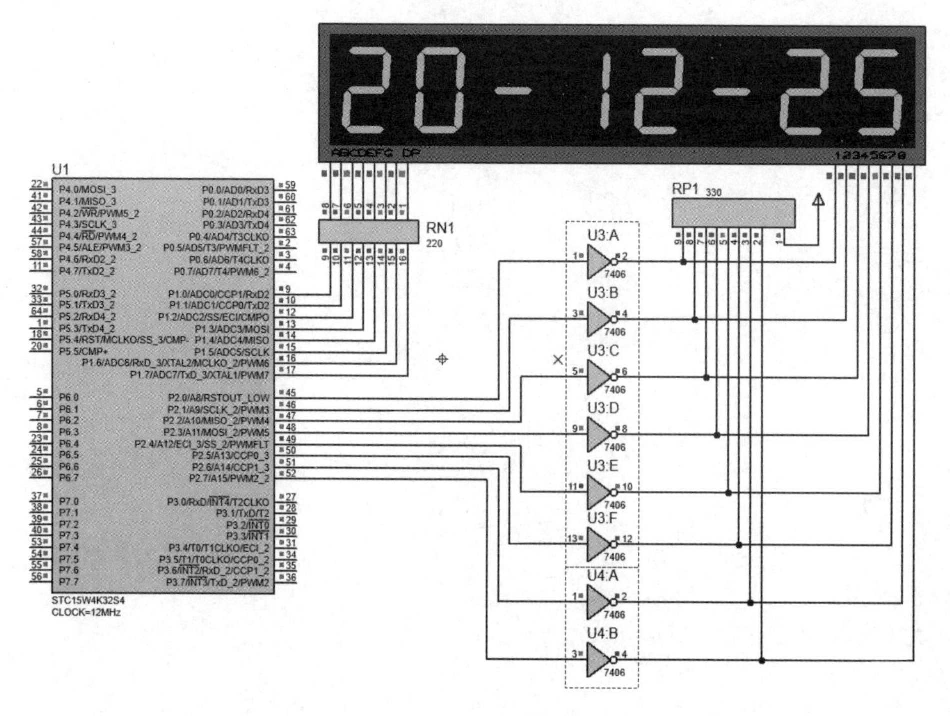

图 3-19　T1 控制数码管动态显示电路

1．程序设计与调试

1）TIMER1 的模式 0 配置及初值计算

本案例使用 STC15 的 T1，工作于 11.059 2MHz 时钟频率下，通过 4ms 定时中断，驱动数码管动态扫描以刷新显示。编程时可通过 STC-ISP 工具生成初始化代码，所生成的初始化代码中，AUXR &= 0xBF（即 10111111）将 AUXR 寄存器的第 6 位 T1x12 置 1，表示 T1 选择计数驱动时钟为 12 分频；TMOD &= 0x0F（00001111）将 TMOD 的高 4 位全部置 0，其中高 4 位的后两位 00 将 T1 配置为模式 0。

下面再来分析一下应如何设置 T1 定时/计数初值。在 STC-ISP 工具所生成的代码中，定时/计数初值为 0xF19A，这是如何得到的呢？

本案例系统时钟频率为 11.059 2MHz，由于配置为 12 分频（与传统 8051 单片机的默认分频值相同），故计数驱动时钟为 11.059 2MHz/12 = 0.921 6MHz（小于上一个案例中的 1MHz 计数驱动时钟）。也就是说，其计数时钟周期 T_{cy}= 1/（11.059 2MHz / 12）≈1.0851μs，即每 1.0851μs 将计数值累加 1。

为实现 4 000μs 定时（计数），可设置定时/计数初值为 65 536 – 4 000/1.0851 ≈ 65 536 – 4 000×(11.059 2MHz / 12) ≈65 536−3 686 = 61 850 = 0xF19A。可见，在 0xF19A（61 850）基础上，经过 3 686 次累加将达 65 536，使 T1 产生溢出，也就是经过 3 683×1.0851μs ≈4 000μs 后溢出，触发 T1 中断。

通过上述分析，对于源程序中的对应语句就很好理解了：

```
#define FOSC 11059200L //系统时钟频率
#define T1MS (u16)(65536-4000*(FOSC/12/1000000.0)) //12 分频
TL1 = 0x9A;
TH1 = 0xF1;
//或：
//TL1 = T1MS & 0xFF;
//TH1 = T1MS >>8;
//或：
//TL1 = (u16)(-4000*(FOSC/12/1000000.0)) & 0xFF;
//TH1 = (u16)(-4000*(FOSC/12/1000000.0)) >>8;
```

对于 1T（1 分频）模式下的定时/计数初值计算，可参考本案例程序，这里不再赘述。

用 T1 控制集成式数码管刷新显示，定时/计数初值的设置很重要。该初值设置得不好将导致数码管显示闪烁、亮度不足或字符滚动。本案例 8 个数码管每隔 4ms 切换显示下一个字符。由于视觉惰性，其快速切换使人不会察觉到它们是逐个出现并在 4ms 后消失，而会感到所有字符是同时稳定地显示在数码管上。

2）TIMER0 中断函数设计

设置好定时/计数初值以后，使 TR0 = 1 即可启动 T0，T0 将在 4ms 后溢出。由于 IE = 0x88 许可了 T1 中断，T1 中断函数将被调用，完成对一位数码管的刷新显示，如此不断以 4ms 间隔触发 T1 中断，即可实现整个集成式数码管每一个数位的动态扫描刷新显示。

T1 中断函数内控制的变量 i 与 j 分别是二维数组 Table_OF_Digits 的行与列索引。T1 中断每隔 4ms 被触发，数组第 i 行第 j 列字符被显示，同时 j 递增，4ms 后 T1 中断再次被触发，下一字符被显示，依次下去，第 i 行的 8 个字符被反复刷新显示在 8 只数码管上。

二维数组中一行 8 个字符的持续刷新显示时间由变量 t 控制。增加 t 值会延长一行字符显示在数码管上的时间。程序中的 t 为 350，要注意将 t 定义为 u16 类型。在一行 8 个字符显示一段时间后，i 的增加会使数码管更新显示出下一行字符。

细心研究时会发现，每一趟刷新要显示 8 个字符，如果 t 为 350 时开始切换到下一行，由于350/8 = 43余6，这表示t增加到350时，数码管刚刚完成第43趟刷新，开始进入第44趟第6个字符的刷新，在第44趟8个字符中还剩2个字符未被刷新显示时，变化i值而切换到另一行，这样会不会出现显示错误呢？

实测结果是，不管所取的t值是否能整除8，显示结果都是正常的。例如，当t为350时，将t清零，数码管上前6个字符仍是数组当前行的，i值变更后，后续显示的将是新行的第7和第8个字符，这时数码管上前6个字符是一行，后2个字符是另一行，这样显然会出现两行混合显示的情况。但由于每个字符仅停留4ms即被刷新，前面6个异常的字符会在极短的时间内，即在第45趟（或称为新开始的第0趟）被刷新为新行的前6个字符，因此用户是根本看不到这种混合显示的现象的。

如果希望切换新行时不出现可能的瞬间混合显示现象，要么将t值取为可被8整除，或者直接在变更i值的同时将j值归0，这样可保证输出新的一组数据时，输出的起始位码为P2 = ～(1<<j)=～(1<<0)=～0x01=0xFE。

3）不使用T1中断函数实现数码管刷新

除了可以使用T1中断函数实现数码管刷新显示以外，还可以不启用T1中断，并删除T1中断函数，然后在主程序while循环语句内通过查询T1溢出标志位TF1（TIMER1 Overflow Flag）是否被置位来判断是否出现定时/计数溢出，TF1为1时表示定时4ms已到达，此时将TF1清零即可刷新数码管显示。定时/计数初值的重新装载在模式0下是自动完成的，与TH1、TL1对应的是隐藏的同地址重装载寄存器RL_TH1、RL_TL1。

2. 实训要求

① 修改程序，改用非反相驱动器7407驱动数码管显示。

② 重新设计程序，配置T0工作于1T（1分频）模式0控制3组以上数据自动循环显示。

③ 在仿真电路中添加按键，每次按下按键时切换显示下一组数据。

3. 源程序代码

```
1   //-----------------------------------------------------------------
2   //  名称：TIMER1控制数码管动态显示
3   //-----------------------------------------------------------------
4   //  说明：8个数码管上分两组动态显示年、月、日与时、分、秒；本案例的位显示延时
5   //        用T1实现,未使用前面案例中常用的延时函数
6   //
7   //-----------------------------------------------------------------
8   #include "STC15xxx.h"
9   #include <intrins.h>
10  #define u8  unsigned char
11  #define u16 unsigned int
12  //0～9的数码管段码,最后一位是"-"的段码,索引为10
13  code u8 DSY_CODE[] =
14   { 0xC0,0xF9,0xA4,0xB0,0x99,0x92,0x82,0xF8,0x80,0x90,0xBF };
15  //待显示数据20-12-25与21-57-39(分为两组显示)
16  code u8 Table_OF_Digits[][8] = {
17   {2,0,10,1,2,10,2,5},
18   {2,1,10,5,7,10,3,9}
19  };
20  u8 i = 0,j = 0; u16 t = 0;
21  //-----------------------------------------------------------------
22  #define FOSC 11059200L
23  #define     T1MS  (u16)(65536-4000*(FOSC/12/1000000.0))   //12T@11.0592M
```

```
24 //#define   T1MS (u16)(65536-4000*(FOSC/1000000.0))    //1T@11.0592M
25 //-----------------------------------------------------------------
26 // T1 初始化（12T 模式/模式 0/16 位，4ms@11.059 2MHz）
27 //-----------------------------------------------------------------
28 void Timer1Init() {
29     AUXR &= 0xBF;              //12T 模式
30     TMOD &= 0x0F;              //设置模式 0
31     TL1 = 0x9A;                //设置定时初值(4ms 定时)
32     TH1 = 0xF1;                //设置定时初值
33     //或：
34     //TL1 = T1MS & 0xFF;    //4ms 定时
35     //TH1 = T1MS >>8 ;
36     //或：
37     //TL1 = (u16)(-4000*(FOSC/12/1000000.0)) & 0xFF; //4ms 定时
38     //TH1 = (u16)(-4000*(FOSC/12/1000000.0)) >>8 ;
39     TF1 = 0;                   //将 TF1 清零
40     TR1 = 1;                   //T1 开始定时
41 }
42 //-----------------------------------------------------------------
43 // 主程序(方法 1,使用 T1 中断控制数码管刷新显示)
44 //-----------------------------------------------------------------
45 void main() {
46     P1M1 = 0; P1M0 = 0;        //配置为准双向口
47     P2M1 = 0; P2M0 = 0;
48     Timer1Init();              //T1 初始化
49     IE = 0x88;                 //使能 T1 中断，开总中断
50     //上面语句还可拆成：ET1 = 1; EA = 1;
51     TR1 = 1;                   //启动 T1
52     while(1);                  //主程序无限延时,T1 中断持续触发
53 }
54 //-----------------------------------------------------------------
55 // T1 中断控制数码管刷新显示
56 //-----------------------------------------------------------------
57 void DSY_Show() interrupt 3 {
58     P1 = 0xFF;                 //先暂时关闭段码
59     P2 = ~(1<<j);              //输出位码
60     P1 = DSY_CODE[ Table_OF_Digits[i][j]]; //输出段码
61     j = (j + 1) % 8;           //数组第 i 行的下一个数字索引
62     if( ++t != 350) return; //每组 8 个字符位保持刷新一段时间
63     t = 0;
64     //刷新若干遍数后切换
65     i = (i + 1) % 2;           //i=0：年月日,i=1：时分秒
66 }
67 /*
68 //-----------------------------------------------------------------
69 // 主程序(方法 2,不使用 T1 中断控制数码管刷新显示)
70 //-----------------------------------------------------------------
71 void main() {
72     P1M1 = 0; P1M0 = 0;            //配置为准双向口
73     P2M1 = 0; P2M0 = 0;
74     Timer1Init();                  //T0 初始化
75     while(1) {
76         if (TF1) {
77             TF1 = 0;               //将 TF1 清零
```

```
78              P1 = 0xFF;           //先暂时关闭段码
79              P2 = ~(1<<j);        //输出位码
80              P1 = DSY_CODE[ Table_OF_Digits[i][j]]; //输出段码
81              j = (j + 1) % 8;     //数组第 i 行的下一个数字索引
82              if( ++t != 350) continue;   //每组 8 个字符位保持刷新一段时间
83              t = 0;
84              //刷新若干遍数后切换
85              i = (i + 1) % 2;     //i=0: 年月日,i=1: 时分秒
86          }
87      }
88  }*/
```

3.15 TIMER0、TIMER1 及 INT0 控制音阶及多段音乐输出

在图 3-20 所示仿真电路中，同时使用了 TIMER0、TIMER1 及 INT0 中断。按下 K1 时 14 个音符组成的音阶将被逐一输出，输出控制由 T0 中断函数实现。如果输出端连接了虚拟示波器，可观察到输出信号脉宽逐步缩小、频率不断升高的变化过程。如果 CPU 因连接虚拟示波器而过载，导致声音播放失真，建议断开虚拟示波器再播放。K2 用于播放/停止当前音乐片段；K3 用于音乐片段选择。在播放音乐片段时，所设计程序中添加了节拍控制，实现了较为逼真的演播效果。

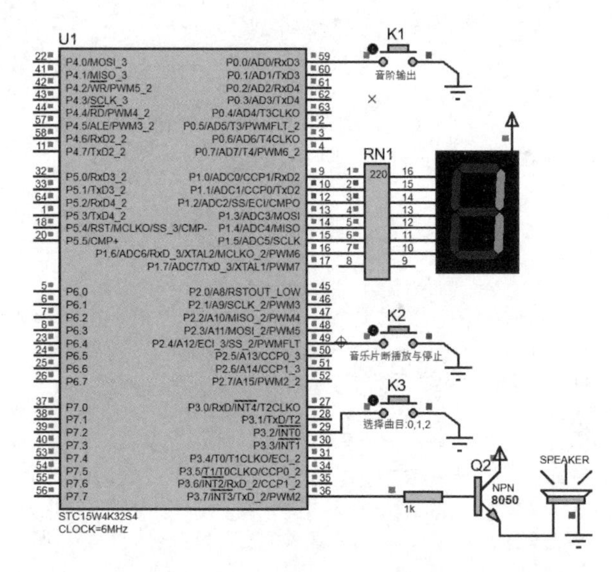

图 3-20 TIMER0、TIMER1 及 INT0 控制音阶及多段音乐输出电路

1．程序设计与调试

1）音符定时初值表的计算

本案例的 T0、T1 均工作于 12T 模式 0。程序分别使用 T0、T1 中断控制音阶及音乐片断输出。无论是音阶输出还是音乐片段输出，均要先获取各音符信号频率对应的定时器延时（定时）值。音符信号频率及对应的定时器 12T 模式 0 下的定时/计数初值（16 位自动重装载）如表 3-7 所示。

音符信号周期：$p = 1/f \times 1\,000\,000$

音符信号半周期：$P = p/2 = 1/f \times 1\,000\,000/2$

12T 模式 0 定时/计数初值：TxMS =65 536−P ×(FOSC/12/1 000 000)

定时器每两次连续中断触发才会形成一次完整的蜂鸣器振荡信号输出（1 次输出高电平，1 次输出低电平，可通过取反、取非、异或 1 实现），针对给出的音符信号频率对应的周期，实际中断触发周期（定时时长）应设定为音符信号周期的一半（半周期）。

在 12MHz 系统时钟下仿真输出音符时，可能会有卡顿现象，为此本案例将 FOSC 下调为 6MHz，通过 Excel 表格计算，可得各音符定时/计数初值对应的常量数组定义如下：

code u16 TONE1_LIST[] = { 0, 65058, 65110, 65156, 65177, 65217, 65251, 65283, 65297, 65323, 65346, 65357, 65376, 65394, 65408 };

数组中除最前面填充的 0 以外，后面越大的初值意味着越快的累加至溢出，从而对应于越高的信号频率输出。为便于编程选择，表 3-7 对两种频率均给出了各音符的定时/计数初值。

表 3-7 音符信号频率及定时器在 12T 模式 0 下的定时/计数初值（16 位自动重装载）

音符	频率 f/Hz	半周期 P/μs 1/f×1 000 000/2	系统时钟 1：12MHz				系统时钟 2：6MHz			
			延时值	定时初值	HI	LO	延时值	定时初值	HI	LO
1	523	956.023	956.0	64 580.0	252	68	478.0	65 058.0	254	34
2	587	851.789	851.8	64 684.2	252	172	425.9	65 110.1	254	86
3	659	758.725	758.7	64 777.3	253	9	379.4	65 156.6	254	133
4	698	716.332	716.3	64 819.7	253	52	358.2	65 177.8	254	154
5	784	637.755	637.8	64 898.2	253	130	318.9	65 217.1	254	193
6	880	568.182	568.2	64 967.8	253	200	284.1	65 251.9	254	228
7	988	506.073	506.1	65 029.9	254	6	253.0	65 283.0	255	3
8	1047	477.555	477.6	65 058.4	254	34	238.8	65 297.2	255	17
9	1175	425.532	425.5	65 110.5	254	86	212.8	65 323.2	255	43
10	1319	379.075	379.1	65 156.9	254	133	189.5	65 346.5	255	66
11	1397	357.910	357.9	65 178.1	254	154	179.0	65 357.0	255	77
12	1568	318.878	318.9	65 217.1	254	193	159.4	65 376.6	255	97
13	1760	284.091	284.1	65 251.9	254	228	142.0	65 394.0	255	114
14	1967	254.194	254.2	65 281.8	255	2	127.1	65 408.9	255	129

2）TIMER0、TIMER1 控制音阶及多段音乐输出

① 控制音阶。

当按下 K1 时，for 循环语句控制 14 个音符逐一输出，循环控制变量 Tone_i 同时也是当前音符序号变量。for 循环语句内首先将 TR0 置 1，启动 T0。T0 持续计数累加直至溢出，自动触发中断。在每趟 for 循环的 400ms 延时期间，T0 中断将被持续反复触发。T0 中断子程序 Timer0_INT 中的语句 SPK ^= 1 输出音频信号。在 PRE_i 变量的控制下，每个音频信号仅在首次被软件重置定时/计数初值。在同一音频信号持续 400ms 的播放过程中，T0 的每次溢出重载都由其模式 0 的 16 位自动重载功能实现。400ms 后，主程序将 TR0 置 0，使当前第 i 个音符信号输出停止，随后延时语句使音频输出停顿 50ms，从而形成了 14 个音符信号每个音符输出达 400ms 便停顿 50ms 的演奏效果。

② 控制多段音乐输出。

当按下 K2 时，主程序将 TR1 置 1，启动 T1。在定时/计数溢出时，T1 中断子程序 Timer1_INT 被调用。T1 中断子程序内部代码工作原理与 T0 控制音阶输出相似，其差别主要有两个：一是主程序内不是固定 400ms 延时，而是用 delay_ms(500 * Len[Song_idx][Tone_idx])使延时动态变

化，从而形成不同节拍；二是重装载定时/计数初值不是直接从各音符信号定时/计数初值表中读取，而是先通过 i = Song[Song_idx][Tone_idx]获取当前音符（节拍）索引，然后再去读取对应的定时/计数初值并重装。

另外，由于 3 段音乐长度不同，不宜用 for 循环语句控制。为此本案例程序在各段音乐数组末尾添加–1（0xFF）作为结束标志。当 while 循环语句遇到该标志时即认为一段音乐播放结束。while 循环语句的条件中还添加了 K2 == 1 && TR1 == 1，这样可使得按下 K2 时（指播放/停止按键被按下时），音乐播放可提前停止。另外，当按下 K3 选择播放音乐片段时，触发的中断使 TR1 置 0，可见按下 K3 选择音乐片段时也能使音乐播放停止。关于 K3 触发的 INT0 中断子程序编写这里不再赘述。

2. 实训要求

① 另添加一段自编音乐数据并测试将其播放效果。

② 添加一组 LED，使点亮的 LED 个数与当前输出音符信号频率同步变化。

③ 添加键盘矩阵，实现简易电子琴演奏功能。

3. 源程序代码

```
1  //-----------------------------------------------------------------
2  //  名称：TIMER0、TIMER1 及 INT0 控制音阶及多段音乐输出
3  //-----------------------------------------------------------------
4  //  说明：本案例使用定时器中断控制演奏一段音阶，按 K1 开始播放
5  //        程序同时内置 3 段音乐片段，K2 可启/停音乐播放，K3 用于选择音乐片段
6  //
7  //-----------------------------------------------------------------
8  #include "STC15xxx.h"
9  #include <intrins.h>
10 #define u8  unsigned char
11 #define u16 unsigned int
12 //-----------------------------------------------------------------
13 //注：在 12MHz 系统时钟下仿真音频信号输出时可能有卡顿，故暂在 6MHz 系统时钟下仿真
14 #define  MAIN_Fosc  6000000L //定义主时钟
15 //-----------------------------------------------------------------
16 sbit SPK = P3^7;     //扬声器输出引脚
17 //-----------------------------------------------------------------
18 sbit K1  = P0^0;     //音阶播放控制按键 K1
19 sbit K2  = P2^4;//音乐片段播放和停止按键 K2(注：音乐片段选择按键 K3 由 INT0 中断控制)
20 //-----------------------------------------------------------------
21 code u8 SEG_CODE[] = {  //数码管段码表
22  0xC0,0xF9,0xA4,0xB0,0x99,0x92,0x82,0xF8,0x80,0x90 };
23 //-----------------------------------------------------------------
24 //14 个音符信号在 T0/T1 的 12T/模式 0 下的定时/计数初值表(16 位自动重装)
25 //数组 1： 65536-音符信号半周期×(FOSC/12/1 000 000.0)，其中 FOSC=6MHz
26 code u16 TONE1_LIST[] = {
27  0,65058,65110,65156,65177,65217,65251,65283,
28    65297,65323,65346,65357,65376,65394,65408 };
29 //-----------------------------------------------------------------
30 //数组 2：-音符信号半周期×(FOSC/12/1 000 000.0)
31 //相对于数组 1 省略了被减数 65 536，使用时要注意添加“-”
32 code u16 TONE2_LIST[] = {
33  0,478,425,379,358,318,284,253,238,212,189,178,159,142,127 };
34 //-----------------------------------------------------------------
35 //数组 3：根据数组 1 拆成高低两个数组，如 65 058=(254<<8)+34
```

```
36 code u8 HI_LIST[] = {
37  0,254,254,254,254,254,254,255,255,255,255,255,255,255,255 };
38 code u8 LO_LIST[] = {
39  0, 34, 86,133,154,193,228,  3, 17, 43, 66, 77, 97,114,129 };
40 //-----------------------------------------------------------------------
41 //音乐片段索引,音符索引,音阶索引
42 volatile u8 Song_idx = 0, Tone_idx = 0, Tone_i = 0;
43 //-----------------------------------------------------------------------
44 //3 段音乐片段音符(这些数据是任意编写的,可自行修改)
45 u8 code Song[][50] = {
46  {1,2,3,1,1,2,3,1,3,4,5,3,4,5,5,6,5,3,5,6,5,3,5,3,2,1,2,1,-1},
47  {3,3,3,4,5,5,5,5,6,5,3,5,3,2,1,5,6,5,3,3,2,1,1,-1},
48  {3,2,1,3,2,1,1,2,3,1,1,2,3,1,3,4,5,3,4,5,5,6,5,3,5,3,2,1,3,2,1,1,-1}
49 };
50 //3 段音乐片段节拍
51 u8 code Len[][50] = {
52  {1,1,1,1,1,1,1,1,1,1,2,1,1,2,1,1,1,1,1,1,1,1,1,1,1,2,1,2,-1},
53  {1,1,1,1,1,1,2,1,1,1,1,1,1,1,2,1,1,1,1,1,1,2,2,-1},
54  {1,1,2,1,1,2,1,1,1,1,1,1,1,1,1,1,2,1,1,2,1,1,1,1,1,1,1,2,1,1,2,2,-1}
55 };
56 //-----------------------------------------------------------------------
57 // 延时子程序（x 取值:1～65 535）
58 //-----------------------------------------------------------------------
59 void Delay1ms() {   //@6.000MHz
60     u8 i = 6, j = 211;
61     do {
62         while (--j);
63     } while (--i);
64 }
65 //-----------------------------------------------------------------------
66 void delay_ms(u16 x) { while(x--) Delay1ms(); }
67 //-----------------------------------------------------------------------
68 // TIMER0 初始配置（用于播放音阶）
69 //-----------------------------------------------------------------------
70 void Timer0Init() {
71     AUXR &= 0x7F;         //12T 模式
72     TMOD &= 0xF0;         //设置 T0 为模式 0
73     TF0 = 0;              //清除 TF0 标志
74     TR0 = 0;              //T0 暂停
75 }
76 //-----------------------------------------------------------------------
77 // TIMER1 初始配置（用于播放音乐片断）
78 //-----------------------------------------------------------------------
79 void Timer1Init() {
80     AUXR &= 0xBF;         //12T 模式
81     TMOD &= 0x0F;         //设置 T1 为模式 0
82     TF1 = 0;              //清除 TF1 标志
83     TR1 = 0;              //T1 暂停
84 }
85 //-----------------------------------------------------------------------
86 // 主程序
87 //-----------------------------------------------------------------------
88 void main() {
89     P0M1 = 0x00; P0M0 = 0x00;    //将 P0～P3 配置为准双向口
```

```
90      P1M1 = 0x00; P1M0 = 0x00;
91      P2M1 = 0x00; P2M0 = 0x00;
92      P3M1 = 0x00; P3M0 = 0x00;
93      P1 = SEG_CODE[0];               //数码管初始显示
94      IT0 = 1;                        //外部中断 0 触发方式:下降沿触发
95      IP = 0x01;                      //INT0 设为高优先级
96      Timer0Init();                   //TIMER0 初始配置
97      Timer1Init();                   //TIMER1 初始配置
98      EX0 = 1; ET0 = 1; ET1 = 1;  //许可 INT0/T0/T1 中断
99      EA = 1;                         //开总中断
100     while (1) {
101         if (K1 == 0) {              //按下 K1（开始输出音阶：14 个音符信号）
102             while (K1 == 0);        //等待释放(注意分号)
103             for( Tone_i = 1; Tone_i < 15; Tone_i++) {//输出 14 个音符信号
104                 TR0 = 1;            //启动 T0 定时器,由 T0 中断控制播放一个音符
105                 delay_ms(400);  //保持播放 400ms
106                 TR0 = 0; SPK = 0;//停止播放
107                 delay_ms(50);   //播放停顿 50ms
108             }
109         }
110         else if (K2 == 0) {     //按下 K2（开始输出当前音乐片段）
111             while (K2 == 0);    //等待释放(注意分号)
112             Tone_idx = 0;       //从当前片段第 0 个音符开始
113             TR1 = 1;            //启动 T1 定时器,由 T1 中断控制播放一个音符
114             //播放过程中按下 K2 可提前停止播放(K2=0)
115             //如果切换音乐片段会触发外部中断,使 TR0 清零,也会停止播放
116             while ( Song[Song_idx][Tone_idx] != -1 &&
117                 K2 == 1 && TR1 == 1) {
118                 //每个音符的播放延时长度动态变化形成节拍
119                 delay_ms(500 * Len[Song_idx][Tone_idx]);
120                 Tone_idx++;     //当前音乐片段中的下一个音符索引
121             }
122             TR1 = 0; SPK = 0;   //停止播放
123             while (K2 == 0);    //如果提前停止播放,按键未被释放时则等待
124         }
125     }
126 }
127 //-----------------------------------------------------------------------
128 // T0 中断例程（控制音阶输出）
129 //-----------------------------------------------------------------------
130 void Timer0_INT() interrupt 1 {
131     static u8 PRE_i = -1;
132     SPK ^= 1;                       //音频脉冲信号输出
133     if (Tone_i != PRE_i) {      //索引变化时用软件重置初值
134         //以下 3 种写法均测试通过
135         TL0 = TONE1_LIST[Tone_i];       TH0 = TONE1_LIST[Tone_i]>>8;
136         //或：TL0 = -TONE2_LIST[Tone_i];TH0 = -TONE2_LIST[Tone_i]>>8;
137         //或：TL0 = LO_LIST[Tone_i];    TH0 = HI_LIST[Tone_i];
138         PRE_i = Tone_i;
139     }
140 }
141 //-----------------------------------------------------------------------
142 // T1 中断例程（控制音乐片段输出）
143 //-----------------------------------------------------------------------
```

```
144 void Timer1_INT() interrupt 3 {
145     static u8 PRE_idx = -1; u8 i;
146     SPK ^= 1;                          //音频脉冲信号输出
147     if (Tone_idx != PRE_idx) {  //索引变化时用软件重置初值
148         i = Song[Song_idx][Tone_idx];  //获取当前音符（节拍）索引
149         //以下 3 种写法均测试通过
150         TL1 = TONE1_LIST[i];          TH1 = TONE1_LIST[i]>>8;
151         //或: TL1 = -TONE2_LIST[i]; TH1 = -TONE2_LIST[i]>>8;
152         //或: TL1 = LO_LIST[i];       TH1 = HI_LIST[i];
153         PRE_idx = Tone_idx;
154     }
155 }
156 //-------------------------------------------------------------------------
157 // INT0(K3)
158 //-------------------------------------------------------------------------
159 void EX0_INT() interrupt 0 {
160     TR1 = 0;                           //播放结束或播放中途切换音乐片段时停止播放
161     if (++Song_idx==3) Song_idx = 0; //按下 K3 选择下一个音乐片段索引(0,1,2)
162     Tone_idx = 0;                      //将音符索引清零
163     P1 = SEG_CODE[Song_idx];           //数码管显示当前音乐片段编号
164 }
```

3.16 TIMER0、TIMER1 及 INT0 控制报警器与旋转灯

TIMER0、TIMER1 及 INT0 控制报警器与旋转灯电路如图 3-21 所示，程序中同样使用了 TIMER0、TIMER1 及 INT0 中断，控制实现了报警器声音输出及 8 只 LED 的旋转显示。

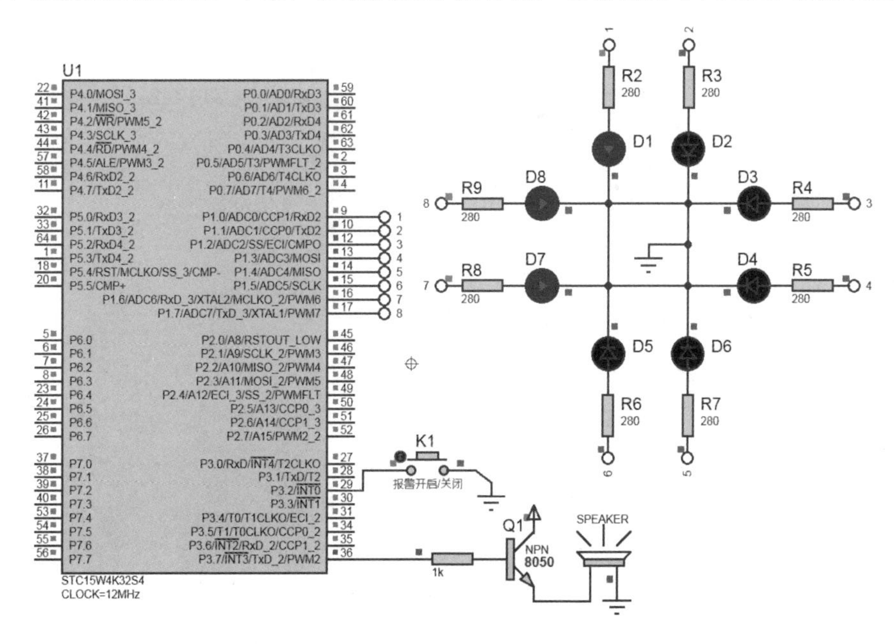

图 3-21　TIMER0、TIMER1 及 INT0 控制报警器与旋转灯电路

1．程序设计与调试

与上个案例类似，本案例主程序启用了 3 个中断：TIMER0 中断、TIMER1 中断及 INT0 中断。这 3 个中断分别负责报警器声音控制、LED 控制及按键启/停控制。在这 3 个中断中，INT0 中断被设为高优先级。

以下重点讨论一下 T0 控制的报警器声音输出程序设计。

主程序中的 while 循环语句控制频率变量 FRQ 由 0x00 持续递增。由于 FRQ 为 u8 类型，每当 FRQ 递增至超过 0xFF 时将自动归为 0x00，因此 FRQ 变量将在 0x00～0xFF 范围内反复循环取值。

控制报警器声音输出的 T0 被配置于模式 0（注意是 STC15 的 T0 模式 0，具有 16 位自动重装功能，而非 8051 单片机的 13 位模式 0），T0 的 16 位定时/计数寄存器取值范围为 0x0000～0xFFFF。主程序及中断子程序对 TH0 的赋值固定为 0xFE，而 TL0 则总是在中断时重新取得 FRQ 变量的值，故 TL0 将在 0x00～0xFF 范围循环取值。根据 TH0 的固定值 0xFE 及 TL0 的动态值 0x00～0xFF，由 T0 中断控制可输出的信号频率范围计算如下：

① 已知定时/计数寄存器取值范围为 0xFE00～0xFEFF（65 024～65 279）；

② 计数溢出范围为 512～257，其中 65 536 − 65 024 = 512，65 536 − 65 279 = 257；

③ 输出的信号频率为 1 000 000/(512×2) ～ 1 000 000 / (257×2)Hz，即 976～1 945Hz。

对于 TIMER0 中断函数内的 TL0 寄存器，它随 FRQ 的递增而递增，从而使得 TIMER0 中断的触发频率也随之递增（直至 FRQ 递增值超过 0xFF 时归为 0x00），于是形成了频率在 976～1 945Hz 之间平滑递增循环输出的声音效果，所模拟输出的报警器声音很逼真，实现了报警声音信号频率被均匀拉高、还原、再拉高的过程。

对于旋转灯及按键对 T0、T1 的启/停控制程序设计，可参考此前相关案例进行分析。

2. 实训要求

① 修改主程序 while 循环内延时函数参数值及 TH0 初值，观察运行效果有何不同。

② 设计程序实现对其他某种声音的模拟输出。

3. 源程序代码

```
1  //-----------------------------------------------------------------
2  //  名称: TIMER0、TIMER1 及 INT0 控制报警器与旋转灯
3  //-----------------------------------------------------------------
4  //  说明: 定时器控制报警灯旋转显示,并发出仿真警报声
5  //
6  //-----------------------------------------------------------------
7  #include "STC15xxx.h"
8  #include <intrins.h>
9  #define u8  unsigned char
10 #define u16 unsigned int
11 sbit SPK = P3^7;                    //音频输出引脚
12 volatile u8 FRQ = 0x00;             //音频控制变量
13 #define MAIN_Fosc 12000000L         //时钟频率
14 //-----------------------------------------------------------------
15 // 延时子程序
16 //-----------------------------------------------------------------
17 void delay_ms(u8 ms) {
18     u16 i;
19     do{
20         i = MAIN_Fosc / 13000; while(--i);
21     }while(--ms);
22 }
23 //-----------------------------------------------------------------
24 // Timer0 初始化
25 //-----------------------------------------------------------------
26 void Timer0Init(){
```

```
27      AUXR &= 0x7F;           //T0 12T 模式
28      TMOD &= 0xF0;           //T0 模式 0
29      TH0 = 0xFE;             //设置定时/计数初值
30      TL0 = 0x00;
31      TF0 = 0;                //清除 TF0 标志
32      TR0 = 0;                //T0 暂停
33  }
34  //-----------------------------------------------------------------
35  // Timer1 初始化
36  //-----------------------------------------------------------------
37  void Timer1Init() {
38      AUXR &= 0xBF;           //T1 12T 模式
39      TMOD &= 0x0F;           //T1 模式 0
40      TL1 = -50000 & 0xFF;//设置定时/计数初值
41      TH1 = -50000 >> 8;
42      TF1 = 0;                //清除 TF1 标志
43      TR1 = 0;                //T1 暂停
44  }
45  //-----------------------------------------------------------------
46  // 主程序
47  //-----------------------------------------------------------------
48  void main() {
49      P1M1 = 0x00; P1M0 = 0x00;   //将 P1,P3 配置为准双向口
50      P3M1 = 0x00; P3M0 = 0x00;
51      P1 = 0x00;              //关闭所有 LED
52      Timer0Init();           //T0 定时器初始化
53      Timer1Init();           //T1 定时器初始化
54      IT0 = 1;                //下降沿触发 INT0 中断
55      PX0 = 1;                //将 INT0 中断设为高优先级
56      IE = 0x8B;              //开启 0,1,3 号中断(分别为: INT0,T0,T1)
57      while(1) {              //循环过程中递增频率,溢出后再次递增
58          if (TR0) { FRQ++; delay_ms(1); }
59      }
60  }
61  //-----------------------------------------------------------------
62  // INT0 中断子程序
63  //-----------------------------------------------------------------
64  void EX0_INT() interrupt 0 {
65      if ((P3 & (1<<2)) != 0x00) return;
66      TR0 = ~TR0;       //开启或停止两个定时器,分别控制报警器声音和 LED 旋转
67      TR1 = ~TR1;
68      if (P1 == 0x00) P1 = 0xE0;  //开 3 个 LED(0xE0 即 11100000)
69      else            P1 = 0x00;  //关闭所有 LED
70      if (TR0 == 0) SPK = 0;      //关闭 TIMER0 时, SPK 引脚输出低电平
71  }
72  //-----------------------------------------------------------------
73  // T0 中断子程序
74  //-----------------------------------------------------------------
75  void Timer0_INT() interrupt 1 {
76      SPK ^= 1;                       //蜂鸣器输出
77      TH0 = 0xFE; TL0 = FRQ;          //定时/计数初值渐变
78  }
79  //-----------------------------------------------------------------
80  // T1 中断子程序
```

```
81 //-----------------------------------------------------------------------
82 void Timer1_INT() interrupt 3 {
83     P1 = _crol_(P1,1);          //P1 端口的 LED 循环滚动显示
84 }
```

3.17 TIMER2 控制 8×8 LED 点阵屏显示数字

TIMER0 控制 8×8LED 点阵屏显示数字电路如图 3-22 所示。其中，用 8 只 NPN 三极管 8050 驱动 LED 点阵屏的列码，行码则由 P2 端口输出。当程序运行时，8×8 LED 点阵屏依次循环显示数字 0～9，其刷新过程由 T2 中断函数控制完成。

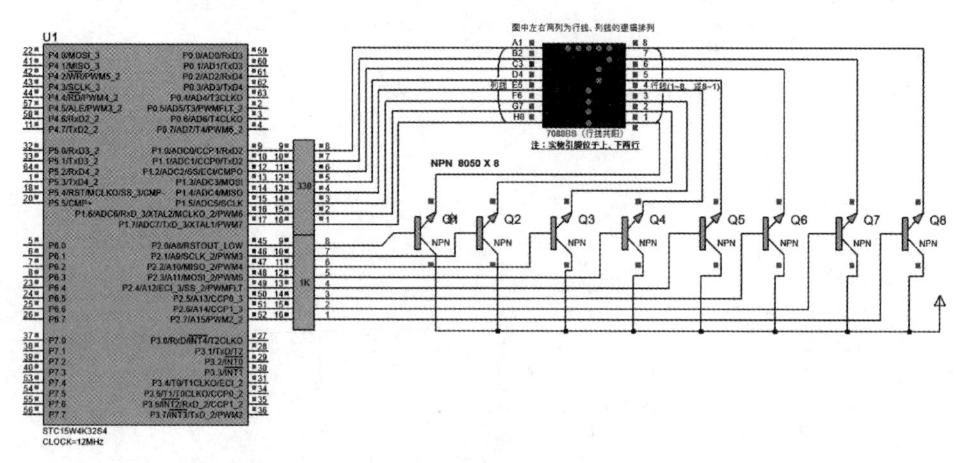

图 3-22 TIMER0 控制 8×8LED 点阵屏显示数字电路

1. 程序设计与调试

1）单色点阵屏的结构特点与扫描显示原理

8×8 LED 点阵屏实物引脚顺序、行（ROW/RO）列（CO）内部逻辑结构如图 3-23 所示，以共阳高亮红色光 8×8 LED 点阵屏 788BS 为例，其长、宽、高为 20.2mm×20.2mm×5.9mm，点距为 1.9mm。此前使用的集成式数码管，均以位引脚为参照标识其是共阳还是共阴。8×8 LED 点阵屏则通常以行引脚（行线）为参照来标识其是共阳还是共阴。例如，788BS 点阵屏的所有行引脚（行线）均为共阳连接的，故 788BS 为共阳点阵屏。

判断一个 LED 点阵屏是共阳还是共阴，通常至少有以下两种方法。

方法一：凡其型号标识中有字符 B 则表示共阳，而有字符 A 则表示共阴。这与集成式数码管的标识规则是相同的。例如，788BS、1088BS 等均为共阳点阵屏（指其行线为共阳），而 788AS、1088AS 等均为共阴点阵屏（指其行线为共阴）。

方法二：将实物点阵屏正面朝自己，将印有型号字符串（例如 788BS）的一边向下，参照图 3-23 可知，此时其左下角的 1 引脚、3 引脚，分别对应该 LED 点阵屏的第 5 条行线与第 2 条列线，通过检测 1 引脚、3 引脚的极性，即可知其为共阳还是共阴点阵屏。

需要说明的是，如果将一个 LED 点阵屏旋转 90°再观察，会发现其所谓“共阳”“共阴”结构会颠倒。由此可见，LED 点阵屏是共阳还是共阴是相对而言的。但在实际应用中，工程技术人员均以其行线为参照，行线为共阳则其为共阳，否则为共阴。在 PCB 上安装实物点阵屏时，通常都将其标有型号的一边向下安放然后焊接。

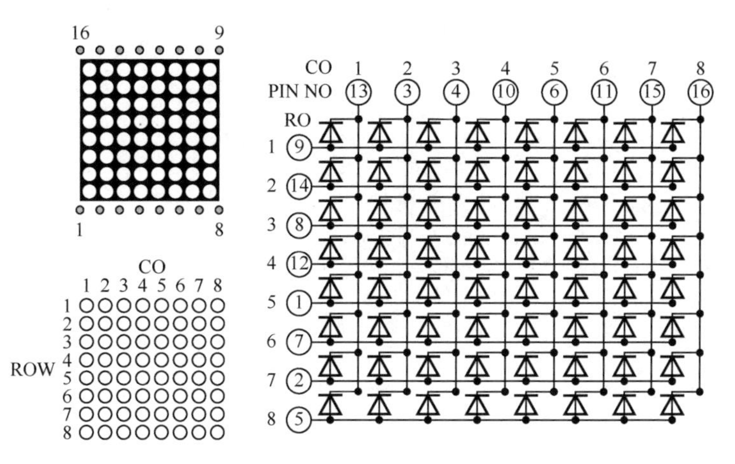

图 3-23　8×8LED 点阵屏实物引脚顺序、行（ROW/RO）列（CO）内部逻辑结构

2）LED 点阵屏动态扫描显示程序设计

LED 点阵屏的动态扫描刷新显示与 8 位集成式数码管的动态扫描刷新显示原理（方法）非常相似。虽然两者外观不同，但其逻辑结构相似，两者的扫描显示程序也非常相似。

在程序中，字符点阵数组 DotMatrix 存放有通过 Zimo 软件提取的 0～9、A～F 共 16 个字符的点阵，该数组中每行 8 个字节对应一个字符的 8 行点阵编码，其中每个字节的 8 位则对应于某字符某一行中的 8 个“LED 像素点”。

变量 Num_Idx 标识当前待显示字符的索引，取值范围为 0～15（对应 0～9，A～F）；变量 i 的取值范围为 0～7，表示每个字符共 8 行，一共要逐一取回 8 个字节（对应 8 行 LED 像素）。从数组中读取对应点阵（LED 像素）的语句为：

```
x = DotMatrix[Num_Idx * 8 + (7-i)];
```

该语句表示取得第 Num_Idx 个字符的第 i 行点阵字节，其中 7-i 用于上下颠倒行顺序。如果将控制行线扫描的 P2 接口各引脚连接顺序颠倒，则该语句相应变更为：

```
x = DotMatrix[Num_Idx * 8 + i];
```

所获取的点阵通过语句 x = ~x 进行反相。如果点阵在 Zimo 取模时已反相，则软件反相语句可省略。另外，语句 x >>= 2 用于将当前行点阵整体右移两列，这样可使字符右移空两列后显示，从而使字符显示整体更趋居中。之所以这样处理是因为所提取的宋体 9 号字符点阵，其有效宽度多为 5～6 列像素。对于点阵宽度占满 8 列的字符显然是不能这样处理的，除非是为了实现滚动显示效果。

2. 实训要求

① 用数组保存一组自定义数字，逐个发送给 LED 点阵屏刷新显示。

② 改用非反相驱动器 7407 驱动点阵屏刷新显示。

3. 源程序代码

```
1   //-----------------------------------------------------------------
2   //  名称：TIMER2 控制 8×8LED 点阵屏显示数字
3   //-----------------------------------------------------------------
4   //  说明：8×8LED 点阵屏循环显示数字 0～9、A～F，其刷新过程由 T2 控制完成
5   //
6   //-----------------------------------------------------------------
7   #include "STC15xxx.h"
8   #include <intrins.h>
9   #define u8  unsigned char
10  #define u16 unsigned int
```

```
11  #define FOSC 12000000L                              //系统时钟频率为 12MHz
12  #define T2MS (65536 - 4000 * (FOSC/1000000))   //1T, 4 000μs
13  //------------------------------------------------------------------------
14  // 字符点阵(用 Zimo 取宋体 9 号 0～9,A～F 字模, 取模方式: 横向取模/不倒序)
15  //------------------------------------------------------------------------
16  code u8 DotMatrix[] = {
17      //说明: 宋体 9 号对应点阵为: 宽度×高度=6×12
18      //因宽度不是 8 的倍数,Zimo 将其调整为: 宽度×高度=8×12
19      //因高度为 12,故生成的点阵数组中每行有 12 个字节
20      //观察发现: 生成的点阵字节其前后各有两个字节 0x00, 例如,"0"的点阵为
21      //0x00,0x00,0x70,0x88,0x88,0x88,0x88,0x88,0x88,0x70,0x00,0x00
22      //在程序编辑环境 uVision 中, 可按下替换快捷键 Ctrl+H 将 0x00, 0x00 替换掉
23      //这样即可得到以下全部为 8x8 的点阵数据:
24      0x70,0x88,0x88,0x88,0x88,0x88,0x88,0x70,//0
25      0x20,0x60,0x20,0x20,0x20,0x20,0x20,0x70,//1
26      0x70,0x88,0x88,0x10,0x20,0x40,0x80,0xF8,//2
27      0x70,0x88,0x08,0x30,0x08,0x08,0x88,0x70,//3
28      0x10,0x30,0x30,0x50,0x90,0xF8,0x10,0x38,//4
29      0xF8,0x80,0x80,0xF0,0x88,0x08,0x88,0x70,//5
30      0x30,0x48,0x80,0xB0,0xC8,0x88,0x88,0x70,//6
31      0xF8,0x08,0x10,0x10,0x20,0x20,0x20,0x20,//7
32      0x70,0x88,0x88,0x70,0x88,0x88,0x88,0x70,//8
33      0x70,0x88,0x88,0x98,0x68,0x08,0x90,0x60,//9
34      0x20,0x20,0x30,0x50,0x50,0x78,0x48,0xCC,//A
35      0xF0,0x48,0x48,0x70,0x48,0x48,0x48,0xF0,//B
36      0x78,0x88,0x80,0x80,0x80,0x80,0x88,0x70,//C
37      0xF0,0x48,0x48,0x48,0x48,0x48,0x48,0xF0,//D
38      0xF8,0x48,0x50,0x70,0x50,0x40,0x48,0xF8,//E
39      0xF8,0x48,0x50,0x70,0x50,0x40,0x40,0xE0,//F
40  };
41  //------------------------------------------------------------------------
42  // T2 初始化(16 位 1T 模式 0,4 000μs@12.000MHz)
43  //------------------------------------------------------------------------
44  void Timer2Init() {
45      AUXR |= 0x04;              //1T 模式(AUXR 寄存器的 T2x12 位置 1,选择 1T)
46      T2L = T2MS & 0xFF;         //设置定时/计数初值
47      T2H = T2MS >> 8;
48      AUXR |= 0x10;              //T2 开始定时(其中 T2R 为 1,启动运行)
49  }
50  //------------------------------------------------------------------------
51  // 主程序
52  //------------------------------------------------------------------------
53  void main() {
54      P1M1 = 0; P1M0 = 0;        //配置为准双向口
55      P2M1 = 0; P2M0 = 0;
56      Timer2Init();              //T2 初始化
57      IE2 |= 0x04;               //允许 T2 中断(其中 ET2 为 1,使能 T2 中断)
58      EA = 1;                    //开总中断
59      while(1);
60  }
61  //------------------------------------------------------------------------
62  // T2 中断函数控制 LED 点阵屏刷新显示(中断号为 12)
63  //------------------------------------------------------------------------
64  void LED_Screen_Refresh() interrupt 12 {
```

```
65        static u8 i = 0, Num_Idx = 0, t = 0, x;
66        P1 = 0xFF;                  //暂时关闭列码
67        P2 = 1 << i;                //输出行扫码(行共阳)
68        x = DotMatrix[Num_Idx * 8 + (7-i)];//取得当前行内待显示点阵字节
69        x >>= 2; x = ~x;            //附加此行用于将点阵整体右移 2 列（可省）然后将其反相
70        P1 = x;                     //输出当前行内 8 个像素点（1 个字节,8bit,相当于列码）
71        if( ++i == 8)  i = 0;       //每屏一个字符点阵由 8 个字节构成
72        if( ++t == 200) {           //每个字符刷新显示一段时间
73            t = 0x00;
74            if(++Num_Idx == 16) Num_Idx = 0;//显示下一个字符
75        }
76    }
```

3.18 TIMER3 控制门铃声音输出

当图 3-24 所示仿真电路运行时，按下按铃键，TIMER3 定时中断程序将控制蜂鸣器模拟发出“叮”“咚”的门铃声。程序中用较短定时形成较高频率（714Hz）输出“叮”的声音，用较长定时形成较低频率（500Hz）输出“咚”的声音。通过虚拟示波器可观察到两种不同频率声音信号的脉宽变化。

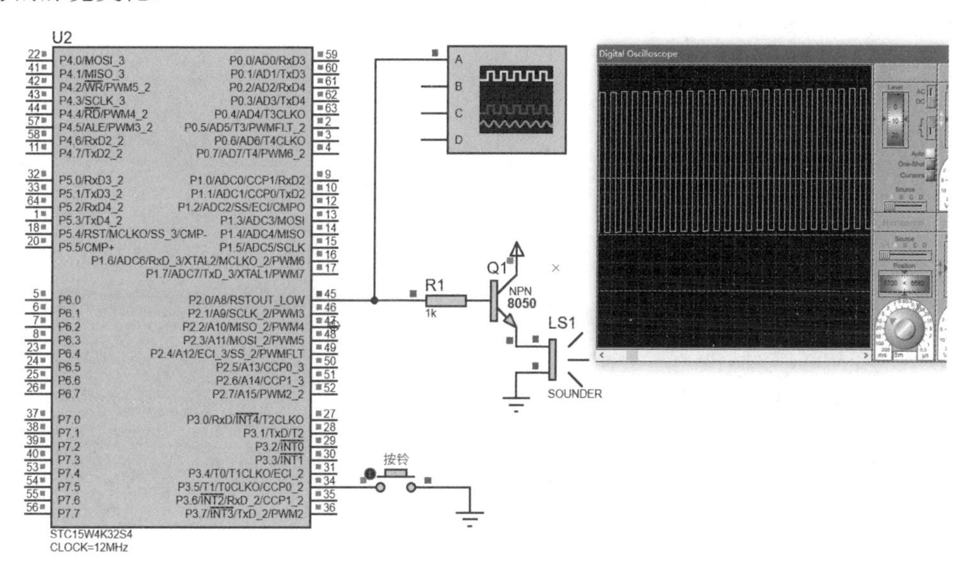

图 3-24 TIMER3 控制门铃声音输出电路

1. 程序设计与调试

主程序中的 while 循环在检测到按键被按下并释放后启动 T3。对于 12MHz 系统时钟，在 12 分频模式 0 下，两种不同声音频率分别对应 700μs 与 1 000μs 延时，所对应频率分别为 714Hz 与 500Hz，程序中给出了以下两行定义：

```
#define T3MS_1 (-700)        //700μs 延时（0.714kHz）
#define T3MS_2 (-1000)       //1000μs 延时（0.5kHz）
```

下面解读一下程序中的主要代码。

① 对于 T3 初始化函数，其关键语句为 T4T3M &= 0xFD（1111 1101）。该语句将 T4T3M 寄存器 T3x12 位设置为 0，定时/计数驱动时钟设置为 12 分频。

② 对于 T3 中断函数，其对应中断号为 19。

700μs 的首趟定时到达时，T3 中断被触发，并在第 1 次触发时，其定时/计数初值(T3L/T3H)

被软件重置，其后第2～499次触发，因为变量f1的控制，软件重置定时/计数初值的代码都将不会再被执行。T3与T0、T1、T2一样，其初值在模式0下可被自动重置，前面共计499次溢出中断过程中，门铃均按700μs对应的1/(2×0.7) = 0.714kHz频率输出。

当到第500次中断触发时，定时/计数初值（T3L/T3H）将被再次用软件重置（置为1 000μs）。因为变量f2的控制，其新的重置也仅被执行1次，以后的重置同样将被自动完成。在第501～1 199次T3中断触发过程中，门铃均按1 000μs（1ms）对应1/(2×1) = 0.5kHz频率输出。

2．实训要求

① 用定时器控制模拟出另一种门铃声音效果。

② 修改程序，用定时器中断控制实现其他某种频率声音信号的模拟输出。

3．源程序代码

```
1   //-----------------------------------------------------------------
2   //  名称：TIMER3 控制门铃声音输出
3   //-----------------------------------------------------------------
4   //  说明：按下按键时蜂鸣器发出“叮”“咚”的门铃声
5   //
6   //-----------------------------------------------------------------
7   #include "STC15xxx.h"
8   #include <intrins.h>
9   #define u8  unsigned char
10  #define u16 unsigned int
11  sbit Key = P3^5;              //按键引脚定义
12  sbit DoorBell =  P2^0;        //蜂鸣器输出引脚定义
13  #define MAIN_Fosc 12000000L//系统时钟频率
14  #define T3MS_1  (-700)        //700μs 延时：对应 1/(2×0.7)=0.714kHz
15  #define T3MS_2  (-1000)       //1 000μs 延时：对应 1/(2×1)=0.5kHZ
16  //-----------------------------------------------------------------
17  // 延时函数(参数取值限于 1～255)
18  //-----------------------------------------------------------------
19  void delay_ms(u8 ms) {
20      u16 i;
21      do{
22          i = MAIN_Fosc / 13000;
23          while(--i);
24      }while(--ms);
25  }
26  //-----------------------------------------------------------------
27  // T3 初始化(12T/16 位/模式 0，1ms@12.000MHz)
28  //-----------------------------------------------------------------
29  void Timer3Init() {
30      T4T3M &= 0xFD;            //12T 模式
31      T3L = T3MS_1 & 0xFF;      //设置定时/计数初值
32      T3H = T3MS_1 >> 8;
33  }
34  //-----------------------------------------------------------------
35  // T3 中断子程序（控制门铃声音输出）
36  //-----------------------------------------------------------------
37  void Timer3_ISR() interrupt 19 {
38      static int p = 0;
```

```
39      static u8 f1 = 1, f2 = 1;
40      DoorBell ^= 1; p++;      //门铃声音输出,变量p累加
41      //如果需要声音拖得更长,可调整延时控制变量p(500,1200)
42      if (p < 500 ) {          //高音
43          if (f1) { T3L = T3MS_1 & 0xFF; T3H = T3MS_1 >> 8; }
44          else f1 = 0;
45      }
46      else
47      if (p < 1200) {          //低音
48          if (f2) { T3L = T3MS_2 & 0xFF; T3H = T3MS_2 >> 8; }
49          else f2 = 0;
50      }
51      else {                   //停止
52          T4T3M &= ~0x08;      //T3停止
53          EA = 0;              //关总中断
54          DoorBell = 0; f1 = f2 = 1; p = 0;//复位相关引脚及变量值
55      }
56  }
57  //-----------------------------------------------------------------------
58  // 主程序
59  //-----------------------------------------------------------------------
60  void main() {
61      P2M1 = 0x00; P2M0 = 0x00;   //P2配置为准双向口
62      P3M1 = 0xFF; P3M0 = 0x00;   //P3配置为高阻输入口
63      Timer3Init();               //T3初始化
64      IE2 |= 0x20;                //使能T3中断(ET3=1)
65      while(1) {
66          if(Key == 0) {          //判断按键是否按下
67              delay_ms(10);       //延时消抖
68              if (Key == 0) {     //如果确认按键按下
69                  while (Key == 0);//等待按键释放
70                  T4T3M |= 0x08;  //启动T3(T3R=1)
71                  EA = 1;         //使能总中断
72              }
73          }
74      }
75  }
```

3.19 TIMER4 定时器控制交通指示灯

Proteus 内置了交通指示灯组件。如图 3-25 所示，用 T4 控制交通指示灯按一定时间间隔切换显示。为了能够快速观察黄灯闪烁及切换显示效果，源程序中缩短了切换时间间隔。

1. 程序设计与调试

1）T4 的设置

STC15W4K32S4 单片机共支持 5 个定时/计数器，前面已经分别测试应用了 T0～T3。对于 T4，其使用方法与前面使用的定时/计数器类似。本案例中为了将 T4 设置为 1T 模式，使用语句 T4T3M |= 0x20 将 T4T3M 寄存器的 T4x12 位置 1；T4L、T4H 用于设置定时/计数初值；语句 T4T3M |= 0x80 将 T4T3M 的最高位 T4R 置 1，启动 T4 运行。

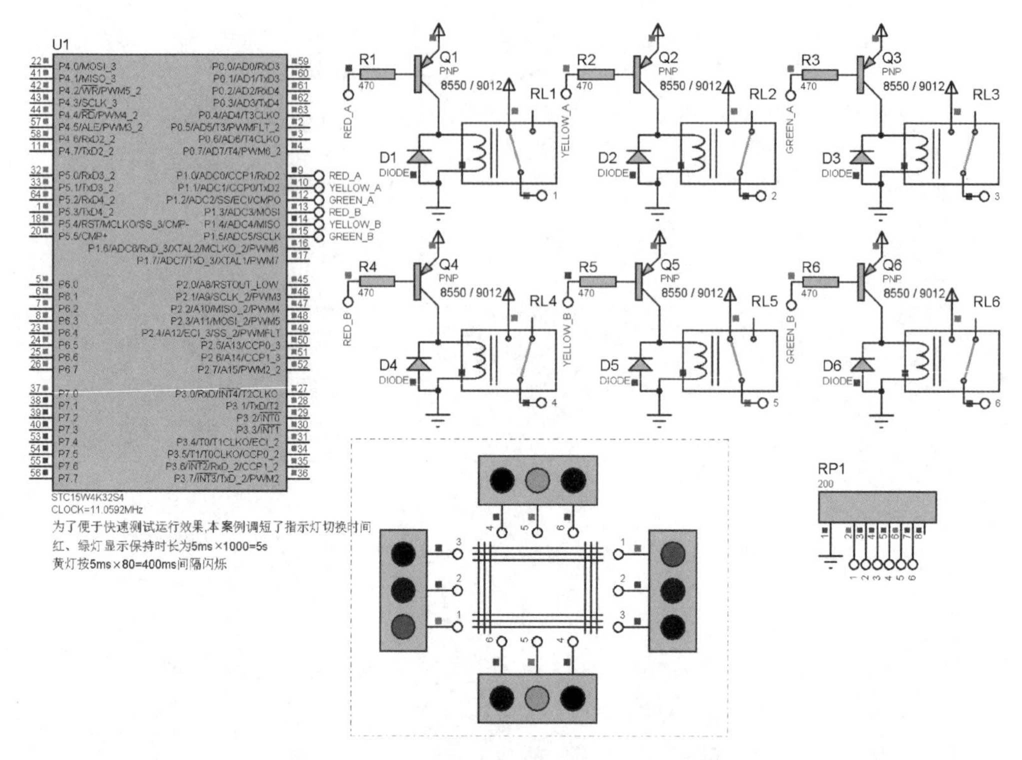

图 3-25　TIMER4 定时器控制交通指示灯电路

2）T4 中断子程序控制交通灯切换与闪烁

程序中对交通指示灯所有切换全部交由 T4 中断函数控制，中断号为 20。因为指示灯切换有 4 种不同类型操作，本案例程序引入变量 Operation_Type 表示当前操作类型，取值 1～4 对应的操作如下。

① 东西向绿灯与南北向红灯亮 5s。

② 东西向绿灯灭，黄灯闪烁 5 次。

③ 东西向红灯与南北向绿灯亮 5s。

④ 南北向绿灯灭，黄灯闪烁 5 次。

在完成操作④之后回到操作①继续重复。

本案例程序中所需要的最大延时为 5s，但是 T4 无法直接实现 5s 延时。为解决此问题，程序中用 Time_Count 对中断延时进行累加。其中，①和③操作用 Time_Count 将延时累加 1 000 次，形成 5s 延时；而②和④操作则复杂一些，不仅要加长延时，还要控制闪烁，除了仍用 Time_Count 加长延时外，还用 Flash_Count 来控制闪烁次数。

2. 实训要求

① 调试本案例程序后修改程序，使其实现完整的交通指示灯仿真效果。

② 在电路中添加蜂鸣器，在黄灯闪烁时伴随输出“嘟嘟”的声音。

3. 源程序代码

```
1   //-----------------------------------------------------------------------
2   //  名称: TIMER4 定时器控制交通指示灯
3   //-----------------------------------------------------------------------
4   //  说明: 东西向绿灯亮 5s 后,黄灯闪烁,闪烁 5 次后亮红灯
5   //         红灯亮后,南北向由红灯变为绿灯,5s 后南北向黄灯闪烁
6   //         闪烁 5 次后亮红灯,东西向绿灯亮,如此往复
7   //         本案例将时间设得较短是为了在调试的时候能较快观察到运行效果
```

```
8   //
9   //-----------------------------------------------------------------------
10  #include "STC15xxx.h"
11  #define u8  unsigned char
12  #define u16 unsigned int
13  sbit    RED_A       =   P1^0;   //东西向指示灯
14  sbit    YELLOW_A    =   P1^1;
15  sbit    GREEN_A     =   P1^2;
16  sbit     RED_B      =   P1^3;   //南北向指示灯
17  sbit    YELLOW_B    =   P1^4;
18  sbit    GREEN_B     =   P1^5;
19  //延时倍数,闪烁次数,操作类型变量定义
20  volatile u16 Time_Count = 0, Flash_Count = 0, Operation_Type = 1;
21  //-----------------------------------------------------------------------
22  #define FOSC 11059200L                           //系统时钟频率
23  #define T4MS  (u16)(65536-5000*(FOSC/1000000.0))//5ms/1T@11.059 2MHz
24  //-----------------------------------------------------------------------
25  // T4 初始化配置(1T/模式 0/5ms@11.0592MHz)
26  //-----------------------------------------------------------------------
27  void Timer4Init() {
28      T4T3M |= 0x20;          //1T 模式
29      T4L = T4MS & 0xFF;      //设置 T4 定时初值
30      T4H = T4MS >> 8;
31      T4T3M |= 0x80;          //T4 定时开始
32  }
33  //-----------------------------------------------------------------------
34  // T4 中断子程序(中断号为 20)
35  //-----------------------------------------------------------------------
36  void Timer4_Routine() interrupt 20 {
37      switch (Operation_Type) {
38          case 1: //东西向绿灯与南北向红灯亮 5s
39                  RED_A = 1; YELLOW_A = 1; GREEN_A = 0;
40                  RED_B = 0; YELLOW_B = 1; GREEN_B = 1;
41                  //5s 后切换操作(5ms×1000=5s)
42                  if (++Time_Count != 1000) return;
43                  Time_Count = 0;
44                  Operation_Type = 2; //下一操作类型
45                  break;
46          case 2: //东西向黄灯开始闪烁(5ms×80=400ms),绿灯关闭
47                  if (++Time_Count != 80) return;
48                  Time_Count = 0;
49                  YELLOW_A ^= 1; GREEN_A = 1;
50                  //闪烁 5 次
51                  if (++Flash_Count != 10) return;
52                  Flash_Count = 0;
53                  Operation_Type = 3; //下一操作类型
54                  break;
55          case 3: //东西向红灯与南北向绿灯亮 5s
56                  RED_A = 0; YELLOW_A = 1; GREEN_A = 1;
57                  RED_B = 1; YELLOW_B = 1; GREEN_B = 0;
58                  //南北向绿灯亮 5s 后切换(5ms×1000=5s)
59                  if (++Time_Count != 1000) return;
60                  Time_Count = 0;
61                  Operation_Type = 4; //下一操作类型
```

```
62                   break;
63           case 4: //南北向黄灯开始闪烁(5ms×80=400ms)
64                   if (++Time_Count != 80) return;
65                   Time_Count = 0;
66                   YELLOW_B ^= 1; GREEN_B = 1;
67                   //闪烁 5 次
68                   if (++Flash_Count != 10) return;
69                   Flash_Count = 0;
70                   Operation_Type = 1; //回到第一种操作类型
71       }
72   }
73   //-----------------------------------------------------------------------
74   // 主程序
75   //-----------------------------------------------------------------------
76   void main() {
77       P1M1 = 0; P1M0 = 0;          //P1 端口配置为准双向口
78       Timer4Init();                //T4 初始化
79       IE2 |= 0x40;                 //使能 T4 中断 (ET4=1)
80       EA = 1;                      //开总中断
81       while(1);
82   }
```

3.20 两路 A/D 转换与数码管显示

图 3-26 所示仿真电路中所使用的 STC15 内置有 8 路 10 位精度 A/D 转换器，由 P1 端口输入的两路模拟信号经 A/D 转换与模拟电压换算后，对应的电压值将被刷新显示到数码管上。

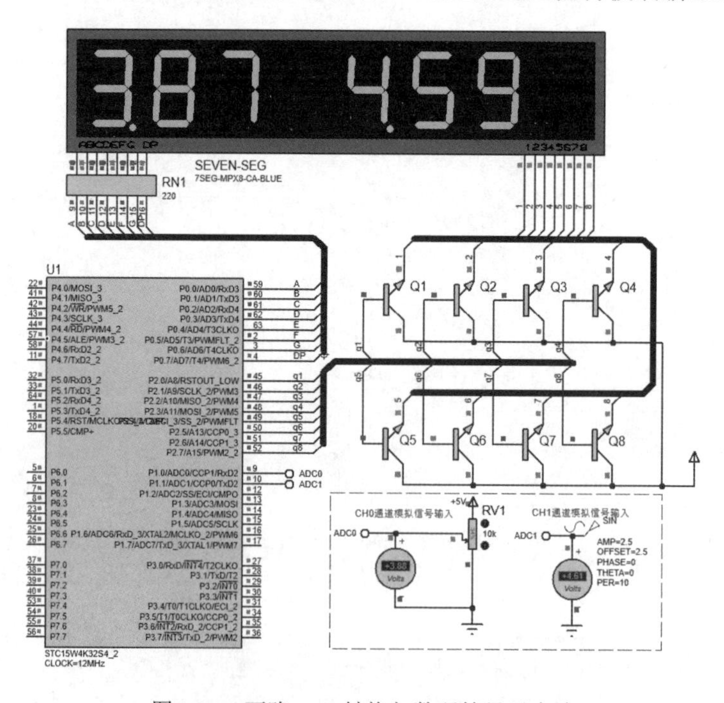

图 3-26 两路 A/D 转换与数码管显示电路

1. 程序设计与调试

1）STC15 A/D 转换器

STC15 的 ADC（Analog to Digital Converter）由通道选择开关、比较器、逐次比较寄存器、

10 位精度 DAC（Digital to Analog Converter）、转换结果寄存器及 ADC 控制寄存器构成。本案例 STC15W4K 单片机内置了 8 路 10 位精度 AD 转换通道，速度可达 300kHz（30 万次/秒），其结构如图 3-27 所示。STC15 的 8 路电压输入型 ADC，可用于温度检测、电池电压检测、按键扫描、频谱检测等。

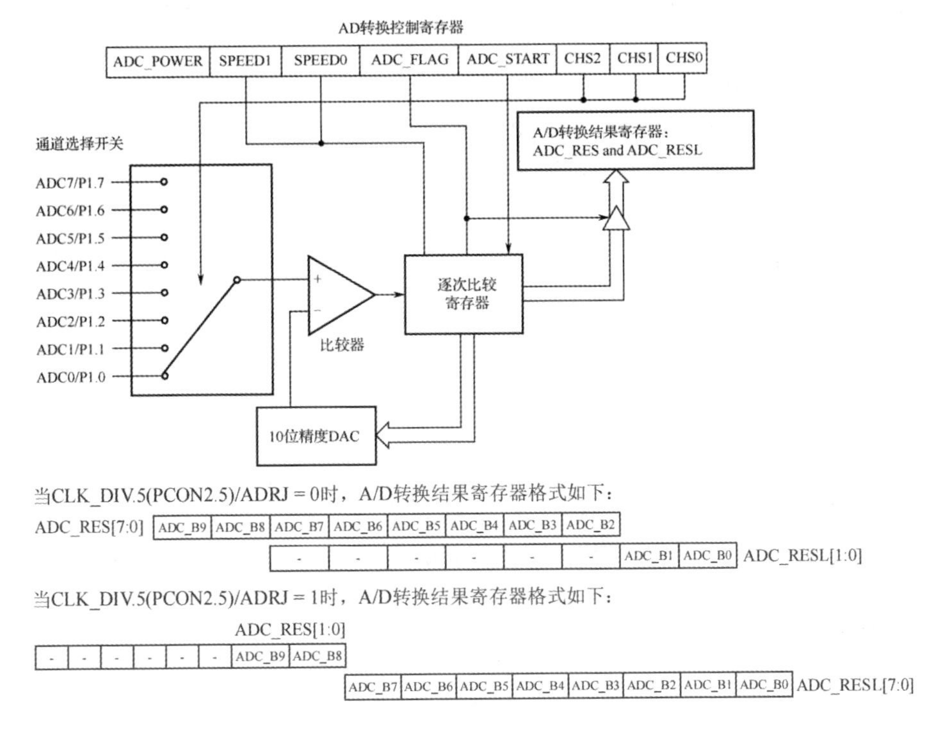

图 3-27　STC15 的 ADC 结构

2）A/D 转换程序设计

A/D 转换程序主要涉及两个问题：一是 ADC 控制寄存器的配置；二是 A/D 转换结果的读取与处理。

首先来看 STC15 的 A/D 转换设置程序。

STC15 A/D 转换输入端口在 P1（P1.7～P1.0），上电复位后 P1 为弱上拉 I/O 端口，通过程序设置可将其 8 路中的一路或多路配置为 A/D 转换输入端口，未配置为 A/D 转换端口的可继续作为普通 I/O 端口使用（建议只作为输入端口）。对于要配置为 A/D 转换输入的引脚，只需要将 P1ASF 寄存器中的相应位置 1。本案例中 ADC 初始化函数 InitADC 通过语句 P1ASF = 0xFF 将 P1 端口所有引脚全部配置为 A/D 转换输入引脚。

开始 A/D 转换前，要将 ADC 结果寄存器 ADC_RES（高字节）与 ADC_RESL（低字节）清零。CLK_DIV 寄存器中的 ADJ 位（即对齐位：Adjust）用于控制 10 位转换结果在 ADC 结果寄存器中的对齐存放方式，具体如图 3-27 底部所示，ADJ 保持默认值 0 时，表示选择左对齐方式，置为 1 时则表示选择右对齐方式。

再来看一下 A/D 控制寄存器 ADC_CONTR，它负责管理 AD 电源开关、A/D 转换速度控制、启动转换及通道选择等。在本案例程序中，ADC_CONTR = ADC_POWER | ADC_SPEEDLL 语句表示给 ADC 模拟上电，并将速度位设置为 00（注：符号常量 ADC_SPEEDLL 定义为 00），对应选择 540 个时钟周期转换一次。

有了上述准备后，即可开始 A/D 转换并读取转换结果。在 A/D 转换函数 void GetADCResult(u8 ch)中有：

```
ADC_CONTR = ADC_POWER | ADC_SPEEDLL | ADC_START | ch;
```

该语句增加了 ADC_START 与 ch，它们分别表示启动转换与选择通道。由于通道选择位在 ADC_CONTR 的低 3 位，因此通道参数 ch（取值为 000～000，即 0～7）可直接与 ADC_CONTR 执行“|”操作或“+”操作。

在选择通道并启动 A/D 转换后，要等待 ADC_CONTR 寄存器转换标志位 ADC_FLAG 变为 1，在 ADC_FLAG 未被硬件置 1 之前须循环等待，因此对应的语句有 while (!(ADC_CONTR & ADC_FLAG)) delay_ms(1)。完成 A/D 转换后，即可得 10 位精度的 A/D 转换结果，对于默认的左对齐方式（ADJ=0），转换结果为：ADC_RES<<2 | ADC_RESL（范围为 0～1023）。为了将该 A/D 转换结果换算成电压并放大 100 倍以便进行数位分解，进一步有：

```
Result = (int)(ADC_RES<<2 | ADC_RESL) * 500.00 / 1024.0;
```

换算返回的结果 000～500 对应电压 0.00 V～5.00 V，而 000～500 被分解成独立数位后由主程序扫描刷新显示，小数点在刷新显示时单独附加。

在左对齐方式下，如果只需要 8 位精度（忽略低 2 位），换算为电压且放大 100 倍，可有：

```
Result = (int)(ADC_RES) * 500.00 / 256.0;
```

如果通过语句 CLK_DIV |= 1<<5 将转换结果配置为右对齐存放（ADJ=1），取 10 位精度结果，换算为电压且放大 100 倍，可有：

```
Result = (int)(ADC_RES<<8 | ADC_RESL) * 500.00 / 1024.0;
```

上述三种方法均已在仿真电路中测试通过。实测结果显示，无论是选择左对齐还是右对齐存放 A/D 转换结果，在 10 位精度下均可得到相同的换算电压值及很高的换算精度，如果仅使用左对齐方式下的 8 位精度数据，则换算得到的电压误差要明显大于 10 位精度下的电压误差。

2. 实训要求

① 选择其他通道进行 A/D 转换并显示结果。

② 重新编写程序，利用 A/D 中断完成 A/D 转换结果读取与显示。

3. 源程序代码

```
1   //-----------------------------------------------------------------
2   //  名称:两路 A/D 转换与数码管显示
3   //-----------------------------------------------------------------
4   //  说明: 在程序运行时，两路模拟电压将显示在 8 只集成式数码管上
5   //
6   //-----------------------------------------------------------------
7   #include "STC15xxx.h"
8   #include <intrins.h>
9   #define u8  unsigned char
10  #define u16 unsigned int
11  #define MAIN_Fosc 12000000L//系统时钟
12  #define ADC_POWER   0x80    //ADC 电源控制位
13  #define ADC_FLAG    0x10    //ADC 完成标志
14  #define ADC_START   0x08    //ADC 起始控制位
15  #define ADC_SPEEDLL 0x00    //540 个时钟周期
16  #define ADC_SPEEDL  0x20    //360 个时钟周期
17  #define ADC_SPEEDH  0x40    //180 个时钟周期
18  #define ADC_SPEEDHH 0x60    //90 个时钟周期
19  //数码管段码表,最后一位为空白
20  const u8 SEG_CODE[] = {
21   0xC0,0xF9,0xA4,0xB0,0x99,0x92,0x82,0xF8,0x80,0x90,0xFF};
22  float Result = 0;               //ADC 换算结果
23  //两路模拟转换结果显示缓冲,显示格式为:×. ×× ×. ××,第 4 位和第 8 位不显示
```

```
24  u8 array[] = {0,0,0,10,0,0,0,10};
25  //-----------------------------------------------------------------------------
26  // 延时函数(参数取值限于 1～255)
27  //-----------------------------------------------------------------------------
28  void delay_ms(u8 ms) {
29      u16 i;
30      do{
31          i = MAIN_Fosc / 13000;
32          while(--i);
33      }while(--ms);
34  }
35  //-----------------------------------------------------------------------------
36  // 初始化 ADC
37  //-----------------------------------------------------------------------------
38  void InitADC() {
39      P1ASF = 0xFF;                               //将 P1 设为 A/D 转换端口
40      ADC_RES = 0;                                //结果寄存器清零
41      ADC_CONTR = ADC_POWER | ADC_SPEEDLL;        //上电,转换速度为 540 个时钟周期
42      delay_ms(2);                                //ADC 上电并延时
43  }
44  //-----------------------------------------------------------------------------
45  // 读取 A/D 转换结果并分解到数码管显示
46  //-----------------------------------------------------------------------------
47  void GetADCResult(u8 ch) {
48      ADC_RES = 0; ADC_RESL = 0;                  //A/D 转换结果先清零（可省）
49      //选择通道并启动 A/D 转换（含上电与 540 个时钟周期速度配置）
50      ADC_CONTR = ADC_POWER | ADC_SPEEDLL | ADC_START | ch;
51      _nop_(); _nop_(); _nop_(); _nop_();
52      while (!(ADC_CONTR & ADC_FLAG));            //等待 A/D 转换完成
53      ADC_CONTR &= ~ADC_FLAG;                     //清 A/D 转换结束标志
54      //读取 A/D 转换结果,并转换为电压值(放大 100 倍以便分解)
55      Result = (int)(ADC_RES<<2 | ADC_RESL) * 500.00 / 1024.0;
56      //ADC0 的结果放入数组 0,1,2 单元,ADC1 的结果放入数组 4,5,6 单元
57      array[ch * 4]       = (int)Result / 100;
58      array[ch * 4 + 1]   = (int)Result / 10 % 10;
59      array[ch * 4 + 2]   = (int)Result % 10;
60  }
61  //-----------------------------------------------------------------------------
62  // 主程序
63  //-----------------------------------------------------------------------------
64  void main() {
65      u8 i;
66      P0M1 = 0x00; P0M0 = 0x00;                   //将 P0 配置为准双向口
67      P1M1 = 0xFF; P1M0 = 0x00;                   //将 P1 配置为高阻输入口
68      P2M1 = 0x00; P2M0 = 0x00;                   //将 P2 配置为准双向口
69      InitADC();                                  //初始化 ADC
70      while (1) {
71          GetADCResult(0);                        //对 0,1 两个通道进行 A/D 转换
72          GetADCResult(1);
73          for( i = 0; i < 8; i++ ) {              //循环扫描显示 8 位数码管
74              P0 = 0xFF;                          //暂时关闭段码
75              P2 = 1 << i;                        //输出扫描位码
76              P0 = SEG_CODE[ array[i] ];&= 0x7F;  //对整数位加小数点
78              delay_ms(4);                        //延时
```

```
79            }
80        }
81  }
```

3.21 用 PCA/CCP 捕获模式实现频率检测

在图 3-28 所示仿真电路中，4 路不同的待测频率信号经选择切换后输入 P1.0 引脚，通过 STC15 的 PCA/CCP 捕获模式实现频率检测，频率值将被刷新显示到数码管上。

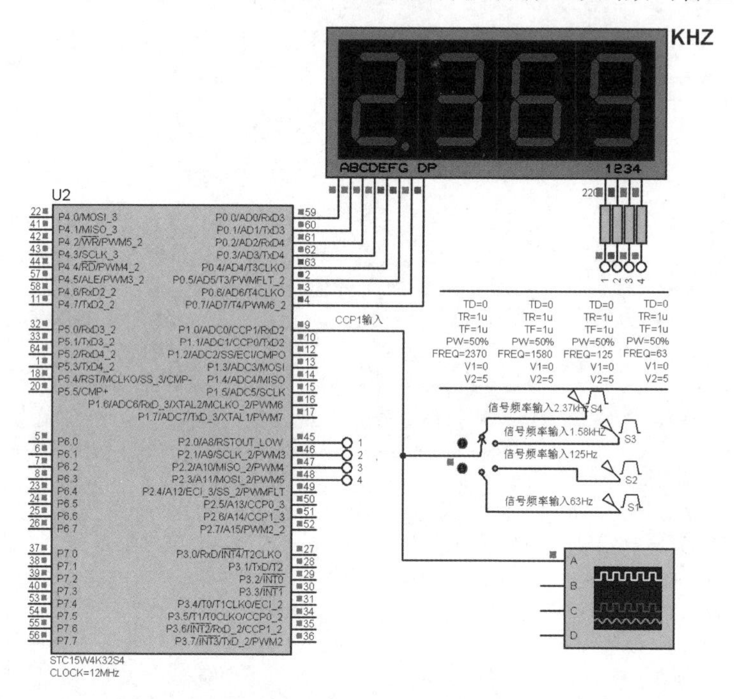

图 3-28　用 PCA/CCP 捕获模式实现频率检测电路

1. 程序设计与调试

1）STC15 的可编程计数器阵列（PCA）

STC15 系列部分单片机有 3 个可编程计数器阵列（Programmable Counter Array，PCA）模块。这 3 个模块共用一个特殊的 16 位 PCA 定时/计数器，3 个 16 位的 CCP（Compare & Capture 的简称）模块与之相连。PCA 模块结构（上）及 16 位 PCA 定时/计数器结构（下）如图 3-29 所示。

每个 PCA 模块可工作于 4 种不同模式，分别为捕获模式、软件定时器模式、高速脉冲输出模式、PWM 输出模式。本案例 STC15W4K32S4 仅有两个 PCA。通过 AUXR1/P_SW1 寄存器可在 P1/P2/P3 之间切换 CCP 模块引脚。

2）捕获模式下的频率检测程序设计

本案例程序主要有两部分：一是 PCA/CCP 的设置；二是 PCA 中断子程序设计。

① PCA/CCP 的设置。

PCA 捕获模式结构如图 3-30 所示。

P_SW1 &= ~(CCP_S0 | CCP_S1)将外设功能切换寄存器 P_SW1（Peripheral function switch）中的 4、5 两位置 0。本案例使用的 STC15W4K32S4 单片机只有两个 PCA 模块。这两个模块均可以在 3 组不同引脚之间进行切换：第一组为 CCP0/P1.1，CCP1/P1.0；第二组为 PCA 模块

CCP0_2/P3.5，CCP1_2/P3.6；第三组为 CCP0_3/P2.5, CCP1_3/P2.6。本案例选择的外部信号输入引脚就是第一组的“P1.0/CCP1”。

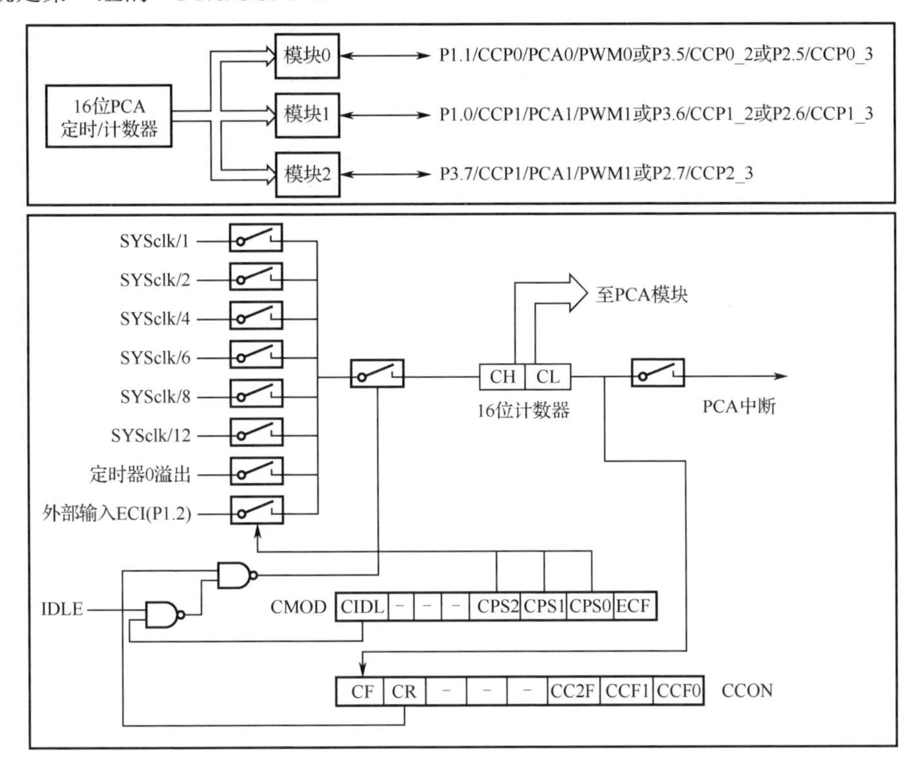

图 3-29　PCA 模块结构（上）及 16 位 PCA 定时/计数器结构（下）

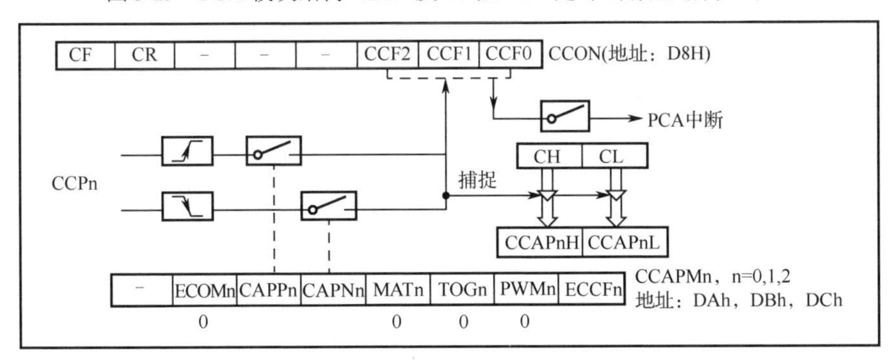

图 3-30　PCA 捕获模式结构

将 CCON 置 0x00，初始化 PCA 控制寄存器 CCON，置 CF（PCA 溢出标志位）为 0，置 CR（CCP Run）为 0（停止运行），置中断标志 CCF2/1/0 全 0。这 3 个标志位在出现对应的匹配或捕获时被硬件置位，置位后须通过软件清零。

将 CL 与 CH 均置 0，复位 16 位（两个 8 位）PCA 定时/计数器（它们是各模块共同使用的定时/计数器）。

将 CCAP1L 与 CCAP1H 均置 0，以复位本案例涉及的 PCA 模块 1 的比较/捕获（Compare & Capture）寄存器初值为 0。

对于本案例，每当捕获事件发生时，CH/CL 当前定时/计数值将复制给 CCAPH1/CCAPL1（即：CH/CL→CCAP1H/CCAP1L），用于记录当前捕获事件发生时的当前定时/计数值（类似于记录了事件的发生时刻）。通过连续获取两次定时/计数值，计算其差值，即可获取两次捕获的时间间隔，从而计算出外部输入信号频率。

对于 PCA 模式寄存器 CMOD，置其最高位 CIDL 为 0 表示空闲模式下 PCA 定时/计数器继续工作；CPS2、CPS1、CPS0（处于 CMOD 的第 3～1 位）这 3 位为 PCA 定时/计数脉冲源选择控制位，置它们为 000 表示选择时钟为 SYSclk/12（本案例为 12MHz/12=1MHz），置 CMOD 最低位 ECF 为 1 表示使能 PCA 定时/计数溢出中断。

对于 PCA 模式 1 的捕获寄存器 CCAPM1，与本案例相关的有正捕获控制位 CAPP1（Capture Positive 1），将其置 1 表示上升沿捕获；负捕获控制位 CAPN1（Capture Negative 1），将其置 1 时表示下降沿捕获；还有最低位的 ECCF1，将其置 1 使能 CCF1 中断。本案例 CCAPM=0x21，置 CAPP1 与 ECCF1 为 1。

主程序最后执行 CR = 1 与 EA=1。其中，CR=1 使 PCA 定时/计数器开始工作（CCON 中的 CR 位用于控制 PCA 定时/计数器运行）；EA=1 用于开总中断。

② PCA 中断子程序设计。

根据上述配置可知，PCA 模块 1 任意 CCP 输入引脚出现上升沿即触发 PCA 模块 1 捕获中断，PCA 中断子程序 PCA_isr()将被调用（中断号为 17）。

案例程序中将 CMOD 寄存器的 ECF 置 1，使能 PCA 定时/计数器溢出中断，故 CF 标志可用于产生中断。每当 PCA 定时/计数器溢出时，即 CH/CL 由 FFFFH 变为 0000H，也就是 FFFFH+1 时溢出，CF 被硬件置位，中断子程序 PCA_isr()中发现 CF 为 1 时，除了将 CF 软件清零以外，还执行了 cnt++，其作用相当于保存了 PCA 定时/计数器溢出时产生的累计进位。

CCAPM1 的 CAPP1 与 ECCF1 置 1，表示正捕获（上升沿捕获），且许可 CCF1 中断（注：CCF2～CCF1 均处于 CCON 寄存器，分别为 PCA 模块 2、1、0 的中断标志）。根据配置，中断子程序内仅对 CCF1 标志位进行判断。count1 = (cnt<<16) + (CCAP1H<<8) + (CCAP1L)用于获取本次捕获值，通过 length = count1 - count0 可计算两次捕获的差值，从而得到当前输入频率的周期，其倒数即为频率值。

2．实训要求

① 改用 CPP0 改写程序以实现频率检测与显示。

② 改用 CPP2 并配置为下降沿捕获以完成频率检测与显示。

3．源程序代码

```
1  //-----------------------------------------------------------------------
2  //  名称：用 PCA/CCP 捕获模式实现频率检测
3  //-----------------------------------------------------------------------
4  //  说明：在切换不同的输入频率后按下 K1 按键，数码管上将显示当前频率值
5  //        两次捕获的时间差值即为当前输入频率的周期，其倒数则为频率
6  //
7  //-----------------------------------------------------------------------
8  #include "STC15xxx.h"
9  #include <intrins.h>
10 #define u8  unsigned char
11 #define u16 unsigned int
12 #define u32 unsigned long
13 //-----------------------------------------------------------------------
14 #define FOSC 12000000L
15 #define CCP_S0 0x10 //P_SW1.4
16 #define CCP_S1 0x20 //P_SW1.5
17 //-----------------------------------------------------------------------
18 //PCA 模块相关寄存器定义：已定义于 STC15xxx.h
```

```
19 //--------------------------------------------------------------------
20 //sfr P_SW1 = 0xA2;              //外设功能切换寄存器 1
21 //--------------------------------------------------------------------
22 //sfr CCON = 0xD8;               //PCA 控制寄存器
23 //sbit CCF0 = CCON^0;            //PCA 模块 0 中断标志位
24 //sbit CCF1 = CCON^1;            //PCA 模块 1 中断标志位
25 //sbit CR = CCON^6;              //PCA 定时/计数器运行控制位
26 //sbit CF = CCON^7;              //PCA 定时/计数器溢出标志位
27 //sfr CMOD = 0xD9;               //PCA 模式寄存器
28 //sfr CL = 0xE9;                 //PCA 定时/计数器低字节
29 //sfr CH = 0xF9;                 //PCA 定时/计数器高字节
30 //--------------------------------------------------------------------
31 //sfr CCAPM0 = 0xDA;             //PCA 模块 0 模式寄存器
32 //sfr CCAP0L = 0xEA;             //PCA 模块 0 捕获寄存器 LOW
33 //sfr CCAP0H = 0xFA;             //PCA 模块 0 捕获寄存器 HIGH
34 //sfr CCAPM1 = 0xDB;             //PCA 模块 1 模式寄存器
35 //sfr CCAP1L = 0xEB;             //PCA 模块 1 捕获寄存器 LOW
36 //sfr CCAP1H = 0xFB;             //PCA 模块 1 捕获寄存器 HIGH
37 //sfr CCAPM2 = 0xDC;             //PCA 模块 2 模式寄存器
38 //sfr CCAP2L = 0xEC;             //PCA 模块 2 捕获寄存器 LOW
39 //sfr CCAP2H = 0xFC;             //PCA 模块 2 捕获寄存器 HIGH
40 //--------------------------------------------------------------------
41 //sfr PCA_PWM0 = 0xf2;           //PCA 模块 0 的 PWM 寄存器
42 //sfr PCA_PWM1 = 0xf3;           //PCA 模块 1 的 PWM 寄存器
43 //sfr PCA_PWM2 = 0xf4;           //PCA 模块 2 的 PWM 寄存器
44 //--------------------------------------------------------------------
45 const u8 SEG_CODE[] =            //共阴数码管 0～9 段码表,最后一位为黑屏
46  { 0x3F,0x06,0x5B,0x4F,0x66,0x6D,0x7D,0x07,0x7F,0x6F,0x00 };
47 volatile u8 Display_Buffer[] = {0,0,0,0};//分解后的待显示数位
48 volatile u8 cnt = 0;             //PCA 定时/计数器溢出次数
49 volatile u32 count0 = 0;         //记录上次捕获值
50 volatile u32 count1 = 0;         //记录本次捕获值
51 volatile u32 length;             //存储信号的时间长度(count1-count0)
52 volatile u32 Freq[3];
53 //--------------------------------------------------------------------
54 // 延时函数(参数取值限于 1～255)
55 //--------------------------------------------------------------------
56 void delay_ms(u8 ms) {
57     u16 i;
58     do{
59         i = FOSC / 13000;
60         while(--i);
61     }while(--ms);
62 }
63 //----------------------------------------------------------
64 // 数码管显示频率
65 //----------------------------------------------------------
66 void Show_FRQ_ON_DSY() {
67     u8 i;
68     for (i = 0; i < 4; i++) {
69         P0 = 0x00;               //先暂时关闭段码
70         P2 = ~(1<<i);            //发送位扫描码
71         P0 = SEG_CODE[ Display_Buffer[i] ]; //发送数字段码
72         if (i == 0) P07 = 1;     //最高位加小数点
```

```
73          delay_ms(4);
74      }
75  }
76  //-----------------------------------------------------------------------
77  // 主程序
78  //-----------------------------------------------------------------------
79  void main() {
80      //配置外围设备切换控制寄存器 AUXR1/P_SW1，置 CCP_S0 与 CCP_S1 为 0
81      //配置：P1.2/ECI,P1.1/CCP0,P1.0/CCP1,P3.7/CCP2
81      P_SW1 &= ~(CCP_S0 | CCP_S1);    //初始化 PCA 控制寄存器 CCON
83      CCON = 0x00;//将 CF 置 0,将 CR 置 0(停止运行),将 3 个模块中断标志 CCF2/1/0 清零
84      CL = 0x00;       CH = 0x00;       //复位 PCA16 位定时/计数器
85      CCAP1L = 0x00;  CCAP1H = 0x00;  //将 PCA 模块 1 捕获寄存器置 0
86      //PCA 模式设置：使用 SYSclk,使能定时/计数器溢出中断(ECF)，空闲模式继续
87      //CMOD = 0x09;
88      CMOD = 0x01;    //12 分频（12M/12 = 1M 时钟）
89      //配置 PCA 比较/捕获寄存器 CCAPM1
90      CCAPM1= 0x21;   //上升沿捕获,可测高电平开始的整个周期,且产生捕获中断
91      //CCAPM1= 0x11; //下降沿捕获,可测低电平开始的整个周期,且产生捕获中断
92      //CCAPM1= 0x31; //上升沿/下降沿捕获,可测高、低电平宽度,且产生捕获中断
93      CR = 1;                         //PCA 定时/计数器开始工作
94      EA = 1;                         //开总中断
95      while (1) Show_FRQ_ON_DSY();    //数码管刷新显示频率
96  }
97  //-----------------------------------------------------------------------
98  // PCA 中断子程序
99  //-----------------------------------------------------------------------
100 void PCA_isr() interrupt 7 using 1 {
101     u8 i; u32 Period;
102     static u32 prePeriod  = 0;
103     if (CF) {
104         CF = 0; cnt++;          //PCA 定时/计数器溢出次数+1
105     }
106     if (CCF1) {                 //CCP1 输入捕获中断触发
107         CCF1 = 0;
108         count0 = count1;      //备份上一次的捕获值
109         //获取当前捕获值
110         count1 = (cnt<<16) + (CCAP1H<<8) + (CCAP1L);
111         //上述代码还可用下面 4 行代码代替
112         //((u8 *)&count1)[3] = CCAP1L; //保存本次的捕获值
113         //((u8 *)&count1)[2] = CCAP1H;
114         //((u8 *)&count1)[1] = cnt;
115         //((u8 *)&count1)[0] = 0;
116         length = count1 - count0; //计算两次捕获的差值,得到频率周期
117         //分解频率数位并将其放入显示缓冲区
118         Period = 1000000L / length;
119         if (Period == 0 || prePeriod == Period) return;
120         prePeriod = Period;
121         for (i = 3; i != 0xFF; i--) {
122             Display_Buffer[i] = Period % 10;
123             Period /= 10;
124         }
125     }
126 }
```

3.22 PCA 模块软件定时、高速脉冲、PWM 输出测试

PCA 模块可工作于 4 种模式，分别为捕获模式、软件定时模式、高速脉冲模式、PWM 模式。前一案例演示了捕获模式应用。图 3-31 所示仿真电路将对后 3 种模式进行输出测试，当多路开关切换到不同位置后重启 Proteus，可分别测试 PCA 模块的软件定时输出控制 LED 闪烁；高速脉冲输出 100kHz 方波（用示波器可观察）；PWM 输出控制 LED0 亮度来回渐变。

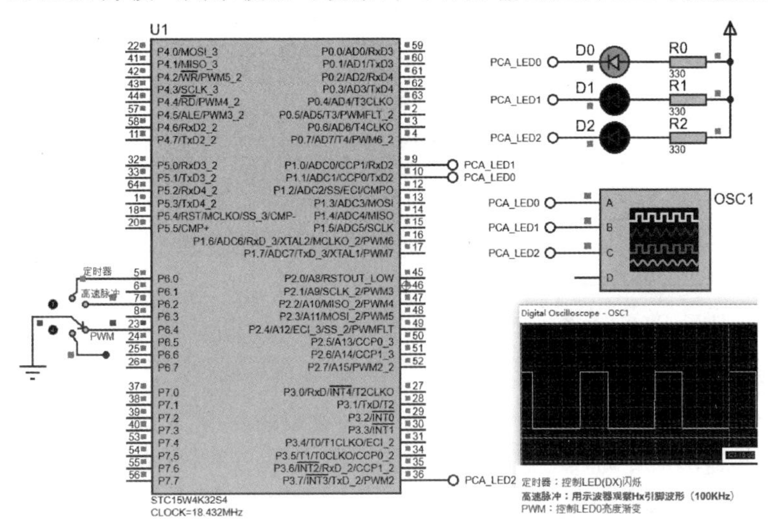

图 3-31 内置 PWM 输出控制 LED 亮度变化电路

1. 程序设计与调试

1）软件定时模式

在图 3-32 所示的结构图中，置位 CCAPMn 寄存器的 ECOM（Enable Compare：使能比较）和 MAT（Match：匹配）位，可使 PCA 模块用作软件定时器。

PCA 计数值[CH,CL]在时钟信号驱动下累加，累加时间间隔取决于所选择的时钟源。以时钟源 SYSclk/12 为例，每 12 个系统时钟周期[CH,CL]累加 1，PCA 计数值[CH,CL]与模块捕获寄存器值[CCAPnH,CCAPnL]进行比较，二者相等时 CCON 寄存器的 CCFn 被置 1，如果 CCAPMn 中的 ECCFn 被置 1，则将产生对应中断。

触发 PCA 中断后，在中断子程序中给[CCAPnH,CCAPnL]增加一个相同的值，则下次中断到来的时间间隔 T 将是相同的，由此即可实现软件定时，定时长度取决于时钟源及 PCA 计数值[CH,CL]。若系统时钟频率 SYSclk = 18.432MHz，选择时钟源为 SYSclk/12，T = 5ms=0.005s，则

$$\text{PCA 计数值} = T / ((1 / SYSclk) \times 12) = SYSclk \times T / 12 = 18\,432\,000 \times 0.005 / 12 = 7\,680$$

上式将所需定时时长 T 除以每个驱动 PCA 计数的时钟时长，得到 5ms 定时的 PCA 计数值。根据计算结果可知，PCA 计数到 7 680 次，即[CH,CL]=76 80 时，定时将达 5ms。

关于 STC15 PCA 模块软件定时输出测试，可参阅函数 PCA_Timer_Test 及中断函数 PCA_Handler 的前半部分。

在本案例程序中，CCAPM0 = 0x49 即 CCAPMn = 0100 1001，将 ECOM0 置 1，使能比较；将 MAT0 置 1，使能匹配触发；将 ECCF0 置 1，在 CCON0 的 CCF0 被硬件置 1 时，使能中断。

对于#define T_Count_5ms (0.005 * MAIN_Fosc / 12)，其值（即 7 680）被预设到[CCAPnH,CCAPnL]，[CH,CL]从 0 开始累加到与之匹配即触发中断。

每当中断被触发，value 均递增 T_Count_5ms，并在下一步更新给[CCAP0H,CCAP0L]，从

而使 PCA0 中断持续按 5ms 时间间隔被触发。另外，通过变量 T_Count 控制使每累计 20 次（5ms×20=100ms）时，通过异或切换输出一次高电平或低电平，从而使 LED0 定时闪烁。

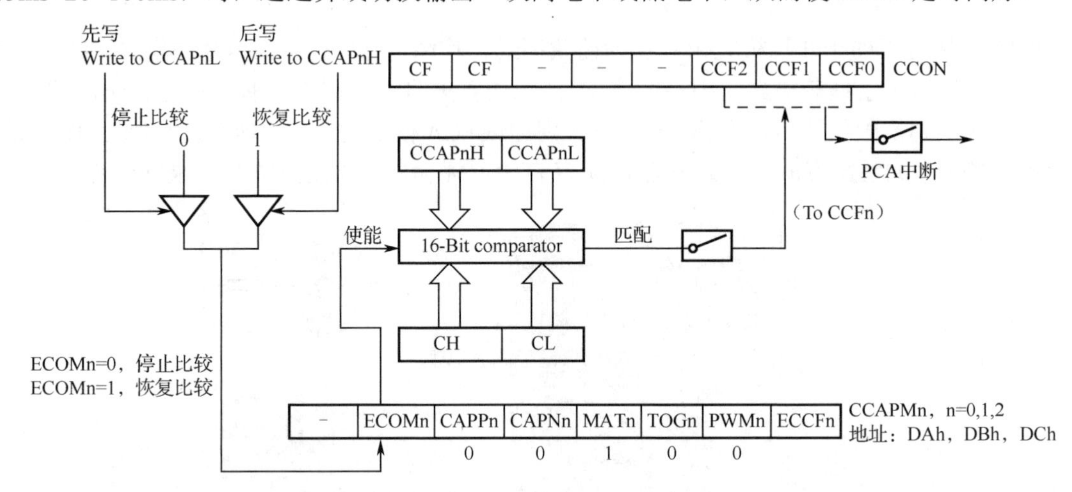

图 3-32　16 位软件定时器模式结构图

2）高速脉冲模式

高速脉冲输出模式结构图如图 3-33 所示。PCA 计数值与 PCA 捕获寄存器值匹配时，PCA 模块的 CCPn 引脚输出信号翻转。在使能高速脉冲模式时，CCAPMn 寄存器 TOGn、MATn 和 ECOMn 必须被置。比较图 3-33 与图 3-32 可知，高速脉冲模式与软件定时模式相比，增加了 CCAPMn 寄存器的 TOGn 位，其中 TOG 即 Toggle，指触发翻转。在高速脉冲输出测试程序中，CCAPM1 = 0x4D，即 CCAPMn = 0100 1101，与前面的软件定时模式相比，高速脉冲模式增加对 TOG1 位的许可。

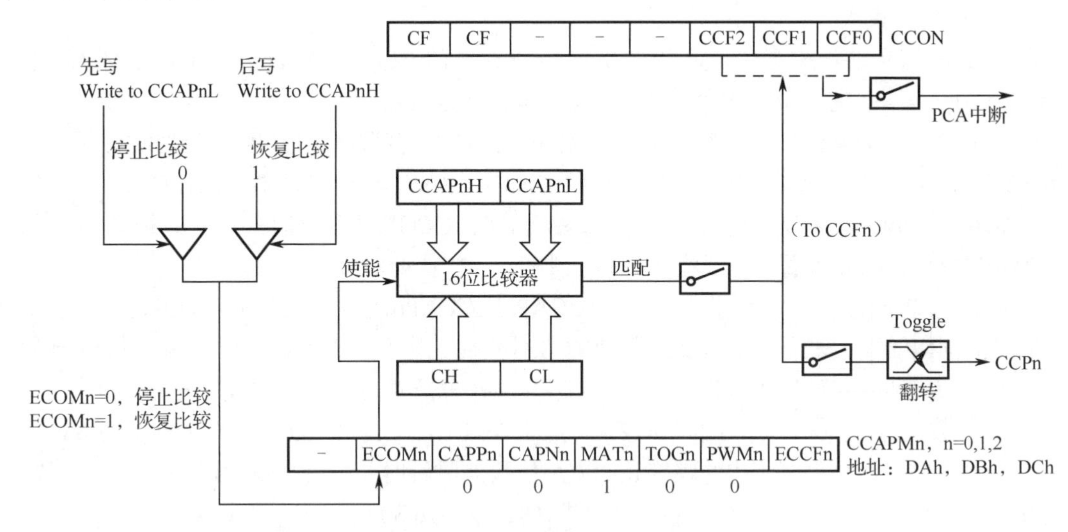

图 3-33　高速脉冲输出模式结构图

根据图 3-33 可知，[CCAPnH,CCAPnL]决定了 PCA 模块的输出脉冲频率。当 PCA 时钟源选择 SYSclk/2 时，PCA 模块的输出脉冲频率 f = SYSclk / (4×CCAPnH/L)，其中 SYSclk 为系统时钟频率。根据该式可得 CCAPnH/L = SYSclk / (4×f)，如果计算出的结果不是整数，则进行四舍五入取整，即 CCAPnH/L = INT (SYSclk / (4×f) + 0.5)，其中 INT 用于取整。假设 SYSclk = 18.432MHz，要求在 PCA 高速脉冲输出模式下 100kHz 的方波，则[CCAPnH,CCAPnL]取值应为

[CCAPnH,CCAPnL] = INT (18432000 / (4×100000) + 0.5) = INT (46.58) = 46 = 2EH

基于此，将本案例程序的#define T100KHz (MAIN_Fosc / 4 / 100000)作为初值赋给[CCAP1H,CCAP1L]。在比较匹配中断触发时，递增该值，从而使其可按固定频率触发。另外，由于 TOG1 被置 1，从而不断翻转 CCP1 引脚输出信号（注：当前版 Proteus 存在一定的局限性，不能观察到 CCP1 对应引脚输出信号的自动翻转，仿真测试时可添加软件翻转语句，以便观察该引脚输出信号的自动翻转效果）。

关于 STC15 PCA 模块高速脉冲输出程序的细节，可参阅函数 PCA_HighPulse_Test()及中断函数 PCA_Handler()的后半部分。

3）PWM 模式

脉宽调制（Pulse Width Modulation，PWM）是一种使用程序来控制信号波形占空比/周期/相位的技术，在三相电机驱动及 DA 转换等场合有广泛应用。在 STC15 的 PCA 模块中，PWM 寄存器有 PCA_PWM0、PCA_PWM1 和 PCA_PWM2，通过设置 PCA_PWMn 寄存器的 EBSn_1 / PCA_PWMn.7 及 EBSn_0 / PCA_PWMn.6，可使 PCA 模块工作于 8 位、7 位或 6 位 PWM 模式。

8 位 PWM 模式结构图如图 3-34 所示。在使能 PWM 模式时，CCAPMn 寄存器的 PWMn 和 ECOMn 这两位必须被置 1。在图 3-34 中，[EBSn_1,EBSn_0]被置为[0,0]或[1,1]，此时 9 位的{0,CL[7:0]}将与 9 位的[EPCnL,CCAPnL[7:0]]进行比较（注：EPCnH、EPCnL 为 PCA_PWMn 寄存器的最低两位，在 PWM 模式下，它们与 8 位的 CCAP1H、CCAP1L 寄存器分别组成 9 位数）。

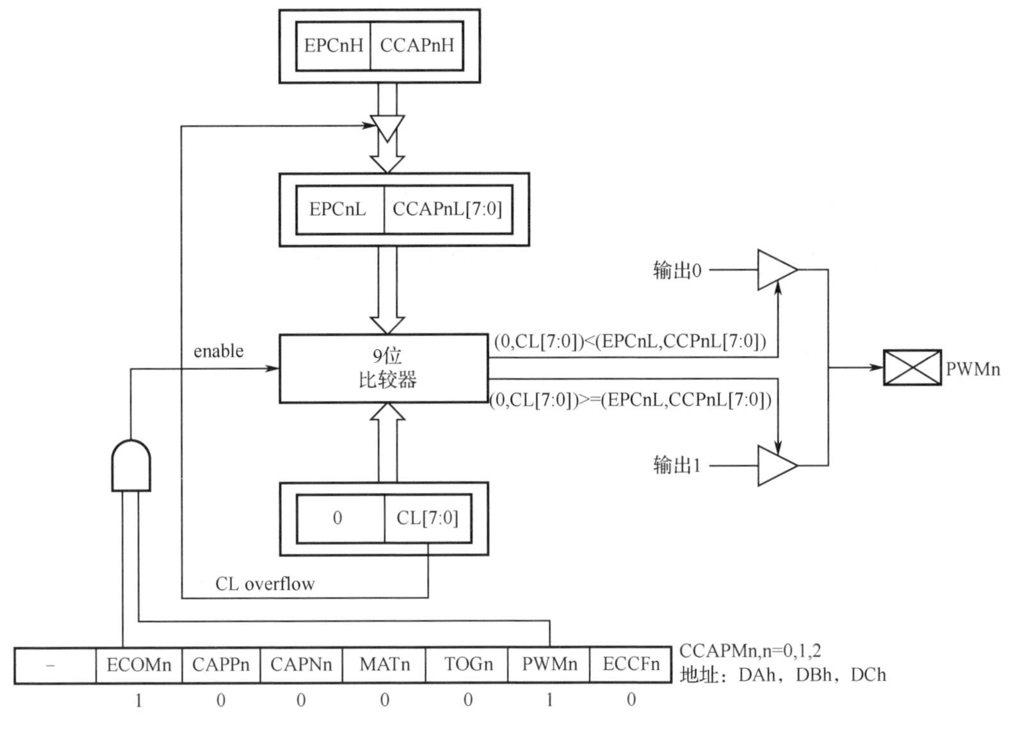

图 3-34　8 位 PWM 模式结构图

在 8 位 PWM 模式下，由于所有模块共用 PCA 定时/计数器，这使得它们的输出频率相同，但各模块输出占空比可分别独立，这与对应的捕获寄存器{EPCnL,CCAPnL[7:0]}相关。

① 当{0,CL[7:0]}<{EPCnL,CCAPnL[7:0]}时，输出为低电平。

② 当{0,CL[7:0]}≥{EPCnL,CCAPnL[7:0]}时，输出为高电平。

③ 当 CL 递增至溢出时，{EPCnH,CCAPnH[7:0]}将被装入{EPCnL,CCAPnL[7:0]}。

④ 当 EPCnL = 0 及 CCAPnL = 00H 时，PWM 固定输出高电平。

⑤ 当 EPCnL = 1 及 CCAPnL = FFH 时，PWM 固定输出低电平。

关于 STC15 的 PCA PWM 模式测试程序（8 位模式），可参阅函数 PCA_PWM_Test()，它给 CCAP0H、CCAP0L 的初值为 0x20，其最大值为 0xFF，再累加 1，即 0xFF+1 = 0x100，也就是到达 100H 时溢出。由于{0,CL[7:0]}≥{EPCnL,CCAPnL[7:0]}时，输出为高电平，故有 PWM0 占空比为(100H−20H)/100H=87.5%。由于本案例程序控制其取值在 0x20～0xF0 之间来回变化，因此 CCP0 引脚输出 PWM 信号占空比将在 87.5%～3.9%之间来回变化，以控制 LED 亮度渐变。

另外，8 位模式下的 PWM 频率=PCA 时钟输入源频率 / 256。时钟输入源可以从以下 8 种中选择一种：SYSclk，SYSclk/2，SYSclk/4，SYSclk/6，Sclk/8，SYSclk/12。本案例程序中，通过 CMOD = 0x02 将 PCA 时钟源配置为 SYSclk/2，因此可得 PWM 频率为 18432000/2/256 = 36kHz，对应周期约为 27.7μs，这与示波器观察结果吻合。要实现可调频率 PWM 信号输出，必须选择定时器 0 溢出率或 ECI 输入引脚作为时钟输入源。

此外，STC15 还集成了一组各自独立的 6 路增强型 PWM 波形发生器。该 PWM 波形发生器内部有一个 15 位的 PWM 计数器供 6 路增强型 PWM 波形发生器使用，用户可以设置每路 PWM 信号的初始电平。另外，PWM 波形发生器为每路 PWM 信号又设计了两个用于控制波形翻转的计数器 T1/T2，可以非常灵活的调控电路 PWM 信号的高/低电平宽度，从而达到对 PWM 信号占空比及 PWM 信号的输出延迟控制目的。

2. 实训要求

① 修改程序用 PCA 模块的软件定时模式控制集成式数码管刷新显示。

② 尝试修改程序用 PCA 7 位或 6 位 PWM 模式控制电机转速。

3. 源程序代码

```
1  //-----------------------------------------------------------------------
2  //  名称：PCA 模块软件定时、高速脉冲、PWM 输出测试(注：切换测试时须重启 Proteus)
3  //-----------------------------------------------------------------------
4  //  说明：多路开关切换到不同位置然后重启 Proteus，可分别测试 PCA 软件定时输出
5  //        (控制 LED 闪烁)、高速脉冲输出（输出 100kHz 方波，须用示波器
6  //        观察)、PWM 输出控制 LED0 亮度来回渐变
7  //
8  //-----------------------------------------------------------------------
9  #include "STC15xxx.h"
10 #include <intrins.h>
11 #define u8  unsigned char
12 #define u16 unsigned int
13 #define u32 unsigned long
14 #define MAIN_Fosc 18432000L//工作频率为 18.432MHz
15 //-----------------------------------------------------------------------
16 #define CCP_S0  0x10        //P_SW1.4
17 #define CCP_S1  0x20        //P_SW1.5
18 //-----------------------------------------------------------------------
19 #define T_Count_5ms (0.005 * MAIN_Fosc / 12)    //PCA 5ms 定时
20 #define T100KHz (MAIN_Fosc / 4 / 100000)       //100kHz 定时
21 u8 T_Count;                 //累计计数变量
22 u16 value;                  //16 位计数值
23 //-----------------------------------------------------------------------
24 //PCA_LED0 用于 PCA 软件定时输出测试
25 sbit PCA_LED0 = P1^1;       //PCA 定时控制闪烁的 LED(对应 CCP0)
26 //PCA_LED1 用于 PCA 高频输出测试
27 sbit PCA_LED1 = P1^0;       //PCA 定时控制闪烁的 LED(对应 CCP1)
28 //-----------------------------------------------------------------------
```

```
29  void PCA_Timer_Test();
30  void PCA_HighPulse_Test();
31  void PCA_PWM_Test();
32  //-----------------------------------------------------------------------
33  // 延时函数(参数取值限于 1～255)
34  //-----------------------------------------------------------------------
35  void delay_ms(u8 ms) {
36      u16 i;
37      do{
38          i = MAIN_Fosc / 13000;
39          while(--i);
40      }while(--ms);
41  }
42  //-----------------------------------------------------------------------
43  // 主程序(每次切换测试时，须停止然后重新运行 Proteus)
44  //-----------------------------------------------------------------------
45  void main() {
46      P0M0 = 0x00; P0M0 = 0x00;            //将 P0～P3 配置为准双向口
47      P1M1 = 0x00; P1M0 = 0x00;
48      P2M1 = 0x00; P2M0 = 0x00;
49      P3M1 = 0x00; P3M0 = 0x00;
50      P6M1 = 0xFF; P6M0 = 0x00;            //将 P6 配置为高阻输入
51      while (1) {
52          if ((P6 & (1<<0)) == 0x00) {     //软件定时输出测试
53              PCA_Timer_Test();
54          }
55          if ((P6 & (1<<2)) == 0x00) {     //高速脉冲输出测试
56              PCA_HighPulse_Test();
57          }
58          if ((P6 & (1<<4)) == 0x00) {     //PWM 输出测试
59              PCA_PWM_Test();
60          }
61      }
62  }
63  //-----------------------------------------------------------------------
64  //软件定时输出配置
65  //-----------------------------------------------------------------------
66  void PCA_Timer_Test() {
67      P_SW1 = 0x00;        //选择: P1.2/ECI,P1.1/CCP0,P1.0/CCP1,P3.7/CCP2
68      CCON = 0x00;                //初始化 PCA 控制寄存器
69      CL = 0; CH = 0;             //复位 PCA 定时/计数寄存器
70      CMOD = 0x00;                //设置 PCA 时钟源为 SYSclk/12
71      value = T_Count_5ms;        //设置初值(用于定时)
72      CCAP0L = value;
73      CCAP0H = value >> 8;        //初始化 PCA 模块 0
74      value += T_Count_5ms;
75      CCAPM0 = 0x49;              //PCA 模块 0 为 16 位软件定时器输出模式:0100 1001
76      T_Count = 0;                //将定时累加变量清零
77      CR = 1; EA = 1;             //PCA 定时/计数器开始工作,使能总中断
78      while (1);
79  }
80  //-----------------------------------------------------------------------
81  //高速脉冲输出配置
82  //-----------------------------------------------------------------------
```

```
83  void PCA_HighPulse_Test() {
84      P_SW1 = 0x00;               //选择:P1.2/ECI,P1.1/CCP0,P1.0/CCP1,P3.7/CCP2
85      CCON = 0x00;                //初始化 PCA 控制寄存器
86      CL = 0x00; CH = 0x00;       //复位 PCA 16 位定时/计数寄存器
87      CMOD = 0x02;                //PCA 时钟源：SYSclk/2,禁止 PCA 定时溢出中断
88      value = T100KHz;            //100kHz 方波初值
89      //初始化 PCA 模块 1
90      CCAP1L = value;             //低 8 位放入 CCAPxL
91      CCAP1H = value >> 8;        //高 8 位放入 CCAPxH
92      CCAPM1 = 0x4D;              //PCA 模块 1 为高速脉冲模式,CCP1 自动翻转
93      CR = 1; EA = 1;             //PCA 定时/计数器开始工作,使能总中断
94      while (1);
95  }
96  //-------------------------------------------------------------------------
97  // PWM 输出测试(PCA 模块 0 的 8 位模式测试)
98  //-------------------------------------------------------------------------
99  void PCA_PWM_Test() {
100     u8 t = 0x20;
101     P_SW1 = 0x00;               //选择:P1.2/ECI,P1.1/CCP0,P1.0/CCP1,P3.7/CCP2
102     CCON = 0x00;                //初始化 PCA 控制寄存器
103     CL = 0x00; CH = 0x00;       //复位 PCA 16 位定时/计数寄存器
104     CMOD = 0x02;                //PCA 时钟源：SYSclk/2,禁止 PCA 定时溢出中断
105     //PCA 模块 0 测试
106     PCA_PWM0 = 0x00;            //PCA 模块 0 配置为 8 位 PWM 模式
107     CCAP0H = CCAP0L = t;        //PWM0 占空比为 87.5% ((100H-20H)/100H)
108     CCAPM0 = 0x42;              //PCA 模块 0 使能比较匹配，置于 PWM 模式
109     CR = 1;                     //PCA 定时/计数器开始工作
110     while (1) {                 //PWM0 占空比在 87.5%～3.9%之间来回渐变
111         for (t = 0x20; t < 0xF0; t++) {
112             delay_ms(1);
113             CCAP0H = CCAP0L = t;
114         }
115         for (t = 0xF0; t != 0x20; t--) {
116             delay_ms(2);
117             CCAP0H = CCAP0L = t;
118         }
119     }
120 }
121 //-------------------------------------------------------------------------
122 // PCA 中断子程序（同时服务于：软件定时输出和高速脉冲输出）
123 //-------------------------------------------------------------------------
124 void PCA_Handler() interrupt 7 using 1 {
125     if (CCF0) {                     //软件定时模式触发，控制 LED 闪烁
126         CCF0 = 0;                   //将中断标志清零
127         CCAP0L = value;
128         CCAP0H = value >> 8;        //置新的比较值(等长累加)
129         value += T_Count_5ms;
130         if (T_Count-- == 0) {       //累计计时 20 次（5ms×20=100ms）
131             T_Count = 20;
132             PCA_LED0 ^= 1;          //PCA_LED0 闪烁
133         }
134     }
135     //-----------------------------------------------------------------
136     if (CCF1) {                     //高速脉冲模式触发：控制输出 100kHz 方波
```

```
137         CCF1 = 0;                       //将中断标志 CCF1 清零
138         CCAP1L = value;
139         CCAP1H = value >> 8;     //置新的比较值(等长累加)
140         value += T100KHz;
141         //由于使能 CCAPMn 的使能翻转位 TOGn，故 CCP1 将自动翻转
142         PCA_LED1 ^= 1;          //因当前版 Proteus 的局限性,此处仍要添加软件翻转语句
143     }
144 }
```

3.23 双机串口双向通信

如图 3-35 所示，两片 STC15 单片机振荡器频率均配置为 11.0592MHz，两者的串口均工作于模式 1，甲、乙单片机完成以下双向控制任务。

- 甲单片机按键依次按下时可分别控制乙单片机的 D21 点亮、D22 点亮、D11 与 D12 同时点亮及同时熄灭，且甲机的 LED 与乙单片机的 LED 同步动作。
- 乙单片机按键依次按下时将向甲机发送数字 0～9，甲单片机接收后在共阳数码管上显示。

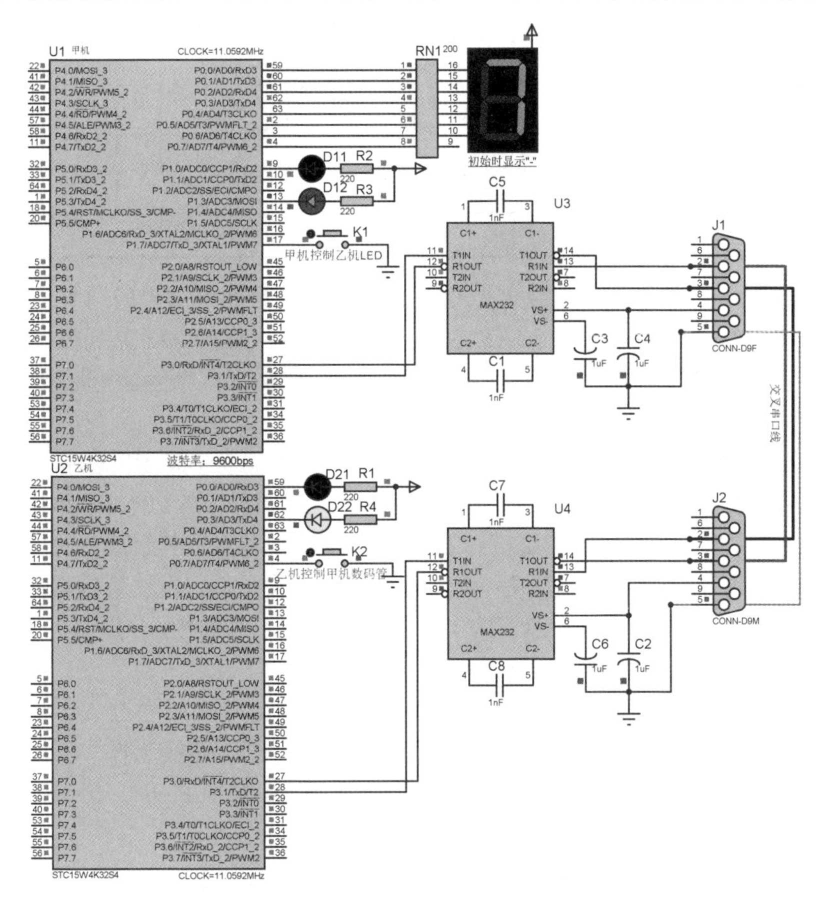

图 3-35　双机串口双向通信电路

1. 程序设计与调试

1）RS-232 接口及 MAX232 驱动器简介

RS-232 是使用最为广泛的一种串行接口，它被定义为一种在低速率串行通信中增加通信距离的单端标准。RS-232 采取不平衡传输方式，即所谓单端通信。一个完整的 RS-232 接口有 22 根线，采用标准的 25 芯接口（DB-25），目前广泛应用的是 9 芯的 RS-232 接口（DB-9），它

们的外观都是 D 形的，对连的两个接口又分为针式和孔式两种。在连接距离上，如果通信速率低于 20kbit/s 时，RS-232 直接连接的设备之间最大物理距离为 15m。图 3-36 给出了标准的 9 针 RS-232 连接头实物及引脚，表 3-8 给出了 DB9 连接头中各引脚的功能说明。仿真电路中 CONN-D9F 连接了其中的 2、3 号引脚，即 RXD 与 TXD 引脚。

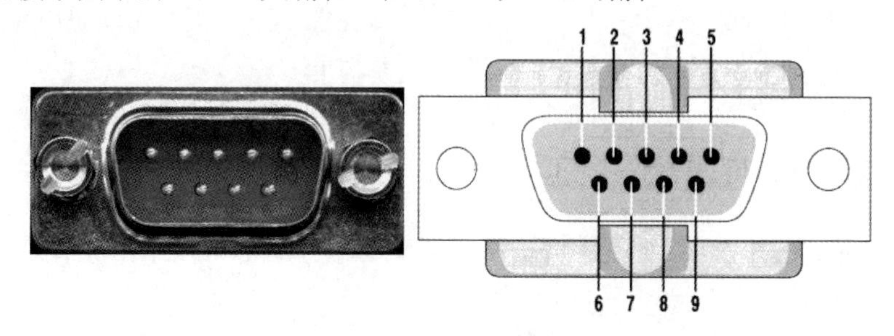

图 3-36 标准的 9 针 RS-232 连接头实物及引脚

表 3-8 RS-232 DB9 串口连接图针脚说明

引脚号	缩写符	信号方向	说 明	引脚号	缩写符	信号方向	说 明
1	DCD	输入	载波检测	6	DSR	输入	数据装置准备好
2	RXD	输入	接收数据	7	RTS	输出	请示发送
3	TXD	输出	发送数据	8	CTS	输入	清除发送
4	DTR	输出	数据终端准备好	9	RI	输入	振铃指示
5	GND	公共端	信号地				

为了将 PC 的串行口 RS-232 信号电平（-10V,+10V）转换为单片机所用到的 TTL 信号电平（0V,+5V），常使用的串口收/发器是 MAX232，图 3-37 给了 MAX232 系列收/发器的引脚及典型工作电路。

2）串口通信程序设计

在仿真电路中，STC15W4K32S4 单片机具有 4 个 UART 全双工异步串行通信接口（串口 1～串口 4），它比传统型 8051 单片机多出了 3 个串口，STC15W4K32S4 的每个串口由 2 个数据缓冲器、1 个移位寄存器、1 个串行控制寄存器和 1 个波特率发生器等组成，每个串口数据缓冲器由相互独立的接收、发送缓冲器构成，可同时发送和接收数据，发送缓冲器只写不读，收缓冲器只读不写，两个缓冲器地址共用。串口 1～串口 4 的收发缓冲器分别命名为 SBUF（与传统型 8051 同名）、SBUF2、SBUF3、SBU4。

STC15W4K32S4 串口 1 对应引脚分是 TxD 和 RxD，实际使用时通过 AUXR1/P_SW1 寄存器位 S1_S1/AUXR1.7 和 S1_S0/P_SW1.6，可在 3 组不同引脚间切换选择，例如将串口 1 从传统型 8051 的 RxD/P3.0、TxD/P3.1 引脚切换到 RxD_2/P3.6、TxD_2/P3.7，或者 RxD_3/P1.6/XTAL2、TxD_3/P1.7/XTAL1。

以本案例两机均使用 STC15W4K32S4 的串口 1 为例，它有以下 4 种工作方式。

- 模式 0：同步移位寄存器模式。
- 模式 1：8 位 UART 模式（可变波特率）。
- 模式 2：9 位 UART 模式（固定波特率）。
- 模式 3：9 位 UART 模式（可变波特率）。

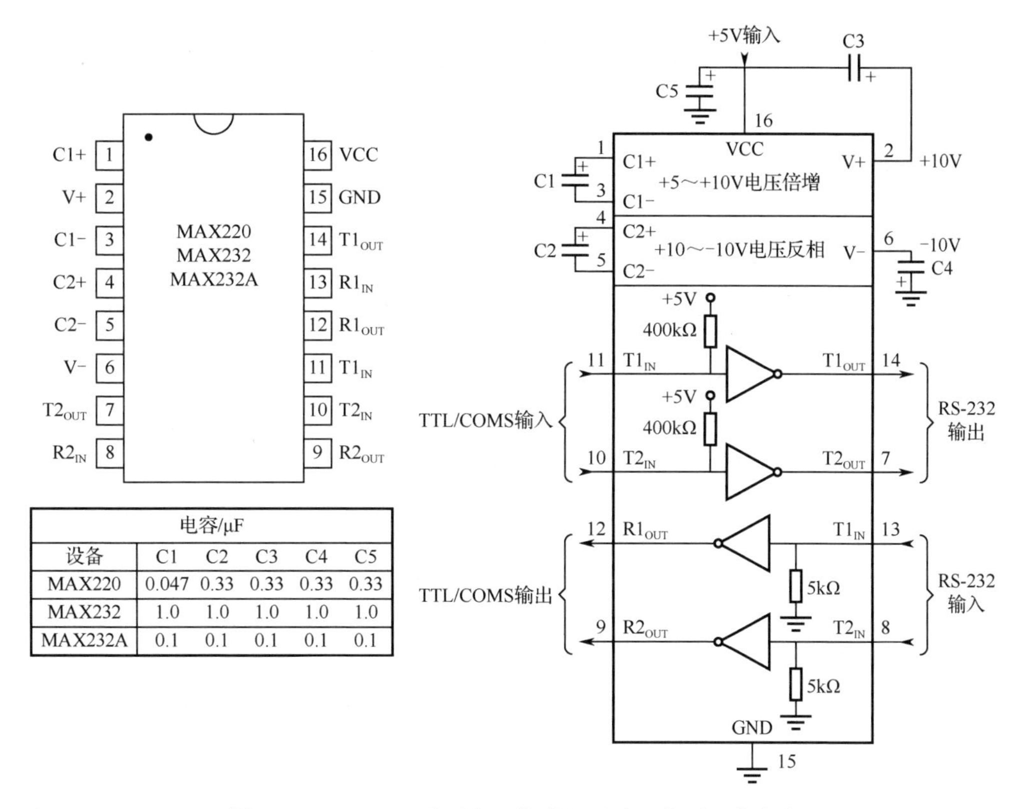

设备	电容/μF				
	C1	C2	C3	C4	C5
MAX220	0.047	0.33	0.33	0.33	0.33
MAX232	1.0	1.0	1.0	1.0	1.0
MAX232A	0.1	0.1	0.1	0.1	0.1

图 3-37 MAX232 系列串口收/发器引脚及典型工作电路

注意：串口 2～串口 4 均只有两种可变波特率工作方式。

单片机程序通过查询或中断方式对接收/发送操作进行处理。

图 3-38 给出了 STC-ISP 波特率计算器代码生成界面，将串口 1 配置为模式 1，使用定时器 1，8 位数据位，定时器时钟为 12T，波特率为 9600bit/s。

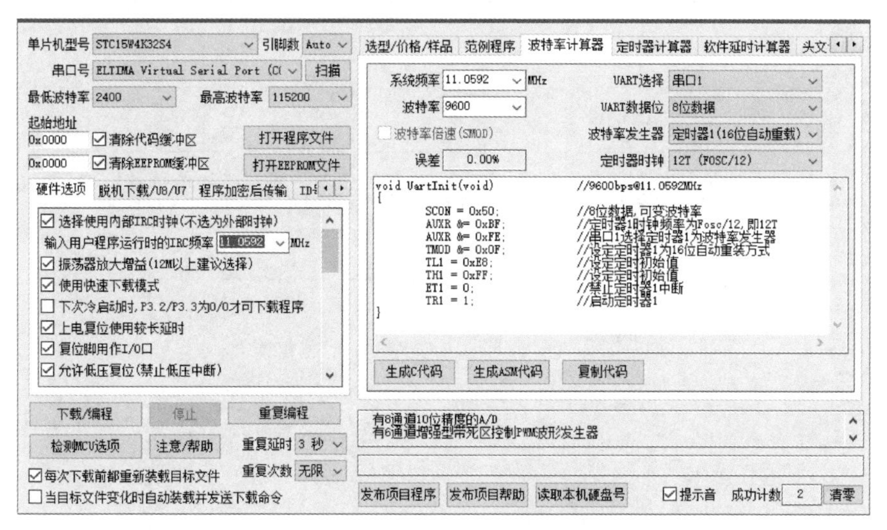

图 3-38 STC-ISP 波特率计算器代码生成界面

代码中 SCON = 0x50，将 SCON 寄存器中的 SM0、SM1 置为 01，选择模式 1，8 位数据位，波特率可变，REN 置为 1 允许接收。AUXR &= 0xBF 将定时器 1 时钟配置为 12T，AUXR &= 0xFE 使串口 1 选择定时器 1 作为波特率发生器。TMOD &= 0x0F 设定时器 1 为 16 位自动重装方式，具体配置如下：

$$波特率=定时器1溢出率/4$$

其中：

$$定时器1溢出率=SYSclk/12/(65\,536-[RL\_TH1,RL\_TL1])$$

因此，有

$$11\,059\,200/12/(65\,536-T1\ 重装初值)/4 = 9\,600$$

计算可得

$$T1\ 重装初值 = 65\,512 = 0xFFE8$$

故而，有如下代码：

```
TL1 = 0xE8; TH1 = 0xFF; //设定定时初值
```

通过计算可知，11.0592MHz 这一特殊振荡器频率刚好能够在上述公式中被整除，使得运算结果为整数，也正因为如此，STC-ISP 波特率计算器代码生成界面中显示误差为 0.00%。

本案例两片单片机串口接收均工作于中断方式，发送一个字符或接收一个字符均会引发串口中断，故在串口中断函数内处理数据接收问题时，须要判断 RI 是否被硬件置位，在开始读取 SBUF 时，注意将 RI 软件清零。在发送字符时，将待发送字符放入 SBUF 寄存器即可启动串行输出，此时需要循环等待 TI 被硬件置位，当硬件置位 TI 时即表示 1 个字节被发送完毕，此时同样应注意将 TI 软件清零。

甲单片机发放函数 PutChar 中有语句 TX1_Busy = 1; SBUF = c; while(TX1_Busy);其中 while 语句使程序处于发送忙状态时能够循环等待，它由发送忙标志变量 TX1_Busy 控制，当 TX1_Busy 在中断程序内被置 0 后，发送循环等待操作结束。此外 while(TX1_Busy)还可用 while(TI)代替，TI 须在中断程序中清零；对于乙机，类似语句 while (B_TX1_Busy)同样可用 while(TI)代替。

2. 实训要求

① 改用 T2 作为定时器时钟，编程实现 4 800bit/s 及 19 200bit/s 波特率下的双机通信。

② 改用甲单片机串口 2 与乙单片机串口 3 实现双向数据互通与控制。

3. 源程序代码

```
1   //--------------------------    甲单片机代码  ----------------------------
2   //  名称：甲单片机串口通信
3   //------------------------------------------------------------------------
4   //  说明：甲单片机向乙单片机发送控制命令字符，甲单片机同时还可接收乙单片机发送的
5   //        数字所接收的数字将显示在数码管上
6   //
7   //------------------------------------------------------------------------
8   #include "STC15xxx.h"
9   #include <intrins.h>
10  #define u8  unsigned char
11  #define u16 unsigned int
12  #define MAIN_Fosc 11059200L      //系统时钟
13  sbit LED1   = P1^0;              //两个 LED 定义
14  sbit LED2   = P1^3;
15  sbit K1     = P1^7;              //控制按键定义
16  u8 Operation_NO = 0;             //操作代码
17  volatile u8 recv_byte = 0x00;    //接收字节变量
18  bit TX1_Busy;                    //串口 1 发送忙标志
19  const u8 SEG_CODE[]= {           //共阳数码管段码
20   0xC0,0xF9,0xA4,0xB0,0x99,0x92,0x82,0xF8,0x80,0x90 };
21  //------------------------------------------------------------------------
```

```
22 // 延时函数（x = 1～255ms,自适应时钟）
23 //--------------------------------------------------------------------------
24 void delay_ms(u8 x) {
25     u16 i;
26     do{
27         i = MAIN_Fosc / 13000;
28         while(--i);
29     }while(--x);
30 }
31 //--------------------------------------------------------------------------
32 // 初始化串口(9600bit/s，11.0592MHz)
33 //--------------------------------------------------------------------------
34 void UartInit() {
35     SCON = 0x50;                    //8 位数据,可变波特率
36     AUXR &= 0xBF;                   //定时器 1 时钟频率为 Fosc/12,即 12T
37     AUXR &= 0xFE;                   //串口 1 选择定时器 1 为波特率发生器
38     TMOD &= 0x0F;                   //设定定时器 1 为 16 位自动重装方式
39     TL1 = 0xE8;                     //设定定时初值
40     TH1 = 0xFF;                     //设定定时初值
41     ET1 = 0;                        //禁止定时器 1 中断
42     TR1 = 1;                        //启动定时器 1
43     TX1_Busy = 0;                   //默认为非忙状态
44 }
45 //--------------------------------------------------------------------------
46 // 向串口输出 1 个字符
47 //--------------------------------------------------------------------------
48 void PutChar(u8 c) {
49     TX1_Busy = 1; SBUF = c; while(TX1_Busy);
50 }
51 //--------------------------------------------------------------------------
52 // 串口输出字符串
53 //--------------------------------------------------------------------------
54 //void Putstr(char *s) { while(*s) PutChar(*s++); }
55 //--------------------------------------------------------------------------
56 // 主程序
57 //--------------------------------------------------------------------------
58 void main() {
59     P0M1 = 0x00; P0M0 = 0x00;   //将 P0,P3 配置为准双向口
60     P3M1 = 0x00; P3M0 = 0x00;
61     P1M1 = 0x80; P1M0 = 0x00;   //P1.7 引脚为高阻输入口,P1 其余引脚为准双向口
62     LED1 = LED2 = 1;                //初始时关闭 LED
63     UartInit();                     //串口初始化(9 600)
64     P0 = 0xBF;                      //初始时共阳数码管显示"-"
65     ES = 1; EA = 1;                 //允许串口中断,开总中断
66     while(1) {
67         if (K1 == 0) {              //按下 K1 时选择操作代码:0,1,2,3
68             delay_ms(10);           //延时消抖
69             if (K1 == 0)  while (K1 == 0); else continue;
70             if (++Operation_NO == 4) Operation_NO = 0;
71             //根据操作代码发送 X/A/B/C
72             switch (Operation_NO) {
73                 case 0: PutChar('X');
74                         LED1 = LED2 = 1;
75                         break;
```

```
76                  case 1: PutChar('A');
77                          LED1 = 0; LED2 = 1;
78                          break;
79                  case 2: PutChar('B');
80                          LED1 = 1; LED2 = 0;
81                          break;
82                  case 3: PutChar('C');
83                          LED1 = 0; LED2 = 0;
84                          break;
85              }
86          }
87      }
88  }
89  //--------------------------------------------------------------------------
90  // 甲单片机串口接收中断函数
91  //--------------------------------------------------------------------------
92  void Serial_INT() interrupt 4 {
93      if (RI) {               //接收到1个字节
94          RI = 0;             //清除串行接收中断标志位
95          //显示数字,由于发送方发送的是数字0～9而非数字字符“0”～“9”
96          //因此这里不用将SBUF - “0”
97          recv_byte = SBUF;
98          if (recv_byte >= 0 && recv_byte <= 9)  //如果接收到0～9
99                  P0 = SEG_CODE[ recv_byte ];     //数码管显示数字
100         else    P0 = 0xFF;                      //否则数码管黑屏
101     }
102     if (TI) {
103         TI = 0;             //将发送中断标志软件清零
104         TX1_Busy = 0;   //将串口1发送忙标志清零
105     }
106 }
```

```
1   //---------------------------      乙单片机代码 ----------------------------
2   //  名称: 乙单片机接收甲单片机发送的字符并完成相应动作
3   //--------------------------------------------------------------------------
4   //  说明: 乙单片机接收到甲单片机发送的信号后,根据相应信号控制完成不同的LED点亮
5   //        动作
6   //--------------------------------------------------------------------------
7   #include "STC15xxx.h"
8   #include <intrins.h>
9   #define u8  unsigned char
10  #define u16 unsigned int
11  #define MAIN_Fosc 11059200L      //系统时钟
12  sbit LED1   = P0^0;              //两个LED定义
13  sbit LED2   = P0^3;
14  sbit K1     = P0^7;              //按键定义
15  u8 NumX = 0xFF;                  //待发送数字(0～10)
16  volatile u8 recv_byte = 0x00;    //接收到的字节
17  bit B_TX1_Busy;                  //串口1发送忙标志
18  //--------------------------------------------------------------------------
19  // 延时函数(x = 1～255ms,自适应时钟)
20  //--------------------------------------------------------------------------
21  void delay_ms(u8 x) {
22      u16 i;
```

```
23     do{
24         i = MAIN_Fosc / 13000;
25         while(--i);
26     }while(--x);
27 }
28 //----------------------------------------------------------------------
29 // 初始化串口(9600bps@11.0592MHz)
30 //----------------------------------------------------------------------
31 void UartInit() {
32     SCON = 0x50;                    //8位数据,可变波特率
33     AUXR &= 0xBF;                   //定时器1时钟频率为Fosc/12,即12T
34     AUXR &= 0xFE;                   //串口1选择定时器1为波特率发生器
35     TMOD &= 0x0F;                   //设定定时器1为16位自动重装方式
36     TL1 = 0xE8;                     //设定定时初值
37     TH1 = 0xFF;                     //设定定时初值
38     ET1 = 0;                        //禁止定时器1中断
39     TR1 = 1;                        //启动定时器1
40     B_TX1_Busy = 0;                 //默认为非忙状态
41 }
42 //----------------------------------------------------------------------
43 // 主程序
44 //----------------------------------------------------------------------
45 void main() {
46     P0M1 = 0x80; P0M0 = 0x00;   //P0.7引脚为高阻输入口,P0其余引脚为准双向口
47     P3M1 = 0x00; P3M0 = 0x00;   //将P3配置为准双向口
48     LED1 = LED2 = 1;                //关闭两个LED
49     UartInit();                     //串口初始化
50     IE = 0x90;                      //允许串口中断
51     while (1) {
52         if (K1 == 0) {              //按下按键
53             delay_ms(10);           //延时消抖
54             if (K1 == 0) while (K1 == 0); else continue;
55             if (++NumX==11) NumX=0; //Numx=0～10,其中10表示关闭显示
56             SBUF = NumX;            //串口1发送
57             B_TX1_Busy = 1;         //将串口1发送忙标志置1(表示真)
58             while (B_TX1_Busy); //忙等待(由中断归0,从而解除此处死循环)
59         }
60     }
61 }
62 //----------------------------------------------------------------------
63 // 乙机串口接收中断函数
64 //----------------------------------------------------------------------
65 void Serial_INT() interrupt 4 {
66     if (RI) {    //如果收到命令字符则完成不同的LED点亮动作
67         RI = 0; //将接收中断标志清零
68         recv_byte = SBUF;
69         switch (recv_byte) {
70             case 'X':  LED1 = 1; LED2 = 1; break;  //全灭
71             case 'A':  LED1 = 0; LED2 = 1; break;  //LED1点亮
72             case 'B':  LED2 = 0; LED1 = 1; break;  //LED2点亮
73             case 'C':  LED1 = 0; LED2 = 0;         //全亮
74         }
75     }
76     if (TI) {    //发送中断标志被硬件置位
```

```
77          TI = 0; //将发送中断标志软件清零
78          B_TX1_Busy = 0;//将发送忙标志位清零
79      }
80  }
```

3.24 PC 与单片机双向通信

通常情况下，虚拟仿真系统是不能与物理环境交互通信的，但 Proteus 虚拟系统模拟了这种功能，它使 Proteus 仿真环境下的系统能与实际的物理环境直接交互，这种模型被称为物理接口模型（简称 PIM）。Proteus 的 COMPIM 组件是一种串行接口组件，当由 CPU 或 UART 软件生成的数字信号出现在 PC 物理 COM 接口时，它能缓冲所接收的数据，并将它们以数字信号的形式发送给 Proteus 仿真电路。如果不希望使用物理串口而使用虚拟串口，使串口调试助手软件能与 Proteus 单片机串口直接交互，这时还需要安装虚拟串口驱动软件 Virtual Serial Port Driver。

在图 3-39 所示系统中，单片机可接收 PC 的串口调试软件所发送的数字串，并逐个显示在数码管上，当按下单片机系统的 K1 按键时，单片机串口发送给字符串将显示在串口调试助手软件接收窗口中，串口调试助手软件的运行效果如图 3-40 所示。

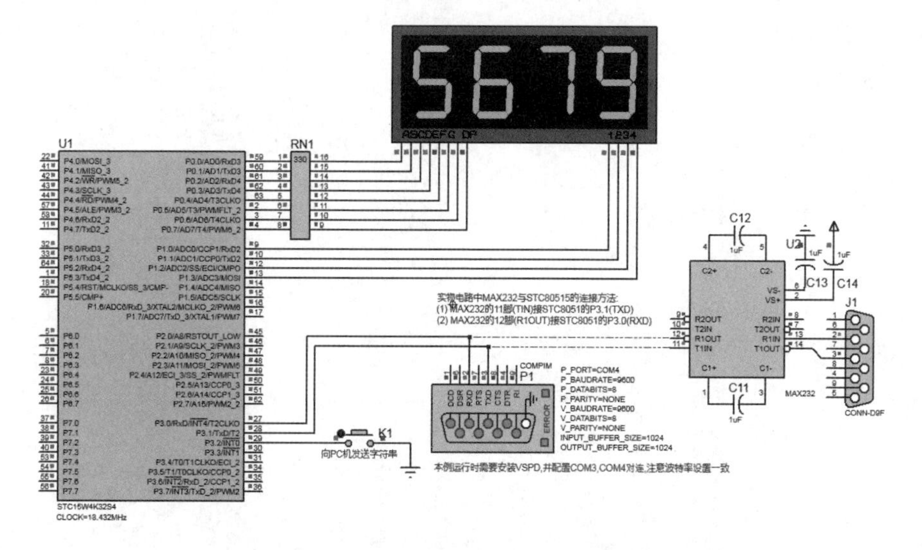

图 3-39　PC 与单片机双向通信电路

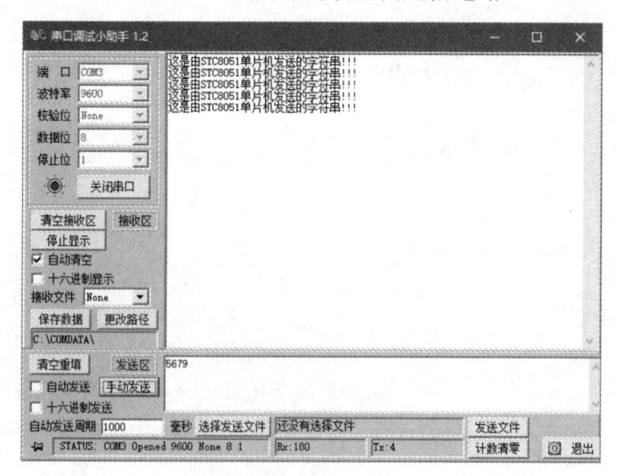

图 3-40　串口调试助手

1. 程序设计与调试

1）基于 Timer2 的串口配置程序设计

在上一案例中，当双机串口通信时，串口波特率由 TIMER1 生成，本例选择用 TIMER2 定时器生成波特率，在 18.432MHz 系统频率下，基于 TIMER2 的串口初始化函数 UartInit 中，SCON = 0x50 用于配置选择 8 位数据，可变波特率；AUXR |= 0x01 与 AUXR |= 0x04 分别将 AUXR 寄存器第 0 位 S1ST2 及第 2 位 T2x12 置为 1，选择定时器 2 为串口 1 波特率发生器，且时钟为系统时钟（1T 模式）。

串口 1 用 T2 作为波特率发生器，串口 1 波特率 = (T2 溢出率) / 4；

T2 在 1T 模式下工作时，T2 溢出率 = SYSclk / (65 536 − T2 定时/计数初值)

由此可知：串口 1 波特率 = SYSclk / (65 536 − T2 定时/计数初值) / 4。

进一步有：T2 定时/计数初值 = 65 536 − 18 432 000 / (9 600 × 4) = 65 056 = 0xFE20，因此初始化代码中有：T2L = 0x20 及 T2H = 0xFE。在完成这些配置后，代码 AUXR |= 0x10 将 AUXR 寄存器第 4 位 T2R 置为 1，启动定时器 2。

2）虚拟串口驱动的安装与配置

仿真电路实现的 PC 与单片机通信，实际上是 PC 与 Proteus 中单片机仿真系统的通信，两者之间的通信通过串口进行，而串口又有虚拟串口和物理串口两种。对于“PC 与串口双向通信”案例也就有了以下几种调试方式，现假设 Proteus 安装在 PC1 中，如果都使用物理串口，调试方法有以下两种。

方法 1：将串口调试助手软件安装在 PC2，然后用交叉串口线连接 PC1 与 PC2，如果两机都是使用的 COM1，在通过串口线连接好两端的 COM1 以后，应设置 PC1 中的 COMPIM 属性，选择 COM1 口，波特率等要按程序要求设置。对 PC2 中的串口调试软件也要选择 COM1，波特率等要设成与 PC1 中的 COMPIM 相同。

完成上述设置后，打开 PC2 中的串口调试软件，并运行 PC1 中的 Proteus 仿真系统。这时如果在 PC2 串口助手软件中输入一串数字并单击发送，PC1 中的数码管即会依次显示这些数字。如果按下 PC1 中单片机系统的 K1 按键，PC2 中的串口调试助手软件会显示由 PC1 发送来的字符串，如此即实现了 PC 与单片机之间的物理串口通信。

当然，如果两 PC 都使用 COM2 或一个连接 COM1，另一个连接 COM2 也可以，只是要注意在 COMPIM 组件和串口调试助手上也要做相应变动。

方法 2：如果串口调试软件与单片机仿真系统同在一台 PC 中运行，假定使用的是 PC1，如果 PC1 有物理串口 COM1 和 COM2，这时可以将这两个串口用交叉线连接，然后仍按上述方法进行调试。不同的是 COMPIM 组件与串口调试软件要分别占用 COM1 和 COM2，不能占用同一个接口。

上述两种方法使用的都是物理串口，如果没有找到合适的串口线，或者使用的 PC 没有物理串口，就需要以虚拟串口软件为桥梁，实现串口调试助手与 Proteus 仿真单片机系统的串口通信，调试过程如下。

① 安装虚拟串口驱动程序 VSPD（Virtual Serial Port Driver）并运行，在图 3-41 所示窗口的“First port”文本框中选择 COM3，在“Second port” 文本框中选择 COM4（当然，也可以选择 COM5 和 COM6，除非它们已被占用），然后单击“Add pair”按钮，这两个串口会立即出现在左边的 Virtual Ports 分支下，且会有蓝色虚线将它们连接起来。如果打开 PC 的设备管理器，在其中的端口下会发现多出了两个串口，显示窗口如图 3-42 所示。

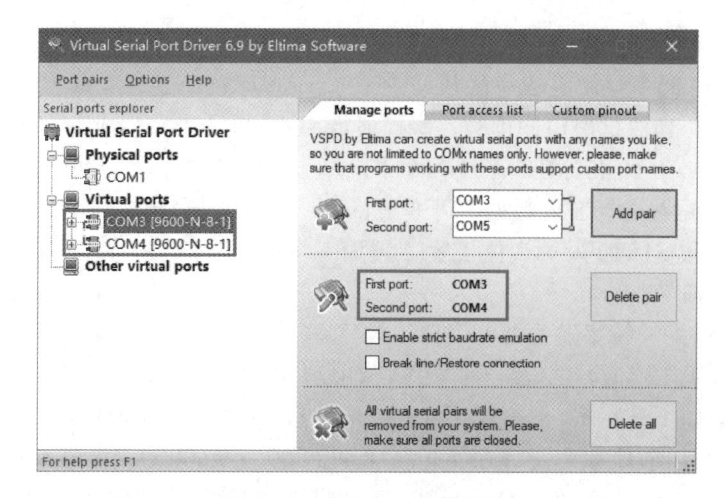

图 3-41　虚拟串口驱动软件

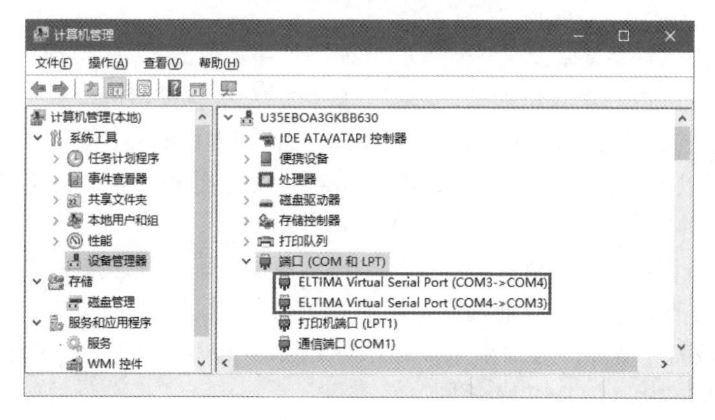

图 3-42　计算机接口管理

② 将这两个串口中的 COM4 分配给 COMPIM 组件使用，COM3 分配给串口助手使用。由于 COM3 与 COM4 这两个虚拟串口已经由虚拟串口驱动程序 VSPD 虚拟连接，运行同一台 PC 中的串口调试助手软件和 Proteus 中的单片机仿真系统时，两者之间就可以进行正常通信了，效果如同使用物理串口连接一样。

2. 实训要求

① 改用串口 2 在 115 200bit/s 波特率下实现单片机与上位机软件的双向通信。

② 设计上位机软件代替串口调试助手，实现 PC 与单片机双向数据传输及管理控制。

3. 源程序代码

```
1   //-----------------------------------------------------------------------
2   //  名称: PC 与单片机双向通信
3   //-----------------------------------------------------------------------
4   //  说明: 单片机可接收 PC 发送的数字字符,按下单片机 K1 按键时,单片机
5   //        可向 PC 发送字符串。在 Proteus 环境下完成本实验时,要
6   //        先安装 Virtual  Serial  Port  Driver 和串口调试助手软件
7   //        建议在 VSPD 中将 COM3 和 COM4 设为对联端口。在 Proteus 中设 COMPIM
8   //        为 COM4,在串口助手中选择 COM3,完成配置后即可实现单片机程序
9   //        与 XP 下串口助手软件之间的双向通信
10  //        本案例缓冲区为 4 个数字字符,缓冲区满后新接收的字符从缓冲区前面存放
11  //        (环形缓冲区),覆盖原来放入的字符
12  //        如果发送的数字串中遇到“#”号则从缓冲区起始位置开始存放
```

```
13  //-----------------------------------------------------------------------
14  #include "STC15xxx.h"
15  #include <intrins.h>
16  #include <stdio.h>
17  #define u8  unsigned char
18  #define u16 unsigned int
19  #define MAIN_Fosc   18432000L   //振荡器频率 18.432MHz
20  bit TX1_Busy;                   //发送忙标志
21  u8 code SEG_CODE[] =            //共阴数码管数字段码表,最后为“-”的段码
22  { 0x3F,0x06,0x5B,0x4F,0x66,0x6D,0x7D,0x07,0x7F,0x6F,0x40 };
23  u8 R[] = {10,10,10,10};         //保存接收到的 4 位数字(初始时为 4 个"-")
24  //-----------------------------------------------------------------------
25  // 延时子程序（x=1～255ms,自适应时钟）
26  //-----------------------------------------------------------------------
27  void delay_ms(u8 x) {
28      u16 i;
29      do{
30          i = MAIN_Fosc / 13000;
31          while(--i);
32      }while(--x);
33  }
34  //-----------------------------------------------------------------------
35  // 串口初始化(9600bit/s 18.432MHz,使用 T2)
36  //-----------------------------------------------------------------------
37  void UartInit() {
38      SCON = 0x50;                //8 位数据,可变波特率
39      AUXR |= 0x01;               //串口 1 选择定时器 2 为波特率发生器
40      AUXR |= 0x04;               //定时器 2 时钟频率为 Fosc,即 1T
41      T2L = 0x20;                 //设定定时初值
42      T2H = 0xFE;                 //设定定时初值
43      AUXR |= 0x10;               //启动定时器 2
44      TX1_Busy = 0;               //默认为非忙状态
45  }
46  //-----------------------------------------------------------------------
47  // 主程序
48  //-----------------------------------------------------------------------
49  void main() {
50      u8 i;
51      P0M1 = 0x00; P0M0 = 0x00;   //将 P0,P1 配置为准双向口
52      P1M1 = 0x00; P1M0 = 0x00;
53      P3M1 = 0x04; P3M0 = 0x00;   //将 P3.2 引脚配置为高阻输入口,P3 的其余引脚为准
54                                  //双向口
55      UartInit();                 //串口初始化(使用 T1)
56      EX0 = 1; IT0 = 1;           //允许外部中断 0,下降沿触发
57      ES = 1;                     //允许串口中断
58      PS = 1;                     //串口中断优先级置为最高
59      EA = 1;                     //开中断
60      while (1) {
61          for (i = 0 ; i < 4; i++){ //循环扫描显示 4 个数字字符
62              P0 = 0x00;          //先暂时关闭段码
63              P1 = ~(1<<i);       //发送位码(共阴数码管)
64              P0 = SEG_CODE[R[i]];//发送段码
65              delay_ms(4);        //位间短暂延时
66          }
```

```
67      }
68  }
69  //------------------------------------------------------------------------
70  // 串口接收中断
71  //------------------------------------------------------------------------
72  void receive_4_digit() interrupt 4 {
73      static u8 i = 0;                //接收缓冲区索引(静态变量)
74      u8 c;                           //当前接收到的字符
75      if (RI) {                       //接收中断标志位判断
76          RI = 0;                     //将中断标志位清零
77          c = SBUF;                   //从 SBUF 寄存器读取字符
78          if ( c == '#' ) i = 0;  //接收时遇到“#”则将接收索引清零
79          else if ( c >= '0' && c <= '9') { //遇到数字 0～9 时从当前位置循环存放
80              R[i++] = c - '0';       //存入 R 数组当前位置,索引递增
81              if (i == 4) i = 0;  //索引范围限于 0～3
82          }
83      }
84      if (TI) {                       //判断发送中断标志
85          TI = 0;
86          TX1_Busy = 0;               //清除 TX1 发送忙状态
87      }
88  }
89  //------------------------------------------------------------------------
90  // INT0 中断发送字符串
91  //------------------------------------------------------------------------
92  void EX_INT0() interrupt 0 {
93      char *s = "这是由 STC8051 单片机发送的字符串!!!\r\n";
94      if ((P3 & (1<<2)) != 0 ) return;    //仿真 P3.2 引脚信号下降沿存在缺陷，故
95                                          //加此行
96      TX1_Busy = 0;
97      while (*s != '\0') {
98          SBUF = *s++;                //发送 1 个字符,索引递增
99          TX1_Busy = 1;               //置为 TX1 发送忙
100         while (TX1_Busy);           //TX1 发送忙等待 (由中断 4 置 0)
101     }
102 }
```

3.25 单片机内置 EEPROM 读写测试

如图 3-43 所示，STC15 带 26KB 内置 EEPROM，当程序运行时，按下 K1～K4 可分别完成对 EEPROM 的前两个扇区的写入、读取操作，按下 K5 可删除写入的两个扇区共 1024 个字节数据，操作过程中的相关提示信息及相关数据由虚拟终端输出显示。

1. 程序设计与调试

1）STC15 的 EEPROM 简介

STC15 内部集成了大容量的 EEPROM，可用于保存一些需要在程序运行过程中修改并且掉电不丢失的数据，用户程序中可对 EEPROM 进行字节读/字节编程/扇区擦除操作。在工作电压 V_{cc} 偏低时建议不要进行 EEPROM/IAP 操作。STC15 的 EEPROM 与程序空间是分开的。利用 ISP/IAP 技术可将内部 Data Flash 当成 EEPROM 使用，擦写次数在 10 万次以上。

EEPROM 可分为若干个扇区，每个扇区包含 512 个字节。使用时建议同一次修改的数据

放在同一个扇区，不是同一次修改的数据放在不同的扇区，数据存储器的擦除操以按扇区为单位进行。

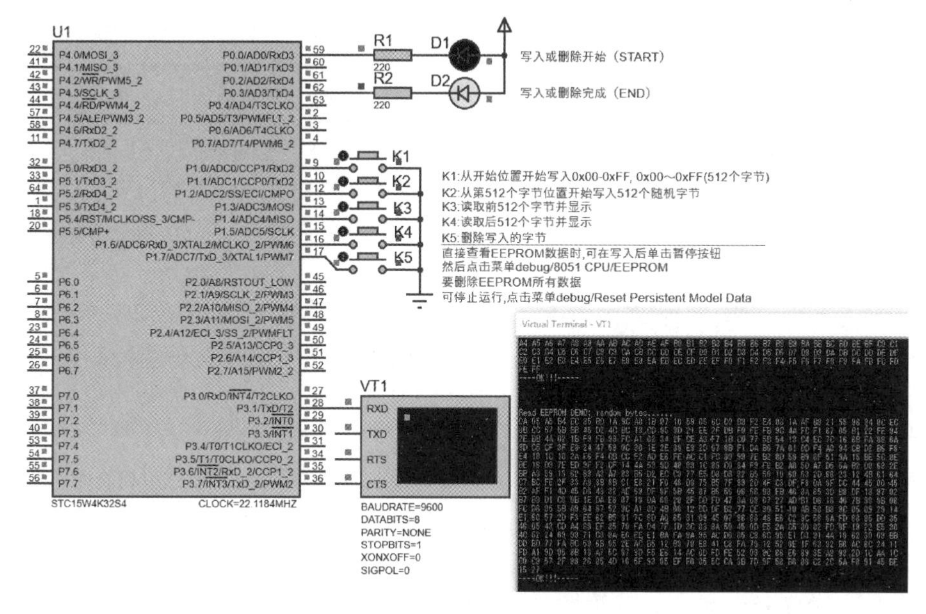

图 3-43　单片机内置 EEPROM 读/写测试电路

2）STC15 的 EEPROM 读写程序设计

在仿真电路中，STC15W4K32S4 单片机具有 26KB EEPROM 空间，包括 52 个扇区，每扇区 512 个字节。编程读、写及删除 EEPROM 数据时，可参考表 3-9 所示的 IAP 及 EEPROM 新增特殊功能寄存器，通过对这些寄存器控制，即可实现对 EEPROM 的访问。

表 3-9　IAP 及 EEPROM 新增特殊功能寄存器

符号	地址	位地址及符号							
IAP_DATA	C2H	MSB							LSB
IAP_ADDRH	C3H								
IAP_ADDRL	C4H								
IAP_CMD	C5H	—	—	—	—	—	—	MS1	MS0
IAP_TRIG	C6H								
IAP_CONTR	C7H	IAPEN	SWBS	SWRST	CMD_FALL	—	WT2	WT1	WT0
PCON	87H	SMOD	SMOD0	LVDF	POF	GF1	GF0	PD	IDL

在本案例程序中，提供的读、写、删除 EEPROM 函数 IapReadByte、IapProgramByte、IapEraseSector 使用了上述系列特殊功能寄存器，其相关简要说明如下。

- IAP_DATA：ISP/IAP 操作数据寄存器，ISP/IAP 从 Flash 读取或向 Flash 写入数据时均使用该寄存器。本案例程序有 dat = IAP_DATA 与 IAP_DATA = dat，它们分别用于读、写 EEPROM 数据。
- IAP_ADDRH、IAP_ADDRL：ISP/IAP 的 16 位操作地址寄存器高 8 位与低 8 位。本案例程序有 IAP_ADDRL = addr 与 IAP_ADDRH = addr >> 8，共同完成 16 位 EEPROM 地址的设置。
- IAP_CMD：IAP/ISP 命令寄存器。其具体命令主要由最低 2 位决定，取值 00（0）、

01（1）、10（2）、11（3）分别表示：待机、从用户应用程序区对 Data Flash/EEPROM 区进行字节读、字节写、扇区擦除，因此本案例程序有如下定义：

```
#define CMD_IDLE        0    //空闲模式
#define CMD_READ        1    //IAP 字节读命令
#define CMD_PROGRAM     2    //IAP 字节写命令（编程）
#define CMD_ERASE       3    //IAP 扇区擦除命令
```

- IAP_TRIG：IAP/ISP 命令触发寄存器。在 IAPEN（IAP_CONTR.7）=1 时，对 IAP_TRIG 先写入 5AH，再写入 A5H，ISP/IAP 命令才会生效，ISP/IAP 操作完成后 IAP_ADDRH、IAP_ADDRL、IAP_CMD 寄存器保持不变，如果接着要对下一地址数据进行 ISP/IAP 操作，要手动向 IAP_ADDRH 和 IAP_ADDRL 写入新的 16 位地址。在每次触发前，要重新送字节读/字节编程/扇区擦除命令，在命令不改变时，不用重新送命令。
- IAP_CONTR：ISP/IAP 命令寄存器。其中，IAPEN 为 ISP/IAP 使能控制位，置为 0 表示禁止 IAP 读/写/擦除 Data Flash/EEPROM，置为 0 表示许可。CMD_FALL 为命令失败标志，如果 IAP 地址指向了非法或无效地址，且发了 ISP/IAP 命令，且对 IAP_TRIG 送 5AH/A5H 触发失败，则 CMD_FALL 为 1，需软件清零。IAP_CONTR 的最低 3 位为 WT2、WT1、WT0，取值 000～111，即取值 0～7，分别用于设置不同的等待时间（Wait Time），本例有#define ENABLE_IAP 0x82，它选择的 WT2、WT1、WT0 取值为 010，表示在≥20MHz 时钟下，读等待 2 个时钟周期，写等待 1100 个时钟周期（55μs），删除等待 420240 个时钟（2ms）。

2. 实训要求

① 在完成后续有关电子密码锁的案例设计后，改用单片机内置 EEPROM 重新设计。

② 设计个人信息数据结构，例如，可包括姓名、性别、籍贯、身份证号等，实现在 EEPROM 中对这些信息的读/写操作。

3. 源程序代码

```
1   //-----------------------------------------------------------------------------
2   //  名称：单片机内置 EEPROM 读/写测试
3   //-----------------------------------------------------------------------------
4   //  说明：按下 K1 时向 EEPROM 0x0000 地址开始写入 512 个有序字节
5   //        按下 K2 时向 EEPROM 0x0200 地址开始写入 512 个随机字节
6   //        按下 K3,K4 时分别读取写入 EEPROM 的两扇区各 512 个字节并送串口输出显示
7   //        按下 K5 时，删除写入 EEPROM 的两扇区数据，读取显示将全为 0xFF
8   //
9   //-----------------------------------------------------------------------------
10  #include "STC15xxx.h"
11  #include <absacc.h>
12  #include <math.h>
13  #include <stdlib.h>
14  #include <intrins.h>
15  #define u8  unsigned char
16  #define u16 unsigned int
17  sbit K1 = P1^0;                  //K1 按键
18  sbit K2 = P1^2;                  //K2 按键
19  sbit K3 = P1^4;                  //K3 按键
20  sbit K4 = P1^6;                  //K4 按键
21  sbit K5 = P1^7;                  //K5 按键
22  #define MAIN_Fosc 11059200L      //时钟频率定义
23  //-----------------------------------------------------------------------------
```

```
24 // 延时函数(参数取值限于 1～255)
25 //------------------------------------------------------------------------
26 void delay_ms(u8 ms) {
27     u16 i;
28     do{
29         i = MAIN_Fosc / 13000; while(--i);
30     } while(--ms);
31 }
32 //------------------------------------------------------------------------
33 sbit LED1   =   P0^0;           //开始指示灯
34 sbit LED2   =   P0^3;           //完成指示灯
35 //------------------------------------------------------------------------
36 #define CMD_IDLE        0       //空闲模式
37 #define CMD_READ        1       //IAP 字节读命令
38 #define CMD_PROGRAM     2       //IAP 字节编程命令
39 #define CMD_ERASE       3       //IAP 扇区擦除命令
40 //#define ENABLE_IAP    0x80    //使能 IAP 并设置操作等待时间(WT2,1,0)
41 //#define ENABLE_IAP    0x81
42 #define ENABLE_IAP      0x82
43 //#define ENABLE_IAP    0x83
44 //#define ENABLE_IAP    0x84
45 //#define ENABLE_IAP    0x85
46 //#define ENABLE_IAP    0x86
47 //#define ENABLE_IAP    0x87
48 void IapIdle();                 //IAP 空闲
49 u8 IapReadByte(u16 addr);       //从指定地址读
50 void IapProgramByte(u16 addr, u8 dat); //向指定地址写
51 void IapEraseSector(u16 addr); //擦除扇区数据
52 void InitUart();                //串口初始化
53 //------------------------------------------------------------------------
54 // 测试用数组
55 //------------------------------------------------------------------------
56 u8 code Test_Array[512] = {
57     0x00,0x01,0x02,0x03
       ……（限于篇幅，这里略去了大部分测试数据）
88 };
89 //------------------------------------------------------------------------
90 // 初始化串口(9600bit,22.1184MHz)
91 //------------------------------------------------------------------------
92 void UartInit() {
93     SCON = 0x50;            //8 位数据,可变波特率
94     AUXR |= 0x40;           //定时器 1 时钟频率为 Fosc,即 1T
95     AUXR &= 0xFE;           //串口 1 选择定时器 1 为波特率发生器
96     TMOD &= 0x0F;           //设定定时器 1 为 16 位自动重装方式
97     TL1 = 0xC0;             //设定定时初值
98     TH1 = 0xFD;             //设定定时初值
99     ET1 = 0;                //禁止定时器 1 中断
100    TR1 = 1;                //启动定时器 1
101 }
102 //------------------------------------------------------------------------
103 // 向串口输出 1 个字符
104 //------------------------------------------------------------------------
105 void PutChar(u8 c)  { SBUF = c; while (TI == 0); TI = 0; }
106 //------------------------------------------------------------------------
```

```
107 // 串口输出字符串
108 //----------------------------------------------------------------------
109 void Putstr(char *s)    { while (*s) PutChar(*s++);}
110 //----------------------------------------------------------------------
111 // 以十六进制形式显示所读取的字节
112 //----------------------------------------------------------------------
113 void Puts_HEX(u8 dat) {
114     char s[] = "   ";//字符串初始为 3 个空格
115     //将 dat 转换为字符串 s
116     s[0] = dat >> 4; s[1] = dat & 0x0F;
117     if (s[0] <= 9) s[0] += '0'; else s[0] += 'A'- 10;
118     if (s[1] <= 9) s[1] += '0'; else s[1] += 'A'- 10;
119     Putstr(s);
120 }
121 //----------------------------------------------------------------------
122 // 关闭 IAP
123 //----------------------------------------------------------------------
124 void IapIdle() {
125     IAP_CONTR = 0;                        //关闭 IAP 功能
126     IAP_CMD = 0;                          //清除命令寄存器
127     IAP_TRIG = 0;                         //清除触发寄存器
128     IAP_ADDRH = 0x80;                     //将地址设置到非 IAP 区域
129     IAP_ADDRL = 0;
130 }
131 //----------------------------------------------------------------------
132 // 从指定的 ISP/IAP/EEPROM 区域地址读取 1 个字节
133 //----------------------------------------------------------------------
134 u8 IapReadByte(u16 addr) {
135     u8 dat;                               //数据缓冲区
136     IAP_CONTR = ENABLE_IAP;               //使能 IAP
137     IAP_CMD = CMD_READ;                   //设置 IAP 命令（读字节命令）
138     IAP_ADDRL = addr;                     //设置 IAP 低 8 位地址
139     IAP_ADDRH = addr >> 8;                //设置 IAP 高 8 位地址
140     IAP_TRIG = 0x5A;                      //写触发命令(0x5A)
141     IAP_TRIG = 0xA5;                      //写触发命令(0xA5)
142     _nop_();                              //等待 ISP/IAP/EEPROM 操作完成
143     dat = IAP_DATA;                       //读 ISP/IAP/EEPROM 数据
144     IapIdle();                            //关闭 IAP 功能
145     return dat;                           //返回读取的数据字节
146 }
147 //----------------------------------------------------------------------
148 // 向指定的 ISP/IAP/EEPROM 区域地址写入 1 个字节
149 //----------------------------------------------------------------------
150 void IapProgramByte(u16 addr, u8 dat) {
151     IAP_CONTR = ENABLE_IAP;               //使能 IAP
152     IAP_CMD = CMD_PROGRAM;                //设置 IAP 命令（写字节命令：编程）
153     IAP_ADDRL = addr;                     //设置 IAP 低 8 地址
154     IAP_ADDRH = addr >> 8;                //设置 IAP 高 8 地址
155     IAP_DATA = dat;                       //写 ISP/IAP/EEPROM 数据
156     IAP_TRIG = 0x5A;                      //写触发命令(0x5A)
157     IAP_TRIG = 0xA5;                      //写触发命令(0xA5)
158     _nop_();                              //等待 ISP/IAP/EEPROM 操作完成
159     IapIdle();
160 }
```

```
161 //------------------------------------------------------------------------
162 // 扇区擦除
163 //------------------------------------------------------------------------
164 void IapEraseSector(u16 addr) {
165     IAP_CONTR = ENABLE_IAP;            //使能 IAP
166     IAP_CMD = CMD_ERASE;               //设置 IAP 命令(删除扇区命令)
167     IAP_ADDRL = addr;                  //设置 IAP 低地址
168     IAP_ADDRH = addr >> 8;             //设置 IAP 高地址
169     IAP_TRIG = 0x5A;                   //写触发命令(0x5A)
170     IAP_TRIG = 0xA5;                   //写触发命令(0xA5)
171     _nop_();                           //等待 ISP/IAP/EEPROM 操作完成
172     IapIdle();
173 }
174 //------------------------------------------------------------------------
175 // 主程序
176 //------------------------------------------------------------------------
177 void main() {
178     u8 OP = 0xFF; u16 i = 0;          //变量定义
179     P0M0 = 0x00;    P0M1 = 0x00;      //将 P0,P3 配置为准双向口
180     P3M0 = 0x00;    P3M1 = 0x00;
181     P1M0 = 0xFF;    P1M1 = 0x00;      //将 P1 配置为高阻输入
182     UartInit();                        //串口初始化
183     LED1 = 1; LED2 = 1;                //初始时 LED 全部熄灭
184     //提示进行 K1-K4 操作
185     Putstr("Plase Press K1,K2,K3 or K4 to Play EEPROM Test...\r\n");
186     srand(300);                        //设置随机种子
187     while(1) {
188         while (P1 == 0xFF); //未按键则等待--------------------------------
189         if (K1 == 0)       { delay_ms(10); if (K1 == 0) OP = 1; }
190         else if (K2 == 0)  { delay_ms(10); if (K2 == 0) OP = 2; }
191         else if (K3 == 0)  { delay_ms(10); if (K3 == 0) OP = 3; }
192         else if (K4 == 0)  { delay_ms(10); if (K4 == 0) OP = 4; }
193         else if (K5 == 0)  { delay_ms(10); if (K5 == 0) OP = 5; }
194         if (OP == 1){ //--------------------------------------------------
195             Putstr("Write EEPROM order bytes(512)...\r\n");
196             LED1 = 0; LED2 = 1; delay_ms(200); //开始指示灯亮,完成指示灯灭
197             //从 0x0000 地址开始逐一写入 512 个有序字节
198             for(i = 0; i < 512; i++) {
199                 IapProgramByte(0x0000 + i, (u8)i);
200             }
201             LED1 = 1; LED2 = 0;       //开始指示灯灭,完成指示灯亮
202         }
203         else if (OP == 2) { //--------------------------------------------
204             Putstr("Write EEPROM random bytes(512)...\r\n");
205             LED1 = 0; LED2 = 1; delay_ms(200); //开始指示灯亮,完成指示灯灭
206             //从 0x0200 地址开始逐一写入 512 个随机字节
207             for(i = 0; i < 512; i++) {
208                 IapProgramByte(0x0200 + i, rand());
209             }
210             LED1 = 1; LED2 = 0;       //开始指示灯灭,完成指示灯亮
211         }
212         else if (OP == 3) { //--------------------------------------------
213             Putstr("\r\r\rRead EEPROM DEMO: orderd bytes......\r\n");
214             //从 0x0000 地址逐一读取 512 个有序字节并显示
```

```
215             for (i = 0; i < 512; i++) {
216                 //读取并显示 1 个字节
217                 Puts_HEX(IapReadByte(0x0000 + i));
218                 if ((i+1) % 30 == 0) Putstr("\r\n");
219             }
220         }
221         else if (OP == 4){ //-----------------------------------------
222             Putstr("\r\r\rRead EEPROM DEMO: random bytes......\r\n");
223             //从 0x0200 地址逐一读取 512 个随机字节并显示
224             for (i = 0; i < 512; i++) {
225                 //读取并显示一字节
226                 Puts_HEX(IapReadByte(0x0200 + i));
227                 if ((i+1) % 30 == 0) Putstr("\r\n");
228             }
229         }
230         else if (OP == 5){ //-----------------------------------------
231             Putstr("\r\r\rErase EEPROM DEMO:......\r\n");
232             LED1 = 0; LED2 = 1; delay_ms(200); //开始指示灯亮,完成指示灯灭
233             //删除 0x0000 及 0x0200 开始的两个扇区（各 512 个字节）
234             IapEraseSector(0x0000);IapEraseSector(0x0200);
235             LED1 = 1; LED2 = 0;      //开始指示灯灭,完成指示灯亮
236             //从 0x0000 地址逐一读取 1024 个字节并显示
237             for (i = 0; i < 1024; i++) {
238                 Puts_HEX(IapReadByte(0x0000 + i));
239                 if ((i+1) % 30 == 0) Putstr("\r\n");
240             }
241         }
242         Putstr("\r\n----OK!!!-----\r\n");
243         while (P1 != 0xFF);         //等待释放按键------------------------
244     }
245 }
```

第4章 硬件应用

通过对第3章基础案例的学习、研究、设计与调试，熟悉了在Keil μVision 5开发环境下通过C语言编程使用单片机内部资源的方法。本章在此基础上就单片机外围硬件应用给出50项案例。这些案例所涉及器件可大致分为以下12类。

① 解码（译码）器件：如74H138、74H154、CCD4511、74C922。

② 串并转换器件：如74HC595、MAX7219（显示驱动）。

③ 内存扩展器件：如62256（含74HC573）。

④ LED驱动器件：如MAX7219、MAX6953、MAX6955。

⑤ 液晶显示器件：如LCD1602/1604（HD44780）、EMP19264（KS0108）、PG160128（T6963C）、Nokia5110（PCD8544）、UG02864-OLED（SSD1306）、EADOGS102(UC1701)、TFT彩屏（ILI9341）。

⑥ 日历时钟器件：如DS1302、PCF8583（I^2C）。

⑦ A/D与D/A转换器件：如LTC1864、PCF8591（I^2C）。

⑧ I^2C 接口器件：如AT24C04、AT24C1024（EEPROM存储）、PCF8583（日历时钟）、PCF8591、MAX6953/6955（显示驱动）、AD5242（数字电位器）。

⑨ SPI接口器件：如MCP41010（数字电位器）、AT25F1024（EEPROM）、TC72（温度传感器）、SD/MMC（存储卡）。

⑩ 1-Wire总线器件：如DS18B20（温度传感器）、DS2405（可寻址数字开关器件）。

⑪ 传感器：SHT75、DHT22（温湿度）、GP2D12（红外测距）、SRF04（雷达测距）、NTC（热敏电阻）、BMP180（气压）、DS18B20（温度，1-Wire）、TC72（温度，SPI）。

⑫ 其他器件：如直流电机（H桥驱动）、步进电机（L298、ULN2803驱动）、伺服电机、GPS、GSM、SD卡等。

通过对上述12类器件的学习研究、跟踪调试及实训设计，将进一步熟悉和掌握单片机外围扩展硬件应用技术与程序设计方法，积累经验，举一反三，进一步提高STC单片机C语言程序应用开发能力，为第5章综合设计打下基础。

4.1 74HC138译码器与反相缓冲器控制数码管显示

如图4-1所示，单片机P1外接一片3-8译码器74HC138，主程序在P1低3位输出000,001,010,011,…,111，通过74HC138控制8只数码管位码扫描，并通过7406驱动数码管显示。

1. 程序设计与调试

1）译码器简介

译码器（Decoder）是一种多输入/输出的组合逻辑电路，具有将二进制编码“翻译”为特定对象（如逻辑电平等）的功能，而编码器（Encoder）的功能则与之相反。译码器一般分为通用译码器和数字显示译码器两大类。

典型的通用译码器包括2-4、3-8、4-16译码器。这些 n-2^n 译码器是一种组合逻辑电路，能由已编码的 n 个二进制输入信息转换为最多 2^n 个特定输出信息。在译码器使能端的作用下，2个2-4译码器可以组成1个3-8译码器；同样，2个3-8译码器可以组成1个4-16译码器。

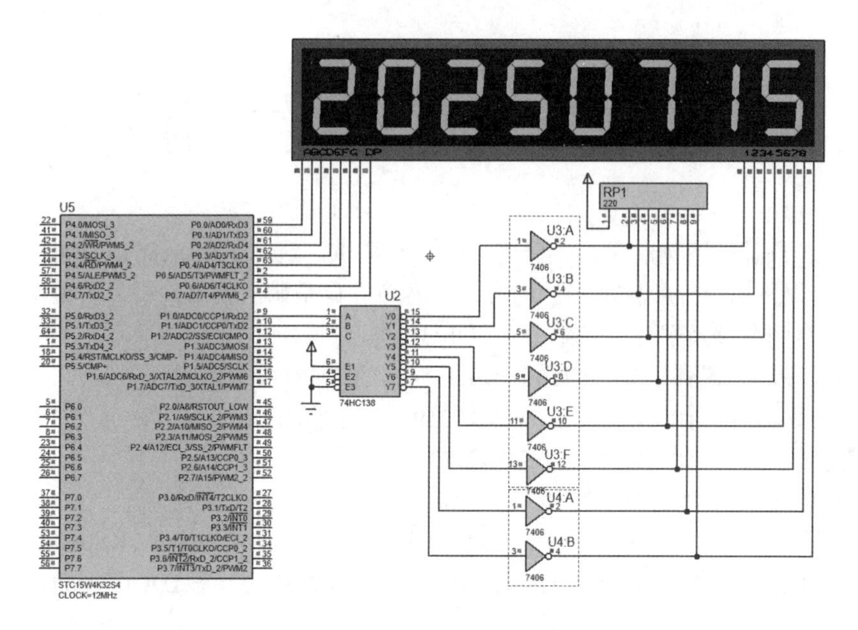

图 4-1 74HC138 译码器与反相缓冲器控制数码管显示电路

74HC138 与 74HC154 芯片引脚图如图 4-2 所示。在实物电路上对 3-8 译码器 74HC138 及 4-16 译码器 74HC154 进行测试时可参考其引脚图连线。在图 4-2 中，G1 引脚对应于仿真电路中的 E1 引脚，G2A、G2B 引脚对应于仿真电路中的 E2、E3 引脚。

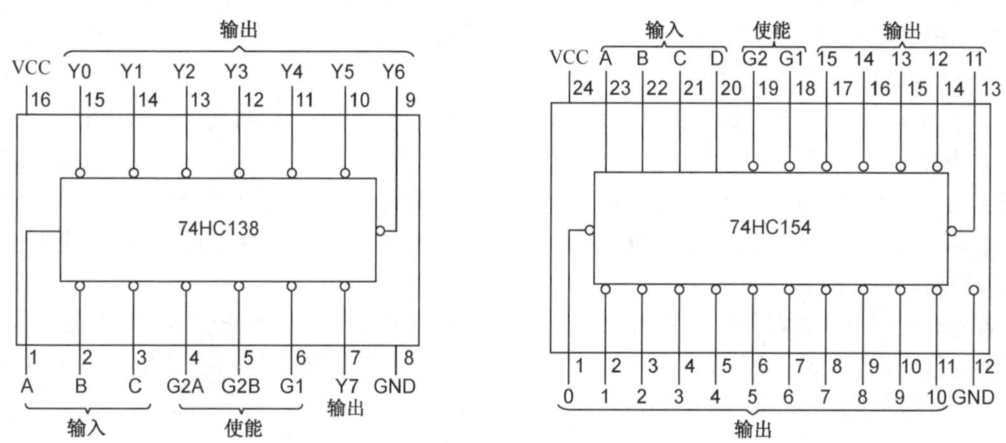

图 4-2 74HC138 与 74HC154 芯片引脚图

2）译码器程序设计

在仿真电路中，P1 低 3 位引脚连接 3-8 译码器的 C 引脚、B 引脚、A 引脚，依次输入 000,001,010,011,…,111。根据表 4-1 可知，向 3-8 译码器输入 000～111 时，对应于 Y0～Y7 引脚输出 0。

表 4-1 3-8 译码器真值表

输　入					输　出							
使能位		选择位										
G1	G2*	C	B	A	Y0	Y1	Y2	Y3	Y4	Y5	Y6	Y7
X	H	X	X	X	H	H	H	H	H	H	H	H
L	X	X	X	X	H	H	H	H	H	H	H	H

续表

输　入					输　出							
使能位		选择位										
H	L	L	L	L	L	H	H	H	H	H	H	H
H	L	L	L	H	H	L	H	H	H	H	H	H
H	L	L	H	L	H	H	L	H	H	H	H	H
H	L	L	H	H	H	H	H	L	H	H	H	H
H	L	H	L	L	H	H	H	H	L	H	H	H
H	L	H	L	H	H	H	H	H	H	L	H	H
H	L	H	H	L	H	H	H	H	H	H	L	H
H	L	H	H	H	H	H	H	H	H	H	H	L

控制 3-8 译码器的语句是主程序内 for 循环中的 P1 = i。该语句使 P1 循环输出 0～7，即 00000000～00000111，其高 5 位保持为 00000，而低 3 位分别为 000,001,010, 011,…,111，经译码器译码后位码 00000000～00000111（0x00～0x07）输出给 7406 反相扫描驱动共阳数码管显示。其中，六反相缓冲/驱动器 7406 引脚图如图 4-3 所示，其集电极输出开路，须外接上拉电阻。

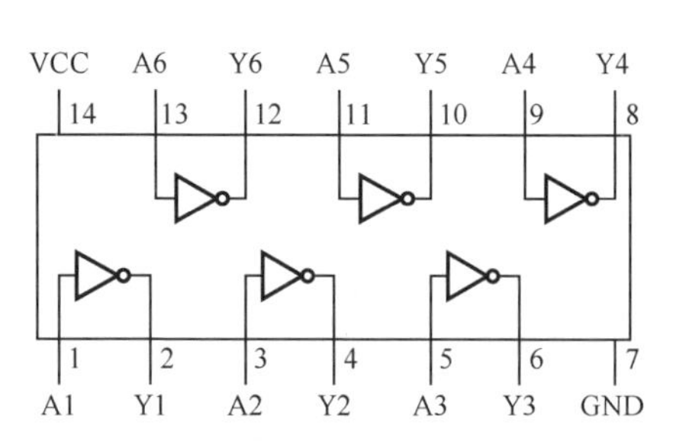

图 4-3　六反相缓冲/驱动器 7406 引脚图

2. 实训要求

① 删除主程序内的 for 循环，改用其他方法通过 3-8 译码器扫描位码。

② 改用三极管驱动位码扫描。

③ 用一片 4-16 译码器或用两片 3-8 译码器组成 4-16 译码器控制 16 位数码管显示。

3. 源程序代码

```
1   //-----------------------------------------------------------------------------
2   //  名称：74HC138 译码器与反相缓冲器控制数码管显示
3   //-----------------------------------------------------------------------------
4   //  说明：用 3-8 译码器控制数码管位码,仅占用 P1 端口低 3 位引脚
5   //        用反相缓冲器 7406 驱动显示
6   //
7   //-----------------------------------------------------------------------------
8   #include "STC15xxx.h"
9   #include <intrins.h>
10  #define MAIN_Fosc 12000000L
11  #define u8  unsigned char
12  #define u16 unsigned int
13  u8 code SEG_CODE[] = {                          //共阳数码管段码表
14   0xC0,0xF9,0xA4,0xB0,0x99,0x92,0x82,0xF8,0x80,0x90 };
15  u8 disp_buff[] = { 2,0,2,5,0,7,1,5 };          //待显示数据
16  //-----------------------------------------------------------------------------
17  // 延时函数(参数取值限于 1~255)
18  //-----------------------------------------------------------------------------
19  void delay_ms(u8 ms) {
20      u16 i;
21      do{
22          i = MAIN_Fosc / 13000;
```

```
23            while(--i);
24        }while(--ms);
25    }
26    //-----------------------------------------------------------------
27    // 主程序
28    //-----------------------------------------------------------------
29    void main() {
30        u8 i;
31        P0M1 = 0x00; P0M0 = 0x00;                  //配置为准双向口
32        P1M1 = 0x00; P1M0 = 0x00;
33        while(1) {
34            for ( i = 0; i < 8; i++) {
35                P0 = 0xFF;                         //先暂时关闭段码
36                P1 = i;                            //通过 3-8 译码器输出位码
37                P0 = SEG_CODE[ disp_buff[i] ];     //输出段码
38                delay_ms(4);                       //短暂延时
39            }
40        }
41    }
```

4.2 串入并出芯片 74HC595 控制数码管显示 4 位数字

如图 4-4 所示，单片机外接 4 片串入并出芯片 74HC595，仅占用单片机 P2 的 3 个引脚，驱动 4 位数码管实现数字显示。74HC595 芯片在后续有关 LED 点阵显示屏的案例中还会再次用到。通过本案例要熟练掌握 74HC595 的程序设计方法。

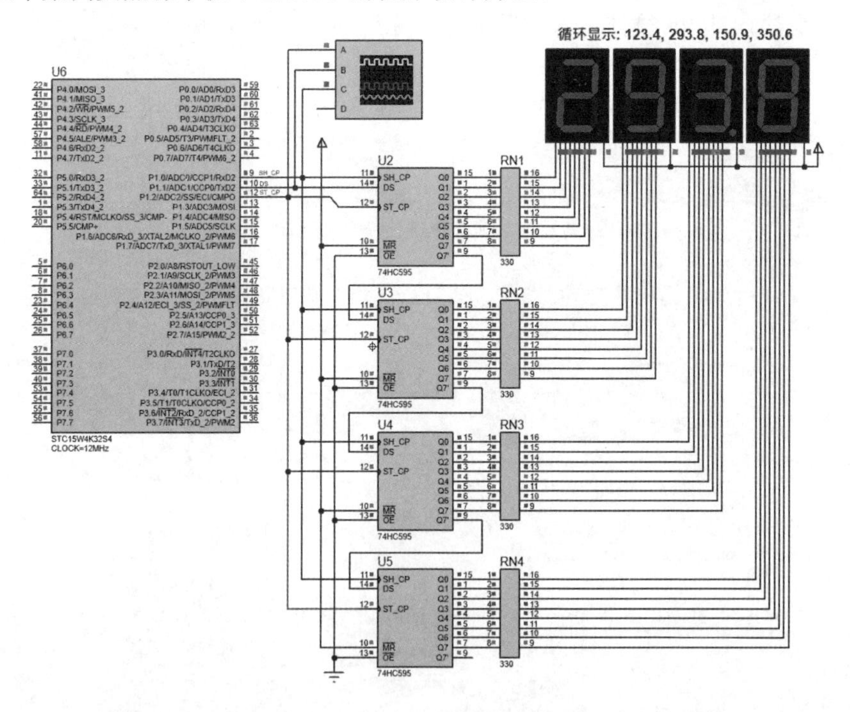

图 4-4　串入并出芯片 74HC595 控制数码管显示 4 位数字电路

1. 程序设计与调试

1）74HC595 简介

74HC595 的输出端为 Q_0～Q_7 引脚。这 8 位并行输出端可以直接控制数码管的 8 个管段。

其中，$Q_{7'}$引脚为级联输出端，连接下一片 74HC595 的串行数据输入端 D_S（又称 Q_S）引脚。下面对 74HC595 的引脚进行详细说明。

① SH_CP（11）引脚用于输入移位时钟脉冲。在该脉冲上升沿时移位寄存器（Shift Register）数据移位，即 $Q_0 \to Q_1 \to Q_2 \to Q_3 \to Q_4 \to Q_5 \to Q_6 \to Q_7 \to Q_{7'}$。其中，$Q_{7'}$用于 74HC595 的级联。在本案例程序中，提供的 74HC595 串行输入函数 Serial_Input_595 使用了 SH_CP 引脚及下面的 D_S（Q_S）引脚。

② D_S（Q_S）（14）引脚为串行数据输入引脚。Serial_Input_595 函数通过移位运算符由高位到低位将各位数据串行送入 74HC595 的 D_S引脚，串行移位时钟通过 SH_CP 引脚提供。for 循环通过 8 次移位即可完成 1 个字节的串行传送。

③ ST_CP（12）引脚提供锁存脉冲。在该脉冲上升沿时移位寄存器的数据被传入存储寄存器。由于 $\overline{OE}$ 引脚接地，传入存储寄存器的数据会直接出现在输出端 Q_0～Q_7 引脚。在串行输入函数完成 1 个字节的传送后，数据的送出由并行输出函数 Parallel_Output_595 在锁存脉冲的上升沿完成。

④ $\overline{MR}$（10）引脚在低电平时将移位寄存器数据清零。在仿真电路中，该引脚直接连接 VCC。

⑤ $\overline{OE}$（13）引脚在高电平时禁止输出（高阻态）。在仿真电路中，该引脚接地，存储寄存器中的内容将直接被输出。

75HC595 的主要优点是能锁存数据，在将数据移位过程中，其输出端的数据保持不变，这有利于使数码管在串行速度较慢的场合不会出现闪烁感。图 4-5 给出了 74HC595 功能结构及引脚图，阅读本案例程序时可参阅 74HC595 的功能结构。

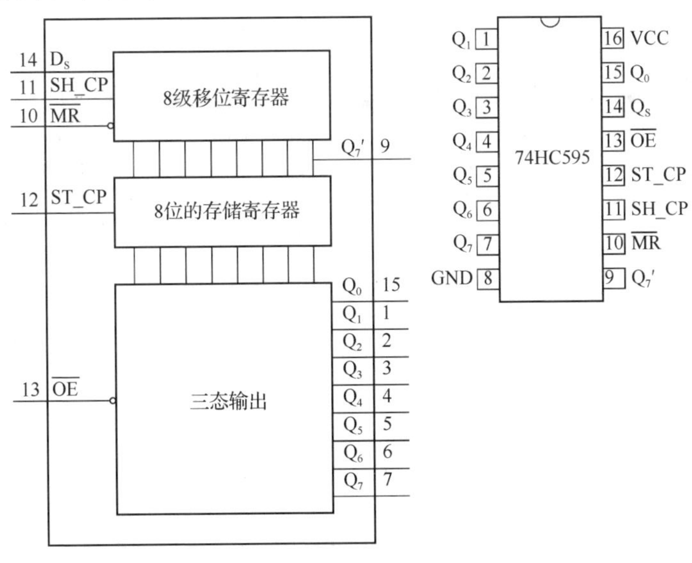

图 4-5　74HC595 功能结构及引脚图

2）74HC595 串入并出数据传输及程序设计

在仿真电路中，先发送的数字显示在第 4 只数码管上，后发送的数字显示在第 1 只数码管上。因此，主程序在发送 4 位数字时，先发送低位，后发送高位，然后将其锁存输出。数码管当前显示的是“293.8”，故最先发送“8”的段码，最后发送“2”的段码。如图 4-6 中所示，虚拟示波器的 A、B、C 通道与 SH_CP、DS、ST_CP 引脚对应；当前虚拟示波器中所显示的部分波形与“293.8”中最后发送的数字“2”对应，“2”的段码为 0xA4，即 1010 0100；虚拟示波器 B、C 通道信号波形与函数 Serial_Input_595 对应，该函数向 DS 引脚发送数据与并向 SH_CP

引脚输出移位时钟脉冲；通道 A 信号波形则与函数 Parallel_Output_595 对应，在完成一组数据共 4 个字节段码发送后，单片机向 ST_CP 引脚输入锁存脉冲，并在其上升沿将所输入的字节送到输出锁存器，显示在数码管上。

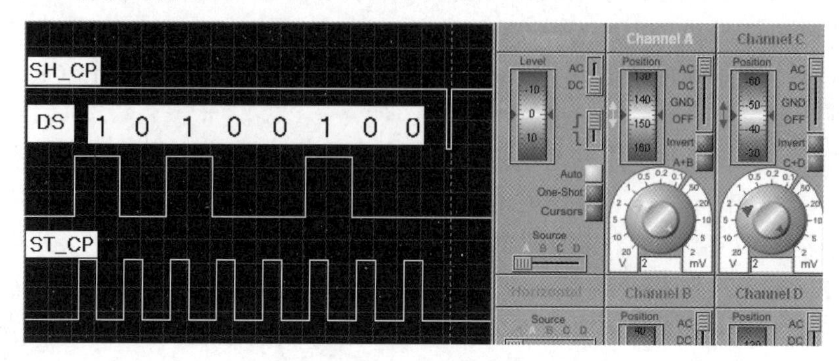

图 4-6　数字 2 的段码 0xA4（10100100）高位优先输出波形

主程序中的串行输入函数 Serial_Input_595 通过 for 循环在 SH_CP 引脚模拟输出 8 个时钟周期，将 1 个字节由高到低逐位通过 DS 引脚串行移入 74HC595。该函数的编写模式对编写其他串行器件的数据写入有参考作用，因此要注意将其熟练掌握。

2. 实训要求

① 再添加 2 片 74HC595 及 2 只分立数码管，以实现 6 个数位的数码管显示。

② 修改仿真电路并改写程序，用 2 片 74HC595 分别控制 8 位集成式 7 段数码管的段码与位码，以静态或滚动方式显示指定数据信息。

3. 源程序代码

```
1  //-----------------------------------------------------------------------
2  //  名称：串入并出芯片 74HC595 控制数码管显示 4 位数字
3  //-----------------------------------------------------------------------
4  //  说明：4 片 74HC595 串入并出芯片控制 4 位数码管循环显示指定的 4 组数据
5  //
6  //-----------------------------------------------------------------------
7  #include "STC15xxx.h"
8  #include <intrins.h>
9  #define u8  unsigned char
10 #define u16 unsigned int
11 sbit SH_CP  =   P1^0;                       //移位时钟脉冲
12 sbit DS     =   P1^1;                       //串行数据输入
13 sbit ST_CP  =   P1^2;                       //输出锁存器控制脉冲
14 code u8 SEG_CODE[] = {                      //共阳数码管段码表
15  0xC0,0xF9,0xA4,0xB0,0x99,0x92,0x82,0xF8,0x80,0x90};
16 u16 myData[4] = {2938,1234,1509,3506}; //待显示数据
17 //-----------------------------------------------------------------------
18 // 延时函数(1ms, xms, x 取值 1~65 535)
19 //-----------------------------------------------------------------------
20 void Delay1ms() {                           //@12.000MHz
21     u8 i = 12, j = 169;
22     do {
23         while (--j);
24     } while (--i);
25 }
26 //-----------------------------------------------------------------------
```

```
27 void delay_ms(u16 x) { while(x--) Delay1ms(); }
28 //---------------------------------------------------------------------
29 // 1 个字节数据串行输入 74HC595 子程序
30 //---------------------------------------------------------------------
31 void Serial_Input_595(u8 d) {
32     u8 i;
33     for(i = 0; i < 8; i++) {
34         d <<= 1; DS = CY;                 //移出高位到 CY,然后写数据线
35         SH_CP = 0; _nop_();_nop_(); //时钟线输出低电平
36         SH_CP = 1; _nop_();_nop_(); //时钟线信号上升沿移位
37     }
38     SH_CP = 0;                            //移位时钟线最后置为低电平
39 }
40 //---------------------------------------------------------------------
41 //74HC595 并行输出子程序
42 //---------------------------------------------------------------------
43 void Parallel_Output_595() {
44     ST_CP = 0; _nop_();_nop_();      //先置低电平
45     ST_CP = 1; _nop_();_nop_();      //信号上升沿将数据送到输出锁存器
46     SH_CP = 0; _nop_();_nop_();      //置低电平
47 }
48 //---------------------------------------------------------------------
49 //主程序
50 //---------------------------------------------------------------------
51 void main() {
52     u8 i,t;
53     P1M1 = 0x00; P1M0 = 0x00;            //配置为准双向口
54     while (1) {
55         for( i = 0; i < 4; i++ ){   //4 组数据输出
56             //分解出每组数据中的 0~3 位,串行输出到 74HC595
57             t = SEG_CODE[myData[i] % 10];                  //第 0 位
58             Serial_Input_595(t);                           //串行输入 74HC595
59             //以下这 1 位附加小数点
60             t = SEG_CODE[myData[i] / 10 % 10] & 0x7F;  //第 1 位
61             Serial_Input_595(t);                           //串行输入 74HC595
62             t = SEG_CODE[myData[i] % 1000/100];            //第 2 位
63             Serial_Input_595(t);                           //串行输入 74HC595
64             t = SEG_CODE[myData[i] / 1000];                //第 3 位
65             Serial_Input_595(t);                           //串行输入 74HC595
66             //4 片 74HC595 同时并行输出到数码管显示
67             Parallel_Output_595();                         //整体并行输出
68             delay_ms(800);
69         }
70     }
71 }
```

4.3 串入并出芯片 74HC595 控制 14 段与 16 段数码管演示

本案例采用 3 片 74HC595 驱动 8 位 14 段/16 段集成式共阴数码管的显示。程序设计任务主要两项：一是编写数码管段码；二是设计 74HC595 驱动 14 段/16 段数码管的显示程序。14 段数码管显示驱动电路与 16 段数码管显示驱动电路基本相同。串入并出芯片 74HC595 控制 16 段数码管演示电路如图 4-7 所示。

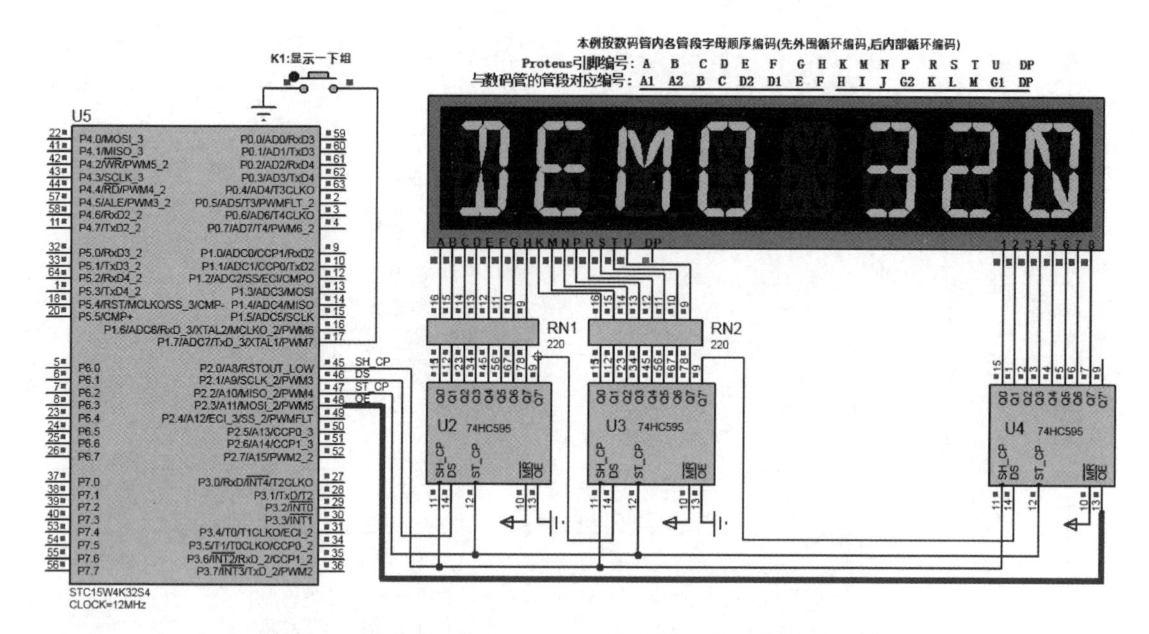

图 4-7　串入并出芯片 74HC595 控制 16 段数码管演示电路

1. 程序设计与调试

1）编写 14 段/16 段数码管段码

在设计 14 段与 16 段数码管显示程序时，如果不使用专用驱动芯片，程序中要首先列出数码管的段码表。7 段/14 段/16 段数码管的管段编号如图 4-8 所示。

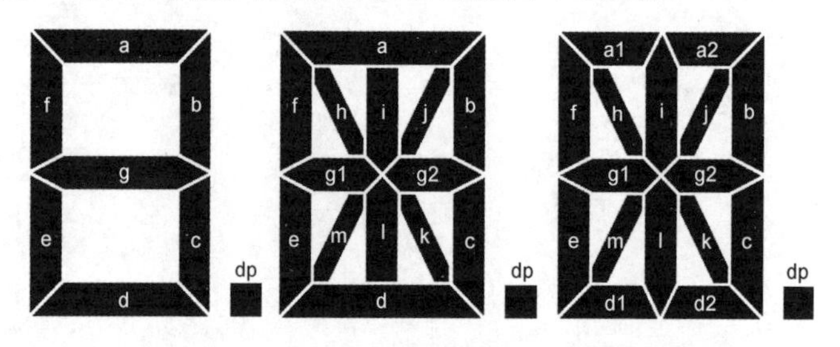

图 4-8　7 段/14 段/16 段数码管的管段编号

14 段数码管引脚 A～DP 与数码管各管段的对应关系如表 4-2 所示。16 段数码管引脚 A～DP 与数码管各管段的对应关系如表 4-3 所示。对于仿真电路中的 16 段数码管，其 A～H 引脚和数码管外围“□”与“a1～f”管段沿顺时针方向循环一一对应，K～U 与内部“米”字的“h～g1”笔画仍然是沿顺时针方向循环一一对应。

表 4-2　14 段数码管引脚 A～DP 与数码管各管段的对应关系

序号	1	2	3	4	5	6	7	8	9	10	11	12	13	14	15
数码管引脚	A	B	C	D	E	F	K	M	N	P	R	S	T	U	DP
对应管段	a	b	C	d	e	f	h	i	j	g2	k	l	m	g1	dp

表 4-3　16 段数码管引脚 A～DP 与数码管各管段的对应关系

序号	1	2	3	4	5	6	7	8	9	10	11	12	13	14	15	16	17
数码管引脚	A	B	C	D	E	F	G	H	K	M	N	P	R	S	T	U	DP
对应管段	a1	a2	B	c	d2	d1	e	f	h	i	j	g2	k	l	m	g1	dp

根据以上对应关系可得出所有字符的段码，14 段/16 段数码管的段码设计与 7 段数码管的类似，其中 dp 为最高位，a（14 段）或 a1（16 段）为最低位。根据表 4-2 与表 4-3，分别可得 14 段/16 段共阳数码管段码表如下（注意是按逆向顺序编码的）。

① 14 段共阳数码管数字“0～9”及大写英文字符“A～Z”的段码表（共 36 项）。

```
0xFB80,0xFFF9,0xDDE4,0xDDF0,0xDDD9,0xDDD2,0xDDC2,0xFFF8,0xDDC0,
0xDDD0,0xDDC8,0xDCC2,0xFFC6,0xF770,0xDFC6,0xDFCE,0xFDC2,0xDDC9,
0xF776,0xEF6E,0xDACF,0xFFC7,0xFE89,0xFB89,0xFFC0,0xDDCC,0xFBC0,
0xD9CC,0xDBD6,0xF77E,0xFFC1,0xEECF,0xEBC9,0xEABF,0xF6BF,0xEEF6
```

② 16 段共阳数码管数字“0～9”及大写英文字符“A～Z”的段码表（共 36 项）。

```
0xEE00,0xFFF3,0x7788,0x77C0,0x7773,0x7744,0x7704,0xFFF0,0x7700,
0x7740,0x7730,0x7304,0xFF0C,0xDDC0,0x770C,0x773C,0xF704,0x7733,
0xDDCC,0xDD9C,0x6B3F,0xFF0F,0xFA33,0xEE33,0xFF00,0x7738,0xEF00,
0x6738,0x6F4C,0xDDFC,0xFF03,0xBB3F,0xAF33,0xAAFF,0xDAFF,0xBBCC
```

本案例仿真电路所使用的是共阴数码管，输出段码时将各字符的 16 位段码取反（～）即可，因为主程序中提供的是共阳数码管段码表。

2）设计 74HC595 驱动 14 段/16 段数码管的显示程序

有了 14 段/16 段数码管的段码表后，直接扫描驱动显示的程序设计就比较容易了。在仿真电路中，使用 3 片 74HC595，由于数据入口为第 1 片 74HC595（U2），然后通过 Q7'引脚到第 2 片 74HC595（U3），U3 通过 Q7'引脚再串接到第三片 74HC595（U4）。其中，第一、二、三片 74HC595 分别对应于段码低字节、段码高字节、位码字节。发送数据时应按逆向顺序发送，故有如下发送代码：

```
Serial_Input_595(~(1<<j));       //发送位码(共阴数码管)
Serial_Input_595(sCode >> 8);   //发送段码高 8 位
Serial_Input_595(sCode);         //发送段码低 8 位
```

在这 3 个字节编码全部被串行发送给对应的 74HC595 后，再调用并行输出程序 Parallel_Output。Parallel_Output()以宏定义形式给出。

完成上述程序设计后，运行测试时可能出现乱码。这是因为实际输出数据时，要求 8 位的位码迟于 16 位的段码，故改动后的并行输出程序如下：

```
OE = 1;
Parallel_Output();
_nop_();
OE = 0;
delay_ms(2);
```

在 3 个字节的数据全部到达 3 片 74HC595 后，先封锁第 3 片 74HC595（OE=1,输出禁止），然后再调用 Parallel_Output()。这时，16 位的段码已经输出给数码管引脚，但 8 位的位码并未从第 3 片 74HC595 并行输出。这时，再通过 OE=0 使第三片 74HC595 输出位码，修改后的程序显示正常。注意，其中的 OE 引脚仅连接了第三片负责位码输出的 74HC595（U4）。

后续有关章节还会讨论使用专用驱动器 MAX6955 驱动 16 段数码管显示。使用专用驱动器后就无须单片机持续刷新数码管显示，可大大减轻单片机运行负担。

2. 实训要求

① 自定义温度符号、电阻符号等，在 14 段/16 段数码管上完成显示测试。

② 掌握后续 14 段/16 段数码管专用驱动器程序设计方法后改写程序，仍实现相同的功能。

3. 源程序代码

```
1   //-----------------------------------------------------------------
2   //  名称：74HC595 驱动 16 段数码管演示
```

```
3   //-----------------------------------------------------------------------
4   //  说明：在程序运行时，8 只集成式 16 段数码管在按键控制下依次显示几组英文
5   //        与数字字符串。16 段数码管段码表编码规则见程序内说明
6   //
7   //-----------------------------------------------------------------------
8   #include "STC15xxx.h"
9   #include <intrins.h>
10  #include <ctype.h>
11  #include <string.h>
12  #include <math.h>
13  #define MAIN_Fosc 12000000L     //时钟频率定义
14  #define u8  unsigned char
15  #define u16 unsigned int
16  sbit K1 = P1^7;                 //按键定义
17  //595 引脚定义
18  sbit SH_CP  = P2^0;             //移位时钟脉冲
19  sbit DS     = P2^1;             //串行数据输入
20  sbit ST_CP  = P2^2;             //输出锁存器控制脉冲
21  sbit OE     = P2^3;             //使能输出
22  //按数码管各管段字母顺序设计编码(先外框循环,后内部米字循环)：
23  //A1 A2 B C D2 D1 E F H I J G2 K L M G1 DP(注意按逆向顺序编码)
24  //16 段共阳数码管段码表(本案例用的是共阴数码管,输出段码时要将其取反)
25  code u16 SEG_CODE16[] = {
26    0xEE00,0xFFF3,0x7788,0x77C0,0x7773,0x7744,0x7704,0xFFF0,0x7700,
27    0x7740,0x7730,0x7304,0xFF0C,0xDDC0,0x770C,0x773C,0xF704,0x7733,
28    0xDDCC,0xDD9C,0x6B3F,0xFF0F,0xFA33,0xEE33,0xFF00,0x7738,0xEF00,
29    0x6738,0x6F4C,0xDDFC,0xFF03,0xBB3F,0xAF33,0xAAFF,0xDAFF,0xBBCC
30  };
31  //待显示字符串
32  code char str_buffer[] = "DEMO 320abcdefghijKLMNOPQRSTUVWXYZ 0123456789";
33  //上次按键状态
34  u8 pre_key_status = 1;
35  //74HC595 并行输出宏定义(上升沿将数据送到输出锁存器)
36  #define Parallel_Output() {ST_CP = 0; _nop_(); ST_CP = 1; _nop_(); }
37  //-----------------------------------------------------------------------
38  // 延时函数(参数取值限于 1~255)
39  //-----------------------------------------------------------------------
40  void delay_ms(u8 ms) {
41      u16 i;
42      do{
43          i = MAIN_Fosc / 13000;
44          while(--i);
45      }while(--ms);
46  }
47  //-----------------------------------------------------------------------
48  // 获取字符的 16 位段码
49  //-----------------------------------------------------------------------
50  u16 get_16_segcode(char c){
51      if (isdigit(c)) {                           //取得数字段码
52          c = c - '0'; return SEG_CODE16[(u8)c];
53      }
54      else if (isalpha(c)) {                      //取得字母段码
55          c = toupper(c) - 'A' + 10; return SEG_CODE16[(u8)c];
56      }
```

```
57      else return 0xFFFF;                              //其他字符返回黑屏段码
58  }
59  //-------------------------------------------------------------------------
60  // 串行输入 74HC595 子程序
61  //-------------------------------------------------------------------------
62  void Serial_Input_595(u8 dat) {
63      u8 i;
64      for(i = 0x80; i != 0x00; i >>= 1)  {
65          if (dat & i) DS = 1; else DS = 0;            //发送高位
66          SH_CP = 0; _nop_(); SH_CP = 1;               //移位时钟脉冲上升沿移位
67      }
68      SH_CP = 0;                                       //将移位时钟脉冲置低电平
69  }
70  //-------------------------------------------------------------------------
71  // 主程序
72  //-------------------------------------------------------------------------
73  void main() {
74      u8  i,j,len = strlen(str_buffer),n = ceil(len / 8.0);
75      u16 sCode = 0x0000;
76      P2M1 = 0x00; P2M0 = 0x00;                        //将 P2 配置为准双向口
77      while(1)   {
78          i = 0;                                       //组索引,每组显示 8 个字符
79          while ( i < n ) {                            //小于组数
80              for (j = 0; j < 8 && 8 * i + j < len; j++ ) {
81                  //获取当前字符段码
82                  sCode = ~get_16_segcode(str_buffer[8 * i + j]);
83                  //串行输出 3 个字节数据:位码、段码低字节、段码高字节
84                  Serial_Input_595(~(1<<j));           //发送位扫描码(共阴数码管)
85                  Serial_Input_595(sCode >> 8);        //发送段码高 8 位
86                  Serial_Input_595(sCode);             //发送段码低 8 位
87                  //将 74HC595 移位寄存数据传输到存储寄存器并出现在输出端
88                  OE = 1; Parallel_Output(); _nop_(); OE = 0; delay_ms(5);
89              }
90              if (pre_key_status != K1) {              //判断按键状态是否改变
91                  if ( K1 == 0 ) i++;                  //如果有按键被按下则显示下一组
92                  pre_key_status = K1;                 //保存当前按键状态
93              }
94          }
95      }
96  }
```

4.4 数码管 BCD 码-7 段码译码/驱动器 CD4511 与 DM7447 应用

此前有关集成式数码管显示的案例中，单片机必须向数码管发送段码。在图 4-9 所示电路中，使用 7 段数码管译码/驱动器 CD4511。CD4511 仅占用 P1 的 4 个引脚，接收单片机输入的 4 位 8421BCD 码，译码后再向数码管输出段码，实现数码管显示。CD4511 驱动的是共阴数码管，用于驱动共阳数码管的 DM7447 可自行添加使用。

1. 程序设计与调试

1）共阴数码管译码/驱动器 CD4511 简介

CD4511 用于直接驱动共阴数码管，输入为 BCD 码，输出为共阴数码管段码。CD4511 还具有消隐和锁存控制、显示驱动等功能，可直接驱动 LED 显示器。CD4511 引脚如下所述。

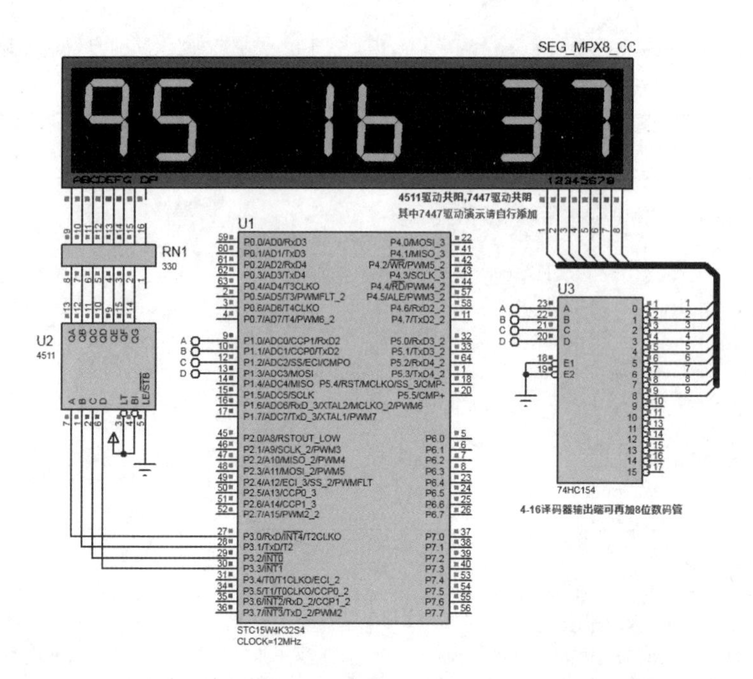

图 4-9　数码管译码/驱动器 CD4511/CD7447 应用电路

BI（消隐控制）引脚：当 BI = 0 时，不管其他输入端状态如何，7 段数码管均处于消隐状态，不显示任何数字。仿真电路中 BI 连接高电平，禁止消隐。

LT（测试控制）引脚：当 BI = 1，LT = 0 时，译码输出全为 1，不管输入端 A1～A4 状态如何，所有管段均被点亮，数码管显示“8”。该引脚主要用来检测数码管是否损坏。仿真电路中 LT 连接高电平。

$\mathrm{LE}/\overline{\mathrm{STB}}$（锁存）引脚：当 $\mathrm{LE}/\overline{\mathrm{STB}} = 0$ 时，允许译码刷新输出；当 $\mathrm{LE}/\overline{\mathrm{STB}} = 1$ 时，保持在 $\mathrm{LE}/\overline{\mathrm{STB}} = 0$ 时的输出信号。在仿真电路中，$\mathrm{LE}/\overline{\mathrm{STB}}$ 引脚固定为低电平。

A～D（8421BCD 编码输入）引脚：共 4 位，D 为高位。

QA～QG（段码译码输出）引脚：共 7 位，与数码管 A～G 引脚对应，无小数点。

CD4511 与 DM7447 引脚图如图 4-10 所示。

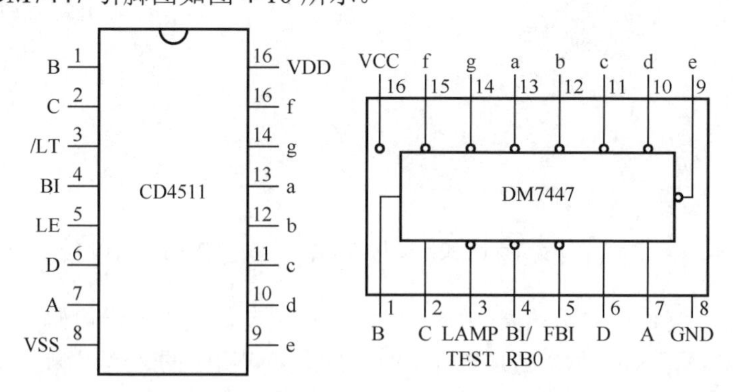

图 4-10　CD4511 与 DM7447 引脚图

2）CD4511 显示程序设计

由于 CD4511 所接收的是数字 0～9 的 4 位 BCD 编码，通过译码后输出 0～9 的段码，因此程序中无须提供数码管段码表，待显示的数字可以直接被输出。发送给 CD4511 的 4 位 BCD 码只能是 0000～1001，即 0～9 的 BCD 码，而超过 1001 的编码会使 CD4511 输出 00000000，这时共阴数码管各管段均不显示任何数字，数码管呈现黑屏状态。

主程序发送给 CD4511 的 BCD 码为 8，7，0xFF，6，9，0xFF，0，3，数码管显示的是“87 69 03”。其中，空白部分对应于 0xFF，它是非法的 BCD 码。在本案例程序中，输出第 i 个数字 BCD 编码的语句为 P1 = BCD_CODE[i]，而在此前数码管扫描显示时输出段码的语句为 P1 = SEG_CODE[i]，两种输出显然是完全不同的。

2．实训要求

① 将 CD4511 的 BI 与 LT 引脚连接单片机，添加消隐与测试功能。

② 改用 DM7447 驱动共阳数码管显示，仍实现相同的显示效果。

③ 在 Proteus 中，输入“bcd to 7-segment”可以找到多种其他 7 段数码管译码/驱动器，尝试改用搜索到的其他译码/驱动器控制数码管显示。

3．源程序代码

```
1   //------------------------------------------------------------------
2   //  名称：数码管 BCD 码-7 段码译码/驱动器 CD4511 与 DM7447 应用
3   //------------------------------------------------------------------
4   //  说明：BCD 码经 CD4511 或 DM7447 译码后输出数码管段码，以实现数码管显示
5   //        （DM7447 驱动共阳数码管，本案例用的是共阴数码管，所以用 CD4511 直接驱动共
6   //        阴数码管）
7   //------------------------------------------------------------------
8   #include "STC15xxx.h"
9   #include <intrins.h>
10  #define MAIN_Fosc 12000000L
11  #define u8  unsigned char
12  #define u16 unsigned int
13  //待显示的数字串“95 16 37”，其中 0xFF 不显示
14  code u8 BCD_CODE[] = {9,5,0xFF,1,6,0xFF,3,7,};
15  //------------------------------------------------------------------
16  // 延时函数(参数范围：1~255)
17  //------------------------------------------------------------------
18  void delay_ms(u8 x) {
19      u16 i;
20      do{
21          i = MAIN_Fosc / 13000;
22          while(--i);
23      }while(--x);
24  }
25  //------------------------------------------------------------------
26  // 主程序
27  //------------------------------------------------------------------
28  void main() {
29      u8 i;
30      P1M1 = 0; P1M0 = 0;            //配置为准双向口
31      P2M1 = 0; P2M0 = 0;
32      while(1) {
33          for(i = 0;i < 8;i++) {  //8 位数据发送 CD4511 译码显示
34              P1 = i;               //CD4511 输出 0~7 对应的扫描码
35              //向 CD4511 输入待显示数字的 BCD 编码(非段码)
36              P3 = BCD_CODE[i];  delay_ms(4);
37          }
38      }
39  }
```

4.5 串行共阴显示驱动器 MAX7219 控制 4+2+2 集成式数码管显示

如图 4-11 所示，所有集成式共阴数码管由两片串行共阴显示驱动器 MAX7219 与 MAX7221 驱动显示。二者的串行数据输入（DIN）引脚均连接 P1.0，时钟（CLK）引脚均连接 P1.2，前者的片选（$\overline{\text{CS}}$）引脚连接 P1.1，后者的数据加载（LOAD）引脚连接 P1.3。

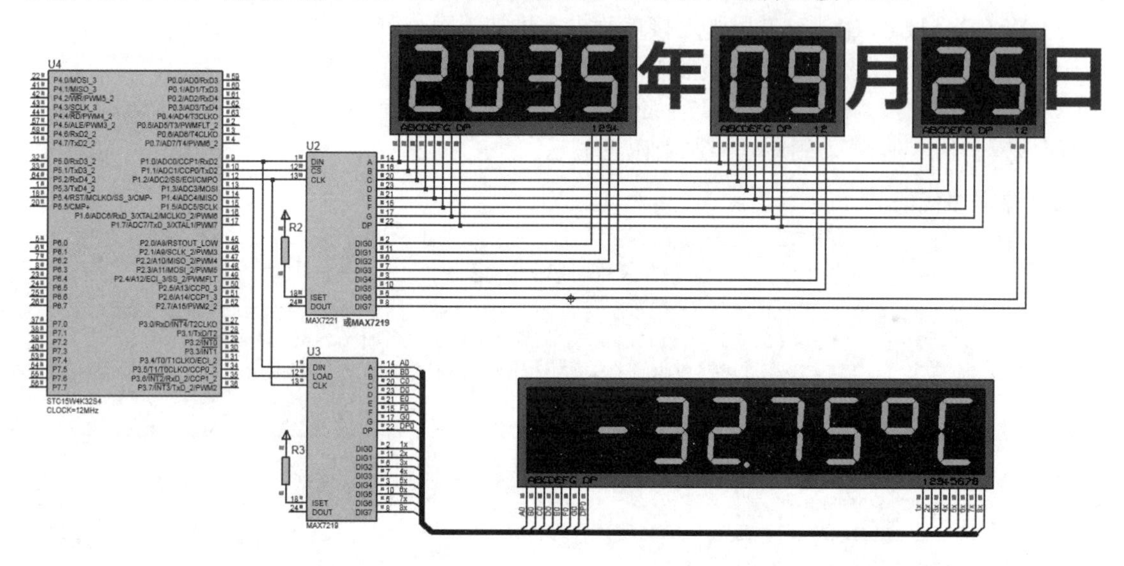

图 4-11　串行共阴显示驱动器控制 4+2+2 集成式数码管显示电路

1．程序设计与调试

1）MAX7219/MAX7221 简介

MAX7219/7MAX221 是串行共阴显示驱动器，可驱动条形 LED、数码管或 LED 点阵屏。MAX7219/MAX7221 对单片机接口占用很少。当单片机向 MAX7219/MAX7221 输出所要显示的内容以后，就无须用动态扫描法高速刷新数码管显示，这大大节省了对单片机运行程序时间的占用。MAX7219/ MAX7221 既可以驱动分立式数码管，也可以驱动集成式数码管。实际上，凡是可以驱动集成式数码管的芯片，都可以驱动分立式数码管，反之则不然。MAX7219/MAX7221 的典型应用电路及引脚图如图 4-12 所示。MAX7219/MAX7221 引脚功能如表 4-4 所示。

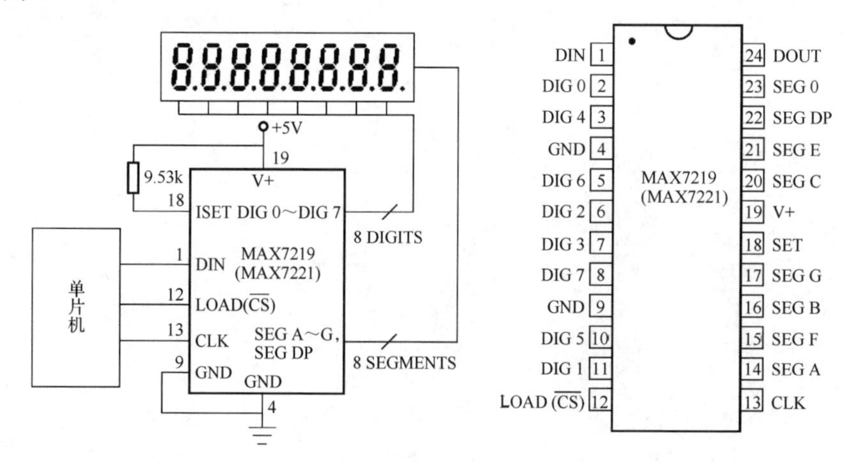

图 4-12　MAX7219 与 MAX7221 的典型应用电路及引脚图

表 4-4 MAX7219/MAX7221 引脚功能

引 脚	名 称	功 能
1	DIN	串行数据输入引脚，数据在时钟信号上升沿进入内部 16 位的移位寄存器
2,3,5～8,10,11	DIG0～DIG7	连接 8 位共阴数码管反向电流的驱动线（数字驱动线）。在关闭这些引脚时，MAX7219 的数字驱动线被接到 V+，而 MAX7221 的数字驱动线呈现高阻状态
4,9	GND	接地引脚（两个 GND 都必须接地）
12	LOAD(MAX7219)	加载数据输入引脚，在 LOAD 引脚信号上升沿锁存最近的 16 位串行数据
	CS/（MAX7221）	片选信号输入引脚，当 CS 引脚为低电平时，串行数据加载到移位寄存器，在 CS 引脚信号上升沿锁存最近的 16 位串行数据
13	CLK	串行时钟信号输入引脚信号，最大速率为 10MHz；在时钟信号上升沿时数据移入内部移位寄存器；在时钟信号下降沿时数据由 DOUT 引脚移出；对于 MAX7221，时钟信号仅在 CS 引脚为低电平时有效
14～17,20～23	SEGA～SEGG，SEGDP	连接数码管各管段驱动线（含小数位），为数码管显示提供驱动电流。在关闭这些引脚时，MAX7219 的数码管各管段驱动线被接到地，而 MAX7221 的数码管各管段驱动线为高阻状态
18	ISET	通过电阻连接 VDD 以控制最高数码管管段电流
19	V+	正电源电压引脚，连接+5V
24	DOUT	串行数据输出引脚，进入 DIN 引脚的数据在 16.5 个时钟周期后有效。该引脚用于多个 MAX7219/MAX7221 的连接，且总是呈现非高阻状态

2）MAX7219/MAX7221 程序设计

单片机对 MAX7219/MAX7221 的控制通过一系列寄存器操作来完成。MAX7219/MAX7221 的串行数据格式（16 位）及寄存器地址如表 4-5 所示。阅读本案例程序中的初始化函数 Init_MAX72XX 和 Write 函数时可参考表 4-5。

表 4-5 MAX7219/MAX7221 的串行数据格式（16 位）及寄存器地址

寄存器	地 址					十六进制编码
	D15～D12	D11	D10	D9	D8	
无操作	X	0	0	0	0	X0
数字 0	X	0	0	0	1	X1
数字 1	X	0	0	1	0	X2
数字 2	X	0	0	1	1	X3
数字 3	X	0	1	0	0	X4
数字 4	X	0	1	0	1	X5
数字 5	X	0	1	1	0	X6
数字 6	X	0	1	1	1	X7
数字 7	X	1	0	0	0	X8
译码模式	X	1	0	0	1	X9
亮度	X	1	0	1	0	XA
扫描范围	X	1	0	1	1	XB
关闭	X	1	1	0	0	XC
显示测试	X	1	1	1	1	XF

注：16 位数据中的 D11～D8 位为寄存器地址，D7～D0 为发送给对应寄存器的数据。

例如，在 Init_MAX72XX 函数中有代码：

```
if(i == 0) Write(0x09,0x00, i); else Write(0x09,0xFF, i);
```

由于译码模式地址为 0x09，该语句通过写 0x09 寄存器对译码模式进行设置，参数 0x00 表示不译码，0xFF 表示全译码，第 3 个参数则用于指定当前要片选的芯片。

又如，设置数码管亮度、扫描范围及工作模式的代码：

```
Write(0x0A, 0x07, i);   //亮度地址 0x0A(0x00～0x0F,0x0F 为最亮)
Write(0x0B, 0x07, i);   //扫描数码管个数地址 0x0B(0x07 为扫描数码管 0～7)
Write(0x0C, 0x01, i);   //工作模式地址 0x0C(0x00 表示关闭，0x01 表示正常)
```

再如，主程序中的代码：

```
Write(i+1, SEGCODE_72XX[Disp_Buffer0[i]], 0);
```

其中，i 为 0～7 范围内的字节变量；Write 函数通过不断写 i+1 地址，即写 0x01～0x08 地址来发送数位 0～数位 7 的数据码；数据码可能是数字字符本身，也可能是待显示数字字符的段码，具体情况由译码模式决定。在该行代码中发送的数据码显然是待显示数字字符的段码。

2. 实训要求

① 用 MAX7219/MAX7221 驱动 8×8 LED 点阵显示屏实现图文显示。

② 用串口模式 0（及移位寄存器模式）控制 MAX7219/MAX7221 的地址及数据输出。

3. 源程序代码

```
1   //-----------------------------------------------------------------
2   //  名称：串行共阴显示驱动器 MAX7219/MAX7221 控制集成式数码管显示
3   //-----------------------------------------------------------------
4   //  说明：采用 MAX7219 与 MAX7221 控制两组 8 位数码管动态显示,大大减少了
5   //        对单片机引脚和机器时间的占用
6   //-----------------------------------------------------------------
7   #include "STC15xxx.h"
8   #include <intrins.h>
9   #define u8  unsigned char
10  #define u16 unsigned int
11  sbit DIN =      P1^0;   //数据线
12  sbit CLK =      P1^2;   //时钟线
13  sbit CS7221 =   P1^1;   //片选线
14  sbit CS7219 =   P1^3;
15  //在非译码模式下 MAX7219/7221 对应的段码表,此表不同于直接驱动时所使用的段码表
16  //原来的数码管各管段顺序是:                 DP,G,F,E,D,C,B,A
17  //MAX7219/7221 的相应引脚驱动顺序是:       DP,A,B,C,D,E,F,G
18  //除小数点位未改变外，其他位是逆向排列的
19  //段码表的前两行为 0~F 的段码,最后 4 位为“-(16)/° (17)/C(18)/黑屏(19)”的段码
20  code u8 SEGCODE_72XX[] = {
21      0x7E,0x30,0x6D,0x79,0x33,0x5B,0x5F,0x70,    //0~7
22      0x7F,0x7B,0x77,0x1F,0x4E,0x3D,0x4F,0x47,    //8~F
23      0x01,0x63,0x4E,0x00                         //16~19（- /° /C/ 黑屏）
24  };
25  //MAX7219 待显示的内容为温度值:-32.75℃(“-”前面的最高位黑屏)
26  //本案例 MAX7219 工作于非译码模式，在串行发送时，要以下表作为索引
27  //发送 SEGCODE_72XX 中的对应段码
28  code u8 Disp_Buffer0[] = {19,16,3,2,7,5,17,18};
29  //MAX7221 待显示的数字串“20150925”(本案例 MAX7221 工作于译码模式,故各数位
30  //直接被发送)
31  code u8 Disp_Buffer1[] = {2,0,3,5,0,9,2,5};
32  //-----------------------------------------------------------------
```

```
33 // 延时函数(取值 1~65535)
34 //------------------------------------------------------------------------------
35 void delay_ms(u16 x) {
36     u8 i = 12, j = 169;
37     while(x--) {
38         do {
39             while (--j);
40         } while (--i);
41     }
42 }
43 //------------------------------------------------------------------------------
44 // 向 MAX7219/7221 指定地址(寄存器)写入 1 个字节数据
45 //------------------------------------------------------------------------------
46 void Write(u8 addr,u8 dat,u8 Chip_No) {
47     u8 i;
48     if (Chip_No == 1) CS7221 = 0; else CS7219 = 0; //片选 MAX7219/MAX7221
49     for(i = 0; i < 8; i++) { //串行写入 8 位的地址字节 addr
50         CLK = 0; addr <<= 1; DIN = CY; CLK = 1; _nop_(); _nop_(); }
51     for(i = 0; i < 8; i++) { //串行写入 8 位的数据字节 dat
52         CLK = 0; dat <<= 1;  DIN = CY; CLK = 1; _nop_(); _nop_(); }
53     if (Chip_No == 1) CS7221 = 1; else CS7219 = 1; //片选禁止
54 }
55 //------------------------------------------------------------------------------
56 // MAX7221/MAX7219 初始化
57 //------------------------------------------------------------------------------
58 void Init_MAX72XX(u8 i) {
59     //译码模式地址 0x09(0x00 为不译码,0xFF 为全译码)
60     if (i == 0) Write(0x09,0x00, i); else Write(0x09,0xFF, i);
61     Write(0x0A,0x07, i); //亮度地址 0x0A(0x00~0x0F,0x0F 为最亮)
62     Write(0x0B,0x07, i); //扫描数码管个数地址 0x0B(0x07 为扫描数码管 0~7)
63     Write(0x0C,0x01, i); //工作模式地址 0x0C(0x00 表示关闭,0x01 表示正常)
64 }
65 //------------------------------------------------------------------------------
66 // 主程序
67 //------------------------------------------------------------------------------
68 void main() {
69     u8 i;
70     P1M1 = 0x00; P1M0 = 0x00;          //将 P1 配置为准双向口
71     Init_MAX72XX(0);  delay_ms(5);  //MAX7219 初始化
72     Init_MAX72XX(1);  delay_ms(5);  //MAX7221 初始化
73     //MAX7219 控制显示 Disp_Buffer0 数组,全部非译码显示
74     //以 Disp_Buffer0[i]为索引发送段码
75     for(i = 0; i < 8; i++) {
76         if (i == 3)                      //第 3 位附加小数点
77             Write( i+1, SEGCODE_72XX[Disp_Buffer0[i]] | 0x80,0);
78         else                             //否则为正常显示
79             Write( i+1, SEGCODE_72XX[Disp_Buffer0[i]],0);
80     }
81     delay_ms(100);
82     //MAX7221 控制显示 Disp_Buffer1 数组,全部译码显示
83     //直接发送 Disp_Buffer1[i]
84     for(i = 0; i < 8; i++) Write( i+1, Disp_Buffer1[i],1);
85     while (1);
86 }
```

4.6 16 键编码器 MM74C922 及触控芯片 TTP224 应用

通常情况下，4×4 键盘矩阵需占用单片机一整个 8 位端口。在图 4-13 所示的电路中，通过采用 16 键编码器 MM74C922，使 4×4 键盘矩阵仅占用单片机一个端口 5 位引脚，且键盘程序设计变得非常简单。此外，图 4-13 所示电路还演示了基于触控芯片 TTP224 的触摸按键应用（在仿真电路中用模块组件代替演示）。

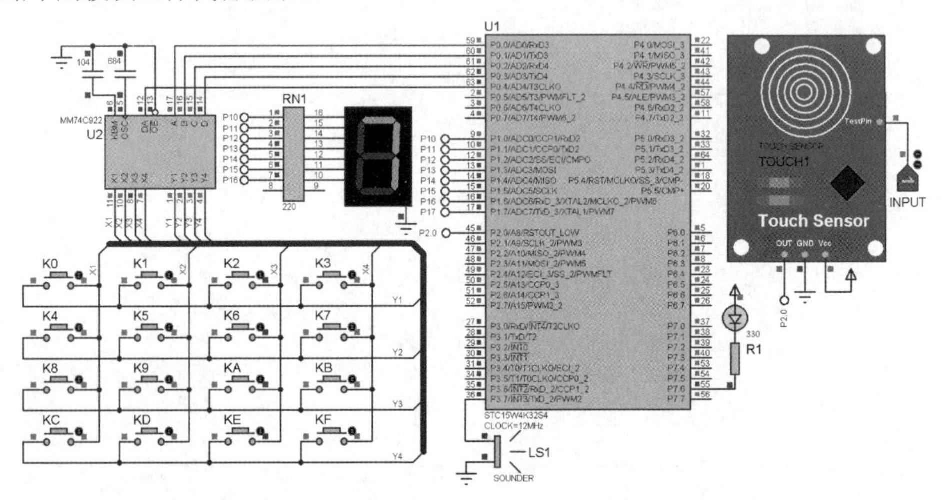

图 4-13　16 键编码器 MM74C922 及触控芯片 TTP224 应用电路

1．程序设计与调试

1）16 键编码器 MM74C922 简介

16 键编码器 MM74C922 采用 CMOS 工艺技术制造，工作电压为 3～15V，具有二键锁定功能，编码为三态输出，可与单片机直接相连，内部振荡器完成 4×4 键盘矩阵扫描，外接电容用于“消抖”。键盘矩阵的 4 行分别连接 MM74C922 的 Y1～Y4 引脚，而其四列分别连接 MM74C922 的 X1～X4 引脚。当在键盘矩阵中有按键被按下时，MM74C922 芯片的数据可用（Data Available，DA）引脚输出高电平，同时封锁其他按键，其片内锁存器保持为当前按键的 4 位编码。此外，MM74C922 扩展 32 键键盘矩阵应用电路如图 4-14 所示。

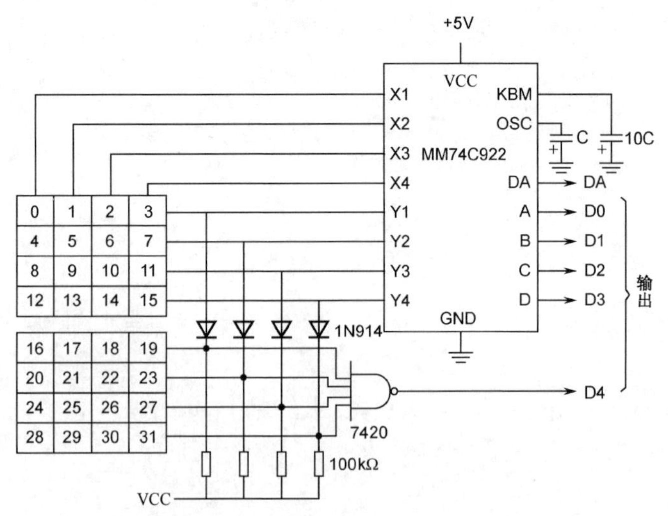

图 4-14　MM74C922 扩展 32 键键盘矩阵应用电路

2）触控芯片 TTP224 简介

TTP224 是广泛使用的 4 通道电容触控芯片，提供最多 4 个触摸输入端口及 4 个直接输出端口，具有快速和低功耗两种模式，能通过引脚选择输出电平高有效或者低有效。基于 TTP224 的触摸按键被广泛应用于消费类电子产品，可替代传统机械按键或轻触开关。图 4-15 给出了 TTP224 典型应用电路。在仿真电路中，基于 TTP224 芯片的触摸模块的环形区域还不能被直接触摸（点击），其右边通过添加逻辑状态输入端口来模拟触摸操作。基于 TTP224 的触控模块共支持 4 个触摸面板，在图 4-13 中仅使用了一路，其输出（OUT）引脚直接连接 STC15 的相应引脚。

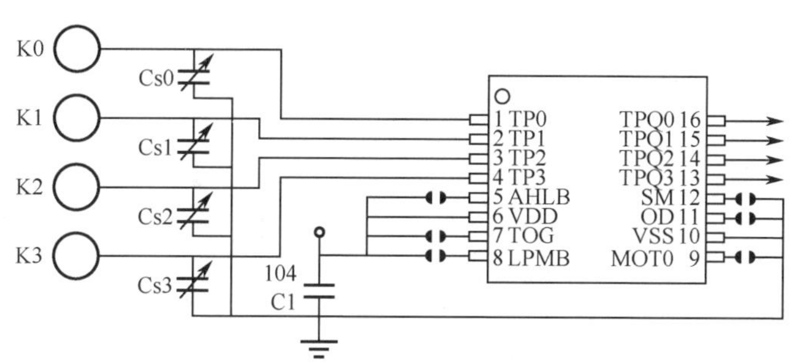

图 4-15 TTP224 典型应用电路

3）键盘程序设计

单片机的 P0.0～P0.3 引脚分别连接 MM74C922 的输出引脚 A～D。在检测到有按键被按下时，MM74C922 的 DA 引脚输出高电平，主程序检测到连接该 DA 引脚的单片机的 P0.4 引脚为高电平时，即可读取这 4 位按键编码值，范围为 0000～1111，即 0～15 号按键的键值。显然，由于使用了专用矩阵键盘解码芯片，程序设计变得非常简单。

如果要在单片机应用系统中使用更大的矩阵键盘，可采用 20（5×4）键的解码芯片 74C923。MM74C923 占用单片机 6 位数据引脚。这 6 位数据引脚连接 MM74C923 DA 及 D4～D0 引脚。其中，D4～D0 引脚的输出编码范围为 00000～10011（0～19）。MM74C923 的技术手册还给出了一种利用 MM74C923、4 个二极管及 1 个 4 输入与非门构成扩展矩阵键盘的方案。该方案同样占用单片机的 6 位引脚，并由 MM74C923 D4～D0（共 5 位）引脚输出编码，按键数量可达 32 键，编码范围为 00000～11111（0～31）。

基于 TTP224 芯片的触控模块，通过判断其 OUT 引脚电平状态即可获取触控状态，然后控制对应 LED 显示切换，相关程序非常简单，这里不再赘述。

2. 实训要求

① 将 MM74C923 的 DA 引脚通过非门连接单片机的 P3.2（INT0）引脚，利用下降沿触发中断来响应按键操作。

② 分析 MM74C922 扩展 32 键解码电路原理，基于该电路设计应用程序。

3. 源程序代码

```
1   //-----------------------------------------------------------------
2   //  名称: 16 键编码器 MM74C922 及触控芯片 TTP224 的应用
3   //-----------------------------------------------------------------
4   //  说明: 通过使用 MM74C922 芯片,可使程序大为简化
5   //        在按下不同按键时,数码管显示对应按键值,蜂鸣器输出提示音
6   //        本案例同时使用了基于触控芯片 TTP224 的触摸模块，可进一步提升
7   //        用户操控体验
8   //
```

```
9   //-----------------------------------------------------------------------
10  #include "STC15xxx.h"
11  #include <intrins.h>
12  #define u8  unsigned char
13  #define u16 unsigned int
14  #define MAIN_Fosc 12000000L       //时钟频率定义
15  sbit BEEP = P3^7;                 //蜂鸣器连接在单片机的 P3.7 引脚
16  sbit LED = P7^6;                  //LED 连接在单片机的 P7.6 引脚
17  sbit TOUCH = P2^0;                //触摸按键连接在单片机的 P2.0 引脚
18  //按键判断(有按键被按下时 MM74C922 的 DA 引脚输出高电平)
19  #define Key_Pressed ((P0 & (1<<4)) != 0x00) //DA 在 P0.4
20  #define Key_NO (P0 & 0x0F)        //获取按键值(P0 端口低 4 位)
21  //0~9,A~F 的数码管段码
22  code u8 SEG_CODE[] = {
23    0x3F,0x06,0x5B,0x4F,0x66,0x6D,0x7D,0x07,
24    0x7F,0x6F,0x77,0x7C,0x39,0x5E,0x79,0x71
25  };
26  //-----------------------------------------------------------------------
27  // 延时函数(参数取值限于 1~255)
28  //-----------------------------------------------------------------------
29  void delay_ms(u8 ms) {
30      u16 i;
31      do{
32          i = MAIN_Fosc / 13000;
33          while(--i);
34      }while(--ms);
35  }
36  //-----------------------------------------------------------------------
37  // 蜂鸣器输出提示音子程序
38  //-----------------------------------------------------------------------
39  void Sounder() {
40      u8 i;
41      for (i = 0; i < 5; i++) { delay_ms(2);  BEEP ^= 1; }
42      BEEP = 0;
43  }
44  //-----------------------------------------------------------------------
45  // 主程序
46  //-----------------------------------------------------------------------
47  void main() {
48      P0M1 = 0xFF; P0M0 = 0x00;              //将 P0~P3,P7 配置为高阻输入
49      P1M1 = 0x00; P1M0 = 0x00;
50      P2M1 = 0x00; P2M0 = 0x00;
51      P3M1 = 0x00; P3M0 = 0x00;
52      P7M1 = 0x00; P7M0 = 0x00;
53      P0 = 0xFF; P3 = 0x00;
54      P1 = 0x00;                             //初始时关闭数码管显示
55      while(1){
56          if ( Key_Pressed ) {               //有按键被按下
57              P1 = SEG_CODE[ Key_NO ];       //根据按键值 Key_NO 显示按键
58              Sounder();                     //蜂鸣器输出提示音
59              while (Key_Pressed);           //等待释放
60          }
```

```
61          if (TOUCH) LED = 0; else LED = 1;//根据触摸状态切换 LED 显示
62      }
63  }
```

4.7　62256 扩展 32KB 外部 SRAM 应用

62256 扩展 32KB 外部 SRAM 应用电路如图 4-16 所示。62256 可连接 15 条地址线，可提供 2^{15}=32KB 空间，74HC573 是带三态缓冲输出的 8D 触发器，负责地址锁存。

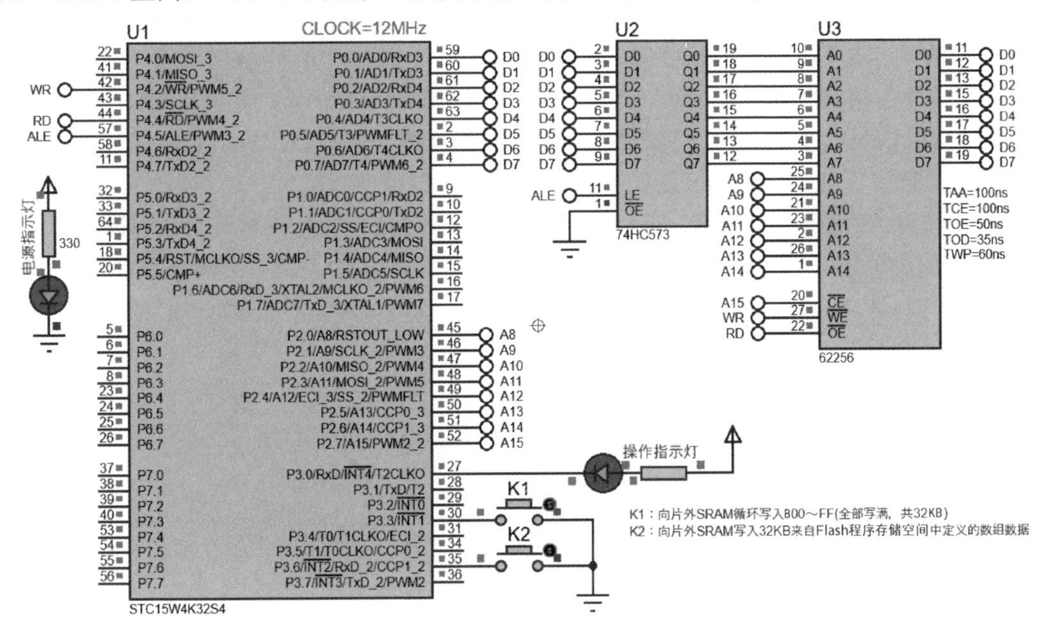

图 4-16　62256 扩展 32KB 外部 SRAM 应用电路

1. 程序设计与调试

1）扩展外部 SRAM 电路设计

STC15 的 SRAM 扩展电路主要涉及三总线连接，包括控制总线 CB、地址总线 AB、数据总线 DB。仿真电路中，控制总线涉及单片机的地址锁存使能（Address Latch Enable，ALE）引脚、$\overline{RD}$ 引脚、$\overline{WR}$ 引脚；对于由 P0、P2 提供的 16 位地址总线 A0～A15，62256 使用了 A0～A14；数据总线 D0～D7 复用 P0 端口。

在仿真电路中，单片机 ALE 引脚与 74HC573 锁存使能（Latch Enable，LE）引脚连接；单片机读/写控制引脚 $\overline{RD}$、$\overline{WR}$ 与 62256 的 $\overline{OE}$ 引脚、$\overline{WE}$ 引脚连接。单片机的这 3 个引脚负责地址锁存及读/写控制。

2）扩展外部 SRAM 读写程序设计

STC15W4K32S4 单片机除了集成 256B 内部 RAM 外，还集成了扩展的 3840B RAM（地址范围为 0000H~0EFFH），访问扩展的内部 RAM 的方法和 8051 单片机访问扩展的外部 RAM 的方法相同，但是不影响 P0（数据总线和低 8 位地址总线）、P2（高 8 位地址总线），以及 $\overline{WR}$ (P4.2)、$\overline{RD}$ (P4.4)和 ALE(P4.5)引脚。

对于 STC15 片外扩展的 RAM，是否允许被访问受辅助寄存器 AUXR（地址为 8EH）中的 EXTRAM 位控制，该位默认为 0，表示访问片内扩展的 RAM；若将该位置为 1，则表示禁止访问片内扩展的 RAM，此时访问的将是片外扩展的 RAM。为便于切换，本案例程序有下述两行代码：

```
#define ExternalRAM_enable() AUXR |=  2//允许访问外部 RAM，禁止访问内部 RAM
#define InternalRAM_enable() AUXR &= ~2//禁止访问外部 RAM，允许访问内部 RAM
```

其中，2 与~2 分别对应 00000010 与 11111101。如果执行第 1 行代码，则将 AUXR 寄存器的第 1 位（EXTRAM）置 1，允许访问扩展的外部 RAM；如果执行第 2 行代码，则将 AUXR 寄存器的第 1 位（EXTRAM）置 0，从而禁止访问扩展的外部 RAM，允许访问扩展的内部 RAM。

主程序通过 ExternalRAM_enable()使能访问扩展的外部 RAM。对于本案例程序中定义的 u8 xdata *ptx，当 ptx 被赋值为 0 时，它指向扩展的外部 RAM 空间的起始位置，通过向 ptx 赋值即可向扩展的外部 RAM 中写入数据。例如：*ptx++ = (u8)i 及*ptx++ = TempData[j]向 ptx 所指向的扩展的外部 RAM 位置写入数据，同时递增指针（也就是递增 RAM 地址）。

此外，在添加头文件 absacc.h 后，还可通过 XBYTE[index]读/写扩展的 RAM，所扩展的外部 RAM 可被看成是一个庞大的字节数组，XBYTE 就是这个字节数组的“数组名称”，或者是整个空间的“首字节地址”；index 则是数组索引或指针偏移值。

在图 4-16 中，当通过 K1 与 K2 向外部 SRAM 写入数据后，操作指示灯在短暂闪烁后熄灭，这表示写入操作结束。此时，如果要直接查看由 62256 芯片所扩展的外部 SRAM 数据，可按下 Proteus 的“Pause”按钮暂停程序，然后单击“debug/Memory Contents”菜单，可看到图 4-17 所示内容。

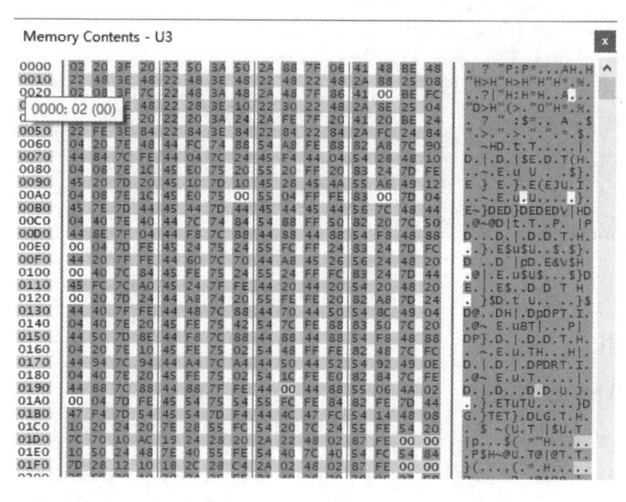

图 4-17　写入扩展的外部 SRAM（62256）的数据

2. 实训要求

① 在程序运行过程中，切换启用扩展的内部 RAM 与扩展的外部 SRAM，测试两者间的数据交换操作。

② 通过 XWORD[index]向 62256 写入 1001～1200 共 200 个 16 位随机整数。

③ 选用 ROM 芯片对单片机外部 ROM 进行扩展。将固定数据“绑定”到 ROM 芯片后，在程序中读取外部 ROM 中的数据，并通过虚拟终端显示该数据。

3. 源程序代码

```
1  //-----------------------------------------------------------------
2  //  名称: 62256 扩展 32KB 外部 SRAM 应用
3  //-----------------------------------------------------------------
4  //  说明: 按下 K1 时，将向 62256 的 0 地址开始循环写入 0x00~0xFF
5  //        按下 K2 时，将向 62256 的 0 地址开始循环写入 32KB 指定数据(原始数据来自 Flash
6  //        程序存储空间)
7  //        当写入操作结束时，LED 闪烁然后熄灭，暂停程序后通过 debug 菜单可查看写入数据
```

```
8   //------------------------------------------------------------------------
9   #include "STC15xxx.h"
10  #include <intrins.h>
11  #include <absacc.h>          //绝对地址访问定义头文件(使用 XBYTE 时须引用)
12  #define MAIN_Fosc 12000000L//时钟频率定义
13  #define u8  unsigned char
14  #define u16 unsigned int
15  #define u32 unsigned long
16  //------------------------------------------------------------------------
17  #define BUS_SPEED_1T()  BUS_SPEED = 0
18  #define BUS_SPEED_2T()  BUS_SPEED = 1
19  #define BUS_SPEED_4T()  BUS_SPEED = 2
20  #define BUS_SPEED_8T()  BUS_SPEED = 3
21  //------------------------------------------------------------------------
22  sbit LED = P3^0;             //操作指示灯
23  sbit K1 = P3^3;              //向 62256 循环写入 00~FF 的操作按键
24  sbit K2 = P3^6;              //将 Flash 程序存储空间的字节写入 62256 的操作按键
25  //------------------------------------------------------------------------
26  #define ExternalRAM_enable() AUXR |= 2   //允许访问外部 RAM，禁止访问内部 RAM
27  #define InternalRAM_enable() AUXR &= ~2//禁止访问外部 RAM，允许访问内部 RAM
28  //------------------------------------------------------------------------
29  // 测试用数组（初始时保存于 Flash 程序存储空间:可直接定义 32KB，此处仅放了 128B）
30  //------------------------------------------------------------------------
31  code u8 TempData[]={
32      0x02,0x20,0x3F,0x20,0x22,0x50,0x3A,0x50,0x2A,0x88,
33      0x7F,0x06,0x41,0x48,0xBE,0x48,0x22,0x48,0x3E,0x48,
34      0x22,0x48,0x3E,0x48,0x22,0x48,0x22,0x48,0x2A,0x88,
35      0x25,0x08,0x02,0x08,0x3F,0x7C,0x22,0x48,0x3A,0x48,
36      0x2A,0x48,0x7F,0x86,0x41,0x00,0xBE,0xFC,0x22,0x44,
37      0x3E,0x48,0x22,0x28,0x3E,0x10,0x22,0x30,0x22,0x48,
38      0x2A,0x8E,0x25,0x04,0x02,0x20,0x3F,0x20,0x22,0x20,
39      0x3A,0x24,0x2A,0xFE,0x7F,0x20,0x41,0x20,0xBE,0x24,
40      0x22,0xFE,0x3E,0x84,0x22,0x84,0x3E,0x84,0x22,0x84,
41      0x22,0x84,0x2A,0xFC,0x24,0x84,0x04,0x20,0x7E,0x48,
42      0x44,0xFC,0x74,0x88,0x54,0xA8,0xFE,0x88,0x82,0xA8,
43      0x7C,0x90,0x44,0x84,0x7C,0xFE,0x44,0x04,0x7C,0x24,
44      0x45,0xF4,0x44,0x04,0x54,0x28,0x48,0x10
45  };
46  //------------------------------------------------------------------------
47  // 延时函数(参数取值限于 1~255)
48  //------------------------------------------------------------------------
49  void delay_ms(u8 ms) {
50      u16 i;
51      do{
52          i = MAIN_Fosc / 13000;
53          while(--i);
54      }while(--ms);
55  }
56  //------------------------------------------------------------------------
57  // LED 闪烁
58  //------------------------------------------------------------------------
59  void LED_Blink() {
60      u8 i;
61      for (i = 0; i < 5; i++) {
```

```
62              LED = 0; delay_ms(100); LED = 1; delay_ms(100);
63          }
64      }
65      //------------------------------------------------------------------------
66      // 主程序
67      //------------------------------------------------------------------------
68      void main() {
69          u16 i,j; u8 xdata *ptx;          //循环控制变量、外部 SRAM 指针变量定义
70          P0M1 = 0;   P0M0 = 0;            //将 P0,P2 配置为准双向口
71          P2M1 = 0;   P2M0 = 0;
72          P3M1 = (1<<3|(1<<6));P3M0 = 0;  //将 P3.3,P3.6 引脚配置为高阻输入口,
73                                           //P3 的其他引脚配置为准双向口
74          LED = 0;                         //初始时 LED 点亮
75          BUS_SPEED_1T();                  //1T 2T 4T 8T 3V，22MHz 用 1T 会访问错误
76          ExternalRAM_enable();            //允许访问外部 RAM
77          //InternalRAM_enable();          //允许访问内部 RAM
78          while (1) {
79              if (K1 == 0) {
80                  delay_ms(10);
81                  if (K1 == 0) {
82                      //向 62256 的 0 地址开始循环写入 0x00~0xFF
83                      //i 取值为: 0~（32×1024）时,因溢出,(u8)i 将循环取得:0x00~0xFF
84                      ptx = 0;
85                      for (i = 0x0000; i <= 32*1024; i++) {
86                          *ptx++ = (u8)i; //或: XBYTE[i] = (u8)i;
87                      }
88                      LED_Blink();     //将数据写入扩展的内部 RAM 完成后，LED 闪烁
89                  }
90              }
91              if (K2 == 0) {
92                  delay_ms(10);
93                  if (K2 == 0) {
94                      //将 Flash 程序存储空间中的 128B 循环 256 遍写入扩展的外部 SRAM
95                      ptx = 0;
96                      for( i = 0; i < 256; i++) {      //循环写 256 趟
97                          for(j = 0; j < 128; j++) {  //每趟从 Falsh 程序存储
98                                                       //空间读取 128 个字节
99                              *ptx++ = TempData[j];    //写入扩展的外部 SRAM
100                             //或: XBYTE[i * 128 + j] = TempData[j];
101                         }
102                     }
103                     LED_Blink();//将存数据写入扩展的内部 RAM 完成后，LED 闪烁
104                 }
105             }
106         }
107     }
```

4.8　1602 字符液晶屏（HD44780）工作于 8 位模式切换显示

在图 4-18 所示电路中，使用了基于 HD44780 控制器的 1602 液晶屏，通过 SW-PORT-4 切换实现了 4 项演示功能，分别为水平滚动显示字符串、带光标显示随机算术式、全码表字符显示、CGRAM 自定义字符显示。

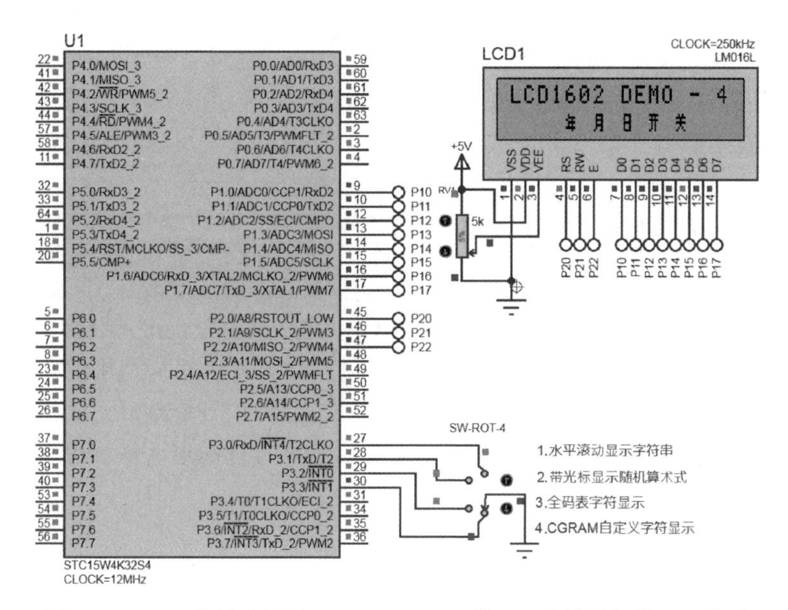

图 4-18　1602 字符液晶屏（HD44780）工作于 8 位模式切换显示电路

1．程序设计与调试

1）液晶屏引脚

基于 HD44780 控制器的实物 1601/1602 液晶屏引脚如表 4-6 所示。

表 4-6　基于 HD44780 控制器的实物 1601/1602 液晶屏引脚

引　脚　号	引 脚 名 称	说　　明
1	VSS	液晶屏电源地（GND）引脚
2	VCC/VDD	液晶屏正电源（+5V）引脚
3	VEE	对比度调整电源引脚
4	RS	寄存器选择（Register Selection，RS）引脚 当 RS=0 时，选择命令/状态寄存器；当 RS=1 时，选择数据寄存器
5	$R/\overline{W}$	读/写控制引脚（当 $R/\overline{W}$ =0 时，写命令或数据；当 $R/\overline{W}$ =1 时，读指令或数据）
6	E	液晶屏使能（Enable）引脚 当 E=1 时，液晶屏能够显示；当 E=0 时，液晶屏被禁止显示
7～14	DB0～DB7	液晶屏数据/命令字节输入/状态寄存器字节输出引脚
15	A（LED+）	液晶屏背光正电源（VCC）引脚
16	K（LED-）	液晶屏背光电源地（GND）引脚

由表 4-6 可知，仿真电路中的液晶屏引脚与实物液晶屏引脚完全相同，唯一差别是仿真电路中未给出液晶屏背光电源引脚（15 脚与 16 脚）。

2）字符液晶屏显示程序

字符液晶屏显示测试程序由 main.c 与 LCD1602.c 两个程序文件构成。main.c 完成按键处理与数字显示等功能。LCD1602.c 是通用的 1602 液晶屏显示控制程序。在后续案例使用 1602 液晶屏时，可直接添加 LCD1602.c，再修改一下该程序的 LCD 接口及控制引脚定义即可使用。

字符液晶屏命令集如表 4-7 所示。对照表 4-7，可分析液晶屏初始化子程序 Initialize_LCD 的设计，例如，该初始化子程序中的以下两行代码：

```
Write_LCD_Command(0x38); _delay_ms(1); //置功能,8 位,双行,5×7 点阵
Write_LCD_Command(0x01); _delay_ms(1); //清屏
```

第 1 行代码向液晶屏发送的命令为 0x38，即 00111000。它对应表 4-6 中第 6 行的功能设置，DL=1 表示输出的数据为 8 位；N=1 表示 2 行；F=0 表示 5×7 点阵。

第 2 行代码发送的命令为 0x01，即 00000001。在表 4-7 中可查到，它控制液晶屏清屏，光标归位。

又如，字符串显示函数 LCD_ShowString 的代码如下：

```
code INT8U DDRAM[] = {0x80,0xC0};        //1602 液晶屏显示的两行起始 DDRAM 地址
Write_LCD_Command(DDRAM[r] | c);         //设置显示起始位置(r、c 分别对应行、列)
```

根据表 4-7 设置 DDRAM（指数据显示 RAM 区，即 Display data RAM）地址的命令可知，该命令最高位为 1，其后是 7 位的 DDRAM 地址，写入 DDRAM 对应地址的字符将显示在液晶屏上相应位置。由此可知，DDRAM 的最大显示地址范围为 10000000～11111111，即 0x80～0xFF，其字节地址空间为 128 个字符，对于“最宽”的双行液晶屏，每行可分配的最大地址空间为 64 个字符，故可有以下地址空间划分。

第 0 行地址空间：0x80～0xBF（64 个字符）。

第 1 行地址空间：0xC0～0xFF（64 个字符）。

由此划分可知，上下两行的起始地址分别为 0x80 与 0xC0，故有数组定义 DDRAM[] = {0x80,0xC0}。函数 LCD_ShowString 的参数分别为 r,c,*str。其中，前两个参数设置液晶屏行（row）、列（column）起点；r 取值 0 或 1 时，0x80 | c 和 0xC0 | c 可分别将显示位置设置为第 0 行或第 1 行的第 c 列字符位置。

表 4-7　字符液晶屏命令集

命　令	命令代码										功　能
	RS	$R/\overline{W}$	DB7～DB0								
复位显示器	0	0	0	0	0	0	0	0	0	1	清屏，光标归位
光标归位	0	0	0	0	0	0	0	0	1	*	将地址计数器清零，DDRAM 数据不变，光标移到左上角
字符进入模式	0	0	0	0	0	0	0	1	I/D	S	设置字符进入屏幕时的移位方式
显示开关	0	0	0	0	0	0	1	D	C	B	设置显示开关、光标开关、闪烁开关
显示光标移位	0	0	0	0	0	1	S/C	R/L	*	*	设置字符与光标移动
功能设置	0	0	0	0	1	DL	N	F	*	*	设置 DL，显示行数、字体
设置 CGRAM 地址	0	0	0	1	CGRAM 地址（A_{CG}）						设置 6 位的 CGRAM 地址以读/写数据
设置 DDRAM 地址	0	0	1	DDRAM 地址（A_{DD}）							设置 7 位的 DDRAM 地址以读/写数据
忙标志/地址计数器	0	1	BF	将最后写入的 DDRAM 或 CGRAM 地址设置为命令设置的 DDRAM/CGRAM 地址							读忙标志及地址计数器
CGRAM/DDRAM 写数据	1	0	写入 1 个字节数据，要先设置 RAM 地址								向 CGRAM/DDRAM 写入 1 个字节数据，并递增或递减 AC
CGRAM/DDRAM 读数据	1	1	读取 1 个字节数据，要先设置 RAM 地址								从 CGRAM/DDRAM 读取 1 个字节数据，并递增或递减 AC

注：RS 为寄存器选择位，当 RS=0 时，选择命令寄存/状态寄存器；当 RS=1 时，选择数据寄存器。

I/D=1 表示递增，I/D=0 表示递减。

当 S=0 时，屏幕上的字符不移动；当 S=1 时，如果 I/D=1 且有字符写入屏幕时，屏幕上的字符左移，否则右移。

当 D=1 时，屏幕打开；当 D=0 时，屏幕上的字符关闭。

当 C=1 时，光标出现在地址计数器所指的位置；当 C=0 时，光标不出现。

当 B=1 时，光标出现闪烁；当 B=0 时，光标不闪烁。

当 S/C=0 时，如果 R/L=0，则光标左移，否则右移。

当 S/C=1 时，如果 R/L=0，则字符和光标左移，否则右移。

当 DL=1 时，数据长度为 8 位；当 DL=0 时，使用 D7～D4（共 4 位）分两次传送 1 个字节。

当 N=0 时，单行显示；当 N=1 时，双行显示。

当 F=1 时，为 5×10 点阵字体；当 F=0 时，为 5×7 点阵字体。

当 BF=1 时，液晶屏忙；当 BF=0 时，液晶屏就绪。

DDRAM 指 Display Data RAM。

CGRAM 指 Character Generator RAM。

A_{CG} 指 CGRAM Address，设置 CGRAM 地址后，在向 CGRAM 写入点阵字节过程中，A_{CG} 自动递增。

A_{DD} 指 DDRAM Address（Cursor Address），设置 DD RAM 地址后，在向 DDRAM 写入字符编码过程中，A_{DD} 自动递增。

AC 指 Address Counter，同时用于 DDRAM 及 CGRAM 地址。

当访问液晶屏命令或状态寄存时，置 RS 为 0；当访问液晶屏数据寄存器时，RS=1。当执行写操作时，置 RW 为 0；当执行读操作时，置 RW 为 1。

液晶屏字符编码如表 4-8 所示，液晶屏字符编码范围为 0x00～0xFF（共计 256 个字符编码）。其中，0x00～0x0F 为用户自定义字符编码，实际使用前 8 个字符编码（0x00～0x07）；0x20～0x7F 为标准 ASCII（左、右箭头字符"←""→"除外）；0xA0～0xFF 为日文字符和希腊文字符；0x10～0x1F 与 0x80～0x9F 未定义。

表 4-8　液晶屏字符编码

	0000	0001	0010	0011	0100	0101	0110	0111	1000	1001	1010	1011	1100	1101	1110	1111
xxxx0000	CG RAM (1)			0	@	P	`	p				ー	タ	ミ	α	p
xxxx0001	(2)		!	1	A	Q	a	q			。	ア	チ	ム	ä	q
xxxx0010	(3)		"	2	B	R	b	r			「	イ	ツ	メ	β	θ
xxxx0011	(4)		#	3	C	S	c	s			」	ウ	テ	モ	ε	∞
xxxx0100	(5)		$	4	D	T	d	t			、	エ	ト	ヤ	μ	Ω
xxxx0101	(6)		%	5	E	U	e	u			・	オ	ナ	ユ	σ	ü
xxxx0110	(7)		&	6	F	V	f	v			ヲ	カ	ニ	ヨ	ρ	Σ
xxxx0111	(8)		'	7	G	W	g	w			ァ	キ	ヌ	ラ	g	π
xxxx1000	(1)		(	8	H	X	h	x			ィ	ク	ネ	リ	√	x̄
xxxx1001	(2)		)	9	I	Y	i	y			ゥ	ケ	ノ	ル	⁻¹	y
xxxx1010	(3)		*	:	J	Z	j	z			ェ	コ	ハ	レ	j	千
xxxx1011	(4)		+	;	K	[	k	{			ォ	サ	ヒ	ロ	ˣ	万
xxxx1100	(5)		,	<	L	¥	l	|			ャ	シ	フ	ワ	¢	円
xxxx1101	(6)		-	=	M	]	m	}			ュ	ス	ヘ	ン	£	÷
xxxx1110	(7)		.	>	N	^	n	→			ョ	セ	ホ	゛	ñ	
xxxx1111	(8)		/	?	O	_	o	←			ッ	ソ	マ	゜	ö	█

在编写程序显示特殊字符时，可查阅表 4-7。例如，向液晶屏写入编码 0xDF 和 0x43，可显示摄氏度符号“℃”。实际上，它是通过连续显示两个字符，即“° ”与“C”实现的。更详细的内容可进一步参阅液晶屏技术手册。

1602 液晶屏的字符由 CGRAM 与 CGROM 保存。其中，CGCG 指字符生成器（Character Generator），它保存的是所有字符的点阵数据，由 CGRAM 区与 CGROM 区构成。保存于 CGRAM 区的字符是在系统运行时由程序写入的，且这些点阵数据可以根据需要定制；保存于 CGROM 区的字符是液晶屏硬件固定内置的，不可更改。

根据表 4-6 可知，设置 CGRAM 地址的命令为 0x40，即 01××××××，其地址共 6 位，寻址空间为 2^6=64B。每个字符点阵数据占 8B，总共可以写入该寻址空间 8 个字符数据，且这 8 个字符或图标点阵地址范围为 01000000～01111111，即 0x40～0x7F，对应的 DDRAM 编码为 0x00～0x07。

如果给一组自定义字符分配的编码是连续的，例如，所分配编码为 0x00～0x05（共对应 6 个字符），此时可先输出 CGRAM 地址设置命令 0x40，然后循环输出这 6 个字符共计 48B 的点阵数据即可，写 CGRAM 点阵数据时，CGRAM 地址 A_{CG} 会自动递增，故不需要为每一字符对应设置其在 CGRAM 中的起始地址。

如果待写入的几个字符所分配的编码是离散的，例如，某 3 个自定义字符的编码分别为 0x00，0x02，0x04，则要分别设置 CGRAM 地址为 0x40（0x40+0x00*8），0x50（0x40+0x02*8），0x60（0x40+0x04*8），然后分别写入各自的 8B 点阵数据。在本例案程序中，写 CGRAM 函数为 Write_CGRAM(INT8U g[][8], INT8U n)。

下面以本案例演示的 5×7 字符点阵数据为例说明提取 CGRAM 区字符点阵数据的步骤。

① 用 Windows 附件所带绘图软件创建空白 BMP 文件，幅面为 5×7 像素（非常微小）。

② 为便于操作，接着将幅面放大 8 倍（绘图软件可支持的最大比例）。

③ 用铅笔及其他工具绘出所需字符。

④ 将幅面重新设置为 8×8 像素，此时所绘制的字符将靠近整个区域左上角。

⑤ 按下 Ctrl+A 组合键，选中所有字符将其向右拖动 3 像素，使其靠近整个区域右边。

⑥ 保存该 BMP 文件。

⑦ 用 Zimo 软件读取该 BMP 文件并取模，注意设置为横向取模，字节不倒序。Zimo 软件操作方法可参阅后续有关图形液晶屏显示的案例。

本案例文件夹下提供了所演示的 12 个图标及中文字符的 BMP 文件，所提取的点阵数据保存于点阵数组 CGRAM_Dat1 及 CGRAM_Dat2。这两个数组中的点阵数据将通过调用函数 Write_CGRAM 写入 CGRAM。

2．实训要求

① 添加按键控制液晶屏开显示、关显示、清屏等。

② 设计 LM044L 液晶屏（20×4）显示程序，该液晶屏同样使用 HD44780 控制器。

3．源程序代码

```
1   //----------------------------- LCD1602.c -----------------------------
2   // 名称：液晶屏控制与显示程序
3   //--------------------------------------------------------------------
4   #include "STC15xxx.h"
5   #include <intrins.h>
6   #define u8  unsigned char
7   #define u16 unsigned int
8   sbit RS = P2^0;         //寄存器选择线
```

```
9   sbit RW = P2^1;          //读/写控制线
10  sbit EN = P2^2;          //使能控制线
11  //-----------------------------------------------------------------------
12  // 延时(120us,1ms,xms)
13  //-----------------------------------------------------------------------
14  void Delay120us(){       //12MHz
15      u8 i = 2, j = 99;
16      do {
17          while (--j);
18      } while (--i);
19  }
20  //-----------------------------------------------------------------------
21  void Delay1ms() {        //12MHz
22      u8 i = 12, j = 169;
23      do {
24          while (--j);
25      } while (--i);
26  }
27  //-----------------------------------------------------------------------
28  void delay_ms(u8 x) {
29      while(x--) Delay1ms();
30  }
31  //-----------------------------------------------------------------------
32  // 写液晶屏命令
33  //-----------------------------------------------------------------------
34  void Write_LCD_Command(u8 cmd) {
35      Delay120us();   EN = 0;
36      RS = 0; RW = 0;                  //禁止液晶屏,选择命令/状态寄存器,准备写命令
37      P1 = cmd;                        //命令字节放到液晶屏端口
38      Delay120us();   EN = 1;
39      Delay120us();   EN = 0;          //使能液晶屏,写入命令后禁止液晶屏
40  }
41  //-----------------------------------------------------------------------
42  // 写液晶屏数据
43  //-----------------------------------------------------------------------
44  void Write_LCD_Data(u8 dat) {
45      Delay120us();   EN = 0;
46      RS = 1; RW = 0;                  //禁止液晶屏,选择数据寄存器,准备写数据
47      P1 = dat;                        //将数据放到液晶屏端口
48      Delay120us();   EN = 1;
49      Delay120us();   EN = 0;          //使能液晶屏,写入数据后禁止液晶屏
50  }
51  //-----------------------------------------------------------------------
52  // 液晶屏初始化
53  //-----------------------------------------------------------------------
54  void Initialize_LCD() {
55      Write_LCD_Command(0x38); Delay1ms();//设置功能, 8位, 双行, 5×7像素
56      Write_LCD_Command(0x01); Delay1ms();//清屏
57      Write_LCD_Command(0x06); Delay1ms();//设置字符进入模式:屏幕不动,字符后移
58      Write_LCD_Command(0x0C); Delay1ms();//开显示, 关光标
59  }
60  //-----------------------------------------------------------------------
61  // 在指定位置显示字符串
62  //-----------------------------------------------------------------------
```

```
63  void LCD_ShowString(u8 r, u8 c,u8 *str) {
64      u8 i = 0;
65      code u8 DDRAM[] = {0x80,0xC0};      //1602液晶屏两行的起始DDRAM地址
66      Write_LCD_Command(DDRAM[r] | c);    //设置显示起始位置
67      for ( i = 0; str[i] && i < 16 ;i++)//输出字符串
68        Write_LCD_Data(str[i]);
69      for (; i < 16; i++)                 //不足一行时用空格填充
70        Write_LCD_Data(' ');
71  }
```

```
1   //------------------------- main.c -------------------------------
2   //  名称：1602字符液晶屏工作于8位模式切换显示
3   //-------------------------------------------------------------------
4   //  说明：本案例液晶屏实现了4项演示功能,分别为水平滚动显示字符串，带光标显示随机
5   //        算术式，全码表字符显示，CGRAM自定义字符显示
6   //-------------------------------------------------------------------
7   #include "STC15xxx.h"
8   #include <string.h>
9   #include <stdlib.h>
10  #include <stdio.h>
11  #define u8  unsigned char
12  #define u16 unsigned int
13  sbit SW1 = P3^0;    //水平滚动显示字符串
14  sbit SW2 = P3^1;    //带光标显示随机算术式
15  sbit SW3 = P3^2;    //全码表字符显示
16  sbit SW4 = P3^3;    //CGRAM自定义字符显示
17  u8 code msg[] =     //待滚动显示的字符串(字符串最前面加了16个空格)
18  "                you are going to spend even more time working on the
19  schematic ?";
20  //-------------------------------------------------------------------
21  extern delay_ms(u16 x);
22  extern void Initialize_LCD();
23  extern void Write_LCD_Data(u8 dat);
24  extern void Write_LCD_Command(u8 cmd);
25  extern void Busy_Wait();
26  extern void LCD_ShowString(u8,u8,u8 *);
27  //-------------------------------------------------------------------
28  //自定义CGRAM字符及图标点阵数据(共两组,每组字符不超过8个)
29  u8 code CGRAM_Dat1[][8] = { //7个矩形字符，高度由1~7横递增
30      {0x00,0x00,0x00,0x00,0x00,0x00,0x1F,0x00}, //1横
31      {0x00,0x00,0x00,0x00,0x00,0x1F,0x1F,0x00}, //2横
32      {0x00,0x00,0x00,0x00,0x1F,0x1F,0x1F,0x00}, //3横
33      {0x00,0x00,0x00,0x1F,0x1F,0x1F,0x1F,0x00}, //4横
34      {0x00,0x00,0x1F,0x1F,0x1F,0x1F,0x1F,0x00}, //5横
35      {0x00,0x1F,0x1F,0x1F,0x1F,0x1F,0x1F,0x00}, //6横
36      {0x1F,0x1F,0x1F,0x1F,0x1F,0x1F,0x1F,0x00}  //7横
37  };
38  u8 code CGRAM_Dat2[][8] = { //5个汉字字符
39      {0x08,0x0F,0x12,0x0F,0x0A,0x1F,0x02,0x00}, //年
40      {0x0F,0x09,0x0F,0x09,0x0F,0x09,0x13,0x00}, //月
41      {0x0F,0x09,0x09,0x0F,0x09,0x09,0x0F,0x00}, //日
42      {0x1F,0x0A,0x1F,0x0A,0x0A,0x0A,0x12,0x00}, //开
43      {0x0A,0x1F,0x04,0x1F,0x04,0x0A,0x11,0x00}  //关
44  };
```

```
45 //------------------------------------------------------------------
46 // 将自定义字符点阵写入 CGRAM
47 //------------------------------------------------------------------
48 void Write_CGRAM(u8 g[][8], u8 n) {
49     u8 i,j;
50     Write_LCD_Command(0x40);                  //设置 CGRAM 地址为 0x40
51     for (i = 0; i < n; i++)                   //n 个自定义字符
52     for (j = 0; j < 8; j++)                   //每个字符 8 个字节点阵数据
53       Write_LCD_Data(g[i][j]);                //写入 CGRAM
54 }
55 //------------------------------------------------------------------
56 // SW1: 水平滚动显示字符串
57 //------------------------------------------------------------------
58 void H_Scroll_Display() {
59     u16 i;
60     Write_LCD_Command(0x0C);                  //开显示,关光标
61     LCD_ShowString(0,0,"LCD1602 DEMO - 1");//第 0 行显示标题
62     LOOP1:
63     for (i = 0; i <= strlen(msg); i++) {     //滚动输出所有字符
64         LCD_ShowString(1,0,msg + i);          //msg+i 实现取字符指针递增
65         delay_ms(50);if (SW1) return;        //未置于 SW1 位置时立即返回
66     }
67     delay_ms(1000); goto LOOP1;       //显示完所有字符后暂时 1s 然后继续显示
68 }
69 //------------------------------------------------------------------
70 // SW2: 带光标显示随机算术式
71 //------------------------------------------------------------------
72 void Cursor_Display() {
73     u8 i; int a,b; char disp_buff[17];
74     Write_LCD_Command(0x0C);                  //开显示,关光标
75     LCD_ShowString(0,0,"LCD1602 DEMO - 2");//第 0 行显示标题
76     LCD_ShowString(1,0,"                "); //清空第 1 行(输出 16 个空格)
77     Write_LCD_Command(0x0F);                  //开显示,开光标,光标闪烁
78     srand(TH0);                               //用 TH0 作为随机种子
79     while (1) {
80         if (SW2) return;                      //未置于 SW2 位置时立即返回
81         a = rand() % 100;                     //产生不超过 100 的随机数 a,b
82         b = rand() % 100;
83         sprintf(disp_buff,                    //生成算术式及运算结果字符串
84             "%2d + %2d = %2d",a,b,a+b);
85         Write_LCD_Command(0xC0);              //显示位置定位于第 1 行开始位置
86         for (i = 0; i < 16; i++) {            //循环逐个输出算述式字符
87             if (disp_buff[i])   Write_LCD_Data(disp_buff[i]);
88             else                Write_LCD_Data(' ');
89             delay_ms(100);
90         }
91         delay_ms(200);                        //显示完一个算术式后暂停 200ms
92         LCD_ShowString(1,0,"                ");//清空该行(输出 16 个空格)
93     }
94 }
95 //------------------------------------------------------------------
96 // SW3: 全码表字符显示
97 //------------------------------------------------------------------
98 void Show_All_Inter_Chars() {
```

```
99      u8 i,j = 0;
100     Write_LCD_Command(0x0C);                        //开显示,关光标
101     LCD_ShowString(0,0,"LCD1602 DEMO - 3");//第 0 行显示标题
102     LCD_ShowString(1,0,"                ");   //第 1 行清空(输出 16 个空格)
103     LOOP3:
104     Write_LCD_Command(0xC0);                        //显示位置定位于第 1 行开始位置
105     //从 0x20 至 0xFF,超过 0xFF 后溢出为 0x00,循环结束
106     for (i = 0x20; i != 0x00; i++) {
107         if (i >= 0x80 && i <= 0x9F) continue;  //跳过空白区字符
108         if ((++j) % 16 == 0) {                      //判断是否显示满一行
109             delay_ms(500);                          //满一行时延时 500ms
110             LCD_ShowString(1,0,"                ");  //清空该行
111             Write_LCD_Command(0xC0);                //显示位置定位于第 1 行开始位置
112             j = 0;                                  //将显示字符计数变量清零
113         }
114         Write_LCD_Data(i);                          //在当前位置显示编码为 i 的字符
115         delay_ms(20);                               //显示一个字符后短延时 40ms
116         if (SW3) return;                            //未置于 SW3 位置时立即返回
117     }
118     delay_ms(500);                                  //一趟演示后延时 500ms
119     goto LOOP3;                                     //继续全码表字符显示
120 }
121 //------------------------------------------------------------------------
122 // SW4: CGRAM 自定义字符显示
123 //------------------------------------------------------------------------
124 void Display_CGRAM_Chars() {
125     u8 i,j = 0;
126     Write_LCD_Command(0x0C);                        //开显示,关光标
127     LCD_ShowString(0,0,"LCD1602 DEMO - 4");//第 0 行显示标题
128     LOOP4:
129     //第 1 组自定义 CGRAM 字符演示
130     LCD_ShowString(1,0,"                ");   //第 1 行清空(输出 16 个空格)
131     Write_CGRAM(CGRAM_Dat1,7);                      //第 1 组自定义字符写入 CGRAM
132     Write_LCD_Command(0xC0 | 1);                    //显示位置定位于第 1 行第 1 列位置
133     for (i = 6; i != 0xFF; i--){                    //7~1 线式方块逐个显示
134         Write_LCD_Data(i);                          //在当前位置显示编码为 i 的字符
135         delay_ms(50); if (SW4) return;              //未置于 SW4 位置时立即返回
136     }
137     for (i = 0; i <= 6; i++) {                      //1~7 线式方块逐个显示
138         Write_LCD_Data(i);                          //在当前位置显示编码为 i 的字符
139         delay_ms(50); if (SW4) return;              //未置于 SW4 位置时立即返回
140     }
141     delay_ms(500);                                  //第 1 组自定义字符演示后延时 1s
142     //第 2 组自定义 CGRAM 字符演示
143     LCD_ShowString(1,0,"                ");   //第 1 行清空(输出 16 个空格)
144     Write_CGRAM(CGRAM_Dat2,5);                      //第 2 组自定义字符写入 CGRAM
145     Write_LCD_Command(0xC0 | 4);                    //显示位置定位于第 1 行第 4 列位置
146     for (i = 0; i <= 4; i++)    {                   //5 个自定义汉字字符显示
147         Write_LCD_Data(i);                          //在当前位置显示编码为 i 的字符
148         Write_LCD_Data(' ');                        //每显示一个自定义字符后加一空格
149         delay_ms(100);if (SW4) return;              //未置于 SW4 位置时立即返回
150     }
```

```
151     delay_ms(1000);                          //第 2 组自定义字符演示后延时 1s
152     goto LOOP4;                              //继续
153 }
154 //-----------------------------------------------------------------------
155 // 主程序
156 //-----------------------------------------------------------------------
157 void main() {
158     P0M1 = 0x00;     P0M0 = 0x00;            //设置为准双向口
159     P1M1 = 0x00;     P1M0 = 0x00;
160     P2M1 = 0x00;     P2M0 = 0x00;
161     P3M1 = 0xFF;     P3M0 = 0x00;            //将 P3 设置为高阻输入口
162     Initialize_LCD();                        //初始化液晶屏
163     TR0  = 1;                                //启动定时器,提供随机种子
164     while(1)    {                            //主循环控制实现各类演示
165         if (SW1 == 0) H_Scroll_Display();
166         if (SW2 == 0) Cursor_Display();
167         if (SW3 == 0) Show_All_Inter_Chars();
168         if (SW4 == 0) Display_CGRAM_Chars();
169     }
170 }
```

4.9 1602 字符液晶屏（HD44780）工作于 4 位模式显示 DS1302 时钟

如图 4-19 所示，1602 液晶屏仅使用高 4 位数据线及 3 位控制线实现液晶屏显示，明显减少了对单片机引脚的占用。仿真电路运行时，STC15 单片机从 DS1302 循环读取当前日期时间信息并刷新显示在液晶屏上。

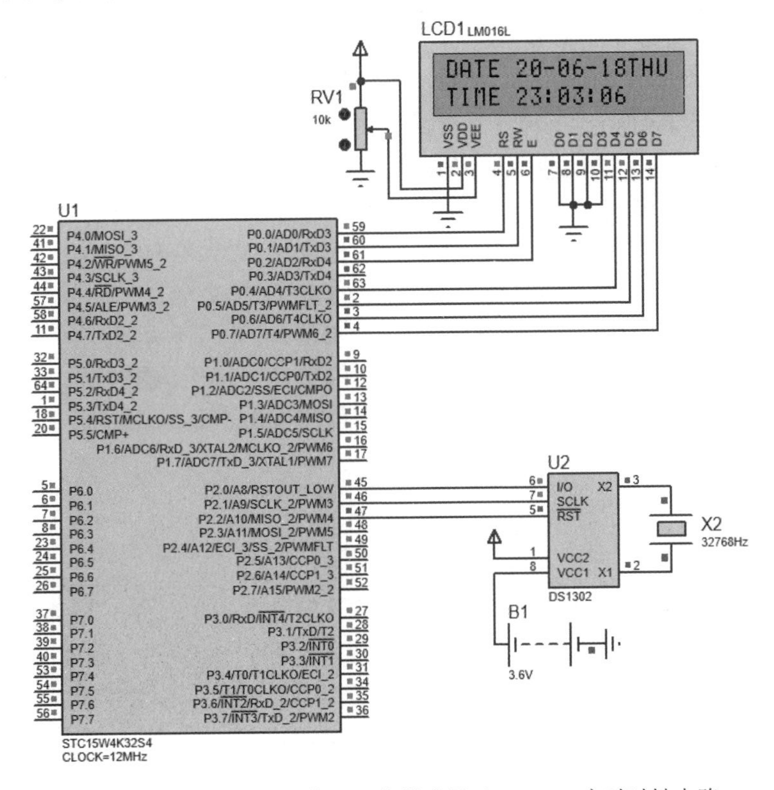

图 4-19　1602 液晶屏工作于 4 位模式显示 DS1302 实时时钟电路

1．程序设计与调试

1）1602 液晶屏在 4 位模式下的程序设计

由 1602 液晶屏命令集可知，1602 液晶屏的“功能设置”命令为 0 0 1 DL N F * *，其高 4 位为 0 0 1 DL，其中 DL 表示 Data Length，即数据长度。当 DL=0 时表示 4 位宽度，可仅使用液晶屏 DB7～DB4 引脚作为数据/命令字节输入接口，每个数据/命令字节分两次传送。

在本案例中，1602 液晶屏仅使用 8 位数据线中的高 4 位（D7～D4），读/写数据或命令字节时，均分两次进行，即先读/写数据或命令字节的高 4 位，后读/写数据或命令字节的低 4 位。

在设置 1602 液晶屏工作于 4 位模式时，由于液晶屏数据端口连接在 P0 端口的高 4 位引脚，其他功能引脚连接 P0 端口低 3 位引脚，初始化程序首先发送命令 LCD_PORT = 0x24，即 P2 = 0x24（即 0010 0100），其中高 4 位的 0010 对应于 DB7～DB4，它使 DB4 被置 0，DB4 对应于 DL 位，因此 DL 被置为 0，选择 4 位模式；其低 4 位 0100 中后三位，使连接在 P0.2～P0.0 引脚的 E、R/W、RS 引脚被置为 100，对应于“使能”、“写入”、“命令寄存器”。

在设置完 1602 液晶屏工作模式后，每次写液晶数据或命令字节，均要分两次进行。例如，在写命令字节 cmd 时，有 LCD_PORT = cmd & 0xF0 | 0x04，它首先取得命令字节 cmd 的高 4 位，然后与 0x04（即 0000 0100）进行或运算，置 E，R/$\overline{W}$，RS 引脚为 100，以实现高 4 位命令字节的写入。在写入高 4 位命令字节后，要注意将 E 引脚置为低电平，这是因为写写低 4 位命令字节时要再次将 E 引脚置为高电平。在写低 4 位命令字节时，有 LCD_PORT = cmd << 4 | 0x04，即首先取得 cmd 的低 4 位，并同样置 E、R/W、RS 引脚为 100，以实现低 4 位命令字节的写入。在写入低 4 位命令字节后，同样要注意将 E 引脚置为低电平。

注意：1602 液晶所有命令/数据字节都必须以 4 位方式发送，写命令/数据字节时，每个字节都要通过连续 2 次的 4 位命令/数据写入（先高 4 位、后低 4 位）来完成，那为何通过“功能设置”命令配置 4 位模式时，只需写一次 4 位命令即可？这是因为对于“功能设置”命令 0 0 1 DL N F * *而言，配置模式的关键对象是 DL 位，而 DL 位恰好处于该命令高 4 位范围之内，因此用户程序只需通过单片机端口，向 1602 液晶端口高 4 位写一次高 4 位命令即可。

2）实时时钟芯片 DS1302 简介

DS1302 是 DALLAS 公司推出的一种高性能、低功耗、带 RAM 的实时日历时钟芯片。DS1302 带有点滴式充电器及 31B RAM，其双电源引脚 VCC1 与 VCC2 分别用于备用电源和主电源供电。DS1302 在保持数据和时钟信息时功耗小于 1mW。它可以对年、月、日、周、时、分、秒进行计时，且具有闰年补偿功能，最大有效年份为 2100 年。

图 4-20 给出了 DS1302 的内部结构与引脚图。DS1302 与单片机通信时仅需要 3 条引线，即复位线 $\overline{RST}$（Reset）、串行时钟线 SCLK（Serial Clock）、输入/输出线 I/O（数据线）。通过这 3 条引线可以串行访问 DS1302 的日期、时钟、设置、RAM 等寄存器地址，从而实现对 DS1302 的所有操作。

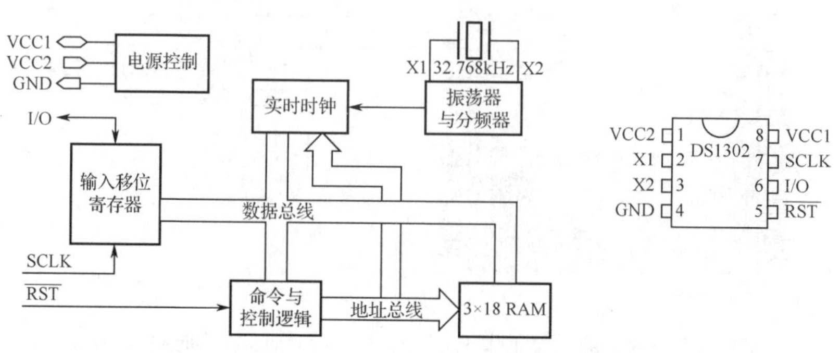

图 4-20　DS1302 内部结构与外部引脚图

3）DS1302 驱动程序设计

在编写读取 DS1302 当前日期时间的函数 GetDateTime 时，可参考图 4-21 所示 DS1302 地址/命令字节格式、寄存器地址及寄存器定义。该函数中，addr 初始值为 0x81，即 10000001，最高 2 位 10 表示要读/写 CLOCK 寄存器数据（如果为 11 则表示要读/写 RAM 数据），最后一位为 1 表示读（RD），其余 5 位 A4A3A2A1A0 为 00000，表示访问的是秒（SEC）寄存器。可见，该函数将从秒开始读取 7 个字节数据，分别是秒、分、时、日、月、周、年。在该函数中，地址每次递增 2，这是因为 CLOCK 寄存器地址第 0 位为读/写（RD/W）位，该位保持为 1，最低地址位实际从第 1 位开始，该地址位递增 1 时，相当于整个地址递增 2。

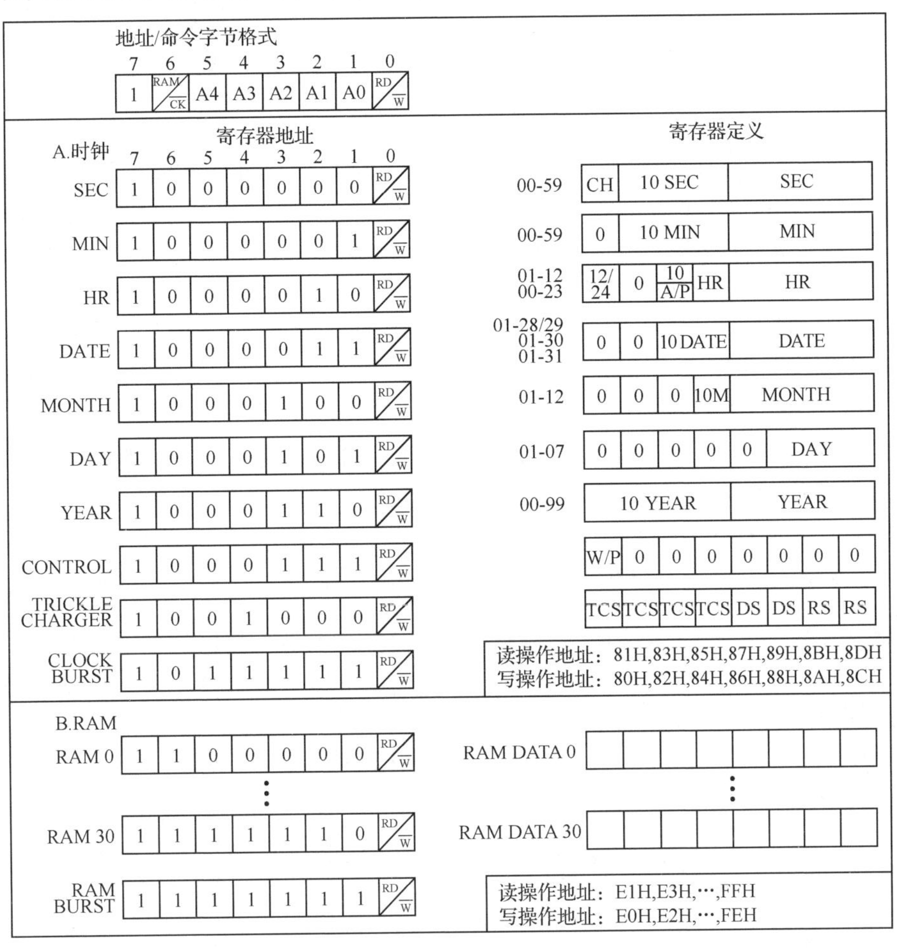

图 4-21　DS1302 时钟及 RAM 寄存器地址结构

编写 DS1302 字节读/写函数 Get_A_Byte_FROM_DS1302 与 Write_A_Byte_TO_DS1302 时，可参考图 4-22 所示时序图。图 4-22 的上下两部分分别为读单字节、写单字节时序。在图 4-22 中，R/C 表示 RAM/CLOCK。根据时序图可知，在读/写 DS1302 时，要首先写入数据地址，注意由低位到高位逐位写入，读取数据也是由低位到高位逐位读取。另外，还要注意 DS1302 所保存的数据是 BCD 编码，读/写时要注意转换。

每次运行程序时，1602 液晶屏所显示的都是 PC 时间。这是因为在 DS1302 的属性设置中，默认选中了“自动根据 PC 时钟初始化”选项。如果取消此选项并重新运行时，所显示的日期时间将全部为 0。

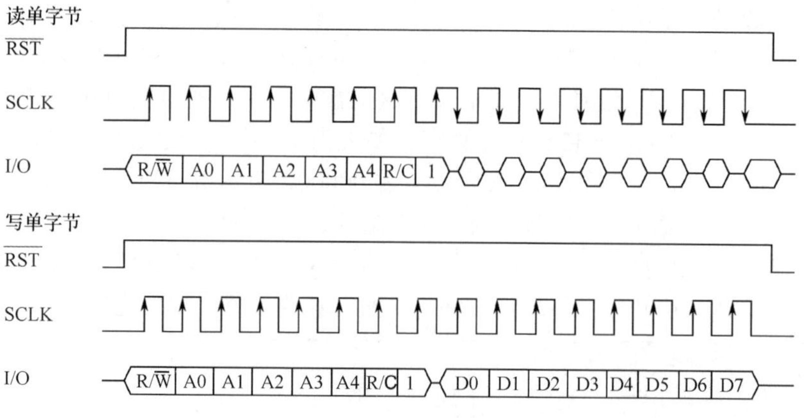

图 4-22　DS1302 单字节读/写时序

对 DS1302 的程序设计，有一点要特别引起注意：秒寄存器的最高位为“CH”，它被定义为时钟停机标志位（Clock Halt），该位为逻辑 1 时时钟停止，DS1302 进入低功耗待机模式，电流小于 100nA；该位为逻辑 0 时，时钟开始运行。根据技术手册可知，时钟停机标志位的上电初始状态是未定义的，故可能出现 DS1302 在实物电路板上开机即可运行，也可能处于停止状态。

为确保 DS1302 上电后能正常工作，要将 0x80 地址高位置 0。也就是说，在系统开机或复位时，初始化程序中应先通过地址 0x81 读秒寄存器，如果所读取的数据高位（CH）为 1，则将读取的值和 0x7F（01111111）执行与（&）操作，使其高位为 0，其余位不变（低 7 位为秒数），然后再将处理后的值回写到 0x80 地址。如果直接将 0x00 写入 0x80 地址，这会导致每次开机初始化 DS1302 时破坏当前的秒数。

由于仿真运行时 DS1302 组件总是默认从 PC 获取当前时钟，因而在 Proteus 中无法观察到这个差异。另外，有关启用 DS1302 点滴式充电器功能的程序，详见第 5 章相关案例。

2. 实训要求

① 用 P1 低 3 位控制 1602 液晶屏的 RS、RW、E 引脚，仍用 4 位模式实现 1602 液晶屏显示。

② 改用数码管显示当时日期时间信息。

③ 在电路中添加调节按键，编程实现日期时间的显示与调节功能。

3. 源程序代码

```
1   //--------------------------- DS1302.c -------------------------------
2   //  名称:DS1302 时钟芯片驱动程序
3   //-------------------------------------------------------------------
4   #include "DS1302.h"
5   u8 DateTime[7]; //保存所读取的日期时间数据
6   //-------------------------------------------------------------------
7   // 向 DS1302 写入 1 个字节
8   //-------------------------------------------------------------------
9   void Write_A_Byte_TO_DS1302(u8 x) {
10      u8 i;
11      for(i = 0x01; i != 0x00 ; i<<=1) { IO = x & i; SCLK = 1; SCLK = 0; }
12  }
13  //-------------------------------------------------------------------
14  // 从 DS1302 读取 1 个字节
15  //-------------------------------------------------------------------
16  u8 Get_A_Byte_FROM_DS1302() {
17      u8 i,dat = 0x00;
```

```
18      for(i = 0x01; i != 0x00; i <<= 1) {
19          if (IO) dat |= i; SCLK = 1; SCLK = 0;  }
20      return dat; //返回所读取的 BCD 编码
21      //将 BCD 编码转换为 10 进制数返回时,使用下面的语句之一
22      //return dat / 16 * 10 + dat % 16;
23      //return (dat >> 4) * 10 + (dat & 0x0F);
24      //注意: 使用不同的编码返回时,主程序中的格式化日期时间函数
25      //Format_DateTime 要使用不同的语句进行分解
26  }
27  //------------------------------------------------------------------
28  // 从 DS1302 指定位置读数据
29  //------------------------------------------------------------------
30  u8 Read_Data(u8 addr) {
31      u8 dat;
32      RST = 0; SCLK = 0; RST = 1;
33      Write_A_Byte_TO_DS1302(addr);  dat = Get_A_Byte_FROM_DS1302();
34      SCLK = 1; RST = 0;
35      return dat;
36  }
37  //------------------------------------------------------------------
38  // 读取当前日期时间
39  //------------------------------------------------------------------
40  void GetDateTime() {
41      u8 i,addr = 0x81;
42      for (i = 0; i < 7; i++, addr +=2 ) DateTime[i] = Read_Data(addr);
43  }
```

```
1   //---------------------------- DS1302.h ----------------------------
2   //  名称:DS1302 时钟芯片驱动程序头文件
3   //------------------------------------------------------------------
4   #include "STC15xxx.h"
5   #include <intrins.h>
6   #define u8  unsigned char
7   #define u16 unsigned int
8   sbit IO     = P2^0;                    //DS1302 数据线
9   sbit SCLK   = P2^1;                    //DS1302 时钟线
10  sbit RST    = P2^2;                    //DS1302 复位线
11  //------------------------------------------------------------------
12  // 相关函数声明
13  //------------------------------------------------------------------
14  u8 DateTime[7];                        //所读取的日期时间
15  void Write_A_Byte_TO_DS1302(u8 x); //向 DS1302 写入 1 个字节
16  u8 Get_A_Byte_FROM_DS1302();         //从 DS1302 读取 1 个字节
17  u8 Read_Data(u8 addr);               //从 DS1302 指定位置读取数据
18  void GetDateTime() ;                 //读取当前日期时间
```

```
1   //------------------------- LCD1602-4bit.c --------------------------
2   //  名称: LCD1602 液晶屏驱动程序(4 位模式)
3   //------------------------------------------------------------------
4   #include "LCD1602-4bit.h"
5   #define MAIN_Fosc 12000000L          //时钟频率定义
6   //------------------------------------------------------------------
7   // 延时函数(参数取值限于 1~255)
8   //------------------------------------------------------------------
```

```
9   void delay_ms(u8 ms) {
10      u16 i;
11      do{
12          i = MAIN_Fosc / 13000;
13          while(--i);
14      }while(--ms);
15  }
16  //-----------------------------------------------------------------------
17  // 向液晶屏写命令
18  //-----------------------------------------------------------------------
19  void Write_LCD_Cmd(u8 cmd) {
20      LCD_PORT = cmd & 0xF0 | 0x04;              //将高4位命令字节写入液晶屏
21      delay_ms(1); EN = 0;   delay_ms(1);      //写入后E引脚重置为低电平
22      LCD_PORT = cmd << 4 | 0x04;                //将低4位命令字节写入液晶屏
23      delay_ms(1); EN = 0;   delay_ms(1);      //写入后E引脚重置为低电平
24  }
25  //-----------------------------------------------------------------------
26  // 向液晶屏写数据
27  //-----------------------------------------------------------------------
28  void Write_LCD_Dat(u8 dat) {
29      LCD_PORT = dat & 0xF0 | 0x05;              //将高4位数据字节写入液晶屏
30      delay_ms(1); EN = 0;   delay_ms(1);      //写入后E引脚重置为低电平
31      LCD_PORT = dat << 4  | 0x05;               //将低4位数据字节写入液晶屏
32      delay_ms(1); EN = 0;   delay_ms(1);      //写入后E引脚重置为低电平
33  }
34  //-----------------------------------------------------------------------
35  // 液晶屏初始化
36  //-----------------------------------------------------------------------
37  void Initialize_LCD() {
38      LCD_PORT = 0xFF;//将液晶屏端口全部置为高电平
39      LCD_PORT = 0x24;//设置4位模式,并置EN，RW，RS为1,0,0,准备写命令寄存器
40      EN = 0;    //上一行代码EN已被置1,完成了命令写入,此行E引脚被重置为低电平
41      //以下每条命令都要分别发送高4位与低4位命令字节
42      Write_LCD_Cmd(0x28); delay_ms(1);  //功能设置(4位，双行，5×7点阵)
43      Write_LCD_Cmd(0x0C); delay_ms(1);  //开显示
44      Write_LCD_Cmd(0x06); delay_ms(1);  //模式设置
45      Write_LCD_Cmd(0x01); delay_ms(1);  //清屏
46      Write_LCD_Cmd(0x02); delay_ms(1);  //光标定位于右上角
47  }
48  //-----------------------------------------------------------------------
49  // 在指定位置显示字符串
50  //-----------------------------------------------------------------------
51  void LCD_ShowString(u8 r, u8 c,char *str) {
52      u8 i = 0;
53      code u8 DDRAM[] = {0x80,0xC0};      //液晶屏上/下两行的DDRAM起始地址
54      Write_LCD_Cmd(DDRAM[r] | c);        //设置显示起始位置
55      //输出字符串
56      for (i = 0; i < 16 && str[i]!= '\0';i++) Write_LCD_Dat(str[i]);
57  }
```

```
1   //------------------------ LCD1602-4bit.h --------------------------
2   //  名称：1602液晶屏驱动程序头文件（4位模式）
3   //-----------------------------------------------------------------------
4   #include "STC15xxx.h"
```

```
5   #include <intrins.h>
6   #define u8  unsigned char
7   #define u16 unsigned int
8   //LCD 引脚定义
9   sbit RS = P0^0;                          //液晶屏寄存器选择
10  sbit RW = P0^1;                          //液晶屏读/写控制
11  sbit EN = P0^2;                          //液晶屏使能控制
12  //液晶端口定义
13  #define LCD_PORT P0                      //液晶屏端口连接 P0 高 4 位
14  //LCD 相关函数
15  void delay_ms(u8 x);                     //延时函数
16  void Initialize_LCD();                   //液晶屏初始化
17  void LCD_Busy_Wait();                    //忙等待
18  void Write_LCD_Dat(u8 dat);              //向液晶屏写入数据
19  void Write_LCD_Cmd(u8 cmd);              //向液晶屏写入命令
20  void LCD_ShowString(u8,u8,char*);        //液晶屏显示字符串
```

```
1   //--------------------------- main.c -------------------------------
2   //  名称: 1602 字符液晶屏(HD44780)工作于 4 位模式显示 DS1302 时钟
3   //------------------------------------------------------------------
4   //  说明: 从 DS1302 中读取时钟数据,在液晶屏上显示日期时间(1602 液晶屏工作于 4 位模式)
5   //
6   //------------------------------------------------------------------
7   #include "STC15xxx.h"
8   #include <intrins.h>
9   #include <stdio.h>
10  #include <string.h>
11  #include <math.h>
12  #define u8  unsigned char
13  #define u16 unsigned int
14  //0~6 分别对应周日,周一至周六
15  u8 *WEEK[] = {"SUN","MON","TUS","WEN","THU","FRI","SAT"};
16  //液晶屏显示缓冲区(字符串长度均为 16 位,下面两个字符串 DATE 和 TIME 后各有一个空格
17  //字符串的最后面各有 3 个空格.
18  char LCD_BUF_1[] = "DATE 00-00-00   ";
19  char LCD_BUF_2[] = "TIME 00:00:00   ";
20  extern void GetDateTime() ;                   //读取当前日期时间
21  extern void Initialize_LCD();                 //液晶屏初始化
22  extern void LCD_ShowString(u8, u8,u8 *);      //在液晶屏上显示字符串
23  extern u8 DateTime[7];                        //所读取的日期时间
24  extern void delay_ms(u8);
25  //------------------------------------------------------------------
26  // 日期与时间值转换为数字字符
27  // 输入的参数 d 为 BCD 编码时, 使用下面语句[1]、[2]之一
28  // 输入的参数 d 为十进制数时, 使用下面语句[3]
29  // 建议 DS1302.c 子程序内的函数 GetDateTime()直接返回 BCD 编码,这样可节省一次转换
30  // 如果在 GetDateTime()内转换为十进制数返回,本函数内再转换为字符,
31  // 这将影响程序运行速度
32  //------------------------------------------------------------------
33  void Format_DateTime(u8 d, u8 *a) {
```

```
34        //如果 GetDateTime()直接返回 BCD 编码，返回则使用下面的语句
35        *a = (d >> 4) + '0'; *(a+1) = (d & 0x0F) + '0';//[1]
36        //或者使用下面的语句,更优的写法显然是上面含有位运算符(>>,&)的语句
37        //*a = d / 16 + '0';  *(a+1) = d % 16 + '0';    //[2]
38        //-----------------------------------------------------
39        //如果 GetDateTime()将 BCD 编码转换为十进制数以后再返回
40        //则应使用下面的语句
41        //*a = d / 10 + '0'; *(a+1) = d % 10 + '0';     //[3]
42    }
43    //------------------------------------------------------------------------
44    // 主程序
45    //------------------------------------------------------------------------
46    void main() {
47        P0M1 = 0x00; P1M0 = 0x00;        //P0、P2 配置为准双向口
48        P2M1 = 0x00; P2M0 = 0x00;
49        Initialize_LCD();                //液晶屏初始化
50        while(1) {
51            GetDateTime();               //从 DS1302 读取日期时间
52            //格式化年、月、日
53            Format_DateTime(DateTime[6],LCD_BUF_1 + 5);
54            Format_DateTime(DateTime[4],LCD_BUF_1 + 8);
55            Format_DateTime(DateTime[3],LCD_BUF_1 + 11);
56            //格式化星期
57            strcpy(LCD_BUF_1 + 13,WEEK[DateTime[5] - 1]);
58            //格式化时、分、秒
59            Format_DateTime(DateTime[2],LCD_BUF_2 + 5);
60            Format_DateTime(DateTime[1],LCD_BUF_2 + 8);
61            Format_DateTime(DateTime[0],LCD_BUF_2 + 11);
62            //显示年、月、日、星期、时、分、秒
63            LCD_ShowString(0,0,LCD_BUF_1);
64            LCD_ShowString(1,0,LCD_BUF_2);
65        }
66    }
```

4.10 1604 字符液晶屏（HD44780）显示 I²C 接口 PCF8583 日历时钟

图 4-23 所示电路中，使用的 PCF8583 芯片是 PHILIPS 公司生产的带 I²C 接口的 CMOS 型实时时钟集成电路。它将时钟和用户 RAM 集于一体，具有完善的时钟功能，并能保存一定数量的用户数据。在本案例仿真电路运行时，日历/时钟信息将实时显示在 1604 液晶屏上。

1. 程序设计与调试

1）1604 液晶屏显示程序设计

LM041L 为 1604 液晶屏。它比 1602 液晶屏多出了两行显示空间。双击本案例仿真电路中的 LM041L，在 Advanced Properties（增强属性）中可看到 ROW1～ROW4 分别为 80～8F，C0～CF，90～9F，D0～DF。在与上个案例完全相同的 4 位模式下 1604 液晶屏驱动程序中仅有的差别如下：

```
void LCD_ShowString(u8 r, u8 c,char *s) {
    u8 i = 0;   code Row[] = {0x80,0xC0,0x90,0xD0};//4 行的 DDRAM 起始地址
    Write_LCD_Cmd(Row[r] + c);                          //设置显示起始位置
```

```
    //输出字符串(一行不超过16个字符)
    i = 0; while (s[i] && i < 16) Write_LCD_Dat(s[i++]);
}
```

其中，code Row[]比1602液晶屏驱动程序多出了两个行地址（ROW ADDRESS）定义。

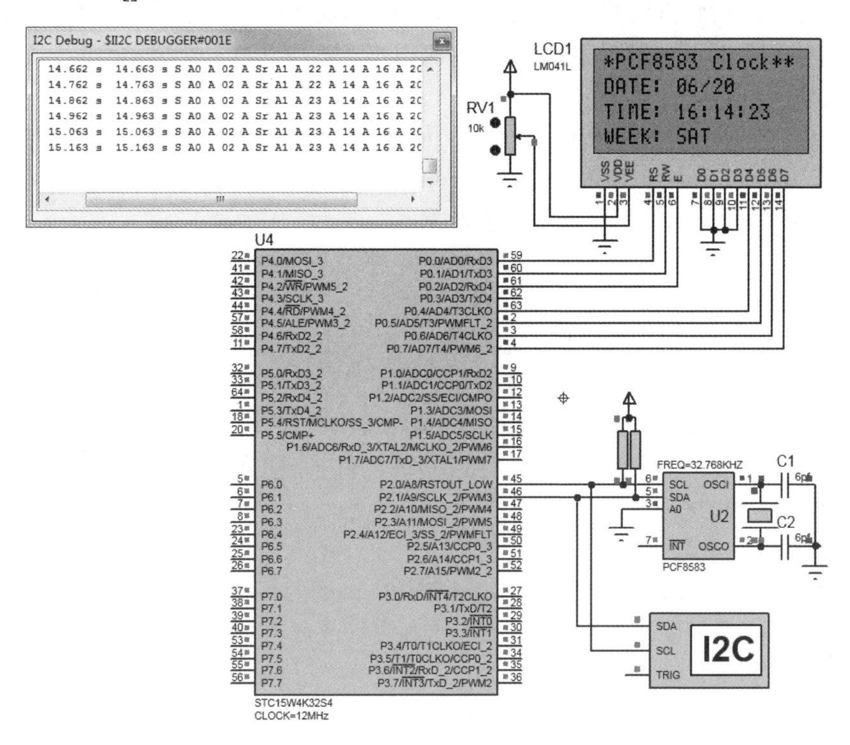

图 4-23　1604字符液晶屏（HD44780）显示I²C接口PCF8583日历时钟电路

2）PCF8583简介

PCF8583芯片具有4年日历时钟，12/24h格式，时基可选择32.768kHz或50Hz，带可编程的闹钟、定时和中断功能。PCF8583芯片体积小、硬件连线少、并带有256B的静态RAM。图4-24给出了PCF8583的内部结构及外部引脚图。其中，256B中前16B为可寻址的8位特殊功能寄存器，时钟的各种功能正是通过设置这些特殊功能寄存器完成的；后240B RAM可用于保存用户数据。

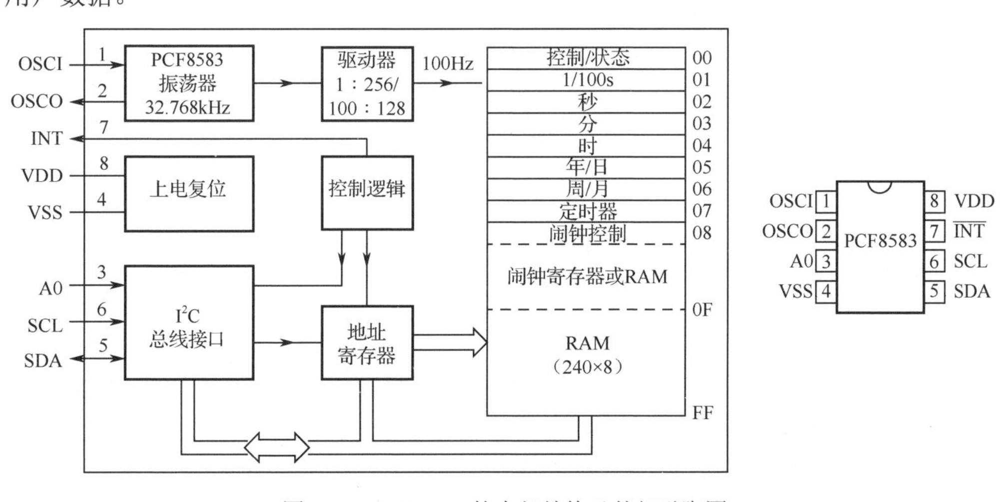

图 4-24　PCF8583的内部结构及外部引脚图

PCF8583 与其他设备之间的通信基于 I^2C 总线接口。二线制的 I^2C 总线包括串行时钟 SCL（Serial Clock）线和串行数据 SDA（Serial Data）线。由于 I^2C 总线通信为同步串行数据传输，其内部为双向传输电路，其接口为开漏结构，在 I^2C 总线上必须有上拉电阻（通常可取 5～10kΩ）。PCF8583 能实现 I^2C 总线的“线与”功能，保证 I^2C 总线空闲时，外部上拉电阻将串行时钟线（SCL）和串行数据线（SDA）拉为高电平。

3）I^2C 总线接口相关技术

采用串行总线技术可以使系统硬件设计大为简化，常用的串行总线有 I^2C（Inter IC Bus）总线、单总线（1-wire Bus）、SPI 总线及 Microwire/PLUS 总线等。在研究 PCF8583 驱动程序设计之前，先来熟悉 I^2C 总线接口通信相关技术。

I^2C 是 PHILIPS 公司提出的串行通信接口规范。使用 I^2C 总线要熟悉以下基本概念。

- 发送器：发送数据到 I^2C 总线的器件。
- 接收器：从 I^2C 总线接收数据的器件。
- 主机：初始化发送、产生时钟信号及负责终止发送的器件，对于本书，主机均为单片机。
- 从机（又称从器件、子器件、Slaver/Sub-Device）：具有 I^2C 总线唯一地址，可被主机寻址的器件，本书所涉及的从机有 EEPROM 器件、温度传感器、时钟芯片等。

I^2C 总线数据传送的相关规定及技术要点如下所述。

① 数据位有效性规定。

进行 I^2C 总线数据传送时，SDA 线上数据在 SCL 线为高电平期间必须保持稳定，只有在 SCL 时钟信号为低电平期间，数据线 SDA 上的高电平或低电平状态才允许变化。

② 起始（S）和终止（P）信号。

I^2C 总线起始信号与终止信号定义如下。

- SCL 线为高电平期间，SDA 线由高电平向低电平的跳变表示“起始信号”。
- SCL 线为高电平期间，SDA 线由低电平向高电平的跳变表示“终止信号”。

起始和终止信号定义中，SDA 的变化均在 SCL 为高电平期间发生，这样的变化被 I^2C 总线认为是非有效数据位，而是启/停控制信号位。下面是 I2C.h 给出的 I^2C 总线启/停宏定义：

```
#define IIC_Start()      \
{ SDA = 1; NOP4(); SCL = 1; NOP4(); SDA = 0; NOP4(); SCL = 0; }
#define IIC_Stop()       \
{ SDA = 0; NOP4(); SCL = 1; NOP4(); SDA = 1; NOP4(); }
```

起始和终止信号均由主机输出。

- 主机输出起始信号后，总线处于被占用状态，IIC_Start()将 SDA、SCL 均置为低电平。
- 主机输出终止信号后，总线处于空闲状态，IIC_Stop()将 SDA、SCL 均置为高电平。

如果要使 I^2C 总线启/停宏定义语句“对称”，在设计时可删除宏定义 IIC_Start 的最后一句，于是有：

```
#define IIC_Start()      \
{ SDA = 1; NOP4(); SCL = 1; NOP4(); SDA = 0; NOP4(); }
#define IIC_Stop()       \
{ SDA = 0; NOP4(); SCL = 1; NOP4(); SDA = 1; NOP4(); }
```

但是要特别注意，在随后每次 IIC_Start 之后均要调用的向 I^2C 总线写入 1 字节并读取从机应答的函数 IIC_WriteByte 中，一定要在函数内 for 循环之前加入“SCL=0”，因为 for 循环语句内分别执行的是写 SDA，并通过 SCL 输出 1-0 脉冲，因此只有在 for 循环之前设置 SCL=0，才能保证循环内“写 SDA”的第一行语句能够输出“有效”比特位，因为 I^2C 总线的数据有效性规定：SCL 时钟信号为低电平期间才允许 SDA 线数据状态变化。

接收器收到 1 字节数据后，如果要完成一些其他工作，如处理内部中断服务等，可能无法立即接收下 1 字节，此时接收器件（如单片机）可将 SCL 线拉至低电平，从而使发送器处于等待状态，接收器准备好接收下 1 字节时，再释放 SCL 线使之为高电平，继续数据接收。

③ 字节传送与应答。

在启动 I^2C 总线后，所传输的每字节数据必须均为 8 位长度，且高位优先被传送，每字节数据后面跟随一位“应答”位，故一帧数据共有 9 位。

如果从机由于某种原因不能应答主机，它必须将 SDA 线置为高电平，此时主机读取到从机的非应答信号时可产生一个终止信号，结束总线数据传送。

主机接收从机最后 1 字节数据之前的每个字节均要向从机发送应答信号。当主机接收到从机最后 1 字节数据时，它要向从机发出一个“非应答”信号，以便从机结束传送，从机随后释放 SDA 线，以便允许主机产生终止信号。

I^2C 总线协议信号及相关信号时序（部分）如图 4-25 所示，其中包括起始信号、终止信号、应答/非应答信号及部分相关信号时序（主机输出信号时序、从机应答信号时序）。

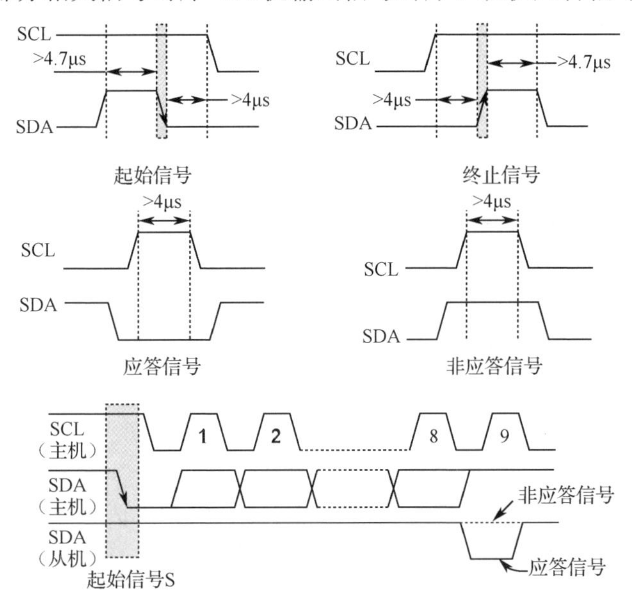

图 4-25 I^2C 总线协议信号及相关信号时序（部分）

I2C.h 给出的三个有关应答（Acknowledge）的宏定义如下，它们均生成第 9 个时钟脉冲，所执行的分别是主机释放 SDA 并读取从机应答，主机读取 1 字节从机数据后向从机发送应答信号、主机读取最后 1 字节从机数据后向从机发送非应答信号。

```
//1.主机读从机应答信号。   -----------------------------------------------
#define IIC_Rd_Ack()    \
{ SDA = 1; NOP4(); SCL = 1;NOP4(); F0 = !SDA; NOP4(); SCL = 0; }
//2.主机发送应答信号       -----------------------------------------------
#define IIC_Ack()       \
{ SDA = 0; NOP4(); SCL = 1;NOP4(); SCL = 0; NOP4(); SDA = 1; }
//3.主机发送非应答信号     -----------------------------------------------
#define IIC_NAck()      \
{ SDA = 1; NOP4(); SCL = 1;NOP4(); SCL = 0; NOP4(); SDA = 0; }
```

④ 数据帧格式。

I^{2}C 总线传送的数据信号包括地址、数据（或命令）、应答信号等。在起始信号后必须传送总线上一个从机的唯一地址（7 位）。该地址最低位（0 位）为数据传送方向（接收/发送，又称 R/W、读/写）位，为“0”表示主机发送数据（W），为“1”表示主机接收数据（R）。图 4-26 左上角列出了 PCF8583（从机）地址格式为 101000A0 R/$\overline{W}$。它由固定部分和可编程部分组成。其中，固定部分有 6 位（101000）；可编程部分仅有 1 位（A0）。可见，在同一个 I^{2}C 总线上最多可同时挂载两片 PCF8583。

⑤ I^{2}C 总线上数据传送的 3 种组合方式。

- 主机向从机发送数据，数据传送方向在传送过程中不变，如先发送从机地址，接着发送数据（或命令字节）等。

S	从机地址	0	A	数据	A	数据	A/$\overline{A}$	P

- 当数据传送过程中要改变传送方向时，起始信号和从机地址都被重复产生一次，两次读/写方向正好相反，主机每读取 1 字节数据便发送一个应答信号，而当读取到最后 4 个字节数据后，主机发送一个非应答信号。

S	从机地址	0	A	数据	A/$\overline{A}$	S	从机地址	1	A	数据	A	数据	$\overline{A}$	P

- 主机输出第一字节数据后，立即读从机发回的数据。

S	从机地址	1	A	数据	A	数据	$\overline{A}$	P

上述 3 种传输方式的相关说明如下。

- 标有底色的部分由主机发送，无底色的部分由从机发送。
- 方框加了粗线的表示可以重复（可以是多字节及相应的应答位）。
- 0/1 表示写（W）/读（R）。
- S/P 表示起始（Start）/停止（Stop）信号。
- A 表示应答（低电平）信号，$\overline{A}$ 表示非应答（高电平）信号。
- 无底色方框中的 A 或 $\overline{A}$ 表示主机在发送 1 字节数据后，接着在第 9 个时钟脉冲信号时释放 SDA 线，读取从机应答信号（可能读到低电平，也可能读到高电平）。
- 有底色的方框中的 A 或 $\overline{A}$ 表示主机读取 1 字节从机数据后，向从机发送应答或非应答信号。

4）PCF8583 时钟芯片 I^{2}C 接口程序设计

对 PCF8583 的访问通过功能寄存器进行，其地址范围为 00H～0FH。其中，功能模式设置寄存器地址为 00H、08H，例如，通过控制/状态寄存器（00H 地址）可设置 32.768kHz 时钟方式、50Hz 时钟方式或事件计数器方式。I^{2}C 协议 PCF8583 从机地址格式及各类操作模式如图 4-26 所示。

在本案例仿真电路中，PCF8583 的 A0 引脚为低电平，故本案例 PCF8583.h 子程序所定义的从机读/写地址为：

```
#define PCF8583_ADDR_RD 0xA1
#define PCF8583_ADDR_WR 0xA0
```

地址字节 0xA0、0xA1 中的“A”对应于从机地址的高 4 位“1010”，最后面的 0、1 对应用于写（W）操作与读（R）操作。参考图 4-26 中 I^{2}C 总线的 3 种操作模式（第一种为写操作，后两种为读操作），可以很容易编写 PCF8583 的相关操作函数。例如，从 PCF8583 指定地址读多字节数据到缓冲器的函数 void Read_PCF8583 (INT8U addr,INT8U *buf,INT8U len)设计就是参照图 4-26 中的操作（2）编写的。

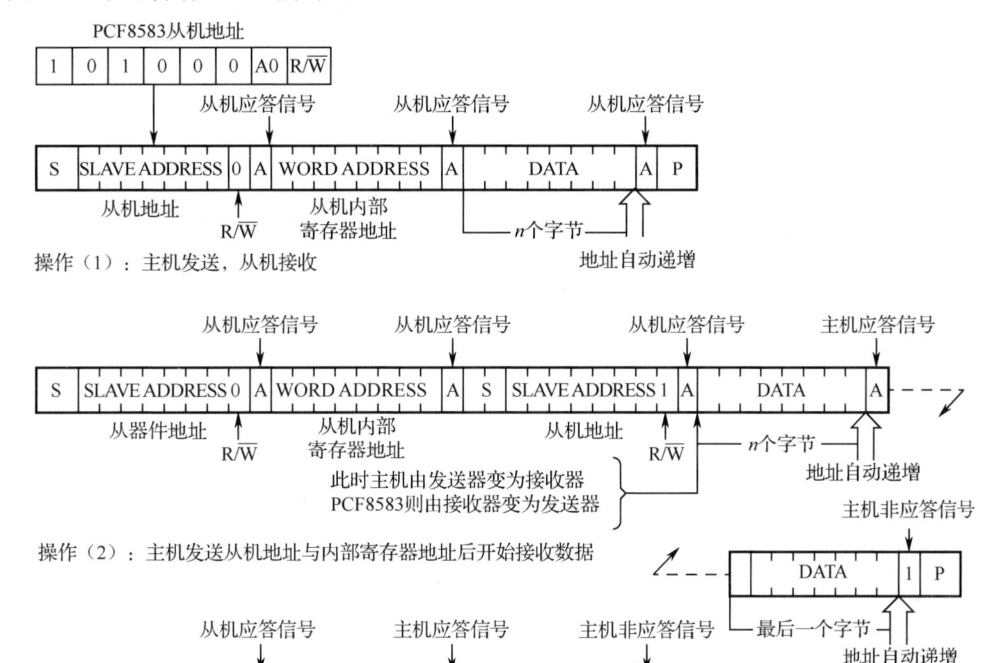

图 4-26　I^2C 协议 PCF8583 从机地址格式及各类操作模式

2. 实训要求

① 进一步编写程序，启用 PCF8583 的闹钟功能。

② 掌握后续有关 AT24C04 器件程序设计技术以后，在 I^2C 总线上同时挂载 AT24C04 与 PCF8583，并同时实现 EEPROM 数据访问及实时时钟显示功能设计。

3. 源程序代码

```
1   //------------------------------- PCF8583.c ----------------------------
2   // 名称: PCF8583实时时钟驱动程序
3   //-----------------------------------------------------------------------
4   #define u8  unsigned char
5   #define u16 unsigned int
6   #include "STC15xxx.h"
7   #include <intrins.h>
8   #include <string.h>
9   sbit SCL = P2^0;
10  sbit SDA = P2^1;
11  #include "I2C.h"                          //I2C总线通用宏及函数
12  #include "PCF8583.h"                      //日期时钟芯片驱动程序头文件
13  //0,1,2,3,4,5,6分别对应周日，周一至六
14  char WEEK[][4] = {"SUN","MON","TUS","WEN","THU","FRI","SAT"};
```

```
15  //所读取的 PCF8583 数据及转换后的日期时间数据
16  u8 PCF8583_DATA[5],DateTime[7];
17  //-----------------------------------------------------------------------
18  // 从 PCF8583 指定地址读多字节到缓冲区
19  //-----------------------------------------------------------------------
20  void Read_PCF8583(u8 addr,u8 *buf,u8 n) {
21      u8 i;
22      IIC_Start();                        //启动 I²C 总线
23      IIC_WriteByte(PCF8583_ADDR_WR);//发送 PCF8583 地址(W)
24      IIC_WriteByte(addr);                //发送内部寄存器地址
25      IIC_Start();                        //再次启动 I²C 总线
26      IIC_WriteByte(PCF8583_ADDR_RD);//发送 PCF8583 地址(R)
27      for(i = 0;i < n - 1;i++) {         //循环读取 n-1 个字节
28          buf[i] = IIC_ReadByte();        //主机读一个字节
29          IIC_Ack();                      //主机发送应答信号
30      }
31      buf[n - 1] = IIC_ReadByte();        //主机读取最后一个字节
32      IIC_NAck();                         //主机发送非应答信号
33      IIC_Stop();                         //I²C 总线停止
34  }
35  //-----------------------------------------------------------------------
36  // 读取 7 个字节 PCF8583 时钟数据并整理到 DateTime 数组
37  //-----------------------------------------------------------------------
38  void GetDateTime() {
39      //跳过控制字节(0x00)和 1/100s 字节(0x01)
40      //从 0x02 地址(秒)开始读取 5 个字节数据,存入缓冲区 PCF8583_DATA
41      Read_PCF8583(0x02,PCF8583_DATA,5);
42      //从读取的 5 个字节 PCF8583 数据中整理出 7 项日期时间信息
43      DateTime[0] = PCF8583_DATA[0];          //秒
44      DateTime[1] = PCF8583_DATA[1];          //分
45      DateTime[2] = PCF8583_DATA[2] & 0x3F;   //时
46      DateTime[3] = PCF8583_DATA[3] & 0x3F;   //日
47      DateTime[4] = PCF8583_DATA[4] & 0x1F;   //月
48      DateTime[5] = PCF8583_DATA[3]>>6;       //年
49      DateTime[6] = PCF8583_DATA[4]>>5;       //周
50  }
```

```
1   //---------------------------- I²C.h ----------------------------
2   // 名称: I²C 总线通用宏及函数
3   //-----------------------------------------------------------------------
4   #ifndef ___IIC___
5   #define ___IIC___
6   //-----------------------------------------------------------------------
7   void Delay() { //@11.0592MHz //约 5us
8       u8 i;
9       _nop_();
10      i = 11;
11      while (--i);
12  }
13  //I²C 总线启动      -----------------------------------------------
14  #define IIC_Start()     \
15  { SDA = 1; Delay(); SCL = 1; Delay(); SDA = 0; Delay(); /*SCL=0;*/}
```

```
16 //I²C 总线停止    ----------------------------------------------------
17 #define IIC_Stop()        \
18 { SDA = 0; Delay(); SCL = 1; Delay(); SDA = 1; Delay(); /*SCL=0;*/}
19 //-----------------------------------------------------------------------
20 //以下 3 个有关应答信号的宏定义均生成第 9 个时钟脉冲,读取应答信号或发送应答/非应答信号
21 //1.主机读从机应答信号 ---------------------------------------------
22 //注：当 SDA=1 时,准备读取应答信号,在根据应答位信号做出响应时可引用 F0
23 #define IIC_Rd_Ack()      \
24 { SDA=1;Delay();SCL=1;Delay();/*F0=!SDA;*/Delay();SCL=0; }//OK 版
25 //{ SDA=1;Delay();SCL=1;Delay();SCL=0;Delay();F0=!SDA; }   //OK 版
26 //以下两个宏定义执行的前一时刻 SCL 线上的信号均已为 0，此时 SDA 线上的信号允许变化
27 //2.主机发送应答信号   ---------------------------------------------
28 //时序：SCL 线上的信号此前为低电平,SDA 线上的信号先为高电平,后被拉为低电平且维持
29 //低电平时间大于 4μs,SCL 线上的信号维持高电平时间大于 4μs,最后将 SCL 线上的信号
30 //置为低电平,将 SDA 还原为高电平
31 #define IIC_Ack()         \
32 { SDA = 1; Delay(); SDA = 0; Delay(); SCL = 1; Delay(); SCL = 0; SDA = 1; }
33 //3.主机发送非应答位信号   -----------------------------------------
34 //时序：SCL 线上的信号此前为低电平,SDA 线上的信号先为低电平,后被拉为高电平且维持
35 //低电平时间大于 4μs,SCL 线上的信号维持高电平时间大于 4μs,最后将 SCL 线上的信号
36 //置低电平,将 SDA 还原为低电平
37 #define IIC_NAck()        \
38 { SDA = 0; Delay(); SDA = 1; Delay(); SCL = 1; Delay(); SCL = 0; SDA = 0;}
39 //-----------------------------------------------------------------------
40 // 主机向 I²C 总线写一个字节
41 //-----------------------------------------------------------------------
42 bit IIC_WriteByte(u8 dat) {
43     u8 i; SCL = 0;
44     for(i = 0; i < 8; i++) {                //8 个时钟脉冲
45         Delay(); dat <<= 1; SDA = CY;   //高位优先输出
46         Delay(); SCL = 1; Delay(); SCL = 0;
47     }//时钟序列：SCL = 0 1 0 1 0 1 0 1  0 1 0 1 0 1 0 1 -- 0
48     Delay();
49     IIC_Rd_Ack();                           //读取从机应答信号
50     return F0;                              //返回应答状态
51 }
52 //-----------------------------------------------------------------------
53 // 主机从 I²C 总线读一个字节
54 //-----------------------------------------------------------------------
55 u8 IIC_ReadByte() {
56     u8 i,dat = 0x00; //SDA = 1;            //置数据线为输入状态
57     for(i = 0; i < 8; i++) {                //8 个时钟周期循环读取一个字节
58         Delay(); SDA = 1;
59         Delay(); SCL = 1;                   //将时钟线置为高电平
60         Delay(); dat = (dat<<1) | SDA; //主机读取 1 位
61         Delay(); SCL = 0;                   //将时钟线置为低电平
62     }//时钟序列：SCL = 1 0 1 0 1 0 1 0 1 0 1 0 1 0 1 0
63     Delay();
64     return dat;                             //返回读取的字节
65 }
66 //-----------------------------------------------------------------------
67 #endif

1  //----------------------------- PCF8583.h -----------------------------
```

```
2   // 名称: PCF8583实时时钟程序头文件
3   //--------------------------------------------------------------------
4   #ifndef __PCF8583_H__    //条件编译语句,防止此头文件被重复包含
5   #define __PCF8583_H__
6   //PCF8583器件读/写操作地址
7   #define PCF8583_ADDR_RD 0xA1
8   #define PCF8583_ADDR_WR 0xA0
9   //函数声明
10  void Read_PCF8583(u8 addr,u8 *buf,u8 n);
11  void GetDateTime();
12  #endif
```

```
1   //----------------------------- main.c ------------------------------
2   //  名称: PCF8583实时时钟显示程序
3   //--------------------------------------------------------------------
4   //  说明: 从PCF8583中读取日历时钟数据并将其显示于液晶屏
5   //
6   //--------------------------------------------------------------------
7   #define u8  unsigned char
8   #define u16 unsigned int
9   #include "STC15xxx.h"
10  #include "PCF8583.h"
11  #include <intrins.h>
12  #include <stdio.h>
13  #include <string.h>
14  extern void LCD_ShowString(u8 r, u8 c,u8 *str);
15  extern void Initialize_LCD();
16  extern void delay_ms(u8 ms);
17  extern u8 DateTime[7];
18  extern char WEEK[][4];
19  char buf1[12] = "DATE: 00/00";
20  char buf2[16] = "TIME: 00:00:00";
21  char disp_buff[10];
22  //--------------------------------------------------------------------
23  // 日期与时间值转换为数字字符
24  //--------------------------------------------------------------------
25  void Format_DateTime(u8 d, u8 *a) {
26      *a = (d >> 4) + '0'; *(a+1) = (d & 0x0F) + '0';
27  }
28  //--------------------------------------------------------------------
29  // 主程序
30  //--------------------------------------------------------------------
31  void main() {
32      P0M1 = 0; P0M0 = 0;           //配置为准双向口
33      P2M1 = 0; P2M0 = 0;
34      Initialize_LCD();
35      LCD_ShowString(0,0,(char *)"*PCF8583 Clock**");
36      while (1) {
37          GetDateTime();            //读取PCF8583实时时钟
38          //按格式"DATE: 00/00" 显示月/日
39          Format_DateTime(DateTime[4],buf1 + 6);
40          Format_DateTime(DateTime[3],buf1 + 9);
41          LCD_ShowString(1,0, buf1);
42          //按格式"TIME: 00-00-00"显示时/分/秒
```

```
43            Format_DateTime(DateTime[2],buf2 + 6);
44            Format_DateTime(DateTime[1],buf2 + 9);
45            Format_DateTime(DateTime[0],buf2 + 12);
46            LCD_ShowString(2,0, buf2);
47            //按格式“WEEK: ×××”显示星期
48            sprintf(disp_buff,"WEEK: %3s", WEEK[DateTime[6] - 1]);
49            LCD_ShowString(3,0, disp_buff);
50            delay_ms(50);
51        }
52    }
```

4.11 ERM19264（KS0108）液晶屏应用测试

ERM19264（KS0108）液晶屏应用测试电路如图 4-27 所示。ERM19264 液晶屏由 KS0108 芯片控制。ERM19264 液晶屏屏幕的顶部根据提取的汉字点阵数据显示汉字，而屏幕的其余部分根据提取的 BMP 图像点阵数据显示图像。

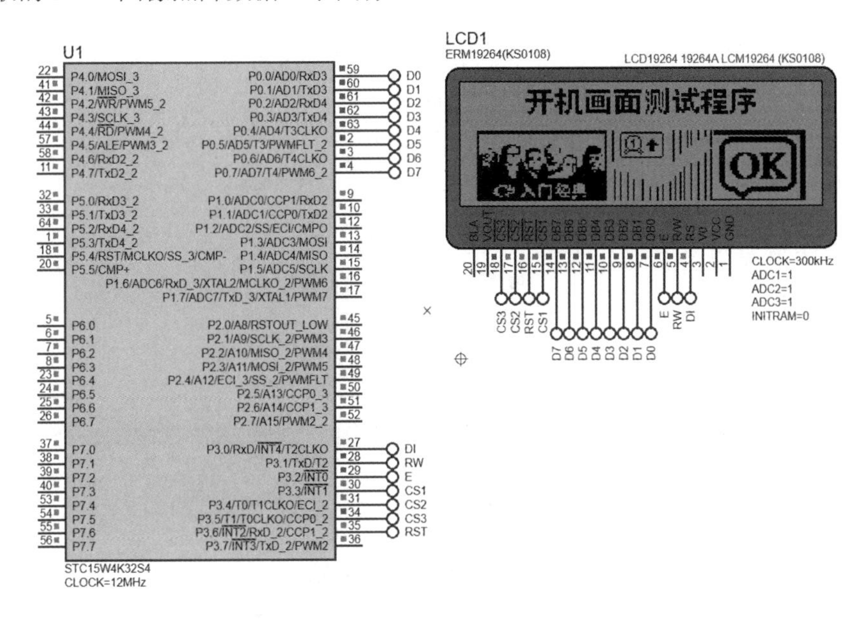

图 4-27　ERM19264（KS0108）液晶屏应用测试电路

1. 程序设计与调试

1）ERM19264（KS0108）液晶屏基本结构及字模提取方法

如图 4-28 所示，由 ERM19264 液晶屏像素与显示 RAM 的映射关系（左半屏）可知，在显示字符“A”时，首先输出的是该字符点阵最左边的像素，也就是第一列像素，其对应的字节数据高位在下、低位在上，然后再输出第 2 列、第 3 列…，每列 8 位（1 个字节）。

获取待显示汉字点阵数据时，可使用字模软件 Zimo。打开 Zimo 软件后，首先要在图 4-29 所示窗口中单击“参数设置/文字输入区字体选择”，将字体设为黑体、小四号；然后在文字输入区中输入“液晶屏测试程序”并按下 Ctrl+Enter 组合键；接着点击“参数设置/其他选项”，按图 4-30 所示对话框设置取模方式为“纵向取模”“字节倒序”；最后单击“取模方式/C51 格式”即可生成汉字点阵数据。生成的数据显示在“点阵生成区”中，将这些数据直接复制粘贴到源程序中即可。

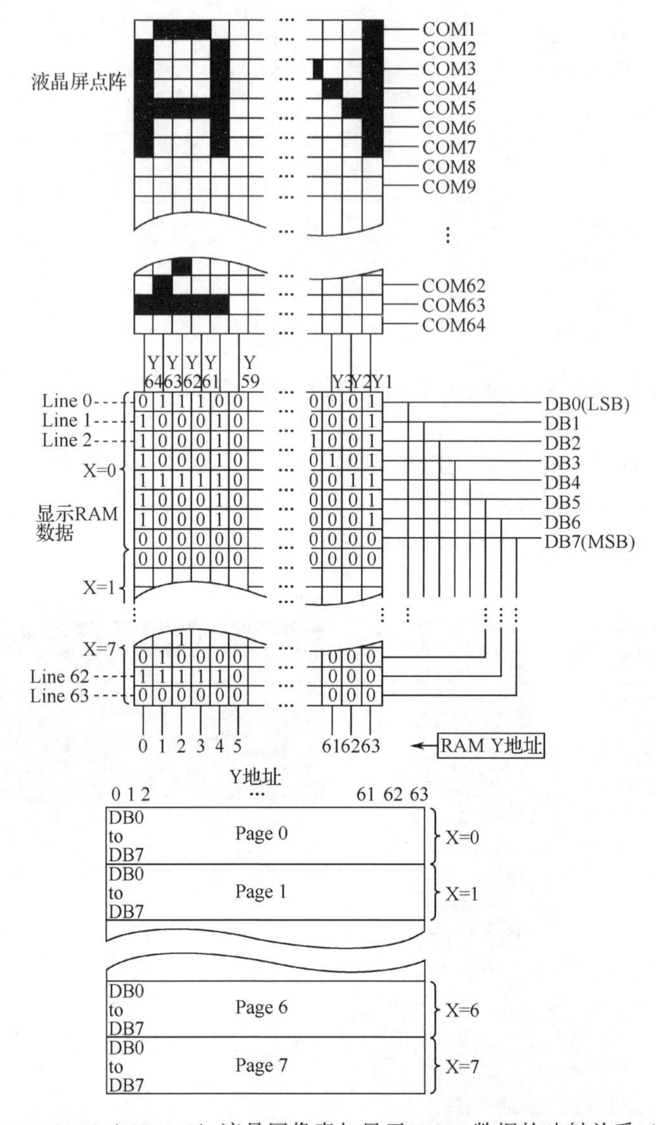

图 4-28 ERM19264（KS0108）液晶屏像素与显示 RAM 数据的映射关系（左 1/3 屏）

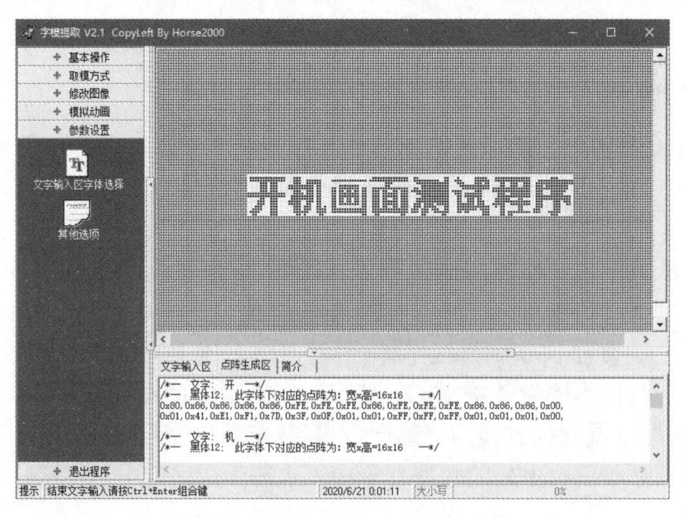

图 4-29 Zimo 软件字模提取界面

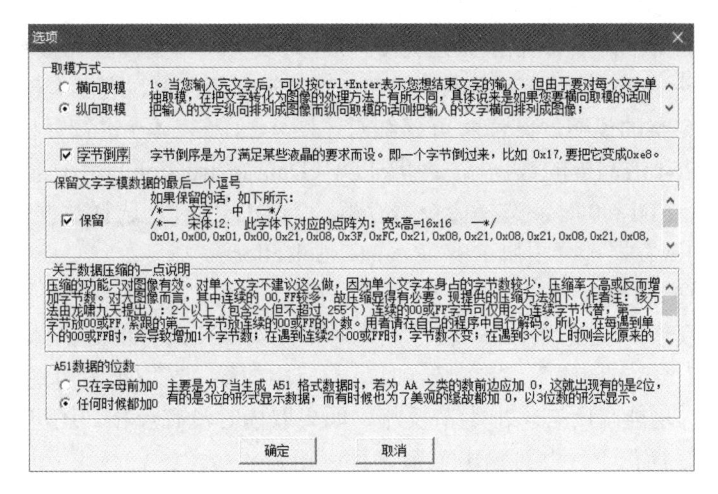

图 4-30　Zimo 软件“选项”对话框

2）ERM19264 液晶屏驱动程序设计

① 显示定位。

对照表 4-9 所示的 ERM19264（KS0108）液晶屏显示控制命令集与图 4-28 中 Page0～Page7 可知，在设置页（X 地址）时，如果不从该页第 0 行开始显示，则还要设置行地址。在设置页地址后，还要设置列（Y 地址）。根据表 4-9，在本案例程序文件 LGM19264_KS0108.h 的开始部分定义以下 3 条常用指令：

```
#define LCD_PAGE        0xB8        //页指令(X)
#define LCD_START_ROW   0xC0        //起始行(XF)
#define LCD_COL         0x40        //列指令(Y)
```

② 通用显示函数 Common_Show 的编写。

ERM19264 液晶屏由 3 个 64×64 像素区域构成，分别为左、中、右屏。通过设置 CS1、CS2、CS3 引脚电平分别选择左、中、右屏区域进行操作，具体代码如下：

```
CS1 = 0; CS2 = 1; CS3 = 1;          //绘制左屏
CS1 = 1; CS2 = 0; CS3 = 1;          //绘制中屏
CS1 = 1; CS2 = 1; CS3 = 0;          //绘制右屏
```

通用显示函数 Common_Show(u8 P,u8 L,u8 W,u8 *r)中，参数 P，L，W，*r 分别表示从第 P 页（X 地址）开始，在左边距为 L 的位置开始显示 W 字节，字节缓冲地址为 r。

表 4-9　ERM19264 液晶屏显示控制命令表

命　令	命令代码										功　能
	R/W	DI	DB7～DB0								
显示开/关	0	0	0	0	1	1	1	1	1	0/1	控制显示开：1/关:0
设置列（Y 地址）	0	0	0	1	Y 地址（0～63）						设置 Y 地址
设置页（X 地址）	0	0	1	0	1	1	1	页（0～7）			设置 X 地址
显示起始行	0	0	1	1	0	显示起始行（0～63）					指定从 DDRAM 中开始显示数据的起始行
读状态	1	0	B	0	ON/OFF	RST	0	0	0	0	DB7（1:忙,0:就绪） DB5（显示开关 1:关,0:开） DB4（1:复位 0:正常）
写显示数据	0	1	待写入数据字节								写入后 Y 地址自动递增
读显示数据	1	0	读取数据字节								从显示 RAM 中读数据

对于 ERM19264 液晶屏，P 取值只能为 0～7（共 8 页，每页高度为 8 像素，总高度为 64 像素）；L 取值为 0～191。通用显示函数内将 0～191 分成左、中、右 3 个部分分别进行控制。该函数给出了非常完整的说明，阅读时可仔细对比图 4-28 及表 4-9 进行分析。

另外，ERM19264 液晶屏的数据/命令引脚 DI（Data/Instruction）用于选择发送命令字节还是读/写数据字节。当 DI = 0 时，选择命令寄存器；当 DI = 1 时，选择数据寄存器。DI 引脚类似于 1602 液晶屏的寄存器选择引脚 RS（Register Selection）。

③ 关于点阵数据的提取。

对于待显示的汉字，在使用 Zimo 软件取模时，本案例所选择的是黑体、小四号字，取模方式为“纵向取模”“字节倒序”。为在显示时呈现反相效果，在取模时可通过“修改图像”功能内的“黑白反相”功能将所有输出字节反相，如果取模时没有反相，还可以在程序中输出像素时通过按位取反运行符“～”对输出字节进行反相。

本案例所显示的 BMP 图像原始文件保存在案例文件夹下，通过 Zimo 软件提取该图像点阵数据时，同样要选择“纵向取模”“字节倒序”，取得的点阵数据复制到源程序中即可。

2. 实训要求

① 添加 DS1302 日历时钟芯片，编程按中文方式在 ERM19264 液晶屏上显示日历时钟。

② 为 ERM19264 液晶屏设计 Pixel、Line、Circle 与 Rectangle 函数。

3. 源程序代码

```
1   //----------------------------- main.c ---------------------------------
2   //  名称:ERM19264(KS0108)液晶屏应用测试
3   //---------------------------------------------------------------------
4   //  说明:开机时系统先显示一行黑体字，然后加载显示一幅点阵画面
5   //
6   //---------------------------------------------------------------------
7   #define u8  unsigned char
8   #define u16 unsigned int
9   #include "STC15xxx.h"
10  #include "ERM19264_KS0108.h"
11  #include <intrins.h>
12  #include <absacc.h>
13  //汉字点阵,Zimo 软件取模设置:黑体，小四号,不反相,纵向取模,字节倒序
14  u8 code Word_String[] = {   //“开机画面测试程序”的点阵数据
15  /*--  文字:  开  --*/
16  0xC0,0xC6,0xC6,0xC6,0xFE,0xFE,0xC6...,
17  0x00,0x20,0x60,0x38,0x1F,0x07,0x00...,
18  /*--  文字:  机  --*/
19  0x18,0x98,0xFF,0xFF,0x98,0x18,0x00...,
20  0x06,0x03,0x7F,0x7F,0x01,0x23,0x70...,
    ……（限于篇幅，这里省略了大量点阵数据）
39  };
40  //---------------------------------------------------------------------
41  // 图像数据,宽度×高度=180×40 像素(180 被调整能被 8 整除的数 184 字节)
42  // 在 ZIMO 软件中取模时,注意“纵向取模”“字节倒序”
43  //---------------------------------------------------------------------
44  u8 code Screen_Image[] = {
45  /*-- 原图宽度×高度=180×40 像素,Zimo 软件将其自动调整为:宽度×高度=184×40 像素--*/
46  0xFF,0x03,0x03,0x03,0x03,0x03,0x03
    ……（限于篇幅，这里省略了大量点阵数据）
103 0x80,0xFF,0xFF,0xFF,0x00,0x00,0x00,0x00
```

```
104 } ;
105 //-------------------------------------------------------------------------
106 // 主程序
107 //-------------------------------------------------------------------------
108 void main() {
109     P0M1 = 0; P0M0 = 0;          //P0,P3 配置为双向口
110     P3M1 = 0; P3M0 = 0;
111     LCD_Initialize();            //初始化液晶屏
112     //首先显示“开机画面测试程序”
113     //从第 0 页开始,左边距 32 像素,共显示 8 个 16×16 像素的汉字与数字信息
114     //每 2 个字母合为一个汉字,M 单独占一个汉字位置
115     Display_A_WORD_String( 0, 32, 8, Word_String );
116     //-------------------------------------------------------------
117     //从第 3 页开始，每次取 184 个字发送显示（占一页）
118     //循环完成 40/8=5 页显示，分布在 3~7 页，各页左边距为 6
119     //-------------------------------------------------------------
120     Display_Image( 3, 6, 184, 40, Screen_Image );
121     while (1);
122 }

1   //---------------------- LGM19264_KS0108.c --------------------------
2   //  名称: ERM19264 液晶屏显示驱动程序 (不带字库)
3   //-------------------------------------------------------------------------
4   #include "STC15xxx.h"
5   #include <intrins.h>
6   #include <stdio.h>
7   #include <string.h>
8   #include "ERM19264_KS0108.h"
9   //-------------------------------------------------------------------------
10  // 延时函数
11  //-------------------------------------------------------------------------
12  #define MAIN_Fosc 12000000L
13  void delay_ms(u8 x) {
14      unsigned int i;
15      do{
16          i = MAIN_Fosc / 13000;
17          while(--i);
18      }while(--x);
19  }
20  //-------------------------------------------------------------------------
21  // 向 LCD 发送命令
22  //-------------------------------------------------------------------------
23  void LCD_Write_Comm(u8 cmd) {
24      R_W = 0; _nop_(); D_I = 0;;                  //写命令寄存器
25      LCD_PORT = cmd;                              //将命令送液晶屏端口
26      E = 1;  _nop_(); E = 0;                      //下降沿写入
27  }
28  //-------------------------------------------------------------------------
29  // 向 LCD 发送数据
30  //-------------------------------------------------------------------------
31  void LCD_Write_Data(u8 dat) {
32      R_W = 0; _nop_(); D_I = 1;                   //写数据寄存器
```

```
33      LCD_PORT = dat;                                    //将数据送液晶屏端口
34      E = 1;  _nop_(); E = 0;                            //下降沿写入
35  }
36  //--------------------------------------------------------------------------
37  // LCD 初始化函数
38  //--------------------------------------------------------------------------
39  void LCD_Initialize() {
40      RST = 0; delay_ms(1);                              //复位液晶屏
41      RST = 1;                                           //液晶屏恢复正常工作
42      LCD_Write_Comm(0x30); delay_ms(15);                //基本指令操作
43      LCD_Write_Comm(0x01); delay_ms(15);                //清除显示
44      LCD_Write_Comm(0x06); delay_ms(15);                //光标移动方向
45      LCD_Write_Comm(0x0c); delay_ms(15);                //开显示，关光标，不闪烁
46  }
47  //--------------------------------------------------------------------------
48  //
49  // 通用显示函数
50  //
51  // 从第 P 页第 L 列开始显示 W 个字节数据,数据在“r”所指向的缓冲器中
52  // 每个字节 8 位，垂直显示,高位在下,低位在上
53  // 每 8×(64+64+64)像素,即 8×192 像素的矩形区域为一页
54  // 整个液晶屏又由 64×64 像素的左、中、右 3 个部分构成(整体幅面为 192×64 像素)
55  //--------------------------------------------------------------------------
56  void Common_Show(u8 P,u8 L,u8 W,u8 *r) {
57      u8 i = 0;
58      if (i+L < 64) {
59          CS1 = 0; CS2 = 1; CS3 = 1;        //绘制左屏
60          LCD_Write_Comm(LCD_PAGE + P);
61          LCD_Write_Comm(LCD_COL + L);
62          for(i = 0; i+L < 64 && i < W; i++) LCD_Write_Data(r[i]);
63      }
64      if (i+L >= 64 && i+L < 128) {
65          CS1 = 1; CS2 = 0; CS3 = 1;        //绘制中屏
66          LCD_Write_Comm(LCD_PAGE + P);
67          LCD_Write_Comm(LCD_COL + i + L - 64);
68          for(; i+L < 128 && i < W; i++) LCD_Write_Data(r[i]);
69      }
70      if (i+L >= 128 && i+L < 192){
71          CS1 = 1; CS2 = 1; CS3 = 0;        //绘制右屏
72          LCD_Write_Comm(LCD_PAGE + P);
73          LCD_Write_Comm(LCD_COL+ (i + L - 128));
74          for(; i+L < 192 && i < W; i++) LCD_Write_Data(r[i]);
75      }
76  }
77  //--------------------------------------------------------------------------
78  // 显示一个 8×16 像素点阵字符
79  //--------------------------------------------------------------------------
80  void Display_A_Char_8x16(u8 P,u8 L,u8 *M) {
81      Common_Show( P,         L, 8, M );             //显示上半部分 8×8 像素
82      Common_Show( P + 1, L, 8, M + 8 );            //显示下半部分 8×8 像素
83  }
84  //--------------------------------------------------------------------------
```

```
85 // 显示一个 16×16 像素点阵汉字
86 //-----------------------------------------------------------------------
87 void Display_A_WORD(u8 P,u8 L,u8 *M){
88     Common_Show( P,          L, 16, M );     //显示汉字上半部分 16×8 像素
89     Common_Show( P + 1, L, 16, M + 16   );  //显示汉字下半部分 16×8 像素
90 }
91 //-----------------------------------------------------------------------
92 // 显示一串 16×16 像素点阵汉字
93 //-----------------------------------------------------------------------
94 void Display_A_WORD_String(u8 P,u8 L,u8 C,u8 *M) {
95     u8 i;
96     for (i = 0; i < C; i++) Display_A_WORD(P, L + i * 16, M + i * 32);
97 }
98 //-----------------------------------------------------------------------
99 // 显示位图："W""H" 分别为图像的高度与宽度，"H/8" 为页高度
100 //----------------------------------------------------------------------
101 void Display_Image(u8 P,u8 L,u8 W,u8 H,u8* G) {
102     u8 i;
103     for (i = 0; i < H / 8; i++) {
104         //Common_Show( 3, 0, 184, 40, Screen_Image + p * 184 );
105         Common_Show( P + i, L, W, G + i * W );
106     }
107 }

1   //----------------------- LGM19264_KS0108.h --------------------------
2   //  名称: LGM19264(KS0109)液晶头文件
3   //-----------------------------------------------------------------------
4   #ifndef ___LGM19264_KS0108___
5   #define ___LGM19264_KS0108___
6   #define u8  unsigned char
7   #define u16  unsigned int
8   //液晶数据/命令端口
9   #define LCD_PORT        P0
10  //LCD 页/起始行/列指令定义
11  #define LCD_PAGE        0xB8            //页指令(X)
12  #define LCD_START_ROW   0xC0            //起始行(XF)
13  #define LCD_COL         0x40            //列指令(Y)
14  //液晶控制引脚（含忙标志位定义）
15  sbit D_I =  P3^0;                       //数据/指令选择线
16  sbit R_W =  P3^1;                       //读写控制线
17  sbit E   =  P3^2;                       //使能控制线
18  sbit CS1 =  P3^3;                       //与屏选择
19  sbit CS2 =  P3^4;                       //中屏选择
20  sbit CS3 =  P3^5;                       //右屏选择
21  sbit RST =  P3^6;                       //复位
22  sbit BUSY_STATUS =  P0^7;               //忙标志位
23  //-----------------------------------------------------------------------
24  // 函数声明
25  //-----------------------------------------------------------------------
26  void LCD_Initialize();
27  void Wait_LCD_Ready();
28  void ClearScreen();
```

```
29  void LCD_Write_Comm(u8 cmd);
30  void LCD_Write_Data(u8 dat);
31  void Common_Show(u8 P,u8 L,u8 W,u8 *r);
32  void Display_A_Char_8X16(u8 P,u8 L,u8 *M);
33  void Display_A_WORD(u8 P,u8 L,u8 *M);
34  void Display_A_WORD_String(u8 P,u8 L,u8 C,u8 *M);
35  void Display_Image(u8 P,u8 L,u8 W,u8 H,u8* G);
36  #endif
```

4.12　PG160128A（T6963C）液晶屏图文演示

在图 4-31 所示电路中，PG160128A 液晶屏使用了 T6963C 控制芯片，程序运行时根据开关所拨的不同位置，可显示内置图像，可滚动显示、反白显示，将开关拨到“图文”时还可以显示一组条形统计图，所显示的条形统计图根据代码中所提供的统计值动态绘制而成。

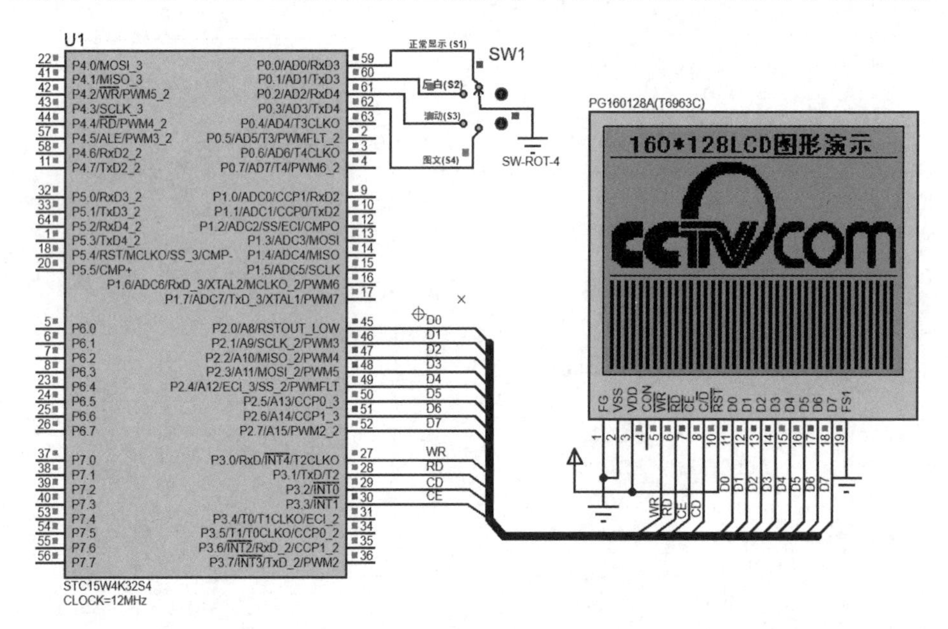

图 4-31　PG160128A(T6963C)液晶屏图文演示电路

1．程序设计与调试

1）PG160128A（T6963C）液晶屏简介

PG160128A 液晶屏以东芝公司推出的 T6963C 为控制芯片，其主要特点包括：可与 8 位微处理器直接连接，内部具有 128 个字符的 ROM 字符发生器，T6963C 的字体点阵由硬件设置，分别有 5×8、6×8、7×8、8×8 几种，可对 8KB 的显示 RAM 内存进行操作，字符与图形可混合显示，可选择“OR”“AND”“EXOR”3 种操作模式，占空比为 1/16～1/128。PG160128A（T6963C）液晶屏主要引脚包括 $\overline{WR}$，$\overline{RD}$，$\overline{CE}$，C/$\overline{D}$，$\overline{RST}$，DB0~DB7，分别对应写、读、使能、命令与数据选择、复位控制引脚及 8 位数据总线引脚。

2）PG160128A（T6963C）液晶屏驱动程序设计

T6963C 控制器在执行指令时可以带 0、1 或 2 个参数，每条指令执行时总是先送入参数（1 个或 2 个参数，无参数除外），然后发送命令。表 4-10 给出了 T6963C 的指令集，表 4-11 给出了 T6963C 的 8 位状态字说明。每次执行操作前需要先检查状态字，在执行不同指令时必须检查状态字中不同的状态位。

表 4-10　T6963C 的指令集

指令名称	控制状态 CD/RD/WR	命令/数据或状态字节								十六进制	说　明
		D7	D6	D5	D4	D3	D2	D1	D0		
读液晶屏状态	101	S7	S	S5	S4	S3	S2	S1	S0	—	读取 1 个字节液晶屏状态
指针设置	110	0	0	1	0	0	N2	N1	N0	—	设置当前显示位置
							0	0	1	21H	设置光标指针位置
							0	1	0	22H	设置 CGRAM 偏移地址
							1	0	0	24H	设置 DDRAM 偏移地址
控制字设置	110	0	1	0	0	0	0	N1	N0	—	定义显示首地址及宽度
								0	0	40H	设置文本区首地址
								0	1	41H	设置文本区宽度
								1	0	42H	设置图形区首地址
								1	1	43H	设置图形区宽度
模式设置	110	1	0	0	0	CG	N2	N1	N0	—	定义各类操作模式
						0				80H	CGROM 模式
						1				88H	CGRAM 模式
							0	0	0	80H	OR 操作模式
							0	0	1	81H	EXOR 操作模式
							0	1	1	83H	AND 操作模式
							1	0	0	84H	纯文本模式
显示模式设置	110	1	0	0	1	N3	N2	N1	N0	—	各类显示开关控制
						0				90H	图形关
						1				98H	图形开
							0			90H	文本关
							1			94H	文本开
								0		90H	光标关
								1		92H	光标开
									0	90H	光标闪烁关
									1	91H	光标闪烁开
光标形状设置		1	0	1	0	0	N2	N1	N0	—	控制块状光标的大小
							0	0	0	A0H	光标有 1 条底线
							0	0	1	A1H	两条底线
								…		…	
							1	1	1	A7H	8 线光标（块状）
数据自动读写设置	110	1	0	0	1	1	0	N1	N0	—	连续读/写时地址自动+/–（或禁止地址自动+/–）
								0	0	B0H	设置数据自动写
								0	1	B1H	设置数据自动读
								1	0	B2H	自动读/写复位（结束）

续表

指令名称	控制状态 CD/RD/WR	命令/数据或状态字节								十六进制	说　明
		D7	D6	D5	D4	D3	D2	D1	D0		
数据读写设置	110	1	1	0	0	0	N2	N1	N0	—	读写时的地址+/−方式
							0	0	0	C0H	数据写，地址指针+1
							0	0	1	C1H	数据读，地址指针+1
							0	1	0	C2H	数据写，地址指针−1
							0	1	1	C3H	数据读，地址指针−1
							1	0	0	C4H	数据写，地址不变
							1	0	1	C5H	数据读，地址不变
读屏	110	1	1	1	0	0	0	0	0	E0H	读屏幕数据
屏幕复制	110	1	1	1	0	1	0	0	0	E8H	从图形 RAM 区指针位置复制 1 行数据
位设置	110	1	1	1	1	N3	N2	N1	N0	—	用于显示或清除像素点
						0				F0H	位清零
						1				F8H	位置 1
							0	0	0	F0H	位 0
							0	0	1	F1H	位 1
								…			…
							1	1	1	F7H	位 7
写数据	010	待写入字节								—	在自动写或非自动写时向 LCD 写入 1 个字节
读数据	001	读取的字节								—	在自动读或非自动读时从 LCD 读取 1 个字节

注：当 CD=1 时，读液晶屏状态或写操作命令；当 CD=0 时，读/写数据；当 RD=0 时，读 LCD；WR=0 时，写液晶屏。

PG160128A（T6963C）液晶屏图文显示程序设计难点在于 T6963C.c 与 T6963C.h 程序文件的编写，根据表 4-11，T6963C.c 程序文件提供了下面的状态位检查函数。

表 4-11　T6963C 状态字说明

T6963C 状态字节位	说　明	状 态 值
STA0	忙标识位，用于标识 T6963C 是否准备好接收指令	1:可用，0:不可用
STA1	忙标识位，用于标识 T6963C 是否准备读/写数据	1:可用，0:不可用
STA2	数据自动读就绪标识位（仅在数据自动读/写模式下有效）	1:可用，0:不可用
STA3	数据自动写就绪标识位（仅在数据自动读/写模式下有效）	1:可用，0:不可用
STA4	未用	
STA5	检查控制器操作状态	1:可用，0:不可用
STA6	屏幕读/复制出错标志	1:错误，0:无错误
STA7	闪烁状态检测	1:正常，0:关显示

（1）读写指令与数据时检查状态位 0 和 1，即 STA0、STA1 的函数 Status_BIT_01()，将读取的状态字和 0x03（00000011）进行与操作即可对 STA0、STA1 进行检查，以便判断液晶屏当前是否能够接收指令和读/写数据。

（2）在数据自动读写时检查第 3 个状态位 ST3 的函数 Status_BIT_3()，对读取的状态字和

0x08（00001000）进行与操作即可对STA3进行检查。

有了这两个函数后即可编写出带0～2个参数的写液晶屏命令函数及读/写数据函数：

```
u8 LCD_Write_Command(u8 cmd);                      //写无参数命令
u8 LCD_Write_Command_P1(u8 cmd,u8 para1);          //写单参数命令
u8 LCD_Write_Command_P2(u8 cmd,u8 para1,u8 para2); //写双参数命令
u8 LCD_Write_Data(u8 dat);                         //写数据
u8 LCD_Read_Data();                                //读数据
```

所有函数都需要先进行相应状态位判断再进行下一步操作，函数中选择液晶屏命令/数据寄存器的引脚C/D（Command/Data）置高电平时选择命令寄存器，低电平时选择数据寄存器，其功能与1602液晶屏的RS引脚及LGM12864液晶屏的DI引脚功能相同。

完成上述函数设计后，最重要的部分就是根据T6963C技术手册编写所有命令定义，源程序参考表4-10在头文件T6963C.h中定义了T6963C的所有命令，阅读这些定义时还可进一步参考技术手册中的命令定义部分，对于本案例其他显示控制函数，可参阅案例压缩包中提供的相关资料进行分析。

关于PG160128A液晶屏所显示汉字与图像的取模问题，在获取12×12点阵汉字字模时，应注意先在Zimo软件中设置字体字号为“宋体小五号”，并设置取模方式为“横向取模”“字节不倒序”，然后输入汉字“统计图表显示”并按下Ctrl+Enter，最后单击“取模”按钮获取字模点阵；对BMP图像取模时，可先导入案例文件夹下的BMP文件，然后同样设置取模方式为“横向取模”“字节不倒序”，最后单击“取模”按钮获取图像点阵数据。

2. 实训要求

① 重新选择3幅不同图像，用Zimo软件分别取得图像点阵数据，通过按钮切换3幅不同图像的显示。

② 编写程序在液晶屏上绘制正弦曲线。

3. 源程序代码

```
1   //---------------------------- T6963C.c ------------------------------
2   //  名称：PG160128A液晶屏显示驱动程序(T6963C) (不带字库)
3   //-------------------------------------------------------------------
4   #define u8  unsigned char
5   #define u16 unsigned int
6   #include "STC15xxx.h"
7   #include "T6963C.h"
8   #include <intrins.h>
9   #include <math.h>
10  #include <string.h>
11  //-------------------------------------------------------------------
12  // ASCII字模宽度及高度定义
13  //-------------------------------------------------------------------
14  #define ASC_CHR_WIDTH   8
15  #define ASC_CHR_HEIGHT  12
16  #define HZ_CHR_HEIGHT   12
17  #define HZ_CHR_WIDTH    12
18  //-------------------------------------------------------------------
19  // 液晶屏宽度与高度定义
20  //-------------------------------------------------------------------
21  const u8 LCD_WIDTH  = 20;        //宽度为160像素(20个字节)
```

```
22 const u8 LCD_HEIGHT = 128;        //高度为128像素
23 //下面的英文、数字、标点符号等字符点阵存放于Flash程序存储空间中
24 code u8 ASC_MSK[96 * 12] = {
25 0xff,0xff,0xff,0xff,0xff,0xff,0xff,0xff,0xff,0xff,0xff,0xff,// < 0x20时
26 0x00,0x00,0x00,0x00,0x00,0x00,0x00,0x00,0x00,0x00,0x00,0x00,// ' '
   ……(限于篇幅，这里略去了大部分点阵数据)
120 0x00,0x73,0xda,0xce,0x00,0x00,0x00,0x00,0x00,0x00,0x00,0x00,// '~'
121 };
122 //-----------------------------------------------------------------------
123 #define Delay() { _nop_(); _nop_(); }  //短延时宏定义
124 //-----------------------------------------------------------------------
125 // 延时子程序(x=1~255ms,自适应时钟)
126 //-----------------------------------------------------------------------
127 void delay_ms(u8 x) {
128     u16 i;
129     do{
130         i = MAIN_Fosc / 13000;
131         while(--i);
132     }while(--x);
133 }
134 struct typFNT_GB16           //汉字字模数据结构
135 {
136     u8 inner_CODE[2];        //汉字内码,2个字节
137     u8 Msk[24];              //汉字点阵
138 };
139 //取本案例汉字12×12点阵库时,先在Zimo软件中设置字体字号为宋体小五号
140 //取点阵前先设置横向取模,字节不倒序,然后输入汉字并按下Ctrl+Enter组合键
141 //最后按下取模按钮获取字模。本案例各汉字的内码如下
142 //统(0xCD,0xB3)计(0xBC,0xC6)图(0xCD,0xBC)显(0xCF,0xD4)示(0xCA,0xBE)
143 code struct typFNT_GB16 GB_16[] = {
144 {{0xCD,0xB3},
145     {0x21,0x00,0x27,0xE0,0x51,0x00,0xF2,0x00,0x24,0x40,0x47,0xE0,
146      0xF2,0x80,0x02,0x80,0x32,0xA0,0xC4,0xA0,0x18,0xE0,0x00,0x00}},
147 {{0xBC,0xC6},
148     {0x41,0x00,0x21,0x00,0x01,0x00,0x01,0x00,0xCF,0xE0,0x41,0x00,
149      0x41,0x00,0x41,0x00,0x51,0x00,0x61,0x00,0x41,0x00,0x00,0x00}},
150 {{0xCD,0xBC},
151     {0x7F,0xE0,0x48,0x20,0x5F,0x20,0x6A,0x20,0x44,0x20,0x4A,0x20,
152      0x75,0xA0,0x42,0x20,0x4C,0x20,0x42,0x20,0x7F,0xE0,0x00,0x00}},
153 {{0xCF,0xD4},
154     {0x3F,0x80,0x20,0x80,0x3F,0x80,0x20,0x80,0x3F,0x80,0x00,0x00,
155      0x4A,0x40,0x2A,0x40,0x2A,0x80,0x0B,0x00,0xFF,0xE0,0x00,0x00}},
156 {{0xCA,0xBE},
157     {0x00,0x80,0x7F,0xC0,0x00,0x00,0x00,0x00,0xFF,0xE0,0x04,0x00,
158      0x14,0x80,0x24,0x40,0x44,0x20,0x84,0x20,0x1C,0x00,0x00,0x00}}
159 };
160 //-----------------------------------------------------------------------
161 // 读取液晶屏状态(获取液晶屏状态字节:STA0~STA7)
162 //-----------------------------------------------------------------------
163 u8 Read_LCD_Status() {
164     u8 d;
165     CE = 0;
166     LCD_DATA_PORT = 0xFF;                //释放总线准备读
167     CD = 1;                              //选择命令寄存器
```

```
168     RD = 0;                               //读引脚设为低电平(使能读)
169     WR = 1;                               //读引脚设为高电平(读禁止)
170     RD = 1;
171     d = LCD_DATA_PORT;                    //从液晶屏接口读取 1 个字节液晶状态
172     CE = 1;
173     return d;
174 }
175 //-----------------------------------------------------------------------
176 // 从液晶屏 RAM 读取 1 个字节数据
177 //-----------------------------------------------------------------------
178 u8 Read_Data() {
179     u8 d;
180     if(Status_BIT_01() == 0) return 1;
181     CE = 0;
182     LCD_DATA_PORT = 0xFF;
183     CD = 0; Delay();                      //选择数据寄存器
184     RD = 0;                               //读引脚设为低电平(使能读)
185     d = LCD_DATA_PORT;                    //从液晶屏接口读取 1B RAM 数据
186     RD = 1;                               //读引脚设为高电平(读禁止)
187     CE = 1;
188     return d;
189 }
190 //-----------------------------------------------------------------------
191 // 写数据
192 //-----------------------------------------------------------------------
193 void Write_Data(u8 dat) {
194     CD = 0; Delay();                      //选择数据寄存器
195     CE = 0;
196     WR = 0;                               //使能写
197     LCD_DATA_PORT = dat;                  //数据放到液晶屏接口
198     WR = 1;                               //写结束
199 }
200 //-----------------------------------------------------------------------
201 // 写命令
202 //-----------------------------------------------------------------------
203 void Write_Command(u8 cmd) {
204     CD = 1; Delay();                      //选择命令寄存器
205     CE = 0;
206     WR = 0;                               //使能写
207     LCD_DATA_PORT = cmd;                  //命令放到液晶屏接口
208     WR = 1;                               //写结束
209 }
210 //-----------------------------------------------------------------------
211 // 状态位 STA1,STA0 判断(写指令和读写数据是否准备就绪)
212 //-----------------------------------------------------------------------
213 u8 Status_BIT_01() {
214     u8 i;
215     for(i = 10; i > 0;i--) {
216         //循环 10 次读取液晶屏状态标志位中的最低 2 位(0x03→00000011)
217         //当读取的两位标志位均为 1 时表示液晶屏可接收命令,可进行数据读/写
218         if((Read_LCD_Status() & 0x03) == 0x03) break;
219         delay_ms(2);
220     }
221     return i; //错误时返回 0
```

```
222 }
223 //-----------------------------------------------------------------------
224 // 状态位 ST3 判断(数据自动写是否准备就绪)
225 //-----------------------------------------------------------------------
226 u8 Status_BIT_3() {
227     u8 i;
228     for(i = 100; i > 0; i--){
229         //循环 10 次读取液晶屏状态标志位中的第 3 位(0x08->00001000)
230         //当读取的标志位为 1 时表示 LCD 可执行数据自动写
231         if((Read_LCD_Status()&0x08) == 0x08) break;
232         delay_ms(2);
233     }
234     return i; //错误时返回 0
235 }
236 //-----------------------------------------------------------------------
237 // 向液晶屏写双参数命令
238 //-----------------------------------------------------------------------
239 u8 LCD_Write_Command_P2(u8 cmd,u8 para1,u8 para2) {
240     //发送双参数命令时,先发送第 1 个字节参数,后发送第 2 个字节参数,最后发送命令
241     //每次发送时必须等待液晶屏状态标志位的低 2 位为 1,它们表示液晶屏可
242     //接收命令,可进行数据读/写
243     if(Status_BIT_01() == 0) return 1;  Write_Data(para1);
244     if(Status_BIT_01() == 0) return 2;  Write_Data(para2);
245     if(Status_BIT_01() == 0) return 3;  Write_Command(cmd);
246     return 0; //成功时返回 0
247 }
248 //-----------------------------------------------------------------------
249 // 向液晶屏写单参数命令
250 //-----------------------------------------------------------------------
251 u8 LCD_Write_Command_P1(u8 cmd,u8 para1) {
252     //发送单参数命令时,先发送参数字节,后发送命令字节,每次发送时必须等待
253     //液晶屏状态标志位的低 2 位为 1,它们表示液晶屏可接收命令,可进行数据读/写
254     if(Status_BIT_01() == 0) return 1;  Write_Data(para1);
255     if(Status_BIT_01() == 0) return 2;  Write_Command(cmd);
256     return 0; //成功时返回 0
257 }
258 //-----------------------------------------------------------------------
259 // 向液晶屏写无参数命令
260 //-----------------------------------------------------------------------
261 u8 LCD_Write_Command(u8 cmd) {
262     //发送无参数命令时,直接发送命令字节,每次发送时必须等待液晶屏状态标志位
263     //的低 2 位为 1,它们表示液晶屏可接收命令,可进行数据读/写
264     if(Status_BIT_01() == 0) return 1;  Write_Command(cmd);
265     return 0; //成功时返回 0
266 }
267 //-----------------------------------------------------------------------
268 // 向液晶屏写 1 个字节数据
269 //-----------------------------------------------------------------------
270 u8 LCD_Write_Data(u8 dat) {
271     //写字节数据时,必须等待状态标志位的第 3 位为 1,它表示可向液晶屏执行数据写入
272     if(Status_BIT_3() == 0) return 1;  Write_Data(dat);
273 //  P1 = 0x33; while (1);
274     return 0; //成功时返回 0
275 }
```

```
276 //------------------------------------------------------------------
277 // 设置当前地址
278 //------------------------------------------------------------------
279 void Set_LCD_POS(u8 row, u8 col) {
280     //根据行/列计算出它在液晶屏 RAM 中的地址
281     u16 Addr = row * LCD_WIDTH + col;
282     //双参数命令,设置地址,所发送 2 字节数据是 16 位地址 Addr 的高 8 位和低 8 位
283     LCD_Write_Command_P2(LCD_ADD_POS,Addr & 0xFF, Addr >> 8);
284 }
285 //------------------------------------------------------------------
286 // 清屏
287 //------------------------------------------------------------------
288 void Clear_Screen() {
289     u16 i;
290     LCD_Write_Command_P2(LCD_ADD_POS,0x00,0x00);//DDRAM 地址: 0x0000
291     LCD_Write_Command(LCD_AUT_WR);        //自动写模式(写操作时地址将自动+/-)
292     for(i = 0;i < 0x2000; i++) {          //8KB 的液晶屏 DDRAM 全部写入 0x00
293                                           //(0x2000 = 8192 = 8K)
294         if(Status_BIT_3() == 0) return;//未就绪时直接返回
295         LCD_Write_Data(0x00);             //写字节 0x00
296     }
297     LCD_Write_Command(LCD_AUT_OVR);       //自动写结束
298     LCD_Write_Command_P2(LCD_ADD_POS,0x00,0x00);        //重置地址为 0x0000
299 }
300 //------------------------------------------------------------------
301 // 液晶屏初始化
302 //------------------------------------------------------------------
303 void LCD_Initialise() {
304     LCD_Write_Command_P2(LCD_TXT_STP,0x00,0x00);        //设置文本区首地址
305     LCD_Write_Command_P2(LCD_TXT_WID,LCD_WIDTH,0x00);   //设置文本区宽度
306     LCD_Write_Command_P2(LCD_GRH_STP,0x00,0x00);        //图形区首地址
307     LCD_Write_Command_P2(LCD_GRH_WID,LCD_WIDTH,0x00);   //图形显示区宽度
308     LCD_Write_Command(LCD_CUR_SHP | 0x01);              //光标形状(单底线)
309     LCD_Write_Command(LCD_MOD_OR);                      //设置方式为“OR”
310     LCD_Write_Command(LCD_DIS_SW  | 0x08);              //设置显示模式
311 }
312 //------------------------------------------------------------------
313 // 中英文字符显示(wb 表示是否反白显示)
314 //------------------------------------------------------------------
315 void Display_Str_at_xy(u8 x,u8 y,char Buffer[],u8 wb) {
316     char c1,c2,cData;
317     u8 i = 0,j,k,uLen = strlen(Buffer);          //uLen 取得串长
318     while(i < uLen) {
319         c1 = Buffer[i]; c2 = Buffer[i+1];        //从显示缓冲中读取两字节编码
320         //设置显示起始位置(>>3 用于将像素地址转换为字节地址)
321         Set_LCD_POS(y, x >> 3);
322         if((c1 & 0x80) == 0x00) {//英文字符显示(ASCII 字节高位为 0)
323             if(c1 < 0x20) { //处理 ASCII 小于 0x20(空格字符)的非显示与打印字符
324                 switch(c1) {
325                     case 0x0D:
326                     case 0x0A: i++; x = 0;       //处理回车或换行符
327                         if(y < 112) y += HZ_CHR_HEIGHT; continue;
328                     case 0x08: i++;              //处理退格
329                         if(y > ASC_CHR_WIDTH) y -= ASC_CHR_WIDTH;
```

```
330                     cData = 0x00; break;
331                 }
332             }
333             //下面处理的是可显示/打印字符(从 Flash 程序存储空间读取字符点阵并显示)
334             for(j = 0; j < ASC_CHR_HEIGHT; j++) {
335                 if(c1 >= 0x20) { //本案例列出的可显示/打印字符(ASCII >= 0x20)
336                 //从 ASCII 字符点阵库 ASC_MSK 中读取该字符的 1 个节点阵数据
337                     cData = ASC_MSK[(c1 - 0x1F) * ASC_CHR_HEIGHT + j];
338                     if (wb) cData = ~cData;                //反相处理
339                     Set_LCD_POS( y + j, x >> 3);           //设置显示位置
340                     if((x & 0x07) == 0) {//显示位置是 8 的整数倍则直接发送显示
341                         LCD_Write_Command(LCD_AUT_WR); //开自动写
342                         LCD_Write_Data(cData);         //写 1 个字节点阵数据
343                         LCD_Write_Command(LCD_AUT_OVR);//关自动写
344                     }
345                     //否则调用 OutToLCD 进行读屏,组合,再回写液晶屏显示
346                     else OutToLCD(cData, x, y + j);
347                 }
348                 Set_LCD_POS(y + j, x >> 3);                    //重设显示位置
349             }
350             x += ASC_CHR_WIDTH; //行坐标递增 1 个 ASCII 字符宽度
351             i++; //Buffer 缓冲索引递增 1(因为每个 ASCII 字符在串中占 1 个字节)
352         }
353         //中文字符显示
354         else {
355             //根据 2 个字节汉字内码在字库中查找汉字
356             for(j = 0;j < sizeof(GB_16)/sizeof(GB_16[0]);j++) {
357                 //两字节汉字内码均匹配时退出查找
358                 if( c1 == GB_16[j].inner_CODE[0] &&
359                     c2 == GB_16[j].inner_CODE[1])  break;
360             }
361             //从中文点阵库中读取该汉字的所有点阵并显示
362             //每个汉字共占用 HZ_CHR_HEIGHT 行,每行显示 2 个字节(16 像素)
363             for(k = 0; k < HZ_CHR_HEIGHT; k++) {
364                 Set_LCD_POS(y + k, x >> 3);                    //设置显示位置
365                 //索引 j 小于汉字总个数时表示汉字在点阵库中存在
366                 if(j < sizeof(GB_16)/sizeof(GB_16[0])) {
367                 //取得字库中第 j 个汉字的 2 个字节点阵第 k 行的 2 个字节点阵
368                     c1 = GB_16[j].Msk[k*2]; c2 = GB_16[j].Msk[k*2+1];
369                     if (wb) { c1 = ~c1; c2 = ~c2; }     //反相处理
370                 }
371                 else c1 = c2 = 0x00; //否则将点阵设为全 0
372                 //显示起始位置为 8 的整数倍则直接发送显示一行中的第 1 个字节点阵
373                 if((x & 0x07) == 0) {
374                     LCD_Write_Command(LCD_AUT_WR);       //开自动写
375                     LCD_Write_Data(c1);            //写一行中的第 1 个字节
376                     LCD_Write_Command(LCD_AUT_OVR);      //关自动写
377                 }
378                 //如果不是 8 的倍数则调用 OutToLCD 进行读屏,组合,再回写液晶屏
379                 else OutToLCD(c1, x, y + k);
380                 //如果第 2 个字节的起始位置是 8 的倍数则直接发送显示第 2 个字节点阵
381                 if(((x + 2 + HZ_CHR_WIDTH / 2) & 0x07) == 0) {
382                     LCD_Write_Command(LCD_AUT_WR);       //开自动写
383                     LCD_Write_Data(c2);            //写一行中的第 2 个字节
```

```
384                     LCD_Write_Command(LCD_AUT_OVR);     //关自动写
385                 }
386                 //如果不是 8 的倍数则调用 F 进行读屏,组合,再回写液晶屏
387                 else OutToLCD(c2,x + 2 + HZ_CHR_WIDTH / 2,y + k);
388             }
389             x += HZ_CHR_WIDTH;  //行坐标递增 1 个汉字宽度,
390             i += 2; //Buffer 缓冲索引递增 2(因为当前汉字在缓冲中占 2 个字节)
391         }
392     }
393 }
394 //-----------------------------------------------------------------------
395 // 输出起点 x 不是 8 的倍数时,先读取液晶屏位置前后的 2 个字节
396 // 然后将原字节拆分的 2 个字节与读取的 2 个字节进行“或操作”,最后写回液晶屏
397 //-----------------------------------------------------------------------
398 void OutToLCD(u8 Dat,u8 x,u8 y) {
399     u8 dat1,dat2,a,b;
400     //x 在 1 个字节中的后面的像素数为 b,前面的像素数为 a,设 x = 11,则 b = 3,a = 5
401     b = x & 0x07; a = 8 - b;
402     //设置显示地址(DDRAM 地址指针,其中 x/8 或 x>>3 将像素坐标 x 转换为字节坐标)
403     Set_LCD_POS(y, x >> 3);
404     LCD_Write_Command(LCD_AUT_RD); //开自动读
405     //从 LCD 读取 2 个字节数据保存到 dat1, dat2
406     dat1 = Read_Data();  dat2 = Read_Data();
407     //将读取的前后 2 个字节分别与待显示字节的前后部分组合
408     dat1 = (dat1 & (0xFF<<a)) | (Dat>>b);
409     dat2 = (dat2 & (0xFF>>b)) | (Dat<<a);
410     LCD_Write_Command(LCD_AUT_OVR);//关自动写
411     Set_LCD_POS(y,x >> 3);          //设置显示位置(DDRAM 地址指针)
412     LCD_Write_Command(LCD_AUT_WR); //开自动写
413     LCD_Write_Data(dat1);           //输出组合后的 2 个字节中的第 1 个字节
414     LCD_Write_Data(dat2);           //输出组合后的 2 个字节中的第 2 个字节
415     LCD_Write_Command(LCD_AUT_OVR);//关自动写
416 }
417 //-----------------------------------------------------------------------
418 // 绘像素点函数
419 // 参数:点的坐标,模式 1/0 分别为显示与清除点
420 //-----------------------------------------------------------------------
421 void Pixel(u8 x,u8 y, u8 Mode) {
422     u8 start_addr, dat;
423     //由像素坐标 x 得出位操作命令中的后 3 位(N2~N0)
424     start_addr = 7 - ( x & 0x07);
425     //将 N2~N0 附加到 LCD 位操作命令 LCD_BIT_OP 的后 3 位
426     dat = LCD_BIT_OP | start_addr;
427     //显示像素时将 LCD_BIT_OP 命令的第 N3 位设为 1
428     if (Mode) dat |= 0x08;
429     //设置待显示像素所在的 DDRAM 字节地址(>>3 用于将像素地址转换为字节地址)
430     Set_LCD_POS(y, x >> 3);
431     LCD_Write_Command(LCD_BIT_OP | dat); //写像素数据
432     //或者直接写成: LCD_Write_Command(dat);
433 }
434 //-----------------------------------------------------------------------
435 // 两数交换
436 //-----------------------------------------------------------------------
437 void Exchange(u8 *a, u8 *b) {u8 t; t=*a; *a=*b; *b=t;}
```

```
438 //---------------------------------------------------------------------------
439 // 绘制直线函数
440 // 参数:起点与终点坐标,模式为显示(1)或清除(0),点阵不超过255×255)
441 //---------------------------------------------------------------------------
442 void Line(u8 x1,u8 y1, u8 x2,u8 y2, u8 Mode) {
443     u8 x,y;              //绘点坐标
444     float k,b;           //直线斜率与偏移
445     if( fabs(y1 - y2) <= fabs( x1 - x2) ) {
446         k = (float)(y2 - y1) / (float)(x2 - x1);
447         b = y1 - k * x1;
448         if( x1 > x2 ) Exchange(&x1, &x2);
449         for(x = x1;x <= x2; x++) {
450             y = (u8)(k * x + b); Pixel(x, y, Mode);
451         }
452     }
453     else {
454         k = (float)(x2 - x1) / (float)(y2 - y1) ;
455         b = x1 - k * y1;
456         if( y1 > y2 ) Exchange(&y1, &y2);
457         for(y = y1;y <= y2; y++) {
458             x = (u8)(k * y + b); Pixel( x , y,Mode );
459         }
460     }
461 }
462 //---------------------------------------------------------------------------
463 // 绘制图像(图像数据来自 Flash 程序存储空间，本案例未用
464 //---------------------------------------------------------------------------
465 void Draw_Image(u8 *G_Buffer, u8 Start_Row, u8 Start_Col) {
466     u16 i,j,W,H;
467     //图像行/列数控制(G_Buffer 的前 2 个字节分别为图像宽度与高度)
468     W = G_Buffer[1];
469     for (i = 0;i < W;i++) {
470         Set_LCD_POS(Start_Row + i,Start_Col);   //设置显示起始地址
471         LCD_Write_Command(LCD_AUT_WR);           //开自动写
472         H = G_Buffer[0];
473         for( j = 0; j < H >> 3; j++)             //绘制图像每行像素
474             LCD_Write_Data(G_Buffer[ i * ( H >> 3 ) + j + 2 ]);
475         LCD_Write_Command(LCD_AUT_OVR);          //关自动写
476     }
477 }
```

```
1   //---------------------------- T6963c.h ------------------------------
2   //  名称: PG160128 显示驱动程序头文件
3   //---------------------------------------------------------------------
4   #ifndef __T6963C__
5   #define __T6963C__
6   //---------------------------------------------------------------------
7   #define u8  unsigned char
8   #define u16 unsigned int
9   #include "STC15xxx.h"
10  #define  MAIN_Fosc  12000000L   //定义主时钟
11  #include <stdio.h>
12  #include <math.h>
13  #include <string.h>
```

```
14  void delay_ms(u8);
15  void Delay10us();
16  void Delay20us();
17  //----------------------------------------------------------------------
18  // T6963C 命令定义
19  //----------------------------------------------------------------------
20  #define LCD_CUR_POS 0x21     //设置光标位置(在屏幕上的位置)
21  #define LCD_CGR_POS 0x22     //设置 CGRAM 偏置地址
22  #define LCD_ADD_POS 0x24     //设置 DDRAM 地址
23  #define LCD_TXT_STP 0x40     //文本区首址
24  #define LCD_TXT_WID 0x41     //文本区宽度
25  #define LCD_GRH_STP 0x42     //图形区首址
26  #define LCD_GRH_WID 0x43     //图形区宽度
27  #define LCD_MOD_OR  0x80     //显示方式:逻辑或
28  #define LCD_MOD_XOR 0x81     //显示方式:逻辑异或
29  #define LCD_MOD_AND 0x82     //显示方式:逻辑与
30  #define LCD_MOD_TCH 0x83     //显示方式:文本特征
31  #define LCD_DIS_SW  0x90     //显示开关
32  //D0=1/0:光标闪烁启用/禁用;D1=1/0:光标显示启用/禁用;
33  //D2=1/0:文本显示启用/禁用;D3=1/0:图形显示启用/禁用;
34  #define LCD_CUR_SHP 0xA0     //光标形状选择(1 线，2 线，…，8 线块状光标)
35  #define LCD_AUT_WR  0xB0     //自动写设置
36  #define LCD_AUT_RD  0xB1     //自动读设置
37  #define LCD_AUT_OVR 0xB2     //自动读/写结束
38  #define LCD_INC_WR  0xC0     //数据写,地址加 1
39  #define LCD_INC_RD  0xC1     //数据读,地址加 1
40  #define LCD_DEC_WR  0xC2     //数据写,地址减 1
41  #define LCD_DEC_RD  0xC3     //数据读,地址减 1
42  #define LCD_NOC_WR  0xC4     //数据写,地址不变
43  #define LCD_NOC_RD  0xC5     //数据读,地址不变
44  #define LCD_SCN_RD  0xE0     //读屏幕
45  #define LCD_SCN_CP  0xE8     //屏幕复制
46  #define LCD_BIT_OP  0xF0     //位操作
47  //----------------------------------------------------------------------
48  // 变更液晶屏与 MCU 的连接时,只要修改以下数据、控制端口及控制引脚定义
49  //----------------------------------------------------------------------
50  //液晶屏数据端口及端口方向定义
51  #define LCD_DATA_PORT       P2
52  //液晶屏控制引脚定义(写,读,命令/数据寄存选择,使能)
53  sbit WR = P3^0;
54  sbit RD = P3^1;
55  sbit CD = P3^2;
56  sbit CE = P3^3;
57  //----------------------------------------------------------------------
58  // 液晶屏控制相关函数
59  //----------------------------------------------------------------------
60  u8 Status_BIT_01();//状态位 STA1, STA0 判断 (写指令就绪和读写数据就绪)
61  u8 Status_BIT_3(); //状态位 ST3 判断 (数据自动写状态)
62  u8 LCD_Write_Command(u8);                    //写无参数指令
63  u8 LCD_Write_Command_P1(u8,u8);              //写单参数指令
64  u8 LCD_Write_Command_P2(u8,u8,u8);           //写双参数指令
65  u8 LCD_Write_Data(u8 dat);                   //写数据
66  u8 LCD_Read_Data();                          //读数据
67  void Display_Str_at_xy(u8,u8,char [],u8);   //在指定位置显示字符串
```

```
68  void LCD_Initialise();                              //液晶屏初始化
69  void Clear_Screen();                                //清屏
70  void Set_LCD_POS(u8, u8);                           //设置当前地址
71  void OutToLCD(u8,u8,u8);                            //输出到液晶
72  void Line(u8, u8, u8, u8, u8);                      //绘制直线
73  void Pixel(u8,u8, u8);                              //绘点
74  //--------------------------------------------------------------------
75  #endif
```

```
1   //----------------------------- main.c ------------------------------
2   // 名称：PG160128A(T6963C)液晶屏图文演示
3   // 说明：本例可显示一幅图像，可控制图像滚动，反白，合上“图文”开关时，
4   //       还可以显示一幅条形统计图
5   //
6   //--------------------------------------------------------------------
7   #define u8  unsigned char
8   #define u16 unsigned int
9   #define MAIN_Fosc  12000000L                //定义主时钟
10  #include "STC15xxx.h"
11  #include "T6963C.h"
12  #include "PictureDots.h"
13  #include <intrins.h>
14  //开关定义
15  #define S1_ON() ((P0 & (1<<0)) == 0)    //正常显示
16  #define S2_ON() ((P0 & (1<<1)) == 0)    //反白
17  #define S3_ON() ((P0 & (1<<2)) == 0)    //滚动
18  #define S4_ON() ((P0 & (1<<3)) == 0)    //图文
19  //当前操作序号
20  u8 Current_Operation = 0;
21  //待显示的统计数据
22  u8 Statistics_Data[] = {20,70,80,40,90,65,30};
23  extern const u8 LCD_WIDTH;
24  extern const u8 LCD_HEIGHT;
25  //--------------------------------------------------------------------
26  // 绘制条形图
27  //--------------------------------------------------------------------
28  void Draw_Bar_Graph(u8 d[]) {
29      u8 i,h;
30      Line(4,2,4,100,1);                      //纵轴
31      Line(4,100,158,100,1);                  //横轴
32      Line(4,2,1,10,1);                       //纵轴箭头
33      Line(4,2,7,10,1);
34      Line(158,100,152,97,1);                 //横轴箭头
35      Line(158,100,152,103,1);
36      for (i = 0; i < 7; i++) {
37          h = 100 - d[i];
38          Line(10 + i * 20,      h,  10 + i * 20,       100,    1);
39          Line(10 + i * 20,      h,  10 + i * 20 + 15,  h,      1);
40          Line(10 + i * 20 + 15, h,  10 + i * 20 + 15,  100,    1);
41      }
42  }
43  extern u8 Read_LCD_Status();
```

```
44  //-------------------------------------------------------------------------
45  // 主程序
46  //-------------------------------------------------------------------------
47  void main() {
48      u8 i,j,m,c = 0;  u16 k;
49      P0M1 = 0xFF; P0M0 = 0x00;         //P0 配置为高阻输入
50      P2M1 = 0x00; P2M0 = 0x00;         //P2、P3 配置为准双向口
51      P3M1 = 0x00; P3M0 = 0x00;
52      P2 = 0xFF; P3 = 0xFF;             //P2、P3 初始输出高电平
53      LCD_Initialise();                 //初始化液晶屏
54      while(1) {
55          if      (S1_ON()) Current_Operation = 1;   //正常
56          else if (S2_ON()) Current_Operation = 2;   //反白
57          else if (S3_ON()) Current_Operation = 3;   //滚动
58          else if (S4_ON()) Current_Operation = 4;   //图文
59          //如果操作类型未改变则仅执行延时.
60          if ( c == Current_Operation) { delay_ms(200); continue; }
61          c = Current_Operation;
62          switch (Current_Operation) {
63              case 1://正常或反白显示(在 160×128 液晶屏上显示 160×80BMP 图像,
64              case 2://余下面部分用间隔线条填充
65                      Clear_Screen();
66                      LCD_Write_Command_P2( LCD_GRH_STP,0x00,0x00);
67                      //---------------------------------------------
68                      //行循环,IMAGE_HEIGHT = 80 (显示 160×80BMP 图像)
69                      for(i = 0;i < IMAGE_HEIGHT; i++)  {
70                          Set_LCD_POS(i,0);         //设置从每行起点开始显示
71                          LCD_Write_Command(LCD_AUT_WR); //开自动写
72                          //显示每行中的 160 个像素,IMAGE_WIDTH = 160
73                          for( j = 0; j < IMAGE_WIDTH / 8; j++) {
74                              m = ImageX[i * IMAGE_WIDTH / 8 + j];
75                              if (S2_ON()) m = ~m;//如果合上 S2 则反白显示
76                              //向液晶屏输出图像像素,每次输出 1 个字节,8 像素
77                              LCD_Write_Data(m);
78                          }
79                          LCD_Write_Command(LCD_AUT_OVR);
80                      }
81                      //--------------------------------------------
82                      //余下的部分用间隔线条填充(128 - 80 = 48)
83                      for(; i < LCD_HEIGHT; i++)  {
84                          Set_LCD_POS(i,0);
85                          LCD_Write_Command(LCD_AUT_WR);
86                          for( j = 0; j < IMAGE_WIDTH / 8; j++) {
87                              m = 0xCC; //11001100,形成间隔线条
88                              if (S2_ON()) m = ~m;
89                              LCD_Write_Data(m);
90                          }
91                          LCD_Write_Command(LCD_AUT_OVR);
92                      }
93                      break;
94              case 3://滚动显示
95                      //每向下移动一行 GFXHOME 地址(20 个字节),前面图像向上滚出屏幕
```

```
96                      k = 0;
97                      //宽度单位为字节(相当于 8 像素),高度单位为像素
98                      while ( k !=  LCD_WIDTH * LCD_HEIGHT) {
99                          //设置图形区首地址
100                         LCD_Write_Command_P2(LCD_GRH_STP,k%256,k/256) ;
101                         delay_ms(20);//延时
102                         //每次累加 20 个字节(160 像素)使 k 指向图像下一行位置
103                         k += LCD_WIDTH;//注：本案例 LCD 宽度为 160 像素
104                     }
105                     break;
106             case 4://图文显示
107                     Clear_Screen();
108                     LCD_Write_Command_P2(LCD_GRH_STP,0x00,0x00);
109                     Set_LCD_POS(0,0);
110                     //根据统计数据数组显示条形图
111                     Draw_Bar_Graph(Statistics_Data);
112                     //显示统计图 Label(2011 B2B 统计图显示)
113                     Display_Str_at_xy(3,110, (u8*)" 2021 B2B .
114                     \xCD\xB3\xBC\xC6\xCD\xBC\xCF\xD4\xCA\xBE.",0);
115                     //\xCD\xB3\xBC\xC6\xCD\xBC\xCF\xD4\xCA\xBE 分别是
116                     //“统计图显示”5 个汉字的内码,内码获取可使用 UltraEdit
117                     break;
118         }
119     }
120 }
```

```
1   //-------------------------- PictureDots.h ----------------------------
2   // 显示在液晶屏上的图像点阵，数组数据存放于 Flash 程序存储空间中
3   // 注意设置横向取模，字节不倒序
4   //----------------------------------------------------------------------
5   const u16 IMAGE_WIDTH = 160, IMAGE_HEIGHT = 80;
6   code u8 ImageX[] = { //本图仅截取 160×80
7   0x00,0x00,0x00,0x00,0x00,0x00,0x00,0x00,0x00,0x00,0x00,0x00…
    ……（限于篇幅，这里略去了大部分点阵数据）
106 0x00,0x00,0x00,0x00,0x00,0x00,0x00,0x00,0x00,0x00,0x00,0x00…
107 };
```

4.13 Nokia5110（PCD8544）液晶屏演示

Nokia5110 液晶屏使用的是 PCD8544 控制芯片，PCD8544 可支持的最大分辨率为 48×84，Nokia5110 仅使用其中一部分。图 4-32 所示仿真案例在 Nokia5110 液晶屏上演示了 3 项菜单功能：分别是 LED 闪烁控制、A/D 转换控制及蜂鸣器输出。

1. 程序设计与调试

1）Nokia5110（PCD8544）液晶屏简介

PCD8544 是一块低功耗 CMOS LCD 控制驱动器，可驱动 48 行 84 列图形显示，其所有显示功能集成在一块芯片上，包括 LCD 电压及偏置电压发生器，只须很少的外部元件就能工作。其关键引脚包括 SCE、RST、D/C、DIN、SCLK，其中 D/C 置为 1 表示向显示 RAM 写入像素数据，置为 0 表示写入命令，DIN 为串行输入字节引脚，SCLK 为串行输入时钟引脚。

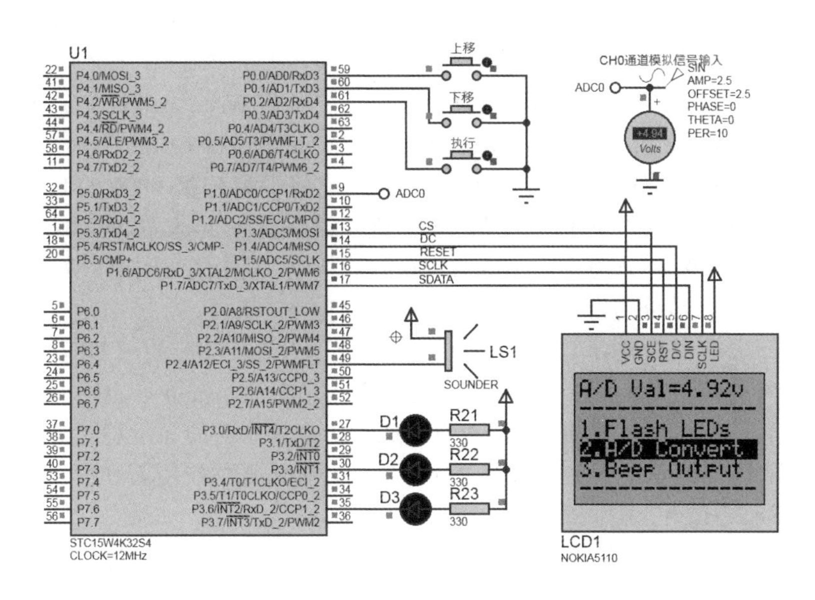

图 4-32　Nokia5110 液晶屏演示电路

2）Nokia5110（PCD8544）液晶屏驱动程序设计

表 4-12 给出了 Nokia5110（PCD8544）液晶屏命令集，这是编写其驱动程序的重要参考。

表 4-12　Nokia5110（PCD8544）液晶屏命令集

命　令	D/C	命令字：DB7～DB0								功　能
温度控制	0	0	0	0	0	0	1	TC1	TC0	设置温度系数（TC x）
显示控制	0	0	0	0	0	1	D	0	E	设置显示配置
偏置系统	0	0	0	0	1	0	BS2	BS1	BS0	设置偏置系统（BSx）
功能设置	0	0	0	1	0	0	PD	V	H	掉电控制；进入模式；扩展指令设置（H）
设置 Y 地址	0	0	1	0	0	0	Y3	Y2	Y1	Y 地址：0~5
设置 X 地址	0	1	X6	X5	X4	X3	X2	X1	X0	X 地址：0~83
设置 VOP	0	1	V_{OP6}	V_{OP5}	V_{OP4}	V_{OP3}	V_{OP2}	V_{OP1}	V_{OP0}	设置 VOP 到寄存器
写数据	1	D7	D6	D5	D4	D3	D2	D1	D0	写数据到显示 RAM（以字节为单位）

注 1：（1）V 取 0、1 分别表示水平、垂直寻址；H 取 0、1 分别表示基本命令集、扩展命令集。

（2）DE 取值 00～11 分别表示：显示空白、开所有显示段、普通模式、反转映象模式。

（3）TC1、TC0 取值 00～11，分别表示 LCD 温度系数 0～3。

注 2：（1）对于功能设置指令，H 值可为 0 或 1。

（2）显示控制、设置 Y 地址、设置 X 地址时，H 值为 0。

（3）在设置温度、设置偏置、设置 VOP 时，H 为 1（在扩展指令模式下），其他更多详细注释可参考其技术手册。

观察该命令集排列可知，其布局与 LCD1602（HD44780）液晶屏很相似，它们都是通过首个 1 所在的不同位置来区分不同命令，对于 Nokia5110（PCD8544）命令集中出现 1 的位置雷同的命令（如设置 X 地址命令与设置 VOP 命令），它们还要通过功能设置命令中的 H 值来区分（详见表 4-11 中的注 2）。由表 4-11 可知，Nokia_Init 函数中，通过 0x21，即 0010 0001，将液晶屏配置为水平寻址，且进入扩展指令设置模式（H=1）；通过 0x13，即 0001 0011 来设置偏置系统，根据手册可知 BSx=011，对应于 1 : 48；通过 0xBB 在扩展指令模式下设置 VOP；完成这些设置后，再通过 0x20，回到功能设置的正常模式（H=0），然后通过 0x0C，即 0000 1100

将液晶屏配置为普通模式。

同样地，根据指令集，可更容易编写设置显示位置的函数 Write_Nokia_POS(u8 row, u8 col)，其中的关键语句为：Write_Nokia_Comm(row | 0x40);Write_Nokia_Comm(col | 0x80);其中 row | 0x40，即 row | 0100 0000，row 的取值为 0～5（页），它将影响 0100 0000 的低 3 位，即指令表中的 Y2 Y1 Y0，从而实现对 Y 地址的设置（即页地址的设置）；再来看 col | 0x80，即 col | 1000 0000，col 的取值为 0～83，它将影响 1000 0000 的后 7 位，即指令表中的 X6～X0，从而实现对 X 地址的设置（即列地址的设置）。

最后来看一下表格中的最后 1 行，其 D/C 引脚电平为高，此时通过 DIN 引脚向液晶屏写入的所有字节都将被认为是显示 RAM 数据，它将直接影响液晶屏屏幕的显示内容。

在显示驱动程序中，Show_Char 函数负责完成 5×7 点阵字符的显示功能，这部分代码建议仔细阅读，限于篇幅，这里不再赘述，相关详细说明可参考源代码所附注释。

3）本例演示程序设计

以 Nokia 显示驱动程序为基础，主程序中演示了液晶屏菜单项显示与功能执行。主程序中定义的菜单分别包括以下三项。

① Flash LEDs：执行该项菜单时，连接在 P3 的 3 只 LED 将持续闪烁显示。

② Disp A/D Value：执行该项菜单时，ADC0 通道模拟信号经 A/D 后，模拟电压值实时刷新显示在液晶屏上。

③ Sounder Output：执行该项菜单时蜂鸣器输出。

在菜单项显示程序中，主要提供了键盘扫描函数 Scan_Key()和菜单刷新函数 Refresh_Menu()，前者扫描“上移键”、“下移键”和“执行键”，根据当前位置将当前菜单项索引保存于变量 Curr_Menu，对于刷新菜单的函数 Refresh_Menu()，它总是将当前选中的菜单反相显示，其他菜单则正常显示。

选择不同菜单项后，菜单功能执行函数 Execute_MENU()根据功能号 Func_NO（1、2、3）分别完成“LED 闪烁控制”、“A/D 转换值显示”和“声音输出”。

2．实训要求

① 为 Nokia5110 液晶屏设计绘制像素函数 Pixel 及绘制直线函数 Line。

② 进一步改进设计，实现中文菜单显示功能。

3．源程序代码

```
1   //------------------------ Nokia5110.c ----------------------------
2   //  名称：Nokia5110 液晶屏显示驱动程序(PCD8544)
3   //-----------------------------------------------------------------
4   #include "STC15xxx.h"
5   #include <intrins.h>
6   #include <string.h>
7   #include <stdio.h>
8   #include "Nokia5110.h"
9   #define u8  unsigned char
10  #define u16 unsigned int
11  //SPI 接口存储器引脚定义
12  sbit CS     = P1^3;      //片选线
13  sbit DC     = P1^4;      //数据/命令选择线
14  sbit RESET  = P1^5;      //复位线
15  sbit SCLK   = P1^6;      //串行时钟
16  sbit SDATA  = P1^7;      //串行数据
17  //-----------------------------------------------------------------
```

```
18 // ASCII 字符 5×7 点阵库(每个字符 5 个字节点阵数据)
19 //-----------------------------------------------------------------
20 code u8 ASCII_FONT[] = {
21     0x00,0x00,0x00,0x00,0x00, //20 空格
22     0x00,0x00,0x5f,0x00,0x00, //21 !
……（限于篇幅，这里省略了部分点阵数据）
114    0x00,0x41,0x36,0x08,0x00, //7D }
115    0x10,0x08,0x08,0x10,0x08  //7E ~
116 };
117 extern void delay_ms(u16 x);
118 //-----------------------------------------------------------------
119 // 延时函数（12MHz，约 6~7μs）
120 //-----------------------------------------------------------------
121 void Delay() {
122     u8 i = 26; _nop_(); _nop_(); while (--i);
123 }
124 //-----------------------------------------------------------------
125 // 从当前地址读取 1 个字节数据
126 //-----------------------------------------------------------------
127 u8 ReadByte() {
128     u8 i, d = 0x00;
129     for(i = 0; i < 8; i++){      //串行读取 8 位数据
130         //SCK 下降沿读取数据,读取的位保存到左移以后的 d 的低位
131         Delay(); SCLK = 1;
132         Delay(); SCLK = 0;
133         d = (d << 1) | SDATA;
134     }
135     return d;                    //返回读取的字节
136 }
137 //-----------------------------------------------------------------
138 // 向当前地址写入 1 个字节数据
139 //-----------------------------------------------------------------
140 void WriteByte(u8 dat) {
141     u8 i;
142     for(i = 0; i < 8; i++){      //串行写入 8 位数据
143         dat <<= 1; SDATA = CY;  //dat 左移,高位被移入 CY,发送高位
144         Delay(); SCLK = 0;       //时钟信号上升沿向液晶写入数据
145         Delay(); SCLK = 1;
146     }
147 }
148 //-----------------------------------------------------------------
149 // 清屏
150 //-----------------------------------------------------------------
151 void Nokia_CLS() {
152     u8 p,x;
153     Write_Nokia_POS(0,0);            //光标置于左上角
154     for( p = 0; p < 6; p++){         //每屏共 6 页
155         for(x = 0; x < 84; x++) {    //每页宽 84 像素
156             Write_Nokia_Data(0x00); //各列输出 0x00,清空该列
157         }
158     }
159 }
160 //-----------------------------------------------------------------
161 // 复位 Nokia 液晶屏
```

```
162 //-----------------------------------------------------------------
163 void Nokia_Reset() {
164     RESET = 1; delay_ms(5); RESET = 0; delay_ms(5); RESET = 1; delay_ ms(5);
165 }
166 //-----------------------------------------------------------------
167 // 初始化Nokia液晶屏
168 //-----------------------------------------------------------------
169 void Nokia_Init() {
170     Nokia_Reset();            //复位
171     Write_Nokia_Comm(0x21); //功能设置：水平寻址，且进入扩展指令模式（H=1）
172     Write_Nokia_Comm(0x13); //在扩展指令模式下设置液晶屏偏置系统1:48（BSx=011）
173     Write_Nokia_Comm(0xBB); //在扩展指令模式下设置VOP
174     Write_Nokia_Comm(0x20); //功能设置：进入正常模式（H=0）
175     Write_Nokia_Comm(0x0C); //显示模式：普通模式（DE=10）
176 }
177 //-----------------------------------------------------------------
178 // 写液晶屏命令(DC=0选择命令寄存器)
179 //-----------------------------------------------------------------
180 void Write_Nokia_Comm(u8 cmd) {
181     DC = 0; CS = 0; Delay(); WriteByte(cmd); Delay(); CS = 1;
182 }
183 //-----------------------------------------------------------------
184 // 写液晶屏数据(DC=1选择数据寄存器)
185 //-----------------------------------------------------------------
186 void Write_Nokia_Data(u8 dat) {
187     DC = 1; CS = 0; Delay(); WriteByte(dat); Delay(); CS = 1;
188 }
189 //-----------------------------------------------------------------
190 //液晶屏定位函数(定位于p页c列)
191 // 页范围0~7,列范围0~13(共14列字符,每列字符宽度为5像素,留一像素间隔,故
192 // 每列字符宽度为6像素,全屏宽84像素,故共可显示84/6=14列)
193 //-----------------------------------------------------------------
194 void Write_Nokia_POS(u8 row, u8 col) {
195     Write_Nokia_Comm(row | 0x40);
196     Write_Nokia_Comm(col | 0x80);
197 }
198 //-----------------------------------------------------------------
199 // 字符显示函数,待显示字符ASCII为c,反相标志为reverse
200 //-----------------------------------------------------------------
201 void Show_Char(char c, u8 reverse) {
202     u8 i,dat;
203     //忽略ASCII小于0x20与大于0x7F的字符
204     if (c < 0x20 || c > 0x7F) return;
205     //每个字符点阵像素由垂直的5个字节(5列×8像素)构成
206     for (i = 0; i < 5; i++) {
207         //读取该字符的第i个字节点阵
208         dat = ASCII_FONT[(c - 0x20) * 5 + i];
209         if (reverse) dat = ~dat;          //处理反相
210         Write_Nokia_Data(dat);            //发送液晶屏显示(1列像素)
211     }
212     //每输出一个字符的所有点阵(5列像素)后,输出1列空白像素,以形成字符间隔
213     if (reverse) Write_Nokia_Data(0xFF); else Write_Nokia_Data(0x00);
214 }
215 //-----------------------------------------------------------------
```

```
216 // 向液晶屏当前位置输出字符
217 //-----------------------------------------------------------------
218 void Show_String(char *str,u8 reverse) {
219     u8 i = 0;
220     while (str[i] && i < 14) {
221         Show_Char(str[i++],reverse);
222     }
223 }
```

```
1   //--------------------------- Nokia5110.h ---------------------------
2   //  名称: Nokia5110 液晶屏头文件(PCD8544)
3   //-----------------------------------------------------------------
4   #define u8  unsigned char
5   #define u16 unsigned int
6   //-----------------------------------------------------------------
10  // 函数声明
11  //-----------------------------------------------------------------
12  void Nokia_Reset();
13  void Nokia_Init();
14  void Nokia_CLS();
15  void Write_Nokia_Comm(u8 cmd);
16  void Write_Nokia_Data(u8 cd);
17  void Write_Nokia_POS(u8 page, u8 col);
18  void Show_Char(char c, u8 reverse);
19  void Show_String(char *str,u8 reverse);
```

```
1   //------------------------------- main.c ------------------------------
2   //  名称: Nokia5110 液晶屏演示
3   //-----------------------------------------------------------------
4   //  说明:在 Nokia5110 液晶屏演示了 3 项菜单功能,分别是 LED 闪烁控制、A/D
5   //       转换控制、蜂鸣器输出
6   //
7   //-----------------------------------------------------------------
8   #define u8  unsigned char
9   #define u16 unsigned int
10  #include "STC15xxx.h"
11  #include <intrins.h>
12  #include <string.h>
13  #include <stdio.h>
14  #include "Nokia5110.h"
15  code char Text[][15] = {         //本案例标题及菜单项等
16      "  Nokia 5110  ",
17      "--------------",
18      "1.Flash LEDs  ",
19      "2.A/D Convert ",
20      "3.Beep Output ",
21      "--------------"
22  };
23  #define ADC_POWER        0x80    //ADC 电源控制位
24  #define ADC_FLAG         0x10    //ADC 完成标志
25  #define ADC_START        0x08    //ADC 起始控制位
26  #define ADC_SPEEDLL      0x00    //540 个时钟周期
27  #define ADC_SPEEDL       0x20    //360 个时钟周期
28  #define ADC_SPEEDH       0x40    //180 个时钟周期
```

```
29  #define ADC_SPEEDHH     0x60    //90个时钟周期
30  //按键引脚定义
31  #define K_UP()      ((P0 & (1<<0))==0x00)   //上移
32  #define K_DOWN()    ((P0 & (1<<1))==0x00)   //下移
33  #define K_OK()      ((P0 & (1<<2))==0x00)   //执行
34  sbit BEEP = P2^4;                           //蜂鸣器
35  char disp_buff[20];                         //液晶屏显示缓冲
36  volatile u8 Pre_Key = 0x00, Curr_Menu = 1, Pre_Menu = 0, Func_NO = 0;
37  enum {WHITE = 0, BLACK = 1};
38  //-------------------------------------------------------------------------
39  // 延时函数
40  //-------------------------------------------------------------------------
41  #define MAIN_Fosc 12000000L
42  void delay_ms(u8 ms) {
43      u16 i;
44      do { i = MAIN_Fosc / 13000; while(--i); } while(--ms);
45  }
46  //-------------------------------------------------------------------------
47  // 初始化 ADC
48  //-------------------------------------------------------------------------
49  void InitADC() {
50      P1ASF = 0x01;                       //将 P1.0 引脚设为 A/D 转换输入口
51      ADC_RES = 0;                        //清除结果寄存器
52      ADC_CONTR = ADC_POWER | ADC_SPEEDLL;
53      delay_ms(2);                        //ADC 上电并延时
54  }
55  //-------------------------------------------------------------------------
56  // 读取指定通道的 ADC 结果并换算为电压值
57  //-------------------------------------------------------------------------
58  float GetADCResult(u8 ch) {
59      ADC_CONTR = ADC_POWER | ADC_SPEEDLL | ADC_START | ch;
60      _nop_(); _nop_(); _nop_(); _nop_();//等待 4 个 NOP
61      while (!(ADC_CONTR & ADC_FLAG));    //等待 ADC 转换完成
62      ADC_CONTR &= ~ADC_FLAG;             //关闭 ADC
63      //读取转换结果,并转换为电压值
64      return (int)(ADC_RES<<2 | ADC_RESL) * 5.0 / 1024.0;
65  }
66  //-------------------------------------------------------------------------
67  // T0 定时初始配置函数
68  //-------------------------------------------------------------------------
69  void Timer0Init() {             //2ms@12MHz
70      AUXR &= 0x7F;               //定时器时钟 12T 模式
71      TMOD &= 0xF0;               //设置定时器模式
72      TL0 = 0x18;                 //设置定时初始值
73      TH0 = 0xFC;                 //设置定时初始值
74      TF0 = 0;                    //将 TF0 标志清零
75      TR0 = 0;                    //定时器 0 停止
76  }
77  //-------------------------------------------------------------------------
78  // 按键扫描获取当前菜单项 Curr_Menu(1,2,3)及待执行项 Func_NO(1,2,3)
79  //-------------------------------------------------------------------------
80  void Scan_Key() {
81      if (Pre_Key == (P0 & 0x07)) return;//按键未变化则直接返回
82      Pre_Key = P0 & 0x07;        //保存当前按键状态(P0 低 3 位)
```

```
83      if (K_UP())       {               //选择上一个菜单
84          if (--Curr_Menu == 0) Curr_Menu = 3;
85      }
86      if (K_DOWN())     {               //选择下一个菜单
87          if (++Curr_Menu == 4) Curr_Menu = 1;
88      }
89      if (K_OK())       {               //执行菜单功能
90          Func_NO = Curr_Menu;
91      }
92  }
93  //----------------------------------------------------------------
94  // 刷新菜单显示
95  //----------------------------------------------------------------
96  void Refresh_Menu() {
97      //菜单项索引未变化则不刷新显示,直接返回
98      if (Pre_Menu == Curr_Menu) return;
99      //此前选中的菜单项恢复正常显示 (因前有标题行,故定位时+1)
100     Write_Nokia_POS(Pre_Menu + 1, 0);
101     Show_String((char*)Text[Pre_Menu+1], WHITE);
102     //当前选中的菜单项反相显示
103     Write_Nokia_POS(Curr_Menu + 1, 0);
104     Show_String((char*)Text[Curr_Menu+1], BLACK);
105     //当前菜单索引保存到 Pre_Menu 变量
106     Pre_Menu = Curr_Menu;
107 }
108 //----------------------------------------------------------------
109 // 执行菜单功能
110 //----------------------------------------------------------------
111 void Execute_MENU() {
112     static u8 t_Count = 0;
113     //下面是功能 1 与功能 2 的代码
114     Write_Nokia_POS(0,0);             //设置液晶屏显示位置为顶行
115     //每隔 1s 闪烁或进行 A/D 转换及控制蜂鸣器输出,不足 1s 时返回
116     //注意不能直接用 1s 的延时,否则影响键盘响应速度
117     delay_ms(10); if (++t_Count != 10) return;
118     t_Count = 0;
119     if (Func_NO == 1)   {             //功能 1: LED 闪烁
120         Show_String((char*)"LED Flash [ON] ",WHITE);
121         P3 = ~P3;
122     } else P3 = 0xFF;
123     if (Func_NO == 2)   {             //功能 2: 显示 A/D 转换值
124         //A/D 转换,结果转换为字符串放入 disp_buff,然后发送液晶屏显示
125         sprintf(disp_buff,"A/D Val=%3.2fv ",GetADCResult(0));
126         Show_String((char*)disp_buff,WHITE);
127     }
128     if (Func_NO == 3)   {             //功能 3: 蜂鸣器输出开关
129         EA = ET0 = TR0 = 1;
130         Show_String((char*)"BEEP...BEEP...",WHITE);
131     }
132     else { EA = ET0 = TR0 = 0; BEEP = 1;}
133 }
134 //----------------------------------------------------------------
135 // 主程序
136 //----------------------------------------------------------------
```

```
137 void main() {
138     u8 i;
139     P0M1 = 0xFF; P0M0 = 0x00;        //配置为高阻输入口
140     P1M1 = 0x00; P1M0 = 0x00;        //配置为准双向口
141     P2M1 = 0x00; P2M0 = 0x00;
142     P3M1 = 0x00; P3M0 = 0x00;
143     Timer0Init();                    //初始化 T0
144     InitADC();                       //初始化 ADC
145     Nokia_Init();                    //初始化 Nokia 液晶屏
146     Nokia_CLS();                     //清屏
147     Write_Nokia_POS(2,0);            //设置显示位置
148     Show_String((char*)"Start System..",WHITE);
149     i = 10; while (i--) delay_ms(100);
150     //延时 1000ms 后开始显示标题及菜单项
151     for ( i = 0; i < 6; i++)    {    //显示标题及菜单项
152         Write_Nokia_POS(i,0);        //设置显示位置
153         Show_String((char*)Text[i],WHITE);//逐一输出菜单项
154     }
155     while (1) {
156         Refresh_Menu();              //刷新菜单显示
157         Scan_Key();                  //扫描按键
158         if (Func_NO)Execute_MENU(); //执行菜单功能
159         delay_ms(10);
160     }
161 }
162 //----------------------------------------------------------------------------
163 // 定时器控制蜂鸣器输出
164 //----------------------------------------------------------------------------
165 void T0_INT() interrupt 1 {
166     TL0 = 0x18; TH0 = 0xFC; BEEP ^= 1;
167 }
```

4.14 UG-2864（SSD1306）I²C-OLED 显示测试

UG-2864（SSD1306）I²C-OLED 显示测试电路如图 4-33 所示。主程序测试了 4 种显示效果：包括位图显示、中英文字符串 1、字符串 2 显示（分别为内置字体、自定义字体）、统计图显示（模拟）。

1．程序设计与调试

1）UG-2864（SSD1306）OLED 简介

UG-2864 OLED 的控制芯片为 SSD1306，它是单片 CMOS OLED/PLED 驱动芯片*，可以驱动有机/聚合发光二极管点阵图形显示器，支持点阵为 128×64，专为共阴极 OLED 面板设计。SSD1306 嵌入了对比度控制器、显示 RAM 和晶振，有 256 级亮度控制。数据/命令的发送有 3 种接口可选择：6800/8000 串口，I²C 接口或 SPI 接口，适用于大量显示应用，如移动电话、MP3 播放器、计算器等显示。

UG-2864OLED 几个关键引脚为：数据信号引脚 D0、D1（分别对应 Clock 时钟与 Data 数据线）、复位引脚 RES、数据/命令选择引脚 DC、片选引脚 CS。

*：OLED（Organic Light-Emitting Diode）意思为有机发光二极管。

另外，根据 UG2864 OLED 技术手册，本例仿真电路将总线选择线 BS2、BS1、BS0 置为 0 1 0，从而使 UG2864 OLED 工作于 I^{2}C 接口模式，在此模式下 D0 对应于 I^{2}C 接口串行时钟（SCL）线，D1/D2 对应 I^{2}C 接口串行数据线 SDA$_{IN}$与 SDA$_{OUT}$，其中 SDA$_{IN}$（D1）必须连接且被当作 SDA 使用，SDA$_{OUT}$（D2）可连接也可断开时，在断开时应答信号将被忽略。

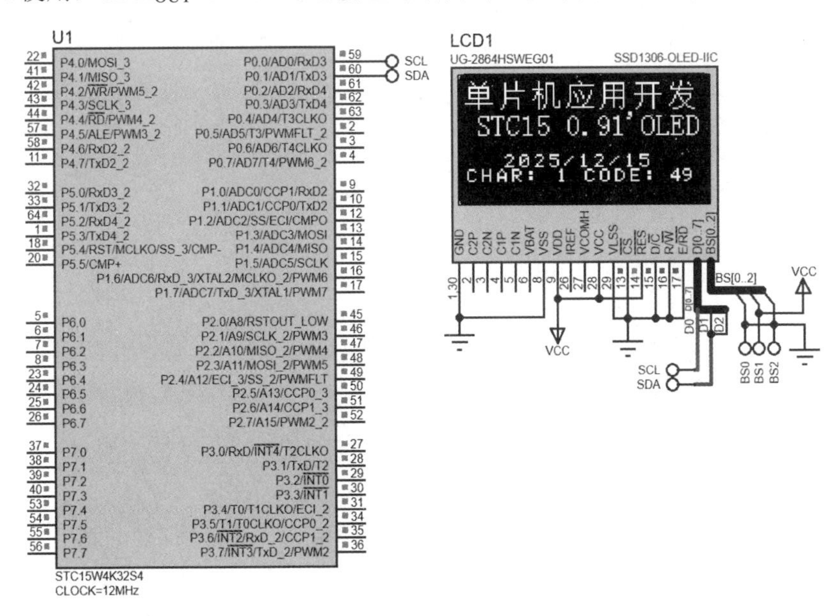

图 4-33　UG-2864（SSD1306）I^{2}C-OLED 显示测试电路

2）UG-2864(SSD1306) OLED 驱动程序设计

UG-2864 LOED 的控制芯片为 SSD1306，编写驱动程序时要重点参考 SSD1306 技术手册，根据手册可知其 I^{2}C 接口数据格式如图 4-34 所示。

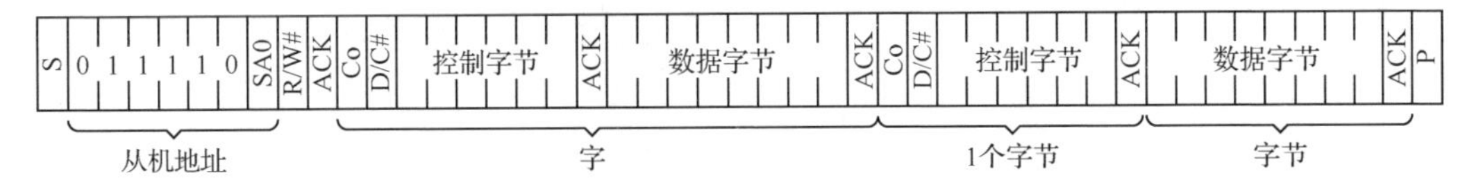

图 4-34　UG-2864（SSD1306）I^{2}C 接口数据格式

有关 I^{2}C 接口基础程序设计可参考 1604 液晶屏（HD44780）显示 I^{2}C 接口 PCF8583 日历时钟案例。在本案例中，OLED 显示屏的从机地址为 0111 10 SA0，I^{2}C 接口模式下，OLED 的 SDA0 线对应于 D/C 线，本例电路中接 GND（置为 0），因此有从机地址 0111 100，附加读/写位（R/W，默认为写，对应 0），从而有从机地址 0111 1000，即 0x78。数据格式中的 Co 表示 Continuation Bit（持续位），当 Co 为 0 时，表示后面连续为数据字节。D/C#为数据/命令选择位，0 表示命令，1 表示数据，源程序中用 Write_IIC_Com 函数来写入命令字节，用 Write_IIC_Dat 来写入数据字节。

SSD1306 给出的命令集主要有 4 类，包括基础类（如设置对比度、显示开、显示关、反相等）、滚动控制类（如水平滚动、垂直滚动等）、设置地址类（如设置列低地址、设置列高地址、设置页地址、设置寻址模式等）、硬件配置（如设置显示起始行、列扫描方向等）、定时与驱动（合设置 VCOMH 等），这些命令有的无参数，有的带 1 个字节或多个字节参数。

本案例 OLED 驱动程序设计，可重点掌握设置起始页命令 0xB0，设置起始列低字节高字节的命令 0x00～0x0F 与 0x10-0x1F，另外，在 OLED_Init 函数中输出了大量命令字节，以对 OLED 进行初始设置，相关命令后均有详细注释，阅读时还可参考 SSD1306 技术手册的

COMMAND TABLE（命令表）部分。

2．实训要求

① 编程在 OLED 上用黑体与宋体混合显示一段中英文字符串。

② 编程在 OLED 上显示一段正弦曲线。

3．源程序代码

```
1   //--------------------------- oled.c ----------------------------------
2   //  名称：OLED 显示驱动程序
3   //-------------------------------------------------------------------
4   #include "oled.h"
5   #include "i2c.h"
6   #include "oledfont.h"
7   //-------------------------------------------------------------------
8   // 延时函数(取值 1~65535)
9   //-------------------------------------------------------------------
10  void delay_ms(u16 x) {
11      u8 i = 12, j = 169;
12      while(x--) {
13          do {
14              while (--j);
15          } while (--i);
16      }
17  }
18  //-------------------------------------------------------------------
19  // 通过 I2C 接口向 OLED 写入命令
20  //-------------------------------------------------------------------
21  void Write_IIC_Com(u8 IIC_Command) {
22      IIC_Start();
23      IIC_WriteByte(0x78);             //从机地址:0x78(SA0=0,R/W#=0)
24      IIC_WriteByte(0x00);             //写入控制字节（D/C#=0,表示命令）
25      IIC_WriteByte(IIC_Command);      //写入命令字节
26      IIC_Stop();
27  }
28  //-------------------------------------------------------------------
29  // 通过 I2C 接口向 OLED 写入数据
30  //-------------------------------------------------------------------
31  void Write_IIC_Dat(u8 IIC_Data) {
32      IIC_Start();
33      IIC_WriteByte(0x78);             //从机地址:0x78(D/C=0 即 SA0=0,R/W#=0)
34      IIC_WriteByte(0x40);             //写入控制字节（D/C#=1,表示数据）
35      IIC_WriteByte(IIC_Data);         //写入数据字节
36      IIC_Stop();
37  }
38  //-------------------------------------------------------------------
39  // 填充图形（OLED 显存格式：横向宽度为 128 像素，纵向高度为 64 像素/共 8 页）
40  //-------------------------------------------------------------------
41  void Fill_picture(u8 fill_Data) {
42      u8 m,n;
43      for(m = 0; m < 8; m++) {         //共 8 页（Page0~Page7）
44          Write_IIC_Com(0xB0 + m);     //设置起始页为第 m 页
45          Write_IIC_Com(0x00);         //起始列低地址
46          Write_IIC_Com(0x10);         //起始列高地址
```

```
47            for(n = 0; n < 128; n++) Write_IIC_Dat(fill_Data);//输出1像素
48        }
49    }
50    //------------------------------------------------------------------------
51    // 设置显示位置
52    //------------------------------------------------------------------------
53    void OLED_Set_Pos(u8 x, u8 y) {
54        Write_IIC_Com(0xB0+y);              //设置起始页为第y页
55        Write_IIC_Com(((x&0xF0)>>4)|0x10); //设置起始列高地址
56        Write_IIC_Com((x&0x0F));            //设置起始列低地址
57    }
58    //------------------------------------------------------------------------
59    // 开启OLED显示
60    //------------------------------------------------------------------------
61    void OLED_Display_On() {
62        Write_IIC_Com(0x8D);                //设置电荷泵（设置DC-DC）命令
63        Write_IIC_Com(0x14);                //使能电荷泵
64        Write_IIC_Com(0xAF);                //开显示
65    }
66    //------------------------------------------------------------------------
67    // 关闭OLED显示
68    //------------------------------------------------------------------------
69    void OLED_Display_Off() {
70        Write_IIC_Com(0x8D);                //设置电荷泵（设置DC-DC）命令
71        Write_IIC_Com(0x10);                //禁止电荷泵
72        Write_IIC_Com(0xAE);                //关显示
73    }
74    //------------------------------------------------------------------------
75    // 清屏
76    //------------------------------------------------------------------------
77    void OLED_Clear() {
78        u8 i,n;
79        for(i = 0; i < 8; i++) {            //共8页
80            Write_IIC_Com(0xB0+i);          //设置页地址（i = 0~7）
81            Write_IIC_Com(0x00);            //设置列地址低字节
82            Write_IIC_Com(0x10);            //设置列地址高字节
83            for(n = 0; n < 128; n++) Write_IIC_Dat(0);//写字符0
84        }
85    }
86    //------------------------------------------------------------------------
87    // 开显示
88    //------------------------------------------------------------------------
89    void OLED_On() {
90        u8 i,n;
91        for(i = 0; i < 8; i++) {            //共8页
92            Write_IIC_Com(0xB0+i);          //设置页地址（i = 0~7）
93            Write_IIC_Com(0x00);            //设置列地址低字节
94            Write_IIC_Com(0x10);            //设置列地址高字节
95            for(n = 0; n < 128; n++) Write_IIC_Dat(1);//显示1条线
96        }
97    }
98    //------------------------------------------------------------------------
99    // 在指定位置显示1个字符
100   // x:0~127 y:0~63 mode:0,反白显示;1,正常显示 size:选择字体(字号)12/16
```

```
101 //-----------------------------------------------------------------------
102 void OLED_ShowChar(u8 x,u8 y,u8 chr,u8 font) {
103     u8 c = 0,i = 0;
104     c = chr - ' ';
105     if(x > Max_Column - 1) { x = 0; y += 2; }
106     if(font == 16) {                    //字体16
107         OLED_Set_Pos(x,y);              //设置显示位置（上页）
108         for(i = 0; i < 8; i++) Write_IIC_Dat(F8x16[c * 16 + i]);
109         OLED_Set_Pos(x, y + 1);         //设置显示位置（下页）
110         for(i = 0; i < 8; i++) Write_IIC_Dat(F8x16[c * 16 + i + 8]);
111     }
112     else {                              //字体12
113         OLED_Set_Pos(x,y);              //设置显示位置
114         for(i = 0; i < 6; i++) Write_IIC_Dat(F6x8[c][i]);
115     }
116 }
117 //-----------------------------------------------------------------------
118 // m^n 函数（本案例的十进制数位分解将调用该函数）
119 //-----------------------------------------------------------------------
120 u32 __pow(u8 m,u8 n) {
121     u32 result = 1;
122     while(n--) result *= m;
123     return result;
124 }
125 //-----------------------------------------------------------------------
126 // 显示数字: x,y——显示位置; n——待显示数值; w——占据宽度; font——字体(字号)
127 //-----------------------------------------------------------------------
128 void OLED_ShowNum(u8 x,u8 y,u32 n,u8 w,u8 font) {
129     u8 i, t, show = 0;
130     //假定n=123,显示宽度w=5,则分解数位为 0 0 1 2 3，前两个0将显示为空格
131     for( i = 0; i < w; i++) {                   //按宽度w输出,不足的补空格
132         t = (n/__pow(10,w-1-i))%10;             //按总宽度为w开始逐位分解
133         //show==0 表示还未开始正常显示(可能需补空格)
134         //注:当i==w-1时(也就是到达最后1位时),无论是什么数字(包括0)
135         //都要正常显示,因此if的第2个条件不能写成i<=(w-1)
136         if(show == 0 && i < (w-1)) {
137             if(t == 0) {                        //如分解高位为0则用空格补充
138                 OLED_ShowChar(x + (font/2)*i, y, ' ',font);
139                 continue;                       //进入下一个循环继续进行分解
140             } else show = 1;     //遇到高位非0则show=1,表示以下开始正常显示
141         }
142         //正常显示1个数字字符
143         OLED_ShowChar(x + (font/2)*i, y, t+'0', font);
144     }
145 }
146 //-----------------------------------------------------------------------
147 // 显示字符串
148 //-----------------------------------------------------------------------
149 void OLED_ShowStr(u8 x,u8 y,u8 *s,u8 font){
150     u8 i = 0;
151     while (s[i]!='\0') {                        //未遇到字符串结束符则继续
152         OLED_ShowChar(x, y, s[i], font); //在当前位置输出1个字符
153         x += 8;                                 //横向+8,到下一个字符位置
154         if(x > 120){ x = 0;y += 2; }     //将要越界,x归0,y下移2页
```

```
155         i++;                                   //字符索引递增
156     }
157 }
158 //------------------------------------------------------------------------------
159 // 显示汉字，其中参数分别为显示位置(x,y)及中文字符在点阵数组中的索引(no)
160 //------------------------------------------------------------------------------
161 void OLED_ShowHZ(u8 x,u8 y,u8 no) {
162     u8 t;
163     OLED_Set_Pos(x,y);                         //设置显示位置(上页)
164     for(t = 0;t < 16; t++) {                   //显示上 16 列
165         Write_IIC_Dat(Hzk[2*no][t]);           //显示上半部分当前列像素
166     }
167     OLED_Set_Pos(x,y+1);                       //设置显示位置(下页)
168     for(t = 0;t < 16;t++) {                    //显示下 16 列
169         Write_IIC_Dat(Hzk[2*no+1][t]);         //显示下半部分当前列像素
170     }
171 }
172 //------------------------------------------------------------------------------
173 // 显示 BMP 图片(128×64 像素)起始点坐标(x,y),x 范围为 0～127，y 为页的范围 0～7
174 //------------------------------------------------------------------------------
175 void OLED_DrawBMP(u8 x0, u8 y0,u8 x1, u8 y1,u8 BMP[]) {
176     u16 j = 0; u8 x,y;
177     if(y1 % 8 == 0) y = y1 / 8; else y = y1 / 8 + 1;    //纵向像素换成页数
178     for(y = y0; y < y1; y++) {                 //循环输出各页
179         OLED_Set_Pos(x0,y);                    //设置位置
180         for(x = x0; x < x1; x++) Write_IIC_Dat(BMP[j++]); //输出 1 个字节像素
181     }
182 }
183 //------------------------------------------------------------------------------
184 // 初始化 OLED(SSD1306)
185 //------------------------------------------------------------------------------
186 void OLED_Init() {
187     delay_ms(10);
188     Write_IIC_Com(0xAE);       //关显示
189     Write_IIC_Com(0x40);       //设置起始行地址（置为 0，范围为 0~63）
190     Write_IIC_Com(0xB0);       //设置起始页地址（置为 0，范围为 0~7）
191     Write_IIC_Com(0xC8);       //设置 COM 扫描方面(C8:上->下,C0:下->上)
192     Write_IIC_Com(0x81);       //设置对比度
193     Write_IIC_Com(0xFF);       //置为最大值 0xFF（范围：0x00~0xFF）
194     Write_IIC_Com(0xA1);       //段重映射设置(A1:从左向右，A0:从右向左)
195     Write_IIC_Com(0xA6);       //正常显示（A6:正常，A7:反相）
196     Write_IIC_Com(0xA8);       //设置复用率(双字节命令，下一个字节为参数)
197     Write_IIC_Com(0x3F);       //复用参数取值 1F(31),最大为 3F(63)
198     Write_IIC_Com(0xD3);       //设置纵向偏移(双字节命令,下一个字节为参数)
199     Write_IIC_Com(0x00);       //无偏移
200     Write_IIC_Com(0xD5);       //设置显示时钟分频值/振荡频率(下一个字节为参数)
201     Write_IIC_Com(0xF0);       //高 4 位：振荡器频率,低 4 位：分频因子
202     Write_IIC_Com(0xD9);       //设置预充电周期(下一个字节为参数)
203     Write_IIC_Com(0x22);       //预充电周期参数
204     Write_IIC_Com(0xDA);       //设置列引脚硬件配置(下一个字节为参数)
205     Write_IIC_Com(0x02);       //设置为默认值
206     Write_IIC_Com(0xDB);       //设置 VCOMH 反相电值(下一个字节为参数)
207     Write_IIC_Com(0x40);       //对应：~0.77×VCC(RESET)
208     Write_IIC_Com(0x8D);       //设置电荷泵（设置 DC-DC）命令
```

```
209     Write_IIC_Com(0x14);    //使能电荷泵
210     Write_IIC_Com(0xAF);    //开显示
211     OLED_Clear();           //将 OLED 清屏
212 }
```

```
1   //------------------------ oled.h --------------------------------
2   //  名称：OLED 显示驱动程序（4 线）
3   //------------------------------------------------------------------
4   #ifndef __OLED_H
5   #define __OLED_H
6   #include "STC15xxx.h"
7   #include "intrins.h"
8   #define u8  unsigned char
9   #define u16 unsigned int
10  #define u32 unsigned long
11  //------------------------------------------------------------------
12  #define Max_Column  128     //最大列数
13  #define Max_Row     64      //最大行数
14  #define OLED_CMD    0       //命令
15  #define OLED_DATA   1       //数据
16  #define OLED_MODE   0       //模式
17  sbit SCL =  P0^0;           //时钟线 D0（SCLK）
18  sbit SDA =  P0^1;           //数据线 D1（MOSI）
19  //------------------------------------------------------------------
20  // OLED 端口定义
21  //------------------------------------------------------------------
22  void delay_ms(u16 ms);
23  void OLED_Init();
24  void OLED_Clear();
25  void OLED_Display_On();
26  void OLED_Display_Off();
27  void OLED_DrawPoint(u8 x,u8 y,u8 t);
28  void OLED_Fill(u8 x1,u8 y1,u8 x2,u8 y2,u8 dot);
29  void OLED_ShowChar(u8 x,u8 y,u8 chr,u8 font);
30  void OLED_ShowNum(u8 x,u8 y,u32 n,u8 w,u8 font);
31  void OLED_ShowStr(u8 x,u8 y,u8 *s,u8 font);
32  void OLED_Set_Pos(u8 x, u8 y);
33  void OLED_ShowHZ(u8 x,u8 y,u8 no);
34  void OLED_DrawBMP(u8 x0, u8 y0,u8 x1, u8 y1,u8 BMP[]);
35  void Fill_picture(u8 fill_Data);
36  void Write_IIC_Com(u8 IIC_Command);
37  void Write_IIC_Dat(u8 IIC_Data);
38  #endif
```

```
1   //---------------------------- bmp.h --------------------------------
2   #ifndef __BMP_H
3   #define __BMP_H
4   code u8 BMP1[] = {
5    0x00,0xFE,0x02,0x02,0x02,0xF2,0xB2,0x12,0x12,0x12,…
6    0xFA,0x0A,0x0A,0x1A,0xE2,0xE2,0xE2,0x9A,0x9A,0x1A,…
    ……（限于篇幅，这里略去了大部分点阵数据）
135 };
136 #endif
```

```
1   //-------------------------- oledfont.h ---------------------------------
2   #ifndef __OLEDFONT_H
3   #define __OLEDFONT_H
4   //------------------------------------------------------------------------
5   // ASCII 字符集 6×8 点阵
6   //------------------------------------------------------------------------
7   const u8 code F6x8[][6] = {
8   0x00, 0x00, 0x00, 0x00, 0x00, 0x00,// sp
    ……（限于篇幅，这里略去了大部分点阵数据）
100 };
101 //------------------------------------------------------------------------
102 // ASCII 字符集 8x16 点阵
103 //------------------------------------------------------------------------
104 const u8 code F8x16[]=   {
    ……（限于篇幅，这里略去了大部分点阵数据）
200 };
201 //------------------------------------------------------------------------
202 // 中文字符集 16×16 点阵
203 //------------------------------------------------------------------------
204 u8 code Hzk[][32] = {
    ……（限于篇幅，这里略去了大部分点阵数据）
219 };
220 #endif
```

```
1   //--------------------------- main.c -------------------------------------
2   //  名称: UG-2864(SSD1306)I2C-OLED 显示测试
3   //------------------------------------------------------------------------
4   //  说明: 程序运行时，I²C 接口 OLED 屏将分别展示中英文、数字及图片.
5   //
6   //------------------------------------------------------------------------
7   #include "STC15xxx.h"
8   #include "oled.h"
9   #include "bmp.h"
10  //------------------------------------------------------------------------
11  // 主循环
12  //------------------------------------------------------------------------
13  void main() {
14      u8 i;
15      P0M1 = 0x00; P0M0 = 0x00;          //配置为准双向口
16      P3M1 = 0xFF; P3M0 = 0x00;          //配置为高阻输入
17      OLED_Init();                       //初始化 OLED
18      OLED_Clear();                      //清屏
19      while(1) {
20          OLED_Clear();
21          //显示 7 个 16×16 点阵汉字(调用 OLED_ShowHz):
22          //参数 1:显示起始列,汉字宽度为 16,加 2 像素间隙
23          //参数 2:从 OLED 第 0 页开始显示
24          //参数 3:汉字索引 (非内码)
25          for (i = 0; i < 7; i++) {    //逐一输出: 单片机应用开发
26              OLED_ShowHZ(i*18,0,i);   //点阵保存于 oledfont.h 中的 Hzk[][32]
27          }
28          //显示 4 个字符串:
29          //参数 1:起始列,参数 2:起始页,参数 3:显示字体/字号 (相对值)
30          OLED_ShowStr( 6,2,"STC15 0.91'OLED",16);    //输出字符串 1
```

```
31          OLED_ShowStr(20,5,"2025/12/15",12);          //输出字符串 2
32          OLED_ShowStr( 0,6,"CHAR:",12);               //输出字符串 3
33          OLED_ShowStr(63,6,"CODE:",12);               //输出字符串 4
34          //逐一显示 ASCII 字符，从空格开始到小写字符 z
35          for(i = ' '; i <= 'z'; i++ ) {               //从“空格”显示到“z”
36              OLED_ShowChar(48,6,i,12);                //显示字符
37              //显示数值,前两个参数为起始列与起始页，第 3 个参数为待显示数值
38              //第 4 个参数为显示数值的宽度,第 5 个参数为字体字号（相对值）
39              OLED_ShowNum(103,6,i,3,12);              //显示 ASCII 编码
40              delay_ms(10);
41          }
42          //显示两个位图
43          OLED_DrawBMP(0,0,128,8,BMP1);                //显示位图 1
44          delay_ms(100);
45          OLED_DrawBMP(0,0,128,8,BMP2);                //显示位图 2
46          delay_ms(100);
47      }
48  }
```

4.15 EADOGS102（UC1701）SPI 接口液晶屏显示测试

EADOGS102 液晶屏显示测试电路如图 4-35 所示。该电路使用了 EADOGS102（UC1701）SPI 接口液晶屏，展示内容包括 ASCII 字符显示及二维码图片显示。

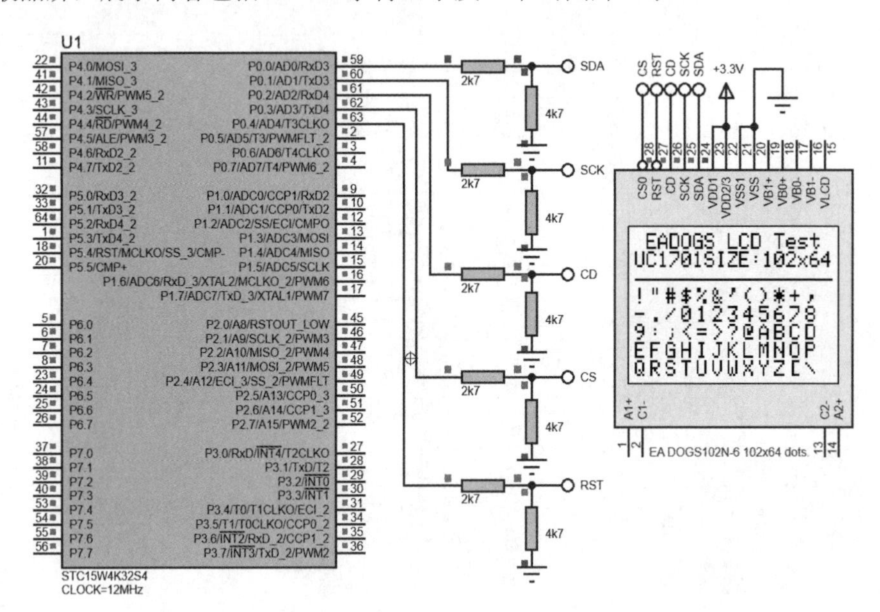

图 4-35　EADOGS102 液晶屏显示测试电路

1. 程序设计与调试

1）EADOGS102（UC1701）SPI 接口液晶屏简介

EADOGS102 液晶屏是高对比度的超扭曲显示器（STN 和 FSTN），有多种颜色可选的 LED 背光，屏幕分辨率为 102×64 像素，它使用 UC1701 控制器，兼容 SPI 接口。它采用单电源 2.5～3.3V（通常为 250μA），工作温度范围-20～70℃，LED 背光为 5～80mA。

2）EADOGS102 液晶屏显示程序设计

EADOGS102 液晶屏显示程序设计涉及 SPI 接口，它支持 SPI 模式 3，其操作时序如图 4-36

所示，本案例程序中的 WriteByte 即参照该时序图编写，其中 SI = CY 将输出写到线上，SCK = 0 与 SCK = 1 通过时钟信号上升沿实现数据输出（写入液晶屏）。关于 SPI 接口程序设计的更详细说明可参考后面有关 AT25F1024 的案例。

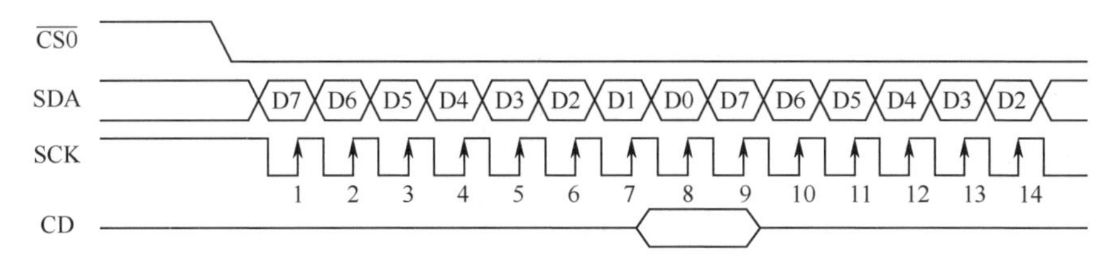

图 4-36　EADOGS102 液晶屏操作时序图

除 SPI 接口程序设计以外，编写 EADOGS102 液晶屏驱动程序还要重点参考表 4-13 所示命令集。

表 4-13　EADOGS102（UC1701）液晶屏命令集

命令		命令代码									功能
		CD	DB7～DB0								
（1）	写数据字节	1	数据字节 D[7..0]								向内存写 1 字节
（4）	设置列地址 LSB	0	0	0	0	0	CA[3..0]				设置 SRAM 列地址 CA=0..131
	设置列地址 MSB	0	0	0	0	1	CA[7..4]				
（5）	设置电源控制	0	0	0	1	0	1	PC[2..0]			PC0: 0=升压器关 1=升压器开 PC1: 0=调节器关 1=调节器开 PC2: 0=跟随器关 1=跟随器开
（6）	设置滚动行	0	0	1	SL[5..0]						设置显示起始行 SL=0..63
（7）	设置页地址	0	1	0	1	1	PC[3..0]				设置 SRAM 页地址 PA=0..7
（8）	设置 VLCD 电阻比	0	0	0	1	0	0	PC[5..3]			配置内部电阻比 PC=0..7
（9）	设置对比度	0	1	0	0	0	0	0	0	1	调节 LCD 背板对比度 PM=0..63
			0	0	PM[5..0]						
（10）	设置所有像素开	0	1	0	1	0	0	1	0	C1	C1=0:显示 SRAM 内容 C1=1:开所有段驱动
（11）	设置反相显示	0	1	0	1	0	0	1	1	C0	C0=0:正常显示 SRAM 内容 C0=1:反相显示 SRAM 内容
（12）	使能显示	0	1	0	1	0	1	1	1	C2	C2=0:禁止显示（睡眠） C2=1:正常显示（退出睡眠）
（13）	设置段方向	0	1	0	1	0	0	0	0	MX	MX=0:段正常 0..131 MX=1:段镜像 131..0
（14）	设置列方向	0	1	1	0	0	MY	0	0	0	MY=0:COM 正常 0..63 MY=1:COM 镜像 63..0
（15）	系统复位	0	1	1	1	0	0	0	1	0	系统复位
（17）	设置 LCD 斜率	0	1	0	1	0	0	0	1	BR	BR:0=1/9;1=1/7

例如，设置页与列地址函数 Dogs102x6_setAddress(u8 pa, u8 ca)，两个参数分别为页地址 pa 与列地址 ca，该函数调用命令 SET_PAGE_ADDRESS（0xB0）设置页地址（范围为 0～7），这与上一案例中的 OLED 屏类似，此外还调用命令 SET_COLUMN_ADDRESS_MSB（0x10）和 SET_COLUMN_ADDRESS_LSB（0x00），分别用于设置列地址高 4 位和低 4 位，这也与上个案例中的 OLED 屏类似。

本案例程序文件 Dogs102x6.c 提供了 EADOGS102 驱动代码，该代码参照 Arduino 平台下 EADOGS102 液晶屏驱动程序库改编，源程序中给出了较为详细的注释，限于篇幅这里不再赘述。

2．实训要求

① 编程在 EADOGS102 屏上用黑体与宋体混合显示一段中/英文字符串。

② 编程在 EADOGS102 屏上显示一段正弦曲线。

3．源程序代码

```
1   //------------------------- Dogs102x6.c ------------------------------
2   //  名称：EADOGS102 液晶屏驱动程序
3   //--------------------------------------------------------------------
4   #include "STC15xxx.h"
5   #include "Dogs102x6.h"
6   #include <intrins.h>
7   #ifndef abs
8   # define abs(n) (((n) < 0) ? -(n) : (n))
9   #endif
10  extern void delay_ms(u16);
11  //EADOGS 液晶屏命令集（将 CD 置为 0）
12  #define SET_COLUMN_ADDRESS_MSB        0x10    //设置列地址高 4 位
13  #define SET_COLUMN_ADDRESS_LSB        0x00    //设置列地址低 4 位
14  #define SET_POWER_CONTROL             0x2F    //电源控制（开）
15  #define SET_SCROLL_LINE               0x40    //图像上滚（0～63）
16  #define SET_PAGE_ADDRESS              0xB0    //设置页地址（0～7）
17  #define SET_VLCD_RESISTOR_RATIO       0x27    //设置电阻率调节对比度
18  #define SET_ELECTRONIC_VOLUME_MSB     0x81    //设置对比度命令(第 1 个字节)
19  #define SET_ELECTRONIC_VOLUME_LSB     0x0F    //设置对比度参数(第 2 个字节)
20  #define SET_ALL_PIXEL_ON              0xA4    //禁止所有像素显示（不影响内存）
21  #define SET_INVERSE_DISPLAY           0xA6    //反相显示
22  #define SET_DISPLAY_ENABLE            0xAF    //使能显示
23  #define SET_SEG_DIRECTION             0xA1    //段镜像显示
24  #define SET_COM_DIRECTION             0xC8    //行镜像显示
25  #define SYSTEM_RESET                  0xE2    //复位系统
26  #define NOP                           0xE3    //无操作
27  #define SET_LCD_BIAS_RATIO            0xA2    //设置电压斜率
28  #define SET_CURSOR_UPDATE_MODE        0xE0    //列地址递增
29  #define RESET_CURSOR_UPDATE_MODE      0xEE    //从之前的光标位置移到列地址位置
30  #define SET_ADV_PROGRAM_CONTROL0_MSB    0xFA //温度补偿命令(第 1 个字节)
31  #define SET_ADV_PROGRAM_CONTROL0_LSB    0x90 //温度补偿参数(第 2 个字节)
32  //--------------------------------------------------------------------
33  // EADOGS 液晶屏引脚定义
34  sbit SI = P0^0;
35  sbit SCK= P0^1;
36  sbit CD = P0^2;
37  sbit CS = P0^3;
38  sbit RST= P0^4;
39  //--------------------------------------------------------------------
40  const u8 FONT6x8[] = { //ASCII 字符字模
41      0x00, 0x00, 0x00, 0x00, 0x00, 0x00, // space
    ……（限于篇幅，这里略去了部分数据）
145     0x82, 0x82, 0x82, 0xFE, 0x00, 0x00  //  ]
```

```
146 };
147 u8 dogs102x6Memory[816 + 2];              //液晶屏内存副本
148 u8 currentPage = 0, currentColumn = 0; //当前页，当前列
149 u8 backlight  = 8;                        //背光亮度
150 u8 contrast = 0x0F;                       //对比度
151 // Dog102-6 初始化命令
152 u8 Dogs102x6_initMacro[] = {
153     SET_SCROLL_LINE,
154     SET_SEG_DIRECTION,
155     SET_COM_DIRECTION,
156     SET_ALL_PIXEL_ON,
157     SET_INVERSE_DISPLAY,
158     SET_LCD_BIAS_RATIO,
159     SET_POWER_CONTROL,
160     SET_VLCD_RESISTOR_RATIO,
161     SET_ELECTRONIC_VOLUME_MSB,
162     SET_ELECTRONIC_VOLUME_LSB,
163     SET_ADV_PROGRAM_CONTROL0_MSB,
164     SET_ADV_PROGRAM_CONTROL0_LSB,
165     SET_DISPLAY_ENABLE,
166     SET_PAGE_ADDRESS,
167     SET_COLUMN_ADDRESS_MSB,
168     SET_COLUMN_ADDRESS_LSB
169 };
170 //-----------------------------------------------------------------------
171 // 通过 SPI 接口向当前地址写入 1 个字节数据
172 //-----------------------------------------------------------------------
173 void WriteByte(u8 dat) {
174     u8 i;
175     for(i = 0; i < 8; i++) {           //串行写入 8 位数据
176         dat <<= 1;  SI = CY;           //dat 左移位,高位被移入 CY,发送高位
177         SCK = 0;    SCK = 1;           //时钟信号上升沿向写入数据
178     }
179 }
180 //-----------------------------------------------------------------------
181 // 液晶屏初始化
182 //-----------------------------------------------------------------------
183 void Dogs102x6_init() {
184     RST = 0; RST = 1; CS = 0; CD = 0;
185     Dogs102x6_writeCommand(Dogs102x6_initMacro, 13);
186     CS = 1; //禁止片选
187     dogs102x6Memory[0] = 102;
188     dogs102x6Memory[1] = 8;
189 }
190 //-----------------------------------------------------------------------
191 // 禁止显示
192 //-----------------------------------------------------------------------
193 void Dogs102x6_disable() {
194     u8 cmd[1] = { SYSTEM_RESET };
195     Dogs102x6_writeCommand(cmd, 1);
196     cmd[0] = SET_DISPLAY_ENABLE & 0xFE;
197     Dogs102x6_writeCommand(cmd, 1);
```

```
198 }
199 //----------------------------------------------------------------------------
200 // 写液晶屏命令
201 //----------------------------------------------------------------------------
202 void Dogs102x6_writeCommand(u8 *sCmd, u8 i) {
203     CS = 0; CD = 0;
204     while (i--) { WriteByte(*sCmd++); delay_ms(2); }
205     CS = 1;
206 }
207 //----------------------------------------------------------------------------
208 // 写液晶屏数据
209 //----------------------------------------------------------------------------
210  void Dogs102x6_writeData(u8 *sData, u8 i) {
211     CS = 0; CD = 1;
212     while (i) {
213         dogs102x6Memory[2+(currentPage*102)+currentColumn]=(u8)*sData;
214         currentColumn++;
215         if (currentColumn > 101) currentColumn = 101;
216         WriteByte(*sData++);
217         i--;
218     }
219     CS = 1;
220 }
221 //----------------------------------------------------------------------------
222 // 设置液晶屏地址：左上为0,0,pa为0~7页,ca为0~101列
223 //----------------------------------------------------------------------------
224 void Dogs102x6_setAddress(u8 pa, u8 ca) {
225     u8 cmd[1],H = 0x00,L = 0x00;
226     u8 ColumnAddress[]={SET_COLUMN_ADDRESS_MSB, SET_COLUMN_ADDRESS_LSB};
227     if (pa > 7)     pa = 7;                         //页边界控制
228     if (ca > 101)   ca = 101;                       //列边界控制
229     //设置页地址命令
230     cmd[0] = SET_PAGE_ADDRESS + (7 - pa);
231     currentPage     = pa;
232     currentColumn   = ca;
233     //分别命令为高字节与低字节
234     L = (ca & 0x0F);
235     H = (ca & 0xF0);
236     H = (H >> 4);
237     ColumnAddress[0] = SET_COLUMN_ADDRESS_LSB + L;
238     ColumnAddress[1] = SET_COLUMN_ADDRESS_MSB + H;
239     Dogs102x6_writeCommand(cmd, 1);                 //设置页地址
240     Dogs102x6_writeCommand(ColumnAddress, 2);  //设置列地址
241 }
242 //----------------------------------------------------------------------------
243 // 反相显示
244 //----------------------------------------------------------------------------
245 void Dogs102x6_setInverseDisplay() {
246     u8 cmd[] = {SET_INVERSE_DISPLAY + 0x01};
247     Dogs102x6_writeCommand(cmd, 1);
248 }
249 //----------------------------------------------------------------------------
```

```
250 // 清除反相显示
251 //------------------------------------------------------------------------
252 void Dogs102x6_clearInverseDisplay() {
253     u8 cmd[] = {SET_INVERSE_DISPLAY};
254     Dogs102x6_writeCommand(cmd, 1);
255 }
256 //------------------------------------------------------------------------
257 // 滚动控制
258 //------------------------------------------------------------------------
259 void Dogs102x6_scrollLine(u8 lines) {
260     u8 cmd[] = {SET_SCROLL_LINE};
261     if (lines > 0x1F) cmd[0] |= 0x1F; else cmd[0] |= lines;
262     Dogs102x6_writeCommand(cmd, 1);
263 }
264 //------------------------------------------------------------------------
265 // 打开所有像素
266 //------------------------------------------------------------------------
267 void Dogs102x6_setAllPixelsOn() {
268     u8 cmd[] = {SET_ALL_PIXEL_ON + 0x01};
269     Dogs102x6_writeCommand(cmd, 1);
270 }
271 //------------------------------------------------------------------------
272 //清除所有像素
273 //------------------------------------------------------------------------
274 void Dogs102x6_clearAllPixelsOn() {
275     u8 cmd[] = {SET_ALL_PIXEL_ON};
276     Dogs102x6_writeCommand(cmd, 1);
277 }
278 //------------------------------------------------------------------------
279 // 清屏
280 //------------------------------------------------------------------------
281 void Dogs102x6_clearScreen() {
282     u8 LcdData[] = {0x00}, p, c;
283     for (p = 0; p < 8; p++) {                    //8 页显示
284             Dogs102x6_setAddress(p, 0);
285             for (c = 0; c < 102; c++) {      //每页 102 列
286                 Dogs102x6_writeData(LcdData, 1);
287             }
288     }
289 }
290 //------------------------------------------------------------------------
291 // 在指定页/列输出 1 字符:page 为 0~7 页,col 为 0~101 列,f 为编码,style 为风格
292 // 注：每个字符在 1 页中占 6 列,8 行
293 //------------------------------------------------------------------------
294 void Dogs102x6_charDraw(u8 page, u8 col, u16 f, u8 style) {
295     u8 b, inverted_char[6]; //反相显示缓冲
296     u16 h;
297     if (page > 7)   page    = 7;
298     if (col > 101)  col = 101;
299     if (f < 32 || f > 129) f = '.';
300     h = (f - 32) * 6;   //表中首字符 ASCII 编码为 32,每个字符点阵为 6 个字节
301     Dogs102x6_setAddress(page, col);
302     if (style == DOGS102x6_DRAW_NORMAL) {  //正常显示
303         Dogs102x6_writeData((u8 *)FONT6x8 + h, 6);
```

```
304     }
305     else {
306         for (b = 0; b < 6; b++) {              //反相显示
307             inverted_char[b] = FONT6x8[h + b] ^ 0xFF;
308         }
309         Dogs102x6_writeData(inverted_char, 6);
310     }
311 }
312 //---------------------------------------------------------------------------
313 // 在指定坐标输出 1 字符:x 为 0~101 页,y 为 0~63 列,f 为编码,style 为风格
314 //---------------------------------------------------------------------------
315 void Dogs102x6_charDrawXY(u8 x, u8 y, u16 f, u8 style) {
316     u8 b, page, desired_char[12];
317     u16 h;
318     if (x >= 102) x = 101;
319     if (y >= 64) y = 63;
320     if (f < 32 || f > 129) f = '.';
321     h = (f - 32) * 6;
322     page = y / 8;   //像素坐标转换为页
323     if (style == DOGS102x6_DRAW_NORMAL) {  //正常显示
324         for (b = 0; b < 6; b++) {
325             desired_char[b] =
326                 (FONT6x8[h + b] >> (y % 8)) |
327                 dogs102x6Memory[2 + (page * 102) + x + b];
328             desired_char[b + 6] =
329                 FONT6x8[h + b] << (8 - y % 8) |
330                 dogs102x6Memory[2 + ((page + 1) * 102) + x + b];
331         }
332     }
333     else {                                     //反相显示
334         for (b = 0; b < 6; b++) {
335             desired_char[b] = (FONT6x8[h + b] ^ 0xFF) >> (y % 8);
336             desired_char[b + 6] = (FONT6x8[h + b] ^ 0xFF) << (8 - y % 8);
337         }
338     }
339     Dogs102x6_setAddress(page, x);
340     Dogs102x6_writeData(desired_char, 6);
341     Dogs102x6_setAddress(page + 1, x);
342     Dogs102x6_writeData(desired_char + 6, 6);
343 }
344 //---------------------------------------------------------------------------
345 // 在指定页/列输出字符串（其中 row 表示页，不要误解为行）
346 //---------------------------------------------------------------------------
347 void Dogs102x6_stringDraw(u8 row, u8 col, char *word, u8 style) {
348     u8 a = 0;
349     if (row > 7) row = 7;
350     if (col > 101) col = 101;
351     while (word[a] != 0) {
352         if (word[a] != 0x0A) {                 //非回车换行符
353             if (word[a] != 0x0D) {
354                 Dogs102x6_charDraw(row, col, word[a], style);
355                 col += 6;
356                 if (col >= 102) {
357                     col = 0; if (row < 7) row++; else row = 0;
```

```
358                 }
359             }
360         }
361         else {                                  //处理回车或换行符
362             if (row < 7) row++; else row = 0;
363             col = 0;
364         }
365         a++;
366     }
367 }
368 //----------------------------------------------------------------------
369 // 在指定坐标输出字符串
370 //----------------------------------------------------------------------
371 void Dogs102x6_stringDrawXY(u8 x, u8 y, char *word, u8 style) {
372     u8 a = 0;
373     while (word[a] != 0) {
374         Dogs102x6_charDrawXY(x, y, word[a], style);
375         x += 6;
376         if (x >= 102){  //换行处理
377             x = 0;
378             if (y + 8 < 64) y += 8; else y = 0;
379         }
380         a++;
381     }
382 }
383 //----------------------------------------------------------------------
384 // 清除指定页
385 //----------------------------------------------------------------------
386 void Dogs102x6_clearRow(u8 page){
387     u8 cmd[] = {0}, a = 0;
388     if (page > 7) page = 7;
389     Dogs102x6_setAddress(page, 0);              //设置到第 page 页
390     for (a = 0; a < 102; a++) {                 //在该页 102 列上全部输出 0
391         Dogs102x6_writeData(cmd, 1);
392         dogs102x6Memory[2 + (page * 102) + a] = 0x00;
393     }
394 }
395 //----------------------------------------------------------------------
396 // 在指定坐标绘制像素点
397 //----------------------------------------------------------------------
398 void Dogs102x6_pixelDraw(u8 x, u8 y, u8 style) {
399     u8 p, temp;
400     if (x > 101) x = 101;
401     if (y > 63) y = 63;
402     p = y / 8; //转换为页
403     temp = 0x80 >> (y % 8);                     //确定页内像素高度
404     if (style == DOGS102x6_DRAW_NORMAL)     //更新数组
405         dogs102x6Memory[2 + (p * 102) + x] |= temp;
406     else
407         dogs102x6Memory[2 + (p * 102) + x] &= ~temp;
408     Dogs102x6_setAddress(p, x);
409     //绘制像素点
410     Dogs102x6_writeData(dogs102x6Memory + (2 + (p * 102) + x), 1);
411 }
```

```
412 //-----------------------------------------------------------------------
413 // 绘制水平线
414 //-----------------------------------------------------------------------
415 void Dogs102x6_horizontalLineDraw(u8 x1, u8 x2, u8 y, u8 style){
416     u8 temp = 0, p, a;
417     if (x1 > 101) x1 = 101;
418     if (x2 > 101) x2 = 101;
419     if (y > 63)  y = 63;
420     if (x1 > x2) { temp = x1; x1 = x2; x2 = temp; }
421     p = y / 8;
422     temp = 0x80 >> (y % 8);
423     a = x1;
424     while (a <= x2) {
425         if (style == DOGS102x6_DRAW_NORMAL){    //准备画黑线数据
426             dogs102x6Memory[2 + (p * 102) + a] |= temp;
427         }
428         else    {                                //准备画亮线数据
429             dogs102x6Memory[2 + (p * 102) + a] &= ~temp;
430         }
431         a++;
432     }
433     //在指定位置输出线条
434     Dogs102x6_setAddress(p, x1);
435     Dogs102x6_writeData(dogs102x6Memory+(2+(p*102)+x1),x2-x1+1);
436 }
437 //-----------------------------------------------------------------------
438 // 绘制垂直线
439 //-----------------------------------------------------------------------
440 void Dogs102x6_verticalLineDraw(u8 y1, u8 y2, u8 x, u8 style){
441     u8 temp1 = 0, temp2 = 0, p1, p2, a;
442     if (y1 > 63) y1 = 63;
443     if (y2 > 63) y2 = 63;
444     if (x > 101) x = 101;
445     if (y1 > y2) { temp1 = y1; y1 = y2;  y2 = temp1; }
446     p1 = y1 / 8;
447     p2 = y2 / 8;
448         temp2 = 8 - (y2 % 8);   //线条掩码
449     temp2--;
450     temp2 = 0xFF << temp2;
451     if (p1 != p2) {
452         if (y1 > 0) {
453             temp1 = 0xFF00 >> (y1 % 8);
454             temp1 = temp1 ^ 0xFF;
455         }
456         else temp1 = 0xFF;
457     }
458     else {
459         temp1 = 0;
460         a = y1 - (p1 * 8);
461         a = 0xFF00 >> a;
462         temp2 = temp2 ^ a;
463     }
464     if (style == DOGS102x6_DRAW_NORMAL) {
465         dogs102x6Memory[2 + (p1 * 102) + x] |= temp1;
```

```
466     }
467     else {
468         dogs102x6Memory[2 + (p1 * 102) + x] &= ~temp1;
469     }
470     Dogs102x6_setAddress(p1, x);
471     Dogs102x6_writeData(dogs102x6Memory + (2 + (p1 * 102) + x), 1);
472     a = p1 + 1;
473     while (a < p2) {
474         if (style == DOGS102x6_DRAW_NORMAL) {
475             dogs102x6Memory[2 + (a * 102) + x] = 0xFF;
476         }
477         else {
478             dogs102x6Memory[2 + (a * 102) + x] &= 0x00;
479         }
480         Dogs102x6_setAddress(a, x);
481         Dogs102x6_writeData(dogs102x6Memory + (2 + (a * 102) + x), 1);
482         a++;
483     }
484     if (style == DOGS102x6_DRAW_NORMAL) {
485         dogs102x6Memory[2 + (p2 * 102) + x] |= temp2;
486     }
487     else {
488         dogs102x6Memory[2 + (p2 * 102) + x] &= ~temp2;
489     }
490     Dogs102x6_setAddress(p2, x);
491     Dogs102x6_writeData(dogs102x6Memory + (2 + (p2 * 102) + x), 1);
492 }
493 //------------------------------------------------------------------------
494 // 根据坐标(x1,y1)-(x2,y2)绘制直线
495 //------------------------------------------------------------------------
496 void Dogs102x6_lineDraw(u8 x1, u8 y1, u8 x2, u8 y2, u8 style){
497     i8 x, y, deltay, deltax, d;
498     i8 x_dir, y_dir;
499     if (y1 > 63)    y1 = 63;
500     if (y2 > 63)    y2 = 63;
501     if (x1 > 101)   x1 = 101;
502     if (x2 > 101)   x2 = 101;
503     //指定线段为直线（垂直或水平）
504     if (x1 == x2) Dogs102x6_verticalLineDraw(y1, y2, x1, style);
505     else if (y1 == y2) Dogs102x6_horizontalLineDraw(x1, x2, y1, style);
506     //否则为斜线
507     else  {
508         if (x1 > x2)    x_dir = -1; else    x_dir = 1;
509         if (y1 > y2)    y_dir = -1; else    y_dir = 1;
510         x = x1; y = y1;
511         deltay = abs(y2 - y1);
512         deltax = abs(x2 - x1);
513         if (deltax >= deltay) {
514             d = (deltay << 1) - deltax;
515             while (x != x2) {
516                 Dogs102x6_pixelDraw(x, y,  style);
517                 if (d < 0) d += (deltay << 1);
518                 else {
519                     d += ((deltay - deltax) << 1);
```

```
520                     y += y_dir;
521                 }
522                 x += x_dir;
523             }
524         }
525         else {
526             d = (deltax << 1) - deltay;
527             while (y != y2) {
528                 Dogs102x6_pixelDraw(x, y, style);
529                 if (d < 0) d += (deltax << 1);
530                 else {
531                     d += ((deltax - deltay) << 1);
532                     x += x_dir;
533                 }
534                 y += y_dir;
535             }
536         }
537     }
538 }
539 //--------------------------------------------------------------------
540 // 绘制圆形
541 //--------------------------------------------------------------------
542 void Dogs102x6_circleDraw(u8 x, u8 y, u8 radius, u8 style) {
543     i8 xx, yy, ddF_x, ddF_y, f;
544     ddF_x = 0;
545     ddF_y = -(2 * radius);
546     f = 1 - radius;
547     xx = 0;
548     yy = radius;
549     Dogs102x6_pixelDraw(x + xx, y + yy, style);
550     Dogs102x6_pixelDraw(x + xx, y - yy, style);
551     Dogs102x6_pixelDraw(x - xx, y + yy, style);
552     Dogs102x6_pixelDraw(x - xx, y - yy, style);
553     Dogs102x6_pixelDraw(x + yy, y + xx, style);
554     Dogs102x6_pixelDraw(x + yy, y - xx, style);
555     Dogs102x6_pixelDraw(x - yy, y + xx, style);
556     Dogs102x6_pixelDraw(x - yy, y - xx, style);
557     while (xx < yy) {
558         if (f >= 0) {
559             yy--; ddF_y += 2; f += ddF_y;
560         }
561         xx++;  ddF_x += 2; f += ddF_x + 1;
562         Dogs102x6_pixelDraw(x + xx, y + yy, style);
563         Dogs102x6_pixelDraw(x + xx, y - yy, style);
564         Dogs102x6_pixelDraw(x - xx, y + yy, style);
565         Dogs102x6_pixelDraw(x - xx, y - yy, style);
566         Dogs102x6_pixelDraw(x + yy, y + xx, style);
567         Dogs102x6_pixelDraw(x + yy, y - xx, style);
568         Dogs102x6_pixelDraw(x - yy, y + xx, style);
569         Dogs102x6_pixelDraw(x - yy, y - xx, style);
570     }
571 }
572 //--------------------------------------------------------------------
573 // 在指定位置输出位图
```

```
574 //------------------------------------------------------------------
575 void Dogs102x6_imageDraw(const u8 IMAGE[], u8 row, u8 col) {
576     // height in rows (row = 8 pixels), width in columns
577     u8 a, height, width;
578     width = IMAGE[0]; //图片尺寸保存于图片点阵数据的最前面 2 字节
579     height = IMAGE[1] / 8;
580     for (a = 0; a < height; a++) {
581         Dogs102x6_setAddress(row + a, col);
582         // Draw a row of the image
583         Dogs102x6_writeData((u8*)IMAGE + 2 + a * width, width);
584     }
585 }
586 //------------------------------------------------------------------
587 // 清除指定区域的位置
588 //------------------------------------------------------------------
589 void Dogs102x6_clearImage(u8 height, u8 width, u8 row, u8 col) {
590     u8 a, b, cmd[] = {0x00};
591     for (a = 0; a < height; a++) {
592         Dogs102x6_setAddress(row + a, col);
593         for (b = 0; b < width; b++) {
594             // clear a byte
595             Dogs102x6_writeData(cmd, 1);
596         }
597     }
598 }
```

```
1   //------------------------ Dogs102x6.h ----------------------------
2   //  名称：EADOGS102 液晶屏显示头文件
3   //-----------------------------------------------------------------
4   #ifndef HAL_DOGS102X6_H
5   #define HAL_DOGS102X6_H
6   #define i8  signed char
7   #define u8  unsigned char
8   #define u16 unsigned int
9   #define u32 unsigned long
10  //屏幕大小与风格定义（黑底与白底）
11  #define DOGS102x6_X_SIZE        102     //屏幕宽度（像素）
12  #define DOGS102x6_Y_SIZE        64      //屏幕高度（像素）
13  #define DOGS102x6_DRAW_NORMAL   0x00    //在亮背景下显示暗像素
14  #define DOGS102x6_DRAW_INVERT   0x01    //在暗背景下显示亮像素
15  extern u8 dogs102x6Memory[];            //直接访问帧缓冲
16  extern void Dogs102x6_init();
    ……（限于篇幅，这里略去了部分函数声明）
38  extern void Dogs102x6_clearImage(u8 height, u8 width, u8 row, u8 col);
39  #endif
```

```
1   //--------------------------- main.c -------------------------------
2   //  名称：EADOGS102 液晶屏显示测试
3   //-----------------------------------------------------------------
4   //  说明：当程序运行时，EADOGS102 液晶屏将分别显示英文字符及二维码图片
5   //
6   //-----------------------------------------------------------------
7   #include "STC15xxx.h"
8   #include "Dogs102x6.h"
```

```
9   #include "bitmap.h"
10  #include <intrins.h>
11  #include <stdio.h>
12  #define u8  unsigned char
13  #define u16 unsigned int
14  #define u32 unsigned long
15  #define MAIN_Fosc      12000000L
16  //----------------------------------------------------------------------------
17  // 延时函数(取值 1~65 535)
18  //----------------------------------------------------------------------------
19  void delay_ms(u16 x) {
20      u8 i = 12, j = 169;
21      while(x--) {
22          do {
23              while (--j);
24          } while (--i);
25      }
26  }
27  //----------------------------------------------------------------------------
28  // 主函数
29  //----------------------------------------------------------------------------
30  void main() {
31      u8 i, c = 0, AscCode;
32      P0M1 = 0x00; P0M0 = 0x00;                    //配置为准双向口
33      Dogs102x6_init();                            //EADOGS102 液晶屏初始化
34      while(1) {
35          Dogs102x6_clearScreen();                 //EADOGS102 液晶屏清屏
36          //输出标题与横线
37          Dogs102x6_stringDraw(0,0," EADOGS LCD Test ",0);
38          Dogs102x6_stringDraw(1,0,"UC1701SIZE:102x64",0);
39          Dogs102x6_horizontalLineDraw(0,101,20,0);
40          //输入字符集（部分）
41          AscCode = 0x21;
42          for (i = 3; i <= 7; i++) {               //显示在 3~7 页,0~94 列
43              for (c = 0; c <= 102-8; c += 8) {
44                  Dogs102x6_charDraw(i,c,AscCode++,0);
45              }
46          }
47          delay_ms(100);
48          Dogs102x6_clearScreen();                 //EADOGS102 液晶屏清屏
49          Dogs102x6_imageDraw(bitmap,0,0);         //输出位图
50          delay_ms(200);
51      }
52  }
```

4.16 TFT 彩屏 ILI9341 显示测试

TFT 彩屏 ILI9341 显示测试电路如图 4-37 所示。通过仿真电路中的开关切换，程序控制在 TFT 彩屏上完成了五项演示，分别为：全屏颜色切换（分别为红、白、蓝、绿）、图形绘制（分别为三角形、线条、圆形、矩形）、单色与真彩位图显示（共提供两幅图形，分别显示）、中英文显示（包括汉字与中英文字符）。

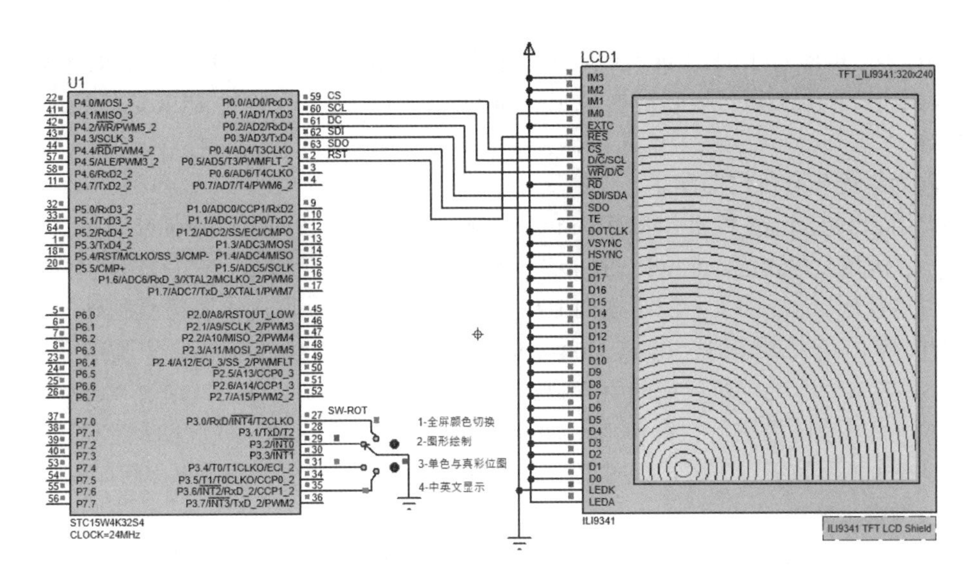

图 4-37　TFT 彩屏 ILI9341 显示测试电路

1．程序设计与调试

1）TFT 彩屏及 ILI9341 驱动器简介

TFT（Thin Film Transistor）是薄膜晶体管的缩写，TFT 彩屏每个液晶像素都是由集成在像素后面的薄膜晶体管驱动，属有源矩阵液晶屏显示设备，具有高响应、高亮度、高对比度等优点。ILI9341 是用于 TFT 液晶显示的单芯片控制驱动器，具有 18 位色（262 144 色，或称 26 万色），可驱动显示 RGB240×320 像素，172 800 个字节用于图形显示 GRAM。ILI9341 支持 8/9/16/18 位数据总线 MCU 接口，6/16/18 位数据总线的 RGB 接口，以及 3/4 线 SPI 接口。ILI9341 可使用 1.65～3.3V I/O 接口电源和一个对应的电压跟随电路来产生驱动液晶屏的电压，ILI9341 支持通过精确的电压软件控制来支持全色、8 色和睡眠模式，这使得 ILI9341 成为理想的中小型移动产品液晶屏驱动器。

2）TFT 彩屏及 ILI9341 程序设计

编写 ILI9341 驱动程序，要参考其技术手册文件，特别是其命令集，对于 main 函数中调用的 TFT 彩屏初始化函数 LCD_Init()，其内部给出了对应的注释说明，与前面液晶屏有关案例命令类似，TFT 彩屏的很多命令也有 0～N 字节参数，以下简要说明主程序中演示的显示测试程序。

第一项为纯色刷屏演示。

ILI9341 默认为 18 位色模式（或称 26 万色），初始化函数 LCD_Init 中通过 LCD_WR_REG(0x3A)输出像素模式设置命令，然后通过 LCD_WR_DATA(0x55)输出参数，将默认的 18 位模式(0x66)配置为 16 位模式(0x55)，从而实现 16 位色（65K 色）模式配置，RGB 三种颜色分别在 16 位中占据 5、6、5 位。在纯色刷屏演示程序中，所调用的函数 LCD_Clear(u16 color)，其参数为 16 位颜色值，它先调用 LCD_SetArea 设置刷新显示区域，然后通过 LCD_WR_REG 函数输出“写 RAM”命令（ILI9341_RAMWR），再用双重循环共计输出 320×240 个像素点的颜色值，每个像素点 16 位颜色值由两字节构成，通过两次连续调用 LCD_WR_DATA 完成输出，其中 LCD_WR_DATA(color >> 8)输出高 8 位，LCD_WR_DATA(color)输出低 8 位。

第二项为图形绘制演示。

主程序演示了四种图形，调用了系列由驱动程序 ILI9341.c 程序文件提供的绘制函数，ILI9341.c 程序文件提供的绘制函数很丰富，包括 drawPixel（像素点）、drawLine（直线）、

drawTriangle（三角形）、fillTriangle（实心三角形）、drawCircle（圆形）、fillCircle（实心圆）、drawRect（矩形）、fillRect（实心矩形）、drawRoundRect（圆角矩形）、fillRoundRect（实心圆角矩形）等。

第三项为单色与彩色位图演示。

主要调用 drawBitmap 和 drawRGBBitmap，drawBitmap 函数的参数包括显示位置、位图数组地址、显示区域、背景色，drawRGBBitmap 参数中没有背景色参数。在获取单色位图点阵数据时，可直接使用 Zimo 工具，注意横向取模，字节不倒序，获取的点阵可复制到 picture1.h；对于彩色位图，可使用工具 ImageConverter565.exe，其中 565 与本案例配置的 16 位色（5+6+5=16）模式相匹配，所生成的点阵数据将保存到指定的 c 文件中，通过 Notepad 或记事本打开文件，将其点阵数据复制到 picture2.h 即可。要注意的是，对于较大的彩色位图，可能因其点阵数组多大而导致编译失败，此时要注意对原始位图加以裁剪，然后再重新提取点阵数据。

第四项为中英文字符显示。

首先来看 5×7 点阵字符，其字模保存于 font.c 中的 font 数组，每个字模点阵占 5 个字节，可理解为每个字符像素占 5 列，每列 1 个字节，对于大部分字符，1 字节所代表的 1 列 8 像素中仅有 7 像素有效，仅有极少部分 1 列中的 8 像素全部有效。因为是纵向取模，故而对应的显示函数 drawChar 中，主循环为 5 次，逐一绘制 5 列像素，循环内每次提取一列像素字节，然后分 8 次逐一绘制像素点，在完成一个字符的 5 列像素绘制后，会在最后补充一列与背景色相同的像素，从而形成字符间隔。

再来看中文显示。font.c 程序文件中定义了结构 struct typFNT_HZ16，其内部包括 inner_CODE[2]，表示 2 个字节的汉字内码，还有 Msk[32]，用于保存 1 个汉字的 32 字节点阵（掩码），对应 16 行，每行 2 个字节像素。本案例所有汉字点阵保存于 code struct typFNT_HZ16 hz16[]，其中每组 34 个字节中的前 2 个为汉字内码，后 32 个字节为对应汉字字符的像素点阵。其取模操作同样可通过 Zimo 软件完成，本案例取模设置为“宋体小四号”“横向取模”“字节不倒序”。中文显示函数 DrawChineseString 中，首先判断内码第 1 个字节是否≥128，如是则视其为汉字内码，随后即可在中文 16×16 点阵库 hz16[]中进行搜索，搜索成功后即执行 16 趟循环，每趟循环完成一行像素显示（每行由两字节像素数据构成，对应 16 像素），其中前 8 趟循环显示当前行左半部分像素，后 8 趟循环显示当前行右半部分像素。

有关本案例的其他显示程序细节，可进一步参阅源程序代码相关注释。

2. 实训要求

① 编程在 TFT 彩屏显示一段正弦曲线（含坐标轴）。

② 用 Zimo 提取一组汉字的黑体字模，编写程序在 TFT 彩屏上显示输出。

3. 源程序代码

```
1   //----------------------------- main.c ------------------------------
2   //  名称：TFT 彩屏 ILI9341 显示测试
3   //-----------------------------------------------------------------------
4   //  说明：切换开关可分别演示全屏颜色切换、图形绘制、单色与彩图显示中英文显示
5   //
6   //-----------------------------------------------------------------------
7   #include "STC15xxx.h"
8   #include "ILI9341.h"                    //ILI9341 驱动程序头文件
9   #include "picture1.h"                   //单色位图数据
10  #include "picture2.h"                   //彩色位图数据
11  #include <intrins.h>
```

```
12  #include <stdlib.h>
13  #define u8  unsigned char
14  #define u16 unsigned int
15  sbit S1 = P3^0;                       //4 路切换开关定义
16  sbit S2 = P3^2;
17  sbit S3 = P3^4;
18  sbit S4 = P3^6;
19  u16 W,H;                              //图像宽度与高度
20  void Demo_Triangles(u16 color);       //函数声明
21  void Demo_Lines(u16 color);
22  void Demo_Circles(u16 color);
23  void Demo_Rects(u16 color);
24  //------------------------------------------------------------------------
25  // 主函数
26  //------------------------------------------------------------------------
27  void main() {
28      u8 CurrKeyStatus = 0xFF; int i;
29      W = ILI9341_TFTWIDTH; H = ILI9341_TFTHEIGHT;
30      P0M1 = 0x00; P0M0 = 0x00;         //配置为准双向口
31      P3M1 = 0xFF; P3M0 = 0x00;         //配置为高阻输入
32      delay_ms(100);
33      LCD_Init();                       //液晶屏初始化
34      while(1) {
35          if (S1 == 0) {                //4 种颜色逐一刷屏显示（红、白、蓝、绿）
36              LCD_Clear(ILI9341_RED);
37              LCD_Clear(ILI9341_WHITE);
38              LCD_Clear(ILI9341_BLUE);
39              LCD_Clear(ILI9341_GREEN);
40          }
41          else if (S2 == 0) {           //4 种图形逐一绘制显示
42              Demo_Triangles(ILI9341_BLUE);  delay_ms(200); //绘制三角形
43              Demo_Lines(ILI9341_PURPLE);    delay_ms(200);  //线条测试
44              Demo_Circles(ILI9341_MAROON);  delay_ms(200);  //绘制圆形
45              Demo_Rects(ILI9341_RED);       delay_ms(600);  //矩形测试
46          }
47          else if (S3 == 0) {           //位图输出显示
48              LCD_Clear(ILI9341_WHITE);   //清屏(白底),然后输出单色位图
49              drawBitmap(0, 50, bitmap1, 240,215, ILI9341_BLACK);
50              delay_ms(200);
51              LCD_Clear(ILI9341_WHITE);   //清屏(白底),然后输出彩色位图
52              drawRGBBitmap(6, 0,   bitmap2, 220,96);//在不同位置重复输出
53              drawRGBBitmap(6, 105, bitmap2, 220,96);
54              drawRGBBitmap(6, 210, bitmap2, 220,96);
55              delay_ms(200);
56          } else if (S4 == 0) {             //中英文字符输出显示
57              LCD_Clear(ILI9341_WHITE);     //白底输出一串中文(直接方式或内码方式)
58              DrawChineseString(0,100,ILI9341_BLUE, ILI9341_WHITE, "
59                上海大众汽车公司２０２５", 12);
60              setCursor(0,0);
61              DrawChineseString(0,10,ILI9341_BLUE, ILI9341_WHITE,
62              "ABC123\xC9\xCF\xBA\xA3\xB4\xF3\xD6\xDA\xC6\xFB\xB3\xB5\
63              xB9\xAB\xCB\xBE\xA3\xB2\xA3\xB0\xA3\xB2\xA3\xB5", 12);
64              for (i = 0; i < 0xFF; i++) {    //用字号 1 输出 ASCII 字符
65                  write(' '+i, ILI9341_BLUE, ILI9341_WHITE,1);
```

```
66              }
67              for (i = 0; i < 0xFF; i++) {    //用字号 2 输出 ASCII 字符
68                  write(' '+i, ILI9341_BLUE, ILI9341_WHITE,2);
69              }
70              delay_ms(200);
71          }
72      }
73  }
74  //-------------------------------------------------------------------------
75  // 绘制三角形(模拟立体形状)
76  //-------------------------------------------------------------------------
77  void Demo_Triangles(u16 color) {
78      LCD_Clear(ILI9341_GREENYELLOW);
79      drawTriangle(W/2,30, 20, H-10, W/2+30, H-10, color);//非实心三角形
80      fillTriangle(W/2,30, W/2+30,H-10, W/2+80, H-80, color);//实心三角形
81  }
82  //-------------------------------------------------------------------------
83  // 绘制线条
84  //-------------------------------------------------------------------------
85  void Demo_Lines(u16 color) {
86      int  x1, y1, x2, y2;
87      LCD_Clear(ILI9341_BLACK);
88      x1 = y1 = 0; y2 = H - 1;
89      //从（0，0）开始，绘制左下区域射线
90      for(x2 = 0; x2 < W; x2 += 6) drawLine(x1, y1, x2, y2, color);
91      //仍从（0，0）开始，绘制右上区域射线
92      for(y2 = H; y2 >= 6; y2 -= 6) drawLine(x1, y1, x2, y2, color);
93  }
94  //-------------------------------------------------------------------------
95  // 绘制圆形
96  //-------------------------------------------------------------------------
97  void Demo_Circles(u16 color) {
98      int i,x,y;
99      LCD_Clear(ILI9341_YELLOW);
100     x = rand() % W; y = rand() % H;     //随机圆心（限制在 W/H 以内）
101     for (i = 1; i <= 60; i++) {         //60 个同心圆
102         drawCircle(x, y, i*7, color);
103     }
104     LCD_Clear(ILI9341_DARKGREY);
105     for (i = 1; i <= 60; i++) {         //60 个随机圆
106         drawCircle(rand() % W,rand() % H,rand() % 200, color);
107     }
108     LCD_Clear(ILI9341_WHITE);
109     for (i = 1; i <= 10; i++) {         //30 个随机圆
110         fillCircle(rand() % W,rand() % H,rand() % 50, color);
111     }
112 }
113 //-------------------------------------------------------------------------
114 // 绘制矩形
115 //-------------------------------------------------------------------------
116 void Demo_Rects(u16 color) {
117     int i;
118     LCD_Clear(ILI9341_BLACK);           //黑色背景
119     for (i = 0; i < 500; i++) {         //绘制 500 个随机直角矩形
```

```
120         drawRect(rand()%W,rand()%H,rand()%30+10,rand()%30+10,color);
121     }
122     LCD_Clear(ILI9341_OLIVE);             //橄榄绿背景
123     for (i = 0; i < 300; i++) {           //绘制 300 个随机圆角矩形
124         drawRoundRect(
125             rand() % W, rand() % H,
126             rand()%30+10,rand()%30+10,
127             10, color);
128     }
129 }
```

```
1   //---------------------------- ILI9341.c ------------------------------
2   //  名称: TFT 彩屏 ILI9341 驱动程序
3   //-----------------------------------------------------------------------
4   #include "ILI9341.h"
5   #define u8 unsigned char
6   struct typFNT_HZ16 {                    //汉字 16×16 点阵结构
7       u8 inner_CODE[2];                   //汉字内码
8       u8 Msk[32];                         //32 个字节点阵(掩码),16 行/每行 2 个字节
9   };
10  int cursor_x, cursor_y = 0;             //光标位置变量
11  #define MAIN_Fosc 24000000L             //时钟频率定义
12  //-----------------------------------------------------------------------
13  // 延时函数(参数取值限于 1~255)
14  //-----------------------------------------------------------------------
15  void delay_ms(u8 ms) {
16      u16 i;
17      do{
18          i = MAIN_Fosc / 13000;
19          while(--i);
20      }while(--ms);
21  }
22  //-----------------------------------------------------------------------
23  // 宏定义:分别为绝对值，最小值，交换
24  //-----------------------------------------------------------------------
25  int temp;
26  #ifndef abs
27  # define abs(n) (((n) < 0) ? -(n) : (n))
28  #endif
29  #ifndef min
30  #define min(a,b) (((a) < (b)) ? (a) : (b))
31  #endif
32  #ifndef swap
33  #define swap(a, b) { temp = a; a = b; b = temp; }
34  #endif
35  //-----------------------------------------------------------------------
36  // SPI 写函数
37  //-----------------------------------------------------------------------
38  u8 SPI_WR(u8 dat) {
39      u8 i;
40      for(i = 0; i < 8; i++) {// 输出 1 个字节 (8 位)
41          dat <<= 1;      LCD_SDI = CY;    //数据放到线上
42          LCD_SCL = 1;    LCD_SCL = 0;     //串行时钟输出
43      }
```

```
44      return 0xFF;
45  }
46  //----------------------------------------------------------------------
47  // 写液晶屏数据
48  //----------------------------------------------------------------------
49  void LCD_WR_DATA(u8 val) {
50      LCD_CS = 0; LCD_DC = 1; SPI_WR(val);    LCD_CS = 1;
51  }
52  //----------------------------------------------------------------------
53  // 写液晶屏命令
54  //----------------------------------------------------------------------
55  void LCD_WR_REG(u8 reg) {
56      LCD_CS = 0; LCD_DC = 0; SPI_WR(reg);    LCD_CS = 1;
57  }
58  //----------------------------------------------------------------------
59  // 液晶屏初始化
60  //----------------------------------------------------------------------
61  void LCD_Init() {
62      P0 = 0x00; LCD_RST = 0;delay_ms(10); LCD_RST = 1; delay_ms(120);
63      LCD_WR_REG(0xCF);   //功耗控制命令（3 个字节参数）
64      LCD_WR_DATA(0x00); LCD_WR_DATA(0xC1); LCD_WR_DATA(0x30);
65      LCD_WR_REG(0xED);   //电源序列控制（4 个字节参数）
66      LCD_WR_DATA(0x64); LCD_WR_DATA(0x03); LCD_WR_DATA(0x12);
67      LCD_WR_DATA(0x81);
68      LCD_WR_REG(0xE8);   //驱动时序控制 A（3 个字节参数）
69      LCD_WR_DATA(0x85); LCD_WR_DATA(0x10); LCD_WR_DATA(0x7A);
70      LCD_WR_REG(0xCB);   //功耗控制 A（5 个字节参数）
71      LCD_WR_DATA(0x39); LCD_WR_DATA(0x2C); LCD_WR_DATA(0x00);
72      LCD_WR_DATA(0x34); LCD_WR_DATA(0x02);
73      LCD_WR_REG(0xF7);   //泵比控制（1 个字节参数）
74      LCD_WR_DATA(0x20);
75      LCD_WR_REG(0xEA);   //驱动时序控制 B（2 个字节参数）
76      LCD_WR_DATA(0x00); LCD_WR_DATA(0x00);
77      LCD_WR_REG(0xC0);   //功耗控制 1（1 个字节参数）
78      LCD_WR_DATA(0x1B); //VRH[5:0]
79      LCD_WR_REG(0xC1);   //功耗控制 2（1 个字节参数）
80      LCD_WR_DATA(0x01); //SAP[2:0];BT[3:0]
81      LCD_WR_REG(0xC5);   //VCOM 控制 1（1 个字节参数）
82      LCD_WR_DATA(0x30); LCD_WR_DATA(0x30);
83      LCD_WR_REG(0xC7);   //VCOM 控制 2（1 个字节参数）
84      LCD_WR_DATA(0XB7);
85      LCD_WR_REG(0x36);   //存储器访问控制（1 个字节参数）
86      LCD_WR_DATA(0x48);
87      LCD_WR_REG(0x3A);   //COLMOD 像素格式设置（1 个字节参数）
88      LCD_WR_DATA(0x55); //默认为 18 位(0x66),此处配置为 16 位(0x55)
89      LCD_WR_REG(0xB1);   //帧速率控制（2 个字节参数）
90      LCD_WR_DATA(0x00); LCD_WR_DATA(0x1A);
91      LCD_WR_REG(0xB6);   //显示功能控制（2 个字节参数）
92      LCD_WR_DATA(0x0A); LCD_WR_DATA(0xA2);
93      LCD_WR_REG(0xF2);   //3 伽马控制（1 个字节参数）
94      LCD_WR_DATA(0x00);
95      LCD_WR_REG(0x26);   //伽马设置（1 个字节参数）
96      LCD_WR_DATA(0x01);
97      LCD_WR_REG(0xE0);   //正极伽马校准（15 个字节参数）
```

```
98      LCD_WR_DATA(0x0F); LCD_WR_DATA(0x2A); LCD_WR_DATA(0x28);
99      LCD_WR_DATA(0x08); LCD_WR_DATA(0x0E); LCD_WR_DATA(0x08);
100     LCD_WR_DATA(0x54); LCD_WR_DATA(0XA9); LCD_WR_DATA(0x43);
101     LCD_WR_DATA(0x0A); LCD_WR_DATA(0x0F); LCD_WR_DATA(0x00);
102     LCD_WR_DATA(0x00); LCD_WR_DATA(0x00); LCD_WR_DATA(0x00);
103     LCD_WR_REG(0xE1);   //负极伽马校准（15 个字节参数）
104     LCD_WR_DATA(0x00); LCD_WR_DATA(0x15); LCD_WR_DATA(0x17);
105     LCD_WR_DATA(0x07); LCD_WR_DATA(0x11); LCD_WR_DATA(0x06);
106     LCD_WR_DATA(0x2B); LCD_WR_DATA(0x56); LCD_WR_DATA(0x3C);
107     LCD_WR_DATA(0x05); LCD_WR_DATA(0x10); LCD_WR_DATA(0x0F);
108     LCD_WR_DATA(0x3F); LCD_WR_DATA(0x3F); LCD_WR_DATA(0x0F);
109     LCD_WR_REG(0x2B);   //页地址设置（4 个字节参数）
110     LCD_WR_DATA(0x00); LCD_WR_DATA(0x00); LCD_WR_DATA(0x01);
111     LCD_WR_DATA(0x3F); LCD_WR_REG(0x2A);  LCD_WR_DATA(0x00);
112     LCD_WR_DATA(0x00); LCD_WR_DATA(0x00); LCD_WR_DATA(0xef);
113     LCD_WR_REG(0x11);   //退出睡眠模式（无参数）
114     delay_ms(120);
115     LCD_WR_REG(0x29);   //开显示（无参数）
116 }
117 //----------------------------------------------------------------------
118 // 清屏
119 //----------------------------------------------------------------------
120 void LCD_Clear(u16 color) {
121     u16 i,j;
122     //设置显示区域
123     LCD_SetArea(0,0,ILI9341_TFTWIDTH-1,ILI9341_TFTHEIGHT-1);
124     LCD_WR_REG(ILI9341_RAMWR); //写 RAM
125     for(i = 0;i < 320;i++) {
126         for(j = 0;j < 240;j++) {
127             LCD_WR_DATA(color >> 8); LCD_WR_DATA(color);//输出 2 个字节像素
128         }
129     }
130 }
131 //----------------------------------------------------------------------
132 // 设置待添加显示内容的窗口
133 //----------------------------------------------------------------------
134 void LCD_SetArea(u16 x0, u16 y0, u16 x1, u16 y1) {
135     LCD_WR_REG(ILI9341_CASET); //列地址设置 2A
136     LCD_WR_DATA(x0 >> 8);  LCD_WR_DATA(x0 & 0xFF);
137     LCD_WR_DATA(x1 >> 8);  LCD_WR_DATA(x1 & 0xFF);
138     LCD_WR_REG(ILI9341_PASET); //页地址设置 2B
139     LCD_WR_DATA(y0>>8);    LCD_WR_DATA(y0);
140     LCD_WR_DATA(y1>>8);    LCD_WR_DATA(y1);
141     LCD_WR_REG(ILI9341_RAMWR); //写 RAM
142 }
143 //----------------------------------------------------------------------
144 // 绘制像素点
145 //----------------------------------------------------------------------
146 void drawPixel(int x, int y, u16 color) {
147     //越界返回
148     if( (x < 0) ||( x >= ILI9341_TFTWIDTH) ||
149         (y < 0) || (y >= ILI9341_TFTHEIGHT)) return;
150     LCD_SetArea(x,y,x+1,y+1);             //设置显示区域
151     LCD_DC = 1; LCD_CS = 0;
```

```
152     SPI_WR(color >> 8); SPI_WR(color); //SPI 输出像素颜色（16 位双字节）
153     LCD_CS = 1;
154 }
155 //-------------------------------------------------------------------
156 // 绘制线条
157 //-------------------------------------------------------------------
158 void drawLine(int x0, int y0, int x1, int y1,u16 color) {
159     int t, dx, dy, err,ystep;
160     int steep = abs(y1 - y0) > abs(x1 - x0);
161     if (steep) {
162         t = x0; x0 = y0; y0 = t;
163         t = x1; x1 = y1; y1 = t;
164     }
165     if (x0 > x1) {
166         t = x0; x0 = x1; x1 = t;
167         t = y0; y0 = y1; y1 = t;
168     }
169     dx = x1 - x0;   dy = abs(y1 - y0);
170     err = dx / 2;
171     if (y0 < y1) ystep = 1; else ystep = -1;
172     for (; x0<=x1; x0++) {                 //通过绘制像素点函数绘制直线
173         if (steep)  drawPixel(y0, x0, color);
174         else                drawPixel(x0, y0, color);
175         err -= dy;
176         if (err < 0) { y0 += ystep; err += dx; }
177     }
178 }
179 //-------------------------------------------------------------------
180 // 绘制垂直线
181 //-------------------------------------------------------------------
182 void drawFastVLine(int x, int y,int h, u16 color) {
183     drawLine(x, y, x, y+h-1, color);
184 }
185 //-------------------------------------------------------------------
186 // 绘制水平线
187 //-------------------------------------------------------------------
188 void drawFastHLine(int x, int y, int w, u16 color) {
189     drawLine(x, y, x+w-1, y, color);
190 }
191 //-------------------------------------------------------------------
192 // 绘制圆形
193 //-------------------------------------------------------------------
194 void drawCircle(int x0, int y0, int r,u16 color) {
195     int f = 1 - r;
196     int ddF_x = 1;
197     int ddF_y = -2 * r;
198     int x = 0, y = r;
199     drawPixel(x0  , y0+r, color);
200     drawPixel(x0  , y0-r, color);
201     drawPixel(x0+r, y0  , color);
202     drawPixel(x0-r, y0  , color);
203     while (x<y) {
204         if (f >= 0) {   y--;    ddF_y += 2; f += ddF_y; }
205         x++;    ddF_x += 2;     f += ddF_x;
```

```
206         drawPixel(x0 + x, y0 + y, color);
207         drawPixel(x0 - x, y0 + y, color);
208         drawPixel(x0 + x, y0 - y, color);
209         drawPixel(x0 - x, y0 - y, color);
210         drawPixel(x0 + y, y0 + x, color);
211         drawPixel(x0 - y, y0 + x, color);
212         drawPixel(x0 + y, y0 - x, color);
213         drawPixel(x0 - y, y0 - x, color);
214     }
215 }
216 //-------------------------------------------------------------------------
217 // 绘制圆形辅助函数
218 //-------------------------------------------------------------------------
219 void drawCircleHelper(int x0,int y0,int r,u8 cname,u16 color){
220     int f      = 1 - r;
221     int ddF_x = 1;
222     int ddF_y = -2 * r;
223     int x = 0, y = r;
224     while (x<y) {
225         if (f >= 0) {
226             y--; ddF_y += 2; f += ddF_y;
227         }
228         x++; ddF_x += 2; f += ddF_x;
229         if (cname & 0x4) {
230             drawPixel(x0 + x, y0 + y, color);
231             drawPixel(x0 + y, y0 + x, color);
232         }
233         if (cname & 0x2) {
234             drawPixel(x0 + x, y0 - y, color);
235             drawPixel(x0 + y, y0 - x, color);
236         }
237         if (cname & 0x8) {
238             drawPixel(x0 - y, y0 + x, color);
239             drawPixel(x0 - x, y0 + y, color);
240         }
241         if (cname & 0x1) {
242             drawPixel(x0 - y, y0 - x, color);
243             drawPixel(x0 - x, y0 - y, color);
244         }
245     }
246 }
247 //-------------------------------------------------------------------------
248 // 绘制实心圆形
249 //-------------------------------------------------------------------------
250 void fillCircle(int x0, int y0, int r, u16 color) {
251     drawFastVLine(x0, y0-r, 2*r+1, color);
252     fillCircleHelper(x0, y0, r, 3, 0, color);
253 }
254 //-------------------------------------------------------------------------
255 // 绘制实心圆形辅助函数
256 //-------------------------------------------------------------------------
257 void fillCircleHelper(int x0,int y0,int r,u8 cname,int delt,u16 color) {
258     int f     = 1 - r;
259     int ddF_x = 1;
```

```
260     int ddF_y = -2 * r;
261     int x = 0, y = r;
262     while (x < y) {
263         if (f >= 0) {
264             y--; ddF_y += 2; f += ddF_y;
265         }
266         x++; ddF_x += 2; f += ddF_x;
267         if (cname & 0x1) {
268             drawFastVLine(x0+x, y0-y, 2*y+1+ delt, color);
269             drawFastVLine(x0+y, y0-x, 2*x+1+ delt, color);
270         }
271         if (cname & 0x2) {
272             drawFastVLine(x0-x, y0-y, 2*y+1+ delt, color);
273             drawFastVLine(x0-y, y0-x, 2*x+1+ delt, color);
274         }
275     }
276 }
277 //-----------------------------------------------------------------------
278 // 绘制矩形
279 //-----------------------------------------------------------------------
280 void drawRect(int x, int y, int w, int h, u16 color) {
281     drawFastHLine(x, y, w, color);
282     drawFastHLine(x, y+h-1, w, color);
283     drawFastVLine(x, y, h, color);
284     drawFastVLine(x+w-1, y, h, color);
285 }
286 //-----------------------------------------------------------------------
287 // 绘制实心矩形
288 //-----------------------------------------------------------------------
289 void fillRect(int x, int y, int w, int h, u16 color) {
290     int i;
291     for (i = x; i<x+w; i++) {
292         drawFastVLine(i, y, h, color);
293     }
294 }
295 //-----------------------------------------------------------------------
296 // 绘制圆角矩形
297 //-----------------------------------------------------------------------
298 void drawRoundRect(int x, int y, int w, int h, int r, u16 color) {
299     drawFastHLine(x+r  , y    , w-2*r, color);  //上边
300     drawFastHLine(x+r  , y+h-1, w-2*r, color); //下边
301     drawFastVLine(x    , y+r  , h-2*r, color);  //左边
302     drawFastVLine(x+w-1, y+r  , h-2*r, color); //右边
303     // 绘制四个圆角
304     drawCircleHelper(x+r    , y+r    , r, 1, color);
305     drawCircleHelper(x+w-r-1, y+r    , r, 2, color);
306     drawCircleHelper(x+w-r-1, y+h-r-1, r, 4, color);
307     drawCircleHelper(x+r    , y+h-r-1, r, 8, color);
308 }
309 //-----------------------------------------------------------------------
310 // 绘制实心圆角矩形
311 //-----------------------------------------------------------------------
312 void fillRoundRect(int x, int y, int w, int h, int r, u16 color) {
313     fillRect(x+r, y, w-2*r, h, color);
```

```
314     fillCircleHelper(x+w-r-1, y+r, r, 1, h-2*r-1, color);
315     fillCircleHelper(x+r    , y+r, r, 2, h-2*r-1, color);
316 }
317 //-----------------------------------------------------------------------
318 // 绘制三角形
319 //-----------------------------------------------------------------------
320 void drawTriangle(int x0,int y0,int x1,int y1,int x2,int y2,u16 color){
321     drawLine(x0, y0, x1, y1, color);
322     drawLine(x1, y1, x2, y2, color);
323     drawLine(x2, y2, x0, y0, color);
324 }
325 //-----------------------------------------------------------------------
326 // 绘制实心三角形
327 //-----------------------------------------------------------------------
328 void fillTriangle(int x0,int y0,int x1,int y1,int x2,int y2,u16 color){
329     int a, b, y, last;
330     int dx01,dx02,dy01,dy02,dx12,dy12;
331     long sa,sb;
332     //对Y坐标进行排序(y2-y1-y0)
333     if (y0 > y1) { swap(y0, y1); swap(x0, x1); }
334     if (y1 > y2) { swap(y2, y1); swap(x2, x1); }
335     if (y0 > y1) { swap(y0, y1); swap(x0, x1); }
336     if(y0 == y2) { //纵坐标点出现在一条水平线上
337         a = b = x0;
338         if(x1 < a) a = x1; else if(x1 > b) b = x1;
339         if(x2 < a) a = x2; else if(x2 > b) b = x2;
340         drawFastHLine(a, y0, b-a+1, color);
341         return;
342     }
343     dx01 = x1 - x0; dy01 = y1 - y0;
344     dx02 = x2 - x0; dy02 = y2 - y0;
345     dx12 = x2 - x1; dy12 = y2 - y1;
346     sa   = 0;    sb   = 0;
347     if(y1 == y2) last = y1;
348     else         last = y1-1;
349     for(y=y0; y<=last; y++) {
350         a = x0 + sa / dy01; b = x0 + sb / dy02;
351         sa += dx01; sb += dx02;
352         if(a > b) swap(a,b);
353         drawFastHLine(a, y, b-a+1, color);
354     }
355     sa = dx12 * (y - y1);
356     sb = dx02 * (y - y0);
357     for(; y<=y2; y++) {
358         a = x1 + sa / dy12; b = x0 + sb / dy02;
359         sa += dx12; sb += dx02;
360         if(a > b) swap(a,b);
361         drawFastHLine(a, y, b-a+1, color);
362     }
363 }
364 //-----------------------------------------------------------------------
365 // 绘制单色位图
366 //-----------------------------------------------------------------------
367 void drawBitmap(int x,int y,const u8 *bitmap,int w,int h,u16 color){
```

```
368     int i,j,byteWidth = (w + 7) / 8;
369     u8 byte = 0;
370     for( j = 0; j < h; j++, y++) {
371         for(i = 0; i < w; i++ ) {
372             if(i & 7)   byte    <<= 1;
373             else        byte    = bitmap[j * byteWidth + i / 8];
374             if(byte & 0x80) drawPixel(x + i, y, color);
375         }
376     }
377 }
378 //------------------------------------------------------------------
379 // 绘制16位彩图
380 //------------------------------------------------------------------
381 void drawRGBBitmap(int x, int y, u16 *bitmap, int w, int h) {
382     int i,j;
383     for(j = 0; j < h; j++, y++) {
384         for(i = 0; i < w; i++ ) {
385             drawPixel(x+i, y, bitmap[j * w + i]);
386         }
387     }
388 }
389 extern code u8 font[];
390 extern code struct typFNT_HZ16 hz16[];
391 //------------------------------------------------------------------
392 // 设置当前光标位置
393 //------------------------------------------------------------------
394 void setCursor(int x, int y) {
395     cursor_x = x; cursor_y = y;//更新光标位置
396     LCD_SetArea(x,y,x,y);
397 }
398 //------------------------------------------------------------------
399 // 绘制1个字符
400 //------------------------------------------------------------------
401 void drawChar(int x, int y, u8 c, u16 color, u16 bg, u8 sz) {
402     char i,j;   u8 line;
403     if((x >= ILI9341_TFTWIDTH)      ||  //处理右、下、左、上越界问题
404         (y >= ILI9341_TFTHEIGHT)    ||
405         ((x + 6 * sz - 1) < 0)      ||
406         ((y + 8 * sz - 1) < 0))
407             return;
408     for(i = 0; i < 5; i++ ) { //每个字符由5列点阵字节构成(5×8)
409         line = font[c * 5 + i]; //取第i列点阵字节
410         for(j = 0; j < 8; j++, line >>= 1) { //绘制第i列8像素
411             if(line & 1) {              //为1则按color色绘制
412                 if(sz == 1) drawPixel(x+i, y+j, color);//正常绘制
413                 else fillRect(x+i*sz, y+j*sz, sz, sz, color);//放大绘制
414             } else
415             if(bg != color) {           //如果为0且不透明，则按背景色绘制
416                 if(sz == 1) drawPixel(x+i, y+j, bg);//正常绘制
417                 else fillRect(x+i*sz, y+j*sz, sz, sz, bg);//放大绘制
418             }
419         }
420     }
421     //如果为非透明色彩则最后1列按背景色补1条垂直线,用于形成字符间隙
```

```
422     if(bg != color) {
423         if(sz == 1) drawFastVLine(x+5, y, 8, bg);//正常绘制
424         else        fillRect(x+5*sz, y, sz, 8*sz, bg);//放大绘制
425     }
426 }
427 //------------------------------------------------------------------
428 // 在当前光标位置写 1 个字符
429 //------------------------------------------------------------------
430 void write(u8 c, u16 color, u16 bg, u8 sz) {
431     if(c == '\n') {
432         cursor_x  = 0; cursor_y += sz * 8;      //更新光标位置
433     }
434     else if(c != '\r') {
435         if((cursor_x + sz * 6) > ILI9341_TFTWIDTH) {
436             cursor_x  = 0; cursor_y += sz * 8; //更新光标位置
437         }
438         drawChar(cursor_x, cursor_y, c, color, bg, sz);
439         cursor_x += sz * 6;                    //更新光标位置
440     }
441 }
442 //------------------------------------------------------------------
443 // 显示中文字符串
444 //------------------------------------------------------------------
445 void DrawChineseString(u16 x,u16 y,u16 color,u16 bg,u8 *s,u16 count) {
446     u8 i,j,k;
447     while(*s) {
448         if((*s) >= 128) {   //表示汉字内码
449             for (k = 0; k < count; k++) {
450                 //根据内码在字库点阵数组中查找点阵数据
451                 if( (hz16[k].inner_CODE[0] == *(s))&&
452                     (hz16[k].inner_CODE[1] == *(s+1))) {
453                     for(i = 0; i < 16; i++){    //共 16 行
454                         for(j = 0; j < 8; j++) { //显示当前行左半部分像素
455                             if(hz16[k].Msk[i*2]&(0x80>>j))
456                                 drawPixel(x+j,y+i,color);
457                             else { if (color != bg)
458                                 drawPixel(x+j,y+i,bg); }
459                         }
460                         for(j = 0; j < 8; j++) { //显示当前行右半部分像素
461                             if(hz16[k].Msk[i*2+1]&(0x80>>j))
462                                 drawPixel(x+j+8,y+i,color);
463                             else if (color != bg)
464                                 drawPixel(x+j+8,y+i,bg);
465                         }
466                         cursor_x = x+j+8*2; cursor_y = y+i;//更新光标位置
467                     }
468                 }
469             }
470             s += 2; x += 16;      //中文字符数组索引+2，横坐标+16
471         }
472         else s++;                  //否则为英文半角字符，索引+1，忽略
473     }
474 }
```

```
1   //---------------------------- ILI9341.h ------------------------------
2   //  名称：TFT 彩屏 ILI9341 驱动程序头文件
3   //--------------------------------------------------------------------
4   #ifndef      __ILI9341__
5   #define      __ILI9341__
6   #include "STC15xxx.h"
7   #include "ILI9341.h"
8   #include <intrins.h>
9   #define u8  unsigned char
10  #define u16 unsigned int
11  //--------------------------------------------------------------------
12  // ILI9341 引脚定义(SPI 模式)
13  //--------------------------------------------------------------------
14  sbit LCD_CS     = P0^0;                    //片选（使能）
15  sbit LCD_SCL    = P0^1;                    //时钟线
16  sbit LCD_DC     = P0^2;                    //数据命令（data/command）
17  sbit LCD_SDI    = P0^3;                    //主机输出从机（LCD）输入
18  sbit LCD_SDO    = P0^4;                    //主机输入从机（LCD）输出
19  sbit LCD_RST    = P0^5;                    //复位线
20  //--------------------------------------------------------------------
21  #define ILI9341_TFTWIDTH         240       //TFT 彩屏宽度
22  #define ILI9341_TFTHEIGHT        320       //TFT 彩屏高度
23  //--------------------------------------------------------------------
24  #define ILI9341_NOP              0x00      //NOP 命令
25  #define ILI9341_SWRESET          0x01      //软件复位
26  #define ILI9341_RDDID            0x04      //读显示 ID
27  #define ILI9341_RDDST            0x09      //读显示状态
28  //--------------------------------------------------------------------
29  #define ILI9341_SLPIN            0x10      //进入睡眠模式
30  #define ILI9341_SLPOUT           0x11      //退出睡眠模式
31  #define ILI9341_PTLON            0x12      //局部模式开
32  #define ILI9341_NORON            0x13      //打开正常显示模式
33  //--------------------------------------------------------------------
34  #define ILI9341_RDMODE           0x0A      //读显示(电源)功耗模式
35  #define ILI9341_RDMADCTL         0x0B      //读显示 MADCTL
36  #define ILI9341_RDPIXFMT         0x0C      //读显示像素格式
37  #define ILI9341_RDIMGFMT         0x0D      //读显示图像格式
38  #define ILI9341_RDSELFDIAG       0x0F      //读显示自诊断结果
39  //--------------------------------------------------------------------
40  #define ILI9341_INVOFF           0x20      //关闭反转显示
41  #define ILI9341_INVON            0x21      //开反转模式
42  #define ILI9341_GAMMASET         0x26      //伽马设置
43  #define ILI9341_DISPOFF          0x28      //关显示
44  #define ILI9341_DISPON           0x29      //开显示
45  //--------------------------------------------------------------------
46  #define ILI9341_CASET            0x2A      //列地址设置
47  #define ILI9341_PASET            0x2B      //页地址设置
48  #define ILI9341_RAMWR            0x2C      //存储器写
49  #define ILI9341_RAMRD            0x2E      //读存储器
50  //--------------------------------------------------------------------
51  #define ILI9341_PTLAR            0x30      //局部区域
52  #define ILI9341_MADCTL           0x36      //存储器访问控制
53  #define ILI9341_PIXFMT           0x3A      //COLMOD：像素格式设置
54  //--------------------------------------------------------------------
```

```
55 #define ILI9341_FRMCTR1         0xB1     //帧速率控制 1(正常/全色)
56 #define ILI9341_FRMCTR2         0xB2     //帧速率控制 2(空闲/8 色)
57 #define ILI9341_FRMCTR3         0xB3     //帧速率控制 3(局部/全色)
58 #define ILI9341_INVCTR          0xB4     //显示反转控制
59 #define ILI9341_DFUNCTR         0xB6     //显示功能控制
60 //--------------------------------------------------------------------------
61 #define ILI9341_PWCTR1          0xC0     //功耗控制 1
62 #define ILI9341_PWCTR2          0xC1     //功耗控制 2
63 #define ILI9341_PWCTR3          0xC2     //功耗控制 3
64 #define ILI9341_PWCTR4          0xC3     //功耗控制 4
65 #define ILI9341_PWCTR5          0xC4     //功耗控制 5
66 #define ILI9341_VMCTR1          0xC5     //VCOM 控制 1
67 #define ILI9341_VMCTR2          0xC7     //VCOM 控制 2
68 //--------------------------------------------------------------------------
69 #define ILI9341_RDID1           0xDA     //读 ID1
70 #define ILI9341_RDID2           0xDB     //读 ID2
71 #define ILI9341_RDID3           0xDC     //读 ID3
72 #define ILI9341_RDID4           0xDD     //读 ID4
73 //--------------------------------------------------------------------------
74 #define ILI9341_GMCTRP1         0xE0     //正极伽马校准
75 #define ILI9341_GMCTRN1         0xE1     //负极伽马校准
76 //--------------------------------------------------------------------------
77 // 颜色符号常量定义
78 #define ILI9341_BLACK           0x0000  /*   0,   0,   0 */
79 #define ILI9341_NAVY            0x000F  /*   0,   0, 128 */
80 #define ILI9341_DARKGREEN       0x03E0  /*   0, 128,   0 */
81 #define ILI9341_DARKCYAN        0x03EF  /*   0, 128, 128 */
82 #define ILI9341_MAROON          0x7800  /* 128,   0,   0 */
83 #define ILI9341_PURPLE          0x780F  /* 128,   0, 128 */
84 #define ILI9341_OLIVE           0x7BE0  /* 128, 128,   0 */
85 #define ILI9341_LIGHTGREY       0xC618  /* 192, 192, 192 */
86 #define ILI9341_DARKGREY        0x7BEF  /* 128, 128, 128 */
87 #define ILI9341_BLUE            0x001F  /*   0,   0, 255 */
88 #define ILI9341_GREEN           0x07E0  /*   0, 255,   0 */
89 #define ILI9341_CYAN            0x07FF  /*   0, 255, 255 */
90 #define ILI9341_RED             0xF800  /* 255,   0,   0 */
91 #define ILI9341_MAGENTA         0xF81F  /* 255,   0, 255 */
92 #define ILI9341_YELLOW          0xFFE0  /* 255, 255,   0 */
93 #define ILI9341_WHITE           0xFFFF  /* 255, 255, 255 */
94 #define ILI9341_ORANGE          0xFD20  /* 255, 165,   0 */
95 #define ILI9341_GREENYELLOW     0xAFE5  /* 173, 255,  47 */
96 #define ILI9341_PINK            0xF81F
97 //--------------------------------------------------------------------------
98 void delay_ms(u8 ms);
99 u8 SPI_WR(u8 dat);
100 void LCD_WR_DATA(u8 val);
101 void LCD_WR_REG(u8 reg);
102 void LCD_Init();
    ……(限于篇幅，这里略去了部分函数声明)
124 #endif
```

4.17 I²C 接口存储器 AT24C04 读写与显示（4 片）

图 4-38 所示电路演示了 STC15 对 I²C 接口 EEPROM AT24C04 的数据读/写程序，按键 K1～K4 分别用于控制读/写第 1～4 片 AT24C04 的数据，运行过程中可单击菜单 Debug/Virtual Terminal VT1，打开虚拟终端可观察图 4-39 所示的数据信息。通过对该程序的设计调试，可熟悉通用的兼容 I²C 接口的串行存储器的数据访问方法，并为兼容 I²C 接口的 A/D 转换器、显示驱动器等程序设计打下基础。

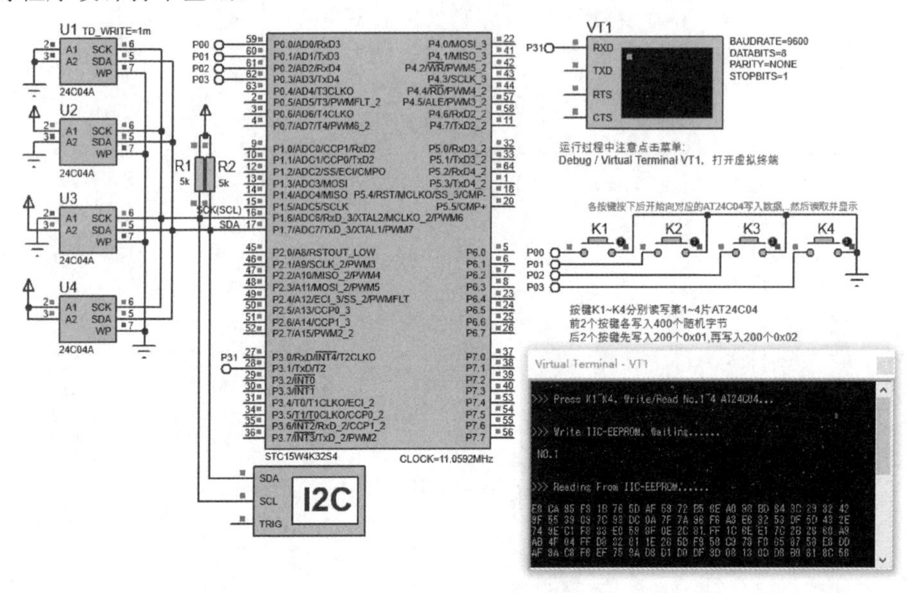

图 4-38 I²C 接口存储器 AT24C04 读/写与显示电路

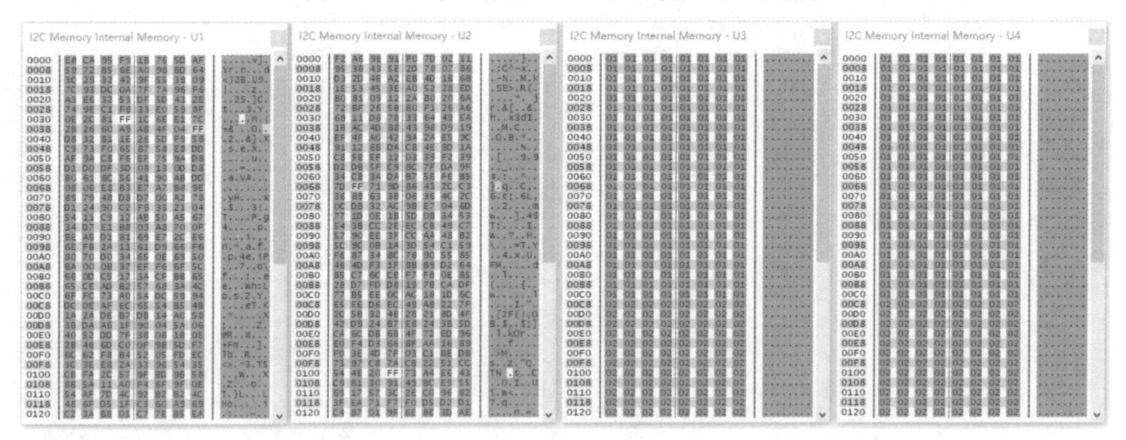

图 4-39 分别写入 4 片 AT24C04 的数据及虚拟终端显示（部分）

1. 程序设计与调试

1）I²C 接口存储器 AT24C04 简介

AT24C04 是 512 字节的兼容 I²C 接口的串行 EEPROM 存储器，它与单片机通信时只需要通过两根串行线，一根是双向串行数据线 SDA，另一根是由主机控制的时钟线 SCL。该存储器件占用很少的资源和 I/O 引脚，具有工作电源宽（2.7～5.5V/1.8～5.5V）、抗干扰能力强、功耗低、数据非易失和支持在线编程等特点。图 4-40 列出了 AT24C0X 系列的部分封装及引脚。对于电路中的 AT24C04，它仅使用 A2、A1 作为地址引脚，A0 引脚是不用的。由表 4-14 给出的器件地址格式可知，AT24C04 空出的地址位 A0 在协议地址中被“借用”为页地址位 P0 使用，也有手册将其称为块地址 B0，其作用在程序设计部分讨论。

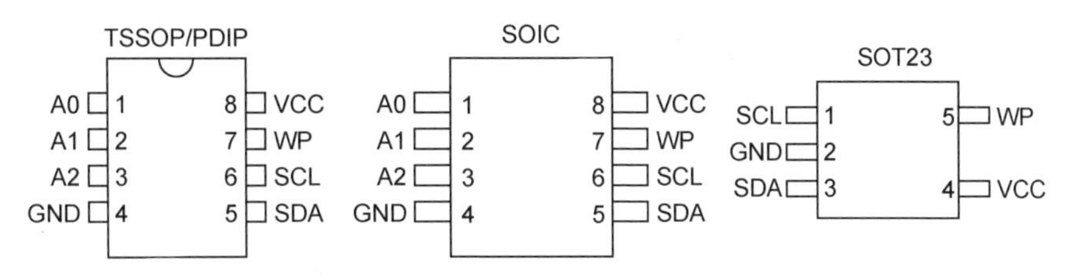

图 4-40 AT24C0X 系列的部分封装及引脚

表 4-14 AT24C04 地址字节格式

	器件编码				硬件地址		页地址	读/写
位	7	6	5	4	3	2	1	0
器件选择	1	0	1	0	A2	A1	P0	R/$\overline{W}$

注：该地址高 4 位固定为 1010，A2/A1 与器件 A2/A1 引脚对应，用于选择器件硬地址，P0 为 AT24C04 共 9 位地址中的最高位（即 A0～A8 中的第 A8 位）。表中 7～1 位对应时序图中的器件地址。

2）I²C 接口存储器 AT24C04 读/写程序设计

图 4-41 与 4-42 给出了 I²C 接口总线协议及 AT24C04 操作时序图，其中 START 后是器件地址，根据表 4-13 所列出的 AT24C04 地址字节格式定义，其高 4 位为固定的协议地址：1010，要注意不同系列的 I²C 接口器件的协议地址是不同的。

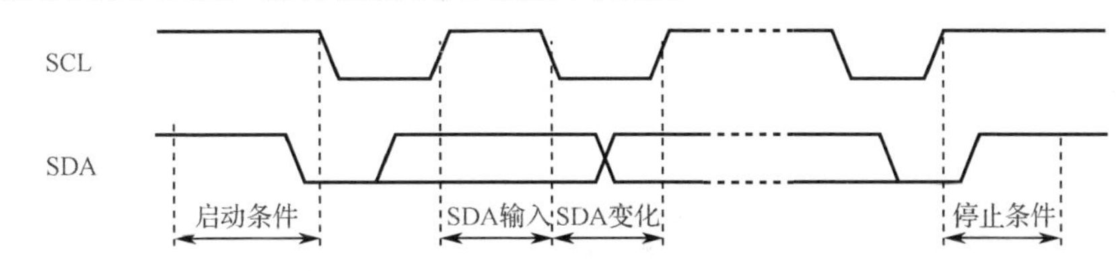

图 4-41 I²C 总线启/停时序

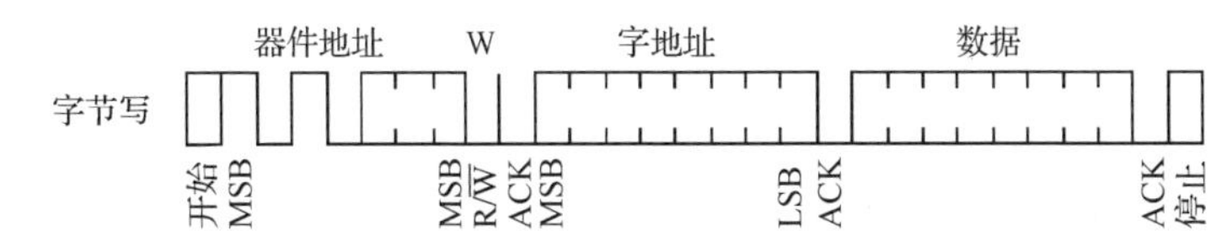

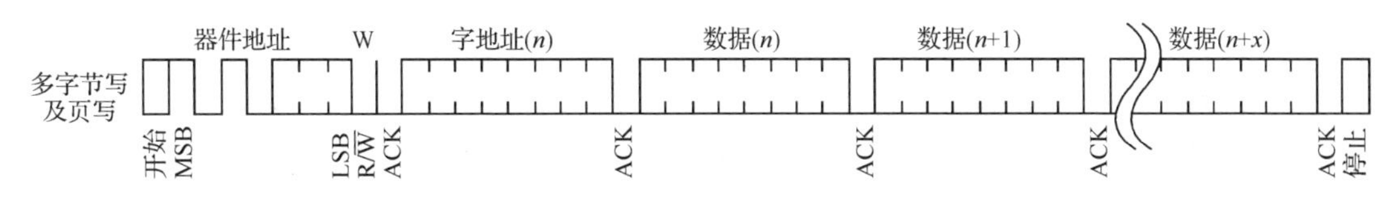

图 4-42 AT24C04 的几种写字节时序

主程序中出现的器件地址“0xA0”的高 4 位为 1010，低 4 位为 0000，分别对应于该表格中的 A2/A1/页选择位/读/写位，其中 A2/A1 用于在器件地址中指定共用 SDA 与 SCL 的外部 4 片 AT24C04 中的 1 片，因为 AT24C04 硬地址配置引脚有 A2/A1，硬地址有 4 种组合，因此 A2/A1 对应的取值有 00、01、10、11，仿真电路中 U1～U4 分别对应于这 4 个地址之一。

下面是几种不同的 I²C 接口 EEPROM 器件地址格式：

```
// 1 0 1 0 E2  E1 E0 R/~W      24C01/24C02
// 1 0 1 0 E2  E1 A8 R/~W      24C04
```

```
// 1 0 1 0 E2  A9 A8 R/~W      24C08
// 1 0 1 0 A10 A9 A8 R/~W      24C16
```

它们的高 4 位均为 1010，其中的 E2、E1、E0 与器件引脚 A2、A1、A0 对应，对于 A10、A9、A8，也有手册将其命名为 P2、P1、P0 或 B2、B1、B0。

8051 单片机读/写 I^2C 接口 AT24C04 时如同 PCF8583 的程序设计一样，可用软件模拟 I^2C 总线串行时钟信号和操作时序，I^2C 总线的启动、停止、读/写等操作均由“I^2C 总线通用宏及函数”文件 I2C.h 提供，解读这些模块代码时可对照 I^2C 总线的各项操作时序图。图 4-41、图 4-42、图 4-43 分别给出了 I^2C 总线启/停时序，几种写字节时序及读字节时序，本案例程序中引用的 I2C.h 与此前讨论过的兼容 I^2C 接口的 PCF8583 案例中提供的 I2C.h 相同。

对于 AT24C04 的字节读/写函数设计，可参考图 4-42 和图 4-43 所示的时序图，其设计细节可对照源代码注释及时序图进行分析。

```
void Write_IIC(u8 Dev_Addr, u16 mem_addr, u8 dat)
u8   Random_Read(u8 Dev_Addr, u16 mem_addr)
void Sequential_Read(u8 Dev_Addr, u16 mem_addr, u16 N)
```

上述函数中，顺序读函数 Sequential_Read 函数与随机读函数 Random_Read 的差别是：

8051 单片机从 AT24C04 读取第 1 个字节后不是回发非应答信号（NOACK）而是回发应答信号（ACK），此后连续读取每个字节后均回发应答信号（ACK），直到读取了最后 1 个字节后才回发非应答信号（NOACK），然后停止总线。

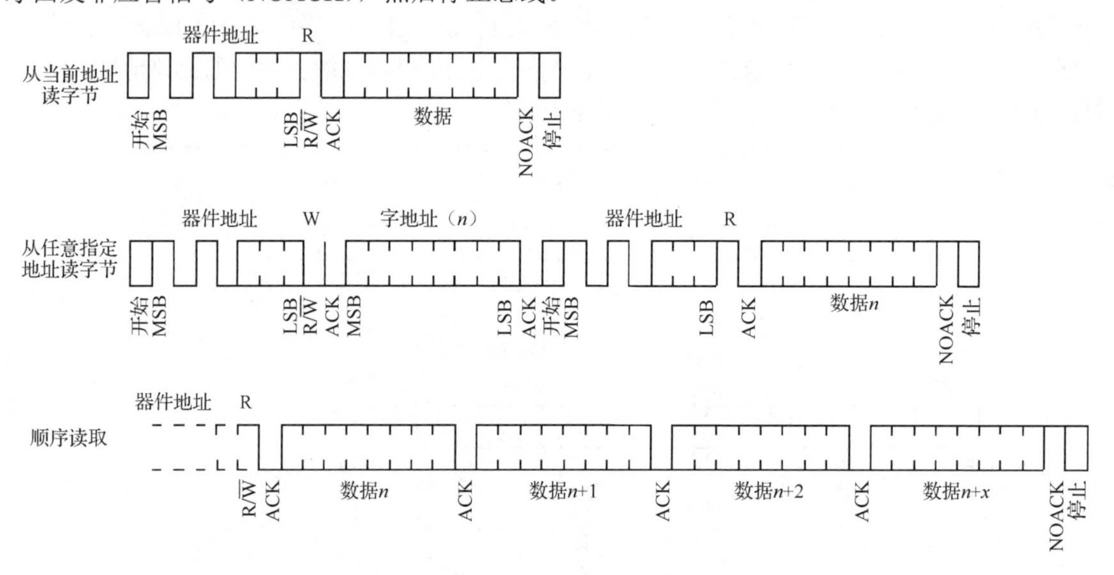

图 4-43　AT24C04 的几种读字节时序

下面接着重点讨论 AT24C04 地址字节格式中的页地址选择位“P0”。

在 AT24CX 系列器件中，某些空间较大的 I^2C 存储器，已经不需要在总线中同时挂载多片来加大空间，因而其外部 A2、A1、A0 引脚中就会相应有 1～3 个引脚默认不用，如 512 个字节存储器 AT24C04 就没有 A0 引脚。

AT24C04 的 512B 存储空间共需要 9 位地址（A8～A0，2^9=512）寻址，根据时序图可知，在器件地址之后需要接着给出待读/写的字节所在的 EEPROM 空间地址，该字节仅 8 位（A7～A0），单独再加 1 个字节来扩展输出 9 位地址则浪费较大，因为 2 字节地址共 16 位，在寻址 512B 空间时实际仅使用 9 位。

AT24CX 系列器件设计者没有这样做，他们将 9 位地址的最高位 A8 附加在最前面的器件地址中，因为器件地址中 A2～A0 中的 A0 位未使用，这样设计后，相当于器件地址字节“携带”了 AT24C04 内存空间地址的最高位 A8，这一位也就是器件地址格式中的“P0”位。这一位为 0 时相当于选择了 512B 内存空间的前半部分（256B），为 1 时选择了内存空间的后半部分（同样为 256B），明白这一点后再来看本案例程序中写内存前半部分与后半部分的程序就很清晰了。

```
if(mem_addr < 0x0100)    IIC_WriteByte(Dev_Addr | 0x00); //前半部分(|0x00 可省)
else                     IIC_WriteByte(Dev_Addr | 0x02);//后半部分
```

该语句中 mem_addr 为 16 位的无符号整数（对于 AT24C04，这 16 位中仅有低 9 位是有效的地址位），当地址≥0x0100（256）时，则需要写存储器的后半部分，此时要将器件地址的 P0 位置 1，故上述语句中第 2 行有 Dev_Addr | 0x02，它将 Dev_Addr 的 P1 位置 1。类似的，读存储器前半部分或后半部分的语句如下：

```
if(mem_addr < 0x0100)    IIC_WriteByte(Dev_Addr | 0x01);//前半部分
else                     IIC_WriteByte(Dev_Addr | 0x03);//后半部分
```

阅读源程序的其他编写细节时，可进一步参考阅 AT24C04 的技术手册文件。

2. 实训要求

① 添加键盘矩阵输入 6 位以内的数字字符，在按下“*”键时将其写入 AT24C04。

② 添加 AT24C04 的多字节写及页写函数，实现批量数据的快速写入。

③ 设计程序实现对 AT24C08/16/32/64/128 等系列 EEPROM 的读写操作。

3. 源程序代码

```
1   //------------------------------ main.c -----------------------------------
2   //  名称: I2C 接口存储器 AT24C04 读写与显示
3   //-------------------------------------------------------------------------
4   //  说明: 当按下 K1~K4 按键时,前两个分别向第 1,2 片 AT24C04 中写入 400 个随机字节
5   //        后 2 个按键分别写第 3,4 片 AT24C04,先写入 200 个 0x01,再写入 200 个 0x02
6   //        写入后接着读取并显示(400 个字节的地址范围为 0x0000~0x018F)
7   //
8   //-------------------------------------------------------------------------
9   #define u8  unsigned char
10  #define u16 unsigned int
11  #define  MAIN_Fosc  11059200L        //定义主时钟
12  #include "STC15xxx.h"
13  #include <intrins.h>
14  #include <stdio.h>
15  #include <stdlib.h>
16  sbit K1 = P0^0;                      //4 个操作按键定义
17  sbit K2 = P0^1;
18  sbit K3 = P0^2;
19  sbit K4 = P0^3;
20  u16 r = 0;                           //满 20 个字节换行控制变量
21  bit TX1_Busy = 0;
22  // AT24C04 相关函数
23  extern void Random_Write(u8 Dev_Addr,u16 mem_addr,u8 dat);
24  extern u8 Random_Read(u8 Dev_Addr,u16 mem_addr);
25  extern void Sequential_Read(u8 Dev_Addr,u16 mem_addr,u16 N);
26  //-------------------------------------------------------------------------
27  // 延时子程序 (x=1~255ms,自适应时钟)
28  //-------------------------------------------------------------------------
29  void delay_ms(u8 x) {
30      u16 i;
31      do{
```

```
32              i = MAIN_Fosc / 13000;
33              while(--i);
34          } while(--x);
35  }
36  //-------------------------------------------------------------------
37  // 串口初始化（9600bit/s，11.0592MHz）
38  //-------------------------------------------------------------------
39  void UartInit() {
40      SCON = 0x50;                    //8 位数据,可变波特率
41      AUXR &= 0xBF;                   //定时器 1 时钟为 Fosc/12,即 12T
42      AUXR &= 0xFE;                   //串口 1 选择定时器 1 为波特率发生器
43      TMOD &= 0x0F;                   //设定定时器 1 为 16 位自动重装方式
44      TL1 = 0xE8;                     //设定定时初值
45      TH1 = 0xFF;                     //设定定时初值
46      ET1 = 0;                        //禁止定时器 1 中断
47      TR1 = 1;                        //启动定时器 1
48      TX1_Busy = 0;
49  }
50  //-------------------------------------------------------------------
51  // 向串口输出 1 字符
52  //-------------------------------------------------------------------
53  void PutChar(u8 c) {
54      SBUF = c;
55      TX1_Busy = 1;
56      while(TX1_Busy);
57  }
58  //-------------------------------------------------------------------
59  // 向串口发送字符串
60  //-------------------------------------------------------------------
61  void PutStr(u8 *s) { while(*s) PutChar(*s++); }
62  //-------------------------------------------------------------------
63  // sprintf 对%2X 格式支持不稳定,编译时有时可以输出正确结果,有时则不正常
64  // sprintf(s,"%02X ",(u8)Random_Read(0xA0,i)); PutStr(s);
65  // 故改用下面的函数实现十六进制形式显示所读取的字节
66  //-------------------------------------------------------------------
67  void Show_HEX(u8 dat) {
68      char s[] = "   ";    //字符串初始为 3 个空格
69      //将第 i 个字节的十六进制数据转换为字符串 s
70      s[0] = dat >> 4; s[1] = dat & 0x0F;
71      if (s[0] <= 9) s[0] += '0'; else s[0] += 'A'- 10;
72      if (s[1] <= 9) s[1] += '0'; else s[1] += 'A'- 10;
73      PutStr(s);
74  }
75  //-------------------------------------------------------------------
76  // 主程序
77  //-------------------------------------------------------------------
78  void main() {
79      u16 i; char s[] = "NO.X\r\n";
80      u8 n = 0, ChipNo = 0;
81      P0M1 = 0xFF; P0M0 = 0x00;                //将 P0 配置高阻输入口
82      P1M1 = 0x00; P1M0 = 0x00;                //将 P1,P3 配置为准双向口
83      P3M1 = 0x00; P3M0 = 0x00;
84      UartInit();                              //串口配置
85      ES = 1; EA = 1;                          //允许串口中断,开总中断
```

```
86      srand(30);                                  //随机种子
87      PutStr("\r\n>>> Press K1~K4, Write/Read No.1~4 AT24C04...\r\n ");
88      while(1) {
89          if ((P0 & 0x0F) != 0x0F) {          //P0 低 4 位按键状态检测
90              delay_ms(10);                   //消抖
91              if ((P0 & 0x0F) != 0x0F) {  //如果确认有键按下
92                  //根据 n 值 0x08,0x04,0x02,0x01 转换,得到按键号:3,2,1,0
93                  //对应按键:K4,K3,K2,K1,即芯片号 ChipNo=3,2,1,0
94                  n = P0 & 0x0F; ChipNo = 0; while (n&(1<<ChipNo)) ChipNo++;
95              }  else { delay_ms(10); continue; }
96          } else { delay_ms(10); continue; }
97          PutStr("\r\n\r\n>>> Write IIC-EEPROM, Waiting......\r\n\r\n ");
98          //提示当前读取的 AT24C04 芯片号 1~4(由 0~3 加 1 得到)
99          s[3] = ChipNo + '1'; PutStr(s);
100         switch (ChipNo) {
101             case 0: case 1:  //K1,K2 分别向第 1,2 片写入 400 个随机字节
102                 for(i = 0; i < 400; i++)
103                     Random_Write(0xA0 | (ChipNo<<2),i,rand());
104                 break;
105             case 2: case 3:  //K3,K4 分别写第 3,4 片,写入 200 个 0x01, 0x02
106                 for(i = 0; i < 200; i++)
107                     Random_Write(0xA0 | (ChipNo<<2),i,0x01);
108                 for(;i < 400; i++)
109                     Random_Write(0xA0 | (ChipNo<<2),i,0x02);
110                 break;
111         }
112         PutStr("\r\n\r\n>>> Reading From IIC-EEPROM......\r\n\r\n");
113         r = 0;                                  //满 20 个字节换行显示控制变量归 0
114         //从指定的 AT24C04 中读取 400 个字节并发送串口显示,下面两种读取方法中,
115         //随机寻址单个字节读取共 400 个字节将明显慢于顺序连续读取 400 个字节
116         if (ChipNo < 2) {                       //前 2 片演示一次寻址,按顺序连续读取
117             Sequential_Read(0xA0 | (ChipNo<<2),0x0000,256);//第 1 页
118             Sequential_Read(0xA0 | (ChipNo<<2),0x0100,400-256);//第 2 页
119 
120         }
121         else                            {      //后 2 片演示单字节逐个寻址并读取
122             for(i = 0; i < 400; i++) {
123                 Show_HEX(Random_Read(0xA0 | (ChipNo<<2),i));
124                 if(++r % 20 == 0) PutStr("\r\n");
125             }
126         }
127     }
128 }
129 //--------------------------------------------------------------------------
130 // 串口接收中断函数
131 //--------------------------------------------------------------------------
132 void Serial_INT() interrupt 4 {
133     if (RI) RI = 0;
134     if (TI) {
135         TI = 0;
136         TX1_Busy = 0;
137     }
138 }
```

```
1   //---------------------------- 24C04.c ----------------------------
2   //  名称: AT24C04 读写驱动程序
3   //-----------------------------------------------------------------
4   #define u8  unsigned char
5   #define u16 unsigned int
6   #include "STC15xxx.h"
7   #include <intrins.h>
8   #include <stdio.h>
9   #include <stdlib.h>
10  sbit SCL = P1^6;                          //串行时钟线
11  sbit SDA = P1^7;                          //串行数据线
12  #include "I2C.h"                          //I²C 总线通用宏及函数
13  //-----------------------------------------------------------------
14  // AT24C04 所调用的外部相关函数
15  extern void Show_HEX(u8 dat);            //十六进制格式显示字节
16  extern void PutStr(u8 *s);               //串口输出字符串
17  extern void delay_ms(u8);                //延时函数
18  extern u16 r;                            //换行控制变量
19  //-----------------------------------------------------------------
20  // 向任意指定的地址写入 1 个字节数据
21  // 器件地址码字节格式 (其中, E2 与 E1 为片选位,A8 为块地址位)
22  // 位: B7 B6 B5 B4 B3 B2 B1 B0
23  // 值:  1  0  1  0 E2 E1 A8 RW
24  //-----------------------------------------------------------------
25  void Random_Write(u8 Dev_Addr,u16 mem_addr,u8 dat) {
26      IIC_Start();                          //启动 I²C 总线
27      //内存地址 mem_addr 小于 256(0x0100)时
28      //器件地址 Dev_Addr 附加第 0 页地址,否则附加第 1 页地址
29      if(mem_addr < 0x0100)   IIC_WriteByte(Dev_Addr | 0x00);//前半部分
30      else                    IIC_WriteByte(Dev_Addr | 0x02);//后半部分
31      IIC_WriteByte(mem_addr);              //写内存地址
32      //或: IIC_WriteByte((u8)(mem_addr&0xFF));
33      if (!IIC_WriteByte((u8)(mem_addr&0xFF))) return;
34      IIC_WriteByte(dat);                   //写字节数据
35      IIC_Stop();                           //I²C 总线停止
36      delay_ms(2);                          //延时
37  }
38  //-----------------------------------------------------------------
39  // 从任意地址读取 1 个字节数据
40  //-----------------------------------------------------------------
41  u8 Random_Read(u8 Dev_Addr,u16 mem_addr) {
42      u8 d;
43      IIC_Start();                          //I²C 总线启动
44      //内存地址 mem_addr 小于 256(0x0100)时
45      //器件地址 Dev_Addr 附加第 0 页地址,否则附加第 1 页地址
46      if(mem_addr < 0x0100)   IIC_WriteByte(Dev_Addr | 0x00);//前半部分
47      else                    IIC_WriteByte(Dev_Addr | 0x02);//后半部分
48      IIC_WriteByte(mem_addr);              //写内存地址
49      //或:IIC_WriteByte(mem_addr&0xFF);
50      IIC_Start();                          //I²C 总线再次启动(准备变换数据方向)
51      //重启后根据内存地址决定页地址,页地址附加于器件地址
52      if(mem_addr < 0x0100)   IIC_WriteByte(Dev_Addr | 0x01);//前半部分
53      else                    IIC_WriteByte(Dev_Addr | 0x03);//后半部分
54      //主机读取 1 个字节,主机发送非应答信号, I²C 总线停止
```

```
55      d = IIC_ReadByte(); IIC_NAck(); IIC_Stop();
56      return d;
57  }
58  //-----------------------------------------------------------------
59  // 从指定地址开始连续顺序读取 N 个字节数据
60  //-----------------------------------------------------------------
61  void Sequential_Read(u8 Dev_Addr,u16 mem_addr,u16 N) {
62      u8 d; u16 i;
63      IIC_Start();                    //I2C 总线启动
64      //内存地址 mem_addr 小于 256(0x0100)时
65      //器件地址 Dev_Addr 附加第 0 页地址,否则附加第 1 页地址
66      if(mem_addr < 0x0100)   IIC_WriteByte(Dev_Addr | 0x00);//前半部分
67      else                    IIC_WriteByte(Dev_Addr | 0x02);//后半部分
68      IIC_WriteByte(mem_addr);        //写器件内存地址
69      IIC_Start();                    //I2C 总线重新启动
70      //重启后根据内存地址决定页地址,页地址附加于器件地址
71      if(mem_addr < 0x0100)   IIC_WriteByte(Dev_Addr | 0x01);//前半部分
72      else                    IIC_WriteByte(Dev_Addr | 0x03);//后半部分
73      //主机循环读取 N-1 个字节并显示(主机读取,从机输出)
74      for (i = 0; i < N-1; i++) {
75          d = IIC_ReadByte();
76          IIC_Ack();//每读一字节后,主机向从机发送应答位
77          Show_HEX(d); if(++r % 20 == 0) PutStr("\r\n");//显示所读取的字节
78      }
79      //主机读取最后一字节,发送非应答位,IIC 总线停止
80      d = IIC_ReadByte(); IIC_NAck(); IIC_Stop();
81      Show_HEX(d);if(++r % 20 == 0) PutStr("\r\n");  //显示最后 1 个字节
82  }
```

```
1   //--------------------------- I2C.h ------------------------------
2   // 名称: I2C 总线通用宏及函数
3   //-----------------------------------------------------------------
4   #ifndef ___I2C___
5   #define ___I2C___
6   //-----------------------------------------------------------------
7   void Delay() { //@11.0592MHz //约 5us
8       u8 i;
9       _nop_();
10      i = 11;
11      while (--i);
12  }
13  //I2C 总线启动     ----------------------------------------------
14  #define IIC_Start()      \
15  { SDA = 1; Delay(); SCL = 1; Delay(); SDA = 0; Delay(); /*SCL=0;*/}
16  //I2C 总线停止     ----------------------------------------------
17  #define IIC_Stop()       \
18  { SDA = 0; Delay(); SCL = 1; Delay(); SDA = 1; Delay(); /*SCL=0;*/}
19  //-----------------------------------------------------------------
20  //以下 3 个有关应答信号的宏定义均生成第 9 个时钟脉冲信号,读取应答或发送应答/非应答信号
21  //1.主机读从机应答信号 -------------------------------------------
22  //注: SDA=1 设为输入,准备读取应答信号,要根据应答位信号做出响应时可引用 F0
23  #define IIC_Rd_Ack()     \
24  { SDA = 1;Delay();SCL = 1;Delay();/*F0 = !SDA;*/Delay();SCL=0;} //OK 版
25  //{SDA =1;Delay();SCL=1;Delay();SCL = 0;Delay(); F0 = !SDA;} //OK 版
```

```
26  //以下两个宏定义执行的前一个时刻 SCL 线上信号均已为 0，此时 SDA 线上信号允许变化
27  //2.主机发送应答信号  ---------------------------------------------
28  //时序：SCL 线上信号此前为低电平,SDA 线上信号先高电平,后被拉为低电平且维持 4μs 以
29  //上,SCL 线上信号维持高电平 4μs 以上,最后将 SCL 线上信号置为低电平,将 SDA 线上信号
30  //还原为高电平
31  #define IIC_Ack()        \
32  { SDA = 1; Delay(); SDA = 0; Delay(); SCL = 1; Delay(); SCL = 0; SDA = 1; }
33  //3.主机发送非应答信号 --------------------------------------------
34  //时序：SCL 线上信号此前为低电平,SDA 线上信号先低电平,后被拉为高电平且维持 4μs 以
35  //上, 线上信号 SCL 维持高电平 4μs 以上,最后将 SCL 线上信号置低电平,将 SDA 线上信号
36  //还原为低电平
37  #define IIC_NAck()       \
38  { SDA = 0; Delay(); SDA = 1; Delay(); SCL = 1; Delay(); SCL = 0; SDA = 0;}
39  //-----------------------------------------------------------------------
40  // 主机向 I2C 总线写 1 个字节
41  //-----------------------------------------------------------------------
42  bit IIC_WriteByte(u8 dat) {
43      u8 i; SCL = 0;
44      for(i = 0; i < 8; i++) {                    //8 个时钟脉冲信号
45          Delay(); dat <<= 1; SDA = CY;           //高位优先输出
46          Delay(); SCL = 1; Delay(); SCL = 0;
47      }//时钟序列: SCL = 0 1 0 1 0 1 0 1  0 1 0 1 0 1 0 1 -- 0
48      Delay();
49      IIC_Rd_Ack();                               //读取从机应答信号
50      return F0;                                  //返回应答状态
51  }
52  //-----------------------------------------------------------------------
53  // 主机从 I2C 总线读 1 个字节
54  //-----------------------------------------------------------------------
55  u8 IIC_ReadByte() {
56      u8 i,dat = 0x00; //SDA = 1;                 //置数据线为输入状态
57      for(i = 0; i < 8; i++) {                    //8 时钟周期循环读取 1 个字节
58          Delay(); SDA = 1;
59          Delay(); SCL = 1;                       //将时钟线置为高电平
60          Delay(); dat = (dat<<1) | SDA;          //主机读取 1 位
61          Delay(); SCL = 0;                       //将时钟线置为低电平
62      }//时钟序列: SCL = 1 0 1 0 1 0 1 0 1 0 1 0 1 0 1 0
63      Delay();
64      return dat;                                 //返回读取的字节
65  }
66  //-----------------------------------------------------------------------
67  #endif
```

4.18 I²C 存储器设计的中文硬件字库应用

用 I²C 存储器设计的中文硬件字库应用电路如图 4-44 所示。该电路使用了两片 AT24C1024 芯片内置 16×16 点阵汉字库文件 HZK16，该文件共 262KB（两块芯片各保存 128KB），超出的部分被截除。运行时程序根据汉字内码得到区位码，再根据区位码从硬件字库中提取汉字点阵，所提取的字库点阵转换为液晶汉字点阵格式后即可输出显示，所显示的任意中文信息均不再需要使用专门的字模软件提取固定字模。

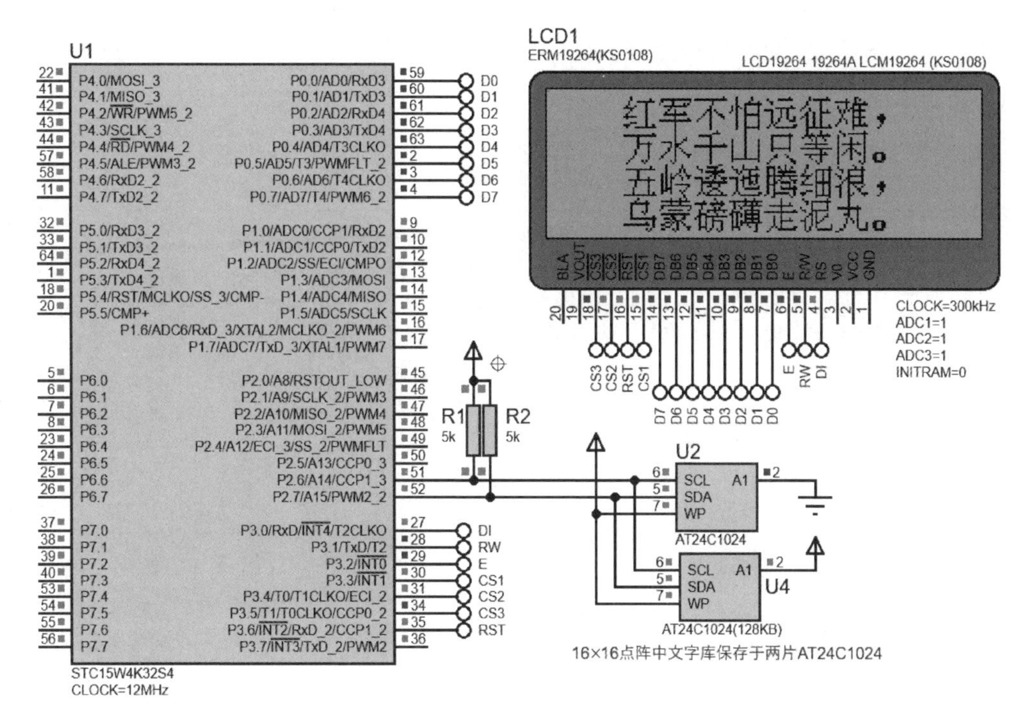

图 4-44　用 I²C 存储器设计的中文硬件字库应用电路

1．程序设计与调试

1）基于 AT24C1024 的字库构成

当前版本的 Proteus 未提供更大容量的 I²C 接口存储器，仿真电路中使用两片 128KB 的 AT24C1024 分别保存汉字库的前半部分与后半部分，拆分字库文件时可以自编 TC 程序对字库进行分割，或使用案例压缩包中提供的文件拆分软件。

2）字库基本程序设计

主程序读取各汉字内码后，将 2 个字节汉字内码分别减去 0xA0 得到区位码，再根据区位码求出汉字点阵在字库中的位置。由于汉字存放在 94 行 94 列的区域中，每个汉字点阵占 32 个字节，根据汉字的区位码，也就是汉字在字库表中的行列位置，可得出汉字在字库中的点阵字节的起始位置，公式为[94×(SectionCode −1)+(PlaceCode −1)]×32L，其中 SectionCode 与 PlaceCode 分别为区码和位码。

由于字库中各汉字的 32 个字节点阵是逐行取模的，每行 16 像素，共占 2 字节，从上到下共 32 字节，而本例液晶显示汉字时，需要的汉字点阵取模顺序是从汉字上半部分开始，从左到右垂直取得 16 个字节，且各字节是高位在下，低位在上，然后从左到右取得汉字下半部分的 16 个字节，因此还要将字库点阵格式转换为液晶点阵格式。

函数 Read_HZ_dot_Matrix_AND_Convert_TO_LCD_Fmt 首先根据汉字内码得到区位码，并从两片 AT24C1024 读取汉字点阵，然后将这 32 字节的点阵数据转换为液晶汉字点阵格式，这段函数要重点阅读，另外还应注意参考 AT24C1024 技术手册文件，特别是该芯片的页地址及 16 位的 2 字节地址（共 17 位地址，可寻址 128KB 空间），对照分析从 AT24C1024 中读取多字节的函数。

2．实训要求

① 改用 12×12 点阵中文字库，仍实现本例功能。

② 增加一片 I²C 接口存储器用于保存半角英文字库信息，进一步编写程序，使之能够同

时提取中、英文全角或半角字符点阵数据，并发送液晶屏显示。

3. 源程序代码

```
1   //---------------------------- main.c -----------------------------
2   //  名称:用 I2C 存储器设计的中文硬件字库应用
3   //-----------------------------------------------------------------------
4   //  说明: 本例将 262KB 的 16×16 点阵中文字库文件 HZK16 拆分为两个 128KB 文件
5   //        分别保存到两片 AT24C1024 中,超出的 6KB 被截除,运行本例时,对于
6   //        任意输入的汉字或中文标题符号,程序会直接从 AT24C1024 所保存的
7   //        字库中提取点阵并转换为液晶屏显示格式,显示在中文液晶屏上
8   //
9   //-----------------------------------------------------------------------
10  #include "STC15xxx.h"
11  #include <intrins.h>
12  #include <string.h>
13  #define u8  unsigned char
14  #define u16 unsigned int
15  #define u32 unsigned long
16  //液晶屏相关函数声明
17  void LCD_Initialize();
18  void Disp_A_Char(u8,u8,u8 *);
19  void Disp_CHN_String(u8,u8,u8,u8 *);
20  void Disp_Image(u8,u8,u8,u8,u8 * );
21  //I2C 相关函数
22  void IIC_Init();
23  u8 IIC_ReadBytes(u8 Slave,u32 Mem_address,u8 *Buf,u8 N);
24  void delay_ms(u8 x);
25  //从汉字库取得的一个汉字的点阵存放区
26  u8 Word_Dot_Matrix[32];
27  //转换为液晶屏显示格式的汉字点阵存放区
28  u8 LCD_Dot_Matrix[32];
29  //下面可以任意输入诗文,注意标题符号使用中文全角方式输入
30  //编译时中文字符串可能出现乱码，此时可将所有内容或部分内容用“内码”混合表示
31  //例如下面诗词中的最后一句："三军过后尽开颜。"
32  code char Poem[9][17] = {
33      "红军不怕远征难，","万水千山只等闲。","五岭逶迤腾细浪，","乌蒙磅礴走泥丸。",
34      "金沙水拍云崖暖，","大渡桥横铁索寒。","更喜岷山千里雪，","三军过后尽开颜。"
35      "\xC8\xFD\xBE\xFC\xB9\xFD\xBA\xF3\xBE\xA1\xBF\xAA\xD1\xD5\xA1\xA3"
36  };
37  //中文信息还可以用下面的形式表示（下面是另外一首词）
38  //注：当前编译器对中文支持不够好，可能出现个别乱码，
39  //如果出现乱码情况，可选择直接使用内码数组，这样会更稳定。
40  //code char Poem[][17] = {
41  //  "饮茶奥海未能忘，","索句渝州叶正黄。","三十一年还旧国，","落花时节读华章。",
42  //  "牢骚太盛防肠断，","风物长宜放眼量。","莫道昆明池水浅，","观鱼胜过富春江。"
43  //};
44  //char code Poem[][17] = {
45  //"\xD2\xFB\xB2\xE8\xD4\xC1\xBA\xA3\xCE\xB4\xC4\xDC\xCD\xFC\xA3\xAC",
46  //"\xCB\xF7\xBE\xE4\xD3\xE5\xD6\xDD\xD2\xB6\xD5\xFD\xBB\xC6\xA1\xA3",
47  //"\xC8\xFD\xCA\xAE\xD2\xBB\xC4\xEA\xBB\xB9\xBE\xC9\xB9\xFA\xA3\xAC",
48  //"\xC2\xE4\xBB\xA8\xCA\xB1\xBD\xDA\xB6\xC1\xBB\xAA\xD5\xC2\xA1\xA3",
49  //"\xC0\xCE\xC9\xA7\xCC\xAB\xCA\xA2\xB7\xC0\xB3\xA6\xB6\xCF\xA3\xAC",
50  //"\xB7\xE7\xCE\xEF\xB3\xA4\xD2\xCB\xB7\xC5\xD1\xDB\xC1\xBF\xA1\xA3",
51  //"\xC4\xAA\xB5\xC0\xC0\xA5\xC3\xF7\xB3\xD8\xCB\xAE\xC7\xB3\xA3\xAC",
```

```
52  //"\xB9\xDB\xD3\xE3\xCA\xA4\xB9\xFD\xB8\xBB\xB4\xBA\xBD\xAD\xA1\xA3"};
53  //或采用下面的字节数组形式
54  //char code Poem[][17] = {
55  //{0xD2,0xFB,0xB2,0xE8,...,0xA3,0xAC,0x00},
56  //{0xCB,0xF7,0xBE,0xE4,...,0xA1,0xA3,0x00},
    ……（限于篇幅，这里省略了部分数据）
};
63  //-----------------------------------------------------------------------
64  // 5000ms 延时@12MHz
65  //-----------------------------------------------------------------------
66  void Delay5000ms() {
67      u8 i = 228, j = 253, k = 219;
68      _nop_(); _nop_();
69      do {
70          do {
71              while (--k);
72          } while (--j);
73      } while (--i);
74  }
75  //-----------------------------------------------------------------------
76  // 读取汉字点阵并将字库点阵格式转换为本案例的液晶屏汉字取模格式
77  //-----------------------------------------------------------------------
78  void Read_HZ_dot_Matrix_AND_Convert_TO_LCD_Fmt(u8 c[]) {
79      u32 Offset;                              //汉字在点阵库中的偏移位置
80      u8 SectionCode, PlaceCode;               //汉字区码与位码
81      u8 AT24C1024_A1;                         //标识 AT24C1024 芯片编号 0,1
82      u8 i,j,LCD_Byte,Block;                   //格式转换变量
83      u8 Idx[4] = {0,1,16,17};                 //4 个板块转换的起始字节索引
84      SectionCode = c[0] - 0xA0;               //取得汉字区位码
85      PlaceCode   = c[1] - 0xA0;
86      Offset = (94L*(SectionCode-1)+(PlaceCode-1))*32L;  //计算偏移
87      //取得偏移地址 Offset 的第 18 位, AT24C1024_A1 为 0 时表示
88      //该汉字点阵处在字库前半段,即处于第一片 AT24C1024,
89      //否则表示该汉字点阵在字库后半段,处在第二片 AT24C1024 中.
90      AT24C1024_A1 = Offset >> 17;
91      Offset &= 0x0001FFFF;
92      //从 Offset 开始读取该汉字 32 个字节的点阵数据
93      if (AT24C1024_A1==0)IIC_ReadBytes(0xA0,Offset,Word_Dot_Matrix,32);
94      else                IIC_ReadBytes(0xA4,Offset,Word_Dot_Matrix,32);
95      //将 16×16 点阵分为 4 个 8×8 点阵区域进行转换
96      //(汉字上半部分与下半部各占两个区域)
97      for (Block = 0; Block < 4; Block++) {
98          for (i = 0; i < 8; i++) {
99              LCD_Byte = 0x00;
100             for( j = 0; j < 8; j++) {
101                 if ((Word_Dot_Matrix[Idx[Block] + 2*j]&(0x80>>i))!=0x00)
102                 LCD_Byte |= 0x01 << j;
103             }
104             LCD_Dot_Matrix[i + Block * 8] = LCD_Byte;
105         }
106     }
107 }
108 //-----------------------------------------------------------------------
109 // 主程序
```

```
110 //---------------------------------------------------------------------------
111 void main() {
112     u8 i,j;
113     P0M1 = 0; P0M0 = 0;     //配置为准双向口
114     P2M1 = 0; P2M0 = 0;
115     P3M1 = 0; P3M0 = 0;
116     LCD_Initialize();       //初始化液晶屏
117     while (1) {
118         //共 8 行，每屏显示 4 行,分别显示在 0,2,4,6 页,每行占两页
119         for (i = 0; i < 8; i++) {
120             //显示一行文字
121             for (j = 0; j < 16; j += 2) {
122                 //从每行第 j 个字节,每次跨度为两个字节(一个汉字)
123                 //取得汉字点阵并转换为本案例液晶屏显示格式
124                 Read_HZ_dot_Matrix_AND_Convert_TO_LCD_Fmt(Poem[i]+j);
125                 //从第 i 页开始,左边距 32,每次显示一个汉字
126                 Disp_CHN_String((i%4)*2,j/2*16+32,1,LCD_Dot_Matrix);
127             }
128             if ( i == 3 || i == 7) Delay5000ms();//显示一屏（4 行）后延时
129         }
130     }
131 }
```

```
1  //-------------------------- 24C1024.c --------------------------------
2  // 名称：AT24C1024 I²C 读写程序
3  //---------------------------------------------------------------------
4  #define u8  unsigned char
5  #define u16 unsigned int
6  #define u32 unsigned long
7  #include "STC15xxx.h"
8  #include <intrins.h>
9  sbit SCL = P2^6;         //串行时钟
10 sbit SDA = P2^7;         //串行数据
11 #include "I2C.h"         //I²C 总线通用宏及函数
12 //---------------------------------------------------------------------
13 // 从 AT24C1024 读取多字节
14 //---------------------------------------------------------------------
15 u8 IIC_ReadBytes(u8 Slave,u32 Mem_address,u8 *Buf,u8 N) {
16     u8 i,page; u16 addr16;
17     //24C1024 地址位共 17 位(128K),其最高位对应设备地址中的 P0 位
18     page = ((u8)((Mem_address>>16) & 0x00000001)) << 1;
19     //在设备地址后是 16 位的字地址
20     addr16 = (u16)(Mem_address & 0x0000FFFF);
21     IIC_Start(); //器件启动
22     //发送器件地址(含页地址 P0 位)
23     if (!IIC_WriteByte(Slave | page )) return 0;
24     //先发高字节,后发低字节
25     if (!IIC_WriteByte(addr16>>8))      return 0;
26     if (!IIC_WriteByte(addr16&0x00FF)) return 0;
27     IIC_Start(); //器件再次启动(准备变换方向为读数据)
28     //器件地址(读)
29     if (!IIC_WriteByte(Slave | 0x01 )) return 0;
30     for(i = 0; i < N-1; i++) {
31         //主机读从机数据,然后发送应答位
```

```
32          Buf[i] = IIC_ReadByte(); IIC_Ack();
33      }
34      //主机接收最后一字节,主机发送非应答,总线停止
35      Buf[N-1] = IIC_ReadByte(); IIC_NAck(); IIC_Stop();
36      return 1;
37  }
```

4.19 I²C 接口 4 通道 A/D 与单通道 D/A 转换器 PCF8591 应用

I²C 接口 4 通道 A/D 与单通道 D/A 转换器 PCF8591 应用电路如图 4-45 所示。在本案例程序运行时，1602 液晶屏将显示 PCF8591 的 4 通道模数转换结果，其中 0 通道的转换结果将再通过 PCF8591 转换为模拟信号，控制连接 AOUT 输出的 LED 的亮度。

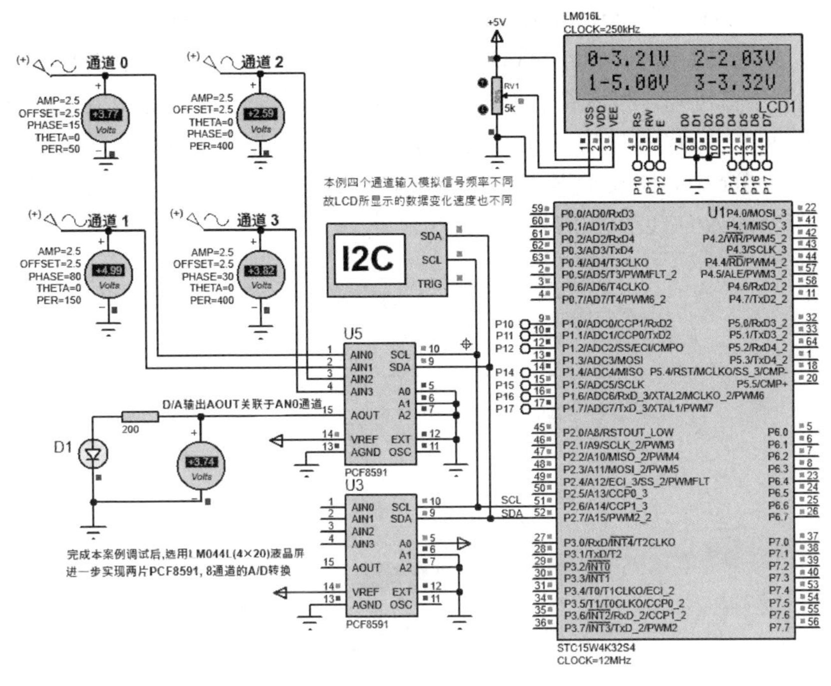

图 4-45　I²C 接口 4 通道 A/D 与单通道 D/A 转换器 PCF8591 应用电路

1. 程序设计与调试

1）PCF8591 芯片引脚及 I²C 接口简介

PCF8591 是带 I²C 接口的 8 位 4 通道 A/D 与 D/A 转换器，它有 4 个模拟输入通道和一个模拟输出通道，PCF8591 与单片机之间的数据传输通过时钟（SCL）线与数据（SDA）线进行，PCF8591 有 3 根地址线 A2、A1、A0，最多可以有 8 片 8591 连接到 I²C 总线，本例的 3 根地址线全部接地，其硬件地址位为 000。表 4-15 与图 4-46 分别给出了 PCF8591 的引脚说明及地址字节、控制字节说明。

表 4-15　PCF8591 芯片引脚说明

引　脚	符　号	说　明	引　脚	符　号	说　明
1	AIN0	4 个模拟输入通道（A/D 转换）	9	SDA	I²C 总线数据 I/O
2	AIN1		10	SCL	I²C 总线时钟输入
3	AIN2		11	OSC	晶振 I/O
4	AIN3		12	EXT	内/外时钟选择

续表

引　脚	符　号	说　明	引　脚	符　号	说　明
5	A0	硬件地址	13	AGND	模拟电路地
6	A1		14	VREF	参考电压输入
7	A2		15	AOUT	模拟输出（D/A 转换）
8	VSS	负电源电压	16	VDD	正电源电压

2）PCF8591 A/D 转换函数设计

PCF8591 的程序设计要点在于 A/D 转换函数 ADC_PCF8591 与 D/A 转换函数 DAC_PCF8591 的编写。根据图 4-46 中 PCF8591 地址定义 1001****可知，其高 4 位固定为 1001；第 3，2，1 位对应 A2、A1、A0；第 0 位为读/写标志 R/$\overline{W}$，1 为读，0 为写。由此可知，A/D 转换函数中 0x90，0x91（即 10010000，10010001）分别表示 PCF8591 的器件写与读操作地址。调用该函数时，发送的参数为 0x04（00000100，实际上输出 0x44，原因详见程序注释），根据图 4-46 中的控制字节可知，程序将从 0 通道开始自动递增，对 4 个通道逐一进行转换。在设置操作地址及控制字节后，程序中的 4 次循环分别读取 4 个通道的 A/D 转换结果，转换结果保存到数组 Recv_Buffer 中。阅读子程序 IIC_ReceiveByte 时，可参照图 4-47 所示的 PCF8591 转换协议中上半部分的 A/D 转换读模式协议进行分析。

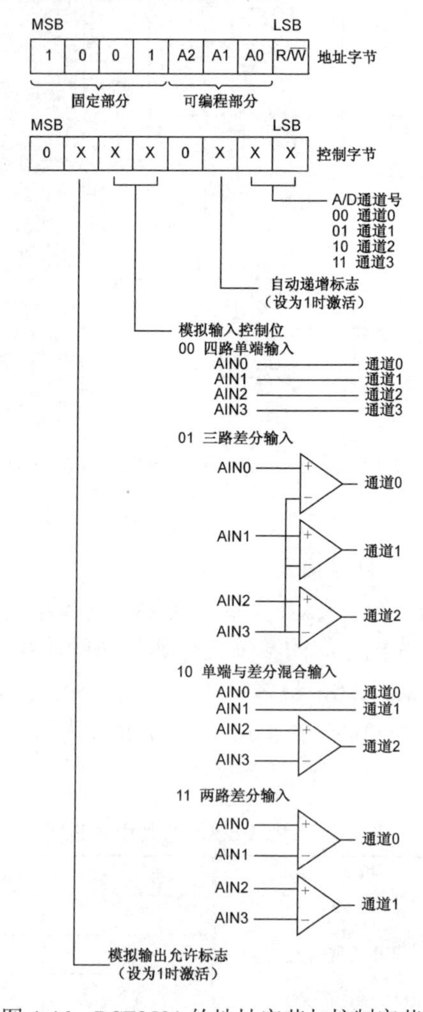

图 4-46　PCF8591 的地址字节与控制字节

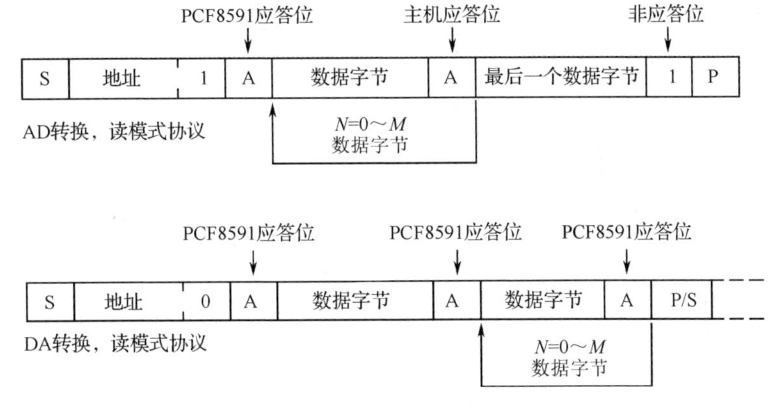

图 4-47　PCF8591 A/D 及 D/A 转换模式协议

3）PCF8591 D/A 转换函数设计

D/A 转换函数同样要首先设置器件的操作地址，调用该函数时所传输的第 1 个参数是 0x40（01000000），根据 PCF8591 的控制字节可知，该参数允许模拟输出（AOUT），完成操作地址与控制字节设置后，子程序通过 IIC_SendByte 函数将 1 个字节数据通过 SDA 数据线发送给 PCF8591 进行数/模转换，阅读 D/A 转换函数时可参照图 4-47 所示的 PCF8591 转换协议中下半部分的 D/A 转换写模式协议进行分析。

2. 实训要求

① 共用 P1.0 与 P1.1 引脚，再添加一片 PCF8591，实现 8 通道 A/D 转换。

② 在 P1.0 与 P1.1 引脚再挂上一片 I^2C 接口 EEPROM，保存其中一个通道的 A/D 转换结果，存储空间溢出时再从前面开始覆盖保存。

3. 源程序代码

```
1   //-------------------------- PCF8591.c --------------------------------
2   //  名称: I²C 接口 PCF8591 驱动程序
3   //---------------------------------------------------------------------
4   #include "STC15xxx.h"
5   #include <intrins.h>
6   #define u8  unsigned char
7   #define u16 unsigned int
8   #define u32 unsigned long
9   sbit SCL    = P2^6;                              //I²C 总线时钟引脚
10  sbit SDA    = P2^7;                              //I²C 总线数据输入输出引脚
11  #include "I2C.h"                                 //I²C 总线通用宏及函数
12  //---------------------------------------------------------------------
13  // 连续读入 4 路通道的 A/D 转换结果并保存到缓冲区 R
14  //---------------------------------------------------------------------
15  void ADC_PCF8591(u8 CtrlByte, u8 *R) {
16      u8 i ;
17      IIC_Start();                                 //I²C 总线启动
18      //-------------------------------------------------------------
19      // PCF8591 地址定义: 1001****,高 4 位固定为 1001
20      // 第 3,2,1 位对应 A2,A1,A0,第 0 位为读写标志位,1 为读,0 为写,
21      // 下面代码中 0x90,0x91 分别为 10010000,10010001
22      //-------------------------------------------------------------
23      if (!IIC_WriteByte(0x90))         return; //发送写地址
24      if (!IIC_WriteByte(CtrlByte))   return; //发送控制字节
25      IIC_Start();                                 //重新发送开始命令
```

```
26      if (!IIC_WriteByte(0x91))       return; //发送读地址
27      IIC_ReadByte();IIC_Ack();               //空读一次,调整读顺序
28      for(i = 0; i < 3; i++) {                //依次接收 3 个字节数据
29          R[i] = IIC_ReadByte();              //每接收一字节后主机应答
30          IIC_Ack();
31      }
32      R[3] = IIC_ReadByte();                  //主机接收最后 1 个字节数据
33      IIC_NAck();                             //主机发送非应答位
34      IIC_Stop();                             //I2C 总线停止
35  }
36  //-------------------------------------------------------------------
37  // 向 PCF8591 发送 1 个字节,进行 D/A 转换
38  //-------------------------------------------------------------------
39  void DAC_PCF8591(u8 CtrlByte,u8 dat) {
40      IIC_Start();                            //启动 I2C 总线
41      if (!IIC_WriteByte(0x90))       return; //发送写地址
42      if (!IIC_WriteByte(CtrlByte))   return; //发送控制字节
43      if (!IIC_WriteByte(dat))        return; //发送待转换为模拟量的数值
44      IIC_Stop();                             //I2C 总线停止
45  }
```

```
1   //-------------------------- main.c --------------------------------
2   //  名称: I2C 接口 8 位精度多通道 A / D 与 D / A 转换器 PCF8591 件应用
3   //-------------------------------------------------------------------
4   //  说明: PCF8591 是具有 I2C 总线接口的 8 位 A/D 及 D/A 转换器,有 4 路 A/D 转换输入
5   //        和 1 路 D/A 转换模拟输出,本例中对 4 个通道进行递增 AD 转换,转换
6   //        结果显示在液晶屏上,同时将转换后得到的值再逆向转换为模拟信号
7   //        经过 Aout 引脚输出到 LED 上,控制其亮度变化
8   //
9   //-------------------------------------------------------------------
10  #include "STC15xxx.h"
11  #include <intrins.h>
12  #define u8  unsigned char
13  #define u16 unsigned int
14  u8 LCD_Line_1[] = {"0-0.00V  2-0.00V"};
15  u8 LCD_Line_2[] = {"1-0.00V  3-0.00V"};
16  u8 Recv_Buffer[4];                  //数据接收缓冲器（每通道一字节）
17  u16 Voltage[]={'0','0','0'};        //数据分解为电压×.××
18  extern void delay_ms(u8 x);
19  extern void Initialize_LCD();
20  extern void LCD_ShowString(u8 r, u8 c,u8 *str);
21  extern void ADC_PCF8591(u8 CtrlByte,u8 *R);
22  extern void DAC_PCF8591(u8 CtrlByte,u8 dat);
23  //-------------------------------------------------------------------
24  // 将 A/D 转换后得到的值分解存入缓冲区
25  //-------------------------------------------------------------------
26  void Convert_To_Voltage(u8 val) {
27      u8 Tmp;
28      //8 位分辨率下,按四舍五入法,其量化单位为 5.0×2 / 511
29      Voltage[2] = val / 51 + '0';    //整数部分
30      Tmp = val  % 51 * 10;           //第 1 位小数
31      Voltage[1] = Tmp / 51 + '0';
32      Tmp = Tmp % 51 * 10 ;           //第 2 位小数
33      Voltage[0] = Tmp / 51 + '0';
```

```
34 }
35 //-----------------------------------------------------------------
36 // 主程序
37 //-----------------------------------------------------------------
38 void main() {
39     P1M1 = 0; P1M0 = 0;                //配置为准双向口
40     P2M1 = 0; P2M0 = 0;
41     Initialize_LCD();
42     while(1) {
43         //-----------------------------------------------------------
44         // PCF8591 控制字节定义: 0***0*** ,第 3,7 位固定为 0
45         // 第 6 位取 0 为模拟输入,取 1 时为模拟输出
46         // 第 4, 5 位为 00 表示四路单端的模拟输入
47         // 第 2 位为自动递增标志,取 1 时自动递增
48         // 第 0,1 位取值为 00,01,10,11 分别表示通道 0,1,2,3
49         // 调用 ADC_PCF8591 时参数为 00000100,即 0x04
50         // 调用 DAC_PCF8591 时参数为 01000000,即 0x40
51         //-----------------------------------------------------------
52         //下面的 A/D 转换函数参数本来只要设为 0x04 即可,但为了保持后面
53         //的 D/A 转换能保持稳定输出为 0 通道的值,能够不仅在 D/A 转换后打开
54         //模拟输出(AOUT),而且能够在 A/D 转换时也保持模拟输出,
55         //故而在下面的 A/D 转换调用中同时打开了模拟输出,参数由 0x04 改为 0x44.
56         ADC_PCF8591(0x44,Recv_Buffer);
57         //将 AN0 通道 A/D 转换后的数值重新进行 D/A 转换,模拟量从 Aout 输出,
58         //结果通过 LED 的亮度表现出来
59         DAC_PCF8591(0x40,Recv_Buffer[0]);
60         //将 4 个通道 A/D 转换结果放入液晶屏显示缓冲区 LCD_Line_1,2
61         Convert_To_Voltage(Recv_Buffer[0]);
62         LCD_Line_1[2] = Voltage[2];
63         LCD_Line_1[4] = Voltage[1];
64         LCD_Line_1[5] = Voltage[0];
65         Convert_To_Voltage(Recv_Buffer[2]);
66         LCD_Line_1[11] = Voltage[2];
67         LCD_Line_1[13] = Voltage[1];
68         LCD_Line_1[14] = Voltage[0];
69         Convert_To_Voltage(Recv_Buffer[1]);
70         LCD_Line_2[2] = Voltage[2];
71         LCD_Line_2[4] = Voltage[1];
72         LCD_Line_2[5] = Voltage[0];
73         Convert_To_Voltage(Recv_Buffer[3]);
74         LCD_Line_2[11] = Voltage[2];
75         LCD_Line_2[13] = Voltage[1];
76         LCD_Line_2[14] = Voltage[0];
77         //液晶屏两行显示 4 个通道的转换结果
78         LCD_ShowString(0,0, LCD_Line_1);
79         LCD_ShowString(1,0, LCD_Line_2);
80         delay_ms(50);
81     }
82 }
```

4.20 兼容 I²C 接口的 MAX6953 驱动 4 片 5×7 点阵显示器

MAX6953 是紧凑的行共阴 LED 显示屏驱动器，图 4-48 所示电路中使用该驱动器驱动 4

片 5×7 点阵显示器显示指定的字符串，运行时指定的字符串将在 4 位点阵显示屏上滚动显示。P3.2（INT0）引脚所连接的按键用于显示关断测试。

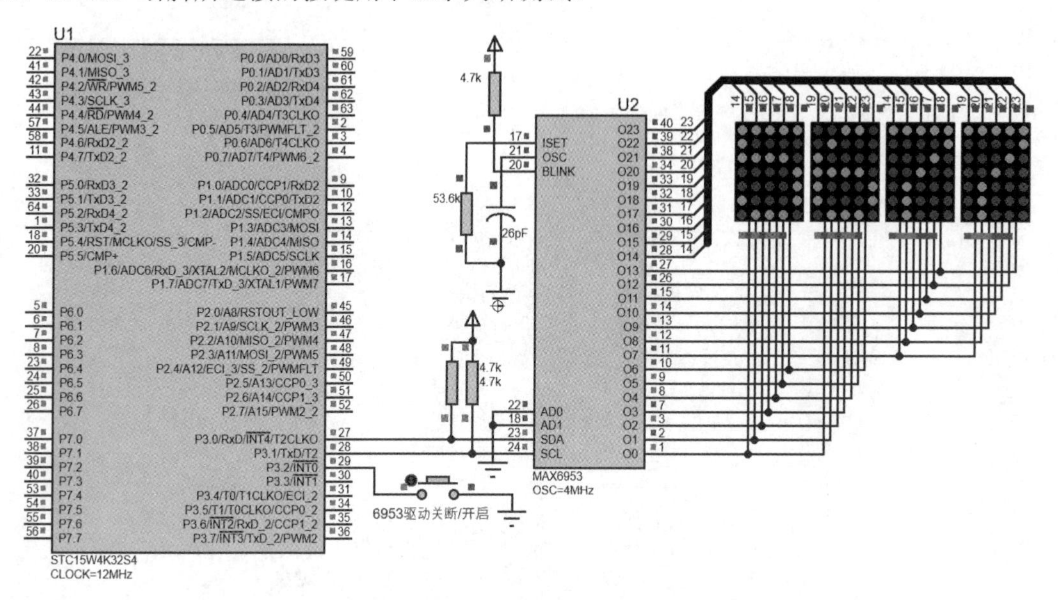

图 4-48　用兼容 I²C 接口的 MAX6953 驱动 4 片 5×7 点阵显示器电路

1．程序设计与调试

1）MAX6953 简介

MAX6953 是紧凑的行共阴显示器驱动器，它通过与 I²C 兼容的串行接口将微控制器连接至 5×7LED 点阵屏。MAX6953 可驱动多达 4 位单色或 2 位双色行共阴 5×7 点阵屏，驱动器内置 104 个 ASCII 字符字模 ROM、复用扫描电路、行列驱动器及用于存储每位字符及 24 个用户自定义字符字模数据的静态 RAM。LED 的段电流由内部逐位数字亮度控制电路设定。该器件具有低功耗的关断模式、段闪烁控制及强制所有 LED 打开的测试模式。LED 驱动器的摆率受限，可有效降低 EMI。图 4-49 给出了 MAX6953 内部结构及两种不同封装的外部引脚图。

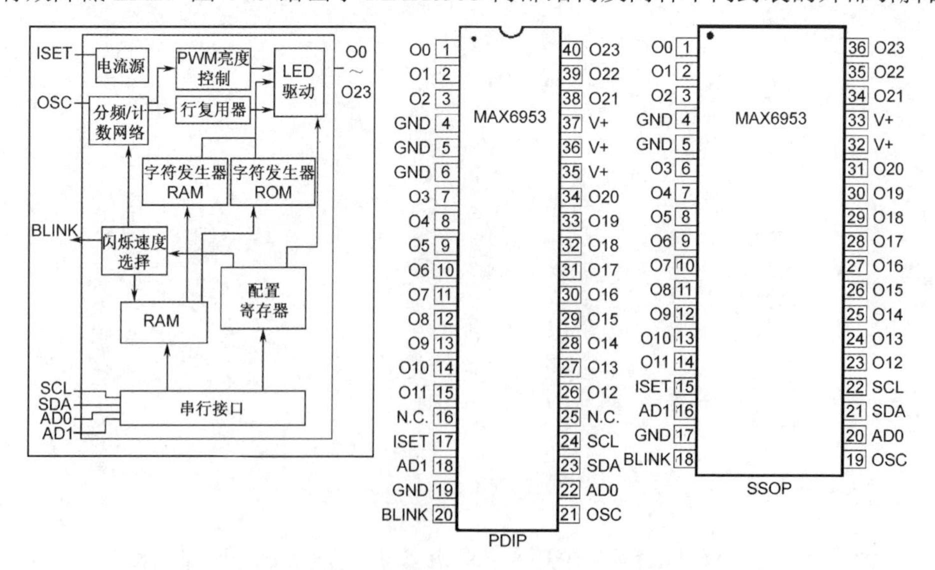

图 4-49　MAX6953 内部结构及两种不同封装的外部引脚图

MAX6953 各引脚说明如下。

① O0～O13 是共阴 LED 驱动线，它们从显示器的共阴行上吸入电流。

② O14～O23 是共阳 LED 驱动线，它们向显示器的共阳列上输出电流。

③ SDA、SCL 分别是与 I^2C 接口兼容的串行数据线与串行时钟线。

④ AD0、AD1 是器件地址输入线，用于设置 I^2C 接口子器件（或称从器件）地址。

⑤ ISET 用于设置段电流，在 ISET 与地之间串接 R_{SET} 电阻可设置峰值电流。

⑥ BLINK 为闪烁控制位，输出开漏。

2）MAX6953 驱动程序设计

MAX6953 的 I^2C 接口总线操作时序与其他兼容 I^2C 接口的器件相同，这里略去其时序图。在设计程序通过 MAX6953 实现显示控制时，要重点熟悉表 4-16 给出的命令寄存器地址。

表 4-16　MAX6953 命令寄存器地址表

寄　存　器	命令地址（16 位中的高 8 位）								十六进制编码
	D15～D8								
无操作	×	0	0	0	0	0	0	0	0x00
亮度 10（第 1，0 位）	×	0	0	0	0	0	0	1	0x01
亮度 32（第 3，2 位）	×	0	0	0	0	0	1	0	0x02
扫描范围	×	0	0	0	0	0	1	1	0x03
配置	×	0	0	0	0	1	0	0	0x04
用户自定义字体	×	0	0	0	0	1	0	1	0x05
厂家保留	×	0	0	0	0	1	1	0	0x06
显示测试	×	0	0	0	0	1	1	1	0x07
数位 0-Plane 0	×	0	1	0	0	0	0	0	0x20
数位 3-Plane 0	×	0	1	0	0	1	1	1	0x23
数位 0-Plane 1	×	1	0	0	0	0	0	0	0x40
数位 3-Plane 1	×	1	0	0	0	1	1	1	0x43
数位 0-Plane 0/1	×	1	1	0	0	0	0	0	0x60
数位 3-Plane 0/1	×	1	1	0	0	0	1	1	0x63

注：串行写入的 16 个数据位中，D15～D8 为命令寄存器地址，D7～D0 为数据，本例将命令地址的最高位 D15（X）设为 0。

表 4-16 给出的 MAX6953 的所有命令寄存器地址对应于单片机发送给 MAX6953 的 16 位数据中的高 8 位（D15～D8），有的命令字节之后接着发送待显示数据编码，有的是配置参数，有的则不需要带任何参数，即低 8 位 D7～D0 不用发送。具体到每条命令之后应接着发送何种格式的参数或数据字节时，还要进一步参阅 MAX6953 的技术手册 PDF 文件，限于篇幅，这里不再对各条命令作逐一说明。

熟悉了 MAX6953 的技术手册相关内容以后，以下 MAX6953 初始化语句就很好理解了：

```
MAX6953_Write(0x01, 0xFF); //数位 1,0 的亮度(INTENSITY10)设为最大亮度
MAX6953_Write(0x02, 0xFF); //数位 3,2 的亮度(INTENSITY10)设为最大亮度
MAX6953_Write(0x03, 0x03); //设置扫描位数范围为 0～3(共 4 片点阵屏)
MAX6953_Write(0x04, 0x01); //设置非关断模式
MAX6953_Write(0x07, 0x00); //不进行测试
```

对于其他部分的程序设计，本案例程序中给出了详细的注释，阅读时可参照 MAX6953 的技术手册内容进行分析与调试。

2. 实训要求

① MAX6953 字符表 16 行 8 列共 128 个字符中，0x00～0x17 这 24 个编码为自定义字符编码，完成程序调试后，设计部分自定义字符点阵数据，通过自定义字符命令 0x05 创建并编程显示。

② 重新设计程序，用多片 MAX6953 驱动更大幅面的 LED 点阵显示器，并实现对闪烁功能的开关控制。

③ 重新编程在其他端口某两只引脚上模拟 I²C 总线时序，实现相同的显示效果。

④ 改用兼容 SPI 接口的 MAX6952 重新设计程序，实现相同的显示效果。

3. 源程序代码

```
1   //-------------------------- main.c ---------------------------------
2   //  名称：用兼容 I²C 接口的 MAX6953 驱动 4 片 5×7 点阵显示器
3   //-----------------------------------------------------------------
4   //  说明:在程序运行时,4 块点阵屏将滚动显示一组信息串,信息串中的字符
5   //       点阵信息由 MAX6953 提供,不用为各字符单独提供字模点阵
6   //       在程序运行过程中通过按键命令可随时关断或开启 MAX6953
7   //
8   //-----------------------------------------------------------------
9   #define u8  unsigned char
10  #define u16 unsigned int
11  #define u32 unsigned long
12  #define MAIN_Fosc   12000000L        //系统时钟频率 12MHz
13  #include "STC15xxx.h"
14  #include <intrins.h>
15  #include <stdio.h>
16  #include <string.h>
17  sbit SDA = P3^0;                     //数据线
18  sbit SCL = P3^1;                     //时钟线
19  #include "I2C.h"                     //I²C 总线通用宏及函数
20  //子器件地址
21  #define MAX6953R 0xA1                //1 = READ
22  #define MAX6953W 0xA0                //0 = WRITE
23  //4 块点阵屏滚动显示的信息串
24  char LED_String[] = "5*7LED TEST : <----0123456789";
25  //-----------------------------------------------------------------
26  // 延时子程序（x=1~255ms,自适应时钟）
27  //-----------------------------------------------------------------
28  void delay_ms(u8 x) {
29      u16 i;
30      do{
31          i = MAIN_Fosc / 13000;
32          while(--i);
33      }while(--x);
34  }
35  //-----------------------------------------------------------------
36  // 写 MAX6953 子程序
37  //-----------------------------------------------------------------
38  void MAX6953_Write(u8 addr, u8 dat) {
39      IIC_Start();                     //I²C 总线启动
40      IIC_WriteByte(MAX6953W);         //写器件地址
41      IIC_WriteByte(addr);             //写寄存器地址
```

```
42      IIC_WriteByte(dat);                   //写数据
43      IIC_Stop();                           //I2C 总线停止
44      delay_ms(2);
45  }
46  //-------------------------------------------------------------------------
47  // MAX6953 芯片初始化
48  //-------------------------------------------------------------------------
49  void MAX6953_INIT() {
50      MAX6953_Write(0x01, 0xFF); //数位 0,1 的亮度设置(最大亮度)
51      MAX6953_Write(0x02, 0xFF); //数位 2,3 的亮度设置(最大亮度)
52      MAX6953_Write(0x03, 0x03); //设置扫描位数范围为 0~3(共 4 片点阵显示器)
53      MAX6953_Write(0x04, 0x01); //设置非关断模式
54      MAX6953_Write(0x07, 0x00); //不进行测试
55  }
56  //-------------------------------------------------------------------------
57  // 主程序
58  //-------------------------------------------------------------------------
59  void main() {
60      u8 i,j;
61      P3M1 = 0x00; P3M0 = 0x00;   //P3 设置为准双向口
62      IE = 0x81;                  //允许 INT0 中断
63      IT0 = 1;                    //下降沿触发
64      MAX6953_INIT();             //MAX6953 初始化设置
65      while(1) {
66          for (i = 0; i <= strlen(LED_String) - 4; i++) {
67              //将第 i 个字符开始的 4 个字符逐个发送到
68              //MAX6953 各数位地址: 0x20,0x21,0x22,0x23
69              for (j = 0; j < 4; j++)
70                  MAX6953_Write(0x20 | j, (u8)LED_String[i + j] );
71              delay_ms(150);
72          }
73          delay_ms(2000);
74      }
75  }
76  //-------------------------------------------------------------------------
77  // INT0 中断函数控制点阵屏关断或开启
78  //-------------------------------------------------------------------------
79  void EX_INT0() interrupt 0 {
80      static u8 Shut_6953 = 0x01;
81      if ((P3 & (1<<2)) != 0 ) return;     //因仿真 P3.2 引脚信号下降沿有缺陷,
82                                           //故加此行代码
83      EA = 0;                              //禁止中断
84      delay_ms(10);                        //延时消抖
85      Shut_6953 ^= 0x01;                   //开/关控制命令切换
86      MAX6953_Write(0x04, Shut_6953);      //关断:0x00,非关断 0x01
87      EA = 1;                              //开中断
88  }
```

4.21 兼容 I^2C 接口的 MAX6955 驱动 16 段数码管显示

兼容 I^2C 接口的 MAX6955 驱动 16 段数码管显示电路如图 4-50 所示。MAX6955 是一种紧凑型的显示驱动器，兼容 I^2C 接口，可驱动多达 16 位 7 段、8 位 14 段、8 位 16 段或 128 个分立的 LED，器件还包括 5 条 I/O 扩展线。本案例仿真电路演示了 MAX6955 驱动 8 位 16 段分

立式数码管的显示效果。

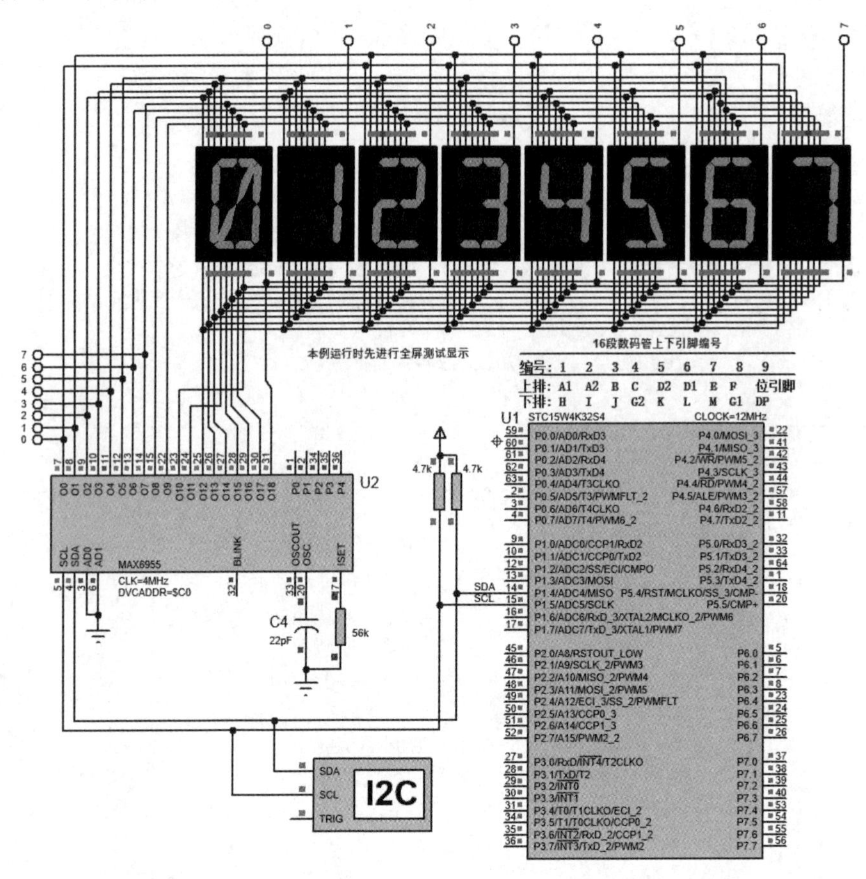

图 4-50　兼容 I²C 接口的 MAX6955 驱动 16 段数码管显示电路

1．程序设计与调试

1）MAX6955 简介

MAX6955 兼容 I²C 接口，器件内部包含全部 14 段和 16 段 104 个 ASCII 字符的字模、7 段显示使用的十六进制字模、多工扫描电路、阳极和阴极驱动器及用于存储各位显示的静态 RAM。显示位的最大段电流可用单个外部电阻设定，各位的显示亮度可用内部的 16 级数字亮度控制电路独立调节，限斜率段电流驱动器可降低 EMI。MAX6955 还包含低功耗关断模式、限制扫描位寄存器、段闪烁控制及强制所有 LED 点亮的测试模式。

8051 单片机通过 I²C 接口与 MAX6955 相连，MAX6955 的引脚定义如下。

① P0～P4 是通用的 I/O 端口（GPIO），可配置为逻辑输入或开漏输出。

② AD0、AD1 是地址输入线，用于设置子器件地址。

③ SDA、SCL 分别是 I²C 兼容的串行数据线与串行时钟线。

④ O0～O18 是位码/段码驱动线，当作为位码驱动线时，O0～O7 从数码管共阴极吸入电流，当作为段码驱动线时，O0～O18 向阳极输出电流。

⑤ ISET 用于设置段电流，串接到 ISET 与 GND 之间的 R_{SET} 电阻，可设置峰值电流。

⑥ BLINK 为闪烁时钟输出，输出开漏。

⑦ OSC 为多重时钟输入，使用内部振荡器时要将电容 C_{SET} 连接在 OSC 与 GND 之间。使用外部时钟时，要使用 1～8MHz CMOS 时钟驱动 OSC。

⑧ OSC_OUT 为时钟推挽输出。

图 4-51 给出了 MAX6955 的内部结构及两种不同封装的外部引脚图。

由于在 MAX6955 的 O0～O18 引脚中，O0～O7 采用了段/位复用技术，在设计显示驱动电路时，要参考表 4-17 来连接分立式 16 段共阴数码管与驱动芯片 MAX6955。表 4-17 中第一行 O0～O7，O8～O18 是 MAX6955 的引脚，C0～C7 对应于 8 位数码管的位引脚（又称片选脚），表中 a1、a2、b、c 等引脚与 16 段数码管引脚的对应关系可参考电路图或源程序代码的说明部分。

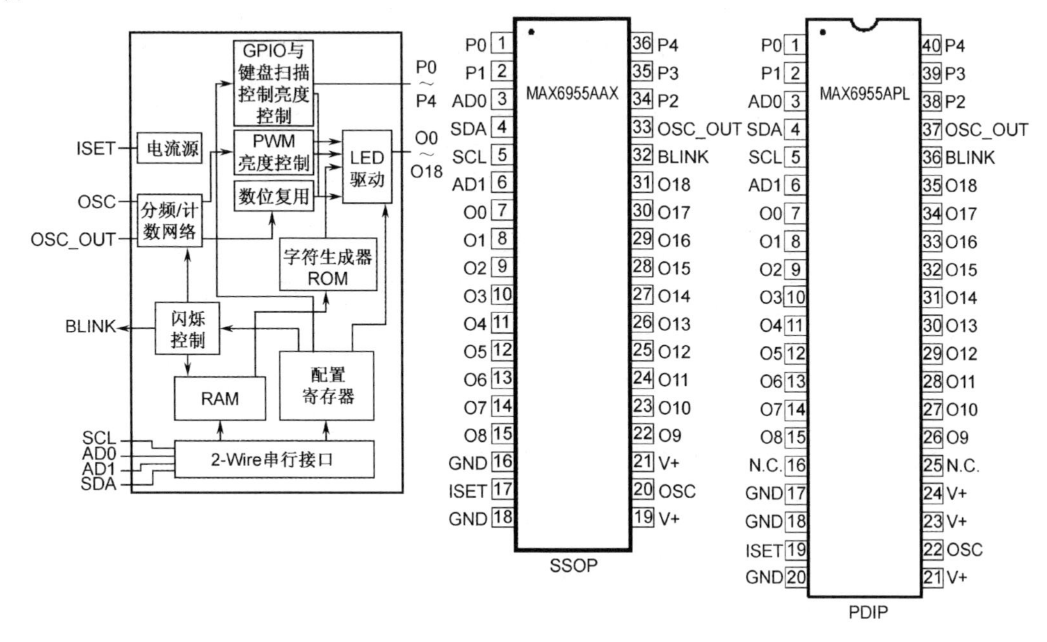

图 4-51 MAX6955 内部结构及两种不同封装的外部引脚图

表 4-17 MAX6955 与 8 位分立式 16 段共阴数码管的连接

位	O0～O7								O8～O18											
0	C0	—	a1	a2	b	c	d1	d2	e	f	g1	g2	h	I	j	k	l	m	dp
1	—	C1	a1	a2	b	c	d1	d2	e	f	g1	g2	h	I	j	k	l	m	dp
2	a1	a2	C2	—	b	c	d1	d2	e	f	g1	g2	h	I	j	k	l	m	dp
3	a1	a2	—	C3	b	c	d1	d2	e	f	g1	g2	h	I	j	k	l	m	dp
4	a1	a2	b	c	C4	—	d1	d2	e	f	g1	g2	h	I	j	k	l	m	dp
5	a1	a2	b	c	—	C5	d1	d2	e	f	g1	g2	h	I	j	k	l	m	dp
6	a1	a2	b	c	d1	d2	C6	—	e	f	g1	g2	h	I	j	k	l	m	dp
7	a1	a2	b	c	d1	d2	—	C7	e	f	g1	g2	h	I	j	k	l	m	dp

MAX6955 不仅可用于驱动 LED 显示器，还可以驱动矩阵键盘扫描，图 4-52 给出了 MAX6955 技术手册提供的标准 32 键键盘矩阵扫描配置结构图，矩阵中 4 条列线标识的 KEY_A、KEY_B、KEY_C、KEY_D 对应于 MAX6955 的通用 I/O（GPIO）引脚 P0～P3，余下的 P4 引脚则配置为中断请求引脚 IRQ，其更详细的应用技术可参阅 MAXIM 的 3462 号应用笔记。

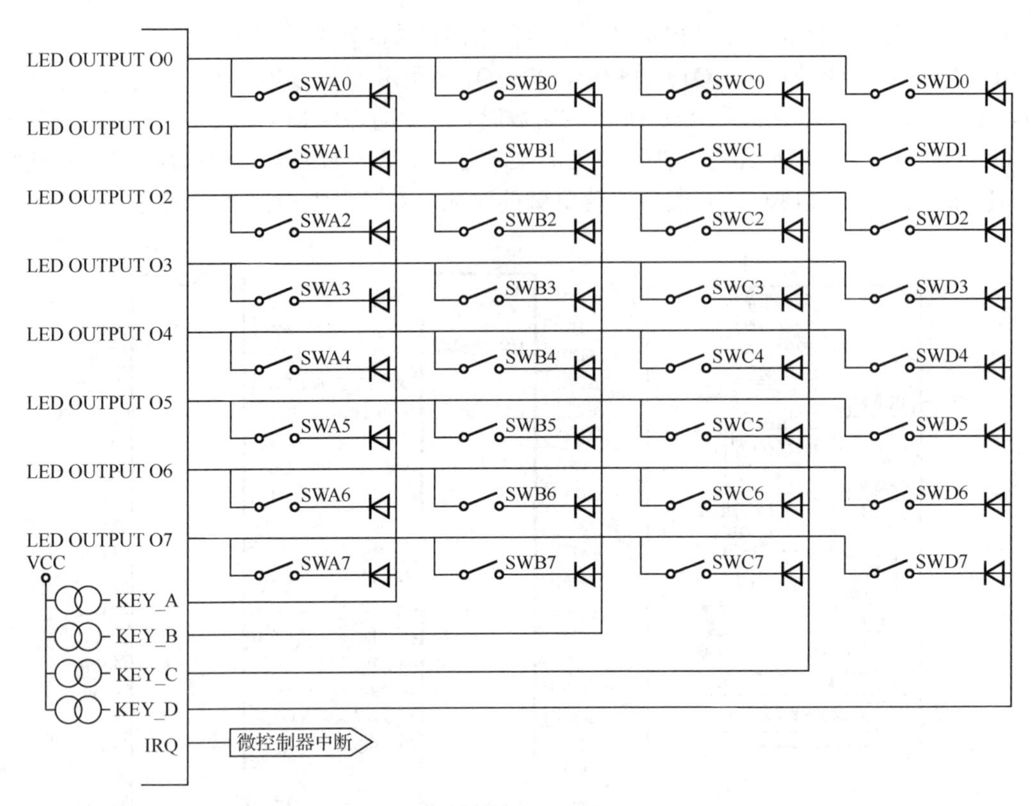

图 4-52　MAX6955 标准 32 键键盘扫描配置结构

2）MAX6955 显示驱动程序设计

MAX6955 的命令寄存器地址与此前使用的 MAXIM 公司的其他几种显示驱动器有很多相似的地方，限于篇幅，这里不再列出该器件完整的命令地址表。在阅读调试程序时，可参阅本案例程序中所附的详细注释。下面仅列出 MAX6955 的初始化代码：

```
MAX6955_Write(0x01, 0xFF);  //译码模式设置(全译码)
MAX6955_Write(0x02, 0x03);  //亮度设置
MAX6955_Write(0x03, 0x07);  //设置扫描范围 0～7
MAX6955_Write(0x04, 0x01);  //控制寄存器设置(非关断模式)
                            //将 0x01 改为 0x0D 可使数码管以 0.5s 周期闪烁
MAX6955_Write(0x06, 0x00);  //GPIO 设置为输出
MAX6955_Write(0x0C, 0x00);  //显示数字类型设置(数位 0～7 为 16 段或 7 段)
MAX6955_Write(0x07, 0x01);  //显示测试(各数码管 16 段全部点亮)
MAX6955_Write(0x07, 0x00);  //关闭测试
```

2. 实训要求

① 用多片 MAX6955 驱动更多位数的 16 段数码管，并实现对闪烁功能的开关控制。
② 使用 MAX6955 驱动 8 位 14 段数码管显示。
③ 改用兼容 SPI 接口的 MAX6954 重新设计程序，实现相同的显示效果。
④ 按照图 4-52 所示电路，利用 MAX6955 驱动 8×4=32 键矩阵键盘扫描与显示。

3. 源程序代码

```
1   //---------------------------- main.c ----------------------------------
2   //   名称：兼容 I²C 接口的 MAX6955 驱动 16 段数码管显示
3   //---------------------------------------------------------------------
```

```
4   //  说明：当程序运行时，8 只 16 段数码管滚动显示数字 0~9、字母 A~Z
5   //        本案例使 MAX6955 工作于全译码模式，因此只要向 MAX6955 输出
6   //        待显示字符 ASCII 即可，不用编写并发送各字符的段码
7   //
8   //----------Proteus 中单只 16 段数码管上下排引脚名称------------------
9   // NO.  1   2   3   4   5   6   7   8   9
10  //******************************************
11  // 上：  A1  A2  B   C   D2  D1  E   F   位控制
12  // 下：  H   I   J   G2  K   L   M   G1  DP
13  //--------------------------------------------------------------------
14  #define u8  unsigned char
15  #define u16 unsigned int
16  #define u32 unsigned long
17  #define MAIN_Fosc   12000000L    //系统时钟频率 12MHz
18  #include "STC15xxx.h"
19  #include <intrins.h>
20  #include <stdio.h>
21  #include <string.h>
22  sbit SDA = P1^4;                 //数据线
23  sbit SCL = P1^5;                 //时钟线
24  #include "I2C.h"                 //I2C 总线通用宏及函数
25  #define MAX6955R 0xC1            //1 = READ
26  #define MAX6955W 0xC0            //0 = WRITE
27  //16 段数码管滚动显示的字符串
28  char SEG_LED_String[] = "0123456789ABCDEFGHIJKLMNOPQRSTUVWXYZ";
29  //--------------------------------------------------------------------
30  // 延时子程序
31  //--------------------------------------------------------------------
32  void Delay1ms() {                //12.000MHz
33      u8 i = 12, j = 169;
34      do {
35          while (--j);
36      } while (--i);
37  }
38  //--------------------------------------------------------------------
39  void delay_ms(u16 x) { while (x--) Delay1ms(); }
40  //--------------------------------------------------------------------
41  // 写 MAX6955 子程序
42  //--------------------------------------------------------------------
43  void MAX6955_Write(u8 addr, u8 dat) {
44      IIC_Start();                 //I2C 总线启动
45      IIC_WriteByte(MAX6955W);     //写器件地址
46      IIC_WriteByte(addr);         //写命令地址
47      IIC_WriteByte(dat);          //写数据
48      IIC_Stop();                  //I2C 总线停止
49  }
50  //--------------------------------------------------------------------
51  // MAX6955 初始化
52  //--------------------------------------------------------------------
53  void MAX6955_INIT() {
54      MAX6955_Write(0x01, 0xFF); //译码模式设置(全译码)
55      MAX6955_Write(0x02, 0x03); //亮度设置
56      MAX6955_Write(0x03, 0x07); //设置扫描范围 0~7
57      MAX6955_Write(0x04, 0x01); //控制寄存器设置(非关断模式)
```

```
58                                    //将 0x01 改为 0x0D 可使数码管以 0.5s 周期闪烁
59      MAX6955_Write(0x06, 0x00);    //GPIO 设置为输出
60      MAX6955_Write(0x0C, 0x00);    //显示数字类型设置(数位 0~7 为 16 段或 7 段)
61      MAX6955_Write(0x07, 0x01);    //显示测试(各数码管 16 段全部点亮)
62      delay_ms(1000);               //延时(全屏点亮 1s)
63      MAX6955_Write(0x07, 0x00);    //关闭测试
64  }
65  //------------------------------------------------------------------------
66  // 主程序
67  //------------------------------------------------------------------------
68  void main() {
69      u8 i,j,Len = strlen(SEG_LED_String);
70      P1M1 = 0x00; P1M0 = 0x00;    //设置为准双向口
71      MAX6955_INIT();               //MAX6955 初始化
72      while (1) {
73          for (i = 0; i < Len ; i += 8) {
74              //MAX6955 数位 0~7 的地址: 0x20--0x27,下面的循环每次发送 8 个字符
75              for (j = 0; j < 8 && i+j < Len; j++)
76                  MAX6955_Write(0x20 | j, (u8)SEG_LED_String[i+j] );
77              //如果最后一组不足 8 个字符则补充显示空格,将余下部分清空
78              for (; j < 8; j++)  MAX6955_Write(0x20 | j, (u8)(' '));
79              delay_ms(800);
80          }
81          delay_ms(2000);
82      }
83  }
```

4.22 SPI 接口数字电位器 MCP41010 应用

MCP41010 是兼容 SPI 接口的单通道、256 个抽头位置、阻值为 10kΩ的数字电位器，图 4-53 所示仿真电路中的按键 K1～K4 实现了对两路 MCP41010 共两个通道电位的增减调节演示。

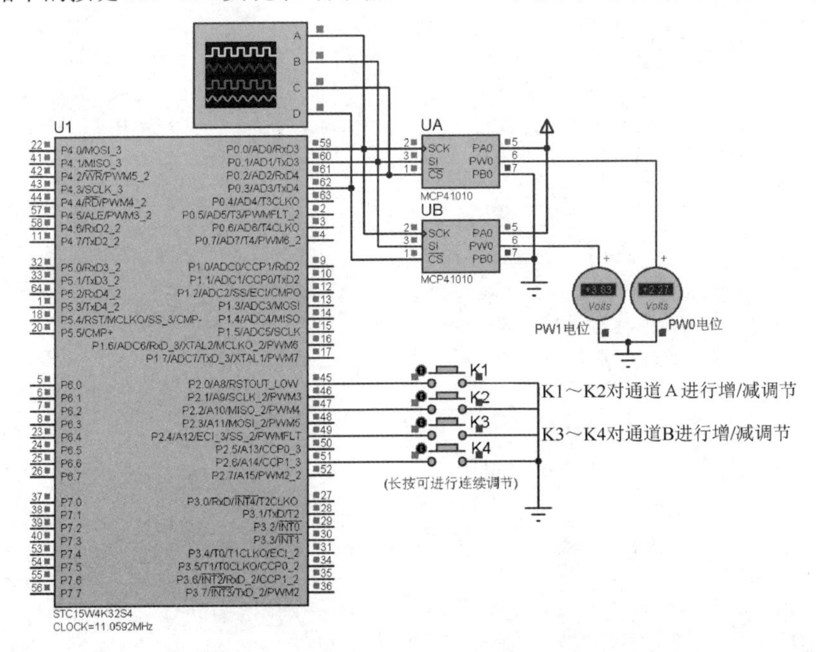

图 4-53　SPI 接口的数字电位器 MCP41010 应用电路

1．程序设计与调试

1）SPI 接口数字电位器 MCP41010 简介

MCP41010 是 Microchip 公司生产的兼容 SPI 接口（模式 00 与 11）的集成式数字电位器，它在单一芯片上集成了一个 10kΩ数字电位器，电位器滑动端共有 256 级调节节点，可通过相应指令向数据寄存器写 8 位，调节精度可达 256 级。

2）MCP41010 的 SPI 接口程序设计

SPI（Serial Peripheral Interface）总线是一种同步串行外设接口，它可以使 MCU 与各种外围设备以串行方式进行通信，SPI 总线可直接与各个厂家生产的多种标准外围器件相连，包括 FLash ROM、网络控制器、LCD 显示驱动器、A/D 转换器和 MCU 等。

SPI 接口一般使用以下 4 条线。

- SCK/SCLK：串行时钟线（Serial Clock），由主机控制，用于主机与从机同步。
- MISO：主机输入/从机输出数据线（Master In Slave Out）。
- MOSI：主机输出/从机输入数据线（Master Out Slave In）。
- SS/CS：从机选择线（Slave Select）。

有的 SPI 接口芯片仅有 1 条数据线（3 线式器件），有的还带中断信号线 INT。

SPI 总线有 4 种工作模式（即 Mode 00、01、10、11，即 Mode 0、1、2、3）。本案例仿真电路 MCP41010 所支持 SPI 总线工作模式为 00 与 11，即模式 0 与模式 3，其技术手册同时提供了模式 0 与模式 3 的工作时序图，这两种模式都是在时钟上升沿采样锁存数据，差别是在模式 0 下时钟（SCK）线空闲时其上信号为低电平，在模式 3 下时钟（SCK）线空闲时其上信号为高电平。

SPI 接口的数字电位器——MCP41×××/42×××操作时序（Mode 3）如图 4-54 所示。其中，命令字节部分 C1、C0 取值 01 表示写数据，10 表示关断，P1、P0 取值 01 表示选择电位器 0，取值 10 表示选择电位器 1，取值 11 表示在两路电位器之间交替选择，对于本例选用的 MCP41010，它仅有一路电位器，因此仿真电路中两片 MCP41010 构成的两路数字电位器中，P1、P0 取值均为 01（其中的 P1 位可被忽略）。

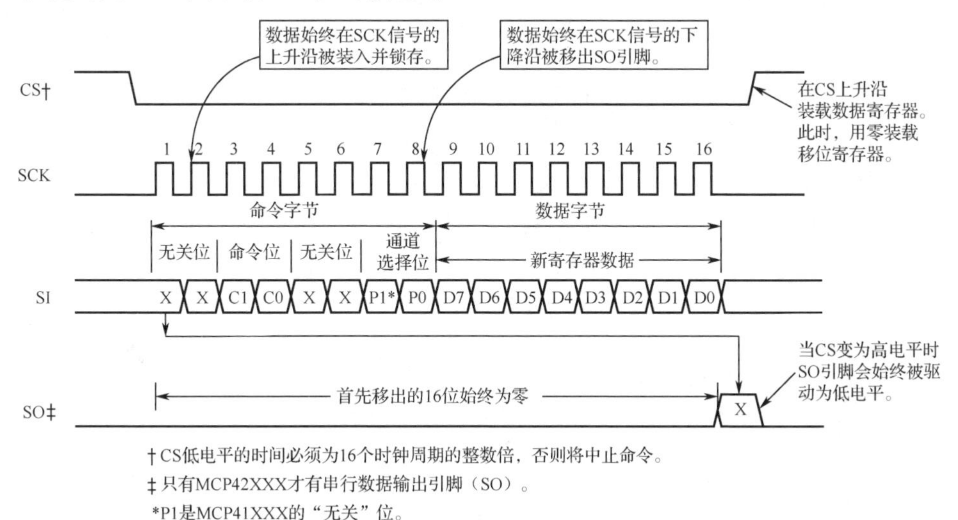

图 4-54　SPI 接口的数字电位器——MCP41×××/42×××操作时序（Mode 3）

参照所手册所提供的时序图可以很容易编写向 SPI 接口写字节的函数 WriteByte，函数代码开始时置 SCK = 1 使 SPI 时钟线空闲为高电平，然后通过 for 循环输出 1 字节 8 个比特位，在每一比特位放到 MOSI 线上后，通过 SCK = 0 与 SCK = 1 模拟时钟上升沿，将数据位锁存到 MCP41010 内部的移位寄存器（SPI Mode0 与 3 均为上升沿锁存）。

在向指定的 MCP41010 写数据的函数 SendData 中，代码首先拉低对应的 MCP41010 的 CS 引脚，然后通过 WriteByte(0x11)输出命令字节 0x11，即 00010001，它设置 C1、C0 为 01、设置 P1、P0 也为 01（注：其中 P1 可忽略），然后通过 WriteByte(d)输出字节 d，控制电位器当前的“滑动位置”，从而控制形成对应的电位输出。

主程序中检测到按键 K1~K4 增减 CH0_Dat 或 CH1_Dat 时，将通过 SendData(0,CH0_Dat)或 SendData(1,CH1_Dat)输出，使直流电压表显示电位同步变化。

2. 实训要求

① 用液晶屏显示当前各通道电压值。

② 使用内置 EEPROM 保存当前调节值，重启系统时可自动恢复到上次的调节值。

3. 源程序代码

```
1   //-----------------------------------------------------------------------
2   //  名称：SPI 接口数字电位器 MCP41010 应用
3   //-----------------------------------------------------------------------
4   //  说明：使用两路兼容 SPI 接口的数字电位器 MCP41010，通过 K1,K2 分别
5   //        对通道 0 电位进行递增/递减调节，K3,K4 分别对通道 1 电位进行
6   //        递增/递减调节
7   //
8   //-----------------------------------------------------------------------
9   #define u8  unsigned char
10  #define u16 unsigned int
11  #define u32 unsigned long
12  #include "STC15xxx.h"
13  #include <intrins.h>
14  #include <string.h>
15  #include <stdio.h>
16  //器件 SPI 接口引脚定义
17  sbit SCK = P0^0;                //SPI 时钟线
18  sbit MOSI = P0^1;               //SPI 数据线(主机输出从机输入)
19  sbit CS0 = P0^2;                //SPI 使能 0
20  sbit CS1 = P0^3;                //SPI 使能 1
21  //-----------------------------------------------------------------------
22  sbit K1 = P2^0;                 //通道 0 递增
23  sbit K2 = P2^2;                 //通道 0 递减
24  sbit K3 = P2^4;                 //通道 1 递增
25  sbit K4 = P2^6;                 //通道 1 递减
26  //-----------------------------------------------------------------------
27  // 延时子程序（x=1~255ms,自适应时钟）
28  //-----------------------------------------------------------------------
29  #define MAIN_Fosc 11059200L
30  void delay_ms(u8 x) {
31      u16 i;
32      do{
33          i = MAIN_Fosc / 13000; while(--i);
34      } while(--x);
35  }
36  //-----------------------------------------------------------------------
37  // 向 SPI 总线写数据字节
38  //-----------------------------------------------------------------------
39  void WriteByte(u8 d) {
```

```
40      u8 i; SCK = 1;          //设置初始状态(SPI Mode3: 初始时 SCK=1)
41      //8 个时钟周期完成 1 个数据字节输出（高位优先）
42      for ( i = 0x80; i != 0x00; i >>= 1 ) {
43          if (d & i) MOSI = 1; else MOSI = 0;     //输出 1 位
44          SCK = 0; SCK = 1;   //时钟信号上升沿锁存(SPI Mode0 与 3 均为上升沿锁存)
45      }
46  }
47  //-----------------------------------------------------------------------
48  // 向 SPI 总线发送数据(指定通道与待输出数据字节)
49  //-----------------------------------------------------------------------
50  void SendData(u8 ch, u8 d) {
51      if (ch == 0) CS0 = 0; else CS1 = 0;         //使能通道 ch
52      WriteByte(0x11);                            //写命令字节(向 ch 电位器写数据)
53      WriteByte(d);                               //写数据字节（发送数据）
54      if (ch == 0) CS0 = 1; else CS1 = 1;         //禁止通道 ch
55  }
56  //-----------------------------------------------------------------------
57  // 主程序
58  //-----------------------------------------------------------------------
59  void main(){
60      u8 i = 0;
61      u8 CH0_Dat = 0x00, CH1_Dat = 0x00;          //两个通道初始值
62      P0M1 = 0x00; P0M0 = 0x00;                   //将 P0 配置为准双向口
63      P2M1 = 0xFF; P2M0 = 0x00;                   //将 P2 配置为高阻输入口
64      SCK = 1;                                    //初始空闲时置时钟线为高电平
65      SendData(0,0x00); SendData(1,0x00);         //两个通道初始时均设为 0V
66      while (1) {
67          if (K1 == 0) {                          //通道 0 递增调节
68              delay_ms(10);
69              if (K1 == 0) {
70                  if (CH0_Dat < 0xFF) CH0_Dat++;  //通道变量值递增
71                  SendData(0,CH0_Dat);            //向通道 0 输出变量值
72              }
73          }
74          if (K2 == 0) {                          //通道 0 递减调节
75              delay_ms(10);
76              if (K2 == 0) {
77                  if (CH0_Dat != 0x00) CH0_Dat--; //通道变量值递减
78                  SendData(0,CH0_Dat);            //向通道 0 输出变量值
79              }
80          }
81          if (K3 == 0) {                          //通道 1 递增调节
82              delay_ms(10);
83              if (K3 == 0) {
84                  if (CH1_Dat < 0xFF) CH1_Dat++;  //通道变量值递增
85                  SendData(1,CH1_Dat);            //向通道 1 输出变量值
86              }
87          }
88          if (K4 == 0) {                          //通道 1 递减调节
89              delay_ms(10);
90              if (K4 == 0) {
91                  if (CH1_Dat != 0x00) CH1_Dat--; //通道变量值递减
92                  SendData(1,CH1_Dat);            //向通道 1 输出变量值
93              }
94          }
95      }
96  }
```

4.23 SPI 接口存储器 AT25F1024 读写与显示

AT25F1024 是兼容 SPI 接口的串行存储器，具有 1Mbit（128KB）存储空间。图 4-55 所示电路运行时，按下 K1 将清除 AT25F1024 内所有数据，并在其存储空间最前面和最后面分别写入 256 个有序字节和随机字节，按下 K2、K3 可以分别读取和显示这些字节，按下 K4 时可显示 AT25F1024 的制造商 ID。

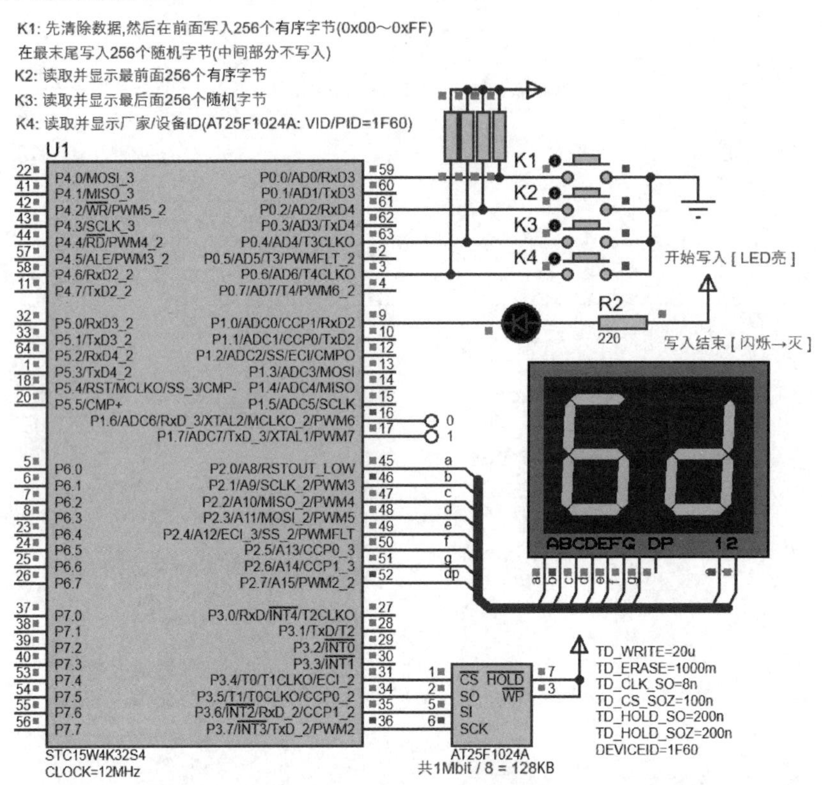

图 4-55　SPI 接口存储器 AT25F1024 读写与显示电路

1．程序设计与调试

1）SPI 接口存储器 AT25F1024 简介

兼容 SPI 接口的 AT25F1024、2048、4096 分别是 1Mbit、2Mbit 和 4Mbit 的串行可编程 Flash 存储器。仿真电路中的 AT25F1024 具有 128KB 存储空间，划分为 4 个区，每个区 32KB，各区又分为 128 页，每页有 256B 空间。

2）SPI 接口存储器 AT25F1024 读写程序设计

设计读/写 AT25F1024 的程序时，要参考表 4-18 所示的相关操作指令。

表 4-18　AT25F1024 指令集

指 令 名 称	指 令 格 式	操　　作
WREN	0000 *110	使能写
WRDI	0000 *110	禁止写
RDSR	0000 *101	读状态
WRSR	0000 *001	写状态
READ	0000 *011	读字节

续表

指令名称	指令格式	操　作
PROGRAM	0000 *010	写字节
SECTOR ERASE	0101 *010	删除区域数据
CHIP ERASE	0110 *010	删除内存中所有区域数据
RDID	0001 *101	读取厂商与产品 ID

主程序首先根据该表格定义了如下所示的 AF25F1024 操作指令集：

```
#define WREN            0x06    //使能写
#define WRDI            0x04    //禁止写
#define RDSR            0x05    //读状态
#define WRSR            0x01    //写状态
#define READ            0x03    //读字节
#define PROGRAM         0x02    //写字节
#define SECTOR_ERASE    0x52    //删除区域数据
#define CHIP_ERASE      0x62    //删除芯片数据
#define RDID            0x15    //读厂商与产品 ID
```

图 4-56 与图 4-57 给出了 AT25F1024 的数据读/写时序，主程序中根据这两个时序图编写了下面的写与读字节函数，其中图 4-58 给出了按下 K1 时调用该函数写入存储器的部分数据。

```
void Write_Byte_TO_AT25F1024A(u32 addr,u8 dat)
u8 Read_Byte_FROM_AT25F1024A(u32 addr)
```

在本案例程序中提供了对两个函数语句的详细注释，这里略去对其进一步的阐述。其他有关函数均可参阅 AT25F1024 技术手册编写。

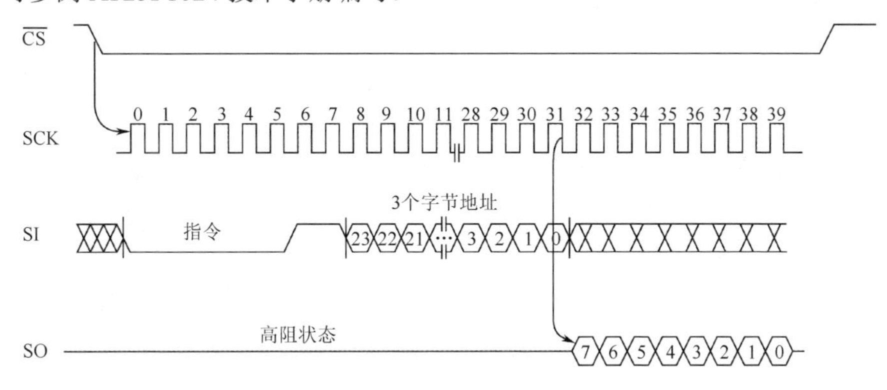

图 4-56　AT25F1024 读数据时序

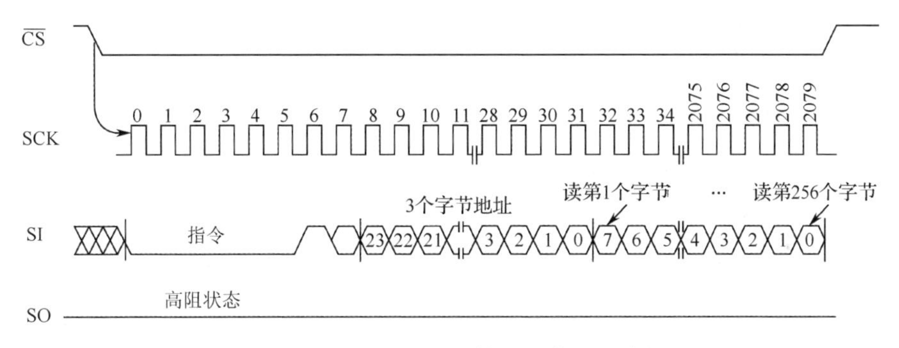

图 4-57　AT25F1024 写数据（编程）时序

图 4-58 写入 AT25F1024 的数据（部分）

2. 实训要求

① 查阅 AT25F1024 技术手册文件，编程对该芯片前 1/4、1/2 或整个区域数据设置写保护。

② 查阅 AT25F2048 与 AF25F4096 的技术手册文件，编写这两种存储器的数据读/写程序。

3. 源程序代码

```
1   //-----------------------------------------------------------------
2   //  名称: SPI 接口存储器 AT245F1024 读写与显示
3   //-----------------------------------------------------------------
4   //  说明: 程序运行时,按下 K1~K4 所执行的操作如下
5   //         K1: 先清除数据,然后在前面写入 256 个有序字节(0x00~0xFF)
6   //              在最末尾写入 256 个随机字节(中间部分不写入)
7   //         K2: 读取并显示最前面 256 个有序字节
8   //         K3: 读取并显示最后面 256 个随机字节
9   //         K4: 读取并显示厂家/设备 ID(AT25F1024A: VID/PID=1F60)
10  //
11  //-----------------------------------------------------------------
12  #define u8  unsigned char
13  #define u16 unsigned int
14  #define u32 unsigned long
15  #include "STC15xxx.h"
16  #include <intrins.h>
17  #include <stdlib.h>
18  //SPI 接口存储器引脚定义
19  sbit CS  = P3^4;                    //片选
20  sbit SO  = P3^5;                    //串行数据输出
21  sbit SI  = P3^6;                    //串行数据输入
22  sbit SCK = P3^7;                    //串行时钟控制脚
23  //SPI 接口存储器操作命令定义
24  #define WREN                        0x06    //使能写
25  #define WRDI                        0x04    //禁止写
26  #define RDSR                        0x05    //读状态
27  #define WRSR                        0x01    //写状态
28  #define READ                        0x03    //读字节
29  #define WRITE                       0x02    //写字节
30  #define SECTOR_ERASE                0x52    //删除区域数据
31  #define CHIP_ERASE                  0x62    //删除芯片数据
32  #define RDID                        0x15    //读厂商与产品 ID
33  //按键定义
34  #define K1_DOWN() ((P0 & (1<<0)) == 0x00)  //写入两组字节
35  #define K2_DOWN() ((P0 & (1<<2)) == 0x00)  //读前面 20 个有序字节并显示
36  #define K3_DOWN() ((P0 & (1<<4)) == 0x00)  //读后面 20 个随机字节并显示
37  #define K4_DOWN() ((P0 & (1<<6)) == 0x00)  //显示厂家和产品 ID
```

```
38  //LED 操作定义
39  #define LED_ON()    P1 &= ~(1<<0)        //LED 点亮
40  #define LED_BLINK() P1 ^=  (1<<0)        //LED 闪烁
41  //数码管位引脚定义
42  sbit D0  = P1^6;
43  sbit D1  = P1^7;
44  //0~F 的数码管段码表(共阴数码管)
45  code u8 SEG_CODE[] = {
46      0x3F,0x06,0x5B,0x4F,0x66,0x6D,0x7D,0x07,
47      0x6F,0x77,0x7F,0x7C,0x39,0x5E,0x79,0x71
48  };
49  //读写数据字节的临时存放空间及有效数据长度
50  u8  TMP_Buffer[256];
51  u8  Display_Buffer[] = {0,0};            //分解后的待显示数位
52  u16 Buffer_LEN = 256;
53  //-----------------------------------------------------------------------
54  // 延时函数
55  //-----------------------------------------------------------------------
56  #define MAIN_Fosc 12000000L
57  void delay_ms(u8 x) {
58      unsigned int i;
59      do{
60          i = MAIN_Fosc / 13000;
61          while(--i);
62      }while(--x);
63  }
64  //-----------------------------------------------------------------------
65  // 数码管显示 1 个字节(十六进制)
66  //-----------------------------------------------------------------------
67  void Show_Count_ON_DSY() {
68      D0 = D1 = 1;                         //暂时关闭位码
69      P2 = SEG_CODE[Display_Buffer[1]];    //发送段码
70      D0 = 0;                              //开第 0 个数码管
71      delay_ms(2);                         //延时
72      D0 = D1 = 1;                         //暂时关闭位码
73      P2 = SEG_CODE[Display_Buffer[0]];    //发送段码
74      D1 = 0;                              //开第 1 个数码管
75      delay_ms(2);                         //延时
76  }
77  //-----------------------------------------------------------------------
78  // 从当前地址读取 1 个字节
79  //-----------------------------------------------------------------------
80  u8 ReadByte() {
81      u8 i, d = 0x00;
82      for(i = 0; i < 8; i++) {             //串行读取 8 位数据
83          //SCK 下降沿读取数据,读取的位保存到左移以后的 d 的低位
84          SCK = 1; SCK = 0; d = (d << 1) | SO;
85      }
86      return d;                            //返回读取的字节
87  }
88  //-----------------------------------------------------------------------
89  // 向当前地址写入 1 个字节
90  //-----------------------------------------------------------------------
91  void WriteByte(u8 dat) {
```

```
92      u8 i;
93      for(i = 0; i < 8; i++) {                    //串行写入 8 位数据
94          dat <<= 1; SI = CY;                     //dat 左移位,高位被移入 CY,发送高位
95          SCK = 0; SCK = 1;                       //时钟信号上升沿向存储器写入数据
96      }
97  }
98  //--------------------------------------------------------------------------
99  // 读 AT25F1024A 芯片状态
100 //--------------------------------------------------------------------------
101 u8 Read_SPI_Status() {
102     u8 status;
103     CS = 0;                                     //片选
104     WriteByte(RDSR);                            //发送读状态指令
105     status = ReadByte();                        //读取状态寄存器
106     CS = 1;                                     //禁止片选
107     return status;
108 }
109 //--------------------------------------------------------------------------
110 // AT25F1024A 忙等待
111 //--------------------------------------------------------------------------
112 void Busy_Wait(){ while(Read_SPI_Status() & 0x01);} //忙等待
113 //--------------------------------------------------------------------------
114 // 删除 AT25F1024A 芯片未加保护的所有区域数据
115 //--------------------------------------------------------------------------
116 void ChipErase() {
117     CS = 0;                                     //片选
118     WriteByte(WREN);                            //使能写
119     CS = 1;                                     //禁止片选
120     Busy_Wait();                                //忙等待
121     CS = 0;                                     //片选
122     WriteByte(CHIP_ERASE);                      //清除芯片数据指令
123     CS = 1;                                     //禁止片选
124     Busy_Wait();                                //忙等待
125 }
126 //--------------------------------------------------------------------------
127 // 向 AT25F1024A 写入 3 个字节地址 0x000000~0x01FFFF
128 //--------------------------------------------------------------------------
129 void Write_3_Bytes_SPI_Address(u32 addr) {
130     WriteByte((u8)(addr >> 16 & 0xFF));//先发送最高地址字节
131     WriteByte((u8)(addr >> 8  & 0xFF)); //再发送次高地址字节
132     WriteByte((u8)(addr & 0xFF));       //最后发送低地址字节
133 }
134 //--------------------------------------------------------------------------
135 // 从指定地址读单个数据字节
136 //--------------------------------------------------------------------------
137 u8 Read_From_AT25F1024A(u32 addr){
138     u8  dat;
139     CS = 0;                                     //片选
140     WriteByte(READ);                            //发送读指令
141     Write_3_Bytes_SPI_Address(addr);            //发送 3 个字节地址
142     dat = ReadByte();                           //读取 1 个字节数据
143     CS = 1;                                     //禁止片选
144     return dat;                                 //返回读取的字节
145 }
```

```
146 //-----------------------------------------------------------------
147 // 从指定地址读多个数据字节到缓冲区
148 //-----------------------------------------------------------------
149 //void Read_Bytes_From_AT25F1024A(u32 addr, u8 *p, u16 len) {
150 //  u16 i;
151 //  CS = 0;                                  //片选
152 //  WriteByte(READ);                         //发送读指令
153 //  Write_3_Bytes_SPI_Address(addr);         //发送 3 个字节地址
154 //  for( i = 0; i < len; i++) p[i] = ReadByte();//读取多个数据字节
155 //  CS = 1;                                  //禁止片选
156 //}
157 //-----------------------------------------------------------------
158 // 向 AT25F1024A 指定地址写入单个数据字节
159 //-----------------------------------------------------------------
160 void Write_Byte_To_AT25F1024A(u32 addr,u8 dat) {
161     CS = 0;                                  //片选
162     WriteByte(WREN);                         //使能写
163     CS = 1;                                  //禁止片选
164     Busy_Wait();                             //忙等待
165     CS = 0;                                  //片选
166     WriteByte(WRITE);                        //写指令
167     Write_3_Bytes_SPI_Address(addr);         //发送 3 个字节地址
168     WriteByte(dat);                          //写字节数据
169     CS = 1;                                  //禁止片选
170     Busy_Wait();                             //忙等待
171 }
172 //-----------------------------------------------------------------
173 // 向 AT25F1024A 指定地址开始写入多个数据字节
174 //-----------------------------------------------------------------
175 //void Write_Bytes_To_AT25F1024A(u32 addr,u8 *p,u16 len){
176 //  u16 i;
177 //  CS = 0;                                  //片选
178 //  WriteByte(WREN);                         //使能写
179 //  CS = 1;                                  //禁止片选
180 //  Busy_Wait();                             //忙等待
181 //  CS = 0;                                  //片选
182 //  WriteByte(WRITE);                        //写指令
183 //  Write_3_Bytes_SPI_Address(addr);         //发送 3 个字节地址
184 //  for (i = 0; i < len; i++) WriteByte(p[i]);//写多个数据字节
185 //  CS = 1;                                  //禁止片选
186 //  Busy_Wait();
187 //}
188 //-----------------------------------------------------------------
189 // 读取 AT25F1024A 的厂商和产品 ID
190 //-----------------------------------------------------------------
191 void Get_VID_PID() {
192     CS = 0;                                  //片选
193     WriteByte(RDID);                         //发送读取 ID 指令
194     TMP_Buffer[0] = ReadByte();              //读取厂商代码 VID
195     TMP_Buffer[1] = ReadByte();              //读取产品代码 PID
196     CS = 1;                                  //禁止片选
197 }
198 //-----------------------------------------------------------------
199 // 主程序
```

```
200 //-----------------------------------------------------------------------
201 void main() {
202     u8 Current_Data,Current_Disp_Index = 0,LOOP_SHOW_FLAG = 0, k;
203     u32 i;
204     P0M1 = 0xFF; P0M0 = 0x00;          //将 P0 配置为高阻输入口
205     P1M1 = 0x00; P1M0 = 0x00;          //将其他配置为准双向口
206     P2M1 = 0x00; P2M0 = 0x00;
207     P3M1 = 0x00; P3M0 = 0x00;
208     while(1) {
209         Begin:
210         //K1:向 AT25F1024A 写入数据
211         if(K1_DOWN()) {//-----------------------------------------------------
212             LED_ON();        //先点亮 LED
213             ChipErase();     //删除芯片全部内容
214             //下面两个循环使用的是单个数据字节逐个写入的方法
215             //在前面 256 个字节空间写入 0x00~0xFF
216             for (i = 0x000000; i<= 0x0000FF; i++)
217               Write_Byte_To_AT25F1024A(i,(u8)i);
218             //在最末尾 256 个字节空间全部写入随机字节(随机字节由 T/C0 提供)
219             for (i = 0x1FFF00; i<= 0x1FFFFF; i++)
220               Write_Byte_To_AT25F1024A(i, rand());
221             //下面使用的是顺序写入的方法...........................
222             //先准备待写入有序字节数组
223             //for (i = 0; i < 256; i++) TMP_Buffer[i] = i;
224             //从指定地址开始顺序写入
225             //Write_Bytes_To_AT25F1024A(0x000000,TMP_Buffer,256);
226             //先准备待写入随机字节数组
227             //for (i = 0; i < 256; i++) TMP_Buffer[i] = rand();
228             //从指定地址开始顺序写入
229             //Write_Bytes_To_AT25F1024A(0x1FFF00,TMP_Buffer,256);
230             while (K1_DOWN());
231             //写入完成后 LED 闪烁,然后熄灭
232             k = 80; while (--k) { LED_BLINK(); delay_ms(10); }
233         }
234         //K2:读取并显示前面 256 个数据字节
235         if (K2_DOWN()){ //----------------------------------------------------
236             //从指定地址顺序读取多个数据字节到缓冲
237         //Read_Bytes_From_AT25F1024A(0x000000,TMP_Buffer,256);
238             //下面是单个数据字节逐个读取的代码
239             for (i = 0x000000; i<= 0x0000FF; i++)
240               TMP_Buffer[(u8)i] = Read_From_AT25F1024A(i);
241             while (K2_DOWN());
242             Current_Disp_Index = 0;
243             Buffer_LEN = 256;
244             LOOP_SHOW_FLAG = 1;
245         }
246         //K3:读取并显示后面 256 个数据字节
247         if (K3_DOWN()){ //----------------------------------------------------
248             //从指定地址顺序读取多个数据字节到缓冲区
249         //Read_Bytes_From_AT25F1024A(0x1FFF00,TMP_Buffer,256);
250             //下面是单字节逐个读取的代码
251             for (i = 0x1FFF00, k = 0; i<= 0x1FFFFF; i++, k++)
252               TMP_Buffer[k] = Read_From_AT25F1024A(i);
253             while (K3_DOWN());
```

```
254                 Current_Disp_Index = 0; Buffer_LEN = 256; LOOP_SHOW_FLAG = 1;
255             }
256             //K4:显示厂家和设备 ID
257             if (K4_DOWN()){ //-----------------------------------------------
258                 Get_VID_PID();                  //读取厂商与产品 ID(VID/PID)
259                 Buffer_LEN = 2;                 //设置显示缓冲区有效数据长度为 2
260                 Current_Disp_Index = 0; LOOP_SHOW_FLAG = 1;
261                 while (K4_DOWN());
262             }
263             //循环显示数据
264             if (LOOP_SHOW_FLAG){  //-----------------------------------------
265                 Current_Data = TMP_Buffer[Current_Disp_Index];
266                 Display_Buffer[1] = Current_Data >> 4;
267                 Display_Buffer[0] = Current_Data & 0x0F;
268                 //每个数显示保持一段时间
269                 for (k = 0 ; k < 100; k++) {
270                     Show_Count_ON_DSY();        //数码管显示两位十六进制数
271                     //显示过程中如果某键被按下则停止显示
272                     if (K1_DOWN() || K2_DOWN() || K3_DOWN() || K4_DOWN())
273                     { LOOP_SHOW_FLAG = 0; P2 = 0x00; goto Begin; }
274                 }
275                 //显示索引循环递增( 0 ~ Buffer_LEN-1)
276                 Current_Disp_Index = (Current_Disp_Index + 1) % Buffer_LEN;
277             }
278         }
279 }
```

4.24 SPI 接口温度传感器 TC72 应用

SPI 接口温度传感器 TC72 应用电路如图 4-59 所示。在该电路中，使用的是 Microchip 公司生产的兼容 SPI 接口的温度传感器 TC72，STC15 单片机可通过内置 SPI 接口或通过普通接口模拟 SPI 总线时序配置 TC72，然后循环读取并刷新显示变化的温度值。

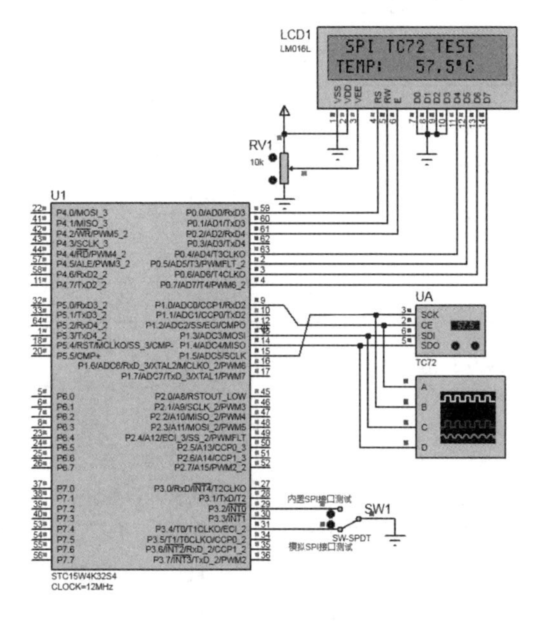

图 4-59 SPI 接口温度传感器 TC72 应用电路

1. 程序设计与调试

1）温度传感器——TC72 简介

Microchip 公司生产的温度传感器 TC72 兼容 SPI 接口，温度测量范围为−55～125℃，分辨率为 10 位，0.25℃/位。使用 TC72 时不需要附加任何外部电路，它可以工作于连续的温度转换模式或单次转换模式。在连续转换模式下，TC72 约每隔 150ms 进行一次温度转换，并将获取的数据保存于温度寄存器中，后者在一次转换后即进入省电模式。

2）TC72 温度传感器程序设计

访问 TC72 时可通过内置 SPI 接口或模拟 SPI 接口，图 4-60 给出了 TC72 的多字节读/写操作时序图，源程序中的下述两个核心函数参照该时序编写，例如：

```
void Write_UB_TC72(u8 addr, u8 dat);      //向 TC72 写入命令/数据字节
void Read_UB_TC72_Temperature();          //从 Tc72 读取 2 字节温度数据并转换
```

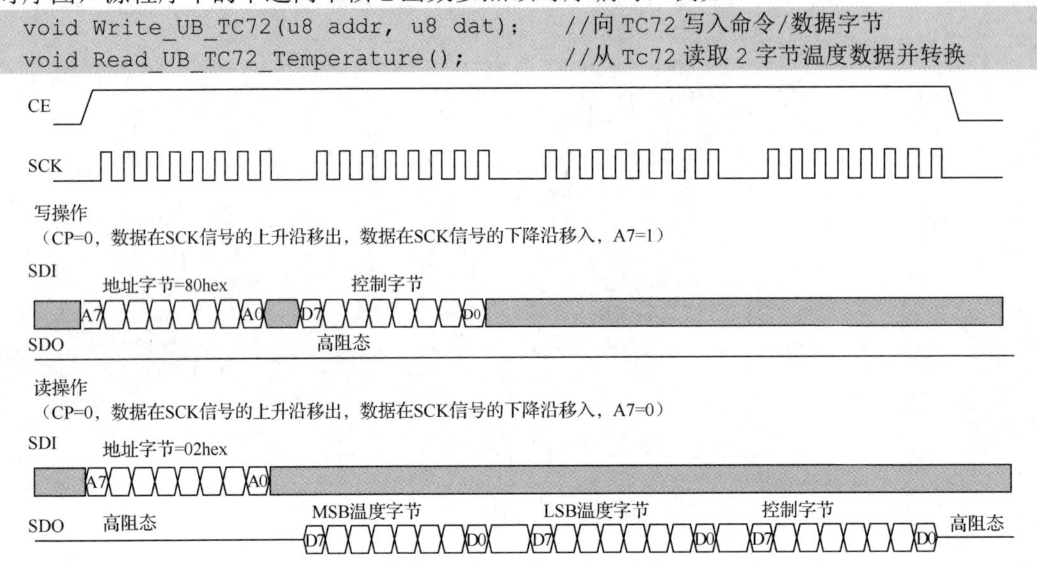

图 4-60 TC72 接口操作时序

有了读/写 TC72 数据命令字节的函数以后，还需要弄清其寄存器地址及温度寄存器数据格式。表 4-19 给出了 TC72 的寄存器地址。

表 4-19 TC72 寄存器地址

寄存器	读地址	写地址	字节位							
			7	6	5	4	3	2	1	0
控制	0x00	0x80	0	0	0	单次	0	1	0	关断
温度低字节	0x01	N/A	T1	T0	0	0	0	0	0	0
温度高字节	0x02	N/A	T9	T8	T7	T6	T5	T4	T3	T2
制造商	0x03	N/A	0	1	0	1	0	1	0	0

主程序根据表 4-18 对 TC72 寄存器地址给出了如下定义：

```
#define TC72_CTRL        0x80           //控制寄存器
#define TC72_TEMP_LSB    0x01           //温度低字节
#define TC72_TEMP_MSB    0x02           //温度高字节
#define TC72_MANU_ID     0x03           //制造商 ID
```

为将 TC72 配置为单次检测与关断省电模式，程序设置 TC72_CTRL 为 0x15，即 00010101。为读取温度寄存器数据，程序访问寄存器地址 TC72_TEMP_LSB(0x01)与 TC72_TEMP_MSB(0x02)，分别读取温度低字节和温度高字节。主程序中的 Read_TC72_Temperature 函数同时给出了连续读取 2 字节温度数据的方法，阅读分析时可参考 TC72 的技术手册。

通过函数 Read_TC72_Temperature 读取 2 字节温度数据 T[0]、T[1]以后，还需要将这 2 字节转换为实际的温度值显示，这项任务由函数 Convert_Temperature 完成，该函数对转换代码附加了详细说明。由表 4-20 所示 2 字节温度数据结构可知，温度整数部分及符号位在 T[1]中，小数部分在 T[0]的高 2 位中。

表 4-20　TC72 温度传感器的 2 个字节温度数据寄存器格式

数　位	B7	B6	B5	B4	B3	B2	B1	B0
高字节	符号位	2^6	2^5	2^4	2^3	2^2	2^1	2^0
低字节	2^{-1}	2^{-2}	0	0	0	0	0	0

读取的 2 个温度字节转换为浮点温度还需要通过计算，TC72 的 2 个温度字节合并后的 16 位数据中低 6 位无效，故右移 6 位将其删除，右移之前要将 16 位数据强制转换为有符号整型数据（int 类型），这样可保证其右移过程被编译为算术右移而不是逻辑右移，使得右移过程中高位的符号位将自动填充，如果原数据高位为 1（表示负数），则右移时高位不断用“1”填充，反之如果原数据高位为 0（表示非负数），则右移过程中高位不断被用“0”填充。由于最后所得数据的低 2 位为小数位，即有 0.25℃/位，故最后乘以 0.25 得到浮点温度值。

```
TempX = (((int)((T[1]<<8)|T[0]))>>6) * 0.25;
```

注：在本案程序中分别提供了 STC15 硬件 SPI 接口与软件模拟 SPI 接口代码，其中硬件 SPI 接口仿真存在缺陷，须补充左移 1 位才能获取正确浮点温度数据，包括正负温度数据。

2. 实训要求

① 修改程序，将 TC72 设置为工作于连续转换模式。

② 重新设计程序，用数码管显示所读取的温度数据。

3. 源程序代码

```
1   //------------------------- main.c ---------------------------------
2   //  名称：SPI 接口温度传感器 TC72 应用
3   //------------------------------------------------------------------
4   //  说明：当程序运行时，单片机将持续从 TC72 温度传感器读取温度数据并转换为
5   //            浮点型字符串行送入液晶屏显示(内置 SPI 接口要在实物电路测试)
6   //
7   //------------------------------------------------------------------
8   #include "STC15xxx.h"
9   #include <intrins.h>
10  #include <stdio.h>
11  #include <math.h>
12  #define u8  unsigned char
13  #define u16 unsigned int
14  //------------------------------------------------------------------
15  //TC72 寄存器地址定义
16  #define TC72_CTRL        0x80    //控制寄存器
17  #define TC72_TEMP_LSB    0x01    //温度低字节
18  #define TC72_TEMP_MSB    0x02    //温度高字节
19  #define TC72_MANU_ID     0x03    //制造商 ID
20  //------------------------------------------------------------------
21  #define SPIF             0x80    //SPSTAT.7
22  #define WCOL             0x40    //SPSTAT.6
23  #define SSIG             0x80    //SPCTL.7
24  #define SPEN             0x40    //SPCTL.6
25  #define DORD             0x20    //SPCTL.5
```

```
26  #define MSTR            0x10    //SPCTL.4
27  #define CPOL            0x08    //SPCTL.3
28  #define CPHA            0x04    //SPCTL.2
29  #define SPDHH           0x00    //CPU_CLK/4
30  #define SPDH            0x01    //CPU_CLK/16
31  #define SPDL            0x02    //CPU_CLK/64
32  #define SPDLL           0x03    //CPU_CLK/128
33  //---------------------------------------------------------------------
34  //SPI 接口引脚定义(物理方式)
35  sbit SPI_CE     = P1^0;         //片选(TC72 高电平使能，低电平禁止)
36  sbit SPI_SI     = P1^3;         //串行数据输入
37  sbit SPI_SO     = P1^4;         //串行数据输出
38  sbit SPI_SCK    = P1^5;         //串行时钟
39  //---------------------------------------------------------------------
40  //SPI 接口引脚定义(模拟方式)
41  sbit CE         = P1^0;         //片选
42  sbit SDI        = P1^3;         //串行数据输入
43  sbit SDO        = P1^4;         //串行数据输出
44  sbit SCK        = P1^5;         //串行时钟
45  //---------------------------------------------------------------------
46  //内置 SPI 寄存器及寄存器位定义
47  //SPCON C3h SPI Control SPR2 SPEN SSDIS MSTR CPOL CPHA SPR1 SPR0
48  //SPSTA C4h SPI Status  SPIF WCOL SSERR MODF - - - -
49  //SPDAT C5h SPI Data    SPD7 SPD6 SPD5  SPD4 SPD3 SPD2 SPD1 SPD0
50  sfr SPCON    =  0xC3;
51  sfr SPSTA    =  0xC4;
52  //---------------------------------------------------------------------
53  extern void Initialize_LCD();
54  extern void LCD_ShowString(u8 r, u8 c,u8 *str);
55  extern void delay_ms(u16 x);
56  //---------------------------------------------------------------------
57  u8 T[2];                        //2 个字节原始温度数据
58  float TempX = 0.0;              //浮点温度值
59  //---------------------------------------------------------------------
60  // SPI 主机初始化 (TC72 工作于 SPI Model)
61  //---------------------------------------------------------------------
62  void SPI_init() {
63      SPCTL |=  (1 << 7);         //禁用 SS，配置为主机模式
64      SPCTL |=  (1 << 6);         //SPI 总线使能
65      SPCTL &= ~(1 << 5);         //MSB 高位优先
66      SPCTL |=  (1 << 4);         //主机模式
67      SPCTL &= ~(1 << 3);         //当时钟线信号为低电平时时钟线处于空闲状态，
68                                  //为高电平时时钟线处于活动采样状态
69      //SPCTL |=  (1 << 3);       //CPOL
70      SPCTL |=  (1 << 2);         //CPHA
71      //SPCTL &= ~(1 << 2);       //起始沿采样(前沿采样)
72      SPCTL |= 3;                 //32 分频
73      //I/O 端口切换:
74      //0: P1.2 P1.3 P1.4 P1.5
75      //1: P2.4 P2.3 P2.2 P2.1
76      //2: P5.4 P4.0 P4.1 P4.3
77      //AUXR1 = (AUXR1 & ~(3<<2)) | (2<<2);
78      SPI_SCK = 0;                //时钟线信号初始时为低电平
79      SPI_SO = 1;                 //SO 线信号初始时为低电平
```

```
80      SPI_SI = 1;                      //SI 线信号初始时为低电平
81      SPSTAT = SPIF + WCOL;            //将 SPIF 和 WCOL 标志清零
82      //使能(SPEN),主机模式(MSTR),64 分频
83      //  SPCTL = SPEN | MSTR; //|SPDL|CPOL;
84      //  SPCTL |= CPOL | CPHA;
85      //  SPSTA = SPIF | WCOL;      //置位 SPIF,WCOL
86  }
87  //-----------------------------------------------------------------------
88  // 写 SPI 数据(硬件 SPI 方式)
89  //-----------------------------------------------------------------------
90  u8 SPI_Transfer(u8 dat) {
91      SPDAT = dat;                     //触发 SPI 总线发送数据
92      while (!(SPSTAT & SPIF));        //等待发送完成
93      SPSTAT = SPIF + WCOL;            //将 SPIF 和 WCOL 标志清零
94      return SPDAT;                    //每写 1 个字节数据均会返回 1 个字节数据
95  }
96  //-----------------------------------------------------------------------
97  // 从当前地址读取 1 个字节数据(模拟 SPI 方式)
98  //-----------------------------------------------------------------------
99  u8 ReadByte(){
100     u8 i    ,d = 0x00;
101     for(i = 0; i < 8; i++) {     //串行读取 8 位数据
102         //SCK 信号下降沿读取数据,读取的位保存到左移以后的 d 的低位
103         SCK = 1; SCK = 0; d = (d << 1) | SDO;
104     }
105     return d;                    //返回读取的字节
106 }
107 //-----------------------------------------------------------------------
108 // 向当前地址写入 1 个字节数据(模拟 SPI 方式)
109 //-----------------------------------------------------------------------
110 void WriteByte(u8 dat) {
111     u8 i;
112     for(i = 0; i < 8; i++) {     //串行写入 8 位数据
113         dat <<= 1; SDI = CY;     //dat 左移位,高位被移入 CY,发送高位
114         SCK = 0; SCK = 1;        //时钟信号上升沿向存储器写入数据
115     }
116 }
117 //-----------------------------------------------------------------------
118 // 向 TC72 写入 2 个字节(地址,数据)(物理 SPI 方式)
119 //-----------------------------------------------------------------------
120 void Write_UA_TC72(u8 addr, u8 dat) {
121     SPI_CE = 1;          delay_ms(1);
122     SPI_Transfer(addr); delay_ms(1);
123     SPI_Transfer(dat);  delay_ms(1);
124     SPI_CE = 0;          delay_ms(1);
125 }
126 //-----------------------------------------------------------------------
127 // 向 TC72 写入 2 个字节(地址,数据)(模拟 SPI 方式)
128 //-----------------------------------------------------------------------
129 void Write_UB_TC72(u8 addr, u8 dat) {
130     CE = 1;              delay_ms(1);
131     WriteByte(addr);     delay_ms(1);
132     WriteByte(dat);      delay_ms(1);
133     CE = 0;              delay_ms(1);
```

```
134 }
135 //-----------------------------------------------------------------------
136 // 写 TC72 配置数据(物理 SPI 方式)
137 //-----------------------------------------------------------------------
138 void Config_UA_TC72() {
139     Write_UA_TC72(TC72_CTRL,0x15); //配置为单次转换与关断模式
140 }
141 //-----------------------------------------------------------------------
142 // 写 TC72 配置数据(模拟 SPI 方式)
143 //-----------------------------------------------------------------------
144 void Config_UB_TC72() {
145     Write_UB_TC72(TC72_CTRL,0x15); //配置为单次转换与关断模式
146 }
147 //-----------------------------------------------------------------------
148 // 从 TC72 读取 2 个字节温度数据并转换为浮点温度值
149 //-----------------------------------------------------------------------
150 void Read_UA_TC72_Temperature() {  //物理方式
151     Config_UA_TC72();
152     SPI_CE = 1;
153     //发送读温度高字节命令
154     delay_ms(1);    SPI_Transfer(TC72_TEMP_MSB);
155     //连续读取 2 个字节(连续读取时先得到的是高字节,后得到的是低字节)
156     delay_ms(1);    T[1] = SPI_Transfer(0xFF);//读高字节
157     delay_ms(1);    T[0] = SPI_Transfer(0xFF);//读低字节
158     SPI_CE = 0;
159     //注：当前版 STC15 SPI 硬件仿真有缺陷,须补充左移 1 位,
160     //故添加了 1 位左移,正常情况下无此操作
161     TempX = (((int)((((T[1]<<8)|T[0])<<1)>>6))) * 0.25;
162     //以下是正常语句:
163     //TempX = (((int)(((T[1]<<8)|T[0]))>>6)) * 0.25;
164 }
165 //-----------------------------------------------------------------------
166 void Read_UB_TC72_Temperature() {  //模拟方式
167     Config_UB_TC72();
168     CE = 1;
169     //发送读温度高字节命令
170     WriteByte(TC72_TEMP_MSB);
171     //连续读取 2 个字节(连续读取时先得到的是高字节,后得到的是低字节)
172     delay_ms(1); T[1] = ReadByte();
173     delay_ms(1); T[0] = ReadByte();
174     CE = 0;
175     TempX = (((int)(((T[1]<<8)|T[0]))>>6)) * 0.25;
176 }
177 //-----------------------------------------------------------------------
178 // 主程序
179 //-----------------------------------------------------------------------
180 void main() {
181     char DisplayBuffer[17];
182     P0M1 = 0x00; P0M0 = 0x00;          //配置为准双向口
183     P1M1 = 0x00; P1M0 = 0x00;          //仅 P1.4 为高阻输入，其他为准双向口
184     P2M1 = 0x00; P2M0 = 0x00;
185     P3M1 = 0xFF; P3M0 = 0x00;          //将 P2 配置为高阻输入
186     CLK_DIV |= 0x07;                   //主时钟 128 分频
187     CLK_DIV |= (1<<3)|(1<<6)|(1<<7);
```

```
188     Initialize_LCD();
189     LCD_ShowString(0,0," SPI TC72 TEST ");
190     SPI_init();      //SPI 主机初始化(专门针对内置 SPI 接口)
191     while(1) {
192         if ((P3 & (1<<2)) == 0) {          //P3.2/P3.4 为选择开关
193             Config_UA_TC72();               //设置 TC72（物理 SPI）
194             Read_UA_TC72_Temperature(); //读取温度
195         } else {
196             Config_UB_TC72();               //设置 TC72（模拟 SPI）
197             Read_UB_TC72_Temperature();//读取温度
198         }
199         //温度值转换为字符串并显示
200         sprintf(DisplayBuffer,"%  TEMP: %6.1f\xDF\x43",TempX);
201         LCD_ShowString(1,0,DisplayBuffer);
202         delay_ms(100);
203     }
204 }
```

4.25 16 位 A/D 转换芯片 LTC1864 应用

16 位 A/D 转换芯片 LTC1864 应用电路如图 4-61 所示。在该电路中，外部模拟电压经 LTC1864 执行 A/D 转换后，再通过程序计算得到温度值，然后发送 1602 液晶屏刷新显示。

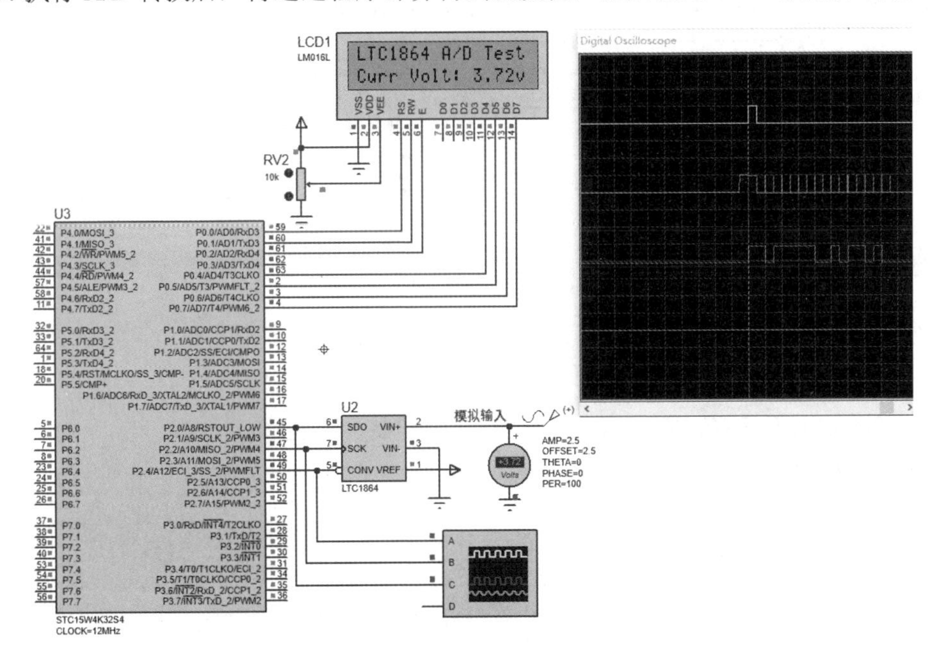

图 4-61 16 位 A/D 转换芯片 LTC1864 应用电路

1. 程序设计与调试

1）LTC1864 简介

LTC1864 是采用 MSOP 和 SO-8 封装的 16 位 A/D 转换器，采用单 5V 工作电源，在 250ksps 采样速率下，电源电流仅为 850μA。在较低速度下，电源电流将减小，原因是 LTC1864 在转换操作之间能够自动断电。LTC1864 具有一个差分模拟输入和一个可调基准引脚。

LTC1864 具备 3 线串行 I/O，小型 MSOP 或 SO-8 封装及非常高的采样速率功率比，使其成为低功率、高速和紧凑型系统应用的理想选择，可用于比值测量，或采用外部基准。它具有高阻抗模拟输入，且全量程范围可以减小到 1V，因此在很多应用中可以直接连接到信号源而不需要外部信号放大电路。

LTC1864 的主要引脚如下。

VREF：基准输入。定义 A/D 转换器的输入电压范围，该引脚必须避免相对于 GND 的噪声。

IN+与 IN−：模块输入。

GND：模拟地。

CONV：转换输入。该引脚上的逻辑高电平将开始一个 A/D 转换过程，转换结束后如果保持为高电平，器件将掉电。该引脚的一个逻辑低电平可使能 SDO 引脚，允许数据移位输出。

SDO：数字输出。

SCK：串行移位时钟输入。

VCC：正电源。该项电源应避免噪声的存在，可采用旁路电容连接在电源与模拟地之间。

2）*LTC1864 应用程序设计*

LTC1864 的转换周期开始于 CONV 上升沿，经 t_{CONV} 时间后转换完成。此后如果 CONV 仍为高电平，LTC1864 将进入睡眠模式，此时消耗的功率仅为漏电流。在 CONV 下降沿，LTC1864 进入采样模式，同时也可实现 SDO 引脚输出，SCK 使在其每个下降从 SDO 输出的数字同步。接收端须在 SCK 上升沿接收来自 SDO 的数字信号。完成转换后，在 CONV 为低电平条件下，如果 SCK 信号还存在，则 SDO 将持续输出 0。图 4-62 给出了 LTC1864 的工作时序，启动 A/D 转换并读取 A/D 转换值的函数 Read_ADC 即参照该时序图编写。

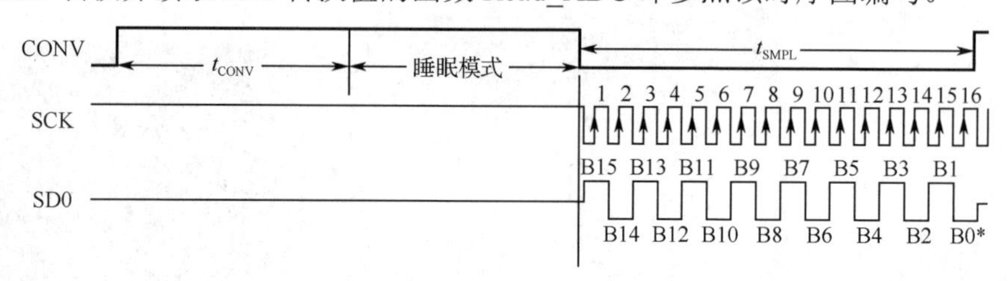

图 4-62　LTC1864 的工作时序

2. 实训要求

① 修改电路并改写程序，在数码管上显示模拟电压值。

② 尝试用 LM35+ LTC1864 设计测温电路并编程显示温度值。

3. 源程序代码

```
1   //----------------------------------------------------------------------
2   //  名称：16 位 A/D 转换芯片 LTC1864 应用
3   //----------------------------------------------------------------------
4   //  说明：外部输入模拟电压经 LTC1864A/D 转换后显示在液晶屏上
5   //
6   //----------------------------------------------------------------------
7   #define u8  unsigned char
8   #define u16 unsigned int
9   #define u32 unsigned long
10  #include "STC15xxx.h"
11  #include <intrins.h>
12  #include <stdio.h>
13  #include <math.h>
14  sbit SDO =  P2^0;    //串行数据输出引脚
15  sbit SCK =  P2^2;    //串行时钟引脚
16  sbit CONV = P2^4;    //转换控制引脚
```

```
17  extern void Initialize_LCD();
18  extern void LCD_ShowString(u8 r, u8 c,u8 *str);
19  extern void Delay1ms();
20  //-----------------------------------------------------------------
21  // 读取 LTC1864A/D 转换值(16 位,2 字节)
22  //-----------------------------------------------------------------
23  long Read_ADC() {
24      u8 i; long dat = 0x0000;
25      SCK = 1;                        //将时钟线信号置为高电平
26      CONV = 0; Delay1ms();
27      CONV = 1;                       //CONV 信号上升沿启动转换
28      Delay1ms();                     //转换延时
29      CONV = 0;                       //转换结束,开始采样数据
30      for (i = 0;i < 16; i++) {       //串行读取 16 位
31          SCK = 0; Delay1ms();
32          SCK = 1;
33          dat = (dat<<1) | SDO;       //读取一位(由高位开始)
34      }
35      SCK = 0;                        //将时钟线信号置为低电平
36      return dat;
37  }
38  //-----------------------------------------------------------------
39  // 主程序
40  //-----------------------------------------------------------------
41  void main() {
42      char dispBuff[17];
43      P0M1 = 0; P0M1 = 0;             //配置为准双向口
44      P2M1 = 0; P2M1 = 0;
45      Initialize_LCD();               //初始化液晶屏
46      LCD_ShowString(0,0,"LTC1864 A/D Test");
47      while(1) {
48          sprintf(dispBuff,"Curr Volt: %4.2fv", Read_ADC() * 5.0 / 65535.0 );
49          LCD_ShowString(1,0,dispBuff);
50      }
51  }
```

4.26 NTC 热敏电阻应用测试

NTC 热敏电阻应用测试电路如图 4-63 所示。在该仿真电路中，使用了 NTC 热敏电阻。当仿真电路运行时，在不同温度下分压电路将向 STC15 的 AD0 通道送入不同的模拟电压值，通过 A/D 转换值及其温度计算公式即可得出当前温度值。

1. 程序设计与调试

1）NTC 热敏电阻（负温度系数热敏电阻）

NTC 是负温度系数（Negative Temperature Coefficient）的英文缩写，泛指负温度系数很大的半导体材料或元器件。所谓 NTC 热敏电阻就是负温度系数热敏电阻。它是以锰、钴、镍和铜等金属氧化物为主要材料，采用陶瓷工艺制造而成的。这些金属氧化物材料都具有半导体性质，因为在导电方式上完全类似锗、硅等半导体材料。在温度低时，这些氧化物材料的载流子（电子和孔穴）数目少，所以其电阻值较高；随着温度的升高，载流子数目增加，所以电阻值降低。NTC 热敏电阻器在室温下的变化范围在 100～1 000 000Ω，温度系数-2%～-6.5%。NTC 热敏电阻器广泛用于测温、控温、温度补偿等方面。

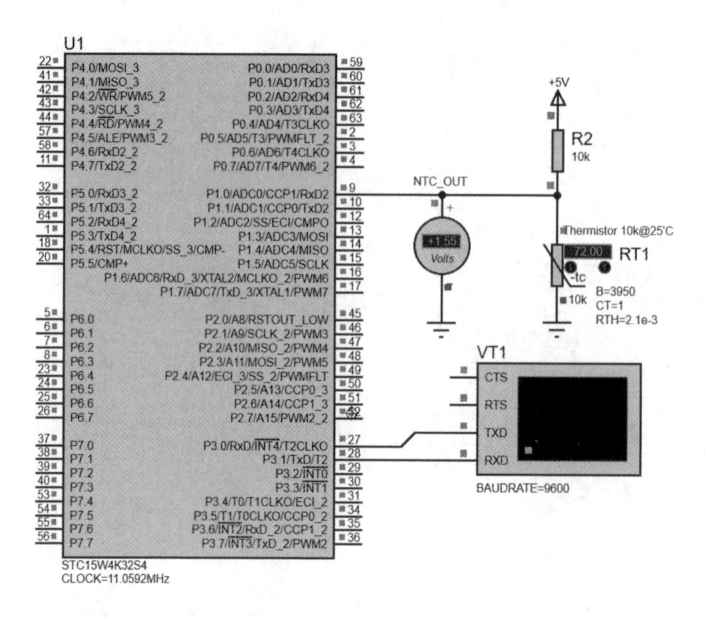

图 4-63　NTC 热敏电阻应用测试电路

2）NTC 温度程序设计

已知 NTC 热敏电阻在 T_1 温度下的电阻值 Rt 的计算公式为

$$\mathrm{R}t\ = Re^{[B(1/T_1-1/T_2)]} \tag{4-1}$$

式中，T_1，T_2 均为开尔文温度，且 T_2 =（273.15+25）K。

本案例使用的是 Risym 公司的 NTC 热敏电阻 MF52AT。该 NTC 热敏电阻的相关参数如下。

R: NTC 热敏电阻在 T_2 常温（25℃，即（273.15+25）K 下的标称电阻值（MF52AT 为 10kΩ）。

B: NTC 热敏电阻系数（通常取值：3000～4000，MF52AT 为 3950）。

案例程序中有如下定义：

```
#define T2  (273.15+25) //标称电阻下的温度（25℃，即（273.15+25K）
#define R   10000       //25℃下的电阻值（10kΩ）
#define B   3950        //NTC 热敏电阻系数（通常为 3000～4000）
```

根据式（4-1）可得

$$T_1=1/[\ln(\mathrm{Rt}/R)/B+1/T_2] \tag{4-2}$$

2. 实训要求

① 修改电路用 1602 液晶屏显示当前温度。

② 改用 T6963C 液晶屏以中文方式显示当前温度。

3. 源程序代码

```
1   //------------------------------------------------------------------
2   //  名称：NTC 热敏电阻应用测试
3   //------------------------------------------------------------------
4   //  说明：使用负温度系数 NTC 热敏电阻完成温度检测。在不同温度下分压电路
5   //        向 STC15 的 AD0 通道送入不同的模拟电压值，通过 A/D 转换值及特定计算公
6   //        式即可得出温度值
7   //
8   //------------------------------------------------------------------
9   #define MAIN_Fosc 11059200L//晶振频率
10  #define u8  unsigned char
11  #define u16 unsigned int
12  #include "STC15xxx.h"
```

```
13 #include <intrins.h>
14 #include <stdio.h>
15 #include <math.h>
16 //--------------------------------------------------------------------
17 #define ADC_POWER   0x80     //ADC 电源控制位
18 #define ADC_FLAG    0x10     //ADC 完成标志
19 #define ADC_START   0x08     //ADC 起始控制位
20 #define ADC_SPEEDLL 0x00     //540 个时钟周期
21 #define ADC_SPEEDL  0x20     //360 个时钟周期
22 #define ADC_SPEEDH  0x40     //180 个时钟周期
23 #define ADC_SPEEDHH 0x60     //90 个时钟周期
24 //--------------------------------------------------------------------
25 #define tPin    0            //模拟信号输入通道 0
26 #define R1      10000        //串接电阻 R1 的电阻值(10K)
27 #define T2      (273.15+25) //标称电阻下的温度，即 25℃，对应（273.15+25）K
28 #define R       10000        //25℃下的电阻值（10K）
29 #define B       3950         //热敏电阻系数（通常为 3000～4000）
30 //--------------------------------------------------------------------
31 bit TX1_Busy = 0;
32 char disp_buff[30];
33 //--------------------------------------------------------------------
34 // 延时函数(参数取值限于 1~255)
35 //--------------------------------------------------------------------
36 void delay_ms(u8 ms) {
37     u16 i;
38     do{
39         i = MAIN_Fosc / 13000;
40         while(--i);
41     }while(--ms);
42 }
43 //--------------------------------------------------------------------
44 // 初始化串口(9600bit/s，11.0592MHz)
45 //--------------------------------------------------------------------
46 void UartInit() {
47     SCON = 0x50;             //8 位数据,可变波特率
48     AUXR &= 0xBF;            //定时器 1 时钟频率为 Fosc/12,即 12T
49     AUXR &= 0xFE;            //串口 1 选择定时器 1 为波特率发生器
50     TMOD &= 0x0F;            //设定定时器 1 为 16 位自动重装方式
51     TL1 = 0xE8;              //设定定时初始值
52     TH1 = 0xFF;              //设定定时初始值
53     ET1 = 0;                 //禁止定时器 1 中断
54     TR1 = 1;                 //启动定时器 1
55     TX1_Busy = 0;            //默认为非忙状态
56 }
57 //--------------------------------------------------------------------
58 // 向串口输出 1 个字符
59 //--------------------------------------------------------------------
60 void PutChar(u8 c) {
61     SBUF = c; TX1_Busy = 1; while(TX1_Busy);
62 }
63 //--------------------------------------------------------------------
64 // 串口输出字符串
```

```
65 //------------------------------------------------------------------
66 void Putstr(char *s) { while(*s != '\0') PutChar(*s++); }
67 //------------------------------------------------------------------
68 // 初始化 ADC
69 //------------------------------------------------------------------
70 void InitADC() {
71     P1ASF = 0xFF;                          //将 P1 设为 A/D 口
72     ADC_RES = 0;                           //清除结果寄存器
73     ADC_CONTR = ADC_POWER | ADC_SPEEDLL;
74     delay_ms(2);                           //ADC 上电并延时
75 }
76 //------------------------------------------------------------------
77 // 读取 ADC 结果
78 //------------------------------------------------------------------
79 u16 GetADCResult(u8 ch) {
80     ADC_CONTR = ADC_POWER | ADC_SPEEDLL | ADC_START | ch;
81     _nop_(); _nop_(); _nop_(); _nop_();
82     while (!(ADC_CONTR & ADC_FLAG));       //等待 ADC 转换完成
83     ADC_CONTR &= ~ADC_FLAG;                //关闭 ADC
84     return (ADC_RES<<2) | ADC_RESL;        //读取转换结果,并转换为电压值
85 }
86 //------------------------------------------------------------------
87 // 获取 NTC 值
88 //------------------------------------------------------------------
89 void get_NTC() {
90     float V = 0, Rt, T1;  u8 i;
91     for (i = 0; i < 5; i++) {              //完成 5 次采样
92         V += (int)GetADCResult(tPin);      //A/D 转换后的模数值累加
93         delay_ms(5);
94     }
95     V /= 5;                                //均值为分压值对应的模数值
96     Rt = R1 / (1024.0/V - 1);              //根据分压模数值计算阻值
97     T1 = 1 /(log(Rt/R) / B + 1 / T2);      //(温度计算公式)
98     T1 -= 273.15;                          //开尔文温度转换为摄氏度
99     sprintf(disp_buff,"Res = %5.1f  Temp = %4.1f*C\r\a",Rt,T1);
100    Putstr(disp_buff);
101    delay_ms(500);
102 }
103 //------------------------------------------------------------------
104 // 主程序
105 //------------------------------------------------------------------
106 void main() {
107    P1M1 = 0xFF; P3M0 = 0x00;         //将 P1 配置为高阻输入
108    P3M1 = 0x00; P3M0 = 0x00;         //将 P3 配置为准双向口
109    InitADC();                        //初始化 ADC
110    UartInit();                       //初始化串口
111    ES = 1; EA = 1;                   //允许串口中断,开总中断
112    while (1) {
113        get_NTC(); delay_ms(10);
114    }
115 }
116 //------------------------------------------------------------------
```

```
117 // 串口接收中断函数
118 //------------------------------------------------------------
119 void Serial_INT() interrupt 4 {
120     if (RI) RI = 0;
121     if (TI) { TI = 0; TX1_Busy = 0; }
122 }
```

4.27　温湿度传感器 SHT75 应用

瑞士 SENSIRION 公司生产的温湿度传感器 SHT75 体积小、功耗低。SHT75 在使用电池供电时可以长期稳定运行，且其防浸泡特性使其在高湿环境下也能长期正常工作。它是各类温湿度测量系统应用设计的首选传感器。温湿度传感器 SHT75 应用电路如图 4-64 所示，该仿真电路对该器件进行了应用测试，所读取的温湿度数据及露点数据用液晶屏刷新显示。

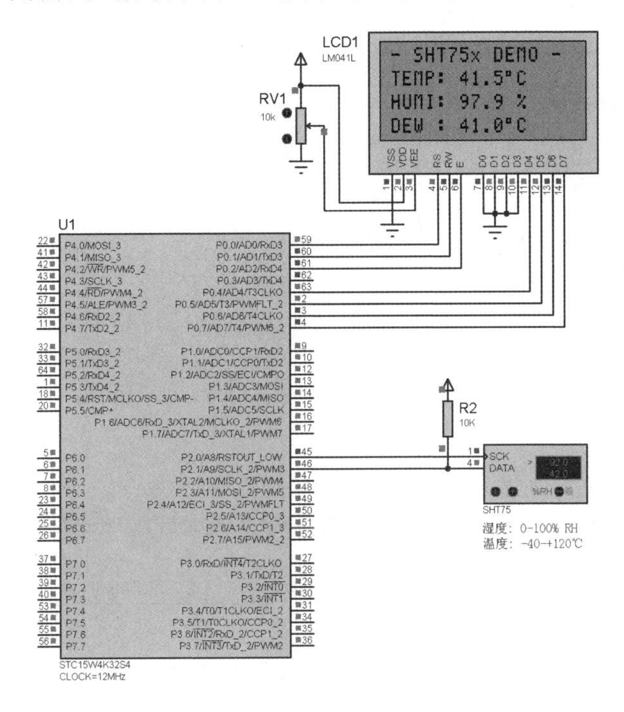

图 4-64　温湿度传感器 SHT75 应用电路

1．程序设计与调试

1）温湿度相关知识

空气湿度有绝对湿度和相对湿度之分，日常生活中所指的湿度为相对湿度（Relative Humidity，RH），空气湿度可通俗地理解为空气的潮湿程度，下面对有关湿度的概念进行简要说明。

① 绝对湿度：空气的湿度可以用空气中所含水蒸气的密度，即单位体积的空气中所含水蒸气的质量来表示。由于直接测量空气中水蒸气的密度比较困难，而水蒸气的压强随水蒸气密度的增大而增大，所以通常用空气中水蒸气的压强 p 来表示空气的绝对湿度。

② 相对湿度：相对湿度的概念用于表示空气中的水蒸气离饱和状态的远近程度，某温度时空气的绝对湿度 p 与同一温度下水的饱和气压 p_s 的百分比称为此时空气的相对湿度，不同温度下水的饱和气压可以查表得到，在绝对湿度 p 不变而温度降低时，水的饱和气压减小使空气的相对湿度增大。

③ 露点：指水蒸气凝结开始出现时的温度（也就是空气达到饱和的温度）。

2）SHT75 简介

SHT75 是瑞士 SENSIRION 公司生产的一种高度集成的温湿度传感器，具有 14 位的温度和 12 位的湿度全量程标定数字输出。传感器包含 1 个电容性聚合体相对湿度传感器和 1 个带隙温度传感器，14 位 A/D 转换器及 1 个 2 线式数字接口电路。湿度在 0%～100%RH 范围内能达到±1.8%的高精度，温度能在 25℃时把误差控制在±0.3℃的范围内。SHT75 工作电压为 2.4～5.5V，体积小、功耗低，使用电池供电可以长期稳定运行，防浸泡特性使其在高湿环境下也能长期正常工作，它是各类温湿度测量系统应用设计的首选传感器。

SHT75 的分辨率可以根据现场的采集速率进行调整，一般情况下默认的测量分辨率分别为 14（温度）、12（湿度），在高速采集时可通过状态寄存器将其分别降至 12 和 8，它对温度的测量范围为−40～123.8℃，对湿度的测量范围为 0%～100%RH。SHT7x 系列的内部结构与外部引脚如图 4-65 所示。

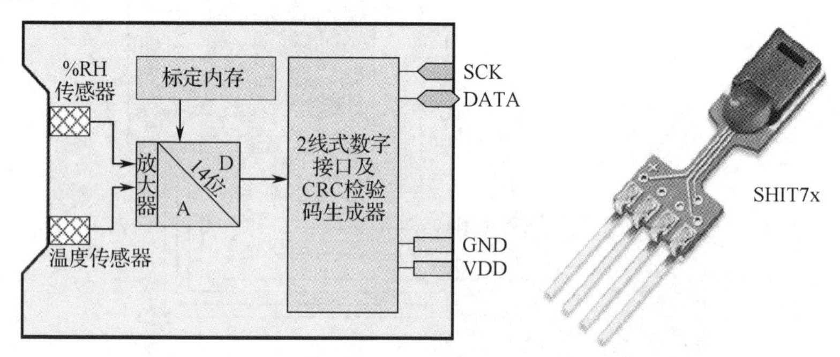

图 4-65　SHT7x 系列内部结构与外部引脚

3）SHT75 程序设计

为 SHT75 编写程序时，要参考 SHT75 命令集及操作时序等。

（1）SHT75 命令集如表 4-21 所示。参考表 4-21，本案例程序文件 SHT75.c 列出了以下相关定义：

```
//SHT75 命令集                              //地址   命令     读/写
#define MEASURE_TEMP          0x03          //000    0001     1，温度
#define MEASURE_HUMI          0x05          //000    0010     1，湿度
#define STATUS_REG_W          0x06          //000    0011     0，写寄存器
#define STATUS_REG_R          0x07          //000    0011     1，读寄存器
#define RESET                 0x1E          //000    1111     0，复位
```

表 4-21　SHT75 命令集

功　能	命　令			
	地　址	命　令	读/写	十六进制命令字节
测量温度	000	0001	1	0x03
测量湿度	000	0010	1	0x05
读状态寄存器	000	0011	1	0x07
写状态寄存器	000	0011	0	0x06
软件复位，复位接口，将状态寄存器清为默认值，在执行下一命令前等待 11ms	000	1111	0	0x1E

（2）图 4-66 是传感器连接复位时序，传感器连接复位函数 s_ConnectionReset（）根据该时序图编写。

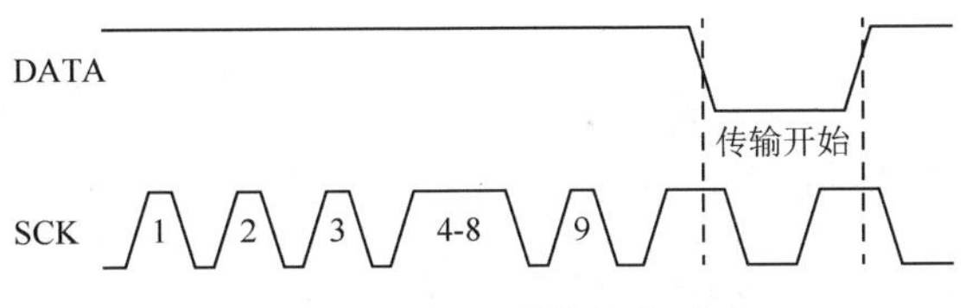

图 4-66　SHT75 连接复位时序

（3）图 4-67 是 SHT75 的状态寄存器写时序（左）与读时序（右），写状态寄存器函数 s_Write_StatusReg（u8 *p_value）与读状态寄存器函数 s_Read_StatusReg（u8 *p_value, u8 *p_checksum）分别参照该时序图编写。状态寄存器的最低位为精度选择位，取 0 时表示 14 位温度精度与 12 位湿度精度，取 1 时为 12 位温度精度与 8 位湿度精度，默认值为 0。

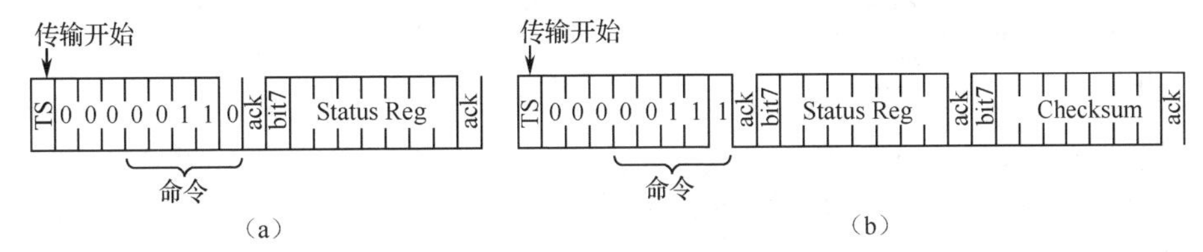

图 4-67　SHT75 状态寄存器写时序（a）与读时序（b）

（4）图 4-68 是 SHT75 温/湿度数据测量时序，函数 u8 s_Measure（u8 *p_value, u8 *p_checksum, u8 mode）根据该时序图编写。

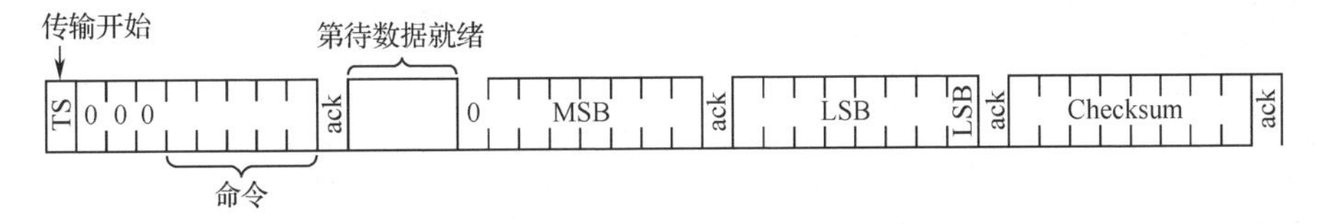

图 4-68　SHT75 温湿度数据测量时序

（5）在计算温度与湿度值时，可参考 SHT75 技术手册中第 3 部分温湿度转换系数与计算公式（表 4-22），其中 SO_{RH} 为传感器输出的相对湿度，SO_T 为传感器输出的温度。最后的结果由表中所附的公式计算。源程序中计算温湿度的函数 Calc_STH75（float *p_humidity ，float *p_temperature）即根据该表格系数与相应公式编写。

表 4-22　温湿度转换系数与计算公式

湿度转换系数				温度补偿系数			温度转换系数	
SO_{RH}	c_1	c_2	c_3	SO_T	t_1	t_2	d_1（在 5V 下）	d_2
12 位	−4.0	0.040 5	-2.8×10^{-6}	14 位	0.01	0.000 08	−40	0.01
8 位	−4.0	0.648	-7.2×10^{-4}	12 位	0.01	0.001 28	−40	0.04

注：$RH_{linear} = c_1 + c_2 \cdot SO_{RH} + c_3 \cdot SO^2_{RH}$

$RH_{true} = (T-25) \cdot (t_1 + t_2 \cdot SO_{RH}) + RH_{linear}$

$Temperature = d_1 + d_2 \cdot SO_T$

2. 实训要求

① 重新修改程序，用数码管分别显示温湿度数据。

② 重新改用中文液晶屏设计，将温湿度数据显示在液晶屏上。

③ 阅读 SHT75 技术手册中有关状态寄存器的详细内容，重新设计程序使系统能够在相对湿度大于 95%RH 时开启加热器。

3. 源程序代码

```
1   //-----------------------------------------------------------------------
2   //  名称:温湿度传感器 SHT75 应用
3   //-----------------------------------------------------------------------
4   //  说明:本例演示了 SHT75 温湿度传感器的程序设计方法,包括
5   //       器件连接复位,湿度检测(12 位),温度检测(14 位),温湿度计算,
6   //       露点计算及显示等
7   //
8   //-----------------------------------------------------------------------
9   #define u8  unsigned char
10  #define u16 unsigned int
11  #include "STC15xxx.h"
12  #include "LM041L-4bit.h"
13  #include <intrins.h>
14  #include <math.h>
15  #include <stdio.h>
16  //为便于数据分解而定义的联合体类型 value
17  typedef union { u16 i;  float f;} value;
18  //枚举类型常量(温度,湿度)
19  enum { TEMP,HUMI };
20  //温湿度传感器引脚定义
21  sbit SCK = P2^0;
22  sbit SDA = P2^1;
23  //是否应答
24  #define NACK    0
25  #define ACK     1
26  //SHT75 命令集            地址      命令 读/写
27  #define MEASURE_TEMP    0x03     //000 0001  1
28  #define MEASURE_HUMI    0x05     //000 0010  1
29  #define STATUS_REG_W    0x06     //000 0011  0
30  #define STATUS_REG_R    0x07     //000 0011  1
31  #define RESET           0x1E     //000 1111  0
32  //-----------------------------------------------------------------------
33  // 写 1 个字节到 SHT75 并检查应答
34  //-----------------------------------------------------------------------
35  u8 s_Write_Byte(u8 dat) {
36      u8 i,error = 0;
37      for (i = 0x80; i > 0; i >>= 1 ) {  //从字节高位开始向 SDA 写入 8 位
38          if (i & dat) SDA = 1; else SDA = 0;
39          SCK = 1; SCK = 0;              //模拟传感器总线约 5μs 脉宽时钟信号
40      }
41      SDA = 1;                           //释放数据线
42      SCK = 1;
43      error = SDA;                       //正常时 SDA 信号将被 SHT75 拉为低电平
44      SCK = 0;
45      return error;                      //返回 1 表示无应答时
46  }
47  //-----------------------------------------------------------------------
48  // 从传感器读一字节(参数 ack 为 1 时发送应答)
49  //-----------------------------------------------------------------------
```

```
50  u8 s_Read_Byte(u8 ack) {
51      u8 i,val = 0x00;
52      SDA = 1;                                    //释放数据线
53      for (i = 0x80; i > 0; i >>= 1) {            //读取 8 位,先读取的为高位
54          SCK = 1;                                //模拟总线时钟
55          if (SDA) val |= i;                      //读取 1 位
56          SCK = 0;
57      }
58      SDA = !ack;                                 //参数 ack 为 1 时,SDA 信号被拉低为 0
59      SCK = 1;                                    //第 9 个时钟周期读取应答
60      _nop_();_nop_();_nop_();                    //脉宽约为 5μs
61      SCK = 0; SDA = 1;                           //释放数据线
62      return val;
63  }
64  //--------------------------------------------------------------------
65  // 传输开始
66  //--------------------------------------------------------------------
67  void s_TransStart() {
68      SDA = 1;                                    //初始状态
69      SCK = 0; _nop_(); SCK = 1; _nop_(); SDA = 0; _nop_();
70      SCK = 0; _nop_(); _nop_(); _nop_();
71      SCK = 1; _nop_(); SDA = 1; _nop_(); SCK = 0;
72  }
73  //--------------------------------------------------------------------
74  // 传感器连接复位
75  //--------------------------------------------------------------------
76  void s_ConnectionReset() {
77      u8 i;
78      SDA = 1; SCK = 0;                           //初始状态
79      for(i = 0;i < 9; i++) { SCK = 1; SCK = 0; } //9 个时钟周期
80      s_TransStart();                             //传输开始
81  }
82  //--------------------------------------------------------------------
83  // 传感器软复位
84  //--------------------------------------------------------------------
85  u8 s_SoftReset() {
86      u8 error = 0;
87      s_ConnectionReset();                        //传感器连接复位
88      error += s_Write_Byte(RESET);               //向传感器发送复位命令
89      return error;                               //无响应时返回 1
90  }
91  //--------------------------------------------------------------------
92  // 写状态寄存器
93  //--------------------------------------------------------------------
94  u8 s_Write_StatusReg(u8 *p_value) {
95      u8 error = 0;
96      s_TransStart();                             //传输开始
97      error += s_Write_Byte(STATUS_REG_W);//向传感器发送命令 STATUS_REG_W
98      error += s_Write_Byte(*p_value);    //发送状态寄存器的值
99      return error;                               //无响应时返回 1
100 }
101 //--------------------------------------------------------------------
102 // 读状态寄存器
103 //--------------------------------------------------------------------
```

```
104 u8 s_Read_StatusReg(u8 *p_value, u8 *p_checksum) {
105     u8 error = 0;
106     s_TransStart();                          //传输开始
107     error       = s_Write_Byte(STATUS_REG_R);//向传感器发送读状态命令
108     *p_value    = s_Read_Byte(ACK);      //读状态寄存器(8 位)
109     *p_checksum = s_Read_Byte(NACK);     //读取校验和(8 位)
110     return error;                            //无响应时返回 1
111 }
112 //-------------------------------------------------------------------------
113 // 根据操作模式 mode 分别进行温度与湿度测量,并读取校验码
114 //-------------------------------------------------------------------------
115 u8 s_Measure(u8 *p_value, u8 *p_checksum, u8 mode) {
116     u16 i = 0, error = 0;
117     s_TransStart();                          //传输开始
118     switch(mode) {                           //向传感器发送命令
119         case TEMP : error += s_Write_Byte(MEASURE_TEMP); break;
120         case HUMI : error += s_Write_Byte(MEASURE_HUMI); break;
121         default   : break;
122     }
123     //等待传感器完成温/湿度数据检测
124     for (i = 0;i < 65535; i++) if(SDA == 0) break;
125     if(SDA) error += 1;                      //2s 后 SDA 为 1 则记为超时
126     *(p_value)      = s_Read_Byte(ACK); //读第 1 个字节(应答)
127     *(p_value + 1)  = s_Read_Byte(ACK); //读第 2 个字节(应答)
128     *p_checksum     = s_Read_Byte(NACK);//读校验码(不应答)
129     return error;
130 }
131 //-------------------------------------------------------------------------
132 // 计算温/湿度
133 //-------------------------------------------------------------------------
134 void Calc_STH75(float *p_humidity ,float *p_temperature){
135     const float C1 = -4.0;                   //12 位,系数“C1”
136     const float C2 = +0.0405;                //12 位,系数“C2”
137     const float C3 = -0.0000028;             //12 位,系数“C3”
138     const float T1 = +0.01;                  //14 位 (在 5V 下),系数“T1”
139     const float T2 = +0.00008;               //14 位 (在 5V 下),系数“T2”
140     float rh = *p_humidity;                  //“rh”为湿度, 12 位
141     float t  = *p_temperature;               //“t”为温度, 14 位
142     float rh_lin;                            //“rh_lin”为线性湿度
143     float rh_true;                           //“rh_true”为温度补偿湿度
144     float t_C;                               //“t_C”为温度(℃)
145     t_C = t * 0.01 - 40;                     //计算温度
146     rh_lin = C3 * rh * rh + C2 * rh + C1;//计算湿度
147     rh_true=(t_C - 25) * (T1 + T2 * rh) + rh_lin;//计算温度补偿湿度
148     if(rh_true > 100) rh_true = 100;     //将湿度数据限制在正常范围之内
149     if(rh_true < 0.1) rh_true = 0.1;     //即 0.1%~100%
150     *p_temperature = t_C;                    //返回温度 (℃)
151     *p_humidity = rh_true;                   //返回湿度 (%)
152 }
153 //-------------------------------------------------------------------------
154 // 根据输入的湿度与温度计算露点
155 //-------------------------------------------------------------------------
156 float Calc_Dew_Point(float h, float t) {
157     float logEx,dew_point;
```

```
158     logEx = 0.66077 + 7.5 * t / (237.3 + t) + (log10(h) - 2);
159     dew_point = (logEx - 0.66077) * 237.3 / (0.66077 + 7.5 - logEx);
160     return dew_point;
161 }
162 //----------------------------------------------------------------------
163 // 主程序
164 //----------------------------------------------------------------------
165 void main() {
166     value humi_val,temp_val;                //温度,湿度变量(联合体类型)
167     float dew_point;                        //露点变量
168     u8 error,checksum;                      //出错标识值,检验和
169     u16 i;
170     char Disp_Buff[17];                     //液晶屏显示缓冲数据
171     P0M1 = 0; P0M0 = 0;                     //初始化为准双向口
172     P1M1 = 0; P1M0 = 0;
173     Initialize_LCD();                       //初始化液晶屏
174     LCD_Show_String(0,0,"- SHT75x DEMO - ");//液晶屏显示标题文字
175     s_ConnectionReset();                    //传感器连接复位
176     while(1) {
177         error = 0;                          //初始时错误标记为0
178         //检测温度数据
179         error += s_Measure((u8*)&humi_val.i,&checksum,HUMI);
180         //检测湿度数据
181         error += s_Measure((u8*)&temp_val.i,&checksum,TEMP);
182         //出错则连接复位
183         if(error != 0) s_ConnectionReset();
184         else {
185             //温度,湿度数据转换为浮点类型
186             humi_val.f = (float)humi_val.i;
187             temp_val.f = (float)temp_val.i;
188             //计算温度,湿度数据
189             Calc_STH75(&humi_val.f,&temp_val.f);
190             //计算露点数据
191             dew_point = Calc_Dew_Point(humi_val.f,temp_val.f);
192             //分别显示温度,湿度,露点三项数据
193             sprintf(Disp_Buff,"TEMP:%5.1f\xDF\x43",temp_val.f);
194             LCD_Show_String(1,0,Disp_Buff);
195             sprintf(Disp_Buff,"HUMI:%5.1f %%",     humi_val.f);
196             LCD_Show_String(2,0,Disp_Buff);
197             sprintf(Disp_Buff,"DEW :%5.1f\xDF\x43",dew_point);
198             LCD_Show_String(3,0,Disp_Buff);
199         }
200         for (i = 0;i < 40000; i++); //延时约0.8s,以避免器件过热
201     }
202 }
```

4.28 温湿度传感器 DHT22 应用

温湿度传感器 DHT22 应用电路如图 4-69 所示。该电路使用了非常典型的温湿度传感器 DHT22（AM2302）。当本案例程序运行时，当前湿度值、温度值将实时刷新显示在 1602 液晶屏上。

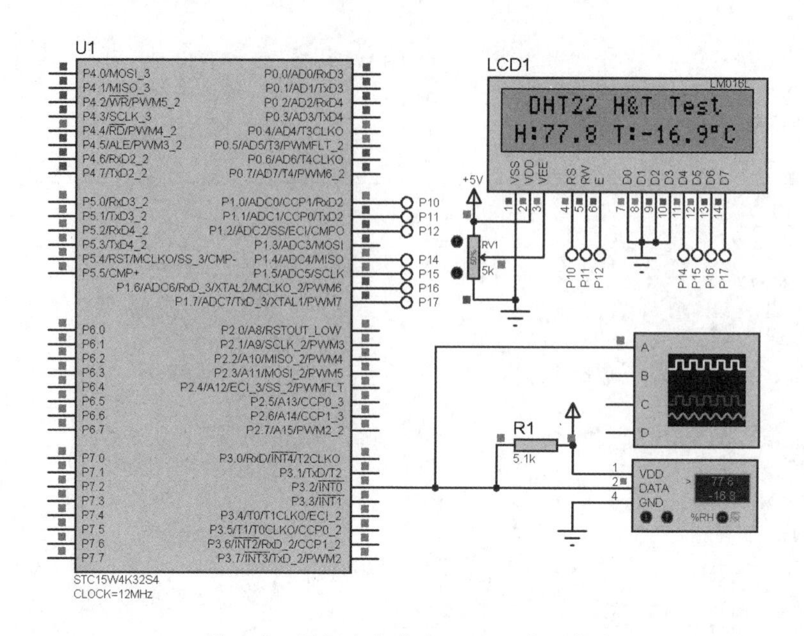

图 4-69　温湿度传感器 DHT22 应用电路

1．程序设计与调试

1）DHT22 简介

图 4-70　DHT22 传感器（AM2302）

本案例所使用的温湿度复合传感器为 DHT22（又称 AM2302）如图 4-70 所示，它使用了专用的数字模块采集和温湿度传感技术，包括一个电容式感湿元件和一个高精度测温元件，并与一个高性能 8 位微控制器相连接，具有超快响应、抗干扰能力强、性价比极高等优点。每个 DHT22 传感器均在极为精确的湿度校验室中进行校准，校准系数以程序的形式储存在微控制器中，传感器内部在检测信号的处理过程中要调用这些校准系数。器件为标准单总线接口，系统集成简单快捷，信号传输距离可达 20 米以上。DHT22 可用于暖通空调、除湿器、测试及检测设备、消费品、汽车、自动控制、数据记录器、家电、湿度调节器、医疗、气象站、及其他相关湿度检测控制等。

2）DHT22 程序设计

DHT22 采用简化的单总线通信，数据交换、控制均由一根数据线（SDA）完成。设备（微控制器）通过一个漏极开路或三态端口连至数据线 SDA，设备在不发送数据时能够释放总线，让其它设备使用总线。单总线通常要求外接约 5.1kΩ 上拉电阻，总线闲置时可确保使其状态为高电平。由于是主从结构，只有主机呼叫传感器时，传感器才会应答，因此主机访问传感器须严格遵照图 4-71 给出的 DHT22（AM2302）单总线通信协议及图 4-72 给出的时序。

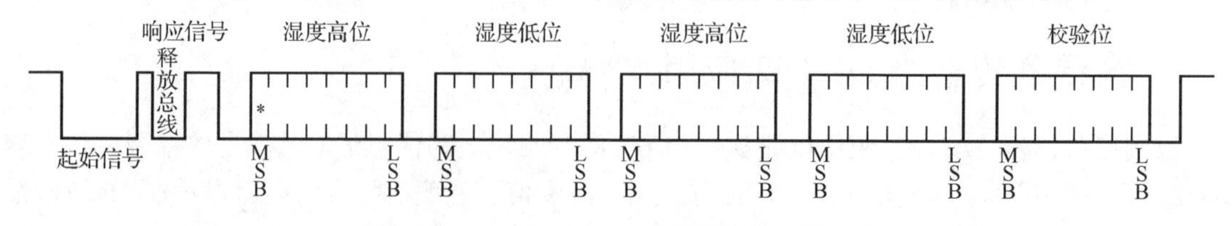

图 4-71　DHT22（AM2302）单总线通信协议

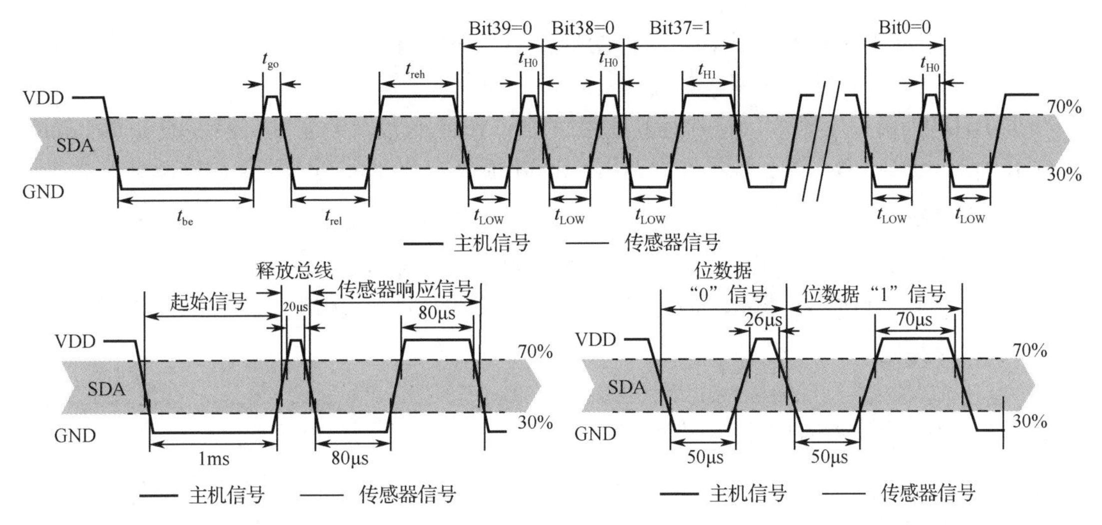

图 4-72　DHT22（AM2302）操作时序及起始、响应时序、数据 0、1 细分时序

根据协议图和时序图可知，8051 发送一次起始信号（将数据总线 SDA 拉为低电平至少 800μs）后，DHT22（AM2302）从休眠模式转换到高速模式，待主机开始信号结束后，DHT22 发送响应信号，从数据总线 SDA 串行送出 40 位数据，先发送字节高位，所发送数据依次为湿度高位、湿度低位、温度高位、温度低位、校验位，发送数据结束后即完成一次信息采集，传感器自动转入休眠模式，直至下一次通信重新开始。表 4-23 与表 4-24 分别给出了 DHT22 的协议格式说明及时序信号特性说明。

表 4-23　DHT22（AM2302）通信格式说明

格　　式	单总线格式定义
起始信号	微处理器拉低数据总线 SDA 至少 800μs，通知传感器准备数据
响应信号	传感器拉低数据总线 SDA 80μs，再拉高 80μs 响应主机起始信号
数据格式	收到主机起始信号后，传感器一次性从数据总线（SDA）串行输出 40 位数据，共 5 个字节，分别为湿度高字节、湿度低字节、温度高字节、温度低字节、校验字节，所有数据高位优先
湿度	湿度分辨率是 16 位，高位在前；传感器串口输出的湿度值是实际湿度值的 10 倍
温度	温度分辨率是 16 位，高位在前；传感器串口输出的温度值是实际温度值的 10 倍； 温度最高位（第 15 位）为符号位，为 1 表示负温度，为 0 表示正温度； 余下 0~14 位表示温度值
校验位	校验位 ＝ 湿度高位 ＋ 湿度低位 ＋ 温度高位 ＋ 温度低位

表 4-24　DHT22（AM2302）单总线时序信号特性　　（单位：ms）

符　　号	参　　数	最　小　值	典　型　值	最　大　值
*t*be	主机起始信号拉为低电平时间	0.8	1	20
*t*go	主机释放总线时间	20	30	200
*t*rel	响应低电平时间	75	80	85
*t*reh	响应高电平时间	75	80	85
*t*LOW	信号“0”“1”低电平时间	48	50	55
*t*H0	信号“0”高电平时间	22	26	30
*t*H1	信号“1”高电平时间	68	70	75
*t*en	传感器释放总线时间	45	50	55

为简化程序设计，本案例程序引入了DHT22库文件（DHT22.C），结合所附注释语句，再对照传感器时序图，可以深入理解其具体实现。

借助DHT22相关库函数，特别是其中最关键的read函数及读湿度、温度的readHumidity与readTemperature函数（其中后两者均调用了read函数），再来编写本案例程序就非常容易了。

2．实训要求

① 重新改用中文液晶屏设计，将温湿度数据显示在液晶屏上。

② 尝试使用SHT75传感器，仍实现温湿度数据读取与显示功能。

3．源程序代码

```
1   //---------------------------- DHT22.c --------------------------------
2   //  名称: DHT 温湿度传感器驱动程序
3   //-------------------------------------------------------------------
4   #include "DHT.h"
5   #include <math.h>
6   sbit DHT_Pin = P3^2;
7   #define MAIN_Fosc 12000000L
8   //-------------------------------------------------------------------
9   // 延时函数
10  //-------------------------------------------------------------------
11  extern u32 Millis;
12  extern void delay_ms(u8 ms);
13  void Delay1us()     { _nop_(); _nop_(); _nop_(); _nop_();}
14  void delay_us(u8 x) { while (x--) Delay1us(); }
15  //-------------------------------------------------------------------
16  // DHT 初始化
17  //-------------------------------------------------------------------
18  void DHT_Init() {
19      _type = DHT22;
20      _count = 32;    //count=16~48，取中间值 32
21      First_Reading = 1;
22      DHT_Pin = 1;    //将 DHT 引脚设为输入口
23      _Last_ReadTime = 0;
24  }
25  //-------------------------------------------------------------------
26  // 读取温度数据 (参数值为 0 表示摄氏温度，1 表示华氏温度)
27  //-------------------------------------------------------------------
28  float readTemperature(bit S) {
29      float f;
30      if (read()) {
31          switch (_type) {
32              case DHT11:
33                  f = DHT_data[2]; if(S) f = convertCtoF(f); return f;
34              case DHT21:
35              case DHT22:
36                  f = DHT_data[2] & 0x7F;
37                  f *= 256;
38                  f += DHT_data[3];
39                  f /= 10;
40                  if (DHT_data[2] & 0x80) f *= -1;
41                  if(S) f = convertCtoF(f);
42                  return f;
```

```
43          }
44      }
45      return NAN;
46  }
47  //-----------------------------------------------------------------------
48  // 转换为华氏温度
49  //-----------------------------------------------------------------------
50  float convertCtoF(float c) { return c * 9 / 5 + 32; }
51  //-----------------------------------------------------------------------
52  // 转换为摄氏温度
53  //-----------------------------------------------------------------------
54  float convertFtoC(float f) { return (f - 32) * 5 / 9; }
55  //-----------------------------------------------------------------------
56  // 读取湿度数据
57  //-----------------------------------------------------------------------
58  float readHumidity() {
59      float f;
60      if (read()) {
61          switch (_type) {
62              case DHT11:
63                  f = DHT_data[0];
64                  return f;
65              case DHT22: case DHT21:
66                  f = DHT_data[0]; f *= 256; f += DHT_data[1]; f /= 10;
67                  return f;
68          }
69      }
70      return NAN;
71  }
72  //-----------------------------------------------------------------------
73  // 读取数据
74  //-----------------------------------------------------------------------
75  bit read() {
76      u8 Last_State = 1, counter = 0, j = 0, i;
77      u32 Curr_Time;
78      //检查传感器是否在 2s 前读取，并提前返回以使用上次读数。
79      Curr_Time = Millis;
80      if (Curr_Time < _Last_ReadTime) _Last_ReadTime = 0;//可能溢出后回滚
81      if (!First_Reading && ((Curr_Time - _Last_ReadTime) < 2000)) {
82          return 1;
83      }
84      First_Reading = 0;
85      _Last_ReadTime = Millis;
86      DHT_data[0]=DHT_data[1]=DHT_data[2]=DHT_data[3]=DHT_data[4]=0;
87      DHT_Pin = 1;    delay_ms(250);        //拉为高电平且维持 250ms
88      DHT_Pin = 0;    delay_ms(50);         //拉为低电平且维持至少 800μs
89      DHT_Pin = 1;    delay_us(40);         //释放总线准备读传感器状态
90      //开始连续读取 40 位数据
91      for ( i = 0; i< MAXTIMINGS; i++) {
92          counter = 0;
93          while (DHT_Pin == Last_State) {//等待引脚状态变化
94              counter++;
95              Delay1us();
96              if (counter == 255) break;
```

```
97          }
98          Last_State = DHT_Pin;            //保存当前状态
99          if (counter == 255) break;       //超时退出
100         //忽略前 3 位暂态信号
101         if ((i >= 3) && (i%2 == 0)) {
102             DHT_data[j/8] <<= 1;         //数据左移挪出 1 位
103             //采样时长超过中间值则视为 1 并保存,否则认为读取到 0
104             if (counter > _count) DHT_data[j/8] |= 1;
105             if (counter > _count) P0 = counter; else P4 = counter;
106             j++;
107         }
108     }
109     //获取 40 位数据(共 5 个字节)后，进行校验，如果通过则返回 1 否则返回 0
110     if ((j >= 40) && (DHT_data[4] ==
111         ((DHT_data[0]+DHT_data[1]+DHT_data[2]+DHT_data[3])&0xFF))){
112         return 1;
113     }
114     return 0;
115 }
```

```
1   //---------------------------- DHT22.h --------------------------------
2   //  名称: DHT 温湿度传感器驱动程序头文件
3   //---------------------------------------------------------------------
4   #ifndef DHT_H
5   #define DHT_H
6
7   #define NAN 1000000.0
8   #include "STC15xxx.h"
9   #include <intrins.h>
10  #define u8  unsigned char
11  #define u16 unsigned int
12  #define u32 unsigned long
13  //符号常量定义
14  #define MAXTIMINGS  83
15  #define DHT11       11
16  #define DHT22       22
17  #define DHT21       21
18  #define AM2301      21
19  //变量与函数声明
20  u8 First_Reading;
21  u8 DHT_data[6];
22  u8 _pin, _type, _count;
23  u32 _Last_ReadTime;
24  float readTemperature(bit s);
25  float convertCtoF(float);
26  float convertFtoC(float);
27  float computeHeatIndex(float tempFahrenheit, float percentHumidity);
28  float readHumidity();
29  bit read();
30  #endif
```

```
1   //---------------------------- main.c ---------------------------------
2   //  名称: 温湿度传感器 DHT22 的应用
3   //---------------------------------------------------------------------
```

```
4   //  说明：调用 DHT22 库函数读取温湿度数据，经转换后在 4 位模式的
5   //         液晶屏上显示
6   //
7   //-----------------------------------------------------------------------
8   #include "STC15xxx.h"
9   #include <intrins.h>
10  #include <stdio.h>
11  #define u8  unsigned char
12  #define u16 unsigned int
13  #define u32 unsigned long
14  u8 disp_buff[17];
15  u32 Millis = 0;
16  #define NAN          1000000.0
17  #define MAIN_Fosc   12000000L
18  //-----------------------------------------------------------------------
19  extern void LCD_Initialise();
20  extern void LCD_ShowString(u8 r, u8 c,u8 *str);
21  extern float readTemperature(bit s);
22  extern float readHumidity();
23  extern void DHT_Init();
24  //-----------------------------------------------------------------------
25  // 延时 2000ms
26  //-----------------------------------------------------------------------
27  void Delay2000ms() {    //@12MHz
28      u8 i, j, k;
29      _nop_(); _nop_();
30      i = 92; j = 50; k = 238;
31      do {
32          do {
33              while (--k);
34          } while (--j);
35      } while (--i);
36  }
37  //-----------------------------------------------------------------------
38  void delay_ms(u8 ms) {
39      u16 i;
40      do{
41          i = MAIN_Fosc / 13000; while(--i);
42      }while(--ms);
43  }
44  //-----------------------------------------------------------------------
45  // T0 初始化(在 12T 模式下运行)
46  //-----------------------------------------------------------------------
47  void Timer0Init() {     //1ms@12MHz
48      AUXR &= 0x7F;         //定时器时钟 12T 模式
49      TMOD &= 0xF0;         //设置定时器模式
50      TL0 = 0x18;           //设置定时初始值
51      TH0 = 0xFC;           //设置定时初始值
52      TF0 = 0;              //将 TF0 清零
53      TR0 = 1;              //定时器 0 开始定时
54  }
55  //-----------------------------------------------------------------------
56  // T0 中断函数
57  //-----------------------------------------------------------------------
```

```
58  void Timer0_INT () interrupt 1 {
59      Millis++;
60  }
61  //---------------------------------------------------------------------------
62  // 主函数
63  //---------------------------------------------------------------------------
64  void main() {
65      float h,t;                                  //浮点湿度、温度
66      P1M1 = 0; P1M0 = 0;                         //配置为准双向口
67      P3M1 = 0; P3M0 = 0;
68      Timer0Init();                               //T0 初始化
69      DHT_Init();                                 //DHT 初始化
70      LCD_Initialise();                           //液晶屏初始化
71      LCD_ShowString(0,0," DHT22 H&T Test ");//显示标题
72      LCD_ShowString(1,0,"Starting...     "); //显示等待信息
73      ET0 = 1; EA = 1;                            //许可 T0 中断
74      while(1) {                                  //循环读取温度并显示
75          delay_ms(255);
76          //Delay2000ms();                        //每次检测前延时 2s
77          // 读取温湿度数据（约 250ms）
78          h = readHumidity();                     //读取湿度
79          t = readTemperature(0);                 //读取摄氏温度
80          //读取失败时返回进入下一次循环
81          if(h == NAN || t == NAN ) {             //读取到无效数据
82              LCD_ShowString(1,0,"Failed to Read. ");//补空格以确保字符串
83                                                          //长度为 16 个字符
84              return;
85          }
86          //拼装组合生成液晶屏显示字符串“disp_buff”(注意“x43”后补两个空格)
87          //sprintf(disp_buff,"H:%s%%T:%s\xDF\x43  ",humi,temp);
88          sprintf(disp_buff,"H:%3.1f T:%4.1f\xDF\x43  ",h,t);
89          LCD_ShowString(1,0, disp_buff);
90      }
91  }
```

4.29 数字气压传感器 BMP180 应用

数字气压传感器 BMP180 应用电路如图 4-73 所示。该仿真电路使用了 BOSCH 公司的数字气压传感器 BMP180，当本案例程序运行时，液晶屏上将实时刷新显示当前温度与气压值。

1. 程序设计与调试

1）数字气压传感器 BMP180 简介

BMP180 是一种高精度数字压力传感器，包含有电阻式压力传感器、A/D 转换器和控制单元，其中控制单元包括了 EEPROM 和 I^2C 接口。读取 BMP180 时会直接传送没有经过补偿的温度值和压力值，其 EEPROM 中储存了 176 位校准数据，可对读取的温度压力值进行补偿。176 位的 EEPROM 被划分为 11 个字，每个字 16 位，包含有 11 个校准系数。每个 BMP180 都有自己单独的校准系数，在每一次计算温度压力数据之前，微控制器（本例为 STC15）应先读出 EEPROM 中的校准数据，然后开始采集温度和压力数据。BMP180 的 I^2C 接口器件固定地址在出厂时默认为从机地址为 0xEE（写入），或 0xEF（读出）。温度数据 UT 和压力数据 UP 存储在寄存器的第 0～15 位，压力数据 UP 的精度还可扩展至 16～19 位。

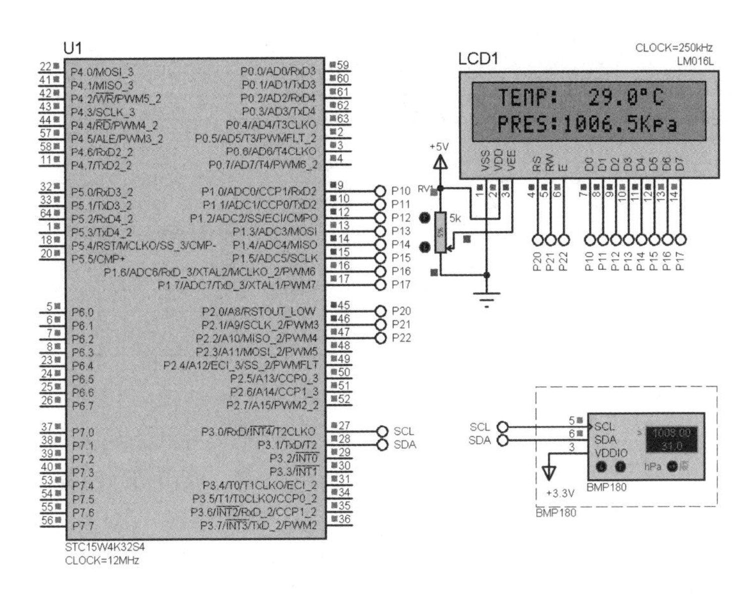

图 4-73 数字气压传感器 BMP180 应用电路

2）数字气压传感器 BMP180 程序设计

BMP180 兼容 I^2C 接口，其从机地址为 0xEE（写）与 0xEF（读），鉴于此前多个案例已涉及 I^2C 接口程序设计，这里对 BMP180 的 I^2C 接口代码不再说明。

参阅 BMP180 技术手册，可看到表 4-25 所示 BMP180 内存映像结构，主要包括控制寄存器、校准寄存器、数据寄存器、固定只读寄存器，这些寄存器按地址排列分别如下。

② BF～AA：校准系数寄存器（calib21~0，共 11 个标准系数，22 个字节）。

② D0：ID 号寄存器（id），其值固定只读为 0x55，可用于判断器件是否工作正常。

③ E0：软件复位寄存器（soft_reset），只写，置为 0xB6 则等同于执行上电复位操作。

④ F4：控制检测寄存器（ctrl_meas），具体操作见表 4-26，其后写入的值为 0x2E，表示温度检测；其后写入的是 0x34、0x74、0xB4、0xF4，则分别对应不同模式下的气压检测，其中 Oss（指寄存器 F4h<7:6>），取值 00、01、10、11，分别表示气压采样速率为单倍、双倍、4 倍、8 倍；Sco 表示启动转换，转换期间保持为 1，转换结束后将被复位为 0。

⑤ F6~F8：AD 输出高字节（out_msb）、低字节（out_lsb）与扩展低字节（out_xlsb）。

表 4-25 数字气压传感器 BMP180 内存映像

序号	寄存器名称	地址	B7	B6	B5	B4	B3	B2	B1	B0	复位状态
1	out_xlsb	F8H	adc_out_xlsb<7:3>					0	0	0	00H
2	out_lsb	F7H	adc_out_lsb<7:0>								00H
3	out_msb	F6H	adc_out_mlsb<7:0>								80H
4	ctrl_meas	F4H	oss<1:0>		sco	measurement_control					00H
5	soft_reset	E0H	reset								00H
6	id	D0H	id<7:0>								55H
7	calib21~calib0	BFH～AAH	calib21<7:0>～calib0<7:0>								n/a

注：1～3 为数据寄存器（只读）；4,5 为控制寄存器（可读写）；6 为固定寄存器（只读）；7 为标定寄存器（可读写）。

表 4-26　各类过采样设置（OSS）下的控制寄存器值

测 量 对 象	控制寄存器值(地址:0xF4)	最大转换时间/ms
温度	0x2E（00 1 0 1110）	4.5
气压(oss = 00，0)	0x34（00 1 1 0100）	4.5
气压(oss = 01，1)	0x74（01 1 1 0100）	7.5
气压(oss = 10，2)	0xB4（10 1 1 0100）	13.5
气压(oss = 11，3)	0xF4（11 1 1 0100）	25.5

为便于用户使用 BMP180，BOSCH 公司为其提供了标准 C 语言程序，本案例程序主要参考该标准 C 语言程序编写。技术手册提供了图 4-74 所示温度与气压检测算法流程。根据流程图可知，C 语言程序首先读取所有校准系数，在仿真电路中，双击 BMP180 器件，可在属性中找到 11 个校准系数值；随后为获得温度数据，程序向控制寄存器（0xF4）写 0x2E，然后等待至少 4.5ms，再从地址 0xF6 和 0xF7 读取 16 位的温度数据（UT）；接下来为获得气压数据，程序先向控制寄存器（0xF4）写 0x34（或 0x74、0xB4、0xF4），然后等待至少 4.5ms（不同模式下转换时间有差异），再从 0xF6～0xF7 地址读取 16 位气压数据；最后，分别根据校准系统，计算时实际温度与实际气压值，并发送显示。（注：根据 BMP180 手册文件，通过气压值还可计算出相应的海拔值）。

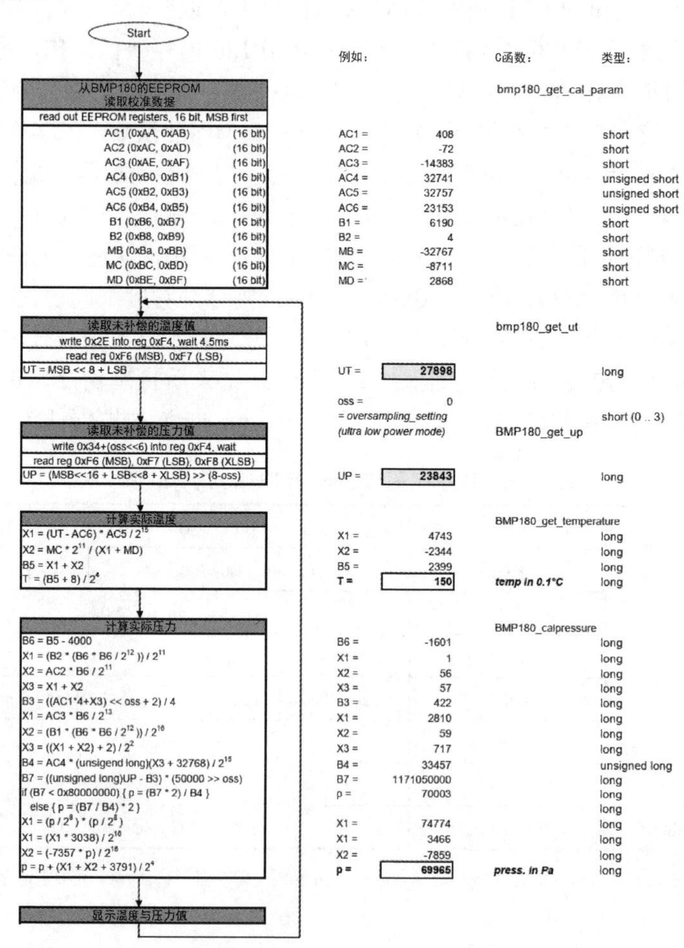

图 4-74　BMP180 温度与气压检测算法流程图（含示例）

2. 实训要求

① 修改电路，在 OLED 上显示温度与气压值。

② 参考 BMP180 技术手册，根据获取的气压值及换算公式，刷新显示海拔高度值。

3. 源程序代码

```
1   //---------------------------- BMP180.c --------------------------------
2   // 名称：BMP180 驱动程序
3   //---------------------------------------------------------------------
4   #include "BMP180.h"
5   //BMP180 的 11 个校准系数（根据技术手册定义）
6   short ac1, ac2, ac3;
7   unsigned short ac4, ac5, ac6;
8   short b1, b2, mb, mc, md;
9   sbit SCL = P3^0;                       //时钟线
10  sbit SDA = P3^1;                       //数据线
11  int dis_data;                          //变量
12  u8 x[6];                               //数据临时分解缓冲区
13  //---------------------------------------------------------------------
14  // 延时函数
15  //---------------------------------------------------------------------
16  void Delay5us() {                      //12MHz
17      u8 i = 12; _nop_(); nop_(); while (--i);
18  }
19  void Delay5ms() {                      //12MHz
20      u8 i = 59, j = 90;
21      do {
22          while (--j);
23      } while (--i);
24  }
25  //---------------------------------------------------------------------
26  // 起始信号
27  //---------------------------------------------------------------------
28  void BMP180_Start() {
29      SDA = 1;                           //拉高数据线
30      SCL = 1;                           //拉高时钟线
31      Delay5us();                        //延时
32      SDA = 0;                           //产生下降沿
33      Delay5us();                        //延时
34      SCL = 0;                           //拉低时钟线
35  }
36  //---------------------------------------------------------------------
37  // 停止信号
38  //---------------------------------------------------------------------
39  void BMP180_Stop() {
40      SDA = 0;                           //拉低数据线
41      SCL = 1;                           //拉高时钟线
42      Delay5us();                        //延时
43      SDA = 1;                           //产生上升沿
44      Delay5us();                        //延时
45  }
46  //---------------------------------------------------------------------
47  // 发送应答信号:入口参数:ack (0:ACK 1:NAK)
48  //---------------------------------------------------------------------
```

```
49  void BMP180_SendACK(bit ack) {
50      SDA = ack;                          //写应答信号
51      SCL = 1;                            //拉高时钟线
52      Delay5us();                         //延时
53      SCL = 0;                            //拉低时钟线
54      Delay5us();                         //延时
55  }
56  //-------------------------------------------------------------------------
57  // 接收应答信号
58  //-------------------------------------------------------------------------
59  bit BMP180_RecvACK() {
60      SCL = 1;                            //拉高时钟线
61      Delay5us();                         //延时
62      CY = SDA;                           //读应答信号
63      SCL = 0;                            //拉低时钟线
64      Delay5us();                         //延时
65      return CY;
66  }
67  //-------------------------------------------------------------------------
68  // 向 I2C 总线发送 1 个字节数据
69  //-------------------------------------------------------------------------
70  void BMP180_SendByte(u8 dat) {
71      u8 i;
72      for (i = 0; i < 8; i++) {          //8 位计数器
73          dat <<= 1;                      //移出数据的最高位
74          SDA = CY;                       //送数据口
75          SCL = 1;                        //拉高时钟线
76          Delay5us();                     //延时
77          SCL = 0;                        //拉低时钟线
78          Delay5us();                     //延时
79      }
80      BMP180_RecvACK();                   //接收应答信号
81  }
82  //-------------------------------------------------------------------------
83  // 从 I2C 总线接收 1 个字节数据
84  //-------------------------------------------------------------------------
85  u8 BMP180_RecvByte() {
86      u8 i, dat = 0;
87      SDA = 1;                            //使能内部上拉,准备读取数据,
88      for (i = 0; i < 8; i++) {          //8 位计数器
89          dat <<= 1;
90          SCL = 1;                        //拉高时钟线
91          Delay5us();                     //延时
92          dat |= SDA;                     //读数据
93          SCL = 0;                        //拉低时钟线
94          Delay5us();                     //延时
95      }
96      return dat;
97  }
98  //-------------------------------------------------------------------------
99  // 单字节写入 BMP180 内部数据
100 //-------------------------------------------------------------------------
101 void Single_Write(u8 SlaveAddress,u8 REG_Address,u8 REG_data) {
102     BMP180_Start();                     //起始信号
```

```
103     BMP180_SendByte(SlaveAddress);  //写设备地址+写信号
104     BMP180_SendByte(REG_Address);   //写内部寄存器地址
105     BMP180_SendByte(REG_data);      //写内部寄存器数据
106     BMP180_Stop();                  //发送停止信号
107 }
108 //----------------------------------------------------------------
109 // 单字节读取 BMP180 内部数据
110 //----------------------------------------------------------------
111 u8 Single_Read(u8 REG_Address) {
112     u8 REG_data;
113     BMP180_Start();                 //起始信号
114     BMP180_SendByte(BMP180_SlaveAddress);  //发送设备地址+写信号
115     BMP180_SendByte(REG_Address);   //写内部寄存器地址
116     BMP180_Start();                 //起始信号
117     BMP180_SendByte(BMP180_SlaveAddress+1); //发送设备地址+读信号
118     REG_data=BMP180_RecvByte();     //读出内部寄存器数据
119     BMP180_SendACK(1);              //发送非应答信号
120     BMP180_Stop();                  //停止信号
121     return REG_data;
122 }
123 //----------------------------------------------------------------
124 // 读 BMP180 内部数据(2 个字节)
125 //----------------------------------------------------------------
126 short Multiple_read(u8 ST_Address) {
127     u8 msb, lsb;
128     short _data;
129     BMP180_Start();                 //起始信号
130     BMP180_SendByte(BMP180_SlaveAddress);  //发送设备地址+写信号
131     BMP180_SendByte(ST_Address);    //写内部寄存器地址
132     BMP180_Start();                 //起始信号
133     BMP180_SendByte(BMP180_SlaveAddress+1);//发送设备地址+读信号
134     msb = BMP180_RecvByte();        //读取数据高字节
135     BMP180_SendACK(0);              //发送答应信号
136     lsb = BMP180_RecvByte();        //读取数据低字节
137     BMP180_SendACK(1);              //发送非应答信号
138     BMP180_Stop();                  //停止信号
139     Delay5ms();
140     _data = (msb << 8) | lsb;
141     return _data;
142 }
143 //----------------------------------------------------------------
144 // 读温度
145 //----------------------------------------------------------------
146 long BMP180ReadTemp() {
147     BMP180_Start();                 //起始信号
148     BMP180_SendByte(BMP180_SlaveAddress);//发送设备地址+写信号
149     BMP180_SendByte(0xF4);          //写内部寄存器地址 (ctrl_meas)
150     BMP180_SendByte(0x2E);          //写内部寄存器数据 (温度)
151     BMP180_Stop();                  //发送停止信号
152     Delay5ms();                     //最大为 4.5ms
153     return (long)Multiple_read(0xF6);//从 F6 地址(out_msb)开始读取 2 个字节
154 }
155 //----------------------------------------------------------------
156 // 读气压
```

```
157 //-----------------------------------------------------------------
158 long BMP180ReadPressure() {
159     long pressure = 0;              //气压变量
160     BMP180_Start();                 //起始信号
161     BMP180_SendByte(BMP180_SlaveAddress);//发送设备地址+写信号
162     BMP180_SendByte(0xF4);          //写内部寄存器地址（ctrl_meas）
163     BMP180_SendByte(0x34);          //写内部寄存器数据(气压 OSS=0，4.5ms)
164     BMP180_Stop();                  //发送停止信号
165     Delay5ms();                     //最大转换时间为 4.5ms
166     pressure = Multiple_read(0xF6);//从 F6 地址(out_msb)开始读取 2 个字节
167     pressure &= 0x0000FFFF;
168     return pressure;
169 }
170 //-----------------------------------------------------------------
171 // 初始化 BMP180(从 0xAA~0xBE 分别一次读取 2 个字节系数,共 11 个校准系统)
172 //-----------------------------------------------------------------
173 void Init_BMP180() {
174     ac1 = Multiple_read(0xAA);
175     ac2 = Multiple_read(0xAC);
176     ac3 = Multiple_read(0xAE);
177     ac4 = Multiple_read(0xB0);
178     ac5 = Multiple_read(0xB2);
179     ac6 = Multiple_read(0xB4);
180     b1 =  Multiple_read(0xB6);
181     b2 =  Multiple_read(0xB8);
182     mb =  Multiple_read(0xBA);
183     mc =  Multiple_read(0xBC);
184     md =  Multiple_read(0xBE);
185 }
186 //-----------------------------------------------------------------
187 // 转换（读取温度、气压，执行换算，并在液晶屏显示）
188 //-----------------------------------------------------------------
189 void BMP180Convert() {
190     long ut, up;
191     long x1, x2, b5, b6, x3, b3, p;
192     unsigned long b4, b7;
193     long temperature,pressure;
194     ut = BMP180ReadTemp();          //连续两次读取温度
195     ut = BMP180ReadTemp();
196     up = BMP180ReadPressure();      //连续两次读取气压
197     up = BMP180ReadPressure();
198     x1 = ((long)ut - ac6) * ac5 >> 15;
199     x2 = ((long) mc << 11) / (x1 + md);
200     b5 = x1 + x2;
201     temperature = (b5 + 8) >> 4;
202     conversion(temperature);        //温度分解转换到数组
203     DisplayOneChar(0, 1,'T');
204     DisplayOneChar(0, 2,'E');
205     DisplayOneChar(0, 3,'M');
206     DisplayOneChar(0, 4,'P');       //温度显示
207     DisplayOneChar(0, 5,':');
208     DisplayOneChar(0, 8,x[2]+'0');
209     DisplayOneChar(0, 9,x[1]+'0');
210     DisplayOneChar(0,10,'.');
```

```
211     DisplayOneChar(0,11,x[0]+'0');
212     DisplayOneChar(0,12,0xDF);        //温度单位
213     DisplayOneChar(0,13,'C');
214     b6 = b5 - 4000;
215     x1 = (b2 * (b6 * b6 >> 12)) >> 11;
216     x2 = ac2 * b6 >> 11;
217     x3 = x1 + x2;
218     b3 = (((long)ac1 * 4 + x3) + 2)/4;
219     x1 = ac3 * b6 >> 13;
220     x2 = (b1 * (b6 * b6 >> 12)) >> 16;
221     x3 = ((x1 + x2) + 2) >> 2;
222     b4 = (ac4 * (unsigned long) (x3 + 32768)) >> 15;
223     b7 = ((unsigned long) up - b3) * (50000 >> OSS);
224     if( b7 < 0x80000000)    p = (b7 * 2) / b4 ;
225     else                    p = (b7 / b4) * 2;
226     x1 = (p >> 8) * (p >> 8);
227     x1 = (x1 * 3038) >> 16;
228     x2 = (-7357 * p) >> 16;
229     pressure = p + ((x1 + x2 + 3791) >> 4);
230     conversion(pressure);             //气压分解转换到数组
231     DisplayOneChar(1, 1,'P');
232     DisplayOneChar(1, 2,'R');
233     DisplayOneChar(1, 3,'E');
234     DisplayOneChar(1, 4,'S');         //显示气压
235     DisplayOneChar(1, 5,':');
236     DisplayOneChar(1, 6,x[5]+'0');
237     DisplayOneChar(1, 7,x[4]+'0');
238     DisplayOneChar(1, 8,x[3]+'0');
239     DisplayOneChar(1, 9,x[2]+'0');
240     DisplayOneChar(1,10,'.');
241     DisplayOneChar(1,11,x[1]+'0');
242     DisplayOneChar(1,12,'K');         //气压单位
243     DisplayOneChar(1,13,'p');
244     DisplayOneChar(1,14,'a');
245 }
246 //--------------------------------------------------------------------
247 // 数据分解转换函数
248 //--------------------------------------------------------------------
249 void conversion(long d) {
250     long k = 100000;    u8 i;
251     for (i = 5; i >=1; i--) {
252         x[i] = d / k; d -= x[i]*k; k /= 10;
253     }
254 }
```

```
1   //--------------------------- BMP180.h --------------------------------
2   // 名称：BMP180 驱动程序头文件
3   //--------------------------------------------------------------------
4   #ifndef __BMP180__
5   #define __BMP180__
6   #define u8  unsigned char
7   #define u16 unsigned int
8   #define u32 unsigned long
9   #include "STC15xxx.h"
```

```
10  #include <intrins.h>
11  #include <stdio.h>
12  #define BMP180_SlaveAddress     0xEE    //器件 I²C 总线从机地址
13  #define OSS                     0       //过采样设置
14  void Init_BMP180();
15  void BMP180_Start();
16  void BMP180_Stop();
17  void BMP180_SendACK(bit ack);
18  bit  BMP180_RecvACK();
19  void BMP180_SendByte(u8 dat);
20  u8 BMP180_RecvByte();
21  void BMP180Convert();
22  void conversion(long);
23  extern void DisplayOneChar(u8 r, u8 c, char d);
24  #endif
```

```
1   //---------------------------- main.c ----------------------------------
2   //  名称：数字气压传感器 BMP180 应用
3   //-------------------------------------------------------------------------
4   //  说明：当程序运行时，1602 液晶屏将持续刷新显示 BMP180 当前温度与气压数据
5   //
6   //-------------------------------------------------------------------------
7   #define u8  unsigned char
8   #define u16 unsigned int
9   #define u32 unsigned long
10  #define MAIN_Fosc   12000000L   //系统时钟频率为 12MHz
11  #include "STC15xxx.h"
12  #include <intrins.h>
13  #include <stdio.h>
14  #include <string.h>
15  #include <math.h>
16  #include <stdlib.h>
17  extern Init_BMP180();
18  extern BMP180Convert();
19  extern Initialize_LCD();
20  extern void delay_ms(u8);
21  extern void LCD_ShowString(u8, u8,char*);
22  extern void DisplayOneChar(u8 r, u8 c, char d);
23  //-------------------------------------------------------------------------
24  // 主程序
25  //-------------------------------------------------------------------------
26  void main() {
27      P1M1 = 0; P1M0 = 0;         //配置为准双向口
28      P2M1 = 0; P2M0 = 0;
29      P3M1 = 0; P3M0 = 0;
30      delay_ms(50);               //上电延时
31      Initialize_LCD();           //液晶屏初始化
32      Init_BMP180();              //初始化 BMP180
33      while(1){                   //循环
34          BMP180Convert();
35          delay_ms(1000);
36      }
37  }
```

4.30 直流电机正反转及增强型 PWM 调速控制

直流电机正反转及增强型 PWM 调速控制电路如图 4-75 所示。在该仿真电路中，直流电机 H 桥驱动电路使用晶体管搭建；SW1 的 3 个档位用于设置电机正反转及停转；K1、K2 用于控制电机 PWM 调速；在进行相应操作时，对应的 LED 被点亮。

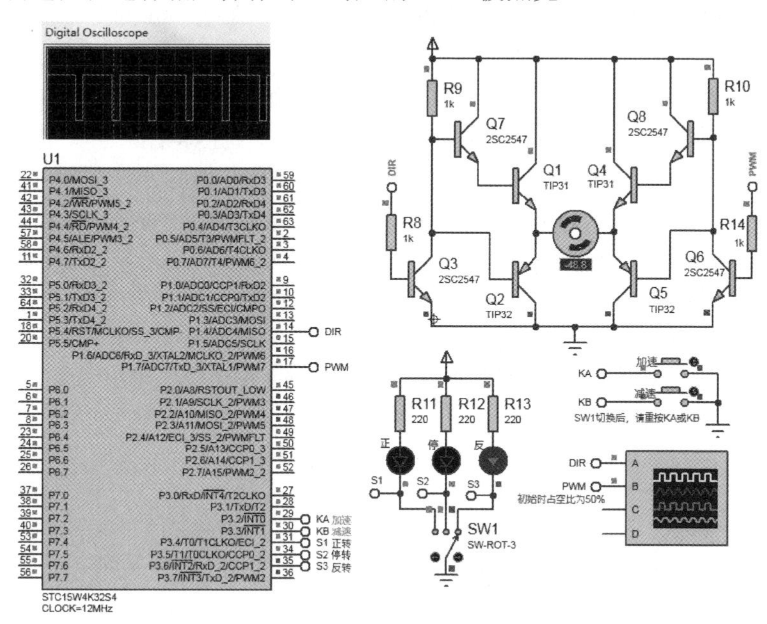

图 4-75　直流电机正反转及增强型 PWM 调速控制电路

1．程序设计与调试

1）H 桥直流电机驱动电路工作原理

在实际应用中，H 桥电路有多种搭建方法，但基本工作原理都是相同的。本案例 H 桥直流电机驱动电路由小信号放大管 2SC2547（NPN）及中功率开关/放大管 TIP31（NPN）、TIP32（PNP）构成，方向控制信号由 DIR 端（Q3）引入、调速信号由 PWM 端（Q6）引入，所输入的控制信号 DIR、PWM 的组合有以下 3 种。

（1）DIR:PWM = 01。

当 DIR 端为低电平时，Q3、Q2 截止，Q7、Q1 导通，电机左端呈现高电平。

当 PWM 端为高电平时，Q8、Q4 截止，Q6、Q5 导通，电机右端呈现低电平。

故而有 DIR 端为低电平，PWM 端为高电平时电机正转。

（2）DIR:PWM = 10。

当 DIR 端为高电平时，Q3、Q2 导通，Q7、Q1 截止，电机左端呈现低电平。

当 PWM 端为低电平时，Q8、Q4 导通，Q6、Q5 截止，电机右端呈现高电平。

故而有 DIR 端为高电平，PWM 端为低电平时电机反转。

（3）DIR:PWM = 00 或 11。

当 DIR 端和 PWM 端同为低电平时，电机两端均为高电平，停止转动；同样，当 DIR 端和 PWM 端同为高电平时，电机两端均为低电平，也停止转动。

由以上分析可知，电路中 Q7、Q1 与 Q6、Q5 导通时电机正转，反之，当 Q8、Q4 与 Q3、Q2 导通时电机反转。如果 Q7，Q1，Q8，Q4 导通或 Q3，Q2，Q6，Q5 导通，电机停止转动。

为实现调速控制，H 桥的 DIR 端引入的是恒定的高电平或低电平，而在 PWM 端引入的并非恒定的高电平或低电平，而是通过引入脉宽可调的信号实现速度控制。

2）H 桥直流电机 PWM 调速程序设计

STC15W4K32S4 单片机集成了一组（各自独立 6 路）增强型的 PWM 信号波形发生器。PWM 信号波形发生器内部有一个 15 位的 PWM 计数器供 6 路 PWM 信号使用，用户可以设置每路 PWM 信号的初始电平。另外，PWM 信号波形发生器为每路 PWM 又设计了两个用于控制信号波形翻转的计数器 T1/T2，可以非常灵活的调控每路 PWM 信号的高/低电平宽度，从而达到对 PWM 信号占空比及 PWM 的输出延迟控制目的。由于 6 路 PWM 信号各自独立，且每路 PWM 信号初始状态可进行设定，故而用户可将其中的任意两路配合起来，实现互补对称输出及死区控制等特殊应用。图 4-76 提供了 STC15 的 PWM 信号波形发生器框图。

将 STC15W4K32S4 单片机增强型 PWM 信号输出端口定义为：

[PWM2:P3.7,PWM3:P2.1,PWM4:P2.2,PWM5:P2.3,PWM6:P1.6,PWM7:P1.7]

输出端口还可使用特殊功能寄存器位 CnPINSEL 分别独立切换至另一组端口：

[PWM2_2:P2.7,PWM3_2:P4.5,PWM4_2:P4.4,PWM5_2:P4.2,PWM6_2:P0.7,PWM7_2:P0.6]

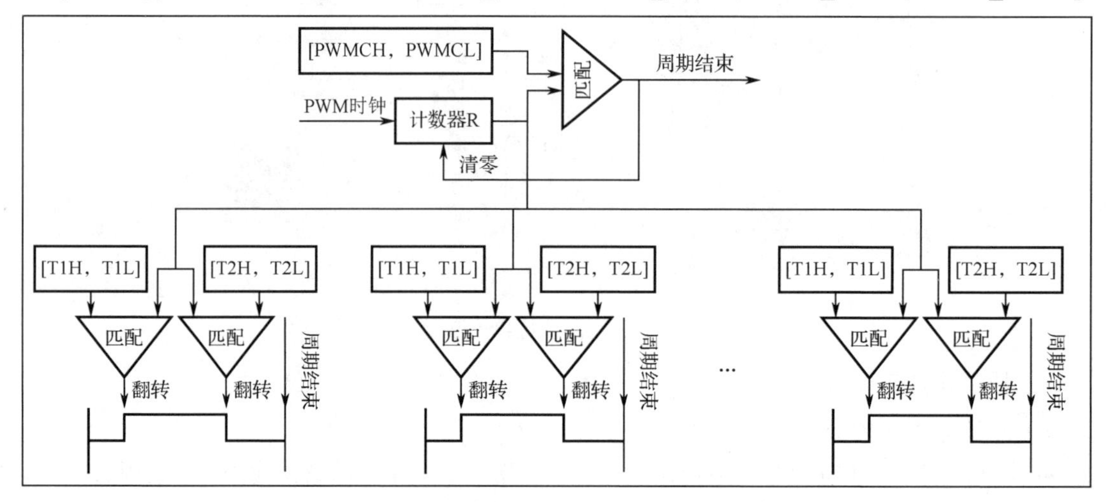

图 4-76　PWM 波形发生器框图

PWM 调速程序与增强型 PWM 信号直接相关的寄存器如下。

① PWMCKS：PWM 时钟选择寄存器 PWMCKS=0x07，选择 PWM 时钟，其中 SELET2=0，PS[3..0]=0111，根据手册可知其选择系统分频时钟/（PS[3..0]+1），即系统时钟 8 分频。注：在 Proteus 中测试时，实际的分频公式为系统分频时钟/（$2^{PS[3..0]}$），即 2^7=128 分频；

② PWMC：PWM 计数器寄存器 PWMC 用于设置 PWM 周期，PWMC 即[PWMCH，PWMCL]，其中 PWMCH 最高位无效，PWMC 实际使用 15 位，可设定 1～32 767 之间的任意值作为 PWM 信号的周期。PWM 信号波形发生器内部计数器从 0 开始，每个 PWM 时钟周期递增 1，当内部计数器计数值达到[PWMCH，PWMCL]所设定的 PWM 信号周期时，PWM 信号波形发生器内部的计数器将从 0 重新开始开始计数，硬件自动将 PWM 信号归零中断标志位 CBIF 置 1，若 ECBI 配置为 1，则程序将跳转到相应中断入口执行中断服务程序。本案例程序配置为 8 分频时钟（实际为 2^7=128 分频），且设置 PWMC=2000，相当于 PWM 信号周期为 2000 个 PWM 时钟周期，即

$$\text{PWM 信号周期} = 2000\times1000/(12000000/128)\text{ms} \approx 21.333\text{ms}$$

$$\text{PWM 信号频率} = 1/\text{PWM 信号周期} \approx 47\text{Hz}$$

③ PWMCFG：源程序 PWMCFG=0x00 将各路 PWM 信号初始均配置为低电平。

④ PWMCR：源程序中先置 PWM 控制寄存器 PWMCR = 0x3F（即 0011 1111），分别将 PWMCR 内的 ENC7O～ENC2O 共 6 位全置为 0，配置为 PWM 信号输出（否则为普通 GPIO），然后通过 PWMCR |= 0x80 将 PWMCR 的最高位 ENPWM 置位 1，使能 PWM 信号波形发生器，开始计数。

⑤ PWM7T1、PWM7T2：PWM7 第 1 次、第 2 次翻转计数寄存器。PWM 信号波形发生器设计了两个用于控制 PWM 信号波形翻转的 15 位计数器，可设定为 1～32767 之间的任意值。PWM 波形发生器内部计数器计数值与 PWMnT1/T2 所设定值相匹配时，PWM 信号波形将发生翻转。

对于本案例程序中，动态设置 PWM 函数 PWM7_SetPwmw(u16 w)：

当参数 w 为 0 或最大值 CYCLE 时，通过 PWMCR&=~0x20 将 ENC7O 位置 0，禁止 PWM7 通道输出，然后直接置 M_PWM 引脚输出 0 或 1；

当参数 w 为 0～CYCLE 之间的值，它被赋给 PMW7T1，用于设置第 1 次翻转值，PWMCR |= 0x20 将 ENC7O 置为 1，使能 PWM7 通道输出；对于第 2 次翻转值寄存器 PMW7T2，它持续保持为 0，这是因为一个 PWM 周期计数到设定的最大值（如本例的 CYCLE），再计数即溢出，计数值归 0，这恰好与 PMW7T2 匹配，从而形成一个 PWM 周期内的第 2 次翻转。

仿真电路中电机运转方向由 SW1 控制，以拨至正转挡时程序设置 M_DIR=0，反之设置 M_DIR=1，它将控制电机的运转方向（正转或反转）。

为控制电机转速，下述代码通过加速/减速键增减 speed 变量值（取值 200～2000）：

```
if( KA==0 ) speed = speed >= 200        ? speed-200:200;
if( KB==0 ) speed = speed < CYCLE-200 ? speed+200:CYCLE;
```

对于 200～2000 之间的 speed 值，将传递给函数 PWM7_SetPwmw(u16 w)中的参数 w，从而实现 PWM 调速控制，其实现原理上面已给出了说明。

2. 实训要求

① 改用 4 个大功率 P-MOS 管 IRF9540 重新搭建本例的 H 桥电路，仍实现相同运行效果。

② 参考后续有关温室控制系统案例，改用全桥驱动器 L298 重新设计程序，实现直流电机正反转及调速控制（L298 可驱动两路直流电机）。

3. 源程序代码

```
1   //-----------------------------------------------------------------
2   //  名称：直流电机正反转及增强型 PWM 调速控制
3   //-----------------------------------------------------------------
4   //  说明：本例 SW1 的 3 个档位用于设置电机正、反转及停转，K1、K2 用于控制
5   //          电机 PWM 调速
6   //
7   //-----------------------------------------------------------------
8   #define u8  unsigned char
9   #define u16 unsigned int
10  #define u32 unsigned long
11  #include "STC15xxx.h"
12  #include <intrins.h>
13  #define S1_ON() (P3 & (1<<4)) == 0x00  //正转
14  #define S2_ON() (P3 & (1<<5)) == 0x00  //停转
15  #define S3_ON() (P3 & (1<<6)) == 0x00  //反转
16  sbit M_DIR = P1^4;                     //方向控制
17  sbit M_PWM = P1^7;                     //PWM 调速控制(PWM7 通道)
18  sbit KA = P3^2;                        //加速键
19  sbit KB = P3^3;                        //减速键
```

```
20  //------------------------------------------------------------------------------
21  #define MAIN_Fosc   12000000L                //主频定义为 12MHz
22  const u16 CYCLE = 2000L;                     //定义 PWM 信号周期(最大值为 32 767)
23  //------------------------------------------------------------------------------
24  void PWM_config();
25  void PWM7_SetPwmw(u16 w);
26  //------------------------------------------------------------------------------
27  // 延时子程序（x=1~255ms,自适应时钟）
28  //------------------------------------------------------------------------------
29  void delay_ms(u8 x) {
30      u16 i;
31      do{
32          i = MAIN_Fosc / 13000;
33          while(--i);
34      }while(--x);
35  }
36  //------------------------------------------------------------------------------
37  // PWM 配置(增强型)
38  //------------------------------------------------------------------------------
39  void PWM_config() {
40      P1M1 = 0x00;    P1M0 = 0x00;    //配置为准双向口
41      P2M1 = 0x00;    P2M0 = 0x00;
42      P3M1 = 0x0C;    P3M0 = 0x00;    //P3.2 和 P3.3 为高阻输入口,其余为准双向口
43      P_SW2 |= 0x80;                  //扩展 SFR 访问控制使能
44      PWMCKS = 0x07;       //选择系统时钟,7+1 分频,实际为 2^7=128 分频
45      PWMC = CYCLE;        //设置 PWM 信号周期=2000*1000/(12M/128)≈21.3ms
46      PWM7T1 = CYCLE/2;    PWM7T2 = 0; //PWM7 第 1,2 次翻转计数初值 PWM7T1,PWM7T2
47      PWM7CR = 0x00;                  //PWM7 输出到 P1.7
48      PWMCFG = 0x00;                  //配置 PWM 信号初始电平（均为低电平）
49      PWMCR = 0x3F;                   //使能 PWM2～7 共 6 路 PWM 信号输出
50      PWMCR |= 0x80;                  //使能 PWM 信号波形发生器，开始计数
51      P_SW2 &= ~0x80;                 //扩展 SFR 访问控制禁止
52  }
53  //------------------------------------------------------------------------------
54  // PWM7 脉宽设置
55  //------------------------------------------------------------------------------
56  void PWM7_SetPwmw(u16 w) {
57      //w=0 或 CYCLE 时,通过 PWMCR&=~0x20 禁止 PWM7 输出,直接置 M_PWM=0 或 1
58      if (w == 0)            {   PWMCR &= ~0x20; M_PWM = 0;  }
59      else if (w == CYCLE)   {   PWMCR &= ~0x20; M_PWM = 1;  }
60      else {                                   //w 在 0 与 CYCLE 之间则开始调速控制
61          P_SW2 |= 0x80;                       //扩展 SFR 访问控制使能
62          PWM7T1 = w; PWMCR |= 0x20;           //修改第 1 次翻转值，使能 PWM7 输出
63          P_SW2 &= ~0x80;                      //扩展 SFR 访问控制禁止
64      }
65  }
66  //------------------------------------------------------------------------------
67  // 主程序
68  //------------------------------------------------------------------------------
69  void main() {
70      u32 speed = CYCLE/2;                     //默认初始速度
71      P0M1 = 0xFF; P0M0 = 0x00;                //将 P0 配置为高阻输入口
72      P1M1 = 0x00; P0M0 = 0x00;                //将 P1 配置为准双向口
73      PWM_config();                            //PWM 配置(增强型)
```

```
74      while (1) {
75          delay_ms(10);
76          //1.方向控制
77          if (S1_ON()) M_DIR = 0;                //S1 合上为正向
78          if (S3_ON()) M_DIR = 1;                //S3 合上为反向
79          //2.停转控制
80          if (S2_ON())            {              //切换到 S2 位置时表示停转
81              PWMCR &= ~0x20;                    //停止 PWM7 输出
82              M_DIR = 0;  M_PWM = 0;             //两端均为低电平,电机停转
83              continue;                          //提前跳出,进入下一个循环
84          }
85          //3.调速控制(KA,KB 分别对应加,减速)
86          if (KA == 0 || KB == 0) {
87              delay_ms(10);                      //按键消抖
88              if (KA == 0 || KB == 0) {
89                  if(KA==0) speed = speed >= 200       ? speed-200:200;
90                  if(KB==0) speed = speed < CYCLE-200 ? speed+200:CYCLE;
91                  PWM7_SetPwmw(speed);          //PWM 调速控制
92                  while (KA == 0 || KB == 0);//等待 KA、KB 释放
93              }
94          }
95      }
96  }
```

4.31 硬件 PWM 控制多路伺服电机运行

硬件 PWM 控制多路伺服电机运行电路如图 4-77 所示。在该仿真电路中，共有 3 个伺服电机，其中两个伺服电机以不同速度在 180° 范围内来回摆动，第 3 个伺服电机在定时器控制下由按键操控左右摆动。

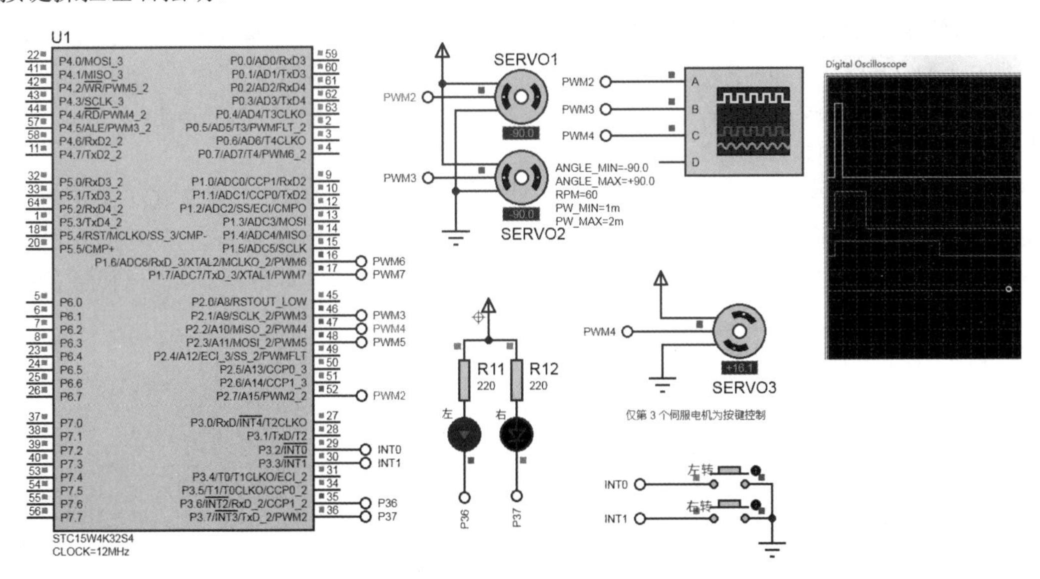

图 4-77　硬件 PWM 控制多路伺服电机运行电路

1. 程序设计与调试

1）伺服电机简介

伺服电机（Servo Motor）是伺服系统中控制机械元件运转的电机，它将电信号转换成电动

机轴上的角位移或角速度输出，常用于需要高精度定位的领域，如机床、工业机械臂、机器人等。不同于直流电机与步进电机，伺服电机为闭环控制，它通过传感器实时反馈电机的运行状态，由控制芯片进行实时调节。一般工业用伺服电机都是三环控制，即电流环、速度环、位置环，分别反馈电机运行的角加速度、角速度和旋转位置。芯片通过三者的反馈控制电机各相的驱动电流，使电机速度和位置都准确按照预定要求运行。

只要负载在额定范围内，伺服电机就能保证达到很高的精度，具体精度首先受制于编码器的码盘，与控制算法也有很大关系。一般情况下伺服电机的原始扭矩是不够用的，须要配合减速机进行工作，通常使用减速齿轮组或行星减速器。

2）伺服电机控制程序设计

伺服电机（又称舵机）控制系统工作稳定，PWM 信号占空比（0.5～2.5ms 的正脉冲信号宽度）和舵机的转角（-90°～90°/0°～180°）线性度较好，其控制需要一个 20ms 左右的时基脉冲信号（50Hz），该脉冲高电平部分为 0.5ms～2.5ms 的角度控制脉冲信号部分，以 180 度角伺服电机为例，对应的正脉冲宽度、角度、占空比关系如表 4-27 所示。

表 4-27　伺服电机正脉冲信号宽度、摆动角度、占空比对照

序　号	正脉冲信号宽度	转　角	占　空　比
1	0.5ms	0°	2.5%
2	1ms	45°	5%
3	1.5ms	90°	7.5%
4	2.0ms	135°	10%
5	2.5ms	180°	12.5%

对于本案例 3 路伺服电机（SERVO1～SERVO3），其摆动控制同样基于 PWM 信号输出实现，SERVO1～SERVO 3 的最小脉宽为 1ms，最大脉宽为 2ms，PWM 信号周期为 20ms。

仍以增强型 PWM 控制程序设计为例，在 12MHz 系统时钟，8 分频（即 7+1 分频，Proteus 仿真中实际为 2^7=128 分频）PWM 时钟设置下，为输出 20ms 周期 PWM 信号波形，源程序中设置 PWMC=2000L，因此有 PWM 信号周期 = 2000×1000/(12000000/128)ms≈21.333ms，PWM 信号频率 = 1/PWM 周期≈47Hz。

为通过 PWM2、PWM3 输出 1ms～2ms 脉宽，分别控制 SERVO1 与 SERVO2 在 0°～180° 范围内摆动，源程序通过 for 语句控制变量 i 在 10～300 范围内循环变化，并通过 PWM2_SetPwmw(i)、PWM3_SetPwmw(i)分别控制 PWM2T2 与 PWM2T3 寄存器，它们分别决定了 PWM2、PWM3 的第 2 次翻转位置，从而控制了下降沿位置：

当 i=10　10×1000/(12M/128) ≈0.1ms　PWM 输出出现下降沿 电机摆动 0°

当 i=50　50×1000/(12M/128) ≈0.5ms　PWM 输出出现下降沿 电机摆动 0°

当 i=100 100×1000/(12M/128) ≈1ms　PWM 输出出现下降沿 电机摆动 45°

当 i=140 140×1000/(12M/128) ≈1.5ms PWM 输出出现下降沿 电机摆动 90°

当 i=188 188×1000/(12M/128) ≈2.0ms PWM 输出出现下降沿 电机摆动 135°

当 i=235 235×1000/(12M/128) ≈2.5ms PWM 输出出现下降沿 电机摆动 180°

当 i=300 300×1000/(12M/128) ≈3.2ms PWM 输出出现下降沿 电机摆动 180°

PWM2T2 与 PWM2T3 寄存器控制出现的下降沿位置，决定了 PWM 输出的脉冲宽度（0.1ms～3.2ms），从而控制了伺服电机的摆动角度。用两个按键控制 SERVO3 摆动的程序设计与 SERVO1、SERVO2 类似，这里不再赘述。

2. 实训要求

① 再增加两只伺服电机，实现自定义控制功能。

② 尝试引入 PCA9685 对 16 路伺服电机进行 PWM 控制。

3. 源程序代码

```
1   //-----------------------------------------------------------------
2   //  名称：硬件 PWM 控制多路伺服电机运行
3   //-----------------------------------------------------------------
4   //  说明：在本案例仿真电路中，共有 3 个伺服电机，其中两个由主循环控制以不同
5   //        速度在 0～180° 范围内来回摆动，第 3 个电机在定时器控制下由按键
6   //        操控左右摆动
7   //
8   //-----------------------------------------------------------------
9   #include "STC15xxx.h"
10  #include <intrins.h>
11  typedef unsigned char   u8;
12  typedef unsigned int    u16;
13  typedef unsigned long   u32;
14  //-----------------------------------------------------------------
15  sbit PWM2   =   P2^7;           //各路 PWM 信号输出引脚定义(由 PWMxCR 设置)
16  sbit PWM3   =   P2^1;
17  sbit PWM4   =   P2^2;
18  sbit PWM5   =   P2^3;
19  sbit PWM6   =   P1^6;
20  sbit PWM7   =   P1^7;
21  sbit LED1   =   P3^6;           //指示灯定义
22  sbit LED2   =   P3^7;
23  //-----------------------------------------------------------------
24  void PWM_config();
25  void PWM2_SetPwmw(u16 w);
26  void PWM3_SetPwmw(u16 w);
27  void PWM4_SetPwmw(u16 w);
28  void PWM5_SetPwmw(u16 w);
29  void PWM6_SetPwmw(u16 w);
30  void PWM7_SetPwmw(u16 w);
31  //-----------------------------------------------------------------
32  #define MAIN_Fosc   12000000L   //主频定义为 12MHz
33  const u16 CYCLE = 2000L;        //定义 PWM 信号周期(最大值为 32 767)
34  volatile u16 servo3_p = 90;
35  //-----------------------------------------------------------------
36  // 延时函数
37  //-----------------------------------------------------------------
38  void delay_ms(u8 ms) {          //12MHz
39      u16 i;
40      do{
41          i = MAIN_Fosc / 13000;
42          while(--i);
43       } while(--ms);
44  }
45  //-----------------------------------------------------------------
46  // 主程序
47  //-----------------------------------------------------------------
48  void main() {
```

```
49      u16 i = 0;
50      PWM_config();
51      while (1) {
52          //Servo 1 - PWM2 控制
53          for (i = 10 ; i < 300; i++) {
54              delay_ms(4); PWM2_SetPwmw(i);
55          }
56          for (i = 300 ; i > 10; i--) {
57              delay_ms(4); PWM2_SetPwmw(i);
58          }
59          //Servo 2 - PWM3 控制
60          for (i = 10 ; i < 300; i++) {
61              delay_ms(6); PWM3_SetPwmw(i);
62          }
63          for (i = 300 ; i > 10; i--) {
64              delay_ms(6); PWM3_SetPwmw(i);
65          }
66      }
67  }
68  //----------------------------------------------------------------------------
69  // INT0 中断：控制正转
70  //----------------------------------------------------------------------------
71  void EX_INT0() interrupt 0 {
72      u8 x = 20;  EA = 0;
73      if ((P3 & (1<<2)) == 0x00) {
74          LED1 = 0; LED2 = 1;      //正转指示灯亮
75          //Servo 2 - PWM3 控制
76          while (x-- && servo3_p < 200) {
77              delay_ms(5); PWM4_SetPwmw(servo3_p); servo3_p++;
78          }
79      }
80      EA = 1;
81  }
82  //----------------------------------------------------------------------------
83  // INT1 中断：控制反转
84  //----------------------------------------------------------------------------
85  void EX_INT1() interrupt 2 {
86      u8 x = 20;  EA = 0;
87      if ((P3 & (1<<3)) == 0x00) {
88          LED1 = 1; LED2 = 0;      //反转指示灯亮
89          //Servo 3 - PWM4 控制
90          while (x-- && servo3_p > 90) {
91              delay_ms(5); PWM4_SetPwmw(servo3_p); servo3_p--;
92          }
93      }
94      EA = 1;
95  }
96  //----------------------------------------------------------------------------
97  // PWM 配置函数
98  //----------------------------------------------------------------------------
99  void PWM_config() {
100     P1M1 &= 0x3F;   P1M0 &= 0x3F; P1 &= 0x3F;   //P1.6 与 P1.7 为准双向口，初
101                                                 //始时被置为低电平
102     P2M1 &= 0x71;   P2M0 &= 0x71; P2 &= 0x71;   //P2.1,P2.2,P2.3,P2.7 为准
```

```
103                                                           //双向口,初始时被置为低电平
104     P3M1 = 0x0C;    P3M0 = 0x00;    P3 = 0xFF;  //P3.2,P3.3 引脚为高阻输入,
105                                                           //其余为准双向口
106     IT0 = 1;           //INT0 下降沿触发
107     IT1 = 1;           //INT1 下降沿触发
108     PX0 = 1;           //设置优先级
109     IE = 0x05;         //INT0,INT1 开中断
110     EA = 1;            //开总中断控制位
111     P_SW2 |= 0x80;  //扩展 SFR 访问控制使能
112     PWMCKS = 0x07;  //选择系统时钟,7+1 分频,实际为 2^7=128 分频
113     PWMC = CYCLE;   //设置 PWM 信号周期=2000×1000/(12MHz/128)≈21.3ms
114     //PWM2~PWM7 第 1,2 次翻转计数初始值 PWMxT1,PWMxT2 分别为 1,0
115     PWM2T1 = 0; PWM2T2 = 1; PWM2CR = 1<<3;  //PWM2 输出到 P2.7
116     PWM3T1 = 0; PWM3T2 = 1; PWM3CR = 0x00;  //PWM3 输出到 P2.1
117     PWM4T1 = 0; PWM4T2 = 1; PWM4CR = 0x00;  //PWM4 输出到 P2.2
118     PWM5T1 = 0; PWM5T2 = 1; PWM5CR = 0x00;  //PWM5 输出到 P2.3
119     PWM6T1 = 0; PWM6T2 = 1; PWM6CR = 0x00;  //PWM6 输出到 P1.6
120     PWM7T1 = 0; PWM7T2 = 1; PWM7CR = 0x00;  //PWM7 输出到 P1.7
121     PWMCFG = 0x00;              //配置 PWM 信号初始电平（均为低电平）
122     PWMCR = 0x3F;               //使能 PWM2~PWM7 共 6 路 PWM 信号输出
123     PWMCR |= 0x80;              //使能 PWM 波形发生器，开始计数
124     P_SW2 &= ~0x80;             //扩展 SFR 访问控制禁止
125 }
126 //---------------------------------------------------------------------
127 // PWM2 脉宽设置
128 //---------------------------------------------------------------------
129 void PWM2_SetPwmw(u16 w) {
130     if (w == 0)             {   PWMCR &= ~0x01; PWM2 = 0;   }
131     else if (w == CYCLE)    {   PWMCR &= ~0x01; PWM2 = 1;   }
132     else {
133         P_SW2 |= 0x80;  PWM2T2 = w;
134         P_SW2 &= ~0x80; PWMCR |= 0x01;
135     }
136 }
137 //---------------------------------------------------------------------
138 // PWM3 脉宽设置
139 //---------------------------------------------------------------------
140 void PWM3_SetPwmw(u16 w) {
141     if (w == 0)             {   PWMCR &= ~0x02; PWM3 = 0;   }
142     else if (w == CYCLE)    {   PWMCR &= ~0x02; PWM3 = 1;   }
143     else {
144         P_SW2 |= 0x80;  PWM3T2 = w;
145         P_SW2 &= ~0x80; PWMCR |= 0x02;
146     }
147 }
148 //---------------------------------------------------------------------
149 // PWM4 脉宽设置
150 //---------------------------------------------------------------------
151 void PWM4_SetPwmw(u16 w) {
152     if (w == 0)             {   PWMCR &= ~0x04; PWM4 = 0;   }
153     else if (w == CYCLE)    {   PWMCR &= ~0x04; PWM4 = 1;   }
154     else {
155         P_SW2 |= 0x80;  PWM4T2 = w;
156         P_SW2 &= ~0x80; PWMCR |= 0x04;
```

```
157     }
158 }
159 //-----------------------------------------------------------------------
160 // PWM5 脉宽设置(本案例未使用)
161 //-----------------------------------------------------------------------
162 void PWM5_SetPwmw(u16 w) {
163     if (w == 0)             {    PWMCR &= ~0x08; PWM5 = 0;    }
164     else if (w == CYCLE)    {    PWMCR &= ~0x08; PWM5 = 1;    }
165     else {
166         P_SW2 |= 0x80;  PWM5T2 = w;
167         P_SW2 &= ~0x80; PWMCR |= 0x08;
168     }
169 }
170 //-----------------------------------------------------------------------
171 // PWM6 脉宽设置(本案例未使用)
172 //-----------------------------------------------------------------------
173 void PWM6_SetPwmw(u16 w) {
174     if (w == 0)             {    PWMCR &= ~0x10; PWM6 = 0;    }
175     else if (w == CYCLE)    {    PWMCR &= ~0x10; PWM6 = 1;    }
176     else {
177         P_SW2 |= 0x80;  PWM6T2 = w;
178         P_SW2 &= ~0x80; PWMCR |= 0x10;
179     }
180 }
181 //-----------------------------------------------------------------------
182 // PWM7 脉宽设置(本案例未使用)
183 //-----------------------------------------------------------------------
184 void PWM7_SetPwmw(u16 w) {
185     if (w == 0)             {    PWMCR &= ~0x20; PWM7 = 0;    }
186     else if (w == CYCLE)    {    PWMCR &= ~0x20; PWM7 = 1;    }
187     else {
188         P_SW2 |= 0x80;  PWM7T2 = w;
189         P_SW2 &= ~0x80; PWMCR |= 0x20;
190     }
191 }
```

4.32　ULN2803 驱动单极步进电机正反转

ULN2803 驱动单极步进电机正反转电路如图 4-78 所示。在该仿真电路中，ULN2803 驱动单极步进电机（Unipolar Step Motor）28BYJ-48 运行，步进电机励磁序列由 STC15 输出，按下 K1 按键将使步进电机正转 3 圈，按下 K2 按键则反转 3 圈，在转动过程中按下 K3 时可使步进电机停止转动（注：这里所说的“圈数”指步进电机内部转子的圈数，而非经齿轮减速后的外部驱动轴的转动圈数）。

1．程序设计与调试

1）单极步进电机及驱动器 ULN2803 简介

步进电机是将电脉冲信号转变为角位移或线位移的开环控制器件。在非超载情况下，电机转速、停止位置仅取决于脉冲信号的频率和脉冲数，而不受负载变化影响。当步进驱动器接收到一个脉冲信号，步进电机将按设定方向转动一个固定的角度，该角度称为“步距角”，其旋转是以固定角度一步一步运行的。通过控制脉冲个数来可控制其角位移量，从而达到准确定位的目的；此外还可以通过控制脉冲频率来控制电机转动速度和加速度，从而达到调速目的。

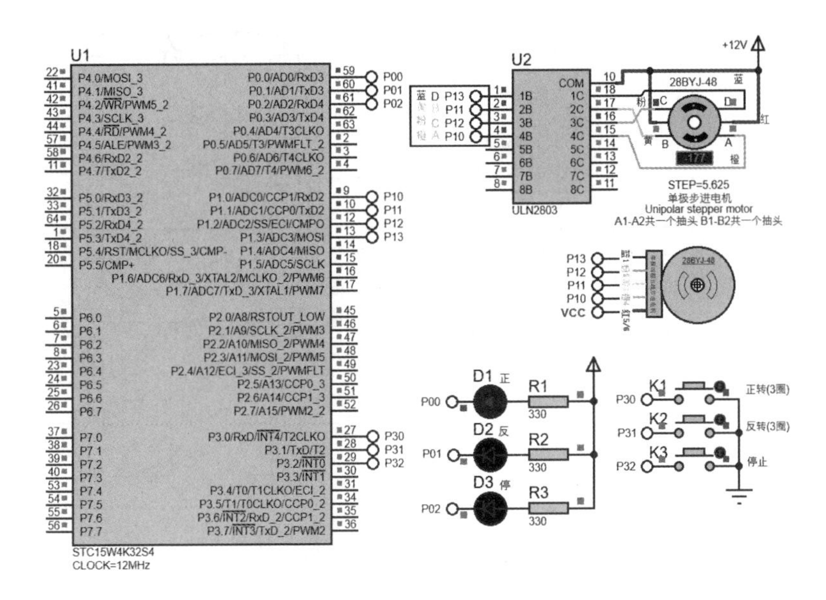

图 4-78 ULN2803 驱动单极步进电机正反转电路

步进电机可分为单极性（unipolar）和双极性（bipolar）步进电机，其中极性指电流通过线圈绕组产生磁场的极性。图 4-79 为单极步进电机，它只有一个磁极，因为其电源端（又称 COM 端）恒定连接正电源，对其 A、B、C、D 的加电按特定顺序进行，但电流方向不变，因此极性不变，故称单极。该电机又称单极四相（指 A~D）步进电机，还有称单极四相五线（或六线）步进电机，因为该电机的两个电源抽头可能共一根线接出，故外部接线可能共计有五线或六线。本案例的 28BYJ-48 即为单极四相五线步进电机，其减速比为 1∶64，转速约 15r/min，其外部轴承的步矩角为 5.625°/64（注：其内部转子每步角度为 5.625°），类似的还有 24BYJ-48。

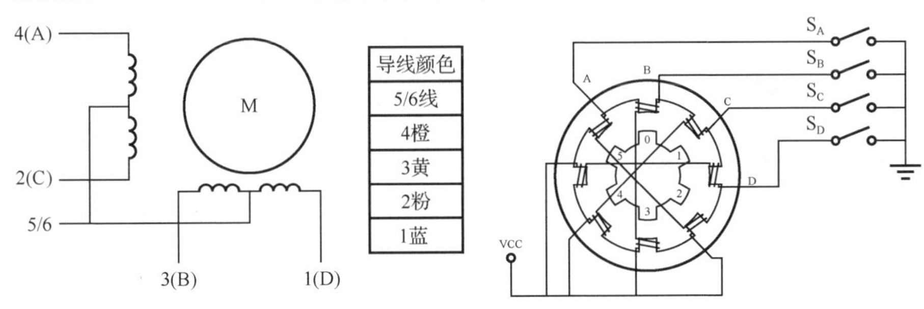

图 4-79 单极步进电机接线

为驱动单极步进电机，本案例仿真电路使用了高电压大电流达林顿（Darlington）晶体管阵列芯片 ULN2803，阵列中 8 路达林顿晶体管是低逻辑电平数字电路（如 TTL、CMOS、PMOS 或 NMOS）与高电压大电流设备（如继电器、机锤、灯泡等）接口的理想器件，其内部结构及外部引脚如图 4-80 所示。

2）单极步进电机控制程序设计

步进电机程序设计关键在于励磁序列的定义，表 4-28 给出了单极 4 相步进电机的 3 种励磁方式，电路中的单极 4 相步进电机工作于 8 拍方式，参考该表可得出步进电机正转与反转控制序列数组如下：

```
//正转励磁序列为 A->AB->B->BC->C->CD->D->DA
u8 code FFW[] = {0x01,0x03,0x02,0x06,0x04,0x0C,0x08,0x09};
//反转励磁序列为 AD->D->CD->C->BC->B->AB->A
u8 code REV[] = {0x09,0x08,0x0C,0x04,0x06,0x02,0x03,0x01};
```

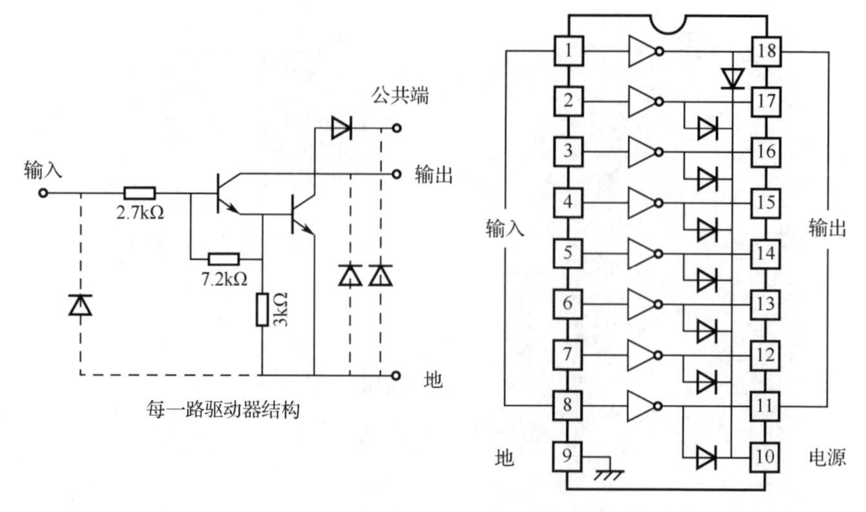

图 4-80　ULN2803 驱动器内部结构及外部引脚

表 4-28　单极 4 相步进电机的 3 种励磁方式

Step	单 4 拍				双 4 拍				8 拍			
	A	B	C	D	A	B	C	D	A	B	C	D
1	1	0	0	0	1	1	0	0	1	0	0	0
2	0	1	0	0	0	1	1	0	1	1	0	0
3	0	0	1	0	0	0	1	1	0	1	0	0
4	0	0	0	1	1	0	0	1	0	1	1	0
5	1	0	0	0	1	1	0	0	0	0	1	0
6	0	1	0	0	0	1	1	0	0	0	1	1
7	0	0	1	0	0	0	1	1	0	0	0	1
8	0	0	0	1	1	0	0	1	1	0	0	1

由于本案例中的步进电机步进角为5.625°（步进电机组件中Step Angle属性默认值为18），在四相八拍方式下，每拍步进角度为5.625°，每输出一遍 8 个字节的励磁序列数组 FFW 时，电机总计步进 45°，可见，驱动电机运转一圈（360°）共要输出 8 趟励磁序列数组 FFW，要使电机转动 *n* 圈则需要输出 8*n* 趟励磁序列数组 FFW。步进电机反转控制原理与此相同。

基于上述分析，可分别设计步进电机正反向驱动函数 STEP_MOTOR_FFW 与 STEP_MOTOR_REV，它们分别用于控制步进电机正转与反转 *n* 圈，其内循环为 8 次，外循环为 8*n* 次。

另外，本案例程序中所说的圈数是步进电机内部转子的圈数，非外部驱动轴的圈数，因为步进电机 28BYJ-48 减速比为 1∶64，因此外部驱动轴速度是内部转子速度的 1/64，如果要外部驱动轴转 N 圈，则函数 STEP_MOTOR_FFW 及 STEP_MOTOR_REV 的参数 N 应改为 N*64。

2．实训要求

① 本案例步进电机常用于空调扫风页片驱动，编程使其在指定角度范围内摆动运行。

② 进一步设计本案例，使之快速正转 N 圈，然后反向慢速还原。

3．源程序代码

```
1   //-----------------------------------------------------------------
2   //  名称：ULN2803 驱动单极步进电机正反转
3   //-----------------------------------------------------------------
```

```
4   //  说明：本案例步进电机为 28BYJ-48。当按下 K1 时，该步进电机正转 3 圈 ；当按下 K2 时，
5   //          该步进电机反转 3 圈;当按下 K3 时,该步进电机停止
6   //          在进行相应操作时,对应的指示灯被点亮
7   //-----------------------------------------------------------------------
8   #include "STC15xxx.h"
9   #include <intrins.h>
10  #define u8  unsigned char
11  #define u16 unsigned int
12  //本例四相步进电机工作于八拍方式
13  //正转励磁序列为 A->AB->B->BC->C->CD->D->DA
14  u8 code FFW[] = {0x01,0x03,0x02,0x06,0x04,0x0C,0x08,0x09};
15  //反转励磁序列为 AD->D->CD->C->BC->B->AB->A
16  u8 code REV[] = {0x09,0x08,0x0C,0x04,0x06,0x02,0x03,0x01};
17  sbit K1 = P3^0;     //正转
18  sbit K2 = P3^1;     //反转
19  sbit K3 = P3^2;     //停止
20  #define STEPS 64    //每圈需要 64 步，每步 5.625
21  //-----------------------------------------------------------------------
22  // 延时函数(12MHz)
23  //-----------------------------------------------------------------------
24  #define MAIN_Fosc 12000000L
25  void delay_ms(u8 ms) {
26      u16 i;
27      do{
28          i = MAIN_Fosc / 13000;
29          while(--i);
30       }while(--ms);
31  }
32  //-----------------------------------------------------------------------
33  // 正转
34  //-----------------------------------------------------------------------
35  void STEP_MOTOR_FFW(u8 n) {
36      u16 i,j;
37      for (i = 0; i < STEPS * n / 4; i++) {
38          for (j = 0; j < 8; j++) {
39              if(K3 == 0) break;  P1 = FFW[j]; delay_ms(20);
40          }
41      }
42  }
43  //-----------------------------------------------------------------------
44  // 反转
45  //-----------------------------------------------------------------------
46  void STEP_MOTOR_REV(u8 n) {
47      u16 i,j;
48      for (i = 0; i < STEPS * n / 4; i++) {
49          for (j = 0; j < 8; j++) {
50              if(K3 == 0) break;  P1 = REV[j]; delay_ms(30);
51          }
52      }
53  }
54  //-----------------------------------------------------------------------
55  // 主程序
56  // 注：以下所说的圈数是步进电机内部转子的圈数，非外部驱动轴的圈数，
57  // 因为步进电机 28BYJ-48 减速比为 1:64,因此外部驱动轴速度是内部转子
```

```
58  // 速度的1/64
59  //------------------------------------------------------------------
60  void main() {
61      u8 N = 3;                               //运转圈数
62      P0M1 = 0x00; P0M0 = 0x00;               //配置为准双向口
63      P1M1 = 0x00; P1M0 = 0x00;
64      P3M1 = 0xFF; P3M0 = 0x00;               //配置为高阻输入
65      while(1) {
66          if(K1 ==0) {
67              P0 = 0xFE;                      //LED1 点亮
68              STEP_MOTOR_FFW(N);              //正转
69              if(K3 == 0) break;
70          }
71          else if(K2 == 0) {
72              P0 = 0xFD;                      //LED2 点亮
73              STEP_MOTOR_REV(N);              //反转
74              if(K3 == 0) break;
75          }
76          else {
77              P0 = 0xFB;                      //LED3 点亮
78              P1 = 0x03;
79          }
80      }
81  }
```

4.33 L298N 驱动双极步进电机运行

L298N 驱动双极步进电机运行电路如图 4-81 所示。在该仿真电路中，使用 H 桥驱动器 L298N 驱动双极步进电机（Bipolar Step Motor）20BY45（两相四线），5 个按键可分别控制双极步进电机正转、反转、加速、减速及停转。

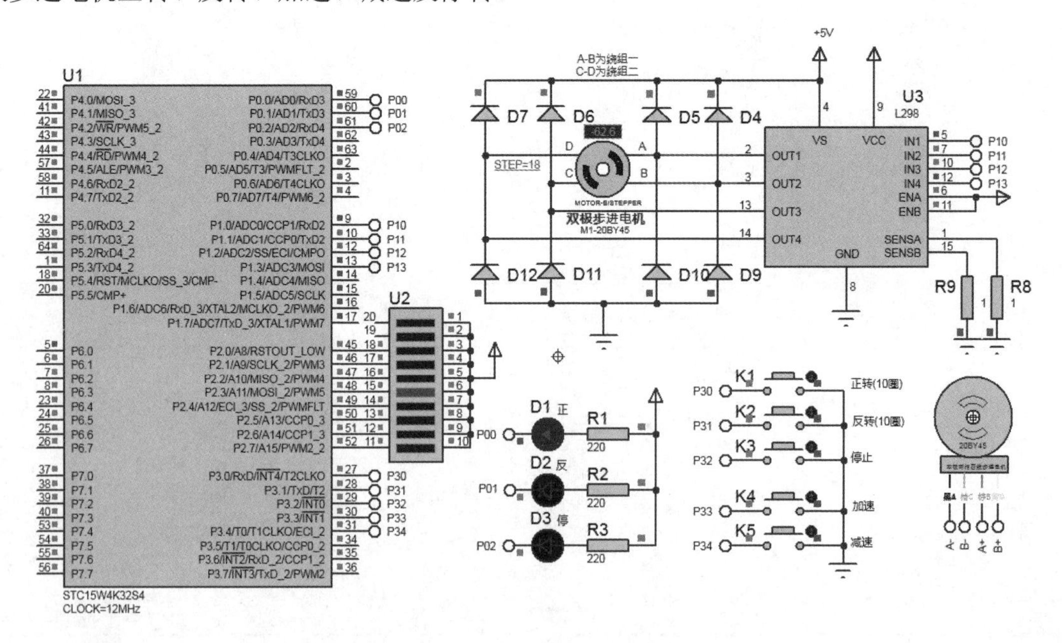

图 4-81 L298N 驱动双极步进电机运行电路

1．程序设计与调试

1）双极步进电机简介

图 4-82 给出了双极步进电机（Bipolar Stepper Motor）结构示意图及驱动电路，对于电路中所使用的“两相四线双极步进电机”，其驱动方式有如下 3 种：

（1）单相通电（one phase on）的全步（full step）驱动模式（单 4 拍）

该模式下绕组通电顺序是 AB→CD→BA→DC，任何时候总是只有一相被通电驱动。该序列就是所谓的单相通电（one phase on）的全步（full step）驱动方式。

（2）双相通电（two phase on）的全步驱动模式（双 4 拍）

该模式下两相总是一同通电，通电顺序为：AB/CD→BA/CD→BA/DC→AB/DC，这种通电序列总是使转子对齐到两极之间的位置，这是双极步进电机最常用的驱动方式，可获得最高的扭矩。

（3）单相/双相交替通电的半步（half step）模式（8 拍，单相/双相皆有）

这种方式下总是先给一相通电，再给两相通电，如此循环，通电顺序为：AB→AB/CD→CD→CD/BA→BA→BA/DC→DC→DC/AB。

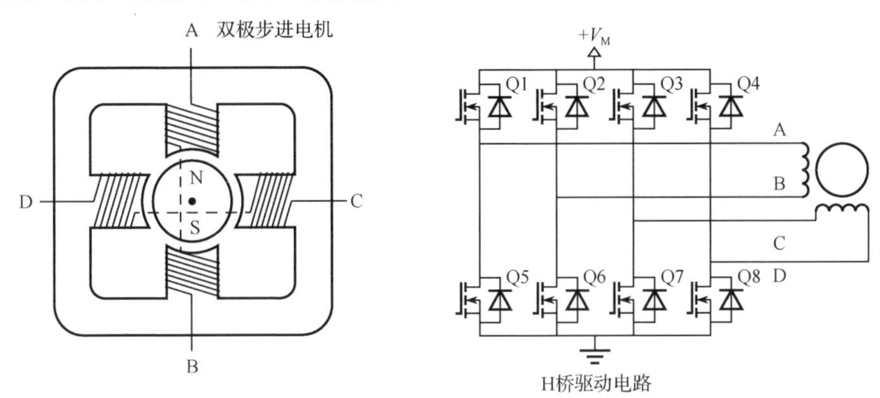

图 4-82 双极步进电机结构示意图及 H 桥驱动电路

双向驱动（Bidirectional Drive）双极步进电机的 H 桥是一种“推挽输出”（Push Pull Output）电路，双极电机通过 H 桥电路在一条绕线上实现双向电流驱动。图 4-83 描绘了双极步进电机的 3 种驱动方式。以单相/双相交替通电的半步（half step）模式为例，为实现 AB→AB/CD→CD→CD/BA→BA→BA/DC→DC→DC/AB 驱动序列，在图 4-82 所示的 H 桥驱动电路中有：Q1-6 导通→Q1-6/Q3-8 导通→Q3-8 导通→Q3-8/Q2-5 导通→Q2-5 导通→Q2-5/Q4-7 导通→Q4-7 导通→Q4-7/Q1-6 导通。

对于本案例使用的双极步进电机 20BY45，其基本参数为：18°/步，工用电压 5～7.2V，电阻 13Ω，使用双极驱动电路，励磁方式为 2-2 相，牵出转矩为 800Hz≥2.94mN·m，绝缘电阻≥100MΩ。

2）H 型驱动器 L298N 简介

L298N 是双全桥步进电机专用驱动芯片（Dual Full-Bridge Driver），内部包含 4 通道逻辑驱动电路，接收标准的 TTL 逻辑电平，具备 2 个高电压、大电流双全桥驱动器，可驱动 46V、2A 以下的步进电机，且可以直接通过电源来调节输出电压。L298N 可直接由 8051 的 I/O 端口提供时序信号驱动电机运行，可同时驱动 2 个 2 相或 1 个 4 相步进电机。表 4-29 给出了 L298N 的两种封装引脚说明。

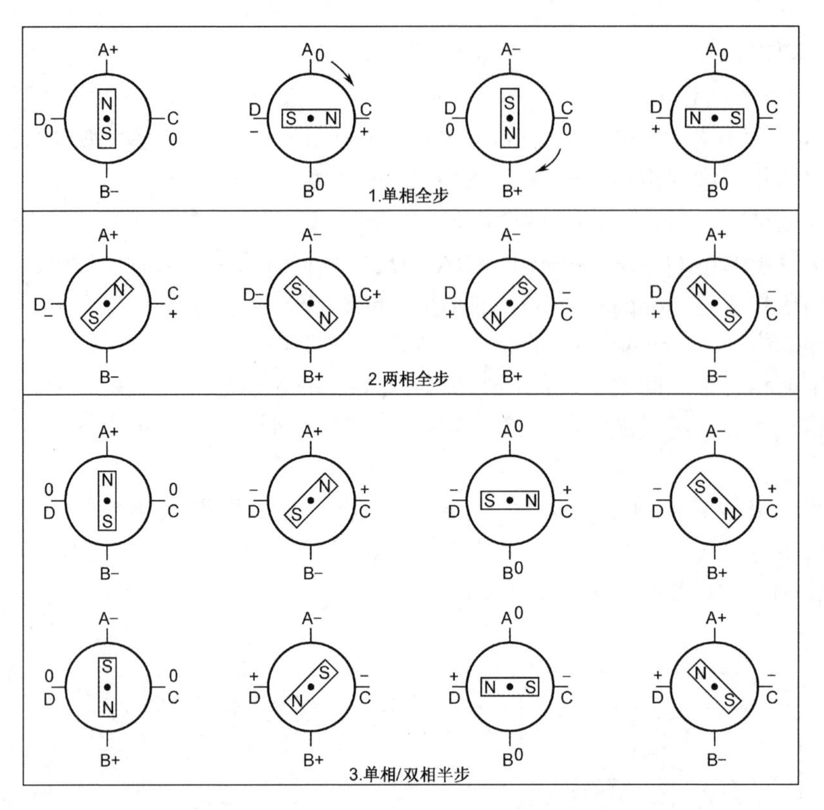

图 4-83　双极步进电机的 3 种驱动方式示意图

表 4-29　L298N 引脚说明

L298N		名　　称	说　　明
Multiwatt15 引脚序号	PowerSO20 引脚序号		
1,15	2,19	SENSA,SENSB	电流监测端，分别为两个 H 桥的电流反馈脚，不用时可接地
2,3	4,5	OUT1,OUT2	1Y1,1Y2 输出端
4	6	VS	功率电源引脚，通过 100nF 电容接地
5,7	7,9	IN1,IN2	1A1,1A2 输入端，TTL 电平兼容
6,11	8,14	ENA,ENB	TTL 电平兼容
8	1,10,11,20	GND	接地
9	12	VSS	逻辑电源电压，通过 100nF 电容接地
10,12	13,15	IN3,IN4	2A1,2A2 输入端，TTL 电平兼容
13,14	16,17	OUT3,OUT4	2Y1,2Y2 输出端
—	3,18	NC	无连接

3）双极步进电机程序设计

双极两相四线步进电机 20BY45 转一圈共计 20 步（360/18=20），驱动方式为 2-2P（两相全步），其转速可用驱动频率控制，转速 RPM 计算公式如下：

$$\text{步进电机转速 RPM} = f \times 60 / [(360/T) \times x]$$

式中，RPM 为每分钟运转圈数，f 为驱动频率；x 为细分倍数；T 为固有步进角。

当采用整步（1 细分）驱动，每步 18°，假定 1 分钟转 1 圈，则有 $1 = f \times 60 / [(360/18) \times 1]$，可得 $f = 1/3\text{Hz}$，即每 3s（3000ms）驱动电机走 1 步，60s（1min）走 20 步（1 圈）。

程序中有语句 TimeLength = 60L * 1000L / STEPS / speed，其中 STEPS 为常量，取值为 20（表示每圈 20 步）。当 speed 取值为 5，10，15，20…时，可得 TimeLength=600ms，300ms，200ms，150ms…，按此驱动周期驱动步进电机，将使得每分钟运转圈数分别为 5，10，15，20…，它们是 3000ms 分别除以 600ms，300ms，200ms，150ms…所得到的值，显然，驱动节拍周期越短则转速越高。语句中的 speed 变量值通过加速与减速按键进行调节，speed 的改变将导致 TimeLength 改变，也就是驱动节拍周期被改变，从而实现转速控制。

本案例程序中，为实现毫秒定时启用了 T1，T1 被配置为 12T/16 位自动重装模式，定时中断程序 void T1_INT()每 1ms 使全局变量 NOW 累加 1，NOW 用于实现全局计时。为在电机运行过程中不阻塞按键操作，源代码中的函数 void Stepper_RUN(int _steps)持续计算当前计时值与上一步（上一节拍）计时数的差值（而不是通过类似 delay_ms 这样的函数阻塞等待），如果二者的差值大于或等于 TimeLength，则表示一个驱动节拍间隔时间到达，驱动输出端口可输出下一驱动节拍（字节），对应输出语句为：P1 = DRV_SEQ[Curr_steps%4]，其中 Curr_steps 表示电机当前运行在第几位，对 4 取余可使励磁驱动字节在 4 个驱动字节中循环。例如，第 1、2、3、4 步分别使用第 0、1、2、3 驱动字节，第 4、5、6、7 步同样为第 0、1、2、3 驱动字节，依次类推。

关于本案例双极步进电机的方向控制等，可参阅源程序所附详细注释，这里不再赘述。

2. 实训要求

① 设步进角度设为 3.6°，重新编写程序使电机能按要求转动到指定位置。

② 重新编写程序，按 200 倍细分驱动本例步进电机 20BY45。

3. 源程序代码

```
1   //-----------------------------------------------------------------------
2   //  名称: L298N 驱动双极步进电机运行
3   //-----------------------------------------------------------------------
4   //  说明: 本案例由 L298 驱动双极四相步进电机(20BY45)。当按下 K1 时电机正转 10 圈
5   //            按下 K2 时反转 10 圈,按下 K3 时停止,按下 K4 与 K5 时分别进行加速与减速
6   //
7   //-----------------------------------------------------------------------
8   #include "STC15xxx.h"
9   #include <intrins.h>
10  #include <math.h>
11  #define u8  unsigned char
12  #define u16 unsigned int
13  #define u32 unsigned long
14  //本例两相四线步进电机工作于 2-2P 方式(双 2 拍)
15  //正转励磁序列为 AB/CD->BA/CD->BA/DC->AB/DC
16  u8 code DRV_SEQ[] = {0x0A,0x06,0x05,0x09};
17  sbit K1 = P3^0;                         //正转
18  sbit K2 = P3^1;                         //反转
19  sbit K3 = P3^2;                         //停止
20  sbit K4 = P3^3;                         //加速
21  sbit K5 = P3^4;                         //减速
22  //-----------------------------------------------------------------------
23  int STEPS = 20;                         //每圈总步数（20 步电机/每步 18°）
24  u8 Direct = 0;                          //运行方向
25  u32 TimeLength;                         //控制转速的延时时长控制变量
26  u32 LastStep_Time = 0;                  //上一步所处的时间
27  volatile u32 NOW = 0, __curr_time;
```

```
28  int speed = 25;                        //转速控制变量（RPM）
29  //----------------------------------------------------------------------
30  // T1 初始配置（1ms 定时,12.000MHz,12T/16 位自动重装载）
31  //----------------------------------------------------------------------
32  void Timer1Init() {
33      AUXR &= 0xBF;                      //12T 模式
34      TMOD &= 0x0F;                      //设置定时器模式
35      TL1 = 0x18;                        //设置定时初始值
36      TH1 = 0xFC;                        //设置定时初始值
37      TF1 = 0;                           //将 TF1 清零
38      TR1 = 1;                           //T1 开始定时
39  }
40  //----------------------------------------------------------------------
41  // T1 中断子程序(每 1ms 累加变量 NOW)
42  //----------------------------------------------------------------------
43  void T1_INT() interrupt 3 {
44      NOW++;
45      //TL1 = 0x18;              //设置定时初始值(16 位自动重装载,可省略此 2 行)
46      //TH1 = 0xFC;              //设置定时初始值
47  }
48  //----------------------------------------------------------------------
49  // 步进电机速度设置(单位:RPM)
50  //----------------------------------------------------------------------
51  void setSpeed(long speed) {
52      TimeLength = 60L * 1000L / STEPS / speed;
53      P2 = ~(0x80>>(speed/5 - 1));       //条形 LED 按比例显示速度: speed=5,10…
54  }
55  //----------------------------------------------------------------------
56  // 步进电机运转控制函数(参数为运转的步数,换为圈数必须乘以 20,即 STEPS)
57  //----------------------------------------------------------------------
58  void Stepper_RUN(int _steps) {
59      static int Curr_steps = 0;         //当前已运行总步数（对应当前位置）
60      int Left_steps = abs(_steps);      //剩余需要走的步数(初始为要运行的总步数)
61      if (_steps > 0) Direct = 1;        //根据剩余步数判断运转方向
62      if (_steps < 0) Direct = 0;
63      while (Left_steps > 0) {           //剩余步数非 0 则继续
64          if (K3 == 0) return;           //按下 K3 时提前结束运行
65          if(K4 == 0) {                  //加速控制
66              while (K4 == 0);
67              if (speed < 40) speed += 5; else speed = 40;
68              setSpeed(speed);
69          }
70          if(K5 == 0) {                  //减速控制
71              while (K5 == 0);
72              if (speed >= 10) speed -= 5; else speed = 5;
73              setSpeed(speed);
74          }
75          __curr_time = NOW;             //获取当前计时值
76          //到达指定节拍时长则执行一步（通过频率控制速度）
77          if (__curr_time - LastStep_Time >= TimeLength) {
78              LastStep_Time = __curr_time;
79              if (Direct == 1) {         //正转
80                  Curr_steps++;
81                  if (Curr_steps == STEPS) Curr_steps = 0;
```

```
82              }
83              else {                      //反转
84                  if (Curr_steps == 0) Curr_steps = STEPS;
85                  Curr_steps--;
86              }
87              Left_steps--;               //剩余步数递减
88              P1 = DRV_SEQ[Curr_steps % 4]; //输出1个驱动节拍(运行1步)
89          }
90      }
91  }
92  //-----------------------------------------------------------------------
93  // 主程序
94  //-----------------------------------------------------------------------
95  void main() {
96      P0M1 = 0x00; P0M0 = 0x00;           //配置为准双向口
97      P1M1 = 0x00; P1M0 = 0x00;
98      P2M1 = 0x00; P2M0 = 0x00;
99      P3M1 = 0xFF; P3M0 = 0x00;           //配置为高阻输入口
100     Timer1Init();                       //T1初始配置
101     IE = 0x88;                          //T1中断使能
102     setSpeed(speed);                    //设置转速
103     while(1) {
104         if(K1 ==0) {
105             P0 = 0xFE;                  //LED1被点亮
106             Stepper_RUN(STEPS*10);      //电机正转10圈
107             if(K3 == 0) break;
108         }
109         else if(K2 == 0) {
110             P0 = 0xFD;                  //LED2被点亮
111             Stepper_RUN(-STEPS*10);     //电机反转10圈
112             if(K3 == 0) break;
113         }
114         else if(K3 == 0) {
115             P0 = 0xFB;                  //LED3被点亮
116             P1 = 0x03;
117         }
118     }
119 }
```

4.34　1-Wire 总线温度传感器 DS18B20 应用测试

1-Wire 总线温度传感器 DS18B20 应用测试电路如图 4-84 所示。在该仿真电路中，1602 液晶屏将显示 DS18B20 所测量的外部温度，当调节 DS18B20 来模拟改变外界温度时，新的温度值将刷新显示在液晶屏上。

1．程序设计与调试

1）DS18B20 简介

DS18B20 是 DALLAS 公司生产的 1-Wire 总线温度传感器，现场温度直接以 1-Wire 数字方式传输，大大提高了系统的抗干扰性，适合于恶劣环境的现场温度测量，可应用于环境控制、设备或过程控制、消费类测温电子产品等。

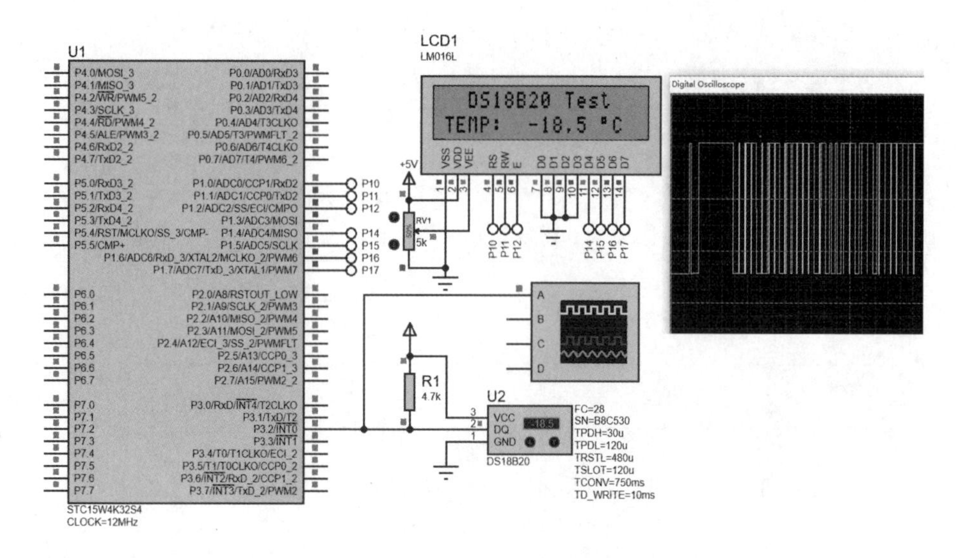

图 4-84 1-Wire 总线温度传感器 DS18B20 应用测试电路

DS18B20 体积很小，用它来组成的温度测量系统线路非常简单，只要求一个接口即可实现通信，且可通过数据线寄生供电。DS18B20 的温度测量范围为−55～+125℃，其分辨率可以从 9～12 位选择（默认为 12 位），内部可设置非易失报警温度上、下限（TH、TL），每个器件都有唯一的 8 个字节（64 位）光刻码，包括 1 个字节 CRC 检验码、6 个字节序列号和 1 个字节家族代码（Family Code:0x28），这使得多个 DS18B20 可以共用总线构成多点测温网络。利用 ROM 搜索命令可通过排除法获取总线上挂载的所有器件的光刻码，利用报警搜索命令可识别并标识出总线上所有超过限定温度的器件。

图 4-85 给出了 DS18B20 的内部结构与外部引脚，其中 GND 接地，VDD 为可选的电源引脚，在使用寄生供电方式时，VDD 必须接地，DQ 为开漏 1-Wire 接口引脚，在使用寄生供电方式时，通过该引脚可向设备供电。使用独立供电方式时，VDD 连接正电源。

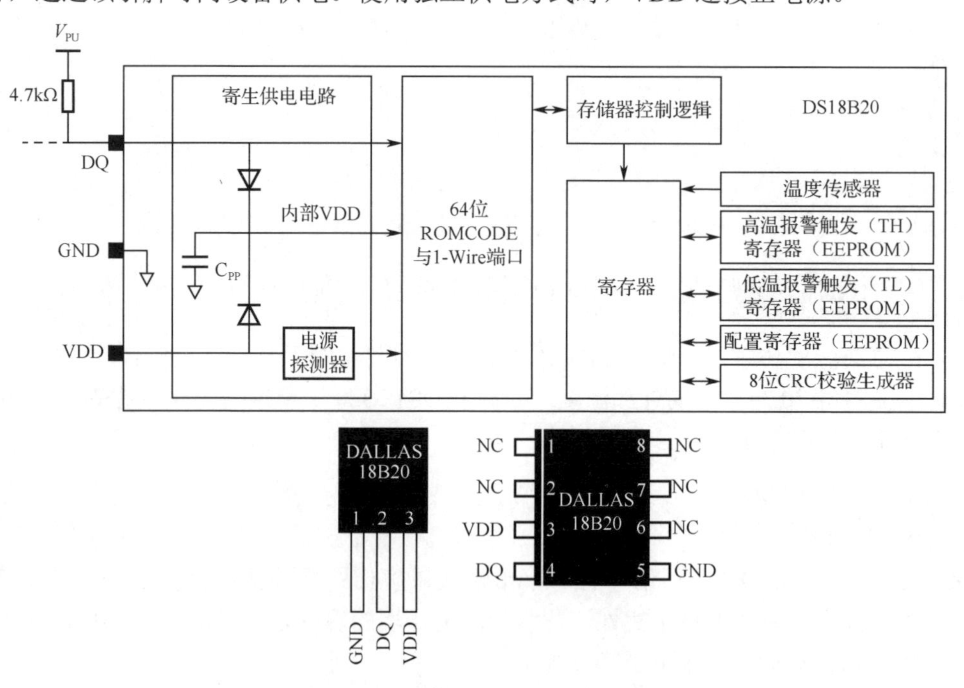

图 4-85 DS18B20 内部结构与外部引脚

1-Wire 总线系统只有一根数据线，主机或从机设备通过一个漏极开路或三态接口连接至该数据线，这样使得主机或从机设备在不发送数据时可释放数据总线，以便总线可被其他设备使用。图 4-86 给出了 DS18B20 的 DQ 开漏等效电路图，单总线要求外接一个约为 5kΩ的上拉电阻，以保证总线闲置时为高电平。

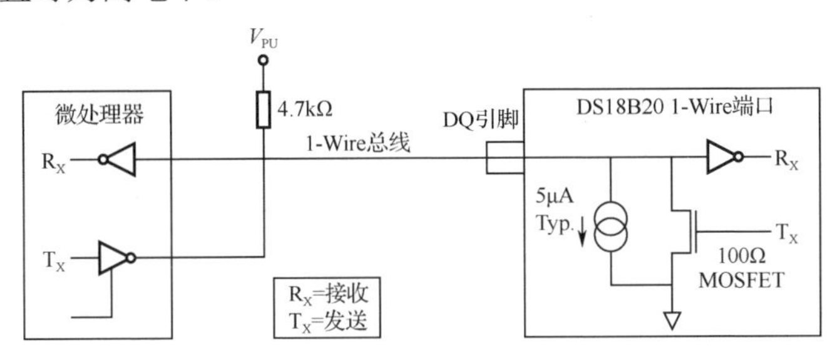

图 4-86　DS18B20 的 DQ 开漏等效电路图

2）DS18B20 程序设计

1-Wire 总线器件要求遵守严格的通信协议以保证数据的完整性，该协议定义了几种信号类型，包括复位脉冲、应答脉冲（在线脉冲或称存在脉冲）、写 0/1、读 0/1，除了应答脉冲以外，其余的信号都由主机发出同步信号，并且发送所有的命令和数据都是字节的低位在前。

下面逐一讨论 DQ 引脚的操作时序、温度传感器命令应用、所读取温度数据的格式转换、摄氏度（℃）符号的液晶显示等。

（1）DS18B20 的操作时序及初始化、写、读程序设计。

图 4-87 给出了 DS18B20 的初始化、写/读操作时序，根据这 3 个时序图，在本案例程序文件 DS18B20.c 中分别设计了对应的函数 Init_DS18B20、ReadOneByte、WriteOneByte。下面对这几个函数的设计分别加以说明。

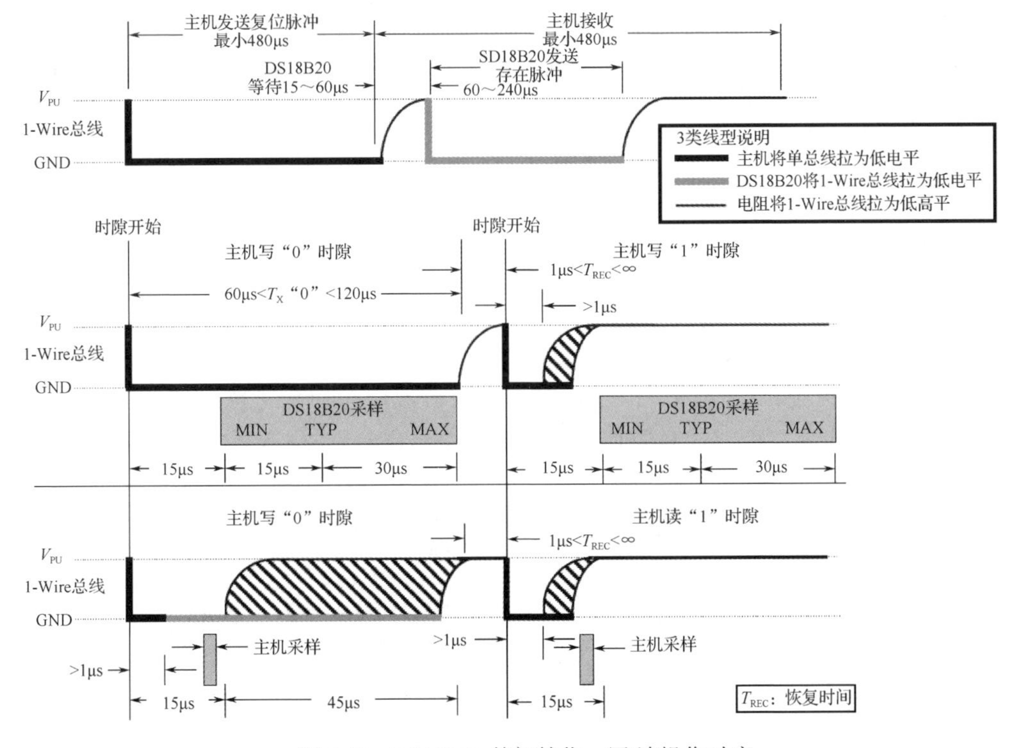

图 4-87　DS18B20 的初始化、写/读操作时序

1-Wire 总线器件初始化：1-Wire 总线的所有操作皆从一个初始化序列开始，初始化序列包括一个由总线控制器发出的复位脉冲和随后由从机（本案例指 DS18B20）回发的存在脉冲（或称为在线脉冲），函数代码如下，注意在本例选定的振荡器频率 12MHz 下设置符合时序规定的延时：

```
u8 Init_DS18B20() {
    u8 status;
    DQ = 1;          delay_us(10);    //将 DQ 置为高电平并短暂延时
    DQ = 0;          delay_us(500);   //主机将 DQ 拉为低电平且至少维持 480μs(实际 630μs)
    DQ = 1;          delay_us(50);    //主机写“1”释放总线,等待 15~60μs
    status = DQ;     delay_us(500);   //读取在线脉冲信号,延时至少 480μs(实际 630μs)
    return status;                    //读取 0 时正常,否则失败
}
```

由写时序图可知，写操作包括写“0”时隙与写“1”时隙，它们分别对应于写逻辑“0”与逻辑“1”。写时隙至少持续 60μs，包括两个独立的写时隙之间至少 1μs 的恢复时间。这两种写操作都从主机拉低 DQ 线开始。为生成写“1”时隙，主机必须在拉低 DQ 后 15μs 之内释放总线，在主机释放总线后，DQ 线将被约 5kΩ的上拉电阻拉为高电平；为生成写“0”时隙，主机在拉低 DQ 线后必须继续保持。DS18B20 在 15～60μs 内采样 DQ 线，典型时间为 30μs。如果采样为高电平则“1”被写入，否则“0”被写入。向 1-Wire 总线写 1 字节的函数如下，写入 1 位以后要确保主机释放总线：

```
void WriteOneByte(u8 dat) {
    u8 i ;  DQ = 1;
    for (i = 0; i < 8; i++) {
        if (dat & (1<<i)) {          //写“1”时隙
            DQ = 0; delay_us(10);//占领总线，延时 10μs
            DQ = 1; delay_us(55);//释放总线，延时 55μs，上拉电阻将总线拉为高电平
        } else {                     //写“0”时隙
            DQ = 0; delay_us(65);//占领总线，延时 65μs
            DQ = 1; delay_us(5); //释放总线，延时 5μs，上拉电阻将总线拉为高电平
        }
    }
}
```

1-Wire 器件仅在主机发出读数据命令后才向主机传输数据。当主机向 1-Wire 器件发出读数据命令后必须马上产生读时隙，以便单总线器件能传输数据。

读时隙和写时隙一样，共计至少持续 60μs，主机首先拉低 DQ 线至少 1μs，然后释放总线，开始转为读总线，从器件开始在总线上发送“0”或“1”，当发送“1”时使 DQ 线保持高电平，发送“0”时则拉低总线。由于从器件发送数据后在初始化读时序的下降沿后保持 15μs 有效时间，因此，主机在读时隙期间必须释放总线，且在 15μs 内采样总线状态，读取从机发送的数据。

```
u8 ReadOneByte() {
    u8 i, dat = 0x00;
    for (i = 0x01; i != 0x00; i <<= 1) {
        DQ = 1; delay_us(1);          //先锁存“1”
        DQ = 0; delay_us(3);          //主机将 DQ 拉为低电平,读时隙开始
        DQ = 1; delay_us(12);         //主机释放 DQ,准备读
        if(DQ) dat |= i;              //在大于 1μs 后主机开始读取 1 位
        delay_us(53);                 //读取 1 位整个过程需要 60~120μs
        //DQ = 1;//主机释放总线(可省此行代码),此行代码与前面一行 DQ=1 的代码两者只能留其一
    }
```

```
    return dat;
}
```

（2）DS18B20 程序设计。

除根据 DS18B20 初始化、写/读操作时序图所编写的 3 个函数以外，设计温度传感器程序还需要参考图 4-88 所示的 DS1820 内存结构、表 4-30 所示的 DS18B20 功能命令集、表 4-31 所示的 ROM 操作命令集及表 4-32 所示的温度寄存器字节格式。由图 4-88 可知，传感器初始上电时温度寄存器初始值为 0x0550（表示 85℃）。

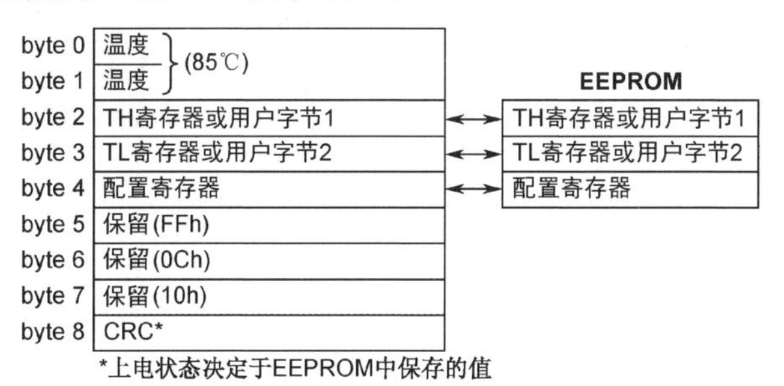

图 4-88　DS18B20 内存结构图

表 4-30　DS18B20 操作命令集

命　令	说　明	协议	总线数据操作
温度转换	开始温度转换	44H	DS18B20 将转换状态发送给主设备
读寄存器	读所有寄存器，包括 CRC 字节	BEH	DS18B20 将第 9 字节的数据发送给主设备
写寄存器	将数据写入寄存器第 2，3，4 字节（即 TH、TL 和配置寄存器）	4EH	主设备向 DS18B20 发送 3 个字节数据
复制	将寄存器 TH、TL 和配置寄存器数据复制到 EEPROM	48H	无
回调	由 EEPROM 向寄存器恢复 TH、TL 和配置寄存器数据	B8H	DS18B20 将恢复状态发送给主设备
读电源	主设备读取 DS18B20 电源模式	B4H	DS18B20 向主设备发送电源状态

表 4-31　ROM 操作命令集

命　令	说　明	协　议	总线数据操作
搜索 ROM	读取共同使用 1-Wire 总线的所有器件的序列号	F0H	操作过程参考程序设计与调试部分的说明，代码编写比较复杂
读 ROM	读取序列号（ROMCODE）	33H	仅当总线上只有一片 DS18B20 时才允许使用此命令读取序列号
匹配器件	该命令用于匹配指定序列号的 DS18B20	55H	指令后接着发送 8 字节的序列号，多个 DS18B20 共用总线时，通过该指令可对指定 ROMCODE 的器件进行操作
跳过 ROM	用于对总线上的多个（或单个）器件同时进行操作	CCH	例如，要使共用总线的多个器件同时进行温度转换，可先发送 CCH 跳过 ROM 匹配，然后再发送温度转换命令 44H
报警搜索	与搜索 ROM 的命令对应，但仅温度超出限定的器件响应	ECH	该命令使主机可以找出在最近一次温度转换中，温度值满足报警条件的器件

表 4-32　DS18B20 字节格式

位	7	6	5	4	3	2	1	0
LSB	2^3	2^2	2^1	2^0	2^{-1}	2^{-2}	2^{-3}	2^{-4}
MSB	S	S	S	S	S	2^6	2^5	2^4

下面再来看一下读取温度函数 Read_Temperature，其主要操作如下：

第一步：首先检查初始化 DS18B20，检查该器件是否在线。

第二步：检查器件在线以后，通过写 0xCC 命令字节跳过读取 ROM 序列号，因为仿真电路中在 1-Wire 总线上仅挂载了一只温度传感器。

第三步：写 0x44 命令字节启动温度转换。

第四步：写 0xBE 命令字节开始读取温度寄存器。

第五步：发送 0xBE 命令字节以后，可以连续读取第 9 字节数据，根据图 4-88 所示的 DS18B20 内存结构可知，温度数据在第 0，1 字节，故 Read_Temperature 函数最后仅通过 ReadOneByte 函数读取这 2 个字节数据，所读取的数据保存在数组 Temp_Value 中。

所读取的 2 个字节温度数据保存于数组 Temp_Value[2]，它是以 16 位的带符号扩展的 2 的补码形式保存的，DS18B20 默认配置为 12 位分辨率（1 个符号位，11 个数据位）。

对于正温度：高字节中的第 3 位符号位 S = 0，且扩展至其所有高 4 位为 SSSS=0000；

对于负温度：高字节中的第 3 位符号位 S = 1，且扩展至其所有高 4 位为 SSSS=1111。

可见，对于正、负温度，其格式分别为 00000XXXXXXXXyyyy、11111MMMMMMMnnnn。由于这 16 位补码表示的数据中，低 4 位用于表示小数位，其分辨率为 $1/2^4 = 1/16 = 0.062\ 5$℃，将其转换为有符号整数类型（int），然后乘以 0.0625 即可得到浮点型温度值，其中 temp 为 float 类型变量。

```
temp = (int)(Temp_Value[1]<<8 | Temp_Value[0]) * 0.0625;
```

为消除上述算法中的浮点计算，提高处理速度，还可以改用查表法读取小数位。

如果只要获得整数温度部分（忽略小数部分），还可以使用下面的语句，其中 temp 变量为 int 类型：

```
temp = (int)(Temp_Value[1]<<8 | Temp_Value[0])>>4)
```

2. 实训要求

① 改用数码管显示当前温度值。

② 重新设计程序，使用非共用总线方式实现多点温度监测与显示。

3. 源程序代码

```
1   //---------------------------- DS18B20.c ----------------------------
2   //  名称：DS18B20 驱动程序
3   //  (程序中所标延时值均为 12MHz 晶振下的延时值)
4   //-------------------------------------------------------------------
5   #include "STC15xxx.h"
6   #include <intrins.h>
7   #include <stdio.h>
8   #define u8  unsigned char
9   #define u16 unsigned int
10  sbit DQ = P3^2;                  //DS18B20 DQ 引脚定义
11  u8 Temp_Value[] = {0x00,0x00}; //从 DS18B20 读取的温度值
12  //-------------------------------------------------------------------
13  // 延时函数(12MHz)
14  //-------------------------------------------------------------------
15  void delay_us(u16 x) { while (x--) {_nop_();_nop_();_nop_();_nop_();}}
16  //-------------------------------------------------------------------
17  // 初始化 DS18B20(注意在选定的振荡器频率 12MHz 下设置符合时序规定的延时)
18  //-------------------------------------------------------------------
19  u8 Init_DS18B20() {
20      u8 status;
```

```
21      DQ = 1;      delay_us(10);   //将 DQ 置为高电平并短暂延时
22      DQ = 0;      delay_us(500);  //主机将 DQ 拉为低电平且至少维持 480μs(实际 630μs)
23      DQ = 1;      delay_us(50);   //主机写 1 释放总线,等待 15~60μs
24      status = DQ;delay_us(500);   //读取在线脉冲信号,延时至少 480μs(实际 630μs)
25      return status;               //读取 0 时正常,否则失败
26  }
27  //---------------------------------------------------------------------------
28  // 读 1 个字节
29  //---------------------------------------------------------------------------
30  u8 ReadOneByte() {
31      u8 i, dat = 0x00;
32      for (i = 0x01; i != 0x00; i <<= 1) {
33          DQ = 1; delay_us(1);          //先锁存 1
34          DQ = 0; delay_us(3);          //主机将 DQ 拉为低电平,读时隙开始
35          DQ = 1; delay_us(12);         //主机释放 DQ,准备读
36          if(DQ) dat |= i;              //在大于 1μs 后主机开始读取 1 位.
37          delay_us(53);                 //读取 1 位整个过程 60~120μs
38          //DQ = 1;   //主机释放总线(可省此行),此行代码与前一行 DQ=1 的代码只能留其一
39      }
40      return dat;
41  }
42  //---------------------------------------------------------------------------
43  // 写 1 个字节
44  //---------------------------------------------------------------------------
45  void WriteOneByte(u8 dat) {
46      u8 i ;  DQ = 1;
47      for (i = 0; i < 8; i++) {
48          if (dat & (1<<i)) {           //写“1”时隙
49              DQ = 0; delay_us(10);     //占领总线，延时 10μs
50              DQ = 1; delay_us(55);     //释放总线，延时 55μs，通过上拉电阻拉为高电平
51          } else {                      //写“0”时隙
52              DQ = 0; delay_us(65);     //占领总线，延时 65μs
53              DQ = 1; delay_us(5);      //释放总线，延时 5μs，通过上拉电阻拉为高电平
54          }
55      }
56  }
57  //---------------------------------------------------------------------------
58  // 读取温度值
59  //---------------------------------------------------------------------------
60  u8 Read_Temperature() {
61      if( Init_DS18B20() == 1 ) return 0;     //DS18B20 故障
62      else {
63          WriteOneByte(0xCC);                 //跳过序列号
64          WriteOneByte(0x44);                 //启动温度转换
65          Init_DS18B20();                     //再次初始化
66          WriteOneByte(0xCC);                 //跳过序列号
67          WriteOneByte(0xBE);                 //读温度寄存器
68          Temp_Value[0] = ReadOneByte();      //读取温度低 8 位
69          Temp_Value[1] = ReadOneByte();      //读取温度高 8 位
70          return 1;
71      }
72  }
```

```
1   //--------------------------- main.c ----------------------------------
```

```
2   //  名称：1-Wire总线温度传感器DS18B20应用测试
3   //-----------------------------------------------------------------------
4   //  说明：在运行本案例程序时,外界温度将被实时刷新显示在1602液晶屏上
5   //
6   //-----------------------------------------------------------------------
7   #include "STC15xxx.h"
8   #include <intrins.h>
9   #include <stdio.h>
10  #define u8  unsigned char
11  #define u16 unsigned int
12  u8 Temp_Disp_Buff[17];
13  extern u8 Temp_Value[];
14  extern void LCD_Initialise();
15  extern void LCD_ShowString(u8 r, u8 c,u8 *str);
16  extern void delay_ms(u16);
17  extern u8 Read_Temperature();
18  //-----------------------------------------------------------------------
19  // 主函数
20  //-----------------------------------------------------------------------
21  void main() {
22      float temp = 0.0;                               //浮点温度
23      P0M1 = 0; P0M0 = 0;
24      P1M1 = 0; P1M0 = 0;
25      P2M1 = 0; P2M0 = 0;                             //配置为准双向口
26      P3M1 = 0; P3M0 = 0;
27      LCD_Initialise();                               //液晶屏初始化
28      LCD_ShowString(0,0,"  DS18B20 Test  "); //显示标题
29      LCD_ShowString(1,0,"  Waiting.....  "); //显示等待信息
30      while(1) {                                      //循环读取温度并显示
31          if (Read_Temperature()) {                   //读取正常则显示
32              //计算温度浮点值
33              temp = (int)(Temp_Value[1]<<8 | Temp_Value[0]) * 0.0625;
34              //生成显示字符串
35              sprintf(Temp_Disp_Buff, "TEMP:  %5.1f \xDF\x43", temp);
36              //如果只要显示温度整数部分,消除浮点运算,还可以改用下面的语句
37              //sprintf(Temp_Disp_Buff, "TEMP:  %5d \xDF\x43",
38              //  (int)(Temp_Value[1]<<8 | Temp_Value[0])>>4) );
39              //液晶屏显示
40              LCD_ShowString(1,0, Temp_Disp_Buff);
41          }
42          delay_ms(220);
43      }
44  }
```

4.35 1-Wire 总线可寻址开关 DS2405 应用测试

1-Wire 总线可寻址开关 DS2405 应用测试电路如图 4-89 所示。在该仿真电路中，1-Wire 总线同时挂载有 3 个可寻址开关器件 DS2405；主机通过发送不同的光刻码与对应的 DS2405 器件匹配；所匹配的 1-Wire 开关器件的 PIO 引脚输出将会对外部继电器实现控制。

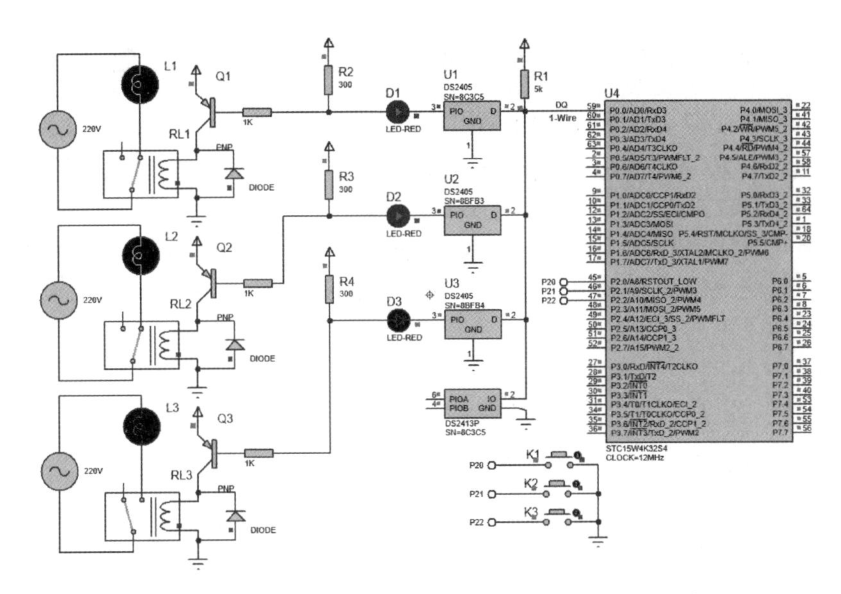

图 4-89　1-Wire 总线可寻址开关 DS2405 应用测试电路

1. 程序设计与调试

1）1-Wire 式可寻址开关器件 DS2405 简介

DS2405 是 1-Wire 可寻址开关器件，内置有 N 沟道开漏晶体管，开关控制通过唯一的 64 位 ROMCODE 是否与总线主机发送的 64 位光刻码匹配来实现。64 位的 ROMCODE 格式与 1-Wire 温度传感器 DS18B20 相同，唯一差别是它的最后一字节家族代码为 0x05，而 DS18B20 的家族代码为 0x28。DS2405 同样遵守了 DALLAS 半导体公司的 1-Wire 协议。图 4-90 给出了 DS2405 的等效电路与外部引脚。

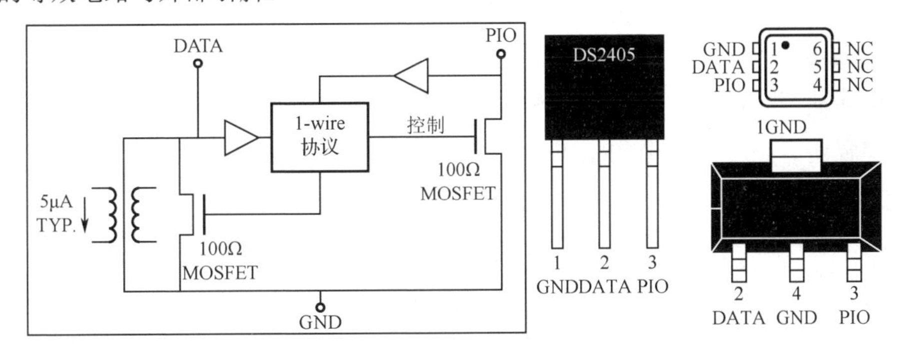

图 4-90　DS2405 等效电路与外部引脚

2）DS2405 控制程序设计

DS2405 与 DS18B20 均遵守 1-Wire 总线协议，两者程序设计有很多相同之处，这里略去对其时序图所涉及的初始化、写时隙与读时隙程序设计的讨论，仅重点关注如何读取各器件的 ROMCODE 及如何发送 ROMCODE 对匹配的器件进行开关控制。

为获取 DS2405 的唯一 ROMCODE，本案例程序文件 DS2405.c 提供了函数：

```
void DS_Read_ROM(u8 sROMID[])
```

该函数首先复位器件，然后发送读 ROMCODE 命令，随后连续读取 8 字节的 ROMCODE，保存于 sROMID 字节数组。该函数部分代码如下：

```
DS_Reset();                          //复位
DS_Write_Byte(READ_ROM);             //发送读 ROMCODE 命令
for(i = 8; i > 0; i--) {             //获取 64 位 ROMCODE(8 个字节)
```

```
    sROMID[i - 1] = DS_Read_Byte();
}
```

由于本案例提前读取了各器件的ROMCODE，故主程序未调用该函数，实际应用时，可通过该函数先逐个读取ROMCODE。读取ROMCODE时，总线上任何时候只能挂载一个器件，否则通过READ_ROM命令（0x33）读取ROMCODE时将失败。

所读取的各个ROMCODE可发送至液晶屏或串口显示，这些ROMCODE要保存到主程序中，以便下一步发送ROMCODE匹配命令之用。3个DS2405的ROMCODE如下，注意这些编码是逆序存放的，家族代码在前，CRC校验码在后：

```
const u8 DS2405_ROMCODE[][8] = {
  {0x05,0xC5,0xC3,0x08,0x00,0x00,0x00,0xCD},
  {0x05,0xB3,0xBF,0x08,0x00,0x00,0x00,0xAB},
  {0x05,0xB4,0xBF,0x08,0x00,0x00,0x00,0x2E}
};
```

取得上述3组ROMCODE以后，通过发送ROMCODE匹配命令，然后发送8个字节的ROMCODE编码，与所发送的编码匹配的DS2405将会自动切换开关，控制外部所连接的继电器，编码不匹配的设备则等待下一次复位。发送ROMCODE匹配命令及ROMCODE编码的函数代码如下：

```
DS_Reset();                                   //器件复位
DS_Write_Byte(MATCH_ROM);                     //发送匹配命令
for(i = 0; i < 8; i++) {                      //发送64位ROMCODE(8个字节)
    DS_Write_Byte(sROMID[i]);
}
```

由DS2405技术手册可知，在发送ROMCODE匹配命令及64位编码以后，附加一个读时隙可从1-Wire读取DS2405返回的状态位，根据该状态位可以判断该器件当前的开关状态。有关DS2405更多的设计细节及相关说明详见代码注释，这里不再进一步讨论。

2. 实训要求

① 改用两通道的1-Wire可寻址开关DS2413重新进行设计。

② 编写程序读/写512字节的1-Wire EEPROM存储器DS2433。

3. 源程序代码

```
1   //---------------------------- ds2405.c -------------------------------
2   //  名称: DS2405 1-Wire可寻址开关器件程序
3   //---------------------------------------------------------------------
4   #include <reg51.h>
5   #include <intrins.h>
6   #include <stdio.h>
7   #define u8  unsigned char
8   #define u16 unsigned int
9   #include  "DS2405.h"
10  u8 CRC8;                                              //循环冗余校验码
11  char RomCodeString[] = {"0000000000000000"};    //64位光刻编码
12  //---------------------------------------------------------------------
13  // μs延时函数,12MHz
14  //---------------------------------------------------------------------
15  void delay1us() {_nop_(); _nop_(); _nop_(); _nop_();}
16  void delay_us(u16 x) { while (x--) {_nop_();_nop_();_nop_();_nop_();}}
17  //---------------------------------------------------------------------
18  // ms延时函数,12MHz(限于1~255)
19  //---------------------------------------------------------------------
```

```
20  #define MAIN_Fosc 12000000L
21  void delay_ms(u8 ms) {
22      u16 i;
23      do{
24          i = MAIN_Fosc / 13000; while(--i);
25      } while(--ms);
26  }
27  //-----------------------------------------------------------------------
28  // 复位 DS2405(1:复位成功,0:复位失败)
29  //-----------------------------------------------------------------------
30  u8 DS_Reset() {
31      u8 status;
32      DQ = 1;     delay_us(10);   //将 DQ 置为高电平并短暂延时
33      DQ = 0;     delay_us(500);  //主机将 DQ 拉为低电平且至少维持 480μs(实际 630μs)
34      DQ = 1;     delay_us(50);   //主机写 1 释放总线,等待 15~60μs 电阻上拉
35      status = DQ;delay_us(500);  //读取在线脉冲信号,延时至少 480μs(实际 630μs)
36      DQ = 1;
37      return status;              //读取 0 时正常,否则失败
38  }
39  //-----------------------------------------------------------------------
40  // 向 1-Wire 总线写 1 位 0/1
41  //-----------------------------------------------------------------------
42  void Write_DQ_bit(u8 b) { DQ = 0;   if (b) DQ = 1; delay_us(72); DQ = 1;}
43  //-----------------------------------------------------------------------
44  // 发送读时隙时序
45  //-----------------------------------------------------------------------
46  void Read_Slot() {
47      DQ = 1; delay1us(); DQ = 0; delay1us(); DQ = 1; delay1us();
48  }
49  //-----------------------------------------------------------------------
50  // 写 1 个字节(由低位到高位输出)
51  //-----------------------------------------------------------------------
52  void DS_Write_Byte(u8 A) {
53      u8 i;
54      for ( i = 0x01;i != 0x00; i <<= 1) {
55          if (A & i) Write_DQ_bit(1); else Write_DQ_bit(0);
56      }
57  }
58  //-----------------------------------------------------------------------
59  // DS2405 ROMCODE 匹配
60  //-----------------------------------------------------------------------
61  void DS_Match_ROM(u8 sROMID[]) {
62      u8 i;
63      DS_Reset();                 //器件复位
64      DS_Write_Byte(MATCH_ROM);   //发送匹配命令
65      for(i = 0; i < 8; i++) {    //发送 64 位 ROMCODE(8 个字节)
66          DS_Write_Byte(sROMID[i]);
67      }
68  }
69  //-----------------------------------------------------------------------
70  // 读 1 个字节(高位在前,低位在后)(读取单个器件 ROM 时使用)
71  //-----------------------------------------------------------------------
72  u8 DS_Read_Byte() {
73      u8 i,d = 0x00;
```

```
74      for (i = 0; i < 8; i++) {
75          Read_Slot(); if (DQ == 1)  d |= (1<<i); delay_us(52);
76      }
77      return d;
78  }
79  //-------------------------------------------------------------------------
80  // 获取 DS2405 的 ROMCODE(读取单个器件 ROM 时使用)
81  //-------------------------------------------------------------------------
82  void DS_Read_ROM(u8 sROMID[]) {
83      u8 i;
84      DS_Reset();                      //复位
85      DS_Write_Byte(READ_ROM);         //发送读 ROMCODE 命令
86      for(i = 8; i > 0; i--) {         //获取 64 位 ROMCODE(8 个字节)
87          sROMID[i - 1] = DS_Read_Byte();
88      }
89  }
```

```
1   //---------------------------- ds2405.h ------------------------------
2   //  名称: DS2405 头文件
3   //-------------------------------------------------------------------------
4   #define u8  unsigned char
5   #define u16 unsigned int
6   sbit DQ = P0^0;                          //DS2405 引脚定义
7   //DS2405 ROM 命令集
8   #define SERACH_ROM  0xF0                 //搜索 ROMCODE
9   #define READ_ROM    0x33                 //读单个 ROMCODE
10  #define MATCH_ROM   0x55                 //ROMCODE 匹配
11  #define SKIP_ROM    0xCC                 //跳过 ROM 匹配
12  //DS2405 函数声明
13  u8 DS_Read_Byte();                       //读 1 个字节
14  void DS_Write_Byte(u8 dat);              //写 1 个字节
15  void DS_Match_ROM(u8 sROMID[]);          //匹配 ROM 函数
16  void DS_Read_ROM(u8 sSerialNumber[]);//读 ROM 函数
```

```
1   //----------------------------- main.c -------------------------------
2   //  名称: 1-Wire 总线可寻址开关 DS2405 应用测试
3   //-------------------------------------------------------------------------
4   //  说明: 本例使用了 1-Wire 可寻址开关器件 DS2405,连接单片机的 3 个
5   //        按键可通过单片机分别控制 3 个继电器的开关
6   //
7   //-------------------------------------------------------------------------
8   #include "STC15xxx.h"
9   #include <intrins.h>
10  #include <stdio.h>
11  #define u8  unsigned char
12  #define u16 unsigned int
13  #include "DS2405.h"
14  //3 只 DS2405 的 ROMCODE(提前读取)
15  const u8 DS2405_ROMCODE[][8] = {
16    {0x05,0xC5,0xC3,0x08,0x00,0x00,0x00,0xCD},
17    {0x05,0xB3,0xBF,0x08,0x00,0x00,0x00,0xAB},
18    {0x05,0xB4,0xBF,0x08,0x00,0x00,0x00,0x2E}
19  };
20  //按键定义
```

```
21  #define K1_DOWN() ((P2 & (1<<0)) == 0x00)
22  #define K2_DOWN() ((P2 & (1<<1)) == 0x00)
23  #define K3_DOWN() ((P2 & (1<<2)) == 0x00)
24  //-----------------------------------------------------------------------
25  // 主程序
26  //-----------------------------------------------------------------------
27  void main() {
28      P0M1 = 0x00; P0M0 = 0x00;        //P0 配置为准双向口
29      P2M1 = 0xFF; P2M0 = 0x00;        //P2 配置为高阻输入口
30      while(1) {
31          while  (!K1_DOWN() && !K2_DOWN() && !K3_DOWN()); //未按键时等待
32          //根据不同按键,发送匹配指定 ROM 的命令,切换开关
33          if  (K1_DOWN())      DS_Match_ROM((u8*)DS2405_ROMCODE[0]);
34          else if (K2_DOWN()) DS_Match_ROM((u8*)DS2405_ROMCODE[1]);
35          else if (K3_DOWN()) DS_Match_ROM((u8*)DS2405_ROMCODE[2]);
36          while (K1_DOWN() || K2_DOWN() || K3_DOWN());    //未释放时等待
37      }
38  }
```

4.36 GP2D12 红外测距传感器应用

GP2D12 红外测距传感器应用电路如图 4-91 所示。在该仿真电路中，使用的是 SHARP 公司的模拟式红外测距传感器 GP2D12。本案例主程序循环获取距障碍物的距离并刷新显示在 3 位数码管上，并在距离小于 30 cm 时测距报警器输出警报声音。

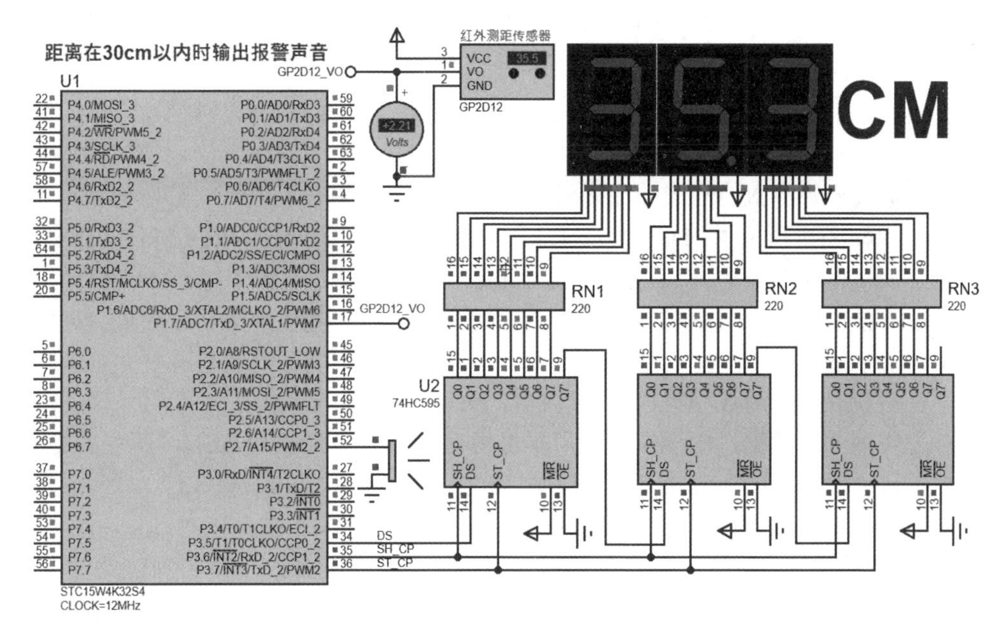

图 4-91　GP2D12 红外测距传感器应用电路

1．程序设计与调试

1）GP2D12 简介

GP2D12 是 SHARP 公司一种新型的红外测距传感器，工作电压为 4～5.5V，输出为模拟电压，探测距离为 10~80cm，最大允许角度大于 40°，刷新频率为 25Hz，模拟输出噪声信号电压小于 200mV，标准电流消耗为 33～50mA。GP2D12 利用高频调制的红外线在待测距离上往

返产生的相位移推算出光束的穿越时间Δt，再根据公式 $D = C\Delta t/2$ 得出距离。GP2D12 技术手册给出了图 4-92 所示的两组 GP2D12 输出特征示例。其中，左图表示的是电压与距离关系，右图表示的是电压与距离倒数的关系。

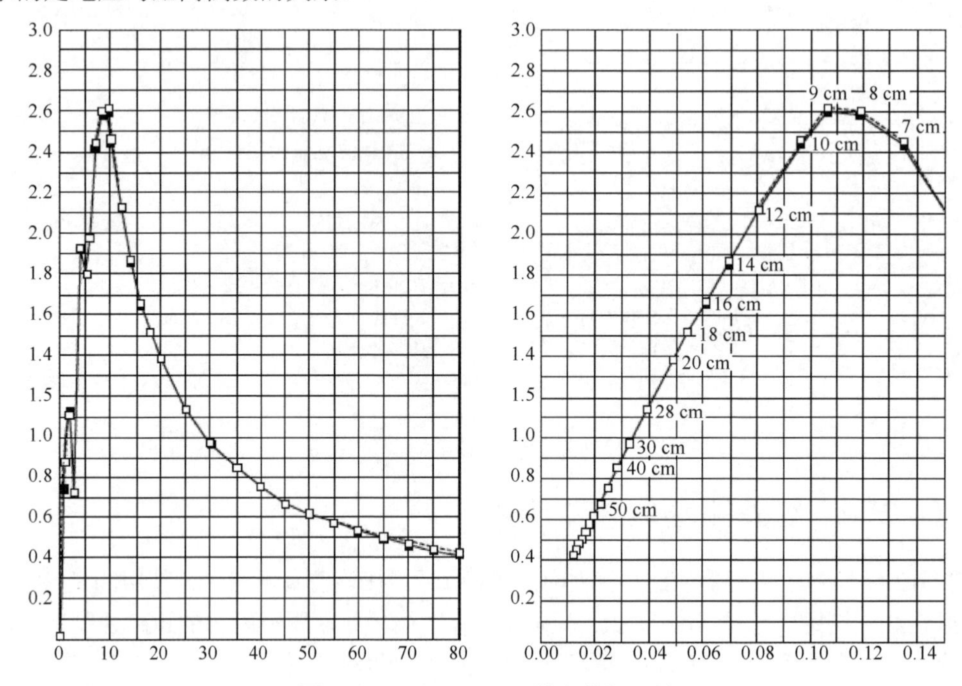

图 4-92　两组 GP2D12 输出特征示例

2）由 Acroname Robotics 提出的拟合设计表

拟合是指已知某函数的若干离散函数值$\{f_1，f_2，\cdots，f_n\}$，通过调整该函数中若干待定系数$f(\lambda_1，\lambda_2，\cdots，\lambda_n)$，使得该函数与已知点集的差别最小。其几何意义是对于给定空间中的一些点，找到一个已知形式未知参数的连续曲面来最大限度逼近这些点。

Acroname Robotics 所提供的 GP2D12_CAL.XLS 文件包含了一种生成 GP2D12 拟合函数相关参数的电子表格，如图 4-93 所示。该电子表格是参照图 4-92 中的[V，1/(R+0.42)]示例设计的。在该电子表格中输入测距系统的“A/D 转换精度”、“参考电压”及“常量 k”即可得到拟合函数的相关参数值。

该电子表格获取拟合函数相关参数的过程如下：

（1）首先实测 8 组数据，由模拟电压可推算出对应的 A/D 转换值 A2D，其中 A/D 转换精度与参考电压已设置在 B1 与 B2 单元格中，故有“A2D = 模拟电压 / \$B\$2 * $2^{\$B\$1}$”。以 A8 单元格中填写的实测电压 2.55V 为例，有 A2D = 2.55 / 5.0 ×2^{10} ≈ 522。

（2）当 A2D 递增时，对应的距离 R 递减。根据 8 组换算所得的 A/D 转换值及对应的实测距离值的倒数（A2D，1/R），在电子表格中绘制 x–y 散列点分布图。此时，8 个散列点分布接近于一条直线。

（3）为使其更好的逼近于一条直线，单元格 B18：B25 中的公式由“1/R”改成“1 / (R + k)”，其形如 GP2D12 手册中提供的“1 / (R + 0.42)”，所附加的“k”可调整曲线的“弯曲度”。对于本案例传感器及实测环境，通过多次修正，在取 k = 2 或 3 时，根据[A2D，1 / (R + k)]所绘制的 x–y 散列点很好地逼近于一条直线，现暂定选择 k = 2。

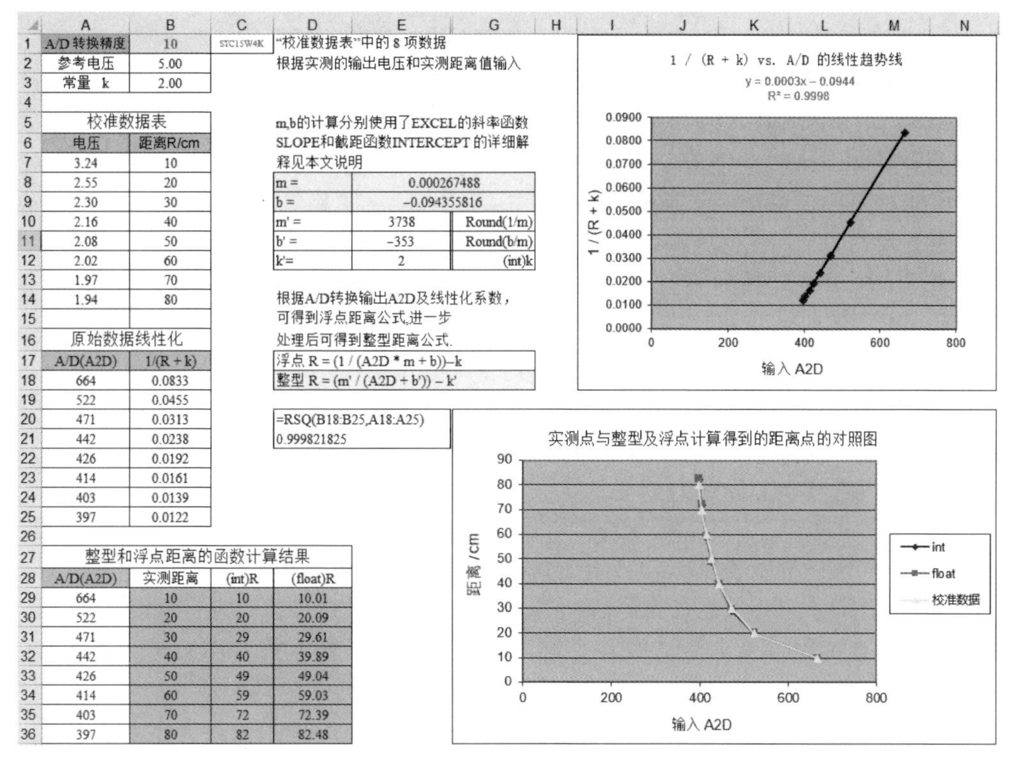

A/D转换精度	10
参考电压	5.00
常量 k	2.00

STC15W4K

"校准数据表"中的8项数据
根据实测的输出电压和实测距离值输入

校准数据表	
电压	距离R/cm
3.24	10
2.55	20
2.30	30
2.16	40
2.08	50
2.02	60
1.97	70
1.94	80

原始数据线性化	
A/D(A2D)	1/(R + k)
664	0.0833
522	0.0455
471	0.0313
442	0.0238
426	0.0192
414	0.0161
403	0.0139
397	0.0122

整型和浮点距离的函数计算结果			
A/D(A2D)	实测距离	(int)R	(float)R
664	10	10	10.01
522	20	20	20.09
471	30	29	29.61
442	40	40	39.89
426	50	49	49.04
414	60	59	59.03
403	70	72	72.39
397	80	82	82.48

m,b的计算分别使用了EXCEL的斜率函数SLOPE和截距函数INTERCEPT的详细解释见本文说明

m =	0.000267488	
b =	-0.094355816	
m' =	3738	Round(1/m)
b' =	-353	Round(b/m)
k'=	2	(int)k

根据A/D转换输出A2D及线性化系数，可得到浮点距离公式,进一步处理后可得到整型距离公式.

浮点 R = (1 / (A2D * m + b))–k
整型 R = (m' / (A2D + b')) – k'

=RSQ(B18:B25,A18:A25)
0.999821825

图 4-93　GP2D12 拟合函数相关参数的电子表格

（4）在散点图上添加"线性趋势线"，并选中"显示公式"，可得线性公式（自动显示）：y = 0.0003x – 0.0944。由该线性公式即可根据输入的 A2D 得到 1 / (R + k)的值，即 1 / (R + 2) = 0.0003A2D – 0. 0944，显然，由此已经得到了 A2D 与 R 之间的关系式。

（5）为使线性函数的两个常量（斜率与截距）精度更高，原始电子表格未直接自动显示线性公式，而是改用斜率函数 SLOPE 和截距函数 INTERCEPT。E8 与 E9 单元格分别填有以下公式：

=SLOPE($B$18:$B$25,$A$18:$A$25)

=INTERCEPT($B$18:$B$25,$A$18:$A$25)

Excel 的斜率函数 SLOPE 语法格式为 SLOPE(known_y's，known_x's)。其中，两个参数分别为因变和自变的观察值或数据集合。该函数返回根据 known_y's 和 known_x's 中的数据点拟合的线性回归直线的斜率。

Excel 的截距函数 INTERCEPT 语法格式为 INTERCEPT (known_y's，known_x's)。由该函数所得的截距为穿过已知的两组数据点的线性回归线与 y 轴的交点。

计算斜率 m 与截距 b 的两个公式如下：

$$m = \frac{n\sum xy - (\sum x)(\sum y)}{n\sum x^2 - (\sum x)^2} \qquad b = \frac{\sum x^2 \sum y - (\sum x)(\sum xy)}{n\sum x^2 - (\sum x)^2}$$

回归线的截距还可以表示为 $b = \bar{y} - m\bar{x}$，即 b = 样本 y 的均值 – 斜率 m × 样本 x 的均值，即 $b = \frac{\sum y - m\sum x}{n}$。通过电子表格公式所得斜率与截距值分别为 0.000 267 488 与–0.094 355 816，其精度显然要高于自动显示的 0.000 2 与–0.094 4。代入新值，有

注：图 4-93 中的变量及公式为软件自动生成，未进行标准化处理。

$$1 / (R + k) = 0.000267488*A2D - 0.094355816$$

变换后有浮点型距离 R 的计算公式（其中 k =2）：

$$R = 1 / (0.000267488* A2D - 0.094355816) - 2$$

设 m = 0.000267488，b = −0.094355816，则 $R = 1 / (m * A2D + b) - k$

由此可知，用户只要在电子表格中输入一组实测电压、距离值及调整的 k 值，即可得到斜率 m、截距 b 及常量 k，并得到相应的浮点距离公式。

（6）将浮点型公式转换为整型公式。对于浮点距离计算公式的一般形式，将 m 转换为整数 m'，可设 m' = 1 / m，即 m = 1 / m'，可得

$$R = 1/(1 / m' *A2D + b) - k = m' /(A2D + bm') - k$$

设 b' = bm' 或 b' = b / m，并设 k' = (int)k，有

$$R = m' / (A2D + b') - k'$$

其中，整型常量 m'，b'，k'分别为

$$m' = 1 / m = 1/0.000267488\approx 3738$$

$$b' = b / m = -0.094355816/0.000267488\approx -353$$

$$k' = (int)k = 2$$

可见，对于浮点型斜率 m、截距 b 及所选择的 k 值，根据上述 3 个转换公式可得整型的 m'，b'，k'，于是有整型距离计算公式 R = 3738/ (A2D −5) − 2。

整型公式虽然损失了部分精度，但其运算速度高于浮点型公式，且适合于不具备浮点运算能力的微控制器。

2．实训要求

① 改用图形液晶屏，以进度条的方式直观显示当前距离。

② 用 LM044L 液晶屏显示 3 路 GP2D12 测距值，当任意一路距离小于 30 cm 时输出报警声。

3．源程序代码

```
1  //-----------------------------------------------------------------
2  //  名称：数码管显示的 GP2D12 仿真测距警报器
3  //-----------------------------------------------------------------
4  //  说明：当程序运行时，数码管显示当前距离，并在距离小于 30cm 时输出报警声音
5  //
6  //-----------------------------------------------------------------
7  #define u8  unsigned char
8  #define u16 unsigned int
9  #define MAIN_Fosc 12000000L
10 #include "STC15xxx.h"
11 #include <intrins.h>
12 #include <stdio.h>
13 #include <math.h>
14 //595 引脚定义
15 sbit DS     = P3^5;            //输出锁存器控制脉冲
16 sbit SH_CP  = P3^6;            //串行数据输入
17 sbit ST_CP  = P3^7;            //移位时钟脉冲
18 sbit BEEP   = P2^7;            //蜂鸣器定义
19 //线性化系数(先实测 8 个距离的输出电压数据，再通过 EXCEL 表格公式计算得到)
20 #define M_C     3738           //分别标定 m'，b'，k'
21 #define B_C     -353
22 #define K_C     2
23 //-----------------------------------------------------------------
```

```
24  #define ADC_POWER   0x80     //ADC 电源控制位
25  #define ADC_FLAG    0x10     //ADC 完成标志
26  #define ADC_START   0x08     //ADC 起始控制位
27  #define ADC_SPEEDLL 0x00     //540 个时钟周期
28  #define ADC_SPEEDL  0x20     //360 个时钟周期
29  #define ADC_SPEEDH  0x40     //180 个时钟周期
30  #define ADC_SPEEDHH 0x60     //90 个时钟周期
31  code u8 SEG_CODE[] =         //共阴数码管段码表
32  { 0xC0,0xF9,0xA4,0xB0,0x99,0x92,0x82,0xF8,0x80,0x90 };
33  u8 Disp_Buff[] = {0,0,0};  //距离显示缓冲区(小数位，个位，十位)
34  extern u8 Get_CHx_AD_Value(u8 ch);
35  //-----------------------------------------------------------------------
36  // 延时函数(参数值 255 以内)
37  //-----------------------------------------------------------------------
38  void delay_ms(u8 ms) {
39      u16 i;
40      do{ i = MAIN_Fosc / 13000; while(--i); } while(--ms);
41  }
42  //-----------------------------------------------------------------------
43  // 初始化 ADC
44  //-----------------------------------------------------------------------
45  void InitADC() {
46      P1ASF |= 0x80;                              //将 P1.7 设为 A/D 转换口
47      ADC_RES = 0;                                //将结果寄存器清零
48      ADC_CONTR = ADC_POWER | ADC_SPEEDLL;
49      delay_ms(2);                                //ADC 上电并延时
50  }
51  //-----------------------------------------------------------------------
52  // 对指定通道进行 A/D 转换
53  //-----------------------------------------------------------------------
54  u16 GetADCResult(u8 ch) {
55      ADC_CONTR = ADC_POWER | ADC_SPEEDLL | ADC_START | ch;
56      _nop_(); _nop_(); _nop_(); _nop_();     //等待 4 个 NOP
57      while (!(ADC_CONTR & ADC_FLAG));         //等待 A/D 转换完成
58      ADC_CONTR &= ~ADC_FLAG;                  //关闭 ADC
59      //读取转换结果(10 位),并转换为电压值
60      return (u16)(ADC_RES<<2 | ADC_RESL);
61  }
62  //-----------------------------------------------------------------------
63  // 报警程序
64  //-----------------------------------------------------------------------
65  void Alarm() {
66      u8 i;
67      for(i = 0; i < 200; i++) { BEEP ^= 1; delay_ms(1); }
68      BEEP = 0;
69  }
70  //-----------------------------------------------------------------------
71  // 串行输入子程序
72  //-----------------------------------------------------------------------
73  void Serial_Input_595(u8 dat) {
74      u8 i;
75      for(i = 0; i < 8; i++) {
76          if (dat & 0x80) DS = 1; else DS = 0;//发送高位
77          dat <<= 1;
```

```
78            SH_CP = 0; _nop_();_nop_();
79            SH_CP = 1; _nop_();_nop_();          //移位时钟脉冲上升沿移位
80        }
81        SH_CP = 0;                               //将移位时钟线置为低电平
82    }
83    //------------------------------------------------------------------
84    // 并行输出子程序
85    //------------------------------------------------------------------
86    void Parallel_Output_595() {
87        ST_CP = 0; _nop_();
88        ST_CP = 1; _nop_();           //在锁存器控制脉冲上升沿将数据送到锁存器
89        ST_CP = 0; _nop_();
90    }
91    //------------------------------------------------------------------
92    // 进行连续采样,然后根据采样平均值及计算公式得到距离
93    //------------------------------------------------------------------
94    float Get_Distance() {
95        u8 i; float AD_Sum = 0.0;
96        //连续10次采样(使用STC15Wxxx的A/D转换通道P1.0)
97            for (i = 0; i < 10; i++) AD_Sum += GetADCResult(7);
98            //根据采样平均值,通过线性化公式R=(m'/(A2D+b'))-k'得到距离值
99            return M_C / (AD_Sum / 10.0 + B_C) - K_C;
100   }
101   //------------------------------------------------------------------
102   // 将3位整数分解为3个数位
103   //------------------------------------------------------------------
104   void DEC_TO_3DIGIT(u16 d) {
105       Disp_Buff[0] = 0; Disp_Buff[1] = 0; Disp_Buff[2] = 0;
106       while (d >= 100) { d -= 100; ++Disp_Buff[2]; } //高位分解
107       while (d >= 10)  { d -= 10;  ++Disp_Buff[1]; }  //次高位
108       Disp_Buff[0] = d;                                 //最低位
109   }
110   //------------------------------------------------------------------
111   // 主程序
112   //------------------------------------------------------------------
113   void main() {
114       float d; u8 i;
115       P1M1 = 0x00; P1M1 = 0x00;                       //配置为准双向口
116       P2M1 = 0x00; P2M1 = 0x00;
117       P3M1 = 0x00; P3M1 = 0x00;
118       BEEP = 0;                                       //关闭蜂鸣器
119       InitADC();                                      //A/D转换口初始化
120       i = 4; while (i--) delay_ms(200);               //延时等待系统稳定
121       while (1) {
122           d = Get_Distance();                         //获取距离
123           if (d < 30.0) Alarm();                      //当距离小于30cm时报警
124           //将“xx.xcm*10”转换为“xxxcm”,并分解为3个数位,存入显示缓冲区
125           DEC_TO_3DIGIT((u16)(d*10));
126           //将数字段码字节串行输入74HC595
127           Serial_Input_595(SEG_CODE[Disp_Buff[0]]);
128           Serial_Input_595(SEG_CODE[Disp_Buff[1]] & 0x7F);//附加小数点
129           Serial_Input_595(SEG_CODE[Disp_Buff[2]]);
130           //74HC595的移位寄存数据传输到存储寄存器并出现在输出端
131           Parallel_Output_595();
```

```
132        }
133 }
```

4.37 SRF04 雷达测距传感器应用

SRF04 雷达测距传感器应用电路如图 4-94 所示。在该仿真电路中，STC15 通过 P0.6、P0.7 引脚控制 SRF04 雷达测距传感器工作。其中，P0.6（TRIG）控制传感器触发输出超声波，然后通过 P0.7（ECHO）引脚读取高电平时长，根据时长计算测距值并在液晶屏上刷新显示。

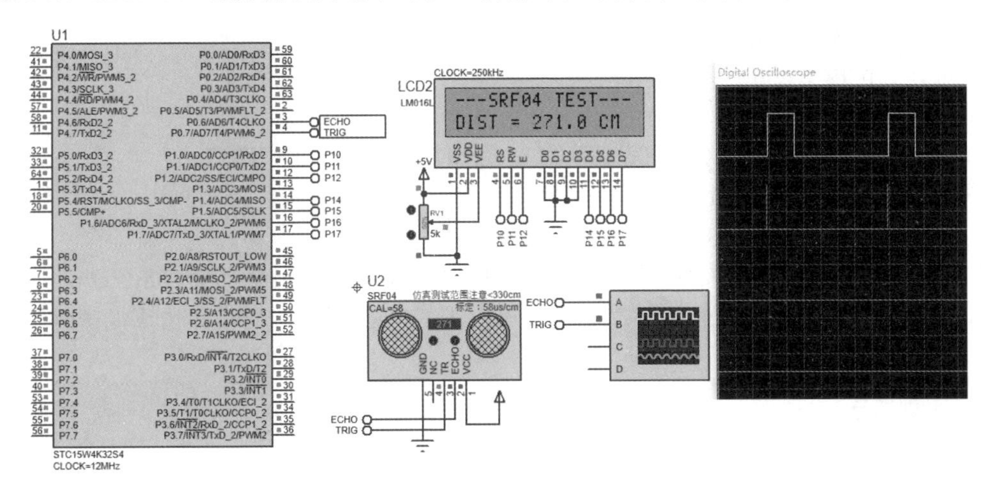

图 4-94　SRF04 雷达测距传感器应用电路

1．程序设计与调试

1）雷达测距模块 SRF04 简介

雷达测距模块 SRF04 是利用超声波特性研制而成的传感器模块。它是一种振动频率高于声波的机械波，由换能晶片在电压的激励下发生振动产生的，具有频率高、波长短、绕射现象小，特别是具有方向性好、能够成为射线而定向传播等特点。

SRF04 引脚包括 VCC、TRIG（控制触发端）、ECHO（接收端）、GND，工作电压为 DC 5V，静态电流小于 2mA，感应角度不大于 15°，探测距离为 2～450cm，精度可达 0.2cm。

2）测距程序设计

图 4-95 给出了 SRF04 的工作时序图，STC15 的 P0.7 引脚连接 SRF04 的 TRIG 引脚，通过向 TRIG 输出至少 10μs 的高电平信号将触发测距模块工作，SRF04 模块自动循环发出 8 个 40kHz 方波，并自动检测是否有回声信号，当信号返回时则通过 ECHO 引脚向 STC15 的 P0.6（ECHO）引脚输出高电平，高电平持续时长与声波从发射到返回的时长相等。由此可知：

测距值 =（高电平时长 × 声速）/ 2，其中声速为 340m/s。

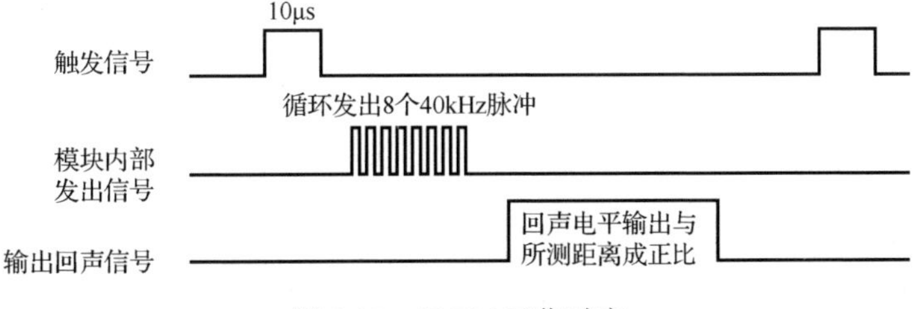

图 4-95　SRF04 工作时序

参照 SRF04 工作波形，程序中提供了函数 get_Distance，它首先将 T0、T1 定时/计数初始

值均置为 0（这两个定时器均配置为 12T/16 位非自动重装载模式），执行 TRIG=1，然后延时至少 10μs，再置 TRIG=0，将触发 SRF04 循环输出 8 个 40kHz 脉冲输出。与此同时，TR1=1 使 T1 开始在 12M/12=1MHz 时钟驱动下计数，且同时等待 ECHO 引脚出现低电平，如果出现低电平时，flag 为 1，则表示等待 ECHO 引脚出现低电平的时长不小于 65 535μs，此次测距操作将被忽略；反之将立即将 TR0 置为 1，启动 T0 开始计数，直到 ECHO 重新变为高电平时，通过 TR0=0 使 T0 定时计数停止，此时 T0 定时/计数寄存器 TH0、TL0 中保存就是 ECHO 引脚高电平时长。语句 pulseWidth = (TH0 << 8) | TL0 组合得到 16 位的 T0 定时/计数值，即 ECHO 引脚高电平微秒数（脉宽），根据测距公式有：

distance = pulseWidth / 1 000 000 × 340 / 2

进一步将结果单位转换为 cm，有：

distance = pulseWidth / 1 000 000 × 340 / 2 × 100 = pulseWidth × 0.0172

因 0.0172 ≈ 1/58，因此还可以有以下公式：

distance = pulseWidth / 58

在 Proteus 仿真组件 SRF04 的属性设置中刚好也有 Calibration Factor：58μs/cm。

本案例仿真电路中 SRF04 组件在测试距离大于 330cm 时显示异常，仿真调试时注意在此距离范围内进行测试。

2. 实训要求

① 改用数码管显示雷达测距值。

② 添加蜂鸣器，编程使距离变化时输出报警声音频率也同步变化。

3. 源程序代码

```
1  //-----------------------------------------------------------------------
2  //  名称：SRF04 雷达测距传感器应用
3  //-----------------------------------------------------------------------
4  //  说明：模拟调节当前距离时，检测到的距离值将显示在工作于 4 位模式下
5  //        1602 液晶屏上
6  //
7  //-----------------------------------------------------------------------
8  #include "STC15xxx.h"
9  #include "LCD1602-4bit.h"
10 #include <intrins.h>
11 #include <stdio.h>
12 #define u8  unsigned char
13 #define u16 unsigned int
14 #define u32 unsigned long
15 sbit ECHO = P0^6;        //回声引脚
16 sbit TRIG = P0^7;        //触发引脚(开始一次测距)
17 u8 flag;                 //定时/计数溢出标识（超出测距范围）
18 float dist;              //测距值
19 char disp_buff[20];      //显示缓冲区
20 void initialize_LCD();   //液晶屏初始化
21 //-----------------------------------------------------------------------
22 // 延时函数
23 //-----------------------------------------------------------------------
24 void Delay20us(){        //@12MHz
25     u8 i = 57; _nop_(); _nop_(); while (--i);
26 }
27 //-----------------------------------------------------------------------
```

```
28  // T0/T1 初始化
29  //----------------------------------------------------------------------
30  void Timer_0_1_Init() {
31      AUXR &= 0x7F;          //12T 模式
32      TMOD = 0x11;           //设置两个定时器均为模式 1(16 位/非自动重装载)
33  }
34  //----------------------------------------------------------------------
35  // T1 中断了程序 (注: 12M/12,1μs 时钟驱动从 0 累加,至 0xFFFF 再增加时溢出触发中断,
36  // 每趟最大定时值为 65535μs)
37  //----------------------------------------------------------------------
38  void timer1() interrupt 3 {
39      flag = 1;   TR1 = 0;
40  }
41  //----------------------------------------------------------------------
42  // 测距函数(测距值保存于变量 dist)
43  //----------------------------------------------------------------------
44  void get_Distance() {
45      u32 pulseWidth  = 0; u8 i;
46      TH0 = 0; TL0 = 0;              //T0/T1 初始值归 0
47      TH1 = 0; TL0 = 1;
48      flag = 0;                      //flag 默认为 0,表示正常开始接收 ECHO 信号
49      TRIG = 1;                      //触发开始测距
50      Delay20us();                   //拉高触发引脚电平且维持至少 10μs 后开始测距
51      TRIG = 0;                      //拉低触发引脚电平
52      TR1 = 1;                       //开启 T1 定时/计数
53      while(ECHO == 0){              //未收到回声则等待
54          if(flag) return ;          //测距超范围返回(flag 由 T1 溢出中断控制)
55      }
56      TR0 = 1;                       //开启 T0 定时/计数
57      while(ECHO == 1);              //持续高电平则等待
58      TR0 = 0;                       //关闭 T0
59      pulseWidth  = (TH0 << 8) | TL0; //获取 16 位的 T0 定时/计数值
60      for(i = 0; i <= 30; i++);     //延时,防止发射信号影响回传信号(注意分号)
61      dist = pulseWidth  / 58.0;    //转化为距离 (单位为 cm)
62  }
63  //----------------------------------------------------------------------
64  // 主程序
65  //----------------------------------------------------------------------
66  void main() {
67      P0M1 = 1<<6; P0M0 = 0x00;     //将 P0.6 设为高阻输入口, 其他为准双向口
68      P1M1 = 0x00; P1M0 = 0x00;     //将 P1 设为准双向口
69      initialize_LCD();              //液晶屏初始化
70      LCD_ShowString(0,0,"---SRF04 TEST---");
71      Timer_0_1_Init();              //T0/T1 初始化
72      EA = 1;                        //开启总中断
73      ET1 = 1;                       //开启 T1 中断
74      while (1) {
75          get_Distance();            //读取当前测距值
76          sprintf(disp_buff,"DIST = %5.1f cm",dist);
77          LCD_ShowString(1,0,disp_buff); //液晶屏显示
78          delay_ms(100);
79      }
80  }
```

4.38 GPS 导航系统仿真

GPS 导航系统仿真电路如图 4-96 所示。该仿真电路仿真了 GPS 信息显示功能，GPS 数据信号通过 STC15 串口接收，所接收的信息可来自带串口输出的 GPS 实物模块，也可以来自虚拟 GPS 软件 Virtual GPS。STC15 程序通过解析接收到的 GPS 信息，将当前经度、纬度、速度及时间信息刷新显示在液晶屏上。

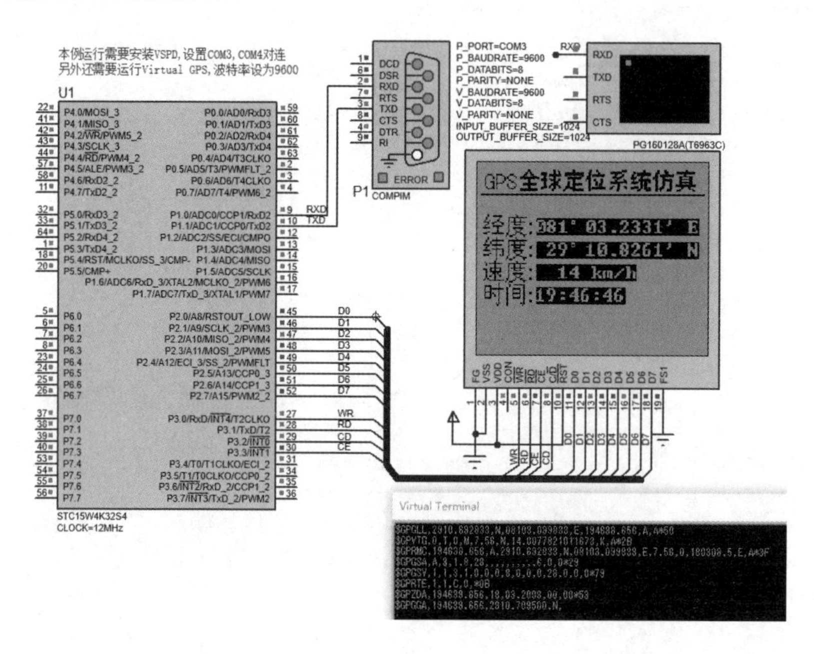

图 4-96　GPS 导航系统仿真电路

1. 程序设计与调试

1）GPS 导航系统简介

GPS（Global Positioning System）即全球定位系统，是一个由覆盖全球的 24 颗卫星组成的系统，这个系统可以保证在任意时刻，地球上任意一点都可以同时观测到 4 颗卫星，以保证卫星可以采集到该观测点的经、纬度和高度，以便实现导航、定位、授时等功能。

GPS 全球卫星定位系统由 3 部分组成：空间部分（GPS 星座）、地面控制部分（地面监控系统）、用户设备部分（GPS 信号接收器）。

GPS 信号接收器集成了 RF 射频芯片、基带芯片和核心 CPU，并加上相关外围电路组成。一个常见的汽车导航系统就是由基于嵌入式系统软硬件、地图数据库以及 GPS 接收模块组成的。

2）GPS 导航信息显示程序设计

所设计的程序不考虑将 GPS 接收器所输出的经、纬度等信息与地图数据库连接实现导航功能，而是仅对 GPS 接收模块所输出的信息进行解析，然后将经度、纬度、速度与时间信息实时刷新显示在液晶屏上。

以带串口输出的 GPS 模块 Gstar-GS-87 为例，它遵守 NMEA-0183 协议，这也是目前 GPS 接收机使用最为广泛的协议，它是美国国家海洋电子协会（National Marine Electronic Assocaition）为海用电子设备制定的标准格式，目前已经成了 GPS 导航设备统一的 RTCM 标准协议。NMEA-0183 协议定义的语句非常多，其中最常见的如下表 4-33 所示。

表 4-33　常见的 NMEA-0183 语句及字段

序　号	命　令	说　明	最大帧长
1	$GPGGA	全球定位数据	72
2	$GPGSA	卫星 PRN 数据	65
3	$GPGSV	卫星状态数据	210
4	$GPRMC	运行定位数据	70
5	$GPVTG	地面速度信息	34
6	$GPGLL	大地坐标信息	
7	$GPZDA	UTC 时间和日期	

所设计的主程序将过滤多种协议数据，仅对“$GPRMC”协议语句进行解析，例如“$GPRMC，161229.487，A，3723.247500，N，12158.341600，W，0.13，309.62，120598，*10”，程序设计目标就是要参考表 4-34 给出的“$GPRMC”协议语句各字段的详细说明，从这一字符串中解析出经、纬度与速度、时间信息。

表 4-34　$GPRMC 数据格式

字段序号	字段名称	示　例	说　明
<1>	信息 ID	$GPRMC	RMC 协议头部
<2>	UTC 时间	161 229.487	hhmmss.sss
<3>	状态	A	A 表示数据有效 V 表示数据无效
<4>	纬度	3 723.247 5	ddmm.mmmm
<5>	N/S 标志	N	N 表示北，S 表示南
<6>	经度	12 158.3416	dddmm.mmmm
<7>	E/W 标志	W	E 表示东，W 表示西
<8>	速度	0.13 节（Knots）	
<9>	方位角	309.62°	
<10>	UTC 日期	120 598	ddmmyy
<11>	磁偏角		E 表示东，W 表示西
<12>	校验值	10	
<13>	<CR><LF>		消息结束

解析“$GPRMC”协议语句的完整代码由中断函数 void Serial_INT() interrupt 4 提供，它首先将接收的字符与字符串“$GPRMC”中的字符逐一进行比对，该消息 ID 定义在程序最前面，即 const char p[] = " $GPRMC "，如果所接收到的信息头部为“$GPRMC”，则继续后面的解析操作，否则忽略本次解析，等待下一“$GPRMC”消息头部的到来。对于“$GPRMC”后续多项数据的解析，可参阅中断函数中的相应语句，其后均附有详细说明。

3）GPS 导航信息显示程序的调试

运行调试程序时，既可以连接带串口输出的 GPS 模块实物，也可选择虚拟 GPS 软件。图 4-96 右边所示虚拟 GPS 软件 Virtual GPS 模拟了 GPS 接收机的串口输出功能。

调试时要注意 STC15 程序、COMPIM 组件、VitrualGPS 三者所设置的波特率均为 4800bit/s（或 9600bit/s），并注意设置 COM3、COM4 对连（需要虚拟串口驱动程序 VSPD 支持）。

在仿真运行时，虚拟 GPS 软件 Virtual GPS 将向 STC15 串口连接发送多种预选的符合

NMEA-0183 协议的语句，源程序中的串口 2 中断服务函数 UART2_ISR()对其中的“$GPRMC”协议语句进行解析，所解析出的信息由主程序控制显示。图 4-97 所示仿真电路中当前显示的相关信息正是对 Virtual GPS 输出信号接收并解析得到，因仿真电路接收稍有滞后，液晶屏所显示的信息与 Virtual GPS 模拟发送的信息可能出现延迟误差。此外，有关 STC15 串口程序设计的相关内容，可参阅 STC15 基础程序设计有关案例，这里不再赘述。

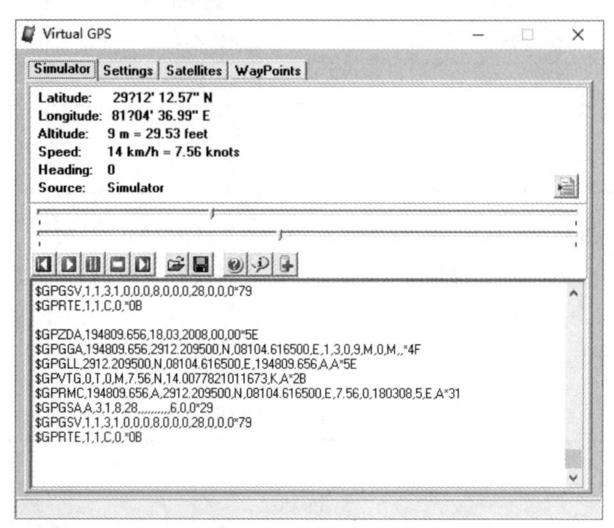

图 4-97　Virtual GPS 程序界面

2. 实训要求

① 在程序中添加考虑数据有效性标识位“A” / “V”，并从“$GPRMC”中解析出 UTC 日期送液晶屏显示。

② 编程对 NMEA-0183 协议中的“$GPGGA”消息数据进行解析与显示。

③ 在液晶屏中绘制圆圈，并标上“东南西北”，运行过程中能用箭头指示当前行进的方向。

④ 改用 TinyGPS 库完成 GPS 信号解析与显示。

3. 源程序代码

```
1   //-----------------------------------------------------------------
2   //  名称: GPS 导航系统仿真 (使用硬件串口 2)
3   //-----------------------------------------------------------------
4   //  说明: 在本案例程序运行时,由 GPS 实物模块或虚拟 GPS 软件 Virtual GPS 输出的
5   //        GPS 协议数据将被系统接收,并对其中的"$GPRMC"协议数据进行解析,
6   //        所获取的当前经度、纬度、速度、时间信息将被刷新显示液晶屏
7   //
8   //-----------------------------------------------------------------
9   #define u8  unsigned char
10  #define u16 unsigned int
11  #define MAIN_Fosc   12000000L                          //主时钟频率
12  #define Baudrate2   9600L                              //UART2 波特率
13  #include "STC15xxx.h"
14  #include "T6963C.h"
15  #include "PictureDots.h"
16  #include <intrins.h>
17  #include <stdlib.h>
18  //-----------------------------------------------------------------
19  code char p[] = "$GPRMC";                              //协议头部
```

```
20 volatile u8 RX2_OK = 0;                                    //UART2 接收成功标志
21 volatile char time[] = "00:00:00";                         //时间
22 volatile char Longitude[]  = "ddd° mm.mmmm' X";            //经度
23 volatile char Latitude[]   = " dd° mm.mmmm' X";            //纬度
24 volatile char Speed[12];                                   //地面速度
25 //----------------------------------------------------------------------
26 // 设置波特率(基于 T2)
27 //----------------------------------------------------------------------
28 void SetTimer2Baudraye(u16 dat) {
29     AUXR &= ~(1<<4);    //将 AUXR.4-T2R 置 0,定时器停止
30     AUXR &= ~(1<<3);    //将 AUXR.3-T2_C/T 置 0,置 T2 为定时器（使用内部时钟）
31     AUXR |=  (1<<2);//将 AUXR.2-T2x12 置 1,置 T2 为 1T 模式（是传统模式的 12 倍）
32     T2H = dat >> 8;     //将 dat 放入 T2H/T2L,通过溢出率控制波特率
33     T2L = dat & 0xFF;
34     IE2  &= ~(1<<2);    //将 IE2.2-ET2 置 0,禁止 T2 中断(T2 专用于 UART2)
35     AUXR |=  (1<<4);    //将 AUXR.4-T2R 置 1,定时器启用
36 }
37 //----------------------------------------------------------------------
38 // UART2 初始化函数 brt:波特率 使用 T2
39 //----------------------------------------------------------------------
40 void UART2_config(u8 brt) {
41     if(brt == 2) {
42         //1T 下串行口 2 的波特率=SYSclk/(65536-[RL_TH2,RL_TL2])/4
43         SetTimer2Baudraye(65536UL-(MAIN_Fosc/4)/Baudrate2);//设置波特率
44         S2CON   &= ~(1<<7); //将 S2CON.7-S2SM0 置 0,配置为 8,1,1,N
45         IE2     |= (1<<0);  //将 IE2.0-ES2 置 1,许可 UART2 中断
46         S2CON   |= (1<<4);  //将 S2CON.4-S2REN 置 1,允许接收
47         P_SW2   &= ~(1<<0); //将 P_SW2 最低位 S2_S 置 0,UART2 使用 P1.0/1.1
48         //P_SW2 |= 0x01;    //将 P_SW2 最低位 S2_S 置 1,UART2 使用 P4.6/4.7
49     }
50 }
51 //----------------------------------------------------------------------
52 // 主程序
53 //----------------------------------------------------------------------
54 void main() {
55     int sp;
56     P1M1 = 0x00; P1M0 = 0x00;                //配置为准双向口
57     P2M1 = 0x00; P2M0 = 0x00;
58     P3M1 = 0x00; P3M0 = 0x00;
59     LCD_Initialise();                        //初始化 T6963C-LCD
60     UART2_config(2);                         //配置 UART2
61     EA = 1;                                  //允许全局中断
62     //显示标题文字及四项导航栏目名称
63     Draw_Image((u8*)Title_Image,0,0);
64     Draw_Image((u8*)Info4_Image,30,0);
65     while(1) {                  //刷新显示新接收到的 GPS 定位信息
66         if (RX2_OK == 1) {  //接收成功则分解时间,经纬度及速度并显示
67             Disp_Str_at_xy(40,36,(char *)Longitude,1);//经度信息
68             Disp_Str_at_xy(40,52,(char *)Latitude,1);  //纬度信息
69             sp = (int)(atof(Speed) * 1.852 + 0.5);
70             sprintf(Speed," %3d km/h",sp);              //速度信息
71             Disp_Str_at_xy(40,68,(char *)Speed,1);
72             Disp_Str_at_xy(40,84,(char *)time,1);  //时间
73             RX2_OK = 0;
```

```
74              }
75          }
76  }
77  //-------------------------------------------------------------------------
78  // UART2中断服务函数:解析所接收的GPS各协议数据中"$GPRMC"序列,如:
79  // $GPRMC,194633.656,A,8702.999833,N,12149.593667,E,130.07,6,180308…
80  //-------------------------------------------------------------------------
81  void UART2_ISR() interrupt 8 {
82      static u8 i = 0, END_Flag = 0; u8 c;
83      if((S2CON & 0x01) != 0) {           //接收字符
84          S2CON &= ~0x01;                 //将RX清零
85          //-------------------------------------------------------------
86          c = S2BUF;                      //从串口缓冲寄存器读取字符
87          //未接收到完整的"$GPRMC"协议头时索引归0,开中断,返回
88          if (i < 6 && p[i] != c) { i = 0; return; }
89          //继续接收时间信息hh:mm:ss
90          if (i >= 7 && i <= 12) {
91              //将hhmmss转换为hh:mm:ss的格式,存入time数组
92              time[ (3 * i + 1) / 2 - 11] = c;
93          }
94          //纬度信息
95          else if (i == 20 || i == 21) Latitude[i-19]   = c;//度存入1,2
96          else if (i >= 22 && i <= 28) Latitude[i-17]   = c;//分存入5~11
97          else if (i == 32)                Latitude[14]    = c;
98          //经度信息
99          else if (i >= 34 && i <= 36) Longitude[i-34] = c;//度存入0~2
100         else if (i >= 37 && i <= 43) Longitude[i-32] = c;//分存入5~11
101         else if (i == 47 )               Longitude[14]   = c;
102         //速度信息
103         if (i >= 49) {
104             if (c == ',') END_Flag = 1;
105             else { Speed[i-49] = c; Speed[i-48] = '\0'; }
106         }
107         if (++i > 60 || END_Flag ==1) { i = 0; END_Flag = 0; RX2_OK = 1; }
108         //-------------------------------------------------------------
109     }
110 }
```

4.39 GSM模块应用测试

GSM模块应用测试电路如图4-98所示。其中，右上为实物模块，右下为仿真模块所支持命令集。该仿真电路演示了GSM模块SIM900D的部分AT命令，程序控制STC15串口向SIM900D发送AT命令，OLED刷新显示GSM模块通过串口返回并经解析处理的信息。

1. 程序设计与调试

1）GSM模块SIM900D简介

全球移动通信系统（Global System for Mobile Communications，简写为GSM）是欧洲电信标准组织ETSI制订的数字移动通信标准，其空中接口采用时分多址技术，自90年代中期投入商用，被全球超过100个国家采用，GSM与以前标准最大的区别在于其信令和语音信道都是数字式的。

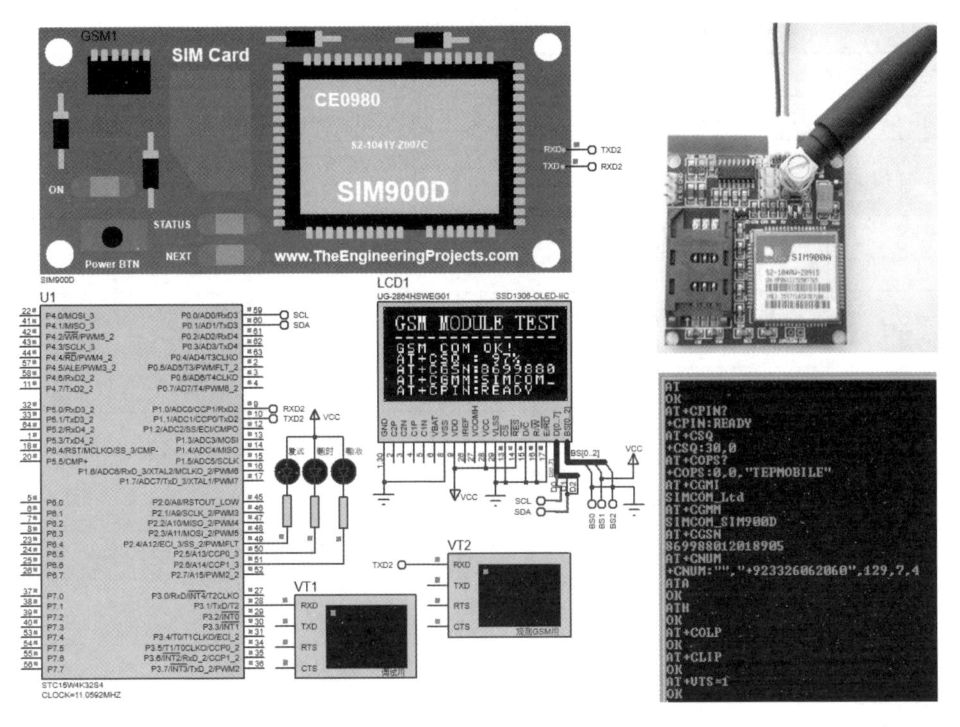

图 4-98　GSM 模块应用测试电路

GSM 模块将 GSM 射频芯片、基带处理芯片、存储器、功放器件等集成在一块线路板上，具有独立操作系统、GSM 射频处理、基带处理功能，同时提供标准接口。GSM 模块根据其提供的数据速率又可以分为 GPRS、EDGE 和纯短信模块。

本例所使用仿真模块 SIM900D 是一款尺寸紧凑的 GSM/GPRS 模块，采用 SMT 封装，基于 STE 单芯片案，采用 ARM926EJ-S 架构，可以内置客户应用程序，广泛应用于车载跟踪、车队管理、无线 POS、手持 PDA、智能抄表与电力监控等。

2）AT 命令集简介

单片机或计算机与 GSM 模块之间的通信通过 AT 指令集实现，AT 指令以 AT 开头以字符结束，每个指令执行成功与否都有相应返回数据信息，AT 命令集类别及数量众多，限于篇幅，本例仅列出表 4-35 所示当前版 Proteus 中 GSM 仿真模块所支持的 AT 命令集。

表 4-35　当前版本 Proteus 中 GSM 模块所支持的 AT 命令

序号	AT 命令	功 能 说 明	语法、测试、响应示例
1	AT	检测模块串口是否连通，能否接收 AT 命令	示例：OK
2	AT+CPIN	查看 SIM 卡状态	示例：AT+CPIN?<CR> +CPIN：READY OK（正常）
3	AT+CSQ	检查信号强度（质量）	响应：+CSQ:**,##，其中**应在 10~31 之间，数值越大表示信号质量越好，##为误码率，取值为 0～99 示例：+CSQ: 20,5
4	AT+CGMI	返回模块厂商的标识	示例：SIMCOM_Ltd
5	AT+COPS	服务商选择	示例：AT+COPS?<CR> +COPS:0,0,”xxxMOBILE”
6	AT+CGMM	获取模块标识	示例：SIMCOM_SIM900D

续表

序号	AT 命令	功 能 说 明	语法、测试、响应示例
7	AT+CGSN	获取 GSM 模块 IMEI 序列号	示例：869988012018905
8	AT+CNUM	签署者号码（本机号）	示例：+CNUM:"","+923326062060", 129,7,4（注：号码已写入 SIM 才可读取）
9	ATA	接电话。成功返回 OK，否则返回 NO CARRIER	示例：OK
10	ATH	挂机命令。初始为 ON，成功挂机后返回 OK	示例：OK
11	AT+COLP	联络线确认陈述	示例：OK
12	AT+CLIP	呼叫线确认陈述	示例：OK
13	AT+VTS	给用户提供应用 GSM 网络发送 DTMF 双音频。允许传送双音频	示例：AT+VTS=1<CR> 根据语音提示输入 1 的 DTMF 音
14	AT+CSMP	设置短消息文本参数（text 模式下）	格式：AT+CSMP = <fo>, <vp/scts>, <pid>, <dcs> 示例：AT+CSMP?<CR> +CSMP: 1,169,0,0OK
15	AT+CSCS	选择 TE 字符集。（如 GSM、HEX、IRA、PCCP437、UCS2、8859-1 等）	示例 1：AT+CSCS="HEX"<CR> 示例 2：AT+CSCS?<CR> +CSCS: ("GSM","PCCP437","CUSTOM","HEX")
16	AT+CNMI	新信息指示。选择如何从网络接收短信	语法：AT＋CNMI= <mode>, <mt>, <bm>, <ds>, <bfr> 示例：AT+CNMI = 1,2,0,0,0<CR>
17	AT+CMGF	优先信息格式（TEXT、PDU）	示例：AT+CMGF=1<CR>
18	AT+CMGD	删除短信息（1~N 条）	示例：AT+CMGD=1<CR>

注：AT 命令加“=?”表示测试命令，加“?”表示读取命令，加“=”及参数（有的无参数）即可直接执行。

3）GSM 模块测试程序设计

本案例主要提供了两个关键程序，分别为 gsm_uart.c 及 main.c。

其中 gsm_uart.c 负责启动 STC15 串口 1（UART1）与串口 2（UART2），其中 UART2 用于与 GSM 模块通信，其中断函数 uart2()负责串口 2 的字符接收与缓存工作（缓存空间为 Uart_Buffer），UART1 仅用于调试，UART1 与 UART2 全部配置在 9600bps 波特率下工作。gsm_uart.c 的核心函数 Send_ATCommand(u8 *b,u8 *a,u8 WaitTime, u8 retry_cnt)负责发送 AT 指令，其中 b 为待发送指令字符串，a 为匹配判断字符串（用于判断接收到信息中是否有所要的字符串或字符），WaitTime 为重发间隔等待时间，retry_cnt 为重发的最大次数，重发定时操作由 Timer0 中断函数配合进行。

main.c 负责完成系列初始化，并通过 Send_ATCommand 函数分别发出 AT、AT+CSQ、AT+CGSN、AT+CGMM、AT+CPIN?共 5 条命令，所返回信息全部在缓冲数组 Uart_Buffer 中，程序解析或截取其中的信息，发放 OLED 屏刷新显示，受屏幕大小限制，部分超长字符串作了截取处理。

另外要注意的是，向 GSM 模块发送 AT 命令时，有的模块以 0x0D 与 0x0A 结尾（即“\r\n”），有的要以 0x0D 结尾（即“\r”），本例模块属后者，即所有 AT 命令均要求以发送 0x0D 或“\r”结束，否则将导致测试时出现收发异常。此外，通过调试跟踪还可观察到本例 GSM 仿真模块返回的最后字符为 0x0A，即“\r”。

2. 实训要求

① 将 AT+CSQ 返回的信号强度在 OLED 以图形方式显示（可用 1~4 段弧形显示）。

② 使用 SIM900A 或 SIM900D 实物模块完成 PDU 模式短信收发程序设计。

3. 源程序代码

```
1   //------------------------- main.c --------------------------------
2   //  名称: GSM 模块应用测试
3   //-----------------------------------------------------------------------
4   //  说明: 在本案例程序运行时,STC15 向 GSM 模块发送 AT 测试命令，模板返回系列状态
5   //        信息在 OLED 刷新显示
6   //-----------------------------------------------------------------------
7   #include "STC15xxx.h"
8   #include "stdlib.h"
9   #include "stdio.h"
10  #include "math.h"
11  #include "string.h"
12  #include "oled.h"
13  #include "delay.h"
14  #include "gsm_uart.h"
15  //-----------------------------------------------------------------------
16  extern xdata u8 Uart_Buffer[]; char s[20];
17  //-----------------------------------------------------------------------
18  // 函数声明
19  //-----------------------------------------------------------------------
20  void Timer0Init();                          //T0 初始化
21  void CheckGSMComm();                        //检查 GSM 串口是否连接
22  void ClearUartBuffer();                     //清除串口 2 接收缓存数据
23  char* FindATCommand(u8 *);                  //查找字符串
24  u8 Send_ATCommand(u8 *,u8 *,u8,u8);         //发送 AT 命令函数
25  int ReadCSQ();                              //读取信息强度
26  //-----------------------------------------------------------------------
27  // Timer0 定时器初始化
28  //-----------------------------------------------------------------------
29  void Timer0Init() {
30      AUXR &= 0x7F;                           //12T 模式
31      TMOD &= 0xF0;                           //设置定时器模式(16 位自动重装)
32      TL0 = 0x00;                             //设置定时初始值
33      TH0 = 0xB8;                             //设置定时初始值
34      TF0 = 0;                                //将 TF0 清零
35      ET0 = 0;                                //禁止 T0 中断
36      TR0 = 1;                                //启动 TR0
37  }
38  //-----------------------------------------------------------------------
39  // 主循环
40  //-----------------------------------------------------------------------
41  void main() {
42      char *ps;
43      P0M1 = 0x00; P0M0 = 0x00;               //将 P0,P2,P3 配置为准双向口
44      P2M1 = 0x00; P2M0 = 0x00;
45      P3M1 = 0x00; P3M0 = 0x00;
46      OLED_Init();                            //初始化 OLED
47      OLED_Clear();                           //清屏
48      Uart1Init();                            //串口初始化
```

```
49      Uart2Init();                                  //串口初始化
50      Timer0Init();                                 //T0 初始化
51      EA = 1;                                       //开总中断
52      OLED_Clear();
53      //OLED_ShowStr 参数 1:起始列,参数 2:起始页,参数 3:字体/字号（相对值）
54      OLED_ShowStr( 6,0,"GSM MODULE TEST",16);
55      OLED_ShowStr( 5,2,"---------------",12);
56      OLED_ShowStr( 6,3,"Connect COM ...",12);
57      //-----------------------------------------------------------------
58      //1.发送 AT 命令检查 GSM 模块串口是否连接正常
59      if (Send_ATCommand("AT","OK",3,10)) {
60          //以下注意使用英文半角“!”，因为字库点阵中未准备中文全角感叹号
61          OLED_ShowStr( 6,3,"GSM COM OK!    ",12);
62      }
63      else OLED_ShowStr( 6,3,"GSM COM ERR!   ",12);
64      //-----------------------------------------------------------------
65      OLED_ShowStr( 6,4,"AT+CSQ :",12);
66      //2.发送 AT 命令检查 GSM 模块信号质量
67      if (Send_ATCommand("AT+CSQ","\x0A",3,10)) {
68          sprintf(s,"%3.0f%%",ReadCSQ()*100 / 31.0);//换算为比例显示
69          OLED_ShowStr( 68,4,s,12);
70      }
71      else OLED_ShowStr( 68,5,"ERR!          ",12);
72      //-----------------------------------------------------------------
73      //3.发送 AT 命令读取 GSM 模块 IMEI 序列号
74      OLED_ShowStr( 6,5,"AT+CGSN:",12);
75      if (Send_ATCommand("AT+CGSN","+CGSN",3,10)) {
76          //受屏幕宽度限制，下面这一行用于限制显示长度
77          if (strlen(Uart_Buffer+8)>8) Uart_Buffer[8+7] = '\0';
78          OLED_ShowStr( 68, 5,Uart_Buffer+8,12);
79      }
80      else OLED_ShowStr( 68,5,"ERR!   ",12);
81      //-----------------------------------------------------------------
82      //4.发送 AT 命令读取 GSM 模块标识
83      OLED_ShowStr( 6,6,"AT+CGMM:",12);
84      if (Send_ATCommand("AT+CGMM","\x0A",3,10)) {
85          //受屏幕宽度限制，下面这一行用于限制显示长度
86          if (strlen(Uart_Buffer+8)>8) Uart_Buffer[8+7] = '\0';
87          OLED_ShowStr( 68, 6,Uart_Buffer+8,12);
88      }
89      else OLED_ShowStr( 68,6,"ERR!   ",12);
90      //-----------------------------------------------------------------
91      //5.发送 AT 命令读取 GSM 模块状态
92      OLED_ShowStr( 6,7,"AT+CPIN:",12);
93      if (Send_ATCommand("AT+CPIN?","\x0A",3,10)) {
94          ps = strchr(Uart_Buffer,':'); //定位到返回串口的冒号位置
95          if (ps != NULL) ps++;
96          if (strstr(ps,"READY")) OLED_ShowStr( 68, 7,"READY",12);
97          else OLED_ShowStr( 68,7,"ERR!   ",12);
98      }
99      else OLED_ShowStr( 68,7,"ERR!   ",12);
100     while(1);
101 }
102 //--------------------------------------------------------------------
```

```
103 // 读取信号强度(格式: +CSQ:**,## )
104 //-----------------------------------------------------------------
105 int ReadCSQ() {
106     char *p_char1 = strchr((char *)(Uart_Buffer),':');
107     char *p_char2 = strchr((char *)(Uart_Buffer),',');
108     if (p_char1 != NULL && p_char2 != NULL) {
109         *p_char2 = '\0';
110         return atoi(p_char1+1);
111     } else return 0;
112 }
```

```
1   //------------------------- gsm_uart.c -----------------------------
2   // 名称: 串口控制函数
3   //-----------------------------------------------------------------
4   #include "STC15xxx.h"
5   #include "gsm_uart.h"
6   #include "string.h"
7   #include "delay.h"
8   //-----------------------------------------------------------------
9   // 本地变量声明
10  //-----------------------------------------------------------------
11  sbit LED1   = P2^4;                //发送指示灯
12  sbit LED2   = P2^5;                //超时指示灯
13  sbit LED3   = P2^6;                //接收指示灯
14  //-----------------------------------------------------------------
15  #define Buf_Size 200               //缓存数据长度
16  xdata u8 Uart_Buffer[Buf_Size];//串口接收缓冲数据
17  volatile u8 Timeout_ReSendFlag = 0; //T0 延时启动计数器
18  volatile u8 TX1_Busy,TX2_Busy; //串口发送忙标志
19  volatile u8 ResendTimer = 0, Front = 0, sCount = 0;
20  //-----------------------------------------------------------------
21  // 初始化串口 1(9600bit/s,11.0592MHz) [本例仅用于串口调试显示]
22  //-----------------------------------------------------------------
23  void Uart1Init() {
24      SCON = 0x50;                   //8 位数据,可变波特率
25      AUXR &= 0xBF;                  //T1 时钟频率为 Fosc/12,即 12T
26      AUXR &= 0xFE;                  //串口 1 选择 T1 为波特率发生器
27      TMOD &= 0x0F;                  //设定 T1 为 16 位自动重装方式
28      TL1 = 0xE8;                    //设定定时初始值
29      TH1 = 0xFF;                    //设定定时初始值
30      ET1 = 0;                       //禁止 T1 中断
31      TR1 = 1;                       //启动 T1
32      ES = 1;                        //使能串口 1 中断
33      TX1_Busy = 0;                  //默认为非忙状态
34  }
35  //-----------------------------------------------------------------
36  // 初始化串口 2(9600bit/s,11.0592MHz) (本案例用于 GSM 模块串口通信)
37  //-----------------------------------------------------------------
38  void Uart2Init() {
39      S2CON = 0x50;                  //8 位数据,可变波特率
40      AUXR &= 0xFB;                  //T2 时钟频率为 Fosc/12,即 12T
41      T2L = 0xE8;                    //设定定时初始值
42      T2H = 0xFF;                    //设定定时初始值
43      AUXR |= 0x10;                  //启动 T2
```

```
44      IE2 = 0x01;                      //使能串口 2 中断
45      IP2 |= 0x01;                     //设置 UART2 为高优先级（PS2=1）
46      TX2_Busy = 0;                    //默认为非忙状态
47  }
48  //-----------------------------------------------------------------------
49  // 向串口 1 输出 1 个字符
50  //-----------------------------------------------------------------------
51  void Uart1_PutChar(u8 c) {
52      TX1_Busy = 1; SBUF = c; while (TX1_Busy);
53  }
54  //-----------------------------------------------------------------------
55  // 串口 2 输出字符串
56  //-----------------------------------------------------------------------
57  void Uart2_PutChar(u8 c) {
58      TX2_Busy = 1; S2BUF = c; delay_ms(10); while (TX2_Busy);
59  }
60  //-----------------------------------------------------------------------
61  // 串口 1 输出字符串
62  //-----------------------------------------------------------------------
63  void Uart1_Putstr(char *s) {
64      while(*s) Uart1_PutChar(*s++);
65  }
66  //-----------------------------------------------------------------------
67  // 串口 2 输出字符串
68  //-----------------------------------------------------------------------
69  void Uart2_Putstr(char *s) {
70      while(*s) Uart2_PutChar(*s++);
71  }
72  //-----------------------------------------------------------------------
73  // 清除缓存数据
74  //-----------------------------------------------------------------------
75  void ClearUartBuffer() {
76      u8 i;
77      Timeout_ReSendFlag = 0;      //将超时重发变量置 0
78      Front = 0;                   //接收字符串的起始存储位置
79      for(i = 0;i < Buf_Size; i++) {
80          Uart_Buffer[i] = '\0'; //将缓存区内容清零
81      }
82  }
83  //-----------------------------------------------------------------------
84  // UART1 串口中断函数
85  //-----------------------------------------------------------------------
86  void Serial_INT() interrupt 4 using 1 {
87      if (RI) RI = 0;
88      if (TI) {
89          TI = 0;                  //将发送中断标志位软件清零
90          TX1_Busy = 0;            //将串口 1 发送忙标志位清零
91      }
92  }
93  //-----------------------------------------------------------------------
94  // UART2 串口中断函数
95  //-----------------------------------------------------------------------
96  void Uart2() interrupt 8 using 1  {
97      if (S2CON & S2RI) {
```

```
98          S2CON &= ~S2RI;                       //清除 S2RI 位数据
99          Uart_Buffer[Front] = S2BUF;      //接收字符放入缓存区
100         //缓存满则清空且索引归 0
101         if(++Front >= Buf_Size) ClearUartBuffer();
102         LED3 = ~LED3;                           //接收指示灯闪烁
103     }
104     if (S2CON & S2TI) {
105         S2CON &= ~S2TI;                       //清除 S2TI 位数据
106         TX2_Busy = 0;
107     }
108 }
109 //-------------------------------------------------------------------
110 // 判断缓存区中是否含有指定字符串
111 //-------------------------------------------------------------------
112 char* FindATCommand(u8 *comm_str) {
113     return strstr(Uart_Buffer,comm_str);//找到时返回指针，否则返回 NULL
114 }
115 //-------------------------------------------------------------------
116 // 发送 AT 命令(b 为命令,a 为响应,WaitTime 为重发等待时间,单位为 50×20ms=1s)
117 //-------------------------------------------------------------------
118 u8 Send_ATCommand(u8 *b,u8 *a,u8 WaitTime, u8 retry_cnt) {
119     static u8 cnt = 0;
120     u8 OK = 0;                          //初始时默认 AT 命令须重发
121     u8 *c = b;                          //保存命令串地址
122     ClearUartBuffer();                  //清除串口接收缓冲数据
123     while(!OK) {
124         if(!FindATCommand(a)) { //应答串未找到则继续
125             if(Timeout_ReSendFlag == 0) { //如果未到超时重发则正常发送
126                 ClearUartBuffer(); //清除串口接收缓冲数据
127                 b = c;                  //将字符串地址给 b
128                 //发送 b 所指向的命令字符串（各字符逐一发出）
129                 for (b; *b !='\0'; b++) Uart2_PutChar(*b);
130                 Uart2_Putstr("\x0D");          //发送回车符（编码）
131                 //或者: Uart2_Putstr("\r"); //发送回车符
132                 //Uart2_Putstr("\r\n");         //加\n（换行符）测试不通过
133                 ResendTimer = 0;               //超时重发,计时变量归零
134                 sCount = WaitTime;  //设置 T1 中断中的 sCount（单位为 s）
135                 Timeout_ReSendFlag = 1; //开始启动超时定时（T1 中断控制）
136                 ET0 = 1; LED1 = ~LED1;  //使能定时中断且发送指示灯闪烁
137                 //3 次重试失败后退出
138                 if (++cnt > retry_cnt) {cnt = 0; break;}
139             }
140             delay_ms(100);
141         }           //如果分支从这里结束则将返回 while 循环语句继续循环
142         else {  //否则置 OK 等变量，循环将结束
143             OK = 1; Timeout_ReSendFlag = 0;
144         }
145     }
146     LED1 = 1;                                  //发送指示灯熄灭
147     ET0 = 0;                                   //禁止 T0 中断
148     return OK;
149 }
150 //-------------------------------------------------------------------
151 // T0 中断子程序（中断周期为 20ms）
```

```
152 //---------------------------------------------------------------------------
153 void Timer0_ISR() interrupt 1 {
154     //由 Send_ATCommand 函数所设置的重发标识为真，则开始累加计时
155     if(Timeout_ReSendFlag) {
156         if(++ResendTimer > (50 * sCount)) { //相当于 50×20ms×Count
157             Timeout_ReSendFlag  = 0;
158             ResendTimer = 0;
159             LED2 = ~LED2;                          //超时指示灯闪烁
160         }
161     }
162 }
163 //---------------------------------------------------------------------------
164 // 设置短信为 PDU 模式(本案例暂未使用)
165 //---------------------------------------------------------------------------
166 void Set_PDUMode() {
167     Send_ATCommand("ATE0","OK",3,10);        //取消回显
168     Send_ATCommand("AT+CMGF=0","OK",3,10); //设置 PDU 模式
169     Send_ATCommand("AT+CPMS=\"SM\",\"SM\",\"SM\"","OK",3,10);
170 }
171 //---------------------------------------------------------------------------
172 // 发送 PDU 文本短信(本案例暂未使用)
173 //---------------------------------------------------------------------------
174 void Send_PDUSms(char *str) {
175     Send_ATCommand("AT+CMGS=27",">",3,10);
176     Uart2_Putstr(str);                         //发送短信内容
177     Uart2_PutChar(0x1A);                       //发送结束符
178 }
```

4.40 SD 卡 FAT32 文件系统读写测试

SD 卡 FAT32 文件系统读写测试电路如图 4-99 所示。该仿真电路对 FAT32 格式 SD 卡进行文件读/写测试。系统运行时，按下 K1、K2 按键可分别读取 K0 按键产生的计数文件值、读取来自 ADC1 通道采集的模拟电压值，连接在 P3.4 引脚的开关，用于控制追加写入或覆盖写入（清除历史数据后重新写入）。

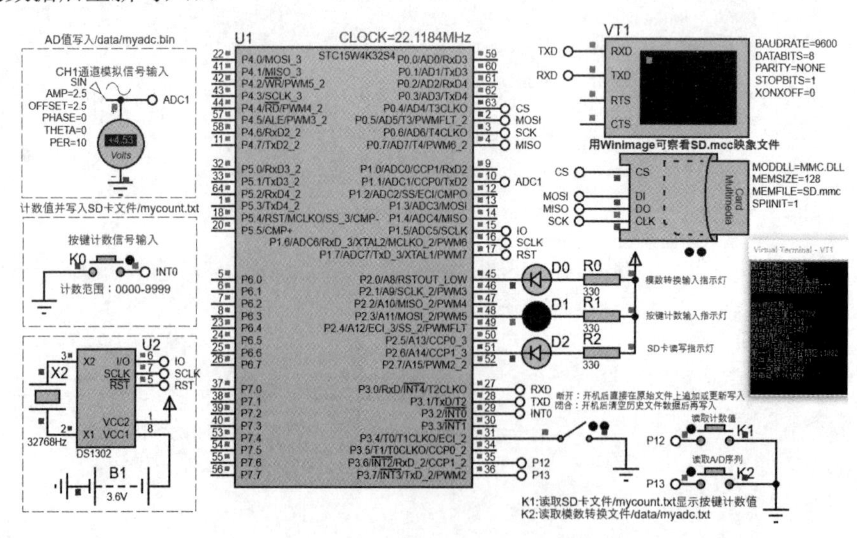

图 4-99 SD 卡 FAT32 文件系统读写测试电路

1. 程序设计与调试

1）MMC/SD 卡简介

MMC 卡可工作于 MMC 模式和 SPI 模式，前者是默认标准模式，具有 MMC 的全部特性。SPI 模式则是 MMC 存储卡可选的第 2 种模式，它是 MMC 协议的一个子集，主要用于仅需要少量卡（一般是 1 块卡）和低速数据传输的场合。图 4-100 给出了 SD/MMC 卡结构。MMC 卡读写模式包括流式、多块和单块，数据以块为单位传送时，默认块大小为 512 字节。

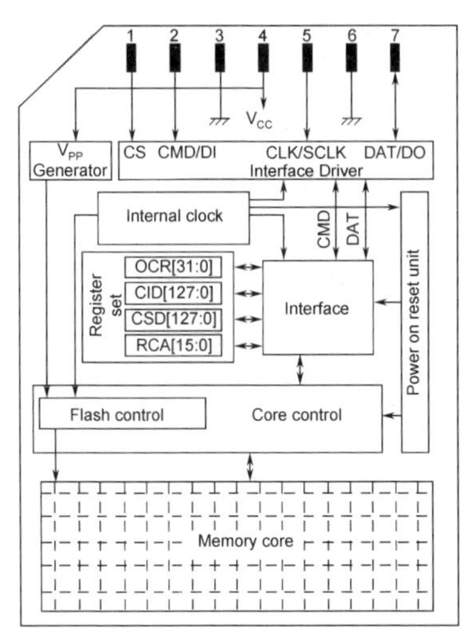

图 4-100 SD/MMC 卡结构图

SD 卡由松下电器、东芝和 SanDisk 公司联合推出，1999 年 8 月发布。SD 卡数据传送和物理规范由 MMC 发展而来，大小和 MMC 卡差不多，尺寸为 32mm×24mm×2.1mm，可容纳更大容量的存储单元。SD 卡兼容 SPI 接口，本案例电路中 SD 卡引脚 CS、DI、DO、CLK 分别与 STC15 的 IO4、MOSI、MISO、SCK 引脚相连。

2）znFAT 文件系统简介

本案例 SD 卡 FAT32 文件系统程序设计基于 znFAT 简化编写，znFAT 是一套高效、完备、精简且具有高可移植性的嵌入式 FAT32 文件系统解决方案，主要特性如下。

① 与 FAT32 文件系统高度兼容，提供有丰富的文件系统操作函数，可实现文件与目录创建、打开、删除，数据读写等功能。

② 可方便的移植到多种嵌入式 CPU 平台上，如 51、STM32、AVR、PIC、MSP430 等。

③ 占用 RAM 与 ROM 资源极少，可由使用者根据目标平台资源进行灵活配置，最小配置下，RAM 使用约在 800～900 个字节，最大配置下约为 1300 个字节。

④ 内建独特的数据读写加速算法及多种工作模式，均可由用户自行配置，以满足不同速度与功能需求。

⑤ 提出数据写入实时工作模式，可保证写入 SD 卡文件数据安全，防止因恶劣工作环境、干扰或其它原因引起的目标平台不可预见死机或故障造成数据丢失（实时模式数据写入速度不高，数据直接写入物理扇区，而不在 RAM 中暂存，并对文件数据进行实时维护）。

⑥ 底层提供简单的单扇区读写驱动接口以及可选的硬件多扇区读、写、擦除驱动接口，在提供硬件多扇区读、写、擦除驱动的情况下，磁盘格式化与数据读写速度有近 2～4 倍的提升。

⑦ 提供强大的模块裁剪功能，可大幅缩减生成的可执行文件大小，节省 ROM 资源。

⑧ 提供数据读取重定向功能，使读取的数据无须缓存，直接流向应用目的。

⑨ 支持长文件名，长文件名最大长度可配置。默认支持 GB2312 中文字符，且可选择是否使用 OEM 字符集，以减少程序体积。方便扩展更多的 OEM 字符集。

⑩ 支持与 Windows、Linux 等操作系统兼容的路径表示，路径分隔可使用“/”或“\”。支持无限深目录，支持长名目录。

⑪ 支持存储设备格式化，文件系统为 FAT32，格式化策略为 SFD。

⑫ 支持文件通配符（*、?），长文件名也支持通配符。

⑬ 支持文件与文件夹删除，文件夹支持内含子文件夹与无限深级子文件夹结构删除。

⑭ 支持无限级目录创建。

⑮ 支持“多文件”，可同时可对多个文件进行操作。

⑯ 支持“多设备”，可同时挂载多种不同存储设备，可在多种存储设备间任意切换。

znFAT 文件系统驱动程序主要包括两类：

一是针对 SD 卡的物理底层扇区读取驱动程序，主要为 sd.c/sd.h。它们通过 SPI 接口使用 SD 命令集对其物理扇区进行读写操作，例如向 SD 卡发送 6 个字节命令的函数如下：

```
u8 SD_Write_Cmd(u8* pcmd) {
    u8 temp, time = 0;
    SPI_CS = 1; W_BYTE(0xFF);   SPI_CS = 0;
    while (0xFF != R_BYTE());                //等待 SD 卡准备好，再向其发送命令
    W_BYTE(pcmd[0]); W_BYTE(pcmd[1]); W_BYTE(pcmd[2]);
    W_BYTE(pcmd[3]); W_BYTE(pcmd[4]); W_BYTE(pcmd[5]);
    if (pcmd[0] == 0x1C) R_BYTE();           //如果是停止命令，跳过多余的字节
    do {    temp = R_BYTE(); time++;         //读到的非 0xFF 或超时
    } while ((temp == 0xFF) && (time < TRY_TIME));
    return (temp);
}
```

编写访问底层物理扇区读取驱动程序，须参考其物理层技术规范文件 Simplified-Physical-Layer-Spec.pdf（简化版），通过该文件可知 SD 卡的初始化流程，各类操作访问命令等。

二是针对 FAT32 文件系统的读取驱动程序，主要为 FAT.c/FAT.h 以及移植裁剪配置文件 CONFIG.H。其中 FAT.c/FAT.h 为用户提供了大量文件（文件夹）操作函数（API），表 4-36 列出了 znFAT 文件系统主要函数集。

表 4-36　znFAT 文件系统主要函数集

函数原型	功能描述
u8 FAT_Device_Init()	对挂接的存储设备进行初始化
u8 FAT_Init()	对存储设备进行文件系统初始化，主要工作是将文件系统重要参数装入文件系统初始化集合中，以备使用
u8 FAT_Select_Device(u8 devno, struct FAT_Init_Args *pinitargs)	当有多种存储设备被挂接到 FAT 文件系统时，可通过此函数选择某一设备为当前设备，此后所有的文件操作均针对于它 参数：devno 为设备号；pinitargs 为指向设备对应文件系统参数集合指针
u8 FAT_Create_Dir(char *pdp, struct DateTime *pdt)	创建目录，支持多层目录结构、长名与时间戳 参数：pdp 为目录路径；pdt 为指向时间信息的指针
u8 FAT_Delete_Dir(char *dirpath)	删除目录，支持深层目录结构、长名与通配名，可删除非空目录 参数：dirpath 为目录路径
u8 FAT_Create_File(struct FileInfo *pfi, char *pfn,struct DateTime *pdt)	创建文件，支持深层路径、长名与时间戳，创建成功后文件相关信息被装入到文件信息集合中，以备后用 参数：pfi 为文件信息集合指针；pfn 为文件路径；pdt 为指向时间信息

续表

函数原型	功能描述
u8 FAT_Delete_File(char *filepath)	删除文件，支持深层路径、长名与通配名 参数：filepath 为文件路径
u8 FAT_Open_File(struct FileInfo *pfi, char* filepath, u32 n, u8 is_file)	打开文件或目录，支持深层路径、长名与通配名，主要工作是将文件或目录相关参数装入到文件信息集合中，以备使用 参数：pfi 为指向文件信息集合的指针；filepath 为文件路径；n 为文件通配时用于选择文件索引；is_file 用于区分打开的是文件还是目录
u32 FAT_ReadData(struct FileInfo *pfi,u32offset,u32len,u8 *app_buffer)	从某一偏移位置开始读取一定长度的文件数据到缓冲区中 参数：pfi 为指向文件信息集合的指针；offset 为要读取数据的开始位置，len 为要读取数据的长度；app_buffer 为用户数据缓冲区
u32 FAT_ReadDataX(struct FileInfo *pfi, u32 offset,u32 len)	从某一偏移位置开始读取一定长度的文件数据直接通过重定向函数进行处理 参数：pfi 为指向文件信息集合的指针；offset 为要读取数据的开始位置；len 为要读取的数据长度 重定向函数为单字节处理函数，通过 config.h 中的宏 Data_Redirect 来指定
u32 FAT_WriteData(struct FileInfo *pfi, u32 len, u8 *app_buffer)	向文件末尾写入一定长度的数据（追加数据） 参数：pfi 为文件信息集合指针；len 为要写入的数据长度；app_buffer 为用户数据缓冲区
u32 FAT_Modify_Data (struct FileInfo *pfi, u32 offset, u32 len, u8 *app_buffer)	对文件某一偏移位置上一定长度的数据进行修改（数据覆盖） 参数：pfi 为指向文件信息集合的指针；offset 为要修改的数据开始位置；len 为修改的数据长度；app_buffer 为指向用户数据缓冲区
u8 FAT_Dump_Data(struct FileInfo *pfi, u32 offset)	删除文件某一偏移位置后面的所有数据（数据截断） 参数：pfi 为文件信息集合指针；offset 为文件数据偏移位置
u8 FAT_Close_File(struct FileInfo *pfi)	关闭文件，对文件相关缓冲数据进行回写操作，随后清空文件信息集合。文件关闭后，将无法继续对文件进行操作，除非重新打开 参数：pfi 为指向文件信息集合的指针
u8 FAT_Flush_FS()	刷新文件系统。在完成所有的文件操作之后要调用它对文件系统进行刷新，以便下次文件系统初始化时获取正确的文件系统信息

要深入了解 FAT 文件系统（包括 FAT16/FAT32 等），可参阅微软网站提供的参考手册文件。

要观察相关操作在 FAT 文件系统中的读取是否成功，除了可通过仿真电路的按键读取并发送串口终端显示以外，还可停止仿真且退出 Proteus，然后用 winimage 工具打开映象文件 SD.mmc，注意打开时要选择文件类别为“*.*”，否则可能无法选择该映象文件，打开该映象文件后即可观察到映象内的文件系统结构，双击指定文件可打开显示其内容。如果要将 SD.mmc 恢复为原始状态，可在退出所有程序后，用原始的 SD.mmc 替换运行更新后的 SD.mmc，然后在 Proteus 中点击菜单：debug/Reset Persistent Model Data，将原始的 SD.mmc 映像文件重新绑定到 SD 卡。

2．实训要求

① 在 A0 通道添加模拟信号源，编程进行 A/D 转换并将数据循环写入 SD 卡文件。

② 在本案例仿真电路中添加 DS18B20 温度传感器，每隔 10s 采集一次温度数据并写入 SD 卡指定文件，单击相应按键时可读取并显示最近的 100 条温度数据，仿真运行时可不断调整传感器温度值，以便模拟外界温度变化。

③ 观察读/写过程中“热插拔”MMC 卡时的运行效果。

3. 源程序代码

```
1  //------------------------------ main.c ------------------------------------
2  // 名称: SD 卡 FAT32 文件系统读写测试(基于 FAT)
3  //--------------------------------------------------------------------------
4  // 说明: 在本案例程序运行时, 读取 1 路按键输入采样值和 1 路输入 A/D 转换值, 然后分别
5  //       写入 2 个不同文件, 其中按键输入采样值保存于/mycount.txt, A/D 转换
6  //       值保存于/data/myadc.txt。按下 K1, K2 时将分别显示两个
7  //       文件所保存的内容
8  // 编译说明: Memory Model: Large 64K Model
9  //--------------------------------------------------------------------------
10 #include <stdio.h>
11 #include <string.h>
12 #include "fat/FAT.h"
13 #include "sd.h"
14 #include "uart.h"
15 #include "ds1302.h"
16 //--------------------------------------------------------------------------
17 #define ADC_POWER      0x80              //ADC 电源控制位
18 #define ADC_FLAG       0x10              //ADC 完成标志
19 #define ADC_START      0x08              //ADC 起始控制位
20 #define ADC_SPEEDLL    0x00              //540 个时钟周期
21 #define ADC_SPEEDL     0x20              //360 个时钟周期
22 #define ADC_SPEEDH     0x40              //180 个时钟周期
23 #define ADC_SPEEDHH    0x60              //90 个时钟周期
24 //--------------------------------------------------------------------------
25 struct FATInfo  idata SDInfo;            //初始化参数集合
26 struct DateTime idata dt;                //日期与时间
27 struct FileInfo idata file1;             //文件信息
28 struct FileInfo idata file2;             //文件信息
29 //--------------------------------------------------------------------------
30 sbit S1 = P3^4;                          //启动时删除原始文件切控制开关
31 sbit K1 = P3^6;                          //读取 SD 卡 ADC 数据并显示
32 sbit K2 = P3^7;                          //读取 SD 卡按键计数数据并显示
33 sbit LED0 = P2^0;                        //A/D 转换指示灯
34 sbit LED1 = P2^3;                        //按键计数输入指示灯
35 sbit LED2 = P2^6;                        //SD 卡读/写访问指示灯
36 volatile bit sLED0 = 0,sLED1 = 0,sLED2 = 0;//3 个指示灯显示控制标识
37 u16 res,res1,res2;                       //SD 卡及文件操作返回码
38 //--------------------------------------------------------------------------
39 void InitADC();
40 u16 GetADCResult(u8 ch);
41 void Timer0Init();
42 u32 WriteTextString(struct FileInfo *pf,char *s);
43 extern void delay_ms(u8);
44 extern void GetDateTime() ;
45 extern u8 DateTime[7];
46 //--------------------------------------------------------------------------
47 int preKeyCount = 0,KeyCount = 0;        //计数变量初始值
48 char    KeyStrBuff[10];                  //按键计数字符串转换为缓冲数据
49 u16     ADC_Value = 0x0000;
50 u8      ADCStrBuff[20];                  //A/D 转换值字符串转换为缓冲数据
51 int     ADC_Voltage;                     //放大 100 倍的电压值（以便分解）
52 u8      ReadBuff[513];
```

```
53  //-------------------------------------------------------------------------
54  // STC 端口、定时器、串口、ADC 等初始化
55  //-------------------------------------------------------------------------
56  void InitSTC() {
57      P0M1 = 0x00; P0M0 = 0x00;              //将 P0~P2 先配置为准双向口
58      P1M1 = 0x00; P1M0 = 0x00;
59      P2M1 = 0x00; P2M0 = 0x00;
60      P3M1 = (1<<2)|(1<<6)|(1<<7);//P3.2,P3.6,P3.7 为高阻输入口，其余为准双向口
61      P3M0 = 0x00;
62      //AUXR = 0x00;                         //将外部 RAM 位清零
63      Timer0Init();                          //T0 初始化
64      ET0 = 1; EX0 = 0; EA = 1;              //允许 T0 中断并开 EA，INT0 中断先禁止
65      IT0 = 1;                               //INT0 中断下降沿触发
66      UART_Init();
67      InitADC();
68  }
69  //-------------------------------------------------------------------------
70  // 主程序
71  //-------------------------------------------------------------------------
72  void main() {
73      u32 i = 0, j = 0, k = 0, len = 0;
74      InitSTC();
75      UART_Send_Str("串口初始化完成.\r\a");
76      sLED2 = 1;
77      FAT_Device_Init();                     //存储设备初始化
78      UART_Send_Str("SD 卡初始化完成.\r\a");
79      FAT_Select_Device(0, &SDInfo);         //选择设备
80      UART_Send_Str("开始初始化文件系统...\r\a");
81      res = FAT_Init();                      //文件系统初始化
82      if (!res){                             //文件系统初始化成功
83          UART_Send_Str("文件系统初始化成功.\r\n");
84          UART_Send_StrNum("BPB 扇区号:\t",    SDInfo.BPB_Sector_No);
85          UART_Send_StrNum("SD 卡总容量:\t",   SDInfo.Total_SizeKB);
86          UART_Send_StrNum("每扇区字节:\t",    SDInfo.BytesPerSector);
87          UART_Send_StrNum("FAT 占用扇区:\t",  SDInfo.FATsectors);
88          UART_Send_StrNum("每簇扇区数:\t",    SDInfo.SectorsPerClust);
89          UART_Send_StrNum("FAT 所在扇区:\t",  SDInfo.FirstFATSector);
90          UART_Send_StrNum("第一个目录所在扇区:\t",SDInfo.FirstDirSector);
91          UART_Send_StrNum("文件系统扇区号:\t",SDInfo.FSINFO_Sec);
92          UART_Send_StrNum("下一可簇号:\t", SDInfo.Next_Free_Cluster);
93          UART_Send_StrNum("可用簇个数:\t",    SDInfo.Free_nCluster);
94      }
95      else {  //文件系统初始化失败
96          UART_Send_StrNum("文件系统初始化失败，返回码:\t", res);
97      }
98      //---------------------------------------------------------------------
99      //如果 S1 合上则删除两个初始文件并重建文件
100     if (S1 == 0) {
101         FAT_Delete_File("/mycount.txt");   //删除按键计数文件
102         FAT_Delete_File("/data/myadc.txt");//删除 A/D 转换数据文件
103         GetDateTime();                     //获取 DS1302 日期时间
104         //设置文件日期时间属性
105         dt.date.year    = 2000+DateTime[6];
106         dt.date.month   = DateTime[4];
```

```
107          dt.date.day     = DateTime[3];
108          dt.time.hour    = DateTime[2];
109          dt.time.min     = DateTime[1];
110          dt.time.sec     = DateTime[0];
111          //创建目录（用于确保/data 存在,data 后面的斜杠不可省略）
112          res = FAT_Create_Dir("/data/", &dt);
113          //创建文件夹及相关文件
114          res1 = FAT_Create_File(&file1, "/mycount.txt",     &dt);
115          P6 = res1;
116          res2 = FAT_Create_File(&file2, "/data/myadc.txt",  &dt);
117          if (res1 || res2) goto Err;     //如果出错则直接退出
118          KeyCount = 0;                   //将按键计数变量初始值设为 0
119          //将计数初始值写入文本文件
120          if (!WriteTextString(&file1,"0000")) goto Err;
121      }
122      //------------------------------------------------------------
123      //如果 S1 未合上则打开两个文件，并先从按键文件中读取计数初始值
124      else {
125          res1 = FAT_Open_File(&file1, "/mycount.txt",   0, 1);
126          res2 = FAT_Open_File(&file2, "/data/myadc.txt",0, 1);
127          //从按键计数文件中读取按键计数初始值
128          len = FAT_ReadData(&file1,0,4,KeyStrBuff);
129          //如果文件长度不是 4 个字节，则表示文件被异常修改或已损坏
130          //为规范化该文件，下面的代码先删除该文件，然后重建并写入“0000”
131          if (len != 4) {
132              FAT_Delete_File("/mycount.txt");
133              res1 = FAT_Create_File(&file1, "/mycount.txt", &dt);
134              if (res1 || !WriteTextString(&file1,"0000")) goto Err;
135          } else {
137              for (i = 0; i < 4 && i < len; i++) {
138                  if (KeyStrBuff[i] >= '0' && KeyStrBuff[i] <= '9')
139                      KeyCount = KeyCount * 10 + KeyStrBuff[i] - '0';
140                  else break;
141              }
142          }
143          FAT_Close_File(&file1); //关闭文件
144      }
145      if (!res1) EX0 = 1;      //允许 INT0 中断，使能按键计数并写 SD 卡文件
146      //----------------------------------------------------------------
147      if (res2) goto Err;      //file2 异常则退出，否则开始 AD 转换与数据保存
148      else {
149          len = file2.File_Size;
150          if (len >= 2) {
151              //取文件最末尾 2 个字节进行判断
152              len = FAT_ReadData(&file2,len-2,2,ADCStrBuff);
153              if (len == 2    && ADCStrBuff[0] != 0x0D
154                              && ADCStrBuff[1] != 0x0A) {
155                  //在初始文件或上次文件末尾添加换行符与分隔线
156                  if (!WriteTextString(&file2,
157                      "\x0D\x0A-------------\x0D\x0A")) goto Err;
158              }
159          }
160      }
161      while (1) {
```

```
162        //-----------------------------------------------------------
163        // 1.获取 A/D 转换值（10 位精度）并写 SD 卡文件
164        //-----------------------------------------------------------
165        ADC_Value = GetADCResult(1); sLED0 = 1;    //允许 LED0 闪烁
166        //将 A/D 转换值变为十六进制字符串 XXXX
167        Hex2Str(ADC_Value,ADCStrBuff);
168        //A/D 转换值变为电压值（放大 100 倍以便分解）
169        ADC_Voltage = (int)(ADC_Value) * 500.00 / 1024.0;
170        ADCStrBuff[4] = '-';                     //A/D 转换字符串后附加"-"
171        ADCStrBuff[5] = ADC_Voltage/100+'0';//电压的整数位
172        ADCStrBuff[6] = '.';                         //电压小数点
173        ADCStrBuff[7] = ADC_Voltage/10%10+'0';       //电压值第 1 位小数
174        ADCStrBuff[8] = ADC_Voltage%10+'0';          //电压值第 2 位小数
175        if (++j % 10 == 0) {                     //一行满 10 个记录时附加换行符
176            ADCStrBuff[9]  = 0x0D;               //附加回车换行符
177            ADCStrBuff[10] = 0x0A;
178        }
179        else {                       //否则不附加换行符，仅用 2 个空格分隔
180            ADCStrBuff[9]  = ' ';    //附加回车换行符
181            ADCStrBuff[10] = ' ';
182        }
183        ADCStrBuff[11] = '\0';
184        sLED2 = 1;
185        //向文件写入数据
186        if (!WriteTextString(&file2,ADCStrBuff)) goto Err;
187        //每写入 200 个数据后，关闭一次文件，避免异常关机导致数据丢失
188        if (j % 200 == 0) {
189            //添加一个分隔行
190            if (!WriteTextString(&file2,"----------\x0D\x0A")) goto Err;
191            FAT_Close_File(&file2); //关闭文件
192            res2 = FAT_Open_File(&file2, "/data/myadc.txt", 0, 1);
193        }
194        sLED2 = 0;
195        //-------------------------------------------------------
196        // 2.写入按键输入计数值（输入与计数在 INT0 中断中完成）
197        //-------------------------------------------------------
198        EX0 = 0;                         //开 INT0 中断
199        if (preKeyCount != KeyCount) {
200            preKeyCount = KeyCount;
201            sprintf(KeyStrBuff,"%04d",KeyCount);
202            res1 = FAT_Open_File(&file1, "/mycount.txt", 0, 1);
203            if (!res1) {
204                FAT_Modify_Data(&file1,0,4,KeyStrBuff);
205                FAT_Close_File(&file1); //关闭文件
206            }
207        }
208        EX0 = 1;                         //开 INT0 中断
209        //-------------------------------------------------------
210        // 3.读取历史数据记录
211        //-------------------------------------------------------
212        if ((P3 & (1<<6))  == 0x00) {   //读取按键输入历史数据
213            UART_Send_Str("\r\n 开始读取按键输入 Count...\r\n");
214            res1 = FAT_Open_File(&file1, "/mycount.txt", 0, 1);
215            if (!res1) {
```

```
216                 len = FAT_ReadData(&file1,0,4,ReadBuff);
217                 FAT_Close_File(&file1); //关闭文件
218                 if (len == 4) {
219                     ReadBuff[4] = '\0';
220                     UART_Send_Str(ReadBuff);
221                 } else UART_Send_Str("\r\n 读取按键输入 Count 出错! \r\n");
222             }
223         }
224         if ((P3 & (1<<7)) == 0x00) {   //读取 AD 转换历史数据
225             UART_Send_Str("\r\n 开始读取 A/D 转换序列...\r\n");
226             for (k = 0; k < file2.File_Size; k+=512) {
227                 len = FAT_ReadData(&file2,k,512,ReadBuff);
228                 if (len > 0) {
229                     ReadBuff[len] = '0';
230                     UART_Send_Str(ReadBuff);
231                 } else {
232                     UART_Send_Str("\r\n 读取 A/D 转换序列出错! \r\n");
233                     break;
234                 }
235             }
236         }
237         //-------------------------------------------------------------
238         delay_ms(10);            //加快采集可调小延时，减慢采集可加在延时
239         //-------------------------------------------------------------
240     }
241     Err:
242     sLED0 = 0; sLED1 = 0; sLED2 = 0; UART_Send_Str("文件访问失败!: ");
243     FAT_Flush_FS();              //刷新文件系统
244     while (1) ;
245 }
246 //-----------------------------------------------------------------
247 // 写字符串到文本文件
248 //-----------------------------------------------------------------
249 u32 WriteTextString(struct FileInfo *pf,char *s) {
250     u32 len = FAT_WriteData(pf, strlen(s), s);
251     if (len == ERR_OVER_FILE_MAX_SIZE || len == ERR_OVER_DISK_SPACE) {
252         UART_Send_Str("AD 转换值写 SD 卡文件出错!");
253         return 0;
254     } else return len;
255 }
256 //-----------------------------------------------------------------
257 // 初始化 ADC
258 //-----------------------------------------------------------------
259 void InitADC() {
260     P1ASF = 1<<1;                //将 P1.1 设为 A/D 转换口
261     ADC_RES = 0;                 //将结果寄存器清零
262     ADC_CONTR = ADC_POWER | ADC_SPEEDLL;
263     delay_ms(2);                 //ADC 上电并延时
264 }
265 //-----------------------------------------------------------------
266 // 读取指定通道 ADC 结果
267 //-----------------------------------------------------------------
268 u16 GetADCResult(u8 ch) {
269     ADC_CONTR = ADC_POWER | ADC_SPEEDLL | ADC_START | ch;
```

```
270     delay_ms(1);
271     while (!(ADC_CONTR & ADC_FLAG));     //等待 ADC 转换完成
272     ADC_CONTR &= ~ADC_FLAG;              //关闭 ADC
273     return (ADC_RES<<2) | ADC_RESL;      //返回结果
274 }
275 //---------------------------------------------------------------------
276 // T0 初始化(16 位 12T 模式,20ms,22.1184MHz)
277 //---------------------------------------------------------------------
278 void Timer0Init() {
279     AUXR &= 0x7F;                  //定时器时钟 12T 模式
280     TMOD &= 0xF0;                  //设置定时器模式
281     TL0 = 0x00;                    //设置定时初始值
282     TH0 = 0x70;                    //设置定时初始值
283     TF0 = 0;                       //将 TF0 清零
284     TR0 = 1;                       //T0 开始定时
285 }
286 //---------------------------------------------------------------------
287 // T0 中断函数(控制 LED 闪烁)
288 //---------------------------------------------------------------------
289 void LED_Flash() interrupt 1 {
290     static u8 T0_Count = 0,T1_Count = 0,T2_Count = 0, Tx = 0;
291     //2*20=40ms 控制 AD 转换指示灯闪烁
292     if (sLED0 && ++T0_Count == 2) {
293         LED0 ^= 1;
294         T0_Count = 0;
295     } else LED0 = 1;
296     //2*20=40ms 控制按键指示灯闪烁
297     if (sLED1 && ++T1_Count == 2) {
298             LED1 ^= 1;
299             if (++Tx == 6) { sLED1 = 0; LED1 = 1; Tx = 0; }
300             T1_Count = 0;
301     } else LED1 = 1;
302     //4*20=80ms 控制 SD 读写访问指示灯闪烁
303     if (sLED2 && ++T2_Count == 4) {
304         LED2 ^= 1; ;
305         T2_Count = 0;
306     } else LED2 = 1;
307 }
308 //---------------------------------------------------------------------
309 // INT0 中断函数
310 //---------------------------------------------------------------------
311 void EX_INT0() interrupt 0 {
312     if ((P3 & (1<<2)) == 0x00) {
313         sLED1 = 1;                 //按键输入指示允许闪烁
314         //计数值递增(限制为 0000~9999)
315         if (++KeyCount > 9999) KeyCount = 0;
316     }
317 }
```

第5章 综合设计

第3～4章给出了数十个STC8051单片机C语言基础程序设计及外围扩展硬件程序设计案例。本章将以这些内容为基础，集成多种外围器件，综合应用多种设计技术，完成数十项综合案例设计。通过本章案例学习调试、分析研究，STC8051单片机应用系统C语言程序开发能力会得到进一步锻炼，设计水平会得到进一步提升。

5.1 带日历时钟及温度显示的电子万年历

带日历时钟及温度显示的电子万年历仿真电路如图5-1所示。在该仿真电路中，多功能电子日历牌可同时显示年、月、日、星期、时、分、秒共7项信息，另外，还设计电子日历牌数字温度显示功能。通过设计调试，可进一步提高整合多项器件功能的，较复杂项目的系统程序设计能力。

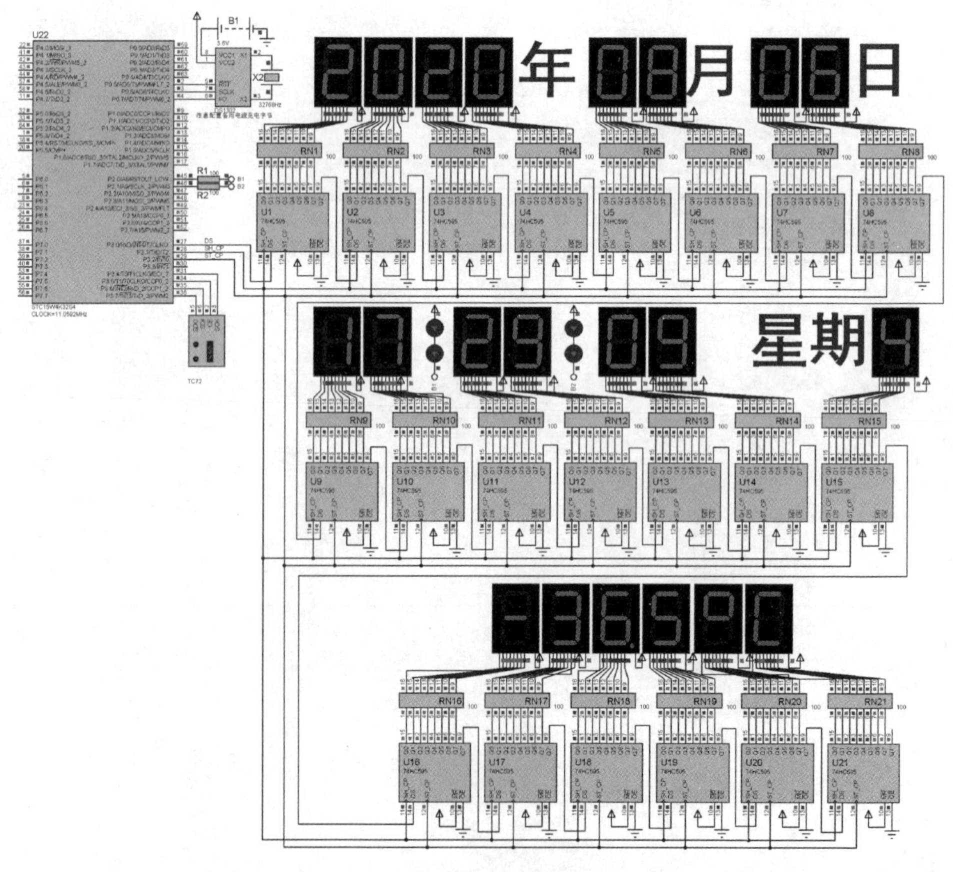

图5-1 带日历时钟及温度显示的电子万年历仿真电路

1. 程序设计与调试

电子日历牌整合了实时时钟芯片 DS1302、数字温度传感器 TC72 和串入并出驱动器74HC595（驱动数码管显示）。编写程序时，可直接引用硬件应用部分的DS1302、TC72、74HC595有关程序。这里重点说明一下DS1302的备用电源及可编程点滴式充电器的配置程序设计。

在电子日历牌中，DS1302 使用双电源供电，其 VCC1 引脚连接备用电源（可充电电池或电容，后者仅允许在短时断电更换主电池的场合使用），VCC2 引脚连接主电源（如与单片机共用的+5V 电源）。在主电源停止供电时，VCC1 的备用电源使 DS1302 不间断运行。

为保证备用电源的供电输出，在主电源工作时，DS1302 要使能主电源向备用电源充电。DS1302 配置寄存器地址表及可编程点滴式充电器结构如图 5-2 所示。其中，配置寄存器的 3 项配置如下所述。

（1）4 位 TCS（Trickle Charger Selection）仅为“1010”时使能点滴式充电器。

（2）2 位 DS（Diode Selection）为“01”/“10”，选择使用 1 只或 2 只二极管（每只压降 0.7 V）。

（3）2 位 RS（Resistor Selection）为“01”/“10”/“11”，分别选择 2 kΩ、4 kΩ、8 kΩ限流电阻。

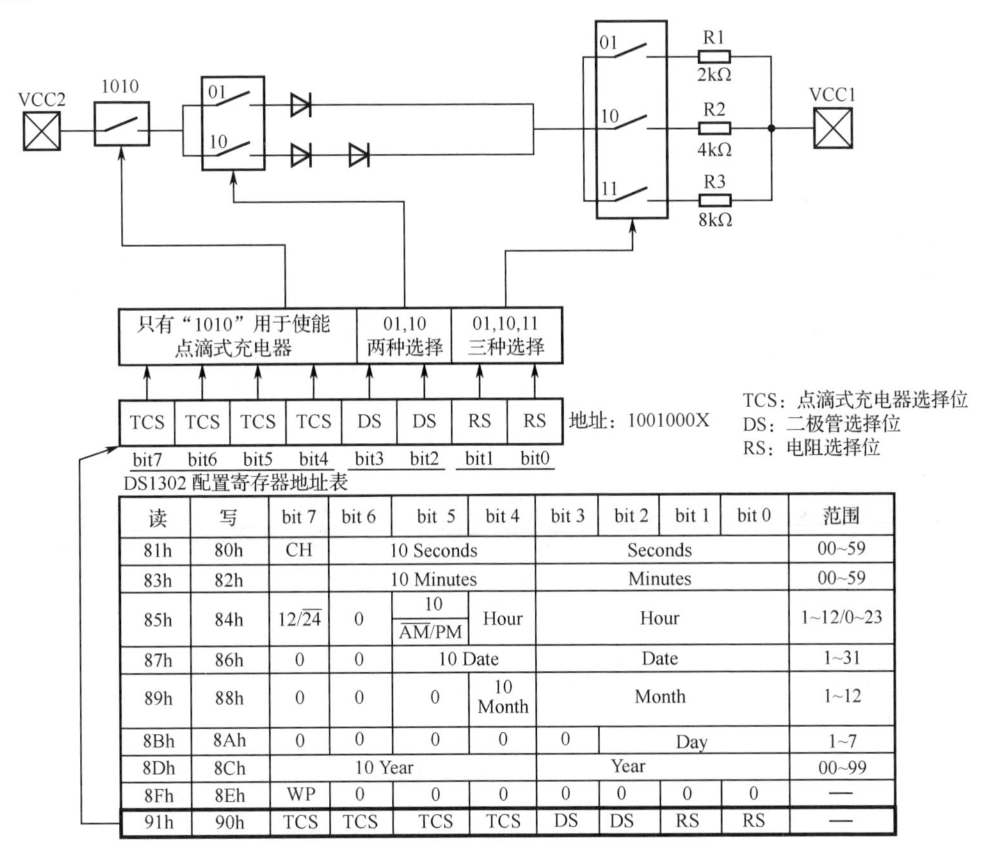

读	写	bit 7	bit 6	bit 5	bit 4	bit 3	bit 2	bit 1	bit 0	范围
81h	80h	CH	10 Seconds			Seconds				00~59
83h	82h		10 Minutes			Minutes				00~59
85h	84h	12/$\overline{24}$	0	10 / $\overline{AM}$/PM	Hour	Hour				1~12/0~23
87h	86h	0	0	10 Date		Date				1~31
89h	88h	0	0	0	10 Month	Month				1~12
8Bh	8Ah	0	0	0	0	0	Day			1~7
8Dh	8Ch	10 Year				Year				00~99
8Fh	8Eh	WP	0	0	0	0	0	0	0	—
91h	90h	TCS	TCS	TCS	TCS	DS	DS	RS	RS	—

图 5-2　DS1302 配置寄存器地址表及可编程点滴式充电器结构

例如，当配置字节为“1010-01-01”时，选通的是 1 只二极管，2 kΩ限流电阻，计算可得最大充电电流为

$$I_{\max} = (5.0\ \text{V}-0.7\ \text{V})/2\text{k}\Omega = 2.15\text{mA}$$

由图 5-2 可知，DS1302 配置寄存器的地址为 1001000R/W，其中最后一位为读/写位，故设置 DS1302 寄存器的地址为 0x90。

下面是 Init_DS1302 函数配置点滴式充电器的相关代码：

```
u8 second_REG;
Write_DS1302(0x8E,0x00);                //写控制字节,取消写保护
//-----------------------------------------------------------------------
//0x90 为配置寄存器地址，对于待写入的:1010-01-11
```

```
//其中，1010 使能点滴式充电器(TS),01 选通一只二极管(DS),11 选择 8kΩ 电阻(RS)
Write_DS1302(0x90,0xA7); //0xA7 = 0B10100111;
//...........................................................
//接着处理 CH 位(Clock Halt Flag)的问题
second_REG = Read_DS1302(0x81);            //读取秒寄存器当前值
//如果 CH 位为 1,则表示当前 DS1302 振荡器处于待机状态
//这时要将 CH 位设为 0,打开振荡器使时钟运行
//second_REG & 0x7F 使 0x80 地址内秒不变,将 CH 设为 0
if ((second_REG & 0x80) == 0x80) Write_DS1302(0x80,second_REG & 0x7F);
//------------------------------------------------------------------------
Write_DS1302(0x8E,0x80);                   //加保护
```

有关电子日历牌程序设计的更多细节可参阅本案例程序。

2. 实训要求

① 进一步完善程序，实现日期/时间调节与保存功能。

② 尝试选用其他的实时日历时钟芯片替换 DS1302 设计电子日历牌。

③ 修改程序，用 MAX7219/MAX7221/MAX6951 驱动数码管显示。

3. 源程序代码

```
1   //------------------------------------------------------------------------
2   //  名称：带日历时钟及温度显示的电子万年历
3   //------------------------------------------------------------------------
4   //  说明：本案例使用了 DS1302 读取日期时间,用 TC72 获取温度数据
5   //        通过 74HC595 驱动数码管显示
6   //
7   //------------------------------------------------------------------------
8   #include "STC15xxx.h"
9   #include <intrins.h>
10  #include <stdio.h>
11  #include <string.h>
12  #define u8  unsigned char
13  #define u16 unsigned int
14  const u8 SEG_CODE[] = { //0～9 的段码,摄氏度(2 个字节),黑屏及”-”的段码
15   0xC0,0xF9,0xA4,0xB0,0x99,0x92,0x82,
16   0xF8,0x80,0x90,0xC6,0x9C,0xFF,0xBF };
17  sbit DS    = P3^0;     //串行数据输入
18  sbit SH_CP = P3^1;     //移位时钟脉冲信号
19  sbit ST_CP = P3^2;     //输出锁存器控制脉冲信号
20  extern void Init_DS1302();
21  extern void GetDateTime();
22  extern void SetDateTime();
23  extern u8 CurrDateTime[];
24  extern void Config_TC72();
25  extern float Read_TC72_Temperature();
26  //所有数码管的显示缓冲区(年的高 2 位固定为 20),最后 2 位固定为摄氏度段码索引
27  u8 disp_buff[21] = {2,0,0,0,0,0,0,0,0,0,0,0,0,0,0,0,0,0,0,11,10};
28  #define MAIN_Fosc 11059200L          //时钟频率定义
29  //------------------------------------------------------------------------
30  // 延时函数(参数取值限于 1～255)
31  //------------------------------------------------------------------------
32  void delay_ms(u8 ms) {
33      u16 i;
34      do{
```

```
35            i = MAIN_Fosc / 13000;
36            while(--i);
37        }while(--ms);
38    }
39    //------------------------------------------------------------------------
40    // 1 个字节数据串行输入 74HC595 子程序
41    //------------------------------------------------------------------------
42    void Serial_Input_595(u8 d) {
43        u8 i;
44        for(i = 0; i < 8; i++) {
45            d <<= 1; DS = CY;                //移出高位到 CY,然后写数据线
46            SH_CP = 0; _nop_();_nop_(); //移位时钟脉冲信号置为低电平
47            SH_CP = 1; _nop_();_nop_(); //在移位时钟脉冲信号上升沿移位
48        }
49        SH_CP = 0;                           //移位时钟脉冲信号最后置为低电平
50    }
51    //------------------------------------------------------------------------
52    // 74HC595 并行输出子程序
53    //------------------------------------------------------------------------
54    void Parallel_Output_595() {
55        ST_CP = 0; _nop_();_nop_();      //ST_CP 先置低电平
56        ST_CP = 1; _nop_();_nop_();      //ST_CP 上升沿将数据送到输出锁存器
57        SH_CP = 0; _nop_();_nop_();      //移位时钟脉冲信号最后置为低电平
58    }
59    //------------------------------------------------------------------------
60    // T0 初始化配置（12T/16 位自动重装载模式，50ms，11.0592MHz）
61    //------------------------------------------------------------------------
62    void Timer0Init() {
63        AUXR &= 0x7F;                        //12T 模式
64        TMOD &= 0xF0;                        //设置定时器模式
65        TH0 = (u16)(-11.0592/12*50000) >> 8;//50ms 定时(振荡器频率为 11.0592MHz)
66        TL0 = (u16)(-11.0592/12*50000) & 0xFF;
67        //或使用下述语句
68        //TL0 = 0x00;                        //设置 50ms 定时初始值
69        //TH0 = 0x4C;
70        TF0 = 0;                             //将 TF0 清零
71        TR0 = 1;                             //T0 开始定时
72    }
73    //------------------------------------------------------------------------
74    // 主程序
75    //------------------------------------------------------------------------
76    void main() {
77        u8 i,j, len; char t_buff[6],c; u8 curr_second = 0xFF;
78        P0M1 = 0x00; P0M0 = 0x00;        //配置为准双向口
79        P2M1 = 0x00; P2M0 = 0x00;
80        P3M1 = 0x00; P3M0 = 0x00;
81        Timer0Init();                        //T0 初始化配置
82        IE = 0x82;                           //允许 T0 中断
83        Init_DS1302();
84        while(1) {                           //循环读取温度并显示
85            //----------------------------------------------------------------
86            GetDateTime();                   //从 DS1302 读取日期时间数据
87            //分解到显示缓冲区
88            disp_buff[2]    = CurrDateTime[6]>>4;   //年的后 2 位
```

```
89          disp_buff[3]    = CurrDateTime[6]&0x0F;
90          disp_buff[4]    = CurrDateTime[4]>>4;   //月
91          disp_buff[5]    = CurrDateTime[4]&0x0F;
92          disp_buff[6]    = CurrDateTime[3]>>4;   //日
93          disp_buff[7]    = CurrDateTime[3]&0x0F;
94          disp_buff[8]    = CurrDateTime[2]>>4;   //时
95          disp_buff[9]    = CurrDateTime[2]&0x0F;
96          disp_buff[10]   = CurrDateTime[1]>>4;   //分
97          disp_buff[11]   = CurrDateTime[1]&0x0F;
98          disp_buff[12]   = CurrDateTime[0]>>4;   //秒
99          disp_buff[13]   = CurrDateTime[0]&0x0F;
100         disp_buff[14]   = CurrDateTime[5] - 1; //星期
101         //-------------------------------------------------------------
102         //清空温度数据显示缓冲区(设为黑屏)
103         for (i = 15; i < 18; i++) disp_buff[i] = 12;
104         Config_TC72();                              //配置 TC72
105         //读取温度浮点值并转换为浮点字符串
106         sprintf(t_buff, "%5.1f", Read_TC72_Temperature());
107         i = j = 0; len = strlen(t_buff);
108         for (i = len - 1; i != 0xFF; i--) {     //逆序处理浮点温度字符
109             //如果遇到小数点则跳过,因为小数点附加在个位数数码管上
110             c = t_buff[i]; if (c == '.') continue;
111             //处理数字字符及符号位(其中 13 为“-”的段码索引)
112             if (c >= '0' && c <= '9')  disp_buff[18 - j] = c - '0';
113             else if (c == '-')         disp_buff[18 - j] = 13 ;
114             j++;
115         }
116         //发送所有待显示数据（第 17 位附加小数点）
117         for (i = 20; i != 0xFF; i--) {
118             if (i != 17) Serial_Input_595(SEG_CODE[disp_buff[i]]);
119             else Serial_Input_595(SEG_CODE[disp_buff[i]] & 0x7F);
120         }
121         //74HC595 移位寄存器数据传输到存储寄存器并出现在输出端
122         Parallel_Output_595();
123       //控制秒闪功能(读取秒变化则开 LED 并启动定时器,500ms 后由定时器溢出中断关 LED)
124         if (curr_second != CurrDateTime[0]) {
125             curr_second = CurrDateTime[0];
126             if (TR0 == 0) P2 &= 0xFC; TR0 = 1;
127         }
128     }
129 }
130 //---------------------------------------------------------------------
131 // T0 中断函数(控制秒闪烁,每隔 500ms 关闭 LED,开 LED 由主程序控制)
132 //---------------------------------------------------------------------
133 void LED_Flash() interrupt 1 {
134     static u8 T_Count = 0;
135     //以下语句均可以被屏蔽，因为 T0 被配置为 12T/16 位自动重装载模式
136     //TH0 = (u16)(-11.0592/12*50000) >> 8; //50ms 定时（11.059 2MHz)
137     //TL0 = (u16)(-11.0592/12*50000) & 0xFF;
138     //TL0 = 0x00;                            //设置 50ms 定时初始值
139     //TH0 = 0x4C;
140     if ( ++T_Count == 10)  {                 //累加形成 50ms×10=500ms 定时
141         P2 |= 0x03; T_Count = 0; TR0 = 0;  //秒闪关
142     }
143 }
```

5.2 用 STC15+1601LCD 设计的整型计算器

如图 5-3 所示，用单行字符液晶屏、键盘矩阵及 STC15 设计了简易计算器。该计算器可进行单次或连续整型数据四则运算（不支持带优先级的表达式求值）。

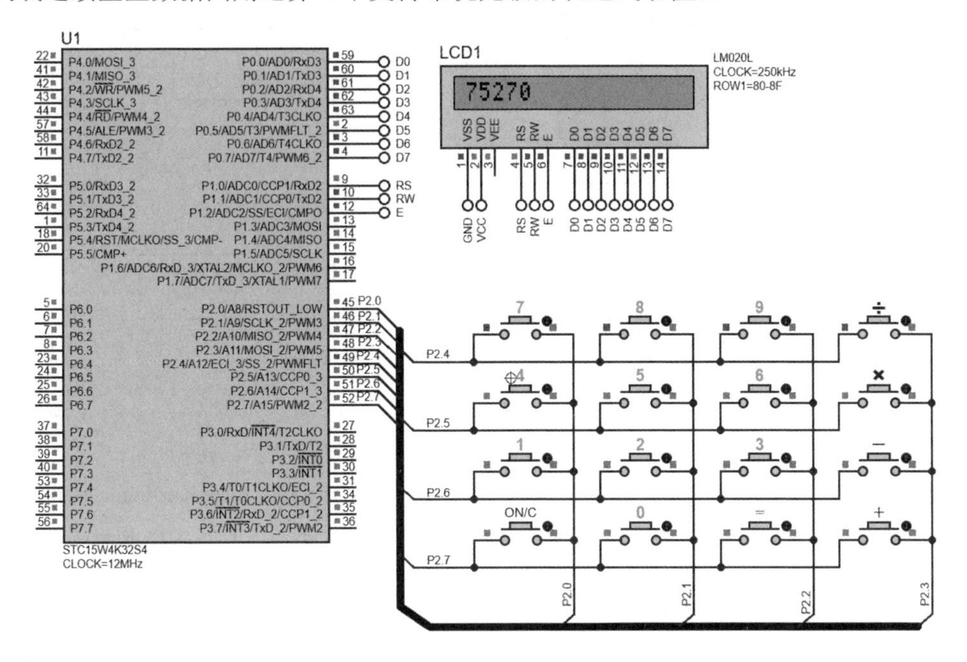

图 5-3　用 STC15+1601LCD 设计的整型计算器仿真电路

1．程序设计与调试

本案例程序由 main.c，LM020.c，keypad.c，calc.h 共 4 个程序文件构成，其设计要点在于单行字符液晶屏以右端为起点的显示设计、数据输入与运算程序设计、键盘矩阵电路及扫描程序设计。下面重点讨论 main.c 中的数据输入与运算处理程序、键盘矩阵扫描程序。

为了能对所输入的任意表达式求值，main.c 中引入了重要变量 curr_KeyChar 与 Last_OP。其中，curr_KeyChar 保存的是刚刚输入的键盘字符集中的一个，包括“+、−、*、/”及数字等；Last_OP 则用于保存最近输入的操作符，其取值为“+、−、*、/、=、ON/C”中的某一个，默认初始值为字符“0”，它不是这些字符中的任何一个，用于表示目前尚未输入任何运算符，暂不进行算术运算。

输入序列“20*36=”的计算过程如图 5-4 所示。

当输入序列为“20*”时，由于此时 a=20，Last_OP 还不是“*”号，因而不会调用 Operator_Process 函数进行运算处理，随后 Last_OP 才取得“*”。当继续输入“36”，随后再输入“=”时，b=36，curr_KeyChar 为“=”，此时的 Last_OP 还是“*”，它刚好是 a、b 的运算符，调用 Operator_Process 函数即可得到运算结果。

如果用户输入的序列是“20*36+9=”，这时情况又如何呢？

显然，当 curr_KeyChar 取得第 2 个运算符“+”时，Last_OP 仍为第 1 个运算符“*”。此时调用 Operator_Process 函数时，传递的操作符为“*”，在 Operator_Process 函数内，要求：

if (CurrKeyChar == '=' || isdigit(Last_Char)) 即当前遇到“=”号或最后输入的是数字字符。

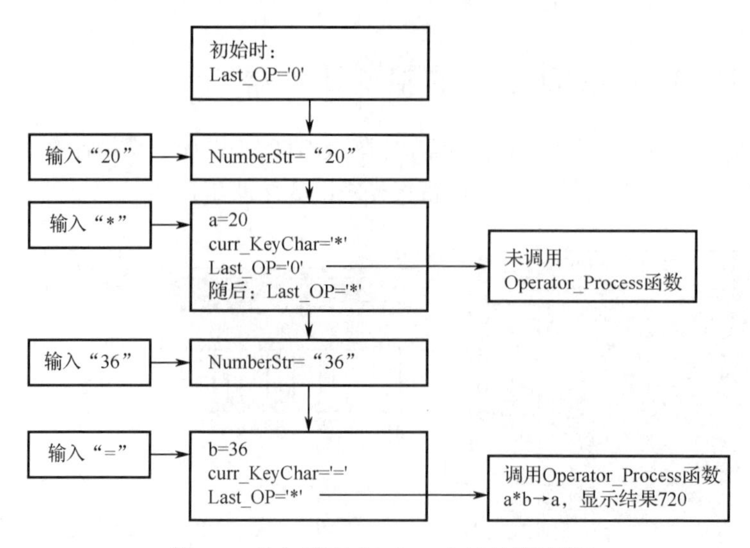

图 5-4　输入序列"20*36="的计算过程

由于当前输入的是"*"而不是"="，因此第 1 个条件不满足，但第 2 个条件满足。因为 Last_Char 为字符"6"，故而"+"的出现及"+"前面输入的是数字，使得"20*36"的计算得以进行，结果"720"存入变量 a，且 if (CurrKeyChar != '=') Last_OP = CurrKeyChar 使得 Last_OP 更新为新的运算符"+"。当接着再输入"9="时，操作数变量 b 为"9"，curr_KeyChar 为"="。这时调用 Operator_Process 函数时，将执行"720+9"的运算，结果"729"仍存入 a 中。

由以上分析可见，所设计的程序可以很好地处理单次运算或连续运算。实际上，对于出现的异常输入序列，程序也能很好地进行处理。但根据上述跟踪分析也可以看出，所输入的表达式是不支持优先级的，例如，输出"12+3*4="，结果将为 60，而不是 24。

参照上述求值过程，可尝试跟踪分析下面 5 个输入序列的计算过程：

① 210 * 36 *=

② 23 ** 8 =

③ 23 + 9 * 8 - 12 + * =

④ 59 * = 32 + 98 =

⑤ 23 * - 9 * 80 = * 12 =

其中，最后一行不会被解析为"23 * (−9)* 80 = * 12 ="，而是会被解析为"23 - 9 * 80 = * 12 ="，其原因留给大家自行分析。

2．实训要求

① 改用元器件库中的计算器键盘"KEYPAD-CALCULATOR"，编程实现浮点运算。

② 使用双堆栈技术实现带优先级的表达式运算，例如，表达式 12+3*4 求值为 24 而非 60。

3．源程序代码

```
1   //----------------------------- main.c ------------------------------------
2   //  名称：用 STC15+1601LCD 设计的整型计算器
3   //-------------------------------------------------------------------------
4   //  说明：本案例程序根据 LABCENTER ELECTRONICS 提供的由 C 语言与汇编语言混合编写
5   //        的原始程序改编。本案例作了简化设计并将原始程序代码全部改为 C 语言程序代码
6   //
7   //-------------------------------------------------------------------------
8   #define u8  unsigned char
9   #define u16 unsigned int
10  #include "STC15xxx.h"
```

```
11  #include <intrins.h>
12  #include <ctype.h>
13  #include <stdio.h>
14  #include <stdlib.h>
15  #include <math.h>
16  #include "calc.h"
17  static long a,b;              //当前运算符的前后两个操作数
18  static char CurrKeyChar;      //当前按键字符
19  static char Last_OP;          //最近输入的操作符
20  static char Last_Char;        //所输入的前一个字符
21  static char result;           //当前运算的结果状态
22  //显示缓冲区、数据输入缓冲区及数据输入缓冲区索引定义
23  static char xdata outputbuffer[MAX_DISPLAY_CHAR+1];
24  static char xdata NumberStr[MAX_DISPLAY_CHAR+1];
25  static char xdata NumberIdx;
26  extern void Initialize_LCD();
27  extern void LCD_Disp_String(char*);
28  extern void delay_ms(u8);
29  //------------------------------------------------------------------------
30  // 检查待显示数据是否越界
31  //------------------------------------------------------------------------
32  int calc_chkerror(long num) { return labs(num) <= 9999999? OK : ERROR;}
33  //------------------------------------------------------------------------
34  // 主程序
35  //------------------------------------------------------------------------
36  void main() {
37      P0M1 = 0x00; P0M0 = 0x00;        //P0,P1 配置为准双向口
38      P1M1 = 0x00; P1M0 = 0x00;
39      a = 0; b = 0;                    //两个操作数初始为 0
40      CurrKeyChar = '='; Last_OP = '0';  //初始化当前按键字符及最近的操作符
41      NumberStr[0] = '\0'; NumberIdx = 0; //清空数据输入缓冲区,其索引归零
42      Initialize_LCD();                //初始化 LCD
43      LCD_Disp_String("0");            //初始时显示 0
44      while(1) {                       //循环扫描键盘并进行运算处理与显示
45          //调用矩阵键盘扫描程序,有按键被按下时返回按键字符,无按键被按下时循环扫描
46          do { CurrKeyChar = GetKeyChar();} while (!CurrKeyChar);
47          if ( isdigit(CurrKeyChar) ) {   //如果是数字键
48              //缓冲未满时存入缓冲,索引递增,末尾添加字符串结束标志,刷新 LCD 显示
49              if (NumberIdx < MAX_DISPLAY_CHAR) {
50                  NumberStr[NumberIdx++] = CurrKeyChar;
51                  NumberStr[NumberIdx] = '\0';
52                  LCD_Disp_String(NumberStr);
53              }
54          }
55          else {//处理非数字按键(包括+,-,*,/,=,C)
56              //若最近尚未输入操作符，则当前输入的数字串转换为 a 操作数
57              //否则转换为 b 操作数
58              if (Last_OP == '0') a = atol(NumberStr);
59              else                b = atol(NumberStr);
60              //处理操作符,当按下 C 时进行清零操作,否则处理+,-,*,/,=共 5 个符号,
61              //遇到“=”号时对前面的合法表达式求值,遇到形如“10+8-”这样的表达式,
62              //最后输入的不是“=”而是“-”,但显然仍要对前面的表达式“10+8”求值
63              if (CurrKeyChar == 'C') Operator_Process('C');
64              else                    Operator_Process(Last_OP);
65              //消空数据输入缓冲区,其索引归零
```

```
66                NumberStr[0] = '\0'; NumberIdx = 0;
67                if (CurrKeyChar != '=') Last_OP = CurrKeyChar;
68            }
69            //完成当前输入数字或非数字字符处理后,Last_Char 变量保存最近输入的字符
70            Last_Char = CurrKeyChar;
71        }
72    }
73    //----------------------------------------------------------------------
74    // 根据运算符按键进行运算处理
75    //----------------------------------------------------------------------
76    void Operator_Process(char OP) {
77        switch(OP) {
78            //处理+,-,*,/
79            case '+' : if ( CurrKeyChar == '=' || isdigit(Last_Char)){
80                            a += b; result = calc_chkerror(a);
81                       }    else result = SLEEP;    break;
82            case '-' : if ( CurrKeyChar == '=' || isdigit(Last_Char)){
83                            a -= b; result = calc_chkerror(a);
84                       }    else result = SLEEP;    break;
85            case '*' : if ( CurrKeyChar == '=' || isdigit(Last_Char)){
86                            a *= b; result =  calc_chkerror(a);
87                       }    else result = SLEEP;    break;
88            case '/' : if ( CurrKeyChar == '=' || isdigit(Last_Char)){
89                            if (b) {
90                                a /= b; result = calc_chkerror(a);
91                            }   else result = SLEEP;
92                       }    else result = SLEEP;   break;
93            //取消,将相关变量清零或置为'0',状态置为 OK,以便显示结果 0
94            case 'C' :  a = b = 0; CurrKeyChar = Last_OP = '0';
95                        result = OK; break;
96            default :   result = SLEEP;
97        }
98        //输出显示结果
99        switch (result) {
100           //将合法的长整数结果转换为字符串并输出显示
101           case OK :   sprintf(outputbuffer,"%ld",a);
102                       LCD_Disp_String(outputbuffer); break;
103           //当前尚不能执行一次运算,故不刷新显示
104           case SLEEP :                                 break;
105           //其余情况均显示异常“Exception”
106           case ERROR: default: a = b = 0; CurrKeyChar = Last_OP = '0';
107                       LCD_Disp_String("Exception "); break;
108       }
109   }
```

```
1    //---------------------------- calc.h ---------------------------------
2    // calc.h 头文件
3    //---------------------------------------------------------------------
4    #define MAX_DISPLAY_CHAR 9 //定义适合屏幕显示的 ASCII 字符的最大个数
5    enum ERROR { OK = 0, SLEEP = 1, ERROR = 2};    // 错误处理状态
6    //---------------------------------------------------------------------
7    // 函数声明
8    //---------------------------------------------------------------------
9    void Operator_Process(char token);
10   int  calc_chkerror(long num);
11   void LCD_Disp_String(char buf[]);
```

```
12  void Initialise_LCD();
13  char GetKeyChar();
14  void Clearscreen();
```

```
1   //-------------------------- keypad.c --------------------------------
2   // 名称: 键盘扫描程序
3   //--------------------------------------------------------------------
4   #define u8  unsigned char
5   #define u16 unsigned int
6   #include "STC15xxx.h"
7   #include <intrins.h>
8   char code keycodes[] = {                    //键盘矩阵键值表
9       '7','8','9','/',
10      '4','5','6','*',
11      '1','2','3','-',
12      'C','0','=','+'
13  };
14  //上述数组也可以定义为
15  //char code keycodes = "789/456*123-C0=+";
16  char xdata keyflags[4][4];                  //16 键状态标志数组(1:按下 0:未按下)
17  //--------------------------------------------------------------------
18  // 获取键盘按键字符子程序
19  //--------------------------------------------------------------------
20  char GetKeyChar() {
21      char r,c,ColData = 0;
22      P2M1 = 0x0F; P2M0 = 0x00;               //P2 高 4 位为准双向口,低 4 位为高阻输入
23      for (r = 0; r < 4; r++) {               //循环扫描 4 行
24          //P2=>1110.1111,1101.1111,1011.1111,0111.1111
25          P2 = ~(0x10 << r); _nop_(); //P2 输出行扫描码(初始值 0xEF:1110 1111)
26          ColData = P2 & 0x0F;                //从 P2 读取列码数据(低 4 位有效)
27          for (c = 0; c < 4; c++) {           //循环检查当前行的 4 列
28              //-----------------------------------------------------
29              //如果当前第 i 行 j 列有按键被按下,则低 4 位中将出现 1 个 0
30              if ((ColData & (1<<c)) == 0x00) {
31                  //且该位此前标志为 0(即无键被按下或按下后被释放了)
32                  if (keyflags[r][c] == 0) {
33                      //则将该键位标志为按下(keyflags 对应位被置为 1)
34                      keyflags[r][c] = 1;
35                      P2 = 0xFF;              //结束扫描,将 P2 放置全 1
36                      return keycodes[r*4+c]; //最后返回键值 ASCII 编码
37                  } else return 0;            //否则表示虽然检测到该按键被按下,但此前
38              }                               //状态也为按下,故不返回键值而返回 0
39              //-----------------------------------------------------
40              else keyflags[r][c] = 0;        //无按键被按下,keyflags 对应位被置 0
41          }
42      }
43      P2 = 0xFF;  return 0;                   //扫描结束,当前无按键被按下
44  }
```

```
1   //--------------------------- LM020.c--------------------------------
2   // 名称:LCD 控制与显示程序
3   //--------------------------------------------------------------------
4   #include "STC15xxx.h"
5   #include <intrins.h>
6   #define u8  unsigned char
```

```
7   #define u16 unsigned int
8   sbit RS = P1^0;           //寄存器选择线
9   sbit RW = P1^1;           //读/写控制线
10  sbit EN = P1^2;           //使能控制线
11  sbit BF = P0^7;           //忙标志
12  //-----------------------------------------------------------------------
13  // 延时（120μs,1ms,xms）
14  //-----------------------------------------------------------------------
15  void Delay120us(){        //12MHz
16      u8 i = 6, j = 211;
20      do {
22          while (--j);
23      } while (--i);
24  }
25  //-----------------------------------------------------------------------
26  void Delay1ms() {         //12MHz
27      u8 i = 12, j = 169;
28      do {
29          while (--j);
30      } while (--i);
31  }
32  //-----------------------------------------------------------------------
33  // LCD 忙检测
34  //-----------------------------------------------------------------------
35  void CheckBusy() {
36      u16 i;  for(i = 0; i < 5000; i++) if(!BF) break;
37  }
38  //-----------------------------------------------------------------------
39  void delay_ms(u8 x) {
40      while(x--) Delay1ms();
41  }
42  //-----------------------------------------------------------------------
43  // 写 LCD 命令
44  //-----------------------------------------------------------------------
45  void Write_LCD_Command(u8 cmd) {
46      CheckBusy();
47      Delay120us();   EN = 0;
48      RS = 0; RW = 0;                       //LCD 禁止,选择命令寄存器,准备写
49      P0 = cmd;                             //命令字节放到 LCD 端口
50      Delay120us();   EN = 1;               //EN 高电平使能
51      Delay120us();   EN = 0;               //EN 负跳变时执行
52  }
53  //-----------------------------------------------------------------------
54  // 写 LCD 数据
55  //-----------------------------------------------------------------------
56  void Write_LCD_Data(u8 dat) {
57      CheckBusy();
58      Delay120us();   EN = 0;
59      RS = 1; RW = 0;                       //LCD 禁止,选择数据寄存器,准备写
60      P0 = dat;                             //数据字节放到 LCD 端口
61      Delay120us();   EN = 1;               //EN 高电平使能
62      Delay120us();   EN = 0;               //EN 负跳变时执行
63  }
64  //-----------------------------------------------------------------------
65  // LCD 初始化
```

```
66  //------------------------------------------------------------------------
67  void Initialize_LCD() {
68      Write_LCD_Command(0x30); Delay1ms();//设置功能,8 位,1 行,5×7
69      Write_LCD_Command(0x01); Delay1ms();//清屏
70      Write_LCD_Command(0x06); Delay1ms();//字符进入模式:屏幕不动,字符后移
71      Write_LCD_Command(0x0C); Delay1ms();//显示开,关光标
72  }
73  //------------------------------------------------------------------------
74  // 显示字符串
75  //------------------------------------------------------------------------
76  void LCD_Disp_String(char *str) {
77      u8 i = 0;
78      Write_LCD_Command(0x80);                //设置显示起始位置
79      for ( i = 0; str[i] && i < 16 ;i++)//输出字符串
80        Write_LCD_Data(str[i]);
81      for (; i < 16; i++)                     //不足一行时用空格填充
82        Write_LCD_Data(' ');
83  }
```

5.3 用 AT24C04 与 1602LCD 设计的简易加密电子密码锁

用 AT24C04 与 1602LCD 设计的简易加密电子密码锁仿真电路如图 5-5 所示。该仿真电路用 I^2C 接口 EEPROMAT 24C04 保存密码。当输入正确密码时，开锁并亮灯，液晶屏显示开锁成功。开锁成功后，用户即被标识为合法用户，有权按下“输入新密码”按键并输入新密码字符串。所输入的 6 位以下新密码将在按下“保存新密码”按键后写入 AT24C04。当下次开锁时，用新密码才能打开电子密码锁。

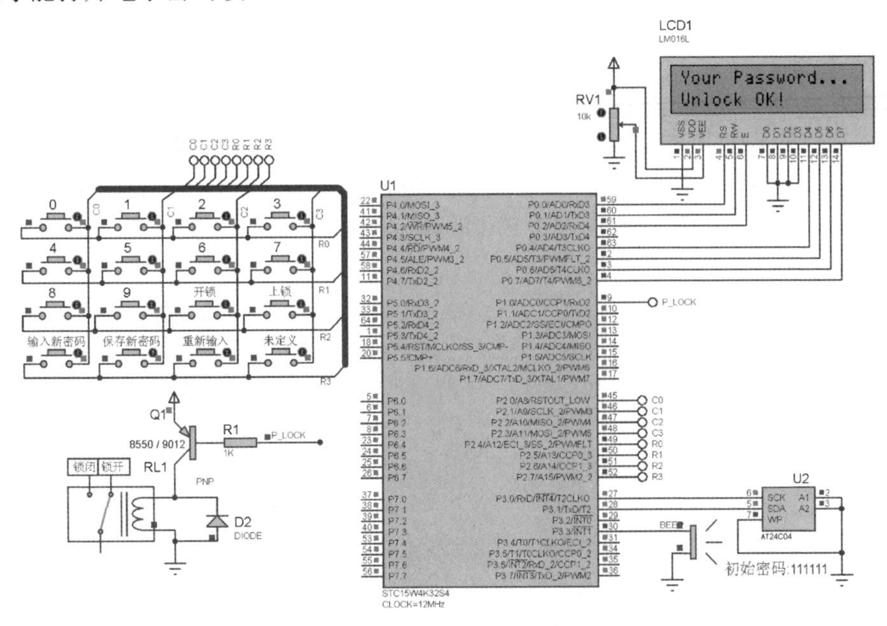

图 5-5 用 AT24C04 与 1602LCD 设计的简易加密电子密码锁仿真电路

1. 程序设计与调试

在仿真电路中，AT24C04 通过 Image File 属性绑定了密码初始化文件 24C04.bin，该文件保存了初始密码字符串“111111”，生成该 bin 文件的 TC 程序如下：

```
#include <stdio.h>
void main() {
```

```
    FILE *fp;
    fp = fopen("c:\\24c04.bin","wb");//或: fp = fopen("c:/24c04.bin","wb");
    fwrite("111111\x0",1,7,fp);
    fclose(fp);
}
```

写入的字符串“111111\x0”中最后面的“\x0”可以被省略，但要注意写入的字符串长度为7，这样才能保证6个“1”的末尾字符串结束标志能够被写入bin文件。

生成该bin文件的另一种方法是直接在记事本软件中输入“1111110”，保存为文本文件，然后将文件后缀改为.bin，再用UltraEdit打开bin文件，将最后面字符“0”对应的ASCII 0x30改为0x00（输入时只要写00），保存退出即可。

用上述任何一种方法生成bin文件后，用UltraEdit软件观察该bin文件，如图5-6所示。

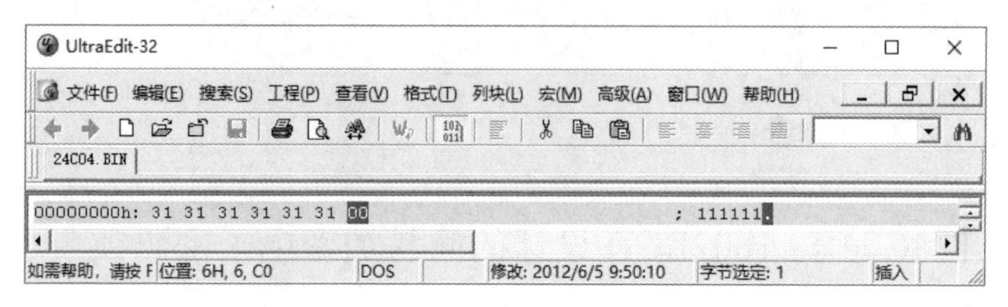

图5-6 为AT24C04生成的初始密码bin文件

实现本案例功能的程序逻辑结构不太复杂，程序中附有详细注释，未列出的液晶屏显示代码可参阅本书电子资料压缩包文件。在程序调试过程中，要重点注意从AT24C04读取密码及写入密码的函数设计，特别是在读/写密码时，密码字符串的结束标志“\0”也要被读取或写入，否则将影响密码的比较，导致程序运行失败。

2. 实训要求

① 改用STC15内置EEPROM保存密码，重新设计电子密码锁程序。

② 加入连续输入3次错误则禁止在指定时间范围内重新输入密码的功能。

③ 加入开锁成功后20s无操作则自动闭锁的功能（指示灯灭，屏幕提示重新输入密码）。

④ 加入密码字符串加密功能，防止EEPROM保存的密码明文被窃取。

3. 源程序代码

```
1   //---------------------------- main.c --------------------------------
2   //  名称:用AT24C04与1602LCD设计的简易加密电子密码锁
3   //-------------------------------------------------------------------
4   //  说明:初始密码由24C04.bin设定为“111111”
5   //       按下数字按键0～9可输入密码,其长度不超过6位,输入完成后按下A
6   //       按键开锁。密码正确时锁开,液晶屏显示开锁成功
7   //       其他按键功能是:B——上锁; C——重新输入密码; D——保存新密码; E——清除
8   //       重设密码时要求先输入正确的密码成功开锁
9   //
10  //-------------------------------------------------------------------
11  #include "STC15xxx.h"
12  #include <string.h>
13  #define u8  unsigned char
14  #define u16 unsigned int
15  //矩阵键盘中按键序号范围为0～15,0xFF表示无按键被按下
16  u8 keyNum = 0xFF ;
17  u8 DSY_BUFFER[10] = "";                          //显示缓冲区
```

```
18  u8 UserPassword[7] = "";                //用户输入的密码
19  u8 IIC_Password[7];                     //从 I²C 存储器读取的密码
20  extern void delay_ms(u8 x);             //延时函数
21  extern void Initialize_LCD();           //液晶屏初始化
22  extern void LCD_ShowString(u8, u8 ,u8*);//显示字符串
23  extern void IIC_Init();                 //I²C 总线初始化
24  extern void Write_IIC(u8,INT16U,u8);    //向指定地址写入 1 个字节
25  extern u8 Random_Read(u8,INT16U);       //从指定地址读取 1 个字节
26  extern u8 Keys_Scan();                  //扫描键盘返回键值
27  sbit LOCK = P1^0;                       //继电器锁控引脚
28  sbit BEEP = P3^3;                       //蜂鸣器引脚
29  void Beep();                            //蜂鸣器输出函数
30  //-----------------------------------------------------------------
31  // 蜂鸣器输出
32  //-----------------------------------------------------------------
33  void Beep() {
34      u8 i;for (i = 0; i < 100; i++) { delay_ms(1); BEEP = ~BEEP; }
35      BEEP = 0;
36  }
37  //-----------------------------------------------------------------
38  // 清除密码
39  //-----------------------------------------------------------------
40  void Clear_Pwd() { UserPassword[0] = '\0'; DSY_BUFFER[0] = '\0';}
41  //-----------------------------------------------------------------
42  // 读取密码字符串(以"\0"为字符串结束标志)
43  //-----------------------------------------------------------------
44  void Read_IIC_Pwd() {
45      u8 i = -1; //因为只限于读取存储器前半部分,故类型可设为 u8
46      //从 0x0000 地址开始读取 I²C 接口存储器保存的密码,其长度不超过 6 个字符
47      //下面的循环最多读取 7 个字符(0~6:包括密码字符串最末尾的"\0")
48      do { i++; IIC_Password[i] = Random_Read(0xA0,i); }
49      while ( IIC_Password[i] != '\0' && i < 6);
50      //如果循环结束后未遇到字符串结束标志,则直接在字符串末尾补上字符串结束标志
51      if ( IIC_Password[i] != '\0' ) IIC_Password[i] = '\0';
52  }
53  //-----------------------------------------------------------------
54  // 写密码字符串(注意将字符串结束标志"\0"一并写入)
55  //-----------------------------------------------------------------
56  void Write_IIC_Pwd() {
57      u8 i = 0;
58      //循环写入密码字符,将字符串末尾的"\0"也要写入,其长度最多 7 个字符(0~6)
59      while (i <= 6) {
60          Write_IIC(0xA0,i,UserPassword[i]); delay_ms(5);
61          if (UserPassword[i] == '\0') break;
62          i++;
63      }
64      //如果循环结束时密码字符串末尾未遇到"\0"则直接向 I²C 总线补充写入"\0"
65      if (UserPassword[i] != '\0' ) Write_IIC(0xA0,i,'\0');
66  }
67  //-----------------------------------------------------------------
68  // 主程序
69  //-----------------------------------------------------------------
70  void main() {
71      u8 i = 0;
```

```
72      u8 IS_Valid_User = 0;
73      P0M1 = 0x00; P0M0 = 0x00;   //配置为准双向口
74      P1M1 = 0x00; P1M0 = 0x00;
75      P2M1 = 0x00; P2M0 = 0x00;
76      P3M1 = 0x00; P3M0 = 0x00;
77      P4M1 = 0x00; P4M0 = 0x00;
78      Initialize_LCD();              //初始化 LCD
79      LCD_ShowString(0,0,"Your Password...");
80      Read_IIC_Pwd();                //将密码读入 IIC_Password
81      while(1) {
82          keyNum = Keys_Scan();   //扫描键盘获取键序号
83          if (keyNum == 0xFF) { delay_ms(10); continue; }
84          Beep();
85          switch ( keyNum ) {
86              case 0:  case 1: case 2: case 3: case 4:
87              case 5:  case 6: case 7: case 8: case 9:
88                      if ( i<= 5 ) {        //密码长度不超过 6 位
89                          //如果 i 为 0，则执行一次清屏
90                          if (i ==0) LCD_ShowString(1,0,"                ");
91                          UserPassword[i] = keyNum + '0';
92                          UserPassword[i+1] = '\0';
93                          DSY_BUFFER[i] = '*';
94                          DSY_BUFFER[i+1] = '\0';i++;
95                          LCD_ShowString(1,0,DSY_BUFFER);
96                      }
97                      break;
98              case 10: //按 A 按键开锁
99                      Read_IIC_Pwd();       //从 I2C 存储器读回密码
100                     if (strcmp(UserPassword,IIC_Password) == 0)  {
101                         LOCK = 0;         //开锁
102                         Clear_Pwd();
103                         LCD_ShowString(1,0,"Unlock OK!      ");
104                         IS_Valid_User = 1;
105                     }
106                     else {
107                         LOCK = 1;         //闭锁
108                         Clear_Pwd();
109                         LCD_ShowString(1,0,"ERROR !         ");
110                         IS_Valid_User = 0;
111                     }
112                     i = 0; break;
113             case 11: //按 B 按键上锁
114                     LOCK = 1;             //闭锁
115                     Clear_Pwd();
116                     LCD_ShowString(0,0,"Your Password...");
117                     LCD_ShowString(1,0,"                ");
118                     i = 0;  IS_Valid_User = 0; break;
119             case 12: //按 C 按键设置新密码
120                     //如果是合法用户则提示输入新密码
121                     if ( !IS_Valid_User )
122                         LCD_ShowString(1,0,"No rights !");
123                     else {
124                         i = 0; //密码输入缓冲区索引归零
125                         LCD_ShowString(0,0,"New Password:...");
```

```
126                     LCD_ShowString(1,0,"                ");
127                 }
128                 break;
129           case 13: //按 D 按键保存新密码
130                 if ( !IS_Valid_User )
131                     LCD_ShowString(1,0,"No rights !");
132                 else {
133                     //写入新设置的密码,并重新读回
134                     Write_IIC_Pwd();delay_ms(5);Read_IIC_Pwd();
135                     i = 0; //密码输入缓冲索引归 0
136                     LCD_ShowString(0,0,"Your Password...");
137                     LCD_ShowString(1,0,"Password Saved! ");
138                 }
139                 break;
140           case 14: //按 E 按键消除所有输入内容
141                 i = 0;  Clear_Pwd();
142                 LCD_ShowString(1,0,"                ");
143         }
144         //未释放时等待
145         while (Keys_Scan() != 0xFF) delay_ms(5);
146     }
147 }
```

```
1   //---------------------------- 24C04.c ------------------------------
2   // 名称: AT24C04 读写程序
3   //-------------------------------------------------------------------
4   #define u8  unsigned char
5   #define u16 unsigned int
6   #include "STC15xxx.h"
7   #include <intrins.h>
8   sbit SCL = P3^0;                          //串行时钟
9   sbit SDA = P3^1;                          //串行数据
10  #include "I2C.h"                          //I2C 总线通用宏及函数
11  //-------------------------------------------------------------------
12  // 向指定的地址写数据
13  // 器件选择码字节格式 (其中 E2,E1 为片选位,A8 为块地址位)
14  // 位: B7 B6 B5 B4 B3 B2 B1 B0
15  // 值:  1  0  1  0 E2 E1 A8 RW
16  //-------------------------------------------------------------------
17  void Write_IIC(u8 Dev_Addr,u16 mem_addr,u8 dat) {
18      IIC_Start();                          //启动 I2C 总线
19      //发送器件地址(根据内存地址的不同,附加不同的页地址)
20      if(mem_addr < 0x0100)   IIC_WriteByte(Dev_Addr);
21      else                    IIC_WriteByte(Dev_Addr | 0x02);
22      //写内存地址,或写成:IIC_WriteByte(mem_addr&0xFF);
23      IIC_WriteByte(mem_addr);
24      IIC_WriteByte(dat);                   //写数据字节
25      IIC_Stop();                           //停止 I2C 总线
26  }
27  //-------------------------------------------------------------------
28  // 从任意地址读取数据(器件选择码字节参考上一个函数说明)
29  //-------------------------------------------------------------------
30  u8 Random_Read(u8 Dev_Addr,u16 mem_addr) {
31      u8 d;
```

```
32        IIC_Start();                          //I2C 总线启动
33        //发送器件地址(根据内存地址的不同,附加不同的页地址)
34        if(mem_addr < 0x0100)    IIC_WriteByte(Dev_Addr);
35        else                     IIC_WriteByte(Dev_Addr | 0x02);
36        IIC_WriteByte(mem_addr);              //写器件内存地址
37        IIC_Start();                          //重新启动 I2C 总线
38        //当内存地址 mem_addr 小于 256(0x0100)时,读器件内存前半部分
39        //否则读器件内存的后半部分,故而器件地址有
40        //Dev_Addr|0x01 及 Dev_Addr|0x03 这两种写法
41        if(mem_addr < 0x0100)    IIC_WriteByte(Dev_Addr | 0x01);//前半部分
42        else                     IIC_WriteByte(Dev_Addr | 0x03);//后半部分
43        d = IIC_ReadByte(); IIC_NAck(); IIC_Stop();
44        return d;
45  }
```

5.4 基于 HX711 称重传感器的电子秤

基于 HX711 称重传感器的电子秤仿真电路如图 5-7 所示。该仿真电路综合应用 HX711、称重传感器、键盘编码器及 LM044L 英文液晶屏仿真设计了电子秤。当程序运行时，用户可设置当前单价，重量变化时液晶屏实时计算并刷新显示金额。

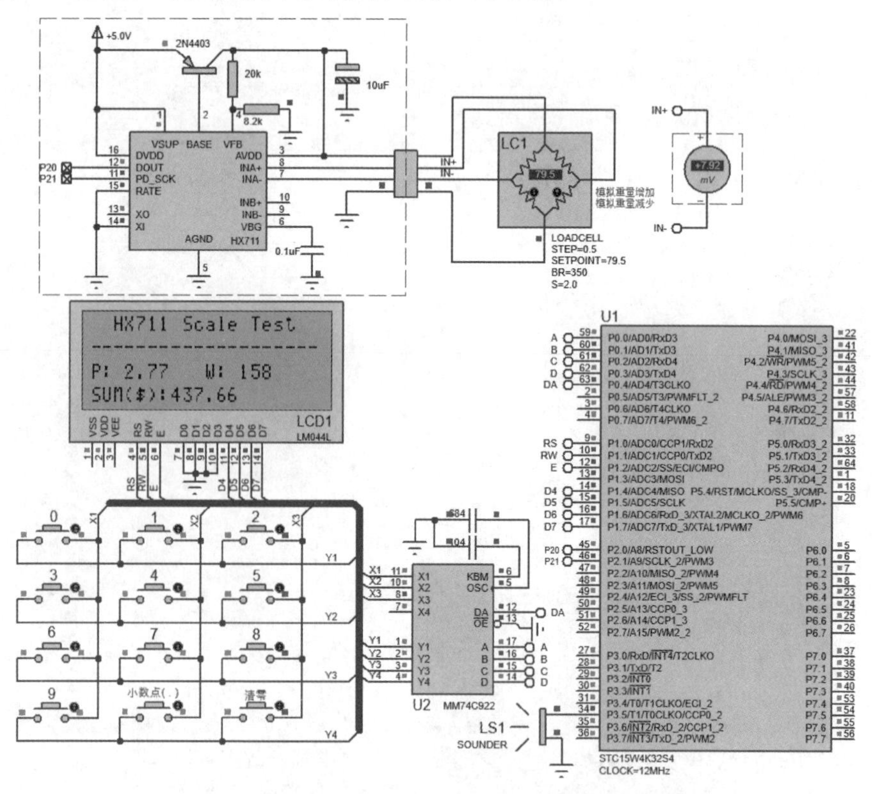

图 5-7　基于 HX711 称重传感器的电子秤仿真电路

1. 程序设计与调试

1）HX711 简介

HX711 采用的是海芯科技公司的集成电路专利技术，是一款专为高精度电子秤设计的 24 位 AD 转换器芯片。HX711 集成了稳压电源、片内时钟振荡器等，具有集成度高、响应速度快、抗干扰性强等优点，降低了整机成本，提高了整机性能和可靠性。

HX711 与后端微控制器芯片接口和编程非常简单。所有控制信号由引脚脚驱动，无须对芯片内部寄存器编程。输入选择开关可任意选取通道 A 或通道 B，与其内部低噪声可编程放大器相连。通道 A 可编程增益为 128 或 64，对应的满额度差分输入信号幅值分别为±20mV 或±40mV。通道 B 可编程增益则为固定的 32，用于系统参数检测。HX711 内部提供的稳压电源可以直接向外部传感器和内部的 A/D 转换器提供电源，系统板上无须另外的模拟电源。HX711 内部时钟振荡器不需要任何外接器件，且上电自动复位功能简化了开机初始化过程。

图 5-8 给出了 HX711 内部框图及外围应用电路。在仿真电路中，为简化设计，所使用的是 HX711 称重传感器模块，它通过两个外围按键可分别模拟增加或减少重量。

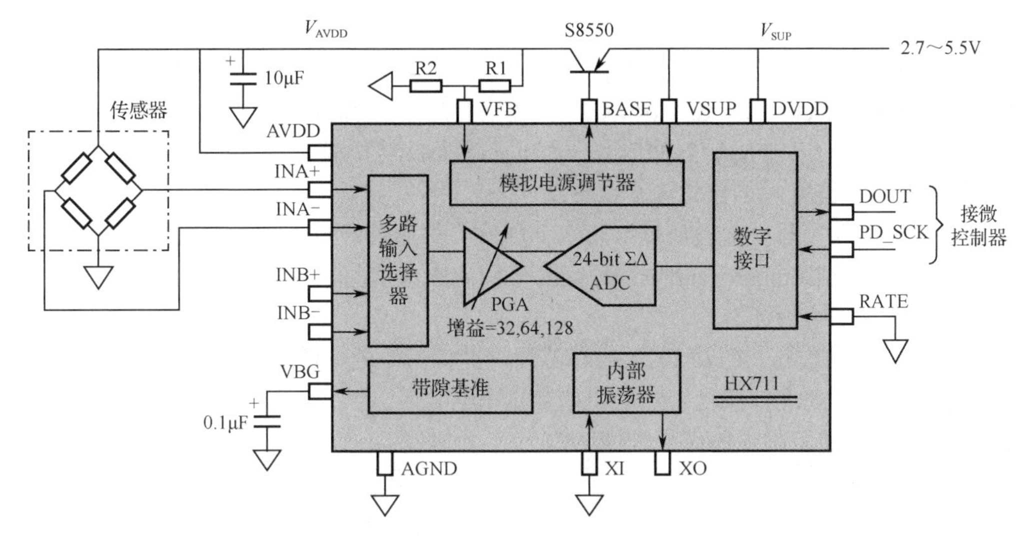

图 5-8　HX711 内部框图及外围应用电路

2）HX711 程序设计

HX711 串行通信引脚为 DOUT 与 PD_SCK（对应于仿真电路 DOUT 与 SCK，分别为串行数据输出引脚与串行时钟驱动引脚）。

参照图 5-9 给出的 HX711 数据输出及输入通道/增益选择时序图可知：

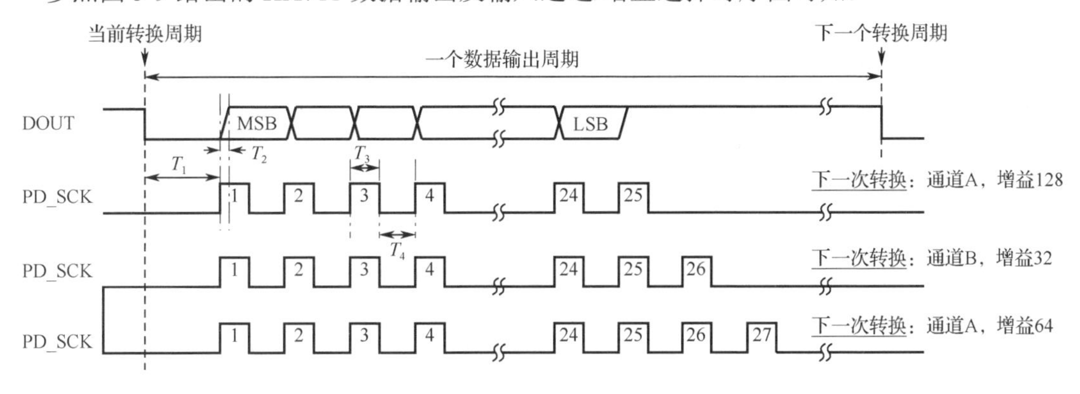

图 5-9　HX711 数据输出及输入通道/增益选择时序图

当 DOUT 引脚为高电平时，表示 HX711 的 A/D 转换器还未准备好输出数据，此时 PD_SCK 引脚应为低电平；

当 DOUT 引脚从高电平变为低电平后，PD_SCK 引脚应输入 24 个时钟脉冲信号，然后附加输出 1～3 个时钟脉冲信号。前 24 个时钟脉冲信号的上升沿将开始逐一对应读取 24 位数据，最高优先。

所附加输出的1～3个时钟脉冲信号，也就是第25～27个时钟脉冲信号，用于选择下一次AD转换的输入通道与增益，具体如下：

附加1个时钟脉冲信号（对应第25个时钟脉冲信号），选择通道A（增益128）。

附加2个时钟脉冲信号（对应第26个时钟脉冲信号），选择通道B（增益32）。

附加3个时钟脉冲信号（对应第27个时钟脉冲信号），选择通道A（增益64）。

一趟转换末尾附加的时钟脉冲信号数应为1～3个，也就是说总时钟脉冲信号数应为25～27，否则将造成串行通信错误。当A/D转换器的输入通道或增益改变时，A/D转换器需要4个数据输出周期才能稳定，DOUT引脚在4个数据输出周期后才会从高电平变低电平，输出有效数据。

根据HX711的上述相关说明，可有读取HX711 A/D转换值的函数u32 HX711_Read()，详见HX711.c程序文件。HX711_Read()在读取24位数据后，其最后面模拟输出了第25个时钟脉冲信号，相当于补充输出了1个时钟脉冲信号，为下一趟A/D转换提前选择好通道A（增益128）。

3）电子秤的价格输入与金额计算程序设计

关于“价格输入”与“金额计算”，calc.c程序文件通过键盘处理函数KeyBoard_Handle、金额计算与显示函数Compute_and_show_sum分别完成了这两项功能。

（1）价格输入功能设计。

在仿真电路中，选用MM74C922编码芯片，键盘操作处理函数KeyBoard_Handle读取按键信号，并进行如下处理，获得合法的价格数据串。

① 将输入价格的范围限制在0～999.99。

② 输入价格的整数部分已达到3位时只允许输入小数部分。

③ 任何时候只要开始输入了小数点，程序即开始限制可输入的小数位，保证所输入的小数位不超过2位。

④ 不允许输入2个以上的连续或间隔小数点。

⑤ 输入价格中没有非0整数部分时，允许用户直接从小数点开始输入，例如，输入“0.83”时可改成直接输入“.83”。

⑥ 输入价格清零处理。

KeyBoard_Handle()将所输入的价格数位存放于字符串disp_buffer_P。在字符串长度为3时，如果还未输入过小数点则只允许输入小数点及小数位，否则返回，这样可限制只能输入3位整数。

为处理小数点问题，在KeyBoard_Handle函数中，变量havedot用于标识当前是否已经输入了小数点，既可用于配合控制小数数位，同时也用于避免用户输入多个连续或间隔的小数点“.”。变量dtnum用于限制可输入价格的最大字符串长度及小数数位，其初始值为价格缓冲区的最大长度（实际可用长度要少一位）。变量NumberPtr用来跟踪当前数据输入缓冲区指针。一旦输入了小数点，则dtum的值即变为NumberPtr+2，函数中通过条件NumberPtr<dtnum将NumberPtr所指位置之后可输入的小数数位限制在2以内。

（2）金额计算功能设计。

计算并显示金额的函数Compute_and_show_sum通过strtod（string to double）函数将字符串转换为double类型数据。

① 将价格显示缓冲区disp_buffer_P中的字符串转换为double类型的单价p。

② 将重量显示缓冲区disp_buffer_W中的字符串转换为double类型的重量w。

借助strtod函数完成这两项转换后，计算金额就很容易了。构造金额显示字符串disp_buffer_SUM时，Compute_and_show_sum函数将整数与小数位分开独立构造。其中，“+0.005”将第3位小数四舍五入，最后由LCD_ShowString函数完成金额显示。

2. 实训要求

① 重新改写程序，用数码管作为显示器件，并用定时器控制输出按键提示音。

② 将 4×3 键盘矩阵改成 4×4 键盘矩阵，在新增按键上实现“输入退格”“去皮”等功能。

3. 源程序代码

```
1  //----------------------------- main.c ------------------------------------
2  //  名称：基于 HX711 称重传感器的电子秤
3  //-------------------------------------------------------------------------
4  //  说明：在本案例程序运行时,通过键盘可输入单价,调节 LoadCell（称重传感器）
5  //        上下箭头可模拟加减重量,LCD 持续刷新显示当前单价与重量,
6  //        所输入的单价与重量的乘积（即金额）将被显示在 LCD 上
7  //
8  //-------------------------------------------------------------------------
9  #define u8  unsigned char
10 #define u16 unsigned int
11 #define u32 unsigned long
12 #include "STC15xxx.h"
13 #include "HX711.h"
14 #include <stdio.h>
15 #define MAIN_Fosc 12000000L              //时钟频率定义
16 //校准：其中 0x3FBCB5 为 LoadCell 调为 100%时 Proteus 显示的诊断信息,
17 //例如：[HX711 SAMPLING] Converted A input = 0x3FBCB5,
18 //     Voltage = 9.959 mV, Rate = 0.1000s [HXADC1_U1]
19 #define GapValue (((long)(0x3FBCB5))/200.0) //即 20 885.385
20 extern void delay_ms(u8);
21 extern void KeyBoard_Handle();           //键盘处理函数、金额计算与显示函数
22 extern void Compute_and_show_sum();      //计算并显示结果
23 //LCD 相关函数
24 extern void Initialize_LCD();
25 extern void LCD_ShowString(u8 r, u8 c, u8 *str);
26 extern char disp_buffer_W[];             //LCD 显示缓冲区(定义在 calc.c)
27 //毛重、静重、前次结果值
28 long Tare = 0, NetWeight = 0, PreResult = 0;
29 bit Flag_Error = 0;                      //错误标志变量
30 //-------------------------------------------------------------------------
31 // 读取重量值
32 //-------------------------------------------------------------------------
33 void Get_Weight() {
34 NetWeight = HX711_Read() - Tare;         //当前重量减去毛皮重量,获取净重
35     if(NetWeight > 0) {
36         //计算实物的实际重量
37         NetWeight = (u16)((float)NetWeight/GapValue);
38         if(NetWeight > 5000) Flag_Error = 1; else Flag_Error = 0;
39     }
40     else {
41         NetWeight = 0; Flag_Error = 1; //将错误标志置 1
42     }
43 }
44 //-------------------------------------------------------------------------
45 // 主程序
46 //-------------------------------------------------------------------------
47 void main() {
48     P0M1 = 0xFF; P0M0 = 0x00;            //P0 为高阻输入口,其余为准双向接口
```

```
49      P1M1 = 0x00; P1M0 = 0x00;
50      P2M1 = 0x00; P3M0 = 0x00;
51      P3M1 = 0x00; P3M0 = 0x00; P3 = 0x00;
52      Initialize_LCD();                        //初始化 LCD
53      //显示初始信息
54      LCD_ShowString(0,0,(char*)"  HX711 Scale Test  ");
55      LCD_ShowString(1,0,(char*)"--------------------");
56      LCD_ShowString(2,0,(char*)"P:        W:");//第 2 行显示单价与重量
57      LCD_ShowString(3,0,(char*)"SUM($):");//第 3 行显示 SUM 标志(金额)
58      //Tare = HX711_Read();                   //读取未开始称重前的毛皮重量
59      while(1) {
60          Get_Weight();                        //称重
61          sprintf(disp_buffer_W,"%-4d",(int)NetWeight);  //生成显示缓冲
62          LCD_ShowString(2,13,disp_buffer_W);
63          //处理键盘价格输入、金额计算与显示操作(含清零)
64          KeyBoard_Handle();
65          if (PreResult != NetWeight ) {  //重量变化则计算金额
66              Compute_and_show_sum(); PreResult = NetWeight;
67          }
68          delay_ms(50);
69      }
70  }
```

```
1   //--------------------------- HX711.c ---------------------------------
2   //  名称: HX711 驱动程序
3   //-------------------------------------------------------------------
4   #include "HX711.h"
5   //-------------------------------------------------------------------
6   // HX711 延时(30us)
7   //-------------------------------------------------------------------
8   void Delay_hx711_us() {
9       u8 i = 87; _nop_(); _nop_(); _nop_(); while (--i);
10  }
11  //-------------------------------------------------------------------
12  // 读取 HX711(A 通道/增益 128)
13  //-------------------------------------------------------------------
14  long HX711_Read() {
15      long cnt = 0; u8 i;
16      HX711_DOUT = 1;     Delay_hx711_us();   //DOUT 引脚置为高电平,准备读
17      HX711_SCK = 0;      Delay_hx711_us();   //SCK 引脚置为低电平
18      while(HX711_DOUT);                      //等待 DOUT 引脚出现低电平
19      for(i = 0;i < 24; i++) {                //连续读取 24 位数据
20          HX711_SCK = 1; Delay_hx711_us();
21          HX711_SCK = 0; Delay_hx711_us();
22          cnt <<= 1; if (HX711_DOUT) cnt++;
23      }
24      if (cnt & 0x800000) cnt |= 0xFF<<24;    //符号位处理
25      //设置增益并选择下次 A/D 转换通道(A 通道:128)
26      HX711_SCK = 1;      Delay_hx711_us();
27      HX711_SCK = 0;
28      return cnt;
29  }
```

```
1   //--------------------------- HX711.h ---------------------------------
```

```
2   //  名称：HX711 驱动程序头文件
3   //-----------------------------------------------------------------------
4   #ifndef __HX711_H__
5   #define __HX711_H__
6   
7   #define u8  unsigned char
8   #define u16 unsigned int
9   #define u32 unsigned long
10  #include "STC15xxx.h"
11  #include <intrins.h>
12  //HX711 引脚配置
13  sbit HX711_DOUT = P2^0; //HX711 数据输出引脚
14  sbit HX711_SCK  = P2^1; //HX711 时钟引脚
15  //相关函数声明
16  extern void delay_ms(u8);
17  extern long HX711_Read();
18  
19  #endif
```

```
1   //---------------------------- calc.c ---------------------------------
2   // 名称：电子秤价格输入与金额计算程序
3   //-----------------------------------------------------------------------
4   #define u8  unsigned char
5   #define u16 unsigned int
6   #include "STC15xxx.h"
7   #include <intrins.h>
8   #include <intrins.h>
9   #include <stdio.h>
10  #include <string.h>
11  #include <stdlib.h>
12  #include <ctype.h>
13  //蜂鸣器定义
14  sbit BEEP = P3^5;
15  //按键判断及按键键值
16  #define Key_Pressed (P0 & (1<<4))   //DA(P1.4)引脚为高电平时表示有按键被按下
17  #define Key_NO      (P0 & 0x0F)     //编码器输出线连接在 P0 低 4 位引脚
18  //键盘字符表(其中注意 2,5,8 后各保留一个空格)
19  code char KEY_CHAR_TABLE[] = "012 345 678 9.C";
20  //LCD 显示字符串函数
21  extern void LCD_ShowString(u8 r, u8 c,char *str);
22  extern void delay_ms(u8);
23  //LCD 显示输出缓冲区(价格/重量/金额)的最大长度
24  //因为要预留结束标志,实际字符串长度比定义的少 1 位
25  #define PLEN    7
26  #define WLEN    6
27  #define SUMLEN  10
28  //LCD 显示输出缓冲区(价格/重量/金额)
29  char disp_buffer_P[PLEN];
30  char disp_buffer_W[WLEN];
31  char disp_buffer_SUM[SUMLEN];
32  //价格输入缓冲区索引
33  u8 NumberPtr = 0;
34  //-----------------------------------------------------------------------
35  // 蜂鸣器输出
```

```
36  //-------------------------------------------------------------------------
37  void Sounder() {
38      u8 i;
39      for (i = 0; i < 200; i++) { BEEP ^= 1; delay_ms(1); }
40      BEEP = 0;
41  }
42  //-------------------------------------------------------------------------
43  // 处理运算并显示金额
44  //-------------------------------------------------------------------------
45  void Compute_and_show_sum() {
46      float p,w;
47      //价格未输入时将 p 设为 0,否则转换为 float 类型
48      if (strlen(disp_buffer_P) == 0)p = 0; else
49      p = strtod(disp_buffer_P,'\0');
50      //将重量字符串转换为 float 类型
51      w = strtod(disp_buffer_W,'\0');
52      //计算金额并生成字符串
53      sprintf(disp_buffer_SUM,"%.2f", p*w);
54      //清除金额(输出 9 个空格),然后显示金额
55      LCD_ShowString(3,7,(char*)"         ");
56      LCD_ShowString(3,7,disp_buffer_SUM);
57  }
58  //-------------------------------------------------------------------------
59  // 处理键盘操作
60  //-------------------------------------------------------------------------
61  void KeyBoard_Handle() {
62      char  KeyChar;
63      //是否已经输入了价格 p 的小数点
64      static u8 havedot = 0;
65      //在还没有输入价格中的小数点时可继续输入字符的个数(dtnum 初始时默认为 7)
66      static u8 dtnum = PLEN;
67      //如果有按键被按下则获取按键字符(根据编码器 DA 引脚是否输出高电平来判断)
68      if (Key_Pressed) {
69          Sounder();                          //每次按下按键时输出按键提示音
70          KeyChar = KEY_CHAR_TABLE[Key_NO];   //根据按键键值获取按键字符
71          //如果输入的是数字字符或小数点(但此前未输入过小数点)
72          //---------------------------------------------------------------
73          if (isdigit(KeyChar) || (KeyChar == '.' && !havedot)) {
74          //在目前还未输入小数点,且当前输入的不是小数点,而此时字符串长度已为 3 时返回
75              //(由于输入范围为 0~999.99,程序不允许输入 3 位以上的整数)
76              if (strlen(disp_buffer_P)==3 &&
77                  (KeyChar!='.'&&!havedot)) return;
78              //将所输入的字符存入数据输入缓冲区
79              if (NumberPtr < dtnum) {
80                  //如果输入的第 1 个字符是“0”或“.”则直接处理为“0.”
81                  //这样设计可允许用户在没有非 0 的价格整数位时直接从小数点开始输入
82                  //例如，要输入“0.86”时可直接输入“.86”
83                  if ( NumberPtr==0 && (KeyChar=='0'||KeyChar=='.')) {
84                      disp_buffer_P[NumberPtr++] = '0'; KeyChar = '.';
85                      disp_buffer_P[NumberPtr++] = '.';
86                  }
87                  else {
88                      //否则正常存入新输入字符
89                      disp_buffer_P[NumberPtr++] = KeyChar;
```

```
90                }
91                disp_buffer_P[NumberPtr] = '\0';    //加字符串结束标志
92                LCD_ShowString(2,3,disp_buffer_P); //刷新显示价格
93            }
94            //遇到小数点且此前未输入过小数点则开始限定可输入的小数位
95            if (KeyChar == '.' && !havedot) {
96                dtnum = NumberPtr + 2; havedot = 1;
97            }
98        }
99        //清除当前所输入的价格
100       //--------------------------------------------------------------
101       else if (KeyChar == 'C') {
102           NumberPtr = 0;                     //disp_buffer_P 数字缓冲指针归零
103           havedot = 0;                       //将小数点输入标志清零
104           dtnum = PLEN - 2;                  //复位小数点后可输入字符个数
105           disp_buffer_P[0]    = '\0'; //清除价格及金额输出缓冲区数据
106           disp_buffer_SUM[0] = '\0';
107           LCD_ShowString(2,3,(char*)"      ");//输出 6 个空格,清除价格
108           LCD_ShowString(3,7,(char*)"         "); //输出 9 个空格,清除金额
109       }
110       if (Key_Pressed) Compute_and_show_sum();    //计算并显示总金额
111       while (Key_Pressed);                        //等待按键被释放
112   }
113 }
```

5.5 NEC 红外遥控收发仿真

Proteus 提供了兼容 NEC 编码格式的红外信号解调组件 IRLINK，这使得在虚拟环境下仿真红外遥控收发成为可能。NEC 红外遥控收发仿真电路如图 5-10 所示。在该仿真电路运行时，按下任何一个红外遥控发射器按键，对应的编码将被“发送”到接收端红外遥控接收器，经解码后以十六进制数形式显示在液晶屏上。

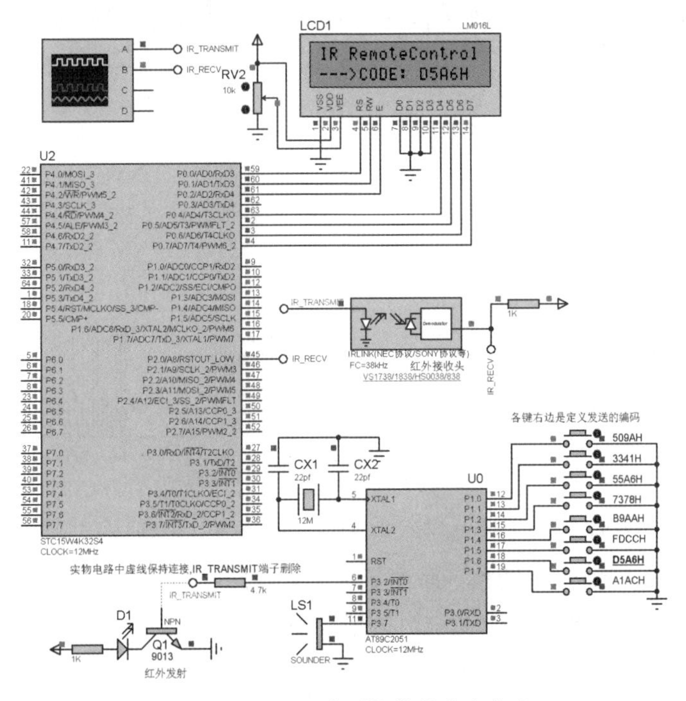

图 5-10　NEC 红外遥控收发仿真电路

1. 程序设计与调试

1）红外遥控及 NEC 协议简介

红外光波长为 950nm，低于人类的可见光谱。因此，我们是看不见这种光线的。

大量消费类电子产品使用红外遥控器对受控设备进行非接触式操作控制。在生活中，能发出红外光的物体很多，甚至人体也能发出红外光。为使红外遥控器发出的红外信号将指定的编码信号发给接收端，且接收端所能接收的信号必须区别于噪声信号，就要将待发送编码进行调制。在图 5-11 所示的红外信号发射与接收示意图中，发送端 LED 按一定频率闪烁，而接收端被调谐到这个频率。这样就使接收端仅对这个频率“引起注意”而忽略该频率以外的其他信号。这个频率就是收发双方所使用的载波频率。

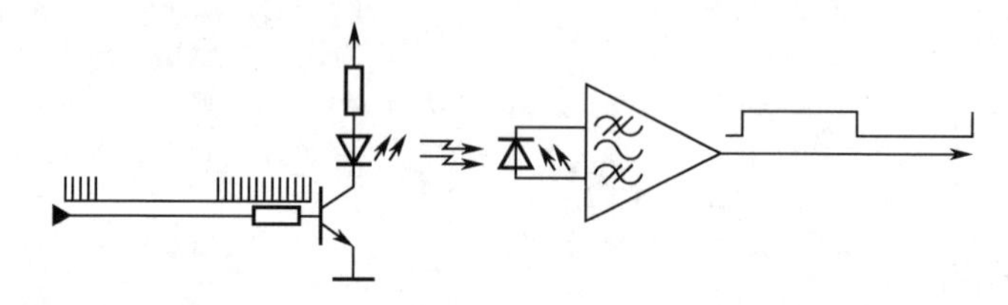

图 5-11　红外信号发射与接收示意图

在通过红外信号发送编码时，有不同的编码格式与协议，如 JVC Protocol、NEC Protocol、Nokia NRC17、Sharp Protocol、Sony SIRC、Philips RC-5、Philips RC-6、Philips RECS80 等。本案例所使用的 Proteus 组件 IRLINK 兼容 NEC 协议，载波频率为 38kHz。

图 5-12 给出了 NEC 编码脉冲序列示例。其中，黑色部分为载波，白色部分为空闲区。红外信号发送的首先是 9ms 高电平脉冲，接着是 4.5ms 空闲区，然后是地址（Address）、地址反码（$\overline{\text{Address}}$）、命令（Command）、命令反码（$\overline{\text{Command}}$）信号。地址和命令都被传送了两次。其中，第 2 次传送的是地址和命令反码，用于校验接收到的信息。

图 5-12　NEC 编码脉冲序列示例

根据图 5-13 可知，分别用 2.25ms NEC 编码脉冲序列、1.12ms NEC 编码脉冲序列表示命令或地址中的逻辑“1”、逻辑“0”，且其前导序列均为 560μs 的 38kHz 载波，空闲区长度分别为 1690μs 和 560μs。

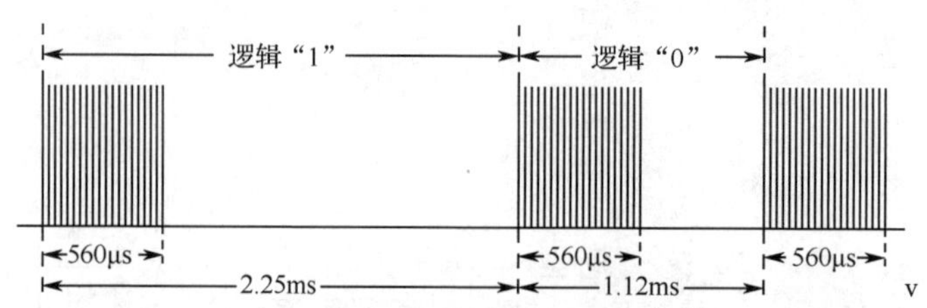

图 5-13　分别用 2.25ms/1.12ms NEC 编码脉冲序列表示 1/0（前导序列均为 560μs）

图 5-14 给出了遥控按键持续按下时的后续重复脉冲序列。其中命令仅被发送一次，然后每隔 110ms 发送一次重复码（Repeat），直到遥控器按键被释放。重复码由 9ms 高电平脉冲、2.25ms 空闲区及 560μs 高电平脉冲构成。

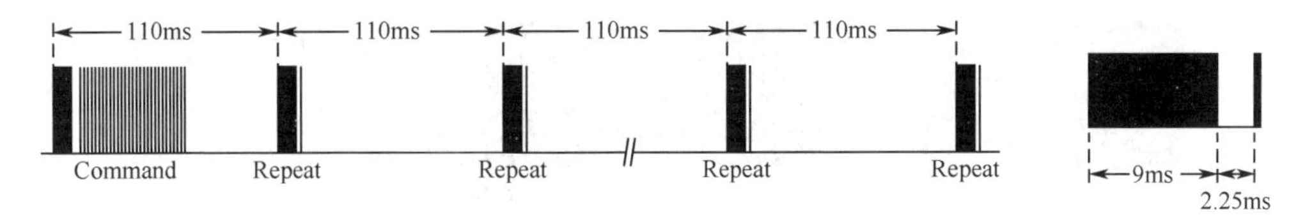

图 5-14　遥控按键持续按下时的后续输出脉冲序列（右为 Repeat 重复码波形）

2）NEC 红外遥控收发程序设计

（1）NEC 编码发送仿真设计。

由于当前版 Proteus 没有调制发送 NEC 载波与编码的仿真器件，所以仿真电路采用 2 片 8051 系列单片机。其中，AT89C2051 用于生成载波，调制发送自定义 NEC 编码，另一片 STC15 则通过兼容 NEC 协议的 IRLINK 组件接收并解调红外信号。

在发射端 AT89C2051 的 C 语言程序中，send_560us_38K_IR_Carrier()用于发送 38kHz/560μs 载波，而 1/38kHz = 26.3μs，可得载波周期为 26.3μs。根据 1/3 占空比设计，可在每个周期输出约 9μs 高电平信号，然后输出约 17μs 低电平信号，26.3μs 载波周期共需输出 560μs 时长，这需要 560/26 ≈ 21 次循环重复输出。send_560us_38K_IR_Carrier()主要语句如下：

```
for (i = 0; i < 21; i++) { delayAus(); IRLED = 1; delayBus(); IRLED = 0; }
```

其中，delayAus()及 IRLED 置高电平语句，约占 9μs，delayBus()及 IRLED 置低电平语句约占 17μs，一个周期约为 26.3μs，共计循环输出 21 个周期，时长约为 560μs。

再来看发送 NEC 信息帧的函数 send_Addr_Comm(u16 dat)，其参数 dat 包括了地址与命令字节，共 16 位。Addr=dat>>8 与 Comm=(u8)(dat & 0x00FF)将 dat 分解为地址字节 Addr 与命令字节 Comm。接下来首先发送信息帧头部（9ms 高电平载波与 4.5ms 低电平信号），9000μs/26μs≈346。send_Xus_38K_IR_Carrier 函数参数本应为 346，由于其内部 while 等其他语句占用时间，故实测后参数由 346 调为 218。在 9ms 高电平载波后，语句 IRLED=0; delay_ms(4); delay_us(220);输出 4.5ms 低电平（注意这里的 220 不代表 220μs），接着发送地址、地址反码、命令、命令反码，对应语句为 send_aByte(Addr); send_aByte(~Addr); send_aByte(Comm); send_aByte(~Comm)，发送时均为低位优先。

发送字节函数 send_aByte 总是先固定输出 560μs 高电平脉冲，其后 if (t&i) Delay1690us(); else Delay560us()语句根据当前待发送数位为 1 或 0，分别对应补充输出 1690μs 或 560μs 空闲区。

（2）NEC 红外信号解调后的波形分析。

运行仿真案例，用虚拟示波器 A、B 通道观察红外发射信号及 IRLINK（实物器件通常为 HS0038）解调信号，可观察到图 5-15 所示两组波形（上为发射信号、下为解调信号）。发射信号波形前面最宽的区域是 9ms 高电平 NEC 信号头部起始脉冲序列，随后是 4.5ms 空闲区。观察第 2 组波形可知，起始的 9ms 高电平载波被解调为 9ms 低电平，后续所有等长的 560μs 高电平载波均被解调为 560μs 低电平，所有对应 1、0 的空闲区则被解调为 1690μs、560μs 高电平。

观察头部后面的 32 位数据区（含地址、地址反码、命令、命令反码，共 4 个字节），可看到每 1 位固定起始脉冲（560μs 高电平）被忽略（解调为低电平），其后凡遇 1 690μs 空闲区均被标记为“宽”，凡遇 560μs 空闲区均被标记为“窄”，由此前 8 位依次为宽、窄、宽、窄、宽、窄、宽、宽，其对应逻辑值为 1010 1011。因其为低位优先，逆序可得 1101 0101，而它正好是所发送测试编码 D5A6 的第 1 个字节 D5，其完整序列如下。

接收数据（低位优先）：1010 1011　0101 0100　0110 0101　1001 1010

字节逆序（原始编码）：1101 0101　0010 1010　1010 0110　0101 1001

十六进制（原始编码）：D5　2A（~D5）　A6　59（~A6）

显然，它们分别是地址字节 D5、地址字节反码 2A、命令字节 A6、命令字节反码 59。

图 5-15　用虚拟示波器观察编码“D5A6”的波形（对应于 D5/~D5/A6/~A6）

为利于分析，现将 NEC 编码格式的发送与接收信号归纳如下。

① NEC 编码格式发送端信号。

同步头：9ms 载波+4.5ms 低电平，共约为 13.5ms。

数位 1：560μs（0.562 6ms）载波+1.6879ms 低电平，共约为 2.25ms。

数位 0：560μs（0.562 6ms）载波+0.5626ms 低电平，共约为 1.12ms。

② NEC 编码格式接收端解调后信号。

同步头：9ms 低电平+4.5ms 高电平，共约为 13.5ms

数位 1：0.562 6ms 低电平+1.687 9ms 高电平，共约为 2.25ms

数位 0：0.562 6ms 低电平+0.562 6ms 高电平，共约为 1.12ms

观察波形中跨距最大的两个下降沿是头部信号中 9ms 的左下降沿至 4.5ms 右下降沿。其中，下降沿跨距最大值为 9+4.5=13.5ms，下降沿跨距最小值为 9ms，下降沿跨距中间值为（9+4.5）/2=11.25ms。对于这 3 个下降沿跨距值（9ms，11.25ms，13.5ms），凡下降沿跨距大于最大值（13.5ms）的波形则属头部异常信号，应予以忽略；凡下降沿跨距大于中间值（11.25ms）的波形，则表示已进入头部信号中 9ms 后面的 4.5ms 区域，此时可认为已正常接收到头部信号。

再来观察地址与命令数据区波形的下降沿，它们有两类：一是 0.562 6ms 左下降沿至 1.687 9ms 右下降沿（共计 0.562 6+1.687 9≈2.25ms，对应逻辑“1”），二是 0.562 6ms 左下沿至 0.562 6ms 右下降沿（共计 0.562 6+0.562 6≈1.12ms，对应逻辑“0”）。这两类中，下降沿跨距最小值为 0.562 6ms，下降沿跨距最大值为 2.25ms，下降沿跨距中间值为（0.562 6+2.25）/2≈1.406ms。对于这 3 个跨距值（0.562 6ms，1.406ms，2.25ms），凡下降沿跨距大于下降沿跨距最大值（2.25ms）的波形，则属异常信号（因为已进入数据区域），此时应予以忽略；凡下降沿跨距大于下降沿跨距中间值（1.406ms）的波形，则表示当前接收到逻辑“1”，因为 1.406ms>1.12ms，也就是大于（0.562 6ms+0.562 6ms）所代表的逻辑“0”，否则表示当前接收到逻辑“0”。

根据上述两组下降沿跨距值：针对头部信号，有 9ms，11.25ms，13.5ms；针对数据区域信号，有 0.562 6ms，1.406ms，2.25ms，通过与这些值的比较，可判断出当前接收的波形处于什么位置，可判断出当前接收到何种逻辑值。

为上述标志性时长进行跟踪并解码，本案例启用 T0 中断进行采样，中断采样周期为 100μs。假定采样计数值为 x，则采样时间为 x*100μs，据此，程序有如下符号常量定义：

```
#define D_IR_SYNC_MIN   (9000 /D_IR_sample) //头部同步时间最小值
#define D_IR_SYNC_MID   (11250/D_IR_sample) //头部同步时间中间值
#define D_IR_SYNC_MAX   (13500/D_IR_sample) //头部同步时间最大值
#define D_IR_DATA_MIN   (600  /D_IR_sample) //数据时间最小值
#define D_IR_DATA_MID   (1500 /D_IR_sample) //数据时间中间值
#define D_IR_DATA_MAX   (2400 /D_IR_sample) //数据时间最大值
```

其中，D_IR_sample 被定义为 100（表示每 100μs 采样计数/定时一次），D_IR_SYNC_MIN、D_IR_SYNC_MID、D_IR_SYNC_MAX 分别定义为 9000、11250、13500，它们分别对应于 9 000μs（9ms）、11 250μs（11.25ms）、13 500μs（13.5ms）。

D_IR_DATA_MIN、D_IR_DATA_MID、D_IR_DATA_MAX 分别定义为 600、1500、2400，它们分别对应于 600μs（0.6ms）、1500μs（1.5ms）、2400μs（2.4ms）。相对于前面计算得到的 0.562 6ms（约 560μs）、1.406ms（1406μs）、2.25ms（2250μs），这些数据稍有变化，其中最小值与最大值被调整为 100μs 的整数倍（适应 100μs 采样）。另外，为消除定时误差，2.25ms 扩展到了 2.4ms（或 3.0ms），因此 2250 调整为 2400 或 3000。

（3）NEC 红外信号解码程序设计。

接收端解调信号的解码核心函数为 IR_RX_NEC()。T0 中断程序每 100μs 调用一次该函数，相当于每 100μs 对接收到的信号进行一次采样。在每次采样时，将变量 IR_SampleCnt 累加，同时用 F0、_IrPin 分别保存前次及当前红外信号输入引脚电平状态，且当遇到该引脚电平下降沿时，即开始解析。SampleTime 保存的是自前一个中断采样信号下降沿至当前中断采样信号下降沿的采样计数（定时）值，此时会遇到以下两类情况。

第一类：头部信号采样计数信号/定时（计时）情况。

① 如果采样时间超过头部信号采样计数/定时最大值 D_IR_SYNC_MAX（135，表示 13500μs，即 13.5ms），此时可判定头部信号异常（须等待下一新的头部信号到来）。

② 如果采样时间超过头部信号采样最小计数/定时值 D_IR_SYNC_MIN（90），且大于头部信号采样计数/定时中间值 D_IR_SYNC_MID（112.5，代表 11250μs，即 11.25ms，这表示已进入 9ms 后面的 4.5ms 区域），此时可判定头部信号正常，可开始后面的数据区域信号解析。

第二类：数据区域信号采样计数/定时（计时）情况（前提是第一类中的头部信号已正常）

① 如果数据区域信号采样计数/定时大于其最大值 D_IR_DATA_MAX（24，表示 2400μs，即 2.4ms），即表示数据区域信号采样异常，此时将标记同步错误（后续信号被忽略，直到出现下一头部信号）；

② 如果数据区域信号采样计数/定时大于其最小值 D_IR_DATA_MIN（6），且大于其中间值 D_IR_DATA_MID（15，表示 1500μs，即 1.5ms），这说明采样已进入 0.562 6ms 后面可能的两种情况（即 1.687 9ms 或 0.562 6ms 空闲区）中的前者，此时可判定为接收到逻辑“1”，否则为逻辑“0”。

2. 实训要求

① 在实物电路上完成红外遥控测试。

② 使用其他红外遥控协议完成遥控收发电路及程序设计。

3. 源程序代码

```
1   //--------------------------- 发送端程序 ------------------------------
2   //  名称：红外遥控发射器(NEC 协议)
3   //-----------------------------------------------------------------
4   //  说明：在本案例中,按键键值以 38kHz 红外线载波被发射出去,所模拟的载波
5   //        数据格式符合 NEC 红外编码格式
6   //
7   //-----------------------------------------------------------------
8   #define u8  unsigned char
9   #define u16 unsigned int
10  #define u32 unsigned long
11  #include <reg51.h>
12  #include <intrins.h>
13  #include <stdio.h>
14  sbit IRLED  = P3^2;      //红外发射器定义
```

```
15  sbit BEEP   = P3^7;        //蜂鸣器定义
16  #define KEY_IN P1          //按键输入端口定义
17  u16 IR_Codes[] = {         //8 组红外编码(每组 8 位地址 8 位命令)
18    0x509A,0x3341,0x55A6,0x7378,0xB9AA,0xFDCC,0xD5A6,0xA1AC };
19  #define delayAus() {    _nop_();_nop_();_nop_();_nop_();_nop_(); \
20                          _nop_();_nop_();_nop_();_nop_(); }
21  #define delayBus() {    _nop_();_nop_();_nop_();_nop_();_nop_(); \
22                          _nop_();_nop_();_nop_();_nop_();_nop_(); \
23                          _nop_();_nop_();_nop_();_nop_();_nop_();}
24  //--------------------------------------------------------------------
25  // 延时函数(μs)
26  //--------------------------------------------------------------------
27  void delay_us(u8 x) { while (--x);}
28  void Delay1690us()  { u16 x = 189;  while (x--);}
29  void Delay560us()   { u16 x = 67;   while (x--);}
30  //--------------------------------------------------------------------
31  // 延时函数(ms)
32  //--------------------------------------------------------------------
33  void delay_ms(u16 x) { u8 t; while(x--) for(t = 0; t < 120; t++);}
34  //--------------------------------------------------------------------
35  // 输出提示音
36  //--------------------------------------------------------------------
37  void Sounder() {
38      u8 i;for( i = 0; i < 50; i++) { BEEP ^= 1; delay_ms(1); }
39      BEEP = 0;
40  }
41  //--------------------------------------------------------------------
42  // 发送 560μs/38kHz 载波(1/38kHz = 26.3μs 周期≈9μs+17μs) 560μs/26μs≈21.2
43  //--------------------------------------------------------------------
44  void send_560us_38K_IR_Carrier() {
45      u8 i = 0;
46      for (i = 0; i < 21; i++) {
47          IRLED = 1; delayAus(); IRLED = 0; delayBus();
48      }
49  }
50  //--------------------------------------------------------------------
51  // 发送指定长度 38kHz 载波
52  //--------------------------------------------------------------------
53  void send_Xus_38K_IR_Carrier(u16 t) {
54      u16 i = 0;
55      while (i++ < t) {
56          IRLED = 1; delayAus(); IRLED = 0; delayBus();
57      }
58  }
59  //--------------------------------------------------------------------
60  // 发送 1 个字节数据(低位优先)
61  //--------------------------------------------------------------------
62  void send_aByte(u8 t) {
63      u8 i;
64      for (i = 0x01; i != 0x00; i<<=1 ) {
65          send_560us_38K_IR_Carrier();//38KHz/560μs 载波输出
66          IRLED = 0; //输出空白区 (560+1690=2.25ms,560+560=1.12ms)
67          if (t&i) Delay1690us(); else Delay560us();
68      }
```

```
69  }
70  //-----------------------------------------------------------------
71  // 发送完成信息帧（含头部信号、地址、地址反码、命令、命令反码）
72  //-----------------------------------------------------------------
73  void send_Addr_Comm(u16 dat) {
74      u8 Addr,Comm;
75      Addr = dat>>8; Comm = (u8)(dat & 0x00FF);
76      //首先发送：信息帧头部信号(9ms 载波，4.5ms 低电平)
77      send_Xus_38K_IR_Carrier(218);             //发送 9ms 载波
78      IRLED = 0; delay_ms(4); delay_us(220); //4.5ms 低电平
79      //接着发送：地址、地址反码、命令、命令反码
80      send_aByte(Addr);   send_aByte(~Addr);
81      send_aByte(Comm);   send_aByte(~Comm);
82      //补发一个头部信号用于结束一帧
83      send_Xus_38K_IR_Carrier(218);
84  }
85  //-----------------------------------------------------------------
86  // 主程序
87  //-----------------------------------------------------------------
88  void main() {
89      u8 i;
90      while(1) {                                //按键 K1～K8 发射编码
91          if (KEY_IN != 0xFF){                  //检测按键
92              delay_ms(10);                     //延时消抖
93              if (KEY_IN != 0xFF) {             //确认有按键被按下
94                  for (i = 0; i < 8; i++) {    //扫描判断按键号
95                      if (((KEY_IN >> i) & 0x01) == 0x00){
96                          //扫描到按键后,发射对应地址与命令编码并跳出循环
97                          send_Addr_Comm(IR_Codes[i]); delay_ms(200);
98                          Sounder(); break;
99                      }
100                 }
101             }
102         }
103     }
104 }

1   //---------------------------- 接收端程序 ------------------------------
2   //  名称：红外遥控器接收程序
3   //-----------------------------------------------------------------
4   //  说明：程序运行时,根据 NEC 红外协议接收数据并解码,然后将其以 16 进制数形式
5   //        显示 LCD 上.
6   //
7   //-----------------------------------------------------------------
8   #include "STC15xxx.h"
9   #include <string.h>
10  #include <intrins.h>
11  #include <stdio.h>
12  #define u8  unsigned char
13  #define u16 unsigned int
14  extern void Initialize_LCD();
15  extern void LCD_ShowString(u8,u8,u8 *);
16  #define MAIN_Fosc 12000000L      //系统时钟频率
17  #define T0Ticks  10000           //T0 中断频率,10000 次/秒,取值 4000~16000
```

```
18  //#define T0Value    (65536UL-((MAIN_Fosc+T0Ticks/2)/T0Ticks))
19  #define T0Value  (65536UL-MAIN_Fosc/T0Ticks)    //定时初值
20  sbit IrPin = P2^0;                   //红外接收引脚
21  volatile u8 F_IR_Sync_OK;            //IR头部同步信号接收成功
22  volatile u8 F_IR_RecOK;              //IR编码接收成功
23  volatile u8 F_T01ms;                 //1ms标志
24  u8 Disp_Buffer[17];                  //LCD显示缓冲
25  u8 IR_Data_Temp;                     //数据临时存储
26  //正在接收的4字节红外编码
27  u8 IR_Bytes_Temp[] = {0x00,0x00,0x00,0x00};
28  //放入显示缓冲的4字节红外编码
29  u8 IR_Bytes_Disp[] = {0x00,0x00,0x00,0x00};
30  u8 _IrPin;                           //前次IR采样电平
31  u8 T0Cnt_1ms;                        //T0定时器1ms计时计数值
32  u8 IR_SampleCnt;                     //采样计数
33  u8 IR_BitCnt;                        //编码位数
34  //-----------------------------------------------------------------------
35  // T0定时器初始配置:1T/16位/自动重装模式@12M
36  //-----------------------------------------------------------------------
37  void Timer0Init() {
38      AUXR |= 0x80;                    //定时器时钟1T模式
39      TMOD &= 0xF0;                    //设置模式(16位自动重装)
40      TH0 = T0Value >> 8;              //设置定时初值（本例为100us）
41      TL0 = T0Value & 0xFF;
42      TF0 = 0;                         //清除TF0标志
43      ET0 = 1;                         //T0中断使能
44      TR0 = 1;                         //T0运行
45  }
46  //-----------------------------------------------------------------------
47  // 主程序
48  //-----------------------------------------------------------------------
49  void main() {
50      P0M1 = 0; P0M0 = 0;              //设置为准双向口
51      P1M1 = 0; P1M0 = 0;
52      P2M1 = 0; P2M0 = 0;
53      T0Cnt_1ms = T0Ticks / 1000;//1ms计时变量
54      Timer0Init();                    //定时器初始化
55      EA = 1;                          //使能总中断
56      Initialize_LCD();                //LCD初始化
57      LCD_ShowString(0,0,"IR RemoteControl");
58      LCD_ShowString(1,0,"--->CODE:");
59      //本例定义的发射端发送来的编码为下列之一:
60      //0x509A,0x3341,0x55A6,0x7378,0xB9AA,0xFDCC,0xDE1E,0xA1AC
61      while (1) {
62          if(F_T01ms) {                //T0定时累积到1ms
63              F_T01ms = 0;             //标识清零
64              if(F_IR_RecOK) {         //成功接收到一组编码
65                  //编码的“原码-反码”检验通过后将其转换为LCD字符串并显示
66                  if (IR_Bytes_Disp[0] == ~IR_Bytes_Disp[1] &&
67                      IR_Bytes_Disp[2] == ~IR_Bytes_Disp[3]) {
68                      sprintf(Disp_Buffer,"--->CODE: %04XH",
69                        (u16)(IR_Bytes_Disp[0]<<8 | IR_Bytes_Disp[2]));
70                      LCD_ShowString(1,0,Disp_Buffer);
71                      F_IR_RecOK = 0; //此行一定要放在最后
```

```
72                    }
73                }
74            }
75        }
76  }
77  //----------------------------------------------------------------------
78  // 单帧:同步,地址字节,地址反码,命令字节,命令反码(共 32 位)
79  // 同步:低 9ms 高 4.5ms 1:560us 载波+低电平=2.25ms,0:560us 载波+低电平=1.12ms
80  // 1:L=0.5626ms,H=1.6879ms(共 2.25ms) 0:L=0.5626ms,H=0.5626ms,(共 1.12ms)
81  // 其中:38KHz 载波(包括 560us/0.5625ms 载波)都将被接收头解析为低电平,载波
82  // 后的各低电平区均会被接收端解调为高电平
83  //----------------------------------------------------------------------
84  // IR 相关定义
85  //----------------------------------------------------------------------
86  //定义采样时间, 红外接收要求在 60us~250us 之间
87  #define IR_SAMPLE_TIME  (1000000UL/T0Ticks)
88  #if ((IR_SAMPLE_TIME <= 250) && (IR_SAMPLE_TIME >= 60))
89    #define D_IR_sample IR_SAMPLE_TIME
90  #endif
91  //----------------------------------------------------------------------
92  #define D_IR_SYNC_MIN   (9000 /D_IR_sample) //头部同步时间最小值
93  #define D_IR_SYNC_MID   (11250/D_IR_sample) //头部同步时间中间值
94  #define D_IR_SYNC_MAX   (13500/D_IR_sample) //头部同步时间最大值
95  //----------------------------------------------------------------------
96  #define D_IR_DATA_MIN   (600  /D_IR_sample) //数据时间最小值
97  #define D_IR_DATA_MID   (1500 /D_IR_sample) //数据时间中间值
98  #define D_IR_DATA_MAX   (2400 /D_IR_sample) //数据时间最大值
99  //----------------------------------------------------------------------
100 #define D_IR_BIT_NUMBER 32           //待接收数据位数
101 //----------------------------------------------------------------------
102 void IR_RX_NEC() {
103     u8 SampleTime;                   //相邻下降沿间的采样计数(计时)变量
104     IR_SampleCnt++;                  //采样计数变量累加(每次表示 100us)
105     F0 = _IrPin;                     //保存前次采样状态
106     _IrPin = IrPin;                  //读取当前红外接收引脚电平状态
107     if(F0 && !_IrPin) {              //遇下降沿, 表示一次采样完成, 开始解析
108         SampleTime = IR_SampleCnt;   //保存采样计数值
109         IR_SampleCnt = 0;            //采样计数值清 0
110         //1.采样时间超过最大头部同步时间,不作任何处理
111         if(SampleTime > D_IR_SYNC_MAX) F_IR_Sync_OK = 0; //同步错误
112         //2.采样时间超过最小头部同步时间
113         else if(SampleTime >= D_IR_SYNC_MIN) {
114             if(SampleTime >= D_IR_SYNC_MID) {   //采样时间超过中间区分值
115                 F_IR_Sync_OK = 1;   //正常接收到同步
116                 IR_BitCnt = D_IR_BIT_NUMBER;    //后续待接收总位数初值(32)
117             }
118         }
119         //3.头部同步正常,进入 IR 编码比特位解析部分
120         else if(F_IR_Sync_OK){
121             if(SampleTime > D_IR_DATA_MAX) F_IR_Sync_OK=0;//超时同步错误
122             else {                              //否则开始处理逻辑 1、0
123                 --IR_BitCnt;                    //待接收位数递减
124                 IR_Data_Temp >>= 1;             //数据暂存变量右移 1 位
125                 //数据采样时间超过中间值表示接收到 1,低位优先,否则不或 1(默认或 0)
```

```
126                    if(SampleTime >= D_IR_DATA_MID) IR_Data_Temp |= 0x80;
127                    //接收到 8 位(1 字节)
128                    if((IR_BitCnt & 0x07) == 0x00) {
129                        //将新接收到的 8 位(1 字节)保存到 IR_Bytes_Temp[0]~[3]
130                        IR_Bytes_Temp[3-(IR_BitCnt>>3)] = IR_Data_Temp;
131                    }
132                    if(IR_BitCnt == 0) {    //IR_BitCnt 为 0 表示 32 位全部完成
133                        F_IR_Sync_OK = 0;         //清除同步 OK 标志
134                        if (F_IR_RecOK == 0) {  //IR 数据复制到待显示数组
135                            IR_Bytes_Disp[0] = IR_Bytes_Temp[0];
136                            IR_Bytes_Disp[1] = IR_Bytes_Temp[1];
137                            IR_Bytes_Disp[2] = IR_Bytes_Temp[2];
138                            IR_Bytes_Disp[3] = IR_Bytes_Temp[3];
139                            F_IR_RecOK = 1;     //置数据有效标志
140                        }
141                    }
142                }
143            }
144        }
145 }
146 //-------------------------------------------------------------------
147 // T0 中断处理红外接收与解码操作(在 1T 下运行,触发周期为 100us)
148 //-------------------------------------------------------------------
149 void timer0() interrupt 1 {
150     IR_RX_NEC();              //对红外解调后的信号进行解码
151     if(--T0Cnt_1ms == 0) {  //计时达 1ms 则刷新一次显示（由主程序控制）
152         T0Cnt_1ms = T0Ticks / 1000;
153         F_T01ms = 1;          //1ms 标志
154     }
155 }
```

5.6 ULN2003 与 74HC595 控制楼层点阵屏滚动显示与继电器开关

ULN2003 与 74HC595 控制楼层点阵屏滚动显示与继电器开关仿真电路如图 5-16 所示。在该仿真电路中，用 ULN2003 驱动点阵屏显示，在按下对应楼层号按键时，点阵屏数字将从当前位置向上或向下平滑滚动显示到指定楼层号，且对应楼层继电器闭合，非当前楼层继电器则处于断开状态。

1. 程序设计与调试

本案例程序设计要点在于滚动显示的实现方法，其核心在于定义了变量 offset，用于控制取点阵字节偏移变量。由于取数字点阵逐次前偏或后偏，从而形成滚动显示效果。另外，主程序中定义的变量 x 也很重要，用于控制全屏点阵的刷新次数，使得全屏点阵滚动速度可控，形成理想的滚动显示效果。本案例程序附有详细注释，在设计调试时可作为参考。

2. 实训要求

① 扩展设计楼层号为 01～12，用两位点阵屏控制显示。

② 改用液晶屏显示当前楼层号，且在指定楼层到达后输出“叮咚”的声音。

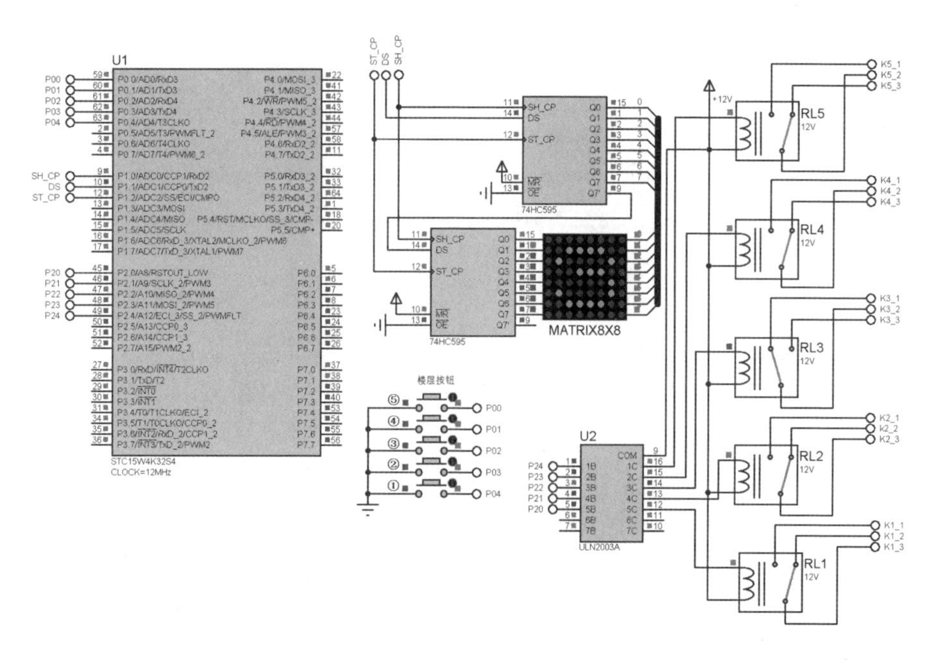

图 5-16　ULN2003 与 74HC595 控制楼层点阵屏滚动显示与继电器开关仿真电路

3. 源程序代码

```
1   //-----------------------------------------------------------------------------
2   //   名称: ULN2003 与 74HC595 控制楼层点阵屏滚动显示与继电器开关
3   //-----------------------------------------------------------------------------
4   //   说明: 本案例模拟了电梯显示屏上下滚动显示楼层号的效果。当目标楼层号大于
5   //         当前楼层号时将向上滚动显示,反之则向下滚动显示。当目标楼层号到达时
6   //         点阵屏保持稳定显示,且对应继电器接通
7   //
8   //-----------------------------------------------------------------------------
9   #define u8  unsigned char
10  #define u16 unsigned int
11  #define u32 unsigned int
12  #include "STC15xxx.h"
13  #include <intrins.h>
14  sbit SH_CP  =   P1^0;                  //移位时钟脉冲
15  sbit DS     =   P1^1;                  //串行数据输入
16  sbit ST_CP  =   P1^2;                  //锁存器控制脉冲
17  //数字 0~9 的点阵字节(每个数字 8 个字节)
18  const u8 Dots_Matrix[] = {
19      0x00,0x3C,0x66,0x42,0x42,0x66,0x3C,0x00,   //0
20      0x00,0x08,0x38,0x08,0x08,0x08,0x3E,0x00,   //1
21      0x00,0x3C,0x42,0x04,0x08,0x32,0x7E,0x00,   //2
22      0x00,0x3C,0x42,0x1C,0x02,0x42,0x3C,0x00,   //3
23      0x00,0x0C,0x14,0x24,0x44,0x3C,0x0C,0x00,   //4
24      0x00,0x7E,0x40,0x7C,0x02,0x42,0x3C,0x00,   //5
25      0x00,0x3C,0x40,0x7C,0x42,0x42,0x3C,0x00,   //6
26      0x00,0x7E,0x44,0x08,0x10,0x10,0x10,0x00,   //7
27      0x00,0x3C,0x42,0x24,0x5C,0x42,0x3C,0x00,   //8
28      0x00,0x38,0x46,0x42,0x3E,0x06,0x3C,0x00    //9
29  };
30  int Current_Level = 1;                 //当前楼层号
31  int Dest_Level = 1;                    //目标楼层号
```

```
32  int offset = 0;                              //用于产生滚动效果的取点阵字节偏移变量
33  int r = 0, x = 0;                            //点阵显示取字节索引及刷新次数控制变量
34  //-------------------------------------------------------------------------------
35  // 1个字节数据串行输入74HC595子程序
36  //-------------------------------------------------------------------------------
37  void Serial_Input_595(u8 d) {
38      u8 i;
39      for(i = 0; i < 8; i++) {
40          d <<= 1; DS = CY;                    //移出高位到CY,然后写数据线
41          SH_CP = 0; _nop_();_nop_(); //时钟线输出低电平
42          SH_CP = 1; _nop_();_nop_(); //在时钟线信号上升沿移位
43      }
44      SH_CP = 0;                               //时钟线信号最后被置为低电平
45  }
46  //-------------------------------------------------------------------------------
47  // 74HC595并行输出子程序
48  //-------------------------------------------------------------------------------
49  void Parallel_Output_595() {
50      ST_CP = 0; _nop_();_nop_();      //先将锁存器控制脉冲置为低电平
51      ST_CP = 1; _nop_();_nop_();     //在锁存器控制脉冲上升沿将数据送到输出锁存器
52      SH_CP = 0; _nop_();_nop_();      //将锁存器控制脉冲置为低电平
53  }
54  //-------------------------------------------------------------------------------
55  // T0初始配置(4ms, 12.000MHz)
56  //-------------------------------------------------------------------------------
57  void Timer0Init() {
58      AUXR &= 0x7F;                            // 12T模式
59      TMOD &= 0xF0;                            //设置定时器模式
60      TL0 = 0x60;                              //设置定时初始值
61      TH0 = 0xF0;                              //设置定时初始值
62      TF0 = 0;                                 //将TF0清零
63      TR0 = 1;                                 //T0开始定时
64  }
65  //-------------------------------------------------------------------------------
66  // 主程序
67  //-------------------------------------------------------------------------------
68  void main() {
69      P0M1 = 0xFF; P0M0 = 0x00;        //配置为高阻输入口
70      P1M1 = 0x00; P1M0 = 0x00;        //配置为准双向口
71      P2M1 = 0x00; P2M0 = 0x00;
73      Timer0Init() ;                           //T0初始化
74      ET0 = 1; EA = 1;                         //使能T0中断
75      while(1);
76  }
77  //-------------------------------------------------------------------------------
78  // T0控制点阵屏显示,同时处理按键操作及继电器开关
79  //-------------------------------------------------------------------------------
80  void LED_Screen_Display() interrupt 1 {
81      static u8 Scan_BIT = 0x80;       //初始列码
82      u8 i, key_status;
83      Scan_BIT <<= 1; if (Scan_BIT == 0x00) Scan_BIT = 0x01;//下一列码
86      //如果当前已处于目标楼层，且有按键被按下，则判断目标楼层
87      if (Current_Level == Dest_Level) {
88          key_status = P0 & 0x1F; //P0:1～5位为按键(0x1F即00011111)
```

```
89          if (key_status != 0x1F ) {  //有按键被按下则扫描
90              //扫描按键端口,获取当前楼层号
91              for (i = 0; i <= 4; i++) if (!(key_status & (1 << i))) break;
92              Dest_Level = 5 - i;
93          }
94      }
95      Serial_Input_595(Scan_BIT);     //先串行发送列选择码(列扫描码)
96      i = Current_Level * 8 + r + offset;//取数字点阵字节索引
97      Serial_Input_595(~Dots_Matrix[ i ]);//再发送1个字节点阵编码(列内点阵)
98      Parallel_Output_595();          //2片74HC595同时并行输出
99      //楼层号数字上升显示
100     if (Current_Level < Dest_Level){
101         P2 = 0x00;                  //上升过程中继电器接口输出信号全为0
102         if( ++r == 8) {             //每屏扫描显示共8个字节
103             r = 0;                  //8个字节扫描输出完后归零
104             if (++x == 3) {         //每完成x次刷新后后偏
105                 x = 0;
106                 if (++offset == 8) { offset = 0; Current_Level++; }
107             }
108         }
109     }
110     //楼层号数字下降显示
111     else if (Current_Level > Dest_Level) {
112         P2 = 0x00;                  //下升过程中继电器端口输出信号全为0
113         if( ++r == 8) {             //每屏扫描显示共8个字节
114             r = 0;                  //8个字节扫描输出完后归零
115             if (++x == 3) {         //每完成x次刷新后前偏
116                 x = 0;
117                 if (--offset == -8) { offset = 0; Current_Level--; }
118             }
119         }
120     }
121     else if( ++r == 8) {
122         r = 0;                      //停止滚动,保持稳定的刷新显示
123         P2 = 1<<(Current_Level-1); //对应楼层继电器接通
124     }
125 }
```

5.7 用MCP3421与PT100设计的铂电阻温度计

用MCP3421与PT100设计的铂电阻温度计仿真电路如图5-17所示。该仿真电路使用铂电阻温度传感器PT100与高精度的18位Δ-ΣA/D转换器MCP3421设计了测温系统，可对-200～850℃范围内的温度进行探测。

1．程序设计与调试

1）PT100简介

铂的电阻与温度关系具有良好的复现性和稳定性，并且在较宽的温度范围内化学性不活泼，又具有足以拔成细丝的延展性，在精度、稳定性、强度、复现性和可靠性要求较高的环境下，其物理化学性质是理想的。因此，各种温度的测量常使用铂电阻温度传感器。通常使用的铂电阻温度传感器0℃电阻值为100Ω，电阻变化率为 0.3851Ω/℃。图5-18给出了典型的PT100温度-电阻特性曲线。PT100 的高精度及高稳定性使其得到了广泛应用，特别是在中低温区

（-200～650℃）的温度检测。不仅大量应用于工业测温领域，并被制成各种标准温度计供计量和校准使用。

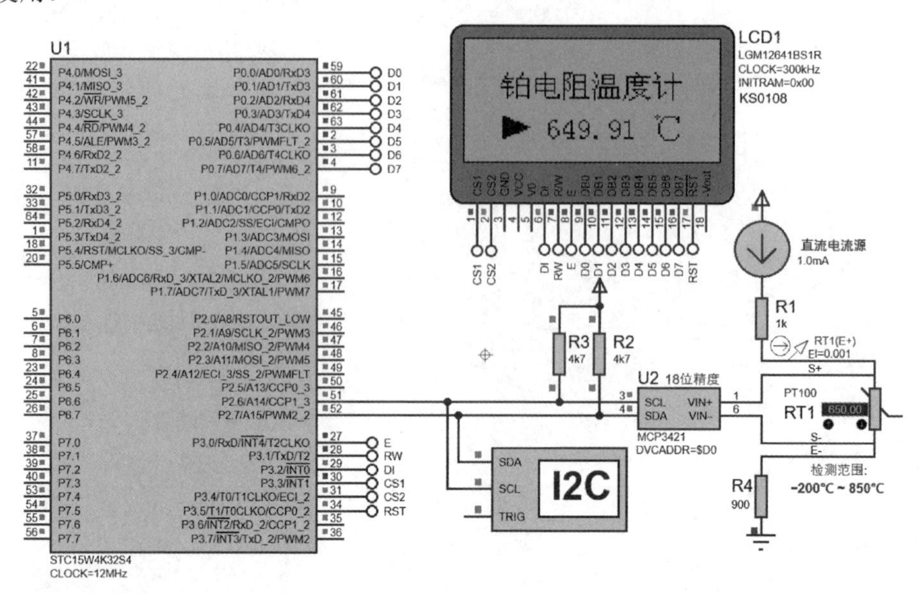

图 5-17　用 MCP3421 与 PT100 设计的铂电阻温度计仿真电路

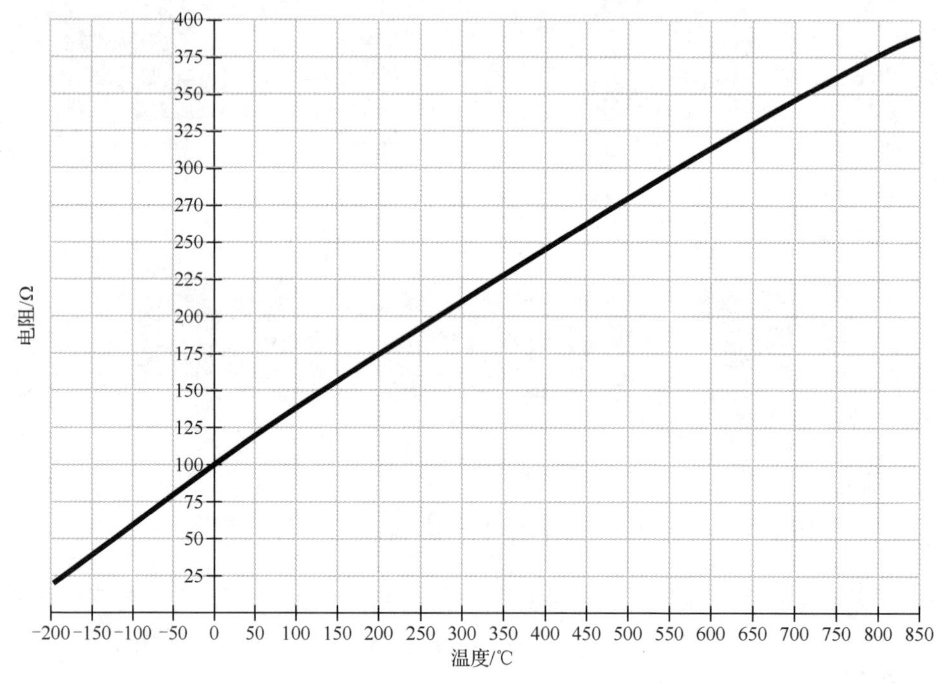

图 5-18　典型的 PT100 温度-电阻特性曲线

英国物理学者/工程师 Hugh Longbourne Callendar 给出了铂的电阻/温度内插公式，即当 0℃<t≤850℃时，则

$$R_t = R_0(1 + At + Bt^2),\ t \in (0,850] \tag{5-1}$$

1925 年，M S.Van Dusen 考虑到 0℃以下铂的非线性而在式（5-1）中加入了修正项，并将修正后的公式称为 Callendar-Van Dusen 方程，即当-200℃≤t≤0℃时，则

$$R_t = R_0(1 + At + Bt^2 + C(t-100)t^3), t \in [-200,0] \tag{5-2}$$

由式（5-2）变换可得

$$f(t)=t^4-100t^3+\frac{B}{C}t^2+\frac{A}{C}t+\frac{1}{C}\left(1-\frac{R_t}{R_0}\right) \tag{5-3}$$

式中，R_t 是温度为 t℃时的铂电阻值；R_0 为 0℃时的铂电阻值（100Ω）。根据 ITS-90/IEC751（α = 0.003 850 5）标准，上述方程中的常系数分别为

$$A=3.908\,3\times10^{-3}，B=-5.775\times10^{-7}，C=-4.183\times10^{-12}$$

2）MCP3421 程序设计

MCP3421 是 Microchip 公司推出的 18 位单通道 Δ-Σ A/D 转换器，兼容 I^2C 接口，具有用户可编程配置位，可工作于连续转换和单次转换模式。在连续转换模式下，转换期间该器件吸收约 140μA 电流；在单次转换模式下，该器件每完成一次转换后即自动切换到省电模式。MCP3421 的 VIN+与 VIN−引脚分别为非反相模拟输入引脚与反相模拟输入引脚；VDD 与 VSS 引脚为电源引脚，供电电压为 2.7～5.5V，其中 VDD 引脚要求添加 0.1μF 的陶瓷旁路电容，且并联一个 10μF 钽电容以进一步削弱高频噪声。

MCP3421 内部具有最高增益可达 8 倍的可编程增益放大器（PGA）和 2.048V 的内部基准电压。PGA 放大功能对测量低电阻值电流传感器两端的微弱压降非常有用。MCP3421 的输入电压在内部 A/D 转换前被放大了 8 倍，这意味着 PGA 可以检测到比 LSB 低 8 倍的输入信号。

为检测 PT100 的当前电阻值，MCP3421 首先获得传感器输出的模拟电压值，然后将其换算为当前电阻值。MCP3421 的读操作时序及用户数据格式如图 5-19 所示。在持续转换模式下，$\overline{\text{RDY}}$ 为 A/D 转换就绪位。在单次转换模式下，写 $\overline{\text{RDY}}$ 为 1 时将初始化新的 A/D 转换，而写 $\overline{\text{RDY}}$ 为 0 时无影响；C1、C0 为通道选择位，在 MCP3421 中不使用；$\overline{\text{O}}$/C 为单次触发 A/D 转换和持续 A/D 转换配置位；S1、S0 为采样速率选择位。这里通过 Write_MCP3421(0x1E)对配置字节进行设置，例如，设置 $\overline{\text{O}}$/C = 1，选择连续转换模式；设置 S1S0 = 11，选择 18 位精度；设置 G1G0 = 10，选择 PGA 增益（Gain = 4）。

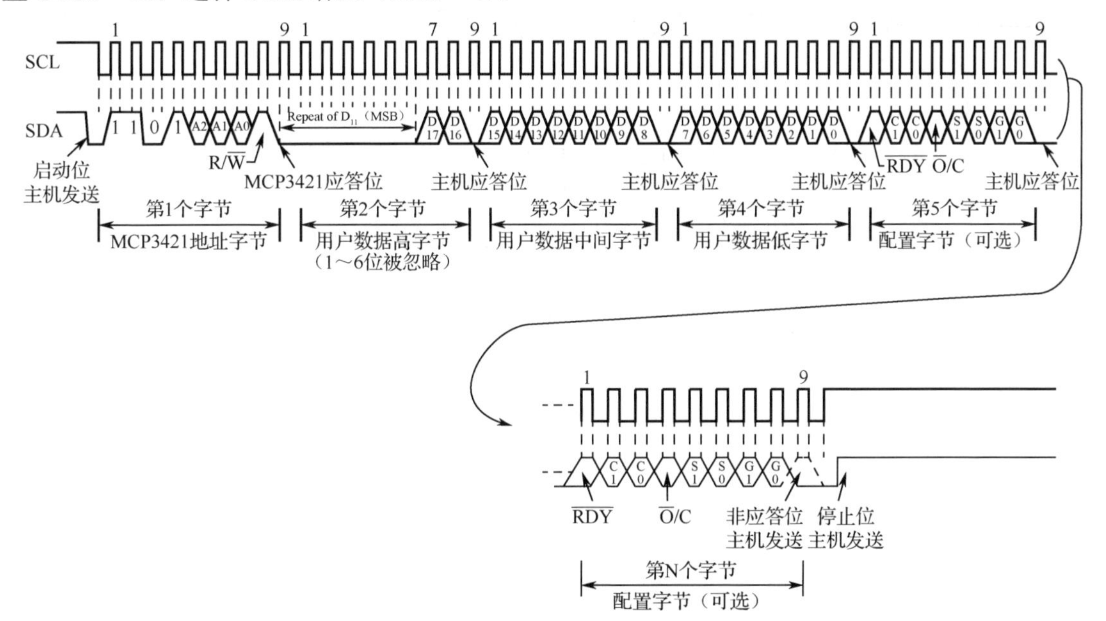

图 5-19　MCP3421 的读操作时序及用户数据格式

MCP3421 写操作时序与读操作时序的差别是写操作时序没有第 2、3、4 数据字节，仅有第 5 个配置字节，在完成写操作后主机发送非应答位并发送总线停止位。在读取 4 个字节数据

以后（这里约定保存于 u8 d [4]），由前 3 个字节可计算出 A/D 转换结果，其中 D[2]为低字节，D[1]为中间字节，D[0]的高字节，高字节仅低 2 位有效，共计 8 + 8 + 2 = 18 位精度。

根据 MCP3421 手册可知，18 位的 A/D 转换值是以 2 的补码形式返回的，其高位为符号位，低 17 位为数据位。由此可知，18 位的 A/D 转换值表示的数据范围为 -2^{17} ～$(+2^{17}-1)$，即 −131 072～+131 071。

在本案例的测温电路中，A/D 转换不会返回负值，低 17 位全 1，即为最大 A/D 转换值(131071)。根据返回的当前 A/D 转换值计算模拟电压 V_a，有

$$V_a = \text{A/D 转换值} / 131\,071.0 V_{ref}$$

其中，基准电压 V_{ref} = 2.048V，即 MCP3421 的内部基准电压，MCP3421 的增益 Gain Gain = 4，进一步有

$$V_a = \text{A/D 转换值} / \text{Gain} / 131\,071.0 V_{ref}$$

在本案例的测温电路中，提供给铂电阻传感器的恒流源 I_h = 1mA，再根据 MCP3421 所得到的探测器 S+与 S−之间的模拟电压 V_a，可得当前温度下的铂电阻值为

$$R_{es} = V_a / I_h = V_a / 1\text{mA}$$

即 $R_{es} = \text{A/D 转换值} / \text{Gain} / 131\,071.0 V_{ref} / 0.001\text{A}$

进一步简化后有

$$R_{es} = \text{A/D 转换值} \times 2\,048.0 / \text{Gain} / 131\,071.0$$

3）铂电阻特性方程求根程序设计

（1）计算程序相关常量与变量定义如下。

```
//ITS-90/IEC751(α= 0.003 850 5),PT100 标准系数
#define coeffA ( 3.9083/1000.0)
#define coeffB (-5.775/10000000.0)
#define coeffC (-4.183/1000000000000.0)
#define R0 100.0    //PT100 在 0℃的阻值
#define Gain 4      //增益配置
u8 d[4];            //A/D 转换数据暂存数组
float Res;          // PT100 当前电阻值(即 Rt)
```

（2）解析法求解 0℃以上的正根。

对于求解 0℃<t≤850℃范围内正温度的公式（5-1），经变换后有

$$f(t) = R_0 B t^2 + R_0 A t + R_0 - R_t \tag{5-4}$$

对于式（5-4），求取二次方程 $f(t) = 0$ 的正根，可有如下计算式：

$$T_{RTD}(R_t) = \frac{-A + \sqrt{A^2 - 4B\left(1 - \frac{R_t}{R_0}\right)}}{2B} \tag{5-5}$$

由于系统是实时求根的，经优化转换为如下形式有利于提高计算处理速度：

$$T_{RTD}(R_t) = \frac{Z_1 + \sqrt{Z_2 + Z_3 R_t}}{Z_4} \tag{5-6}$$

其中，将 Z_1～Z_4 全部定义为常量：

$$Z_1 = -A = -3.908\,3 \times 10^{-3}$$
$$Z_2 = A^2 - 4B = 1.758\,480\,889 \times 10^{-5}$$
$$Z_3 = 4B / R_0 = -2.31 \times 10^{-8}$$
$$Z_4 = 2B = 1.155 \times 10^{-6}$$

根据上述分析，可有如下求取正根的函数：

```
float Get_PRoot() {      //解析法求正根
  return (Z1 + sqrt( Z2 + Z3 * Res)) / Z4; }
```

（3）二分法求解 4 次方程计算 0℃及负温度值。

二分法又称对分法，是求解非线性方程最简单、最直观的方法，即如果 $f(x)$在区间$[a, b]$上连续，且 $f(a)\cdot f(b)<0$，则存在一点使得 $f(x^*)=0$。使用二分法求根的计算步骤如下。

① 设置有根区间 $[a, b]$ 与精度要求 ε。

② 将$(a+b)/2$ 赋予 x。

③ 若 $f(a)\cdot f(x)<0$，则 x 赋予 b，否则赋予 a。

④ 若$|b-a|<\varepsilon$，输出满足精度要求的根 x，结束计算，否则转向第②步。

二分法计算流程图如图 5-20 所示。二分法的优点是计算简单，方法可靠，具有大范围收敛性；其缺点是收敛较慢，每次计算后区间折半，为线性收敛。

（4）牛顿（Newton）法求解 4 次方程计算 0℃及负温度值。

牛顿法又称切线法，是一种特殊形式的迭代法，是求解非线性方程最有效的方法之一。牛顿法的几何意义：x_{k+1} 是函数 $f(x)$在点$[x_k, f(x_k)]$处的切线与 x 轴的交点，其本质是不断用切线来近似曲线。牛顿法的计算步骤如下。

① 设置初始近似根 x_0 及精度要求 ε。

② 计算 $x_1 = x_0 - \dfrac{f(x_0)}{f'(x_0)}$。

③ 若 $|x_1 - x_0| < \varepsilon$，则转向第④步，否则 x_1 赋予 x_0 并转向第②步。

④ 输出满足精度要求的根 x_1，结束计算。

牛顿法要求计算函数必须可导，由式（5-3）可得

$$f'(t) = 4t^3 - 300t^2 + \frac{2B}{C}t + \frac{A}{C} \tag{5-7}$$

牛顿法计算流程如图 5-21 所示。

在本案例程序中，提供了两种算法的程序，设计调试时可对比分析研究。

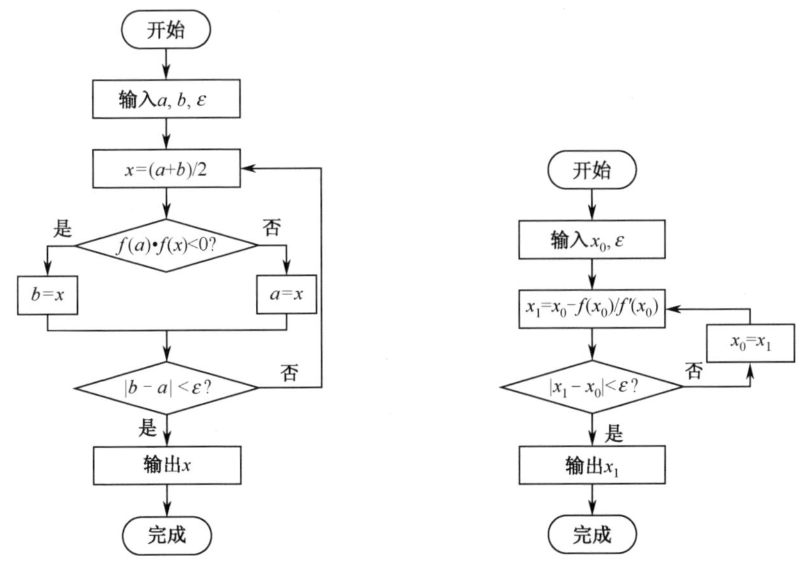

图 5-20　二分法计算流程图　　　图 5-21　牛顿法计算流程

2. 实训要求

① 降低精度要求，仅使用式（5-1）计算全量程温度值。

② 重新设计程序，用数码管显示温度值。

③ 改用 A/D 转换器 LTC1864 设计程序。

3. 源程序代码设计

```
1   //--------------------------- main.c ---------------------------------
2   // 名称：用 MCP3421 与 PT100 设计的铂电阻温度计
3   //-------------------------------------------------------------------------
4   // 说明：本案例 MCP3421 工作于 18 位精度模式。当程序运行时,根据 A/D 转换结果
5   //        得到电阻值,然后根据 Callendar-Van Dusen 温度与电阻关系式求解方程,
6   //        得出-200～850℃范围内的温度值,并将其显示在 128×64 像素液晶屏上
7   //
8   //-------------------------------------------------------------------------
9   #include "STC15xxx.h"
10  #include <intrins.h>
11  #include <stdio.h>
12  #include <string.h>
13  #include <math.h>
14  #define MAIN_Fosc 12000000L//时钟频率定义
15  #define u8  unsigned char
16  #define u16 unsigned int
17  #define u32 unsigned long
18  long AD_Result;               //A/D 转换结果
19  //ITS-90/IEC751(α = 0.003 850 5),PT100 标准系数
20  #define coeffA ( 3.9083/1000.0)
21  #define coeffB (-5.775/10000000.0)
22  #define coeffC (-4.183/1000000000000.0)
23  #define R0 100.0              //PT100 在 0℃的电阻值
24  #define Gain 4                //增益配置
25  u8 d[4];                      //MCP3421 A/D 转换结果字节暂存数组
26  float Res,Temp;               //PT100 电阻值,当前温度
27  char disp_Buff[10];           //显示缓冲区
28  //函数声明
29  extern void IIC_Init();
30  extern void Write_MCP3421(u8 d);
31  extern void Read_MCP3421(u8 *d);
32  extern void Display_A_Char_8x16(u8 P,u8 L,u8 *M);
33  extern void LCD_Initialize();
34  extern void Display_A_WORD_String(u8 P,u8 L,u8 C,u8 *M);
35  //待显示汉字点阵(在 Zimo 软件中取模时,将其设为宋体小四号、纵向取模、字节倒序)
36  code u8 DIGIT_Dot_Matrix[] = {//0～9/./-/空格的点阵(8×16)
37  0x00,0xE0,0x10,0x08,0x08,0x10...
    ……（限于篇幅，这里略去了大部分字体点阵数据）
50  };
51  code u8 WORD_Dot_Matrix[] = {//铂电阻温度计,实心右三角形符号,℃的点阵(16×16)
52  /*-- 文字： 铂 --*/
53  0x40,0x30,0x2C,0xEB,0x28,0x28,0x08, ...
    ……（限于篇幅，这里略去了大部分字体点阵数据）
76  };
77  //-------------------------------------------------------------------------
78  // 延时函数(参数取值限于 1～255)
79  //-------------------------------------------------------------------------
80  void delay_ms(u8 ms) {
81      u16 i;
```

```
82      do{
83          i = MAIN_Fosc / 13000;
84          while(--i);
85      }while(--ms);
86  }
87  //-----------------------------------------------------------------------
88  // 根据从 MCP3421 所读取的 3 个字节 A/D 转换结果计算得到电阻值
89  // A/D 转换精度:18 位; 增益:4; 恒流源:1mA
90  //-----------------------------------------------------------------------
91  void GetRes() {
92      //根据读取的 3 个字节数据得到 AD 转换结果
93      AD_Result = (u32)d[2] + (((u32)d[1])<<8) + (((u32)(d[0] & 0x03))<<16);
94      //根据 A/D 转换值计算电阻值,详细说明可参考本案例“程序设计与调试”部分
95      Res = AD_Result * 2048.0 / Gain / 131071.0;
96  }
97  //-----------------------------------------------------------------------
98  // 正温度直接使用解析法求根
99  //-----------------------------------------------------------------------
100 void Calc_2_equation(float r) {
101     float Z1 = -3.9083/1000;
102     float Z2 =  1.7585/100000;
103     float Z3 = -2.310/100000000;
104     float Z4 = -1.1550/1000000;
105     Temp = (Z1 + sqrt( Z2 + Z3 * r)) / Z4;
106     // Temp = (-coeffA+sqrt(coeffA*coeffA-4*coeffB*(1-Res/R0)))
107     //        /(2*coeffB);
108 }
109 //-----------------------------------------------------------------------
110 // 用二分法求解 Callendar-Van Dusen 方程,根据电阻值求取温度值
111 //-----------------------------------------------------------------------
112 //void Calc_Temp_Bisection() {
113 //  float x, a = 0, b = -200, t1,t2,t3,t4, Fa,Fx;
114 //  do
115 //  {   x = (a+b)/2;
116 //      t1 = a; t2 = t1 * a; t3 = t2 * a; t4 = t3 * a;
117 //      Fa = t4 - 100*t3 +coeffB/coeffC*t2 +coeffA/coeffC*t1
118 //          + 1/coeffC*(1-Res/R0);
119 //      t1 = x; t2 = t1 * x; t3 = t2 * x; t4 = t3 * x;
120 //      Fx = t4 - 100*t3 +coeffB/coeffC*t2 +coeffA/coeffC*t1
121 //          + 1/coeffC*(1-Res/R0);
122 //      if (Fa * Fx < 0) b = x; else a = x;
123 //  } while (fabs(b-a) > 0.01);
124 //  Temp = a;
125 //}
126 //-----------------------------------------------------------------------
127 // 用牛顿法求解 Callendar-Van Dusen 方程,根据电阻值求取温度值
128 //-----------------------------------------------------------------------
129 void Calc_Temp_Newton() {
130     float x0 = 0, x1 = 0, t1,t2,t3,t4, Ft,Ftt;
131     do  {
132         x0 = x1;
133         t1 = x0; t2 = t1 * x0; t3 = t2 * x0; t4 = t3 * x0;
134         Ft = t4 - 100*t3 + coeffB/coeffC*t2 + coeffA/coeffC*t1
135             + 1/coeffC*(1-Res/R0);
```

```
136         Ftt = 4*t3 - 300*t2 + 2*coeffB/coeffC*t1
137             + coeffA/coeffC;
138         x1 = x0 - Ft/Ftt;
139     } while (fabs(x1-x0) > 0.01);
140     Temp = x0;
141 }
142 //-----------------------------------------------------------------
143 // 显示温度
144 //-----------------------------------------------------------------
145 void disp_value() {
146     char i , c, len = strlen(disp_Buff);
147     memset(disp_Buff + len,' ',7 - len);    //不足部分用空格填充
148     //输出数字串(含小数点、符号位及空格)到液晶屏显示
149     for (i = 0; i < 7; i++) {
150         //将数字字符0～9及小数点“.”/“-”转换为DIGIT_Dot_Matrix
151         //数组中的对应索引值
152          c = disp_Buff[i];
153          if (c == '.') c = 10; else
154          if (c == '-') c = 11; else
155          if (c == ' ') c = 12; else c -= '0';
156          //LCD显示
157          Display_A_Char_8x16(5, 40 + 8 * i, DIGIT_Dot_Matrix + c * 16);
158     }
159 }
160 //-----------------------------------------------------------------
161 // 主程序
162 //-----------------------------------------------------------------
163 void main() {
164     P0M1 = 0; P0M0 = 0;            //配置为准双向口
165     P2M1 = 0; P2M0 = 0;
166     P3M1 = 0; P3M0 = 0;
167     LCD_Initialize();              //初始化LCD
168     //从第2页开始(即LCD的第16行),左边距16,显示“铂电阻温度计”
169     Display_A_WORD_String(2, 16,  6, WORD_Dot_Matrix);
170     //从第5页开始(即LCD的第40行),左边距16,显示右三角形
171     Display_A_WORD_String(5, 16,  1, WORD_Dot_Matrix + 32 * 6);
172     //从第5页开始(即LCD的第40行),左边距96,显示“℃”
173     Display_A_WORD_String(5, 12*8,1, WORD_Dot_Matrix + 32 * 7);
174     delay_ms(10);
175     while (1) {
176         Write_MCP3421(0x1E);    //设置18位精度及PGA增益;
177         delay_ms(5);            //延时10ms
178         Read_MCP3421(d);        //从MCP3421读取原始数据
179         GetRes();               //由A/D转换值得到电阻值
180         if (Res >= 100)         //由PT100电阻值计算温度值
181           Calc_2_equation(Res); //(1)正温度通过公式求根
182         else Calc_Temp_Newton();//(2)负温度通过牛顿法(或二分法)求根
183         sprintf(disp_Buff,"%6.2f",Temp);//温度数据转换为字符串
184         disp_value();           //LCD刷新显示
185     }
186 }
```

```
1   //------------------------- I2C_MCP3421.c ---------------------------
2   //  名称: I²C接口A/D转换器MCP3421读写程序
```

```
3   //-----------------------------------------------------------------
4   #define u8  unsigned char
5   #define u16 unsigned int
6   #include "STC15xxx.h"
7   #include <intrins.h>
8   sbit SCL = P2^6;                              //MCP3421 串行时钟线
9   sbit SDA = P2^7;                              //MCP3421 串行数据线
10  #include "I2C.h"                              //I²C 总线通用宏及函数
11  #define MCP3421_DEV_ADDR_W  0xD0              //MCP3421 器件地址定义(写)
12  #define MCP3421_DEV_ADDR_R  0xD1              //MCP3421 器件地址定义(读)
13  //-----------------------------------------------------------------
14  // 向 MCP3421 写配置字节
15  //-----------------------------------------------------------------
16  void Write_MCP3421(u8 d) {
17      IIC_Start();                              //I²C 总线开始
18      IIC_WriteByte(MCP3421_DEV_ADDR_W); //发送 MCP3421 器件地址(写)
19      IIC_WriteByte(d);                         //写配置数据字节
20      IIC_Stop();                               //I²C 总线停止
21  }
22  //-----------------------------------------------------------------
23  // 从 MCP3421 读取 AD 转换结果,前 3 个字节为转换数据,最后 1 个字节为配置或状态字节
24  //-----------------------------------------------------------------
25  void Read_MCP3421(u8 *d) {
26      IIC_Start();                              //I²C 总线开始
27      IIC_WriteByte(MCP3421_DEV_ADDR_R); //发送 MCP3421 器件地址(读)
28      d[0] = IIC_ReadByte(); IIC_Ack();  //主机读 0 字节,发送应答位
29      d[1] = IIC_ReadByte(); IIC_Ack();  //主机读 1 字节,发送应答位
30      d[2] = IIC_ReadByte(); IIC_Ack();  //主机读 2 字节,发送应答位
31      d[3] = IIC_ReadByte(); IIC_NAck(); //主机读配置/状态字节,发送非应答位
32      IIC_Stop();                               //I²C 总线停止
33  }
```

5.8 交流电压检测与数字显示仿真

交流电压检测与数字显示仿真电路如图 5-22 所示。在该仿真电路中，调节 RV3 可取得不同的“被测”交流电压，经变压器变压、RV2 降压后，再通过 LM358 构成的电压提升电路，将最大幅值为 2V 的交流电压提升为 0～4V 的直流电压，经 LTC1864 进行 AD 转换及公式换算后，当前交流电压将以数字形式显示在 4 位数码管上。

1. 程序设计与调试

1）交流电压检测原理

对于工频交流电压的测量，一般以其有效值公式进行计算，即

$$U=\sqrt{\left(\frac{1}{T}\right)\int_0^T u^2(t)\mathrm{d}t}$$

式中，T 为信号周期，对于工频交流电压，该周期为 20ms。STC15 采集的 $u(t)$是离散值，计算交流电压时可使用下面的公式：

$$U=\sqrt{\frac{u(1)^2+u(2)^2+\cdots+u(n)^2}{n}}$$

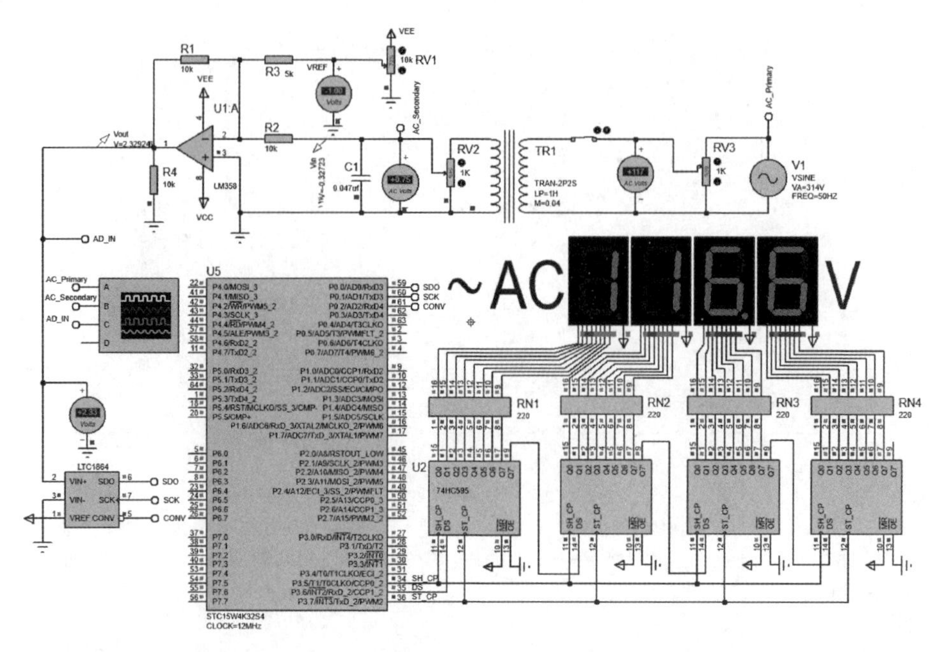

图 5-22　交流电压检测与数字显示仿真电路

2）交流电压检测程序设计

本案例所设计的交流电压检测程序要在一个工频周期（20ms）内采集 40 个点，对每点的电压通过 LTC1864 进行 A/D 转换。为了在 20ms 内采集到 40 个点，要以 500μs 的周期进行 A/D 转换。

除上述连续 40 次、周期为 500μs 的电压采样程序设计问题以外，还要解决 A/D 通道输入电压的调理问题。由于 A/D 通道可输入电压范围为 0～5V，对于外部幅值 314V 交流电压来说，显然要经过一系列调整来满足 AD 通道的输入要求。

在本案例交流电压检测电路中，首先通过变压器及可变电阻 RV2，将外部幅值为 314V（有效值为 222V）的交流电压变为幅值为 2V（有效值为 1.41V）的交流电压。在开始测试变化的被测交流电压之前，应先将交流输入电压调为最大值 222V（将 RV3 调到最上端），然后再调整 RV2，使送到 LM358 输入端的交流电压为 1.41V（对应幅值为 2V），注意不能调得过大。这是因为运放 LM358 构成的电压提升电路将幅值为 2V 的交流电压（-2～2V）提升 2V 后变为 0～4V 的正弦电压，如果将幅值调为 3V（交流电压表显示为 2.12V）的交流电压，其范围为-3～3V，则 LM358 的输出电压变化范围为-1～5V（实际上 LM358 反相输出的电压波峰被削平，通过虚拟示波器 B 通道蓝色波形可观察到这一现象），这显然不符合模拟通道输入非负电压的要求，而尝试将 LM358 电压提升电路改为提升 3V 时同样不能满足要求。

下面再进一步讨论 LM358 构成的电压提升电路。电压的提升是由 LM358 构成的反相比例运放电路完成的。在不饱和的情况下，用叠加原理分析可得

$$V_{out} = [-V_{in}(R_1/R_2)] + [-V_{ref}(R_1/R_3)]$$

对于输入电压 V_{in}，如果要求输出为$-V_{in}$（反相）并提升 2V，即 $V_{out} = -V_{in} + 2$，则有

$$-V_{in} + 2 = [-V_{in} \times (10/10)] + [-V_{ref} \times (10/5)]$$

由上式可得 $V_{ref} = -1.0V$。在本案例交流电压检测电路中，可通过调整 RV1 得到-1.0V 的 V_{ref} 电压。

在本案例程序中，读取交流电压的关键函数为 get_AC_Voltage 函数，该函数将执行 20 趟循环计算，每趟循环均通过 AD 转换器将对 0～4V 区域内变化的正弦电压连续进行 40 次采样，

每次采样约占 500μs，其中所调用的 Read_LTC1864_ADC_Output 函数约占 350μs，根据这些 A/D 转换值通过公式计算可得到有效电压值，计算 20 趟交流电压检测值的均值，可提高检测精度。有关交流电压检测与数字显示程序设计的其他说明，可参阅程序中所附详细注释。

2. 实训要求

① 改用 OLED 显示交流电压。

② 设计程序，对 0～60V 范围内的直流电压进行检测并显示。

3. 源程序代码

```
1   //-----------------------------------------------------------------
2   //  名称：交流电压检测与数字显示仿真
3   //-----------------------------------------------------------------
4   //  说明：在本案例中，0～222V 的交流电压将显示在数码管上。当调整外部“被测”
5   //         交流电压时，数码管将实时刷新显示当前交流电压
6   //
7   //-----------------------------------------------------------------
8   #define u8  unsigned char
9   #define u16 unsigned int
10  #include "STC15xxx.h"
11  #include <intrins.h>
12  #include <stdio.h>
13  #include <math.h>
14  //-----------------------------------------------------------------
15  //A/D 转换器 LTC1864 引脚定义
16  sbit SDO    = P0^0; //串行数据输出引脚
17  sbit SCK    = P0^1; //串行时钟引脚
18  sbit CONV   = P0^2; //转换控制引脚
19  //595 引脚定义
20  sbit SH_CP  = P3^5; //移位时钟脉冲
21  sbit DS     = P3^6; //串行数据输入
22  sbit ST_CP  = P3^7; //输出锁存器控制脉冲
23  //-----------------------------------------------------------------
24  double AC_Volt,avg_AC_Volt,ui;
25  u8 digit[4];
26  volatile u8 i_Count = 0;
27  const u8 SEG_CODE[] = {//共阴数码管段码表,最后一位为黑屏的段码
28   0xC0,0xF9,0xA4,0xB0,0x99,0x92,0x82,0xF8,0x80,0x90,0xFF};
29  //-----------------------------------------------------------------
30  // 延时函数 10μs，@12M
31  //-----------------------------------------------------------------
32  void Delay10us() {
33      u8 i = 27;  _nop_(); _nop_(); while (--i);
34  }
35  //-----------------------------------------------------------------
36  // 串行输入子程序
37  //-----------------------------------------------------------------
38  void Serial_Input_595(u8 dat) {
39      u8 i;
40      for(i = 0; i < 8; i++) {
41          if (dat & 0x80) DS = 1; else DS = 0;//发送高位(0/1)
42          dat <<= 1;                        //将次高位左移到高位
43          SH_CP = 0; _nop_();_nop_();
44          SH_CP = 1; _nop_();_nop_();//在移位时钟脉冲上升沿移位
```

```
45      }
46      SH_CP = 0; _nop_();_nop_();      //在移位时钟脉冲输出结束后被置为低电平
47  }
48  //--------------------------------------------------------------------
49  // 并行输出子程序
50  //--------------------------------------------------------------------
51  void Parallel_Output_595() {
52      ST_CP = 0; _nop_();
53      ST_CP = 1; _nop_();
54      ST_CP = 0; _nop_();
55  }
56  //--------------------------------------------------------------------
57  // 读取 LTC1864 A/D 转换值(16 位,2 字节)
58  //--------------------------------------------------------------------
59  u16 Read_LTC1864_ADC_Output() {
60      u8 i; u16 dat = 0x00;
61      Delay10us();CONV = 1;                  //禁止转换
62      Delay10us();CONV = 0;                  //开始转换
63      Delay10us();SCK = 1;                   //时钟信号初始为高电平
64      for (i = 0;i < 16; i++) {              //循环读取 16 位数据(约 320μs)
65          Delay10us();    SCK = 0;           //将时钟线拉为低电平
66          dat = (dat<<1) | SDO;              //读取 1 位输出值
67          Delay10us();    SCK = 1;           //将时钟线拉为高电平
68      }
69      return dat;
70  }
71  //--------------------------------------------------------------------
72  // 将 4 位整数分解为 4 个数位
73  // 该函数仅使用加/减运算符,这比使用“/”与“%”分解的效率要高
74  //--------------------------------------------------------------------
75  void DEC_TO_4DIGIT(int x, u8 d[]) {
76      u8 i; u16 k[] = {1000,100,10};
78      for (i = 0; i < 3; i++) {              //数位分解
79          d[i] = 0;   while (x >= k[i]) { x -= k[i]; d[i]++; }
80      }
81      d[3] = x;
82      //高位及次高位为 0 时黑屏处理
83      if (d[0] == 0){ d[0] = 10;  if (d[1] == 0) d[1] = 10; }
84  }
85  //--------------------------------------------------------------------
86  // 交流电压检测
87  //--------------------------------------------------------------------
88  void get_AC_Voltage() {
89      u8 i,j;     avg_AC_Volt = 0;
90      for ( i = 0; i < 20; i++)  {           //共进行 20 趟计算
91          i_Count = 0; AC_Volt = 0;          //将相关变量清零
92          //40 次 AD 转换采样并累加电压值
93          for (j = 0; j < 40; j++) {
94              //读取 LTC864 AD 转换输出值并转换为电压值(减去提升的 2V 电压)
95              ui = Read_LTC1864_ADC_Output() * 5.0 / 65536 - 2.0;
96              AC_Volt += ((double)ui * (double)ui); //平方值累加
97          }
98          //将采样的平方和除以 40,再开方,然后乘以系数,以放大 10 倍
99          //将“xxx.x”转换为“xxxx”,以便发送给数码管显示
```

```
100            //下面公式中:314.0/2.0(或222.0/1.41)为被测电压与送往LM258的电压比值
101            AC_Volt = sqrt( AC_Volt / 40.0) * 314.0 / 2.0 * 10;
102            avg_AC_Volt += AC_Volt;          //取得20趟交流电压值的和
103        }
104        avg_AC_Volt /= 20.0;                 //计算20趟转换的平均交流电压值
105 }
106 //-------------------------------------------------------------------------
107 // 串行输出到74HC595驱动数码管显示
108 //-------------------------------------------------------------------------
109 void Output_To_595_Display() {
110        //将数字段码字节串行输入74HC595
111        Serial_Input_595(SEG_CODE[digit[3]]);
112        Serial_Input_595(SEG_CODE[digit[2]] & 0x7F);
113        Serial_Input_595(SEG_CODE[digit[1]]);
114        Serial_Input_595(SEG_CODE[digit[0]]);
115        //74HC595移位寄存数据传输到存储寄存器并出现在输出端
116        Parallel_Output_595();
117 }
118 //-------------------------------------------------------------------------
119 // 主程序
120 //-------------------------------------------------------------------------
121 void main() {
122        P0M1 = 0x00; P0M0 = 0x00;        //配置为准双向口
123        P3M1 = 0x00; P3M0 = 0x00;
124        while (1) {
125            get_AC_Voltage();             //检测交流电压
126            DEC_TO_4DIGIT(avg_AC_Volt,digit);//分解为4个数位并存入缓冲区
127            Output_To_595_Display();    //串行输出到74HC595驱动数码管显示
128        }
129 }
```

5.9 T6963C 液晶屏模拟射击训练游戏

T6963C 液晶屏模拟射击训练游戏仿真电路如图 5-23 所示。该仿真电路在 PG160128A（T6963C）液晶屏上模拟了射击训练游戏程序。当程序启动时，该液晶屏显示游戏封面，随后显示射击游戏区域。该游戏默认提供子弹 20 发。K1 与 K2 按键用于上下移动枪支位置，瞄准随机移动的目标物体。当按下 K3 按键时，发射子弹并输出逼真的模拟枪声。在每次发射子弹后，如果击中目标则加 1 分。当子弹用完后，可按下 K4 按键重新开始。

1．程序设计与调试

射击游戏程序设计要点在于目标物体的随机移动、枪支在按键控制下的上下移动和击中判断，以及枪声的模拟输出。

1）目标物体的随机移动

为控制目标物体随机移动，程序中启用了 T0 溢出中断。当 flag 标志被置为 1 时，T0 控制目标物体每 1.5s 移动一次，且在移动之前先根据目标物体当前横纵坐标（Target_x，Target_y）清除处于当前位置的目标物体，然后用随机函数 random 生成新的坐标（Target_x，Target_y），并在新位置绘制目标物体。目标物体上次所处纵坐标位置由 INT2 中断中的 Pre_Target_y 备份。为形成明显的随机移动感，当本次纵坐标值与上次纵坐标差值小于 4 时，定时中断函数内 while 循环语句将反复获取新的随机纵坐标 Target_y，直到满足条件为止。

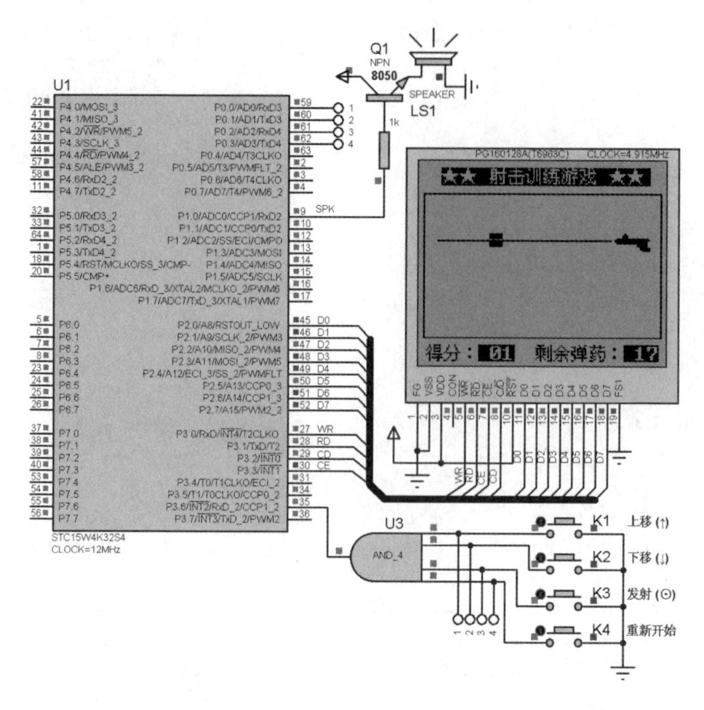

图 5-23　T6963C 液晶屏模拟射击训练游戏仿真电路

2）枪声的模拟输出

T0 同时还用于模拟枪声输出。当 flag 被置为 2 时，T0 初始值为 0xFFF0，由静态变量 tSound 控制。在初始时，TL0 = 0xF0，TH0 = 0xFF。T0 定时/计数寄存器（TH0、TL0）在中断触发过程中由 0xFFF0 开始向 0xFE00 递减取值。在 12MHz 振荡器频率 12T 模式下，T0 时钟为 1MHz，蜂鸣器输出时每半个周期取反一次，计算可得蜂鸣器输出频率范围为 1 / (65 536−0xFFF0) / 2 × 100 000 0～1 / (65 536−0xFE00) / 2 × 100 000，即 31kHz～97Hz。人耳可听到的频率范围为 20kHz～20Hz，而 T0 溢出中断模拟了由接近人耳可听到的最高频率到较低频率的快速衰减过程，输出了较为逼真的枪声。

3）4 个操作按键的处理

射击游戏仿真电路中的 4 个按键通过与门（AND_4）触发 INT2 下降沿中断，在 INT2 中断函数内完成按键处理。其中，前两个按键 K1、K2 通过修改枪支纵坐标 gun_y 来上下移动枪支。

当前 INT2 中断函数检测到当前按键为 K3 时，开始处理发射操作，flag 变量被置为 2，这使得 T0 中断程序内的执行路径由 flag 为 1 的分支切换到 flag 为 2 的分支，从而开始模拟输出枪声。INT2 中断函数内同时完成弹道直线绘制和清除，并递减子弹数，还要判断是否击中目标。击中判断通过比较枪支与目标物体的纵坐标变量 gun_y 与 Target_y 来完成。函数内检查 gun_y+4 是否处于（Targeg_y，Target_y+11）这个区间，如果处于这个区间则被认为击中，其中“+4”是因为 gun_y 是枪支的纵坐标，而弹道线的纵坐标为 gun_y+4。击中判断就是检查弹道线纵坐标是否处于（Targeg_y，Target_y+11）这个范围以内。

为避免同一物体在同一位置被多次击中而反复得分，中断函数内进一步引入了变量 Pre_Target_y。每当上述击中条件成立，而目标物体纵坐标未改变，则 Score 不累加计分。

2．实训要求

① 本案例程序用 GB-2312 字库中的全角字符“■”代替被射击目标，在调试通过所设计的程序以后，重新绘制被射击目标的原始图形及被击中时的图形（如飞碟等），并改写程序，

以实现更逼真的射击游戏效果。

② 将原有矩形区域内的水平射击改成枪支可在某个固定点对扇形区域的目标进行射击，原有的上下移动键改成射击角度加减键。在瞄准过程中，允许根据当前枪支所指方向在屏幕上绘制弹道虚线。

③ 仍使用射击游戏硬件电路，重新设计太空入侵者游戏程序，编写程序时可参考 Proteus 所提供的 PIC 单片机汇编版的该游戏的运行效果。

3. 源程序代码

```
1    //--------------------------- main.c -----------------------------------
2    //  名称: T6963C 液晶屏模拟射击训练游戏
3    //--------------------------------------------------------------------------
4    //  说明: 程序启动时液晶屏显示游戏封面,然后显示游戏区,默认子弹为 20 发
5    //          K1,K2 按键用于向上或向下移动枪支,跟踪目标; K3 用于发射子弹并模拟枪声
6    //          在每次发射子弹时,如果击中则加 1 分; 在击中后如果目标物体尚未移动
7    //          则程序不重复加分。子弹用完后可按 K4 按键重新开始该游戏
8    //--------------------------------------------------------------------------
9    #define u8  unsigned char
10   #define u16 unsigned int
11   #define MAIN_Fosc 12000000L//定义主时钟
12   #include "STC15xxx.h"
13   #include "T6963C.h"
14   #include <intrins.h>
15   #include <stdlib.h>
16   extern void Cls();
17   void Show_Score_and_Bullet();
18   sbit K1 = P0^0;      //上移
19   sbit K2 = P0^1;      //下移
20   sbit K3 = P0^2;      //发射
21   sbit K4 = P0^3;      //重新开始
22   sbit BEEP = P1^0;    //蜂鸣器
23   code u8 const Game_Surface[] = { 160,110, //游戏封面:160x110
24    0x00,0x00,0x00,0x00,0x00,0x00,
      ……(限于篇幅，这里略去了大部分点阵数据)
161   0x00,0x00,0xC0,0x00,0x00,0x20,0x00,0x00
162 };
163 u8 code Gun_Image[] = { 24,12,  //枪支图像,数据前两个字节表示该图像的宽度与高度
164  0x03,0x00,0x00,0x07,0x80,0x00,0x07,0x80,0x00,0x7F,0xFF,0xFE,
165  0xFF,0xFF,0xFF,0xFF,0xFF,0xFC,0x7F,0xFF,0xFC,0x00,0x01,0xFC,
166  0x00,0x01,0xFC,0x00,0x00,0x7F,0x00,0x00,0x7F,0x00,0x00,0x1F
167 };
168 volatile u8 Score = 0, Bullet_Count = 20;  //得分,剩余子弹数
169 volatile u8 Target_x = 0, Target_y = 0;    //目标物体位置
170 volatile u8 Pre_Target_y = 0;              //目标物体上次所在纵坐标位置
171 volatile u8 gun_y = 20;                    //枪支纵坐标,横坐标固定为16×8
172 volatile u8 flag = 1;                      //T0 中断执行分支标志变量
173 //--------------------------------------------------------------------------
174 // T0 初始化(分别用于控制目标移动及枪声模拟输出)
175 //--------------------------------------------------------------------------
176 void Timer0Init() {
177     AUXR &= 0x7F;               //12T 模式
178     TMOD &= 0xF0;               //设置 T0 模式(先将 TMOD 低 4 位清零)
179     TMOD |= 0x01;               //16 位非自动重装载模式
```

```
180     TL0 = 0xB0;                 //设置定时初始值
181     TH0 = 0x3C;
182     TF0 = 0;                    //将 TF0 清零
183     TR0 = 1;                    //T0 开始定时
184 }
185 //-----------------------------------------------------------------------
186 // 键盘中断函数(INT2)
187 //-----------------------------------------------------------------------
188 void EX_INT2() interrupt 10 {
189     delay_ms(10);
190     if (K1 == 0)    {        //枪支位置上移(擦除原位置枪支时输出 3 个空格)
191         if (gun_y != 0) Display_Str_at_xy(16*8,gun_y,"   ",0);
192         gun_y -= 8;
193         if (gun_y < 20 ) gun_y = 20; Draw_Image(Gun_Image,gun_y,16);
194     }
195     else if (K2 == 0)   {    //枪支位置下移(擦除原位置枪支时输出 3 个空格)
196         if (gun_y != 0) Display_Str_at_xy(16*8,gun_y,"   ",0);
197         gun_y += 8;
198         if (gun_y > 100 ) gun_y = 100; Draw_Image(Gun_Image,gun_y,16);
199     }
200     else if (K3 == 0)   {    //发射子弹,模拟枪声,判断成绩
201         //如果有剩余子弹则将 flag 标志被置为 2，使用 T0 应用于枪声模拟输出
202         if (Bullet_Count != 0) flag = 2; else return;
203         //绘制弹道线条
204         Line(10 , gun_y + 4 , 125 , gun_y + 4 , 1); delay_ms(220);
205         Line(10 , gun_y + 4 , 125 , gun_y + 4 , 0);
206         if (Bullet_Count != 0 ) { //子弹数非 0 则递减
207             Bullet_Count--;
208             //判断成绩,其中 Pre_Target_y 用于保存目标物体上次所在纵坐标位置
209             //避免物体在同一位置被反复多次击中而多次得分
210             if ((gun_y + 4) > Target_y  &&
211                     (gun_y + 4) < Target_y + 11 &&
212                     Pre_Target_y != Target_y ) {
213                     Score++;  Pre_Target_y = Target_y ;
214             }
215         }
216         Show_Score_and_Bullet();    //刷新显示成绩与子弹数
217     }
218     else if (K4 == 0)   {             //成绩与子弹数复位
219         Score = 0; Bullet_Count = 20; Show_Score_and_Bullet();
220     }
221 }
222 //-----------------------------------------------------------------------
223 // T0 中断子程序
224 // 分别用于控制：(flag=>1) 目标物体随机移动 (flag=>2) 枪声模拟输出
225 //-----------------------------------------------------------------------
226 void Timer0_ISR() interrupt 1 {
227     static u8  tTime = 0;             //延时累加控制变量
228     static u16 tSound = 0xFFF0;       //枪声频率控制变量
229     if (flag == 1) {                  //控制物体随机移动
230         TL0 = 0xB0; TH0 = 0x3C;       //重装定时初始值(50ms)
231         if (++tTime < 30) return;    //未累积到 30×50ms=1500ms 时不向下执行
232         tTime = 0;
233         //清除原位置目标（输出 2 个空格）
```

```
234         if (Target_x != 0 && Target_y != 0)
235             Display_Str_at_xy(Target_x,Target_y,"  ",0);
236         //计算新的随机位置,如果纵坐标变化不超过 4 像素时重新获取随机纵坐标
237         Target_x = rand() % 60 + 8 ;
238         Target_y = rand() % 80 + 20;
239         while (abs(Pre_Target_y-Target_y)<4) Target_y=rand()%80+20;
240         //在新获取的随机位置绘制物体符号“■”
241         Display_Str_at_xy(Target_x,Target_y,"■",0);
242     }
243     else if (flag == 2) {          //控制蜂鸣器模拟枪声输出
244         if (--tSound >= 0xFE00) {   //每次中断时控制变量递减(截止:0xFE00)
245             TL0=tSound; TH0=tSound>>8;//更新 T0 定时/计数寄存器(TL0、TH0)
246             BEEP ^= 1;             //蜂鸣器振荡输出
247         }
248         else {
249             tSound = 0xFFF0;       //一次枪声模块输出结束后频率控制变量还原
250             BEEP = 0;              //将蜂鸣器引脚置为低电平
251             flag = 1;              //T0 重新应用于控制目标物体随机移动
252         }
253     }
254 }
255 //------------------------------------------------------------------------
256 // 显示成绩与剩余子弹数
257 //------------------------------------------------------------------------
258 void Show_Score_and_Bullet() {
259     char disp_buff[4] = {' ',0,0,0};
260     disp_buff[1] = Score / 10 + '0';                    //成绩数位分解
261     disp_buff[2] = Score % 10 + '0';
262     Display_Str_at_xy(37,117,disp_buff,1);          //显示当前成绩
263     disp_buff[1] = Bullet_Count / 10 + '0';         //剩余子弹数位分解
264     disp_buff[2] = Bullet_Count % 10 + '0';
265     Display_Str_at_xy(134,117,disp_buff,1);         //显示剩余子弹数
266 }
267 //------------------------------------------------------------------------
268 // 主程序
269 //------------------------------------------------------------------------
270 void main() {
271     u8 i;
272     P0M1 = 0x00; P0M0 = 0x00;               //P0～P3 为准双向口
273     P1M1 = 0x00; P0M0 = 0x00;
274     P2M1 = 0x00; P2M0 = 0x00;
275     P3M1 = 0x00; P3M0 = 0x00;
276     BEEP = 0;                               //将蜂鸣器引脚初始置为低电平
277     LCD_Initialise();                       //液晶屏初始化
278     Cls();  Draw_Image(Game_Surface,6,0);   //显示游戏封面
279     i = 10; while (i--) delay_ms(200); //延时 2s
280     Cls();                                  //清除封面
281     //显示固定文字
282     Display_Str_at_xy(12,1,"★★ 射击训练游戏 ★★",1);
283     Display_Str_at_xy(2,117,"得分: ",0);
284     Display_Str_at_xy(75,117,"剩余子弹数: ",0);
285     Show_Score_and_Bullet();                //显示成绩与剩余子弹数
286     //绘制游戏区边框
287     Line(0,18,159,18,1);    Line(159,18,159,112,1);
```

```
288        Line(159,112,0,112,1); Line(0,112,0,18,1);
289        Draw_Image(Gun_Image,gun_y,16);      //在初始位置绘制枪支
290        Timer0Init();   //定时器 T0 初始化(目标物体开始移动,射击由 INT2 中断控制)
291        ET0 = 1; INT_CLKO |= 1<<4; EA = 1; //允许 T0 与 INT2 中断,开总中断
292        while(1);
293 }
```

5.10 可接收串口信息的带中英文硬字库的 80×16 LED 点阵屏

可接收串口信息的带中英文硬字库的 80×16 LED 点阵屏仿真电路如图 5-24 所示。本案例整合了 74HC595、74HC154、AT25F4096 等芯片，并设计了大幅面点阵 LED 屏。在该仿真电路运行时，点阵 LED 屏首先滚动显示"★点阵演示 V1.0★…"。该字符串同时包含全角与半角字符，所显示的点阵数据来自保存有中英文字库的 SPI 接口 EEPROM 存储器 AT25F4096。在运行过程中，按规定格式在串口助手软件中输入的汉字或半角英文字符可以直接发送到 LED 点阵屏滚动显示。

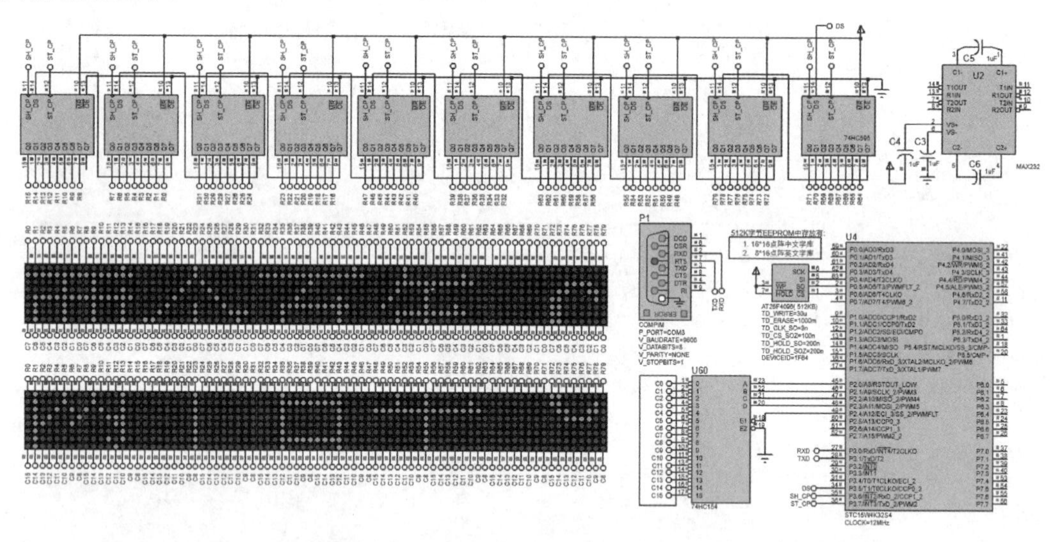

图 5-24 可接收串口信息的带中英文硬字库的 80×16 LED 点阵屏仿真电路

1. 程序设计与调试

1）硬件电路设计

AT25F4096 用于保存 16×16 点阵中文字库及 8×16 点阵英文字库，而在实物电路中可使用兼容 SPI 接口的专用字库芯片 GT21L16S2Y（注：Proteus 当前不支持 GT21 仿真）。

4-16 译码器 74HC154 负责扫描码输出。在实物电路中，其后级注意添加功率驱动电路，否则将严重影响亮度。所有点阵数据通过串行方式输入 75HC595，然后并行输出。

2）硬字库文件的生成

对于 AT25F4096，烧写于该芯片的合并字库文件由中文字库文件 HZK 与英文字库文件 ASC 构成（在仿真电路中不需要烧写，只要设置其"Initial Memory Contents"属性，选中生成的合并字库文件即可）。下面是合并字库文件的两种方法。

① 使用案例压缩包中提供的"文件拆分与合并器.exe"。

假设要将两个文件合并为 HZK_ASC.bin 文件，在运行该软件之前要先将 HZK 改名为 HZK_ASC.3h0，再将 ASC 改名为 HZK_ASC.3h1。然后运行该软件，单击"Join"或"合并"选项卡，在"File to join"或"打开要合并的文件"文本框中选择 HZK_ASC.3h0，这时生成的

文件将自动命名为 HZK_ASC，该文件名可手动添加后缀“.bin”。单击“开始合并”按钮后，后缀为 3h0 与 3h1 的文件将自动被合并到 HZK_ASC.bin 中（如果还有同名但后缀为 3h2 的文件，那么该文件也会被合并）。

② 使用 DOS 命令复制合并两个文件。

为避免在 DOS 命令行状态下出现过长的路径名，可首先将原始文件复制到 C 盘根目录下某个名称简短的文件夹中，如 C:\my_HA。然后单击 Windows 菜单中的“开始”→“运行”命令，并在命令框中输入“cmd”，进入 DOS 命令窗口。在该窗口中，依次输入如下命令：

```
C:
CD\my_HA
copy  /b  HZK + ASC  HZK_ASC.bin
```

第 1 行命令将当前盘符设为 C 盘，如果当前已经处于 C 盘某个文件夹中，则该行命令可以被省略；第 2 行命令用于进入 my_HA 文件夹；第 3 行命令将二进制文件 HZK 与 ASC 合并复制到 HZK_ASC.bin 文件中，其中/b 参数不可被省略。

3）读中/英文字库点阵算法及格式转换算法设计

① 读中/英文字库点阵算法设计。

在合并后的 HZK_ASC.bin 中，第 0～267 615 个字节（00000000H～0004155FH）是汉字及全角字符点阵字节，每个字符占 32 字节。从第 267 616 字节（00041560H）开始是半角英文字符点阵字节，每个字符占 16 字节。图 5-25 中从 00041560H 开始标了底色的部分就是半角字符点阵数据。

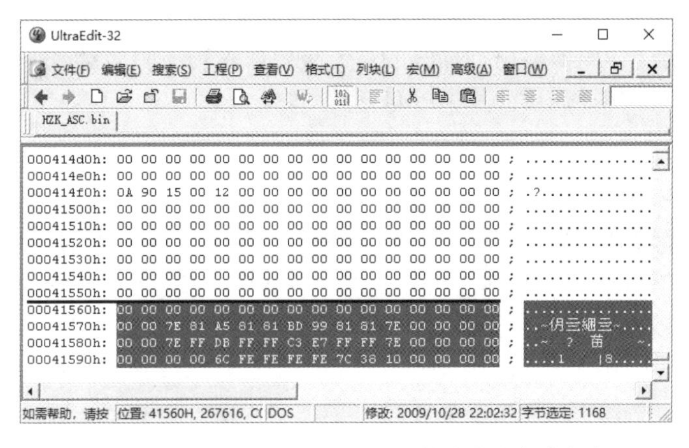

图 5-25　由 HZK 与 ASC 合并成的中英文点阵字库

对于合并后的点阵字库，全角与半角字符点阵在字库的偏移位置计算公式分别如下：

```
全角：Offset = (94L * (SectionCode - 1)+ (PlaceCode - 1))* 32L
半角：Offset = 267616L + Buffer[i] * 16  //或:0x41560+Buffer[i]*16
```

前者通过区位码计算出偏移位置；后者则通过字符 ASCII 编码乘以 16 再加 267616L（或 0x41560）计算偏移位置。Buffer[i]是第 i 个半角字符的 ASCII 编码。

② 字库点阵格式到 LED 屏点阵格式的转换算法设计

此前相关案例中进行过 HZK 点阵格式到 LCD 点阵格式的转换。类似地，在点阵屏电路中，对于含有 32 节点点阵的全角字符，在发送 LED 屏显示时也要将 HZK_ASC 点阵格式转换为 LED 屏点阵格式。

以一块 16×16 点阵区域左边的两片 8×8 点阵 LED 屏为例，R0～R7 连接两片 8×8 点阵 LED 屏的上端引脚，C0～C7 连接第 1 片 8×8 点阵 LED 屏下端的引脚，C8～C15 连接第 2 片 8×8 点阵 LED 屏下端的引脚。当扫描显示这块 8×16 的点阵区域时，16 行点阵字节（每行 8 个点）

逐一发送给 R0～R7，每发送一个点阵字节的同时，4-16 译码器选通 C0～C15 其中之一所对应的一个共阴行（注意不是一列，虽然这里使用了符号 C）。可见，这块 8×16 点阵区域是逐行显示的，而且行的扫描是由上到下的，每 16 次扫描完成一次 8×16 点阵的刷新，即一块 16×16 点阵左半部分的刷新。

再观察该 16×16 点阵区域的右半边，它同样是两片 8×8 LED 点阵屏构成的 8×16 点阵区域，由上至下 16 行的选通仍由 C0～C15 完成，每行的点阵则由 R8～R15 输入。

综合观察以上扫描刷新过程可知，一块 16×16 点阵区域是分成左右两块 8×16 点阵区域同时扫描显示完成的。为适应案例电路中 LED 屏以 8×16 点阵区域为最小刷新显示单位的设计布局，转换函数将 HZK 中点阵格式为 16 行按左→右、左→右取模的方式转换为先取左半边 16 行，再取右半边 16 行。下面的代码片段完成了这项转换，其中 Tmp_Buffer 是从字库读取的一个中文字符的 32 字节点阵数据，Dot_Matrix 是适应 LED 屏显示的点阵数据缓冲区：

```
for (k = 0; k < 16; k++) {
    Dot_Matrix[j + k]      = Temp_Buf[2 * k];
    Dot_Matrix[j + k + 16 ]= Temp_Buf[2 * k + 1];
}
```

相对于 HZK 到 LCD 取模格式的转换，这里的转换要容易很多。至于读取到的半角字符，由于其字库取模方式与 8×16 点阵 LED 屏的取模方式相同，因此无须转换。

注意：以上给出的不是点阵字库到 LED 屏点阵格式的通用转换方法。因为不同系统中点阵屏的显示控制电路设计不同，因而其转换算法也要随之调整。

本案例程序中的串口接收代码及整个 80×16 点阵 LED 屏的完整显示代码留给大家进一步仔细分析。另外要注意，译码器输出扫描码的后一级要加入功率驱动器，例如可选用 APM4953，每片可驱动 2 路，16 路扫描需要 8 片 APM4953。

2. 实训要求

① 添加多种显示特效，如由下向上滚动显示、逐字飞入显示、百叶窗式显示。

② 将 80×16 点阵 LED 屏改成 80×32 点阵 LED 屏，编程实现更大幅面 LED 屏的显示功能。

③ 用所熟悉的 Windows 平台软件开发工具，如 VC、VB、C#、Delphi、C++Builder 等，设计上位机软件，通过 PC 串口将待显示中英文信息发送给下位机 LED 屏滚动显示。

④ 在实物电路中使用兼容 SPI 接口的专用字库芯片 GT21L16S2Y 及功率驱动器 APM4953 重新设计实现本例功能。

3. 源程序代码

```
1   //----------------------------- main.c --------------------------------
2   //  名称：可接收串口信息的带中英文硬字库的 80×16LED 点阵屏
3   //-------------------------------------------------------------------------
4   //  说明：在本案例运行时，LED 点阵屏将滚动显示一组固定信息
5   //        当接收到串口发送来的中英文全角/半角字符时，LED 点阵屏将开始
6   //        滚动显示所接收到的信息
7   //
8   //-------------------------------------------------------------------------
9   #define u8s signed  char
10  #define u8  unsigned char
11  #define u16 unsigned int
12  #define u32 unsigned long
13  #include "STC15xxx.h"
14  #include <intrins.h>
15  #include <string.h>
```

```
16  //74HC595 相关引脚定义
17  sbit DS     = P3^5;
18  sbit SH_CP  = P3^6;
19  sbit ST_CP  = P3^7;
20  //74HC154 译码器使能与禁止
21  sbit EN_154 = P2^4;
22  #define EN_74HC154() EN_154 = 0
23  #define DI_74HC154() EN_154 = 1
24  //SPI 相关函数
25  extern void Read_Bytes_From_AT25F4096A(u32, u8*, u16);
26  extern void delay_ms(u8);
27  #define MAX_WORD_COUNT  50                 //允许的最大汉字个数
28  //初始演示中/英文字符串“★LED 点阵演示 V1.0★”
29  //后续从串口接收的中/英文信息将添加或覆盖保存到缓冲区
30  u8 Buffer[MAX_WORD_COUNT*2 + 2] = "★LED 点阵演示 V1.0★";
31  u8 Dot_Matrix[MAX_WORD_COUNT * 32];//待显示点阵数据缓冲区
32  u8 Buffer_Idx;                             //串口缓冲区索引
33  volatile u8 Rec_END_Flag = 0;              //接收结束标志
34  void delay_xus(u16 x) {                    //12.000MHz
35      while (x--) { _nop_();_nop_();_nop_();_nop_(); }
36  }
37  //----------------------------------------------------------------------
38  // 串口初始化
39  //----------------------------------------------------------------------
40  void UartInit() {                          //9600bit/s@12MHz
41      SCON = 0x50;                           //8 位数据,可变波特率
42      AUXR &= 0xBF;                          //T1 时钟频率为 Fosc/12,即 12T
43      AUXR &= 0xFE;                          //串口 1 选择 T1 为波特率发生器
44      TMOD &= 0x0F;                          //设置 T1 为 16 位自动重装载方式
45      TL1 = 0xE6;                            //设置定时初始值
46      TH1 = 0xFF;                            //设置定时初始值
47      ET1 = 0;                               //禁止 T1 中断
48      TR1 = 1;                               //启动 T1
49      ES = 1; EA = 1;                        //许可串口中断
50  }
51  //----------------------------------------------------------------------
52  // 串行输入子程序
53  //----------------------------------------------------------------------
54  void Serial_In595(u8 dat) {
55      u8 i;
56      for(i = 0; i < 8; i++ ) {              //8 次循环（对应 1 个字节）
57          dat <<= 1; DS = CY;                //高位优先，移出位在 CY，放 DS 线发送
58          SH_CP = 0; SH_CP = 1;              //移位时钟脉冲上升沿移位
59      }
60      SH_CP = 0;                             //将移位时钟脉冲置为低电平
61  }
62  //----------------------------------------------------------------------
63  // 并行输出子程序
64  //----------------------------------------------------------------------
65  void Parallel_Output_595() {
66      ST_CP = 0;  ST_CP = 1;                 //ST_CP 上升沿将数据送到锁存器
67      ST_CP = 0;                             //ST_CP 置为低电平
68  }
69  //----------------------------------------------------------------------
```

```
70 // 根据缓冲区的字符,从硬字库读取点阵数据并转换为 LED 要求的格式
71 //-----------------------------------------------------------------------
72 void Read_SPI_ZK_and_Convert() {
73     u16 i,j = 0, k;
74     u32 Offset;                          //偏移位置变量
75     u8 SectionCode, PlaceCode;           //汉字区码与位码
76     u8 Temp_Buf[32];                     //转换用临时缓冲区
77     for (i = 0; i <MAX_WORD_COUNT * 32; i++)    //清空点阵缓冲区
78         Dot_Matrix[i] = 0x00;
79     i = 0;
80     while ( i < Buffer_Idx ) {
81         if ( Buffer[i] >= 0xA0 ) {  //处理汉字编码
82             //取得汉字区位码
83             SectionCode = Buffer[i]  - 0xA0;
84             PlaceCode   = Buffer[i+1]- 0xA0;
85             //根据当前汉字区位码计算其点阵在字库中的偏移位置
86             Offset = (94L * (SectionCode - 1) + (PlaceCode - 1)) * 32L;
87             //从 AT25F4096 读取 32 个字节汉字点阵
88             Read_Bytes_From_AT25F4096A(Offset,Temp_Buf,32);
89             //汉字字库中点阵格式为 16 行依次左→右、左→右取字节,以适应点阵屏显示
90             //下面将其转换为先取左半边 16 行,再取右半边 16 行
91             for (k = 0; k < 16; k++) {
92                 Dot_Matrix[j + k]        = Temp_Buf[2 * k];
93                 Dot_Matrix[j + k + 16 ]= Temp_Buf[2 * k + 1];
94             }
95             //每个汉字点阵保存到 Dot_Matrix 后跳过 32 个字节
96             //(每个汉字点阵占 32 个字节)
97             //从缓冲区中取字符的索引递增 2(每个汉字编码占 2 个字节)
98             j += 32; i += 2;
99         }
100         else {                                //处理半角英文字符编码
101             //ASCII 字符偏移地址 = ASCII 字库在合成字库中的起始地址+ASCII 编码×16
102             //半角的 ASCII 字符点阵在合成字库中 267616 字节汉字点阵字库的后面
103             Offset = 267616L + Buffer[i] * 16;
104             Read_Bytes_From_AT25F4096A(Offset,Dot_Matrix + j,16);
105             //每个半角 ASCII 字符点阵保存到 Dot_Matrix 以后跳过 16 个字节
106             //(每个 ASCII 字符点阵占 16 个字节)
107             //从缓冲区中取字符的索引递增 1(每个 ASCII 编码占 1 个字节)
108             j += 16; i++;
109         }
110     }
111 }
112 //-----------------------------------------------------------------------
113 // 主程序
114 //-----------------------------------------------------------------------
115 void main() {
116     u8 i,j,z,d = 0;
117     P0M1 = 0x00; P0M0 = 0x00;            //配备为准双向口
118     P1M1 = 0x00; P1M0 = 0x00;
119     P2M1 = 0x00; P2M0 = 0x00;
120     P3M1 = 0x00; P3M0 = 0x00;
121     Buffer_Idx = strlen((char*)Buffer);//获取初始串长度
122     UartInit();                          //初始化串口
123     //根据 Buffer 从 AT25F4096 读取全角或半角字符点阵数据并完成必要的转换
```

```
124     Read_SPI_ZK_and_Convert();
125     while(1) {
126         for (z = 0; z <= Buffer_Idx - 10; z++) {
127             //此循环用于控制显示滚动的速度(循环次数越多时滚动越慢)
128             for(d = 0; d < 10; d++) {
129                 for(i = 0; i < 16 ; i++) {//完成每个汉字的 16 列扫描
130                     DI_74HC154();         //先禁用译码器
131                     //数据串行输入 74HC595(5 块 16×16 点阵屏,共 10 片 74HC595)
132                     for (j = 0; j < 5; j++) {
133                         Serial_In595(Dot_Matrix[z * 16 + j * 32 + i + 16]);
134                         Serial_In595(Dot_Matrix[z * 16 + j * 32 + i]);
135                     }
136                     Parallel_Output_595(); //74HC595 数据并行输出
137                     P2 = P2 & 0xE0 | i;    //写译码器(隐含使能译码)
138                     delay_xus(800);
139                 }
140             }
141         }
142         //如果接收结束则从 AT25F4096 读取中英文字符串的点阵数据并转换为液晶屏格式
143         if (Rec_END_Flag == 1) {
144             Read_SPI_ZK_and_Convert();
145             Rec_END_Flag = 0;              //将串口接收结束标志重新置 0
146         }
147     }
148 }
149 //-----------------------------------------------------------------------
150 // 串口接收中断子程序
151 //-----------------------------------------------------------------------
152 void ISR_Uart_INT() interrupt 4 {
153     u8 c = 0;
154     if(RI) {
155         RI = 0; c = SBUF;
156         Rec_END_Flag = 0;                  //读取接收到字符
157         if ( c == '\r' ) return;           //接收到“\r”时忽略
158         //如果接收到“\n”表示本次接收完毕
159         if ( c == '\n' ){ Rec_END_Flag = 1; return; }
160         //将新接收的字符存入缓冲区
161         if ( Buffer_Idx < MAX_WORD_COUNT*2) Buffer[Buffer_Idx++] = c;
162         //任何时候接收到“##”时清空缓冲区
163         if ( Buffer_Idx >= 2 && Buffer[Buffer_Idx - 1] == '#'
164                              && Buffer[Buffer_Idx - 2] == '#') {
165             Buffer_Idx = 0;
166         }
167     }
168 }
```

```
1   //------------------------ AT25F4096.c ------------------------------
2   //  名称: AT25F4096 读写与显示
3   //-----------------------------------------------------------------------
4   #define u8  unsigned char
5   #define u16 unsigned int
6   #define u32 unsigned long
7   #include "STC15xxx.h"
8   #include <intrins.h>
```

```
9   #include <intrins.h>
10  #include <stdlib.h>
11  //AT25F4096引脚定义
12  sbit SCK = P0^3;                      //串行时钟控制引脚
13  sbit SI  = P0^4;                      //串行数据输入
14  sbit SO  = P0^5;                      //串行数据输出
15  sbit CS  = P0^6;                      //片选
16  //AT25F4096操作命令定义
17  #define WREN            0x06    //使能写
18  #define WRDI            0x04    //禁止写
19  #define RDSR            0x05    //读状态
20  #define WRSR            0x01    //写状态
21  #define READ            0x03    //读字节
22  #define WRITE           0x02    //写字节
23  #define SECTOR_ERASE    0x52    //删除区域数据
24  #define CHIP_ERASE      0x62    //删除芯片数据
25  #define RDID            0x15    //读厂商与产品ID号
26  //-----------------------------------------------------------------------------
27  // 延时函数
28  //-----------------------------------------------------------------------------
29  #define MAIN_Fosc 12000000L
30  void delay_ms(u8 ms){
31      u16 i;
32      do{
33          i = MAIN_Fosc / 13000;
34          while(--i);
35      }while(--ms);
36  }
37  //-----------------------------------------------------------------------------
38  // 从当前地址读取1个字节数据
39  //-----------------------------------------------------------------------------
40  u8 ReadByte() {
41      u8 i,d = 0x00;
42      for(i = 0; i < 8; i++) {     //串行读取8位数据
43          //SCK信号下降沿读取数据,读取的位保存到左移以后的d的低位
44          SCK = 1; SCK = 0; d = (d << 1) | SO;
45      }
46      return d;                    //返回读取的字节
47  }
48  //-----------------------------------------------------------------------------
49  // 向当前地址写入1个字节数据
50  //-----------------------------------------------------------------------------
51  void WriteByte(u8 dat) {
52      u8 i;
53      for(i = 0; i < 8; i++) {     //串行写入8位数据
54          dat <<= 1; SI = CY;      //dat左移位,高位被移入CY,发送高位
55          SCK = 0; SCK = 1;        //时钟信号上升沿向存储器写入数据
56      }
57  }
58  //-----------------------------------------------------------------------------
59  // 读AT25F4096A状态
60  //-----------------------------------------------------------------------------
61  u8 Read_SPI_Status() {
62      u8 status;
```

```
63      CS = 0;                          //片选
64      WriteByte(RDSR);                 //发送读状态指令
65      status = ReadByte();             //读取状态寄存器
66      CS = 1;                          //禁止片选
67      return status;
68  }
69  //-----------------------------------------------------------------------
70  // AT25F4096A 忙等待
71  //-----------------------------------------------------------------------
72  //void Busy_Wait(){ while(Read_SPI_Status() & 0x01);} //忙等待
73  //-----------------------------------------------------------------------
74  // 向 AT25F4096A 写入 3 个字节的地址 0x000000～0x01FFFF
75  //-----------------------------------------------------------------------
76  void Write_3_Bytes_SPI_Address(u32 addr) {
77      WriteByte((u8)(addr >> 16 & 0xFF));     //先发送最高地址字节
78      WriteByte((u8)(addr >> 8  & 0xFF));     //再发送次高地址字节
79      WriteByte((u8)(addr & 0xFF));           //最后发送低地址字节
80  }
81  //-----------------------------------------------------------------------
82  // 从指定地址读单个字节
83  //-----------------------------------------------------------------------
84  //u8 Read_Byte_From_AT25F4096A(u32 addr) {
85  //  u8  dat;
86  //  CS = 0;                                 //片选
87  //  WriteByte(READ);                        //发送读指令
88  //  Write_3_Bytes_SPI_Address(addr);        //发送 3 个字节地址
89  //  dat = ReadByte();                       //读取 1 个字节数据
90  //  CS = 1;                                 //禁止片选
91  //  return dat;                             //返回读取的字节
92  //}
93  //-----------------------------------------------------------------------
94  // 从指定地址读多个字节到缓冲区
95  //-----------------------------------------------------------------------
96  void Read_Bytes_From_AT25F4096A(u32 addr, u8 *p, u16 len) {
97      u16 i;
98      CS = 0;                                 //片选
99      WriteByte(READ);//delay_ms(1);          //发送读指令
100     Write_3_Bytes_SPI_Address(addr);        //发送 3 个字节地址
101     for( i = 0; i < len; i++) p[i] = ReadByte();//读取多个字节数据
102     CS = 1;                                 //禁止片选
103 }
```

5.11 1-Wire 总线器件 ROM 搜索与多点温度监测

1-Wire 总线器件 ROM 搜索与多点温度监测仿真电路如图 5-26 所示。在该仿真电路中，1-Wire 总线共挂载 4 个温度传感器、3 个 EEPROM、3 个碰碰卡（iButtons 序号器）、2 个数字开关，共计 12 个器件。它们共用 1-Wire 总线（DQ 线）。STC15 通过 1-Wire 总线发送 ROM 搜索命令，查找所有的在线器件 ROM 编码并发送 LCD 显示。对于 DS18B20，搜索命令将进一步读取其温度值并刷新显示。

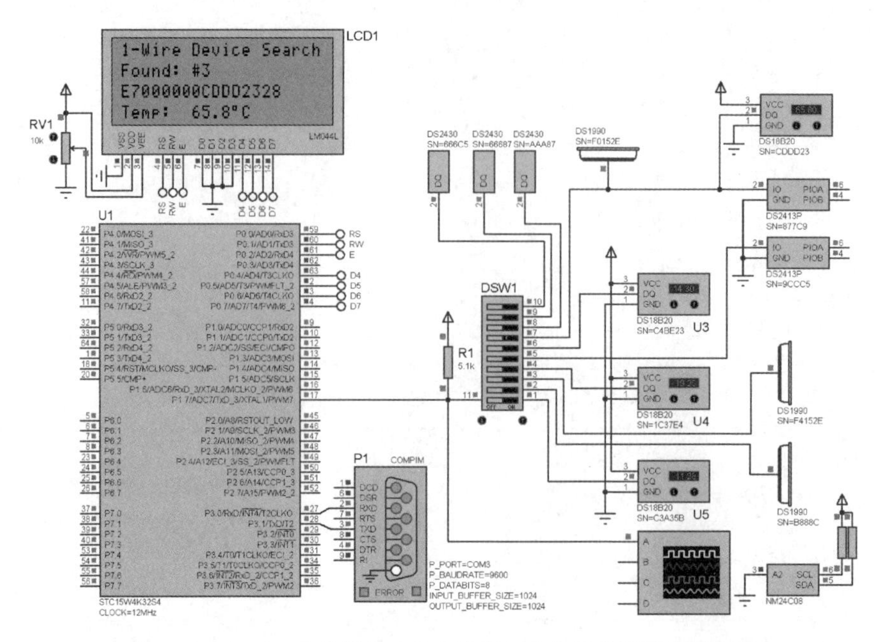

图 5-26　1-Wire 总线器件 ROM 搜索与多点温度监测仿真电路

1. 程序设计与调试

图 5-26 中 1-Wire 总线上同时挂载了多个 1-Wire 总线器件，且其中有多个是 DS18B20 温度传感器。所设计的程序要首先通过 ROM 搜索命令 F0H 获取所有器件的 ROMCODE。对于搜索中遇到的 DS18B20，则逐一通过 ROM 匹配命令发送其 ROM 编码及温度转换命令，读回相应的温度值。1-Wire 总线多器件搜索算法涉及数据结构中的二叉树。下面从二叉树相关知识开始讨论本案例程序设计。

1）ROM 编码与二叉树结构之间的映射关系

二叉树是每个节点最多有 2 个子树的有序树，其左子树和右子树的次序不能颠倒。在二叉树的第 i 层($i \geq 0$)最多有 2^i 个节点。

1-Wire 总线器件的 64 位 ROM 编码由 8 位家族代码、48 位序列号、8 位 CRC 校验码构成。这 64 位 ROM 编码分布于一棵二叉树由根节点到某个叶子节点的 64 条边上，且二叉树中每个节点的左分支对应编码 0，右分支对应编码 1。搜索 1-Wire 总线上所有 ROM 编码的过程就是按某种算法遍历该二叉树由根节点到所有叶子节点的所有“路径”的过程。该遍历过程不同于常见的二叉树“先序遍历”“中序遍历”“后序遍历”“层次遍历”。图 5-27 给出了几个器件前 3 位编码在二叉树中的分布。在约定以左子树优先搜索二叉树路径时，可得这些器件前 3 位编码依次为 000、001、011、100、101。

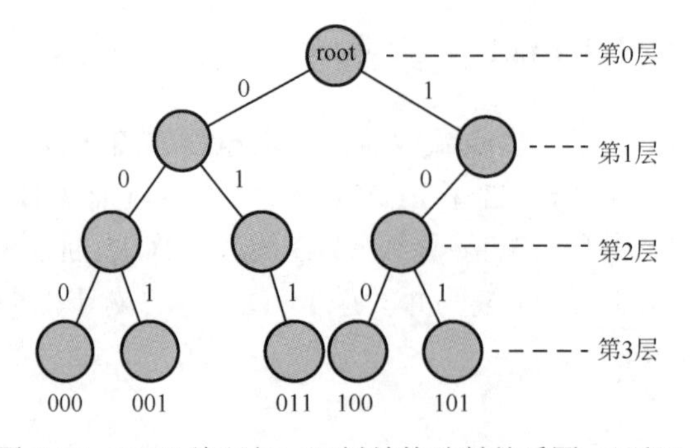

图 5-27　ROM 编码与二叉树结构映射关系图（局部）

由于根节点到每个叶子节点的路径仅有一条，故可知最底层叶子节点数的最大值即为该二叉树可容纳的 ROM 编码总数，即 2^{64} = 18 446 744 073 709 551 616≈1.8×10^{19}（64 位编码的每一位均有 0、1 两种取值，同样可得编码总数为 2^{64}）。由于 ROM 编码中有 8 位 CRC 校验码，故实际可容纳器件总数为 2^{56} = 72 057 594 037 927 936≈7.2×10^{16}。

2）搜索操作的位逻辑与基本动作

ROM 搜索命令为 F0H，因而通过发送 F0H 命令可搜索总线上的所有从器件。但在具体实现时，并非通过发送一条搜索命令就可以得到总线上挂载的所有器件 ROM 编码，实际情况没有这么简单。

1-Wire 总线器件以“线与”的方式挂载在总线上，要重复执行“读 2 位”与“写 1 位”两项操作。“读 2 位”操作用于读取原码与反码，以便得出对当前位的综合判断；“写 1 位”操作则用于使能部分器件（同时屏蔽部分器件），如此重复 64 次，搜索出一个器件的 64 位 ROM 编码。其具体操作如下。

①“读 2 位”操作。从 1-Wire 总线首先读取的是 1 位原码。该原码是所有未被屏蔽器件 ROM 编码第 i 位的原码相与的结果。接着从 1-Wire 总线读取的是 1 位反码。该反码是所有未被屏蔽器件 ROM 编码的第 i 位反码相与的结果。表 5-1 假设 1-Wire 总线共有 2 个从机，每次读取的 2 位编码共有 4 种可能的组合，并列出了由原码/反码组合得出的当前位判断。其结论同样适用于 2 个以上的从机环境，从机个数不影响判断结果。

表中标有“×”的 3 行表示 2 个从机该位的反码相与后的结果与实际读取的反码矛盾。其中，前两种情况否认了仅由原码单独做出的判断，最后一种情况则仅在 1-Wire 总线上无从机时出现，因为无从机时，1-Wire 总线被上拉电阻拉为高电平，读取的结果为 1。

表 5-1　由原码/反码组合得出的当前位判断

读　总　线		根据原码判断		根据反码判断		由原码/反码综合判断当前位
原码	反码	原码线与组合	判断	反码线与组合	判断	
0	0	0 & 0 = 0	全 0	1 & 1 = 1	×	既有 0 也有 1
		0 & 1 = 0	有 0，1	1 & 0 = 0	有 0，1	
0	1	0 & 0 = 0	全 0	1 & 1 = 1	全 0	全为 0
		0 & 1 = 0	有 0，1	1 & 0 = 0	×	
1	0	1 & 1 = 1	全 1	0 & 0 = 0	全 1	全为 1
1	1	1 & 1 = 1	全 1	0 & 0 = 0	×	无从器件

②“写 1 位”操作。主机根据“读 2 位”操作所得出的结果综合判断（4 种情况之一），向 1-Wire 总线写 0 或 1。写 0 时将屏蔽所有该位为 1 的从机，反之将屏蔽所有该位为 0 的从机。

上述两项操作反复执行下去，64 次循环后即可读取一个器件完整的 ROM 编码。对比器件 ROM 编码搜索与二叉树路径搜索可知，器件编码搜索通过“读 2 位”操作来判断出当前节点位置的子树情况，包括“仅有左子树”“仅有右子树”“左右子树均有”“没有子树”。对于以链式结构存储的二叉树，只要通过“读 2 位”操作判断当前节点的左、右指针状态（NULL 或非 NULL）即可。另外，主机通过“写 1 位”操作以屏蔽部分从机（同时使能部分从机）；每写 1 位时即选择了当前的搜索方向，其中写 0 时搜索左子树，写 1 时搜索右子树；每写 1 位，整个二叉树的路径搜索空间都将折半；对于链式结构存储的二叉树，仅须选择左指针或右指针值为当前的根即可选择下一步的搜索方向。

简言之，在 ROM 搜索算法中，“读 2 位”操作相当于读取了二叉树当前节点的子树状况

（也就是当前节点左、右子树的状况）；“写 1 位”操作相当于选择下一步的搜索方向（搜索左子树或右子树）。

3）基于二叉树路径搜索的 ROM 编码搜索算法

图 5-28 给出了参照二叉树路径搜索一个器件 64 位 ROM 编码的算法流程，搜索过程选择“左子树优先”。

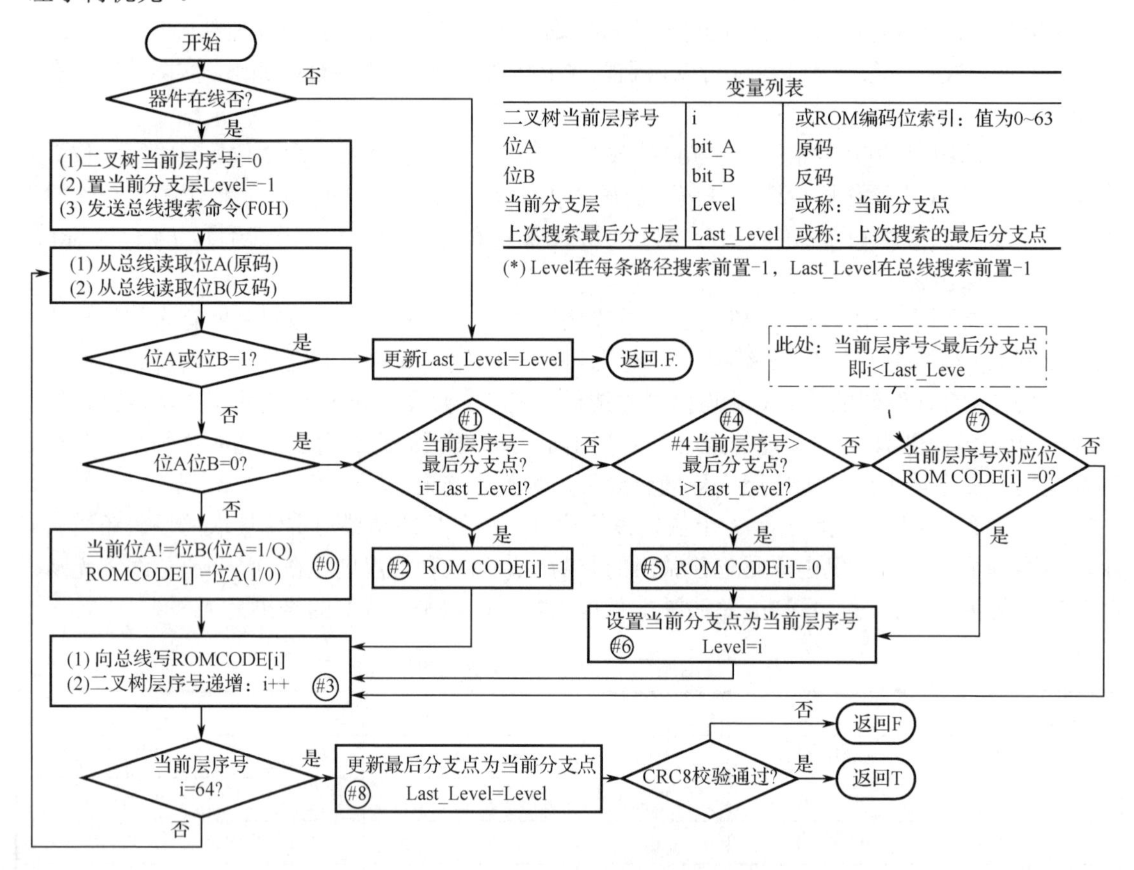

图 5-28　1- Wire 总线器件 64 位 ROM 编码的搜索算法流程

下面结合图 5-28 所示的搜索算法流程及图 5-29 所示的搜索分支示意图讨论研究搜索算法的实现细节，将搜索到的编码保存于 ROMCODE 数组。其他相关变量描述可参考图 5-28 中的变量列表。注意在执行图 5-28 算法流程时，每次将当前分支层变量 Level 初始值设为-1，且仅在重新搜索整个总线时将 Last_Level 初始值设为-1，二者均 int 类型（非 unsigned int 类型）。

由表 5-1 可知，搜索过程中将遇到 4 种不同的 2b 组合，下面逐一进行讨论。

①“11”对应于表 5-1 的第 4 种情况。总线上无从机，主机执行下面的语句后直接返回：

```
if (bit_A == 1 && bit_B == 1) return 1;
```

②“01”对应于表 5-1 中的第 2 种情况。由于所有未被屏蔽器件的 ROM 编码当前位均为 0，这些器件余下的编码位全部分布于左分支路径（左子树），如图 5-29 中的 B_1、C_1 等节点，故 ROMCODE[i] = 0。随后向总线写 0，使为 0 的从机继续通信，搜索左子树。

③“10”对应于表 5-1 中的第 3 情况。由于所有未被屏蔽器件的 ROM 编码当前位均为 1，这些器件余下的编码位全部分布于右分支路径（即右子树），如图 5-29 中的 B_2 节点，故 ROMCODE[i] = 1。随后向总线写 1，使为 1 的从机继续通信，搜索右子树。

无论读到的是“01”还是“10”组合。其前一位即为器件当前位的编码值（保存于 bit_A）。这两种情况的执行流程与图 5-28 中的#0→#3 对应，即保存当前位 bit_A 并写 bit_A 以屏蔽该位为!bit_A 的器件，然后搜索当前存在的单一（唯一）分支，其代码如下：

```
if (bit_A != bit_B) {    //两位为01或10
    Save_ROMCODE_Bit_i(ROMCODE,i,(u8)bit_A);
    Write_DQ_bit(bit_A);
}
```

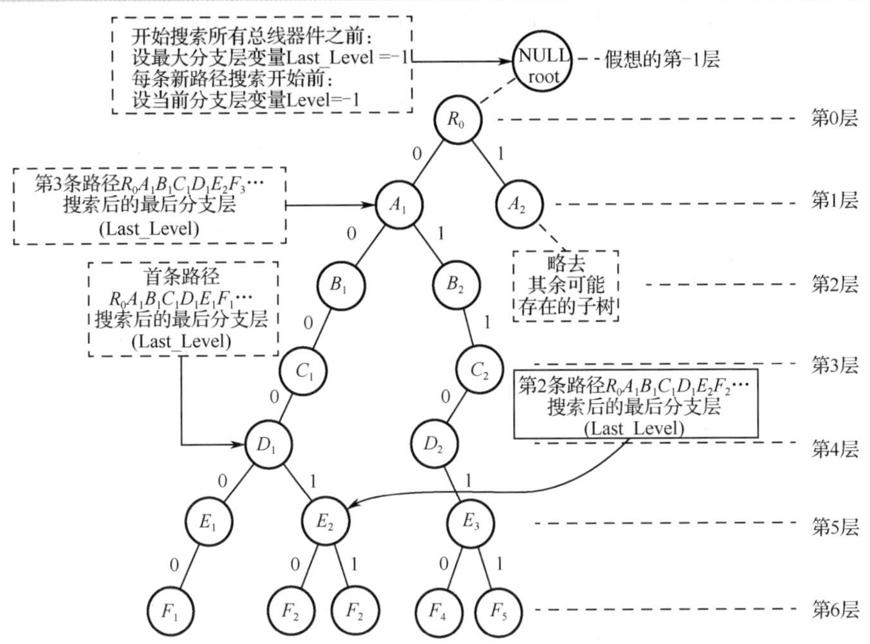

图 5-29　ROM 编码搜索二叉树分支示意图（局部）

④“00”这是表 5-1 中的第 1 种情况，也是最为复杂的一种情况。因为当前位出现搜索分支，其左子树与右子树均存在，如图 5-29 中的 D_1 节点。对分支点要注意两个问题：一是如果当前要向左分支搜索，代码中都要记录 Level = i，以保存当前分支位置（对应于图 5-28 中的#6），而该分支点的右子树还未被搜索，记录该分支位置以便下一趟搜索再次到达该位置时能选择右子树搜索；二是如果当前要向右分支搜索，则不用记录 Level=i，因为二叉树中的该节点不可能存在第 3 个分支，而由图 5-28 同样可知，这种情况将绕过#6。

在遇到“00”时，搜索算法要处理下述 3 种情况。它们分别对应于图 5-28 中的#1、#4、#7。

① i == Last_Level：当前搜索到了上一趟搜索的最后分支位置。例如，在图 5-29 中搜索第 2 条路径（R_0→F_2）时到达首次搜索的最后分支点，即 D_1 节点位置，或者搜索第 4 条路径（R_0→F_4）时到达第 3 次搜索的最后分支点，即 A_1 节点位置。同样，在图 5-29 中搜索完第 5 条路径（R_0→F_5）以后，其最后分支位置将为 R_0 节点（假设 R_0 的右子树是存在的，此处 Last_Level=0）。这类情况的处理对应于图 5-28 中的#1→#2→#3。由于遇到的是上次搜索的最后一个分支节点，该节点的左子树必定已被全部遍历，再次到达该分支点时显然要搜索右子树，故在这种情况下，程序使 ROMCODE[i] = 1，并向总线写 1，屏蔽左子树，开始搜索右分支（即右子树）。

② i > Last_Level：当前搜索过程在比上一趟最后一个分支点更低的位置遇到新的“左/右分支”。此时，默认优先搜索左分支，并更新记录该分支点位置，即 Level= i，其执行过程对应于图 5-28 中的#4→#5→#6→#3，其中#6 记录当前分支位置。

何时会出现 i > Last_Level 的情况呢？例如，在整个总线的首次搜索开始时，i 为 0，Last_Level 为-1，首次搜索即会遇到 i > Last_Level。又如，在某趟搜索过程中遇到#1 情况成立

（即 i == Last_Level），此时将搜索右分支，如果搜索右分支子树过程中，遇到新的“0/1”分支点，同样出现 i > Last_Level。例如，在图 5-29 中搜索第 2 条路径（$R_0 \to F_2$）时，途经 D_1 节点后在 E_2 节点遇到新分支，而 E_2 节点显然就处于第 1 条路径的最大分支点 D_1 之下。

每当 i > Last_Level 时，当前遇到的第 i 层分支节点的“整个子树”必定是从未被搜索过的。因优先搜索左子树原则，Level 变量要记录当前新的分支点（即 Level = i）。

③ i < Last_Level：在还未达到上次搜索的最后分支位置时遇到了分支。例如，在图 5-29 中搜索第 2 条路径（$R_0 \to F_2$）时，中途的 R_0、A_1 节点均出现分支，此时均有 i < Last_Level。这种情况下遇到的分支是前往上次最后分支位置时“路过的分支”，而“沿途”还可能会遇到这样的分支。在前往上次最后分支位置 Last_Level 时，其路径（也就是“0/1”分支选择）决定于上次搜索到的 ROM 编码的第 i 位，该位有两种可能，故可能的执行路径也有以下两条。

如果该位为 0，执行#7→#6→#3，搜索左分支。因为 Last_Level 记录的是上一趟搜索时的最后分支位置，上一趟第 i 位为 0，表明上一趟在第 i 层选择了左子树搜索，而本趟当前搜索到的第 i 个分支层距 Last_Level 还有若干层（i < Last_Level），故当前仍要沿着左分支继续前往 Last_Level 分支点，目标是搜索 Last_Level 分支位置的右子树。显然，在图 5-29 中搜索第 2 条路径（$R_0 \to F_2$）时，在 R_0、A_1 节点处都将选择左子树搜索。此时，由 i 到 Last_Level 选择的是左分支，故要更新记录当前分支位置（Level=i）。

反之，如果上次该位为 1，则执行#7→#3，搜索右分支。当图 5-29 中的第 2 条路径（$R_0 \to F_2$）被搜索完毕后，最大分支层将为 Last_Level=5，指向 E_2 节点。当搜索第 3 路径（$R_0 \to F_3$）过程中到达 D_1 分支节点时 i 的值为 4。由上一趟第 4 位为 1 可知，当前第 i 层节点的左子树（即 D_1 节点的左子树）必定已被全部遍历，上一趟在该位置已经选择了右分支，故当前在该位置仍要沿着右分支向 Last_Level 靠近，即从 D_1 前往 E_2。由于当前选择的是右分支，故无须更新记录 Level=i。基于上述分析，有如下代码：

```
if (bit_A == 0 && bit_B == 0) {
    //"="================================================
    //当前搜索遇到的分支层位置为前一搜索路径中最低的分支层位置
    if(i == Last_Level)  {                      //①
        Save_ROMCODE_Bit_i(ROMCODE,i,1);        //设第 i 位为 1
        Write_DQ_bit(1);                        //开始搜索“1 分支”
    }
    //">"================================================
    //当前搜索遇到的分支层低于前一趟搜索的最低分支层
    else if (i > Last_Level) {                  //②
        Save_ROMCODE_Bit_i(ROMCODE,i,0);        //设第 i 位为 0
        Write_DQ_bit(0);                        //首先默认沿“0 分支”搜索
        Level = i; ;                            //记录当前分支层
    }
    //"<"================================================
    //当前搜索遇到的分支层高于上一次搜索的最低分支层
    //此时的“左右分支选择”决定于上一次 ROMCODE 搜索结果中的对应位
    else if (i < Last_Level) {                  //③
        //读取上一趟搜索到的 ROMCODE 中的第 i 位
        bj = Read_ROMCODE_Bit_i(ROMCODE,i);
        Write_DQ_bit(bj);
        if (bj == 0) Level = i;                 //该位为 0 时记录当前分支层
        //bj = 0 时发送 0 搜索“0 分支”,bj=1 时发送 1 搜索“1 分支”
    }
}
```

其中，第③种情况的条件判断可以被省略。

4）同时在线多器件搜索算法设计

图 5-28 所示的搜索算法流程每次只能搜索出一个器件的 64 位 ROM 编码，也就是仅仅完成了一条路径的搜索。要搜索挂载在总线上的所有器件，也就是搜索整个二叉树中的所有路径，还要不断参照前次搜索到的 64 位编码及前次搜索的最后分支点 Last_Level 这两项数据，继续进行“递进”搜索。由于初始时总线器件总数未知，故要通过无限循环执行搜索，直到某一趟搜索之后，当前分支层 Level 仍为-1 才结束搜索。

要注意的是，虽然由表 5-1 可知读取“11”时表示无从机，但不能将其作为搜索的结束条件，因为只有当总线上的确没有任何器件（器件撤离或损坏）时才会读取到“11”，总线上只要有一个能正常工作的器件存在就不会出现“11”组合。

搜索总线上所有器件的算法如下：

```
void Search_ALL_ROM() {
    int Device_Count = 0;         //初始时搜索到的器件归零
    Last_Level = -1;              //初始时设最大分支层为-1
    //开始搜索第一个器件之前将 64 位的 ROMCODE 清零,代码略
    //开始搜索所有在线器件的 ROMCODE
    while(1) {
        //搜索一个新的 ROMCODE,未找到或出错时退出
        if (Search_ROM1()) break;
        //如果为温度传感器则输出温度值          (代码略)
        //显示当前找到的器件总数及 ROMCODE   (代码略)
        //如果完成当前搜索后当前分支层仍为-1 则结束查找
        if (Level == -1 ) break;
    }
}
```

为什么用一趟搜索之后当前分支变量 Level 保持为-1 来作为 ROM 搜索结束的标志呢？

观察图 5-29，在搜索完以 R_0 为根节点的左子树，也就是搜索完左子树的最后一条路径（$R_0 \rightarrow F_5$）以后，Level 与 Last_Level 均为 0；在整个二叉树最后一条路径（假设为 $R_0 \rightarrow A_2 \rightarrow \cdots \rightarrow F_x$）搜索结束后，Level 与 Last_Level 也同样为 0。可见，当以 R_0 为根节点的左子树或右子树路径搜索完毕时，两个变量值均为 0。显然，仅通过这两个变量无法判断二叉树路径搜索是否完毕。

为简化结束判断设计，可考虑在图 5-29 所示二叉树中 R_0 根节点上添加虚拟根节点（NULL root），其层编号记为-1。观察以 NULL root 为根节点的二叉树可知，它只有左子树而没有右子树，即搜索完其左子树也就表示所有器件 ROMCODE 搜索完毕。当搜索完 R_0 的左子树时，Level=0；当搜索完 R_0 的右子树，也就是最后一条路径时，Level= -1。可见，通过判断一条路径搜索结束后 Level 是否保持初始值-1，即可知搜索是否全部结束。

（5）CRC-8 校验算法

循环冗余码校验码（Cyclic Redundancy Check，CRC）又称多项式校验码，是数据通信领域中最常用的一种差错校验码。CRC 校验将任意一个由二进制位串组成的信息帧看成一个系数仅为“0”或“1”的多项式。例如，信息位串 1010111 对应的多项式为 $M(x)=x^6+x^4+x^2+x+1$，而多项式 $M(x)= x^5+ x^3+x^2+x+1$ 对应的信息位串为 101111。为计算出 CRC 检验码，收/发双方要事先商定一个生成多项式 $G(x)$，如果生成多项式为 k 阶，则应在信息帧末尾添加 k 个 0，然后用添加了 0 的信息帧去除生成多项式，最后将余数（即 CRC 检验码）附加在原始信息帧的末尾，使这个带校验码的信息帧的多项式 $M'(x)$能被 $G(x)$除尽。当接收方收到带校验码的信息帧时，用 $G(x)$去除它，如果有余数，则表示传输出错。计算 CRC 校验码的除法是二进制除法，

其中减法用异或（^）运算代替，无进位（或借位）。

图 5-30 给出了一个 CRC 校验码的计算示例（引自 Andrew S.Tanenbaum 所著的《Computer Networks》。对于数据帧 1101011011，选择的生成多项式为 10011，即 $G(x)=x^4+x+1$。因 $G(x)$ 为 4 阶，故在数据帧末尾补 4 个 0。然后，将 11010110110000 模 2 除 10011，得余数为 1110。再将余数附在原始数据帧末尾，使得发送的帧为 11010110111110。接收方在收到该附加了余数的帧后，用 10011 去除，所得余数为 0 时表示传输正确，否则出错。

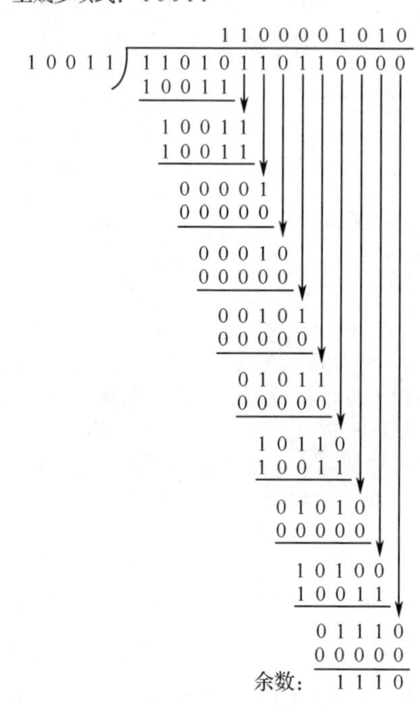

图 5-30　CRC 校验码的计算示例

表 5-2 给出了部分常见的 CRC 校验码生成多项式。本案例 1-Wire 总线器件 DS18B20 用的是表 5-2 中的 CRC-8-Dallas/Maxim，对应的生成多项式为 $x^8+x^5+x^4+1$。本章另一个有关 MODBUS 总线的案例中使用的是 CRC-16-IBM，对应的生成多项式为 $x^{16}+x^{15}+x^2+1$。

表 5-2　部分常见的 CRC 校验生成多项式

CRC 名称	生成多项式	去高位后的正常表示	去高位后的反序表示
CRC-1	$x+1$	0x1	0x1
CRC-4-ITU	x^4+x+1	0x3	0xC
CRC-5-ITU	$x^5+x^4+x^2+1$	0x15	0x15
CRC-5-USB	x^5+x^2+1	0x05	0x14
CRC-7	x^7+x^3+1	0x09	0x48
CRC-8-CCITT	x^8+x^2+x+1	0x07	0xE0
CRC-8-Dallas/Maxim	$x^8+x^5+x^4+1$ （1-Wire 总线）	0x31	0x8C
CRC-8	$x^8+x^7+x^6+x^4+x^2+1$	0xD5	0xAB
CRC-8-WCDMA	$x^8+x^7+x^4+x^3+x+1$	0x9B	0xD9

续表

CRC 名称	生成多项式	去高位后的正常表示	去高位后的反序表示
CRC-15-CAN	$x^{15}+x^{14}+x^{10}+x^8+x^7+x^4+x^3+1$	0x4599	0x4CD1
CRC-16-IBM	$x^{16}+x^{15}+x^2+1$ （Modbus）	0x8005	0xA001
CRC-16-CCITT	$x^{16}+x^{12}+x^5+1$	0x1021	0x8408
CRC-32-IEEE 802.3	$x^{32}+x^{26}+x^{23}+x^{22}+x^{16}+x^{12}+x^{11}+x^{10}+x^8+x^7+x^5+x^4+x^2+x+1$	0x04C11DB7	0xEDB88320

对于上述信息帧与不同的生成多项式的除法运算（即移位与异或运算），不同器件内都有与之对应的数字电路来简化计算。例如，本案例的 DS18B20 器件，其 ROMCODE 的 CRC 校验码或 SCRATCHPAD 的 CRC 校验码的生成多项式电路如图 5-31 所示，它由 1 个移位寄存器和 3 个异或门构成，移位寄存器初始时为全 0（又称 CRC=0x00）。

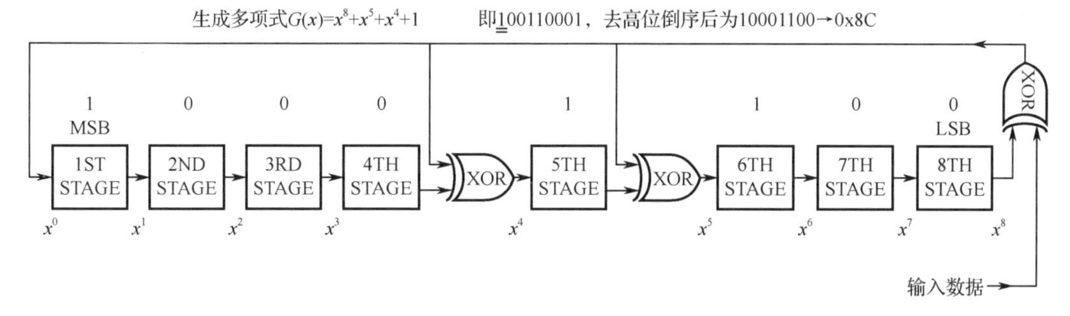

图 5-31　CRC-8-Dallas/Maxim 生成多项式电路

根据 DS18B20 技术手册（或 iButton 技术手册）可知，存放于 ROMCODE 高字节的 CRC 校验码字节由后面的 7 个字节（56 位）生成。由图 5-31 可知，当 ROMCODE 的低 56 位（或 7 个字节）逐位移入移位寄存器后，多项式生成器中将包含一个重新计算后的 CRC 字节。例如，本案例 EEPROM 中的第一个 ROMCODE 为 28 98 AA 4C 00 00 00 72（注意：该序列中前面为低字节，后面为高字节），当移入前 7 个字节（56 位）后，所得的 CRC 校验码为 0x72。同样，DS18B20 的 SCRATCHPAD 共有 9 个字节，移入前 8 字节后，所得到的就是第 9 个 CRC 字节。

无论 ROMCODE 的 CRC 字节还是 SCRATCHPAD 的 CRC 字节，如果将 CRC 字节再移入校验码生成电路，最后得到的结果都为 0x00。

1-Wire 总线所使用的 CRC-8-Dallas/Maxim 校验程序应该如何设计呢？

由图 5-31 所示的 CRC8 生成多项式电路可知，参与校验运算的每个字节需要 8 次右移，每次由 CRC 变量右移出的位（即图 5-31 中“8TH-STAGE”移出的位）异于参与校验字节右移输入的位时，最右边的异或门将输出“1”。根据输出引线可知，它对应于“10001100”（0x8C），且该值将异或到右移了一位的 CRC 上；否则，如果最右边的异或门输出为“0”，则 0x00 将异或到 CRC 上。显然，异或 0x00 不影响 CRC 的值，程序中可省略该操作。

基于上述分析，可有下面基于 1-Wire 总线 CRC-8-Dallas/Maxim 校验算法：

```
void CRC_8(u8 d) {
    for( i = 0; i < 8; i++ ) {
        //CRC 待右移出的低位与参与校验字节 d 的第 i 位相异
        if ((CRC8 ^ (d >> i)) & 0x01) {
            //则 CRC 右移 1 位,然后与生成多项式编码 0x8C 异或
            CRC8 >>= 1 ; CRC8 ^= 0x8C;
        }
```

```
            else CRC8 >>= 1; //否则仅右移 1 位(实际上这里省略了与 0x00 的异或)
        }
    }
```

其中，if ((CRC ^ (d >> i))& 0x01)是 if ((CRC & 0x01)^ (d >> i & 0x01))的简化写法。

为提高校验处理速度，可以考虑将 0x00～0xFF 内各字节的 CRC-8 校验码提前计算出来并保存于校验码表数组。此后，每个字节参与校验时，将其与前一个字节异或，以所得到的值为索引查校验码表，得到的值即为待校验序列中当前字节参与校验后的校验码。下面是用于生成校验码表的 Turbo C 程序，运行时 C 盘根下将生成 CRC8.txt 文件：

```
#include <stdio.h>
unsigned char uCRC8;
void CRC8_1(unsigned char d) {
    for( unsigned char i = 0; i < 8; i++ ) {
        if ((uCRC8 ^ (d >> i)) & 0x01) { uCRC8 >>= 1 ; uCRC8 ^= 0x8C; }
        else uCRC8 >>= 1;
    }
}
void main() {
    FILE *CRC8_File;  int i; CRC8_File  = fopen("c:\\CRC8.txt","w");
    for (i = 0x00; i <=0xFF; i++) {
        uCRC8 = 0x00;   CRC8_1(i);
        fprintf(CRC8_File,"0x%02X",uCRC8);
        if (i != 0xFF) fprintf(CRC8_File,",");
        if (i % 10 == 9) fprintf(CRC8_File,"\n");
    }
    fclose(CRC8_File);
}
```

将所生成的 CRC8.txt 文件内 256 个字节校验码直接复制到 Keil C 程序校码表数组 code u8 CRC_T8[]即可。下面列出了其中的部分校验码字节：

```
code u8 CRC_T8[] = { //共计 256 个字节
    0x00,0x5E,0xBC,0xE2,0x61,0x3F,0xDD,0x83,0xC2,0x9C,
    ……(限于篇幅，这里略去了大部分校验码数据)
    0x0A,0x54,0xD7,0x89,0x6B,0x35
};
```

有了校验码表 CRC_T8，当前字节 d 参与校验时，只要将其与前一个字节参与校验后所得校验码 CRC8 异或，再以所得的值为索引查表，所得到的值即为当前字节 d 参与校验后的校验码。显然，查表处理速度将远高于基于位的校验算法。当然，这是以牺牲单片机 ROM 空间为代价的。查表校验函数代码如下：

```
void CRC_8(u8 d) { CRC8 = CRC_T8[CRC8 ^ d]; }
```

2. 实训要求

① 进一步完善程序，使平均温度高于设定值时输出报警声音。

② 器件搜索程序的优点在于总线上更换任何一个器件后，重启系统即可正常使用；其缺点是所读取器件的 ROMCODE 无法与器件物理位置直接对应。在调试通过程序以后，重新修改代码，依次单独读取各个器件的 ROMCODE，然后通过匹配命令逐一获取各器件的温度值并显示。这样的设计可将器件 ROMCODE 与其物理位置关联起来。

3. 源程序代码

```
1    //---------------------------- 1-Wire.c --------------------------------
2    //  名称：1-Wire 总线器件 ROM 搜索及多点温度测试
3    //---------------------------------------------------------------------
```

```
4   #define u8  unsigned char
5   #define u16 unsigned int
6   #define s8 signed char
7   #include "STC15xxx.h"
8   #include <intrins.h>
9   #include <string.h>
10  #include <stdio.h>
11  #include "1-Wire.h"
12  u8 Temp_Value[2];                  //存放所读取的 2 个字节温度数据
13  u8 ROMCODE[8];
14  u8 LCD_Buffer[21];                 //液晶屏显示缓冲区数据
15  //当前分支层及上次搜索的最低分支层
16  S8  Level,Last_Level;              //(注意将两者定义为有符号数)
17  u8  CRC8;                          //CRC-8 校验变量
18  bit bit_A,bit_B, bj;               //读 ROMCODE 的当前位原码与反码等
19  extern void LCD_ShowString(u8 r, u8 c,u8 *str);
20  //-----------------------------------------------------------------------
21  // us 延时函数@12MHz
22  //-----------------------------------------------------------------------
23  void delay1us() {_nop_(); _nop_(); _nop_(); _nop_();}
24  void delay_us(u16 x) { while (x--) {_nop_();_nop_();_nop_();_nop_();}}
25  //-----------------------------------------------------------------------
26  // ms 延时函数@12MHz(限于 1～255)
27  //-----------------------------------------------------------------------
28  #define MAIN_Fosc 12000000L
29  void delay_ms(u8 ms) {
30      u16 i;
31      do{
32          i = MAIN_Fosc / 13000; while(--i);
33      } while(--ms);
34  }
35  //-----------------------------------------------------------------------
36  // 发送读时隙时序
37  //-----------------------------------------------------------------------
38  void Read_Slot(){
39      DQ = 1; delay1us(); DQ = 0; delay1us(); DQ = 1; delay1us();
40  }
41  //-----------------------------------------------------------------------
42  // 从 1-Wire 总线读取 1 位
43  //-----------------------------------------------------------------------
44  u8 Read_Romcode_bit() {
45      static bit b; Read_Slot(); b = DQ; delay_us(72); DQ = 1; return b;
46  }
47  //-----------------------------------------------------------------------
48  // 向 1-Wire 总线写 1 个字节
49  //-----------------------------------------------------------------------
50  void Write_Byte(u8 A) {
51      u8 i;
52      for ( i = 0x01;i != 0x00; i <<= 1) {
53          if (A & i) Write_DQ_bit(1); else Write_DQ_bit(0);
54      }
55  }
56  //-----------------------------------------------------------------------
57  // 从 1-Wire 总线读取 1 个字节
```

```
58 //-----------------------------------------------------------------------
59 u8 Read_Byte() {
60     u8 i,d = 0x00;
61     for (i = 0; i < 8; i++) {
62         Read_Slot(); if (DQ == 1)  d |= (1<<i); delay_us(52); }
63     return d;
64 }
65 //-----------------------------------------------------------------------
66 // 向 1-Wire 总线写 1 位 0/1
67 //-----------------------------------------------------------------------
68 void Write_DQ_bit(u8 b) {
69     DQ = 0; if (b) DQ = 1; delay_us(72); DQ = 1;
70 }
71 //-----------------------------------------------------------------------
72 // 1-Wire 总线复位
73 //-----------------------------------------------------------------------
74 u8 RESET() {
75     u8 status;
76     DQ = 1;     delay_us(10);   //将 DQ 置为高电平并短暂延时
77     DQ = 0;     delay_us(500);//主机将 DQ 拉为低电平且维持至少 480μs(实际 630μs)
78     DQ = 1;     delay_us(50);   //主机写 1 释放总线,等待 15～60μs
79     status = DQ;delay_us(500); //读取在线脉冲信号,延时至少 480μs(实际 630μs)
80     DQ = 1;
81     return status;                       //读取 0 时正常,否则失败
82 }
83 //-----------------------------------------------------------------------
84 // 转换并显示当前找到的器件的 8 个字节(64 位)ROMCODE
85 //-----------------------------------------------------------------------
86 void Show_Romcode(u8 r, u8 c) {
87     char i,a,b;
88     for (i = 0; i < 8; i++) {//显示 8 个字节共 64 位 ROMCODE
89         //当前字节拆为 2 个字节十六进制字符
90         a = ROMCODE[i] >> 4; b = ROMCODE[i] & 0x0F;
91         if (a > 9) a += 'A' - 10; else a += '0';
92         if (b > 9) b += 'A' - 10; else b += '0';
93         //放入显示缓冲区指定位置
94         LCD_Buffer[15 - 2 * i - 1] = a;
95         LCD_Buffer[15 - 2 * i]     = b;
96     }
97     LCD_Buffer[16] = '\0';               //显示缓冲区字符串加结束标记
98     LCD_ShowString(r,c,LCD_Buffer);//LCD 显示 ROMCODE
99 }
100 //-----------------------------------------------------------------------
101 // 搜索 1-Wire 总线上一个器件的 64 位 ROMCODE
102 // 返回 0 表示搜索到一个 ROMCODE,否则表示无器件或搜索的 ROMCODE 校验错
103 //-----------------------------------------------------------------------
104 u8 Search_ROM1() {
105     u8 i;
106     if (RESET()) return 0;               //复位,无器件在线时返回
107     Write_Byte(SERACH_ROM);              //发送 ROM 搜索命令
108     Level = - 1;                         //设当前搜索的分支层为-1
109     for (i = 0; i < 64; i++) {          //从 0 位开始搜索 64 位 ROMCODE
110         bit_A = Read_Romcode_bit();//读取第“i”位的原码
111         bit_B = Read_Romcode_bit();//读取第“i”位的反码
```

```
112     //-------------------------------------------------------------------11
113         //读取的结果为 11 时,搜索结束,程序返回
114         if (bit_A == 1 && bit_B == 1) return 1;
115         //------------------------------------------------------------10 或 01
116         //读取的结果为 10 或 01 时,表示所有从机的此位均为 0 或 1
117         //将此位保存到 8 个字节共 64 位的数组 ROMCODE 中
118         //如果此位为 0 表示所有从机此位均为 0,故发送 0 使所有该位为 0 的从机继续通信
119         //如果此位为 1 表示所有从机此位均为 1,故发送 1 使所有该位为 1 的从机继续通信
120         else if (bit_A != bit_B) { //两位为 01 或 10
121             Save_ROMCODE_Bit_i(ROMCODE,i,(u8)bit_A);
122             Write_DQ_bit(bit_A);
123         }
124         //---------------------------------------------------------------00
125         //读取的结果为 00 时,表示从机中此位同时有 0 与 1,在该层出现搜索分支
126         else if (bit_A == 0 && bit_B == 0) {
127             //"=" =====================================================
128             //当前搜索遇到的分支层位置为前一个搜索路径中最低的分支层位置
129             if(i == Last_Level) {
130                 Save_ROMCODE_Bit_i(ROMCODE,i,1);//设第 i 位为 1
131                 Write_DQ_bit(1);                  //开始搜索"1 分支"
132             }
133             //">" =====================================================
134             //当前搜索遇到的分支层低于前一趟搜索的最低分支层
135             else if (i > Last_Level) {
136                 Save_ROMCODE_Bit_i(ROMCODE,i,0);//设第 i 位为 0
137                 Write_DQ_bit(0);                  //先默认沿"0 分支"搜索
138                 Level = i;                        //记录当前分支层
139             }
140             //"<" =====================================================
141             //当前搜索遇到的分支层高于上一次搜索的最低分支层
142             //此时的"左、右分支选择"决定于上一次 ROMCODE 搜索结果中的对应位
143             else if (i < Last_Level) {
144                 //读取上一趟搜索到的 ROMCODE 中的第 i 位
145                 bj = Read_ROMCODE_Bit_i(ROMCODE,i);
146                 Write_DQ_bit(bj);
147                 if (bj == 0) Level = i;           //该位为 0 时记录当前分支层
148                 //当 bj = 0 时,发送 0 搜索"0 分支",当 bj=1 时发送 1 搜索"1 分支"
149             }
150         } //完成 1 位搜索-------------------------------------------
151     } //完成 64 位搜索---------------------------------------------
152     Last_Level = Level;            //更新最大分支层
153     CRC8 = 0x00; for (i = 0; i < 8; i++) CRC_8(ROMCODE[i]);
154     //对 8 字(64 位)ROMCODE 执行 CRC_8 校验,正确时返回值为 0,否则返回值为 1
155     return CRC8 == 0x00 ? 0 : 1;
156 }
157 //-----------------------------------------------------------------------
158 // 搜索 1-Wire 上挂载的所有器件的 ROMCODE
159 //-----------------------------------------------------------------------
160 void Search_ALL_ROM() {
161     u8 i;
162     int Device_Count = 0;          //初始时搜索到的器件归零
163     Last_Level = - 1;              //初始时设最大分支层为-1
164     //开始搜索第 1 个器件之前将 64 位的 ROMCODE 清零
165     for (i = 0; i < 8; i++) ROMCODE[i] = 0x00;
```

```
166     //开始搜索所有在线器件的 ROMCODE
167     while(1) {
168         //搜索一个新的 ROMCODE,未找到或出错时退出
169         if (Search_ROM1()) break;
170         //如果为温度传感器则输出温度值
171         if (ROMCODE[0] == 0x28) {
172             sprintf(LCD_Buffer,
173             "Temp: %5.1f\xDF\x43   ",Get_Temperature(ROMCODE));
174             LCD_ShowString(3, 0, LCD_Buffer);
175         }   //清除温度显示区
176         else LCD_ShowString(3,0,"********************");
177         //在第 1 行、第 0 列显示当前找到的器件总数
178         sprintf(LCD_Buffer,"Found: #%d",++Device_Count);
179         LCD_ShowString(1, 0, LCD_Buffer);
180         //在第 2 行、第 0 列显示当前器件 ROMCODE
181         Show_Romcode(2,0);
182         //如果完成当前搜索后当前分支层仍为-1 则结束搜索
183         if (Level == -1 ) break;
184     }
185 }
186 //--------------------------------------------------------------------------
187 // 读取存放于 8 个字节数组 A 中的 ROMCODE 的第 i 位
188 //--------------------------------------------------------------------------
189 u8 Read_ROMCODE_Bit_i(u8 A[],u8 i) {
190     //得出 64 位 ROMCODE 中第 i 位所处的字节值及该位的掩码字节 k
191     u8 j = A[i / 8], k = 1 << (i % 8);
192     return ((j & k) == 0x00) ? 0:1;
193 }
194 //--------------------------------------------------------------------------
195 // 将存放于 8 个字节数组 A 中的 ROMCODE 的第 i 位设为 0 或 1
196 //--------------------------------------------------------------------------
197 void Save_ROMCODE_Bit_i(u8 A[],u8 i,u8 b) {
198     //先求出 64 位中的第 i 位所在的字节在数组中的索引 j
199     //再根据该位在此字节内 8 位中的位置(i % 8)得出掩码字节 k
200     //如果设第 3 位为 1,则有“k = 1 << 3 = 0B00001000”
201     u8 j = i / 8, k = 1 << (i % 8);
202     //相应位设为 1 或 0
203     if (b == 1) A[j] |= k; else A[j] &= ~k;
204 }
205 //--------------------------------------------------------------------------
206 // 根据 ROMCODE 读取温度数据
207 //--------------------------------------------------------------------------
208 float Get_Temperature(char *rom_code) {
209     RESET();                        //复位
210     ROMCODE_Match(rom_code);        //发 ROMCODE 匹配命令
211     Write_Byte(CONVERT);            //温度转换命令
212     //12 位分辨率转换时间为 750ms
213     delay_ms(200);delay_ms(200);
214     delay_ms(200);delay_ms(150);
215     RESET();                        //复位
216     ROMCODE_Match(rom_code);        //发 ROMCODE 匹配命令
217     Write_Byte(READ_SCRATCHPAD);    //读 RAM 命令
218     Temp_Value[0] = Read_Byte();    //读取 2 个字节温度数据
219     Temp_Value[1] = Read_Byte();
```

```
220     //计算浮点温度值并返回
221     return (int)((Temp_Value[1]<<8) | Temp_Value[0]) * 0.0625;
222 }
223 //----------------------------------------------------------------------------
224 // 发送匹配命令,并发送 64 位的 ROMCODE
225 //----------------------------------------------------------------------------
226 void ROMCODE_Match(u8 ROMCODE[]) {
227     u8 i;
228     //先发送 ROM 匹配命令,然后发送 64 位的 ROMCODE
229     Write_Byte(MATCH_ROM);
230     for ( i = 0;i < 8; i++)  Write_Byte(ROMCODE[i]);
231 }
232 //----------------------------------------------------------------------------
233 // 基于位的 CRC_8 校验函数（速度较慢，本案例未调用）
234 // (通过该函数可预先得出 256 个字节的校验码表,改用查表法进行校验)
235 // 校验多项式“x^8 + x ^ 5 + x ^ 4 + 1”, 去高位后倒序:0x8C
236 //----------------------------------------------------------------------------
237 /*void CRC_8(u8 d) {
238     u8 i;
239     for( i = 0; i < 8; i++ ) {
240         //CRC 待右移出的低位与参与校验字节 d 的第 i 位相异
241         if ((CRC8 ^ (d >> i)) & 0x01) {
242             //则 CRC 右移 1 位,然后与生成多项式编码 0x8C 异或
243             CRC8 >>= 1 ; CRC8 ^= 0x8C;
244         }
245         else CRC8 >>= 1; //否则仅右移 1 位(实际上这里省略了与 0x00 的异或)
246     }
247 }*/
248 //----------------------------------------------------------------------------
249 // CRC_8 校验码表(共 256 个字节,该码表通过 TC 程序调用上述函数计算得到)
250 //----------------------------------------------------------------------------
251 code u8 CRC_T8[] = {
252     0x00,0x5E,0xBC,0xE2,0x61,0x3F,0xDD,0x83,0xC2,0x9C,
    ……(限于篇幅，这里略去了部分数据)
277     0x0A,0x54,0xD7,0x89,0x6B,0x35
278 };
279 //----------------------------------------------------------------------------
280 // CRC_8 查表校验函数(生成多项式“x^8 + x ^ 5 + x ^ 4 + 1”
281 //----------------------------------------------------------------------------
282 void CRC_8(u8 d) { CRC8 = CRC_T8[CRC8 ^ d]; }
```

```
1    //------------------------------ main.c --------------------------------
2    //  名称: 1-Wire 总线器件 ROM 搜索程序及多点温度监测程序
3    //----------------------------------------------------------------------
4    //  说明: 本案例自动搜索所有 1-Wire 总线器件,遇到温度传感器时显示其温度值
5    //          否则仅显示其 ROMCODE 编码及当前搜索到的器件总数
6    //
7    //----------------------------------------------------------------------
8    #define u8  unsigned char
9    #define u16 unsigned int
10   #include "STC15xxx.h"
11   #include "1-Wire.h"
12   #include <intrins.h>
13   #include <stdio.h>
```

```
14  extern void LCD_Initialize();
15  extern void LCD_ShowString(u8 r, u8 c,u8 *str);
16  extern void Search_ALL_ROM();
17  //-----------------------------------------------------------------------
18  // 主程序
19  //-----------------------------------------------------------------------
20  void main() {
21      P0M1 = 0; P0M0 = 0;          //配置为准双向口
22      P1M1 = 0; P1M0 = 0;
23      P2M1 = 0; P2M0 = 0;
24      P3M1 = 0; P3M0 = 0;
25      LCD_Initialize();            //液晶屏初始化
26      LCD_ShowString(0,0,(char*)"1-Wire Device Search"); //显示标题文字
27      while(1) Search_ALL_ROM();  //搜索所有器件,遇到DS18B20时读取并显示温度
28  }
```

5.12　温室监控系统仿真

温室监控系统仿真电路如图 5-32 所示。在该仿真电路中，用 C#语言设计的上位机程序按钮可实现对控制板通风、采光电机及外围水泵的启/停控制。控制板 DS18B20 实时采集的温度信息能刷新显示在图 5-33 所示的上位机程序界面中。

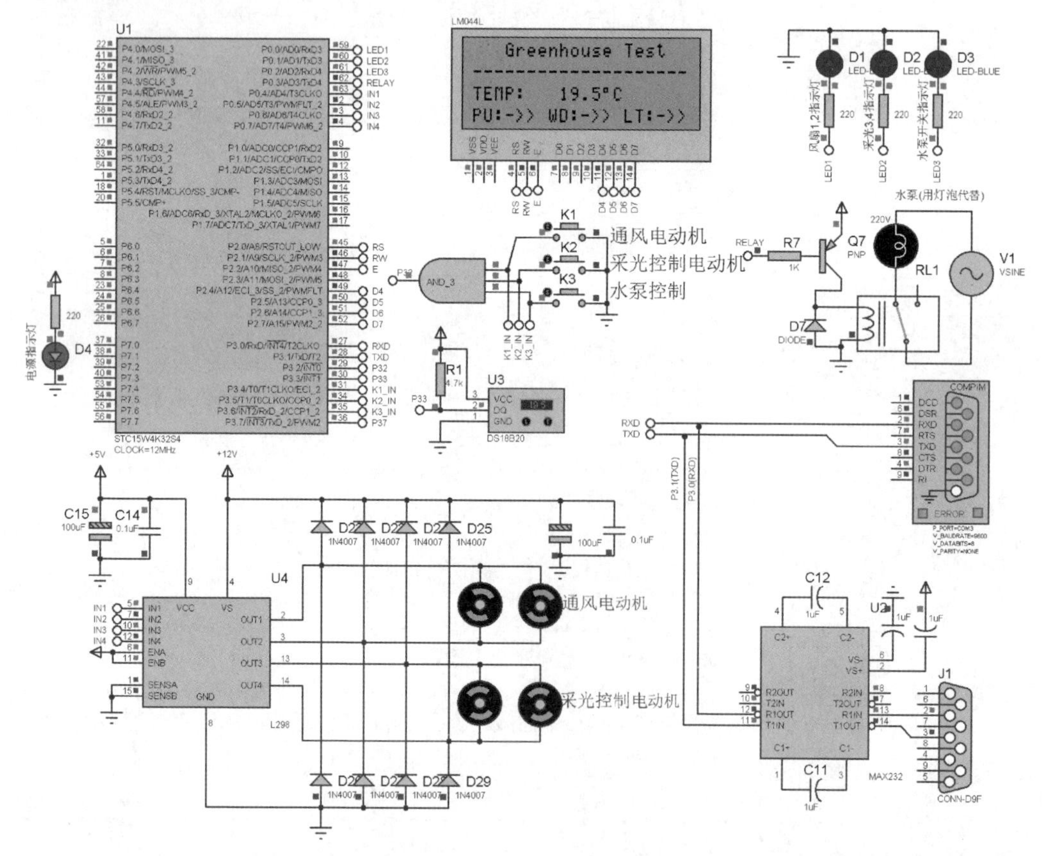

图 5-32　温室监控系统仿真电路

1．程序设计与调试

温室监控系统设计的要点在于上位机 Windows 软件与下位机单片机程序之间通过串口进

行的双向通信设计。第 3 章已有“PC 与单片机双向通信”案例。其中的上位机程序借用了通用的“串口助手”软件，将待显示数字发送到下位机。当外围 K1 按键被按下时，下位机也能向上位机“串口助手”软件发回一串中英文字符串信息并显示在上位机接收窗口中。

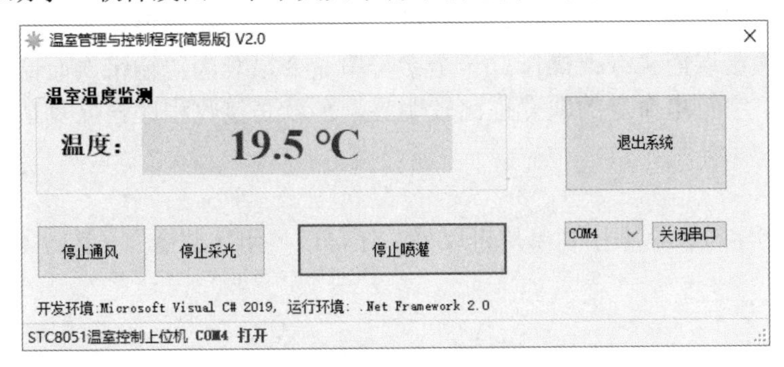

图 5-33　温室监控系统上位机程序界面（注意以管理员身份运行）

本案例程序设计除参考“PC 与单片机双向通信”程序设计相关技术以外，还要解决以下两个问题。

一是上位机不再使用通用的“串口助手”软件，而是使用独立设计的上位机 Windows 软件。上位机最简单的开发语言可能要属 VB6.0 和 C#，本案例选用的是目前主流的 C#语言。限于篇幅，这里不介绍 C#语言程序的设计流程、相关语法、函数等，必要时可参阅 C#语言相关书籍。

二是上位机 C#语言程序要对下位机（STC15）外围多种器件进行控制，且两者要对控制命令进行统一“协商”，以便下位机能根据上位机发送的控制命令执行相应动作。

由于 C#语言程序要对通风电机、采光电机、水泵电机进行开关控制，所以双方可约定下面的两种控制命令。

1）字符串命令

本案例程序所采用字符串命令均以“$”开头。以“水泵开”操作按钮为例，在 C#语言程序中按下该按钮时，下面的语句将被“button_喷灌_Click”事件驱动执行：

```
serialPort1.WriteLine("$PUMP_OPEN");
```

该语句调用了串口组件 serialPort1 的 WriteLine 方法，经过 PC 串口发送字符串命令“$PUMP_OPEN”；在使用 WriteLine 方法时，所输出字符串末尾实际上还附带输出了 0x0D 和 0x0A，这两字节分别为回车（CR）/换行（LF）符的 ASCII。

表 5-3 列出了上位机 C#语言程序所用到的 6 个字符串命令。

表 5-3　上位机 C#语言程序所用到的 6 个字符串命令

操作要求	通风开	通风关	采光开	采光关	水泵开	水泵关
字符串命令	WIND_OPEN	WIND_CLOSE	LIGHT_OPEN	LIGHT_CLOSE	PUMP_OPEN	PUMP_CLOSE

在温室控制系统以 STC15 为核心的主控制板这一端（下位机），通过串口接收中断逐个接收 C#语言程序发送来的以“$”开头的字符串。当接收缓冲索引变量 i 为 0 时，如果当前接收的不是“$”，串口接收程序将会清零接收缓冲索引变量 i。在正常接收时，每个字符将被缓存到 recv_buff，当从 SBUF 寄存器中最后读取到“0x0A”字节时，即表示一个字符串命令接收结束。

每完成一次完整的字符串命令接收后，单片机主程序使用标准的 C 函数 strcmp 进行字符串命令比较，匹配何种命令时即执行何种外部设备的操作，例如：

```
if(strcmp(recv_buff,"PUMP_OPEN")== 0)…… //水泵开
```

注意：strcmp 比较的字符串前面没有“$”，这是因为接收中断中仅以“$”作为字符串命令的起始标志，并未将其缓存到 recv_buff。

字符串命令的优点是，可读性较好；通过源程序可直接看到该命令将执行何种操作；该命令不容易因传输错误而执行误操作，一个字符串命令很难因传输错误而恰好变成了其他字符串命令。当然，字符串命令的缺点也比较明显，那就是接收程序稍显复杂，且占用单片机 RAM 空间较多。

2）字节命令

除了可以使用字符串命令控制单片机以外，还可以使用字节命令。表 5-4 列出了 6 个字节命令。

表 5-4　6 个字节命令

操作要求	通风开	通风关	采光开	采光关	水泵开	水泵关
字节命令	0x01	0x02	0x03	0x04	0x05	0x06

显然，改用字节命令后，C#语言程序发送给单片机的数据量明显减少；单片机接收缓存可以仅用一个字节变量，不再须要使用字符数组（字符串）；匹配命令比较时不再须要使用 strcmp 函数，仅用关系运行符“==”执行简单的字节比较即可。

字节命令的缺点是，可能因为传输错误，一个字节命令变成了其他字节命令而造成错误操作。为解决这个问题，可以进一步考虑使用 CRC-8 检验的方法，即在接收端每次接收两个字节，其中前一个字节为字节命令，后一个字节为字节命令的 CRC 校验码，且只有在校验通过时才执行相应设备操作。

在更为严格的应用要求下，可考虑为字节命令定义统一的帧格式，包括帧起始标识字节、帧数据序列字节（1 或多字节）、校验码字节、帧结束标识字节等。

图 5-34 给出的是上位机 VS.NET 开发环境中的 C#语言程序开发界面。限于篇幅，其设计过程这里不进行详细说明。尝试学习上位机 C#语言程序设计时，要弄清以下几个问题。

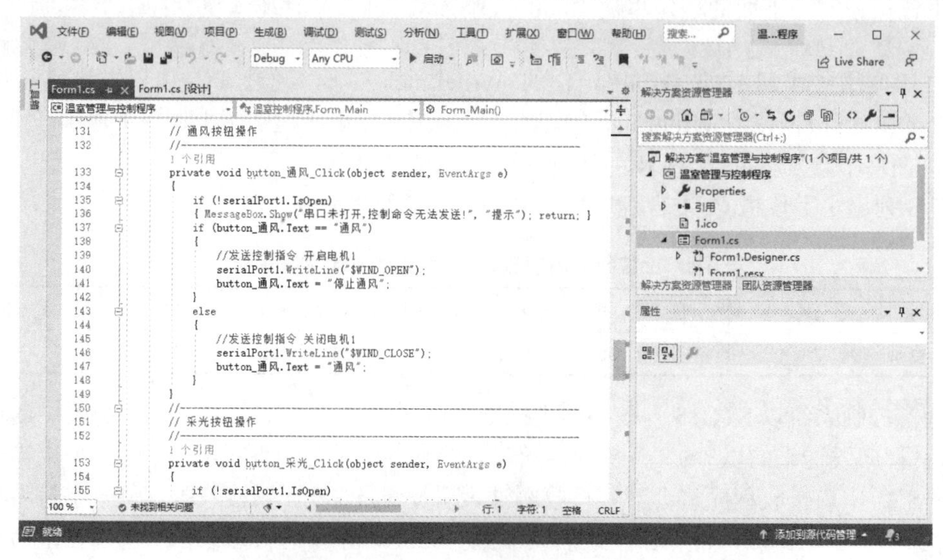

图 5-34　上位机 VS.NET 开发环境中的 C#语言程序开发界面

① 基本的字符串函数应用。

② serialPort 串口通信组件的相关属性、事件及方法。

③ delegate 代理程序设计（用于显示串口接收的温度数据）。

④ 注册表程序设计（读写有关配置数据）等。

2．实训要求

① 修改电路，尝试改用 RS-485 收发器，实现远距离温室控制功能。

② 修改程序，增加上位机对电机的调速控制，并使系统除了能够回传温度信息以外，还能回传几个外部电机设备的开关状态。

3．源程序代码

```
1   //----------------------------- main.c --------------------------------
2   //  名称：温室控制系统仿真设计
3   //-----------------------------------------------------------------------
4   //  说明：K1～K3 按键分别控制通风电机、采光电机及水泵开关,LCD 显示当前温度值
5   //         上位机按钮可分别实现 K1～K3 的控制功能。在系统运行时,下位机温度值
6   //         将被刷新显示在上位机接收窗口中
7   //
8   //-----------------------------------------------------------------------
9   #include "STC15xxx.h"
10  #include <intrins.h>
11  #include <string.h>
12  #include <stdio.h>
13  #define u8  unsigned char
14  #define u16 unsigned int
15  #define MAX_CHAR 11                     //允许接收并保存的最大字符个数
16  volatile u8 recv_buff[MAX_CHAR+1];      //串口接收数据缓冲区
17  volatile u8 Buf_Index = 0;              //缓冲区索引
18  extern u8 Read_Temperature();           //读传感器温度函数
19  extern void LCD_Initialize();           //LCD 初始化函数
20  extern void LCD_ShowString(u8 ,u8,u8 *);//在指定行/列显示字符串函数
21  extern u8 Temp_Value[];                 //从 DS18B20 读取的数据
22  extern void delay_ms(u8 x);             //延时函数
23  char Disp_Buffer[21];                   //LCD 显示缓冲区
24  volatile u8 recv_OK = 0;                //上位机命令串接收成功标志
25  //相关按键、控制引脚等定义
26  sbit K1 = P3^4;                         //通风电机开关控制按键
27  sbit K2 = P3^5;                         //采光电机开关控制按键
28  sbit K3 = P3^6;                         //水泵开关控制按键
29  sbit LED_1 = P0^0;                      //通风电机开关指示灯
30  sbit LED_2 = P0^1;                      //采光电机开关指示灯
31  sbit LED_3 = P0^2;                      //水泵指示灯
32  sbit RELAY = P0^3;                      //水泵控制继电器
33  sbit F_IN1 = P0^4;                      //通风电机控制端
34  sbit F_IN2 = P0^5;
35  sbit F_IN3 = P0^6;                      //采光电机控制端
36  sbit F_IN4 = P0^7;
37  bit TX1_Busy;                           //发送忙标志
38  //-----------------------------------------------------------------------
39  // 向串口输出 1 个字符
40  //-----------------------------------------------------------------------
41  void PutChar(u8 c) {
42      TX1_Busy = 1; SBUF = c; while(TX1_Busy) delay_ms(1);
43  }
44  //-----------------------------------------------------------------------
```

```
45  // 串口输出字符串
46  //-----------------------------------------------------------------------
47  void PutStr(char *s) { while(*s) PutChar(*s++); }
48  //-----------------------------------------------------------------------
49  // 串口配置
50  //-----------------------------------------------------------------------
51  void UartInit() {        //9600bit/s,12.000MHz
52      SCON = 0x50;         //8 位数据,可变波特率
53      AUXR &= 0xBF;        //T1 时钟频率为 Fosc/12,即 12T
54      AUXR &= 0xFE;        //串口 1 选择 T1 为波特率发生器
55      TMOD &= 0x0F;        //设置 T1 为 16 位自动重装载方式
56      TL1 = 0xE6;          //设置定时初始值
57      TH1 = 0xFF;          //设置定时初始值
58      ET1 = 0;             //禁止 T1 中断
59      TR1 = 1;             //启动 T1
60      TX1_Busy = 0;        //默认为非忙状态
61  }
62  void Refresh_LCD() {
63      if (LED_1 == 1) LCD_ShowString(3,3,    (char*)"->>");
64      else            LCD_ShowString(3,3,    (char*)" X ");
65      if (LED_2 == 1) LCD_ShowString(3,10,   (char*)"->>");
66      else            LCD_ShowString(3,10,   (char*)" X ");
67      if (LED_3 == 1) LCD_ShowString(3,17,   (char*)"->>");
68      else            LCD_ShowString(3,17,   (char*)" X ");
69  }
70  //-----------------------------------------------------------------------
71  // 主函数
72  //-----------------------------------------------------------------------
73  void main() {
74      float temp = 0.0;                  //浮点型温度变量
75      P0M1 = 0x00; P0M0 = 0x00;          //配置为准双向口
76      P1M1 = 0x00; P1M0 = 0x00;
77      P2M1 = 0x00; P2M0 = 0x00;
78      P3M1 = 0x00; P3M0 = 0x00;
79      LED_1 = LED_2 = LED_3 = 0;         //初始时关闭 3 个 LED
80      UartInit();                        //串口配置 (9600bit/s)
81      IT0 = 1;                           //INT0 中断下降沿触发
82      IE = 0x91;                         //允许串口中断与 INT0 中断
83      LCD_Initialize();                  //LCD 初始化
84      LCD_ShowString(0,0,"  Greenhouse Test  ");//显示标题
85      LCD_ShowString(1,0,"--------------------");//显示分隔线
86      LCD_ShowString(2,0,"TEMP: ");
87      LCD_ShowString(3,0,"PU:    WD:    LT:    ");
88      Read_Temperature();                //读取温度
89      delay_ms(800);                     //延时
90      while(1) {                         //循环读取温度并显示
91          if (Read_Temperature()){       //读取温度正常则转换并显示
92              //计算浮点温度值(强制转换为 int 不可省略,否则计算负温度时将出错)
93              temp = (int)(Temp_Value[1]<<8 | Temp_Value[0]) * 0.0625;
94              //浮点温度值转换为字符串
95              sprintf(Disp_Buffer, "%5.1f", temp);
96              //向 PC 发送温度字符串(带回车换行符)
97              PutStr(Disp_Buffer); PutStr("\r\n");
98              //浮点温度字符串末尾附加摄氏度符号,\xDF\x43 为℃的 LCD 编码
```

```
99                  strcat(Disp_Buffer,"\xDF\x43     ");
100                 LCD_ShowString(2,7, Disp_Buffer);//LCD显示
101             }
102         if (recv_OK) {                  //串口命令完整接收则进行处理
103             recv_OK = 0;
104             if (strcmp(recv_buff,     "WIND_OPEN") == 0)
105             { F_IN1 = 1; F_IN2 = 0; LED_1 = 1; }
106             else if (strcmp(recv_buff,"LIGHT_OPEN") == 0)
107             { F_IN3 = 1; F_IN4 = 0; LED_2 = 1; }
108             else if (strcmp(recv_buff,"WIND_CLOSE") == 0)
109             { F_IN1 = 1; F_IN2 = 1; LED_1 = 0; }
110             else if (strcmp(recv_buff,"LIGHT_CLOSE") == 0)
111             { F_IN3 = 1; F_IN4 = 1; LED_2 = 0; }
112             else if (strcmp(recv_buff,"PUMP_OPEN") == 0)
113             { RELAY = 0; LED_3 = 1; }
114             else if (strcmp(recv_buff,"PUMP_CLOSE") == 0)
115             { RELAY = 1; LED_3 = 0; }
116         }
117         Refresh_LCD();
118         delay_ms(200);                  //延时(过快读传感器将导致错误)
119     }
120 }
121 //-----------------------------------------------------------------------
122 // INT0中断函数
123 //-----------------------------------------------------------------------
124 void INT0_ISR() interrupt 0 {
125     if (K1 == 0) {                      //通风电机开关控制
126         delay_ms(10);
127         if (K1 == 0) {
128             if (LED_1 == 1) {   F_IN1 = 1; F_IN2 = 1; LED_1 = 0; }
129             else            {   F_IN1 = 1; F_IN2 = 0; LED_1 = 1; }
130         }
131     }
132     if (K2 == 0) {                      //采光电机开关控制
133         delay_ms(10);
134         if (K2 == 0) {
135             if (LED_2 == 1) {   F_IN3 = 1; F_IN4 = 1; LED_2 = 0; }
136             else            {   F_IN3 = 1; F_IN4 = 0; LED_2 = 1; }
137         }
138     }
139     if (K3 == 0) {                      //水泵开关控制
140         delay_ms(10);
141         if (K3 == 0) {
142             if (LED_3 == 1) {   RELAY = 1;  LED_3 = 0; }
143             else            {   RELAY = 0;  LED_3 = 1; }
144         }
145     }
146 }
147 //-----------------------------------------------------------------------
148 // 串口接收中断函数
149 //-----------------------------------------------------------------------
150 void Serial_INT_ISR() interrupt 4 {
151     static u8 i = 0; u8 c;
152     if (RI) {                           //判断接收中断标志
```

```
153         RI = 0; c = SBUF;            //将串口接收标志位清零,读取 1 个字节
154         if (c == '$') { i = 0; return; }//判断首字符($)
155         if (c == 0x0D) return;       //忽略 0x0D
156         if (c == 0x0A){ i = 0; recv_OK = 1;}   //结束字符串处理
157         else {                       //正常接收
158             recv_buff[i] = c; recv_buff[++i] = '\0';
159             if (i == MAX_CHAR) i = 0;   //接收字符串长度异常时 i 归零
160         }
161     }
162     if (TI) {                        //判断发送中断标志位
163         TI = 0; TX1_Busy = 0;        //将 TX1 发送忙标志位清零
165     }
166 }
```

5.13 基于 STC15 的小型气象站系统

基于 STC15 的小型气象站系统仿真电路如图 5-35 所示。该仿真电路运行时，液晶屏将实时刷新显示温湿度（RH/T1）、气压（P/T2）、雨量（Ra）、风速（Ws）、风向（Wd）、光照（DL）等信息。

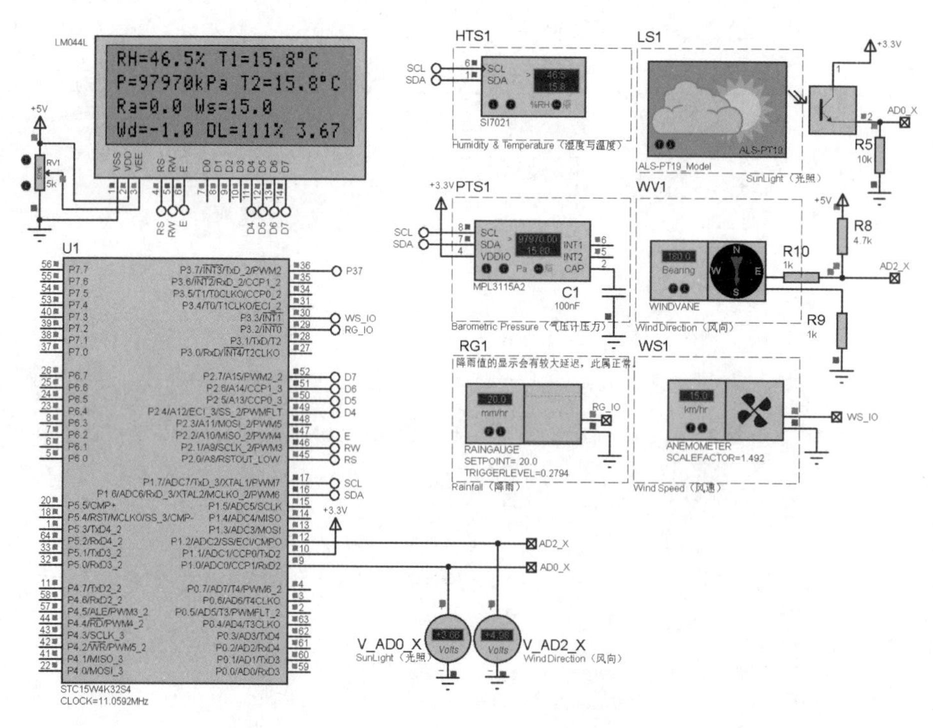

图 5-35　基于 STC15 的小型气象站系统仿真电路

1. 程序设计与调试

1）小型气象站仿真电路的硬件（组件）简介

小型气象站所采集的气象数据对象共 6 项，包括温湿度（RH/T1）、气压（P/T2）、雨量（Ra）、风速（Ws）、风向（Wd）、光照（DL），以下逐一简介各项气象数据采集所使用的器件。

① 温/湿度监测：所使用器件为 Si7021 公司（命名为 HTS1）。

Si7021 公司是 Silicon Labs 公司生产的温/湿度传感器，兼容 I^2C 接口，最高支持 400kHz 的通信速率，具有 0～100%RH 量程和最大-40～+125℃的温度量程，并具有 150μA 低功耗、

超小体积的特点，适用于测量湿度、露点和温度。其驱动程序详见电子资料压缩包的 Si7021.c 程序文件，阅读时可重点参阅 Si7021 技术手册提供的命令集及有关计算公式。

② 大气压监测：所用的器件为 MPL3115A2（命名为 PTS1）。

MPL3115A2 是飞思卡尔提供的数字气压传感器，可实现压力（海拔）和温度数字输出，兼容 I^2C 接口，其驱动程序详见电子资料压缩包的 MPL3115A2.c 程序文件，阅读时可重点参阅其技术手册中的内部寄存器表等。因 MPL3115A2 与 Si7021 均兼容 I^2C 接口，故两者共用 SDA、SCL 引脚。

③ 降雨量监测：所使用是翻斗式雨量筒脉冲型传感器（命名为 RG1）。

案例电路中将传感器脉冲信号输出连接到 P3.2（INT0）引脚，源程序 Weather.c 内通过 INT0 中断子程序对变量 rainticks 进行计数，根据参数 0.279 4mm 可知，其分辨率为 0.279 4mm/s。

④ 风速监测：所使用的是脉冲型传感器组件（命名为 WS1）。

根据配置中的技术参数“（1.492km/h）/Hz”可知，每 Hz 频率对应风速（时速）为 1.492km/h。在本案例仿真电路中，将传感器脉冲信号输出连接到 P3.3（INT1）引脚，Weather.c 程序文件内通过 INT1 中断子程序对变量 windticks 进行计数，每秒的计数值即频率值，通过公式计算即可得到风速。

⑤ 风向监测：所使用的是模拟型传感器组件（命名为 WV1）。

当风向在 0～360° 范围内变化时，该传感器组件所输出的模拟电压将在 0～4.4V 范围内变化。为进行模拟转换，在本案例仿真电路中将其连接到 STC15 的 AD2 通道，电子资料压缩包的 Weather.c 程序文件内的 rawWindDirection 函数给出了不同 A/D 值对应的风向角度。

⑥ 光照强度监测：所使用是 Adafruit 公司的模拟型 ALS-PT19 光传感器（命名为 LS1）。

在 3.3V 工作电压下，光照由最弱到最强变化时，该传感器对应输出的模拟电压范围为 0～2.06V，在本案例仿真电路中使用 STC15 的 AD0 通道进行 A/D 转换，然后换算成电压值及光照强度比例。

2）综合程序设计与调试

在本案例小型气象站设计中，所采集的数据对象共 6 项，包括温湿度、气压、雨量、风速、风向、光照，各模块驱动程序详见压缩包所附源代码文件，包括 Si7021.c、MPL3115A2.c、Weather.c 等。

2. 实训要求

① 通过图形液晶屏将相关信息用图形方式刷新显示。

② 编程将相关信息发送上位机软件界面刷新显示。

3. 源程序代码

```
1   //------------------------------ main.c --------------------------------
2   //  名称：基于 STC15 的小型气象站系统
3   //-----------------------------------------------------------------------
4   //  说明：当程序运行时，当前温湿度、气压、雨量、风速、风向、光照强度等信息将刷新
5   //        显示在 20×4 LCD 上（相关代码基于 Arduino 库改编）
6   //
7   //-----------------------------------------------------------------------
8   #define u8  unsigned char
9   #define u16 unsigned int
10  #define u32 unsigned long
11  #define MAIN_Fosc       11059200L   //系统时钟频率为 11.059 2MHz
12  //-----------------------------------------------------------------------
13  #include "STC15xxx.h"
```

```
14  #include <intrins.h>
15  #include <stdio.h>
16  #include "LM044L-4bit.h"
17  //--------------------------------------------------------------------------
18  code char* Prompts[21] = {
19      "  Weather  Station  ",
20      "********************",
21      "    TEST PROGRAM    ",
22      "********************",
23  };
24  volatile u32 Millis = 0;
25  extern float getRH();
26  extern float getTemp();
27  extern float readAltitude();
28  extern float readPressure();
29  extern float readMPL3115A2_Temp();
30  extern void delay_ms(u8);
31  extern void setModeBarometer();
32  extern void setOversampleRate(u8);
33  extern void enableEventFlags();
34  extern void setModeAltimeter();
35  extern void setModeActive();
36  extern void InitADC();
37  float GetADCResult(u8 ch);
38
39  extern void poll();
40  extern float getRainHour();
41  extern float getRainDay();
42  extern float getWindSpeed();
43  extern float getWindDirection();
44  extern float rawWindDirection();
45  extern float rawWindSpeed();
46  extern float getGustSpeed();
47  extern float getGustDirection();
48  extern float getDaylight();
49  extern void reset_WSx();
50  //--------------------------------------------------------------------------
51  // T0 初始化(在 12T 模式下运行)
52  //--------------------------------------------------------------------------
53  void Timer0Init() {      //1ms@11.0592MHz
54      AUXR &= 0x7F;        //12T 模式
55      TMOD &= 0xF0;        //设置定时器模式
56      TL0 = 0x66;          //设置定时初始值
57      TH0 = 0xFC;          //设置定时初始值
58      TF0 = 0;             //将 TF0 清零
59      ET0 = 1;             //允许 T0 中断
60      TR0 = 1;             //T0 开始定时
61  }
62  //--------------------------------------------------------------------------
63  // T0 中断函数(用于毫秒级定时,获取 NOW)
64  //--------------------------------------------------------------------------
65  void Timer0_INT () interrupt 1 { Millis++; }
66  //--------------------------------------------------------------------------
67  // 主程序
```

```
68 //------------------------------------------------------------------
69 void main() {
70     u8 i; char s[30];
71     float Rh,T1,Pr,T2,Ra,Ws,Wd,Ld;
72     P0M1 = 0x00; P0M0 = 0x00;   //P0,P2,P3 配置为准双向口
73     P2M1 = 0x00; P2M0 = 0x00;
74     P3M1 = 0x00; P3M0 = 0x00;
75     reset_WSx();                //复位相关参数（变量）
76     setModeBarometer();         //测量气压（从 20～110kPa）
77     setOversampleRate(7);       //将过采样设置为 128
78     enableEventFlags();         //使能所有 3 个气压与温度事件标记
79     Timer0Init();               //T0 初始化
80     InitADC();                  //A/D 转换器模块初始化
81     Initialize_LCD();           //LCD 初始化
82     //输出系统封面文字(4 行)
83     for (i = 0; i < 4; i++) {
84         LCD_ShowString(i,0,(char*)Prompts[i]);
85     }
86     IT0 = 1;                    //INT0 中断下降沿触发
87     IT1 = 1;                    //INT1 中断下降沿触发
88     PX0 = 1;                    //设置优先级
89     IE |= 0x05;                 //INT0,INT1 开中断
90     EA = 1;
91     while (1) {
92         Rh = getRH();T1 = getTemp();//读取温湿度
93         sprintf(s,"RH=%4.1f%% T1=%4.1f\xDF\x43",Rh,T1);
94         LCD_ShowString(0,0,"                    ");
95         LCD_ShowString(0,0,s);
96         Pr = readPressure();        //读取气压
97         T2 = readMPL3115A2_Temp();  //读取 MPL3115A2 芯片温度
98         sprintf(s,"P=%.0fkPa T2=%4.1f\xDF\x43",Pr,T2);
99         LCD_ShowString(1,0,"                    ");
100        LCD_ShowString(1,0,s);
101        poll();                     //定时/计数值更新
102        //读取每小时降雨量与风速
103        Ra = getRainHour(); Ws = getWindSpeed();
104        sprintf(s,"Ra=%.1f Ws=%.1f",Ra,Ws);
105        LCD_ShowString(2,0,"                    ");
106        LCD_ShowString(2,0,s);
107        Wd = rawWindDirection();    //读取风向
108        Ld = getDaylight();         //读取光照强度
109        sprintf(s,"Wd=%.1f DL=%.0f%% %.2fV",Wd,Ld*100,Ld*3.3);
110        LCD_ShowString(3,0,"                    ");
111        LCD_ShowString(3,0,s);
112        delay_ms(200);
113    }
114 }
```
注：其他源程序见压缩包中的 Si7021.c、MPL3115A2.c、Weather.c 等文件。

5.14 基于 STC15 的 MODBUS 总线数据采集与开关控制

在工业控制与检测中，常用到多机远距离通信。其中，最常用的有 RS-485、CAN 总线等。基于 STC15 的 MODBUS 总线数据采集与开关控制仿真电路如图 5-36 所示。在该仿真电路中，

主机与 4 个从机之间通过基于 RS-485 的 MODBUS 网络进行通信，前两个从机所连接的继电器由主机按键 K1、K2 控制，其当前开关状态实时显示在主机系统中；后两个从机各自有两路 A/D 通道，共计 4 路的 A/D 通道转换值将不断刷新显示在主机系统中。

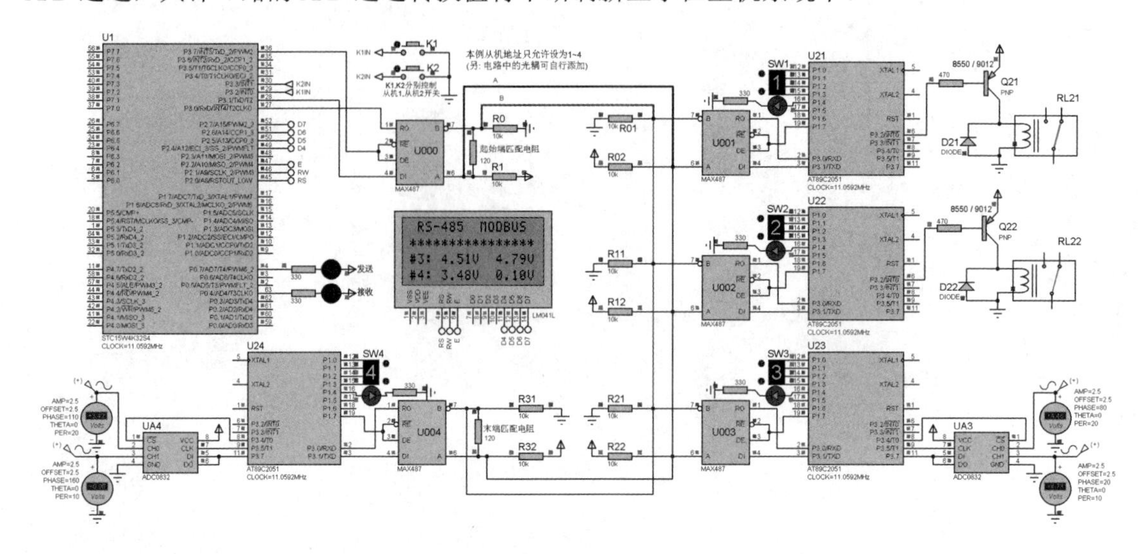

图 5-36　基于 STC15 的 MODBUS 总线数据采集与开关控制仿真电路

1. 程序设计与调试

1）RS-485 总线简介

RS-485 总线采用平衡发送和差分接收方式实现通信，即发送端将串口的 TTL 电平信号转换成差分信号，由 A、B 两路输出，接收端再将差分信号还原成 TTL 电平信号。RS-485 总线由于传输线通常使用双绞线，且采用差分方式传输，因而具有很强的抗共模干扰能力。RS-485 总线收发器灵敏度很高，可以检测到低至 200mV 电压。

RS-485 总线采用半双工工作方式，只要使用两根连接线，支持多点数据通信。RS-485 总线拓扑结构多采用终端匹配的总线型结构，首尾两端使用的阻抗匹配电阻为 120Ω。RS-485 总线一般最多支持 32 个节点，最大通信距离约为 1219m，最大传输速率为 10Mbit/s，而要更长距离通信时，必须添加 RS-485 中继器。

本案例使用 MAX487，其 DE、$\overline{\text{RE}}$ 引脚连接在一起并对收/发数据进行控制，即在高电平时使能发送，在低电平时使能接收。图 5-37 给出了由 MAX487 构成的典型 RS-485 总线半双工网络。

2）MODBUS 协议简介

RS-485 总线仅对电气特征做出了规定。在 RS-485 总线上通信时，还要约定一种通信规程，即对数据格式、传送速度、传送步骤及纠错方式等内容的统一规定。

所仿真运行的 MODBUS 协议是一种在工业制造领域中得到广泛应用的网络协议。它主要基于 RS-485 总线进行通信，实现微控制器之间及与其他设备之间的通信。MODBUS 协议已经成为一种通用工业标准。通过 MODBUS 协议，不同厂商生产的控制设备可以联网，进行集中监控。MODBUS 协议要求网络中的每个控制器必须有自己唯一的设备地址，能识别发给此地址的信息，并能决定要产生何种动作。

在 MODBUS 网络中，控制器可配置为两种通信模式：ASCII 与 RTU（Remote Terminal Unit）。在同一个 MODBUS 网络中，所有设备必须选择相同的通信模式与串口参数，包括波特率、校验方式等。MODBUS 通信以帧作为一个完整的单位传送数据。RTU 模式和 ASCII 模式的信息帧格式是不同的。表 5-5 与表 5-6 分别给出了这两种通信模式的帧格式。表 5-7 比较了这两种通信模式。

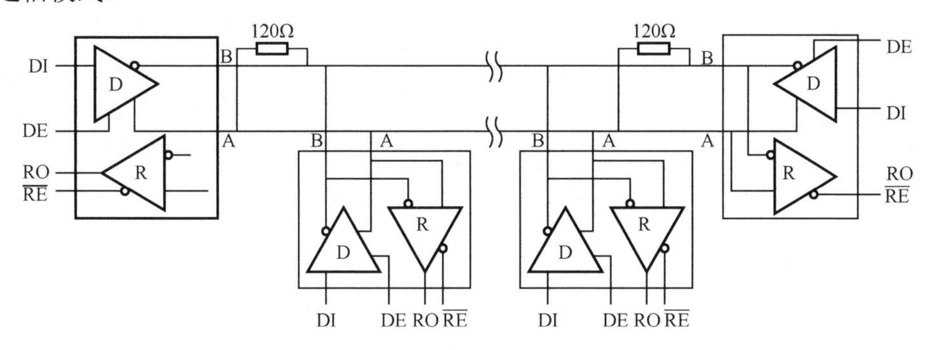

图 5-37　由 MAX487 构成的典型 RS-485 总线半双工网络

表 5-5　ASCII 通信模式的帧格式

字　　段	起始字符	地　　址	功 能 码	数 据 区	LRC	结束字符
说明	:	从机号: 0x00～0xF7	操作命令	根据功能码确定该字段长度	不计溢出的累加和	0x0D，0x0A
字符数	1	2	2	0～252×2	2	2

表 5-6　RTU 通信模式的帧格式

字　　段	地　　址	功　能　码	数　据　区	CRC-16 校验
说明	从机地址	操作命令	传送的数据	校验多项式 $x^{16}+x^{15}+x^2+1$
字节数	1	1	0～252	2

表 5-7　ASCII 与 RTU 通信模式的对比

项　　目	ASCII 通信模式	RTU 通信模式
字符	0～9，A～F	二进制 0x00～0xFF
差错校验	LRC	CRC
帧起始标志	:	3.5 字符间隔
帧结束标志	CR/LF	3.5 字符间隔
数据间隔时间	1s	单字符时间的 1.5 倍
起始位	1b	1b
数据位	7 位	8 位
奇偶校验	奇/偶校验或无校验	奇/偶校验或无校验
停止位	1/2 位	1/2 位

MODBUS 网络通信为主从式，即在总线中只能有一个主机控制整个网络，其余均为从机。主机可以主动发出命令，而从机收到呼叫本机命令时才能回应。从机彼此之间不能直接进行通信，要交换数据时必须经过主机间接实现。

MODBUS 网络中各从机的唯一地址或编号范围为 1～247（0x01～0xF7）。当同一网络中出现同地址的从机时，通信网络将出现冲突。地址 0（0x00）用作 MODBUS 网络的广播地址，所有从机均可识别此特殊地址。例如，要对所有从机进行校时、复位等操作时可使用该地址。

源程序所使用的是 RTU 通信模式，下面进一步说明该模式。

RTU 通信模式消息帧的前后至少要有 3.5 个字符时间的停顿间隔。RTU 通信模式传输的第 1 个字段是从机地址（或称为设备地址）。首先发送的从机地址将被所有从机接收到。每个从机都将进行解码判断该地址是否与本机地址匹配。地址匹配的从机将继续接收后续字节，而地址不匹配的从机则重新等待下一个消息帧。

RTU 通信模式信息帧是以连续的字节流传输的。如果在一信息帧传输结束之前遇到超过 1.5 个字符时间的停顿间隔，接收设备将清空接收缓冲区，并假定下一个字节是新信息帧第 1 个字节（即从机地址字段）。同样的，如果一个字节在小于 3.5 个字符时间内接着前一个字节到达，接收的设备将认为它是前一个信息帧的帧内字节。显然，这两种情况最后的 CRC-16 校验都将失败。图 5-38 给出了 RTU 通信模式信息帧序列示意图。

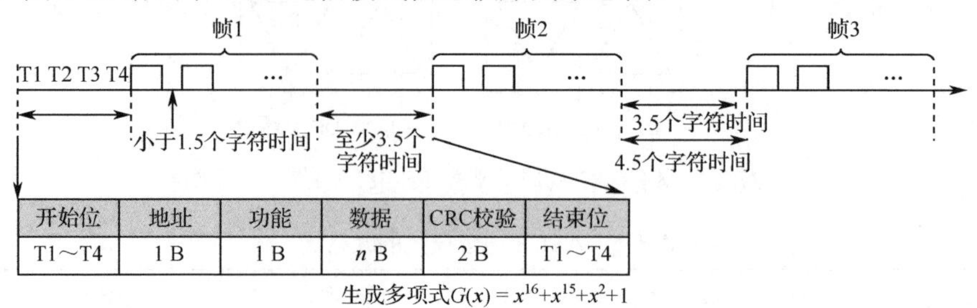

图 5-38 RTU 通信模式信息帧序列示意图

本案例程序将用 T0 来控制和标识图 5-38 中 1.5 个字符时间间隔和 3.5 字符时间间隔。对于所选择的波特率 9 600bit/s，每位时间为 1/9 600μs。程序配置的串口模式 1 下，发送每字符信息时输出 1 个起始位、8 个数据位及 1 个停止位，故每个字符时间为 1/9 600×(1+ 8+1) ≈ 1 041.66μs。又由于中断程序是在接收 1 个字符后再判断时间间隔，故主程序将帧间隔时间（3.5 个字符时间）与帧内字节间隔时间（1.5 个字符时间）分别定义如下：

```
//波特率为 9 600bit/s,每个字符时间为 1/9 600×(1+8+1)μs≈1 041.66μs
//帧间隔时间:          3.5 个字符时间,即 1 041.66×(3.5+1)μs≈4 687.5μs
//帧内字节间隔时间:    1.5 个字符时间,即 1 041.66×(1.5+1)μs≈2 604.2μs
```

相应有如下两个宏定义：

```
#define FRAME_SPAN  4688     //帧间隔时间
#define BYTE_SPAN   2604     //帧内字节间隔时间
```

3）MODBUS 协议程序设计

本案例程序包括 3 部分，即主机程序、从机 1/2 的程序（开关控制）、从机 3/4 的程序（A/D 转换数据采集）。为便于分析研究所提供的源程序，图 5-39 给出了 MODBUS 协议主机工作流程图。注意：其中的虚线并非表示“调用路径”，它用于指出一个位置的操作或变化对另一位置的影响。

从机的工作流程图与主机的大部分相似，主要差别仅在于不用轮流扫描每个从机。从机只需要从串口接收数据，当所接收到的地址与本机地址匹配则继续后续数据接收，其数据解析、超时判断算法与主机完全相同。如果当前接收到的地址与本机地址不匹配，则从机重新等待下一信息帧。

4）CRC-16 循环冗余校验

在 RTU 通信模式中，每个信息帧最后两个字节是 CRC-16 校验字节，而 CRC-16 校验生成多项式为 $x^{16}+x^{15}+x^{2}+1$。如何设计 MODBUS 网络通信模式所使用的 CRC-16 校验程序呢？

图 5-40 给出了 CRC-16 校验生成多项式及其硬件描述。CRC-16 校验生成多项式的硬件由移位寄存器和异或门构成。

参与 CRC-16 校验运算的每个字节需要 8 次右移。当每次由 16 位的 CRC 校验变量右移出的位（即图 5-40 中“15TH-STAGE”移出的位）“异于”参与校验字节右移输入的位时，最右边的异或门将输出“1”，根据输出引线可知，它对应于“1010000000000001”（0xA001），该值将异或（^）到右移了一位的 CRC 上；如果最右边的异或门输出为“0”，则 0x0000 将异或到

CRC 上，显然异或 0x0000 不会影响 16 位的校验变量 CRC 的值，所以程序中可省略该操作。

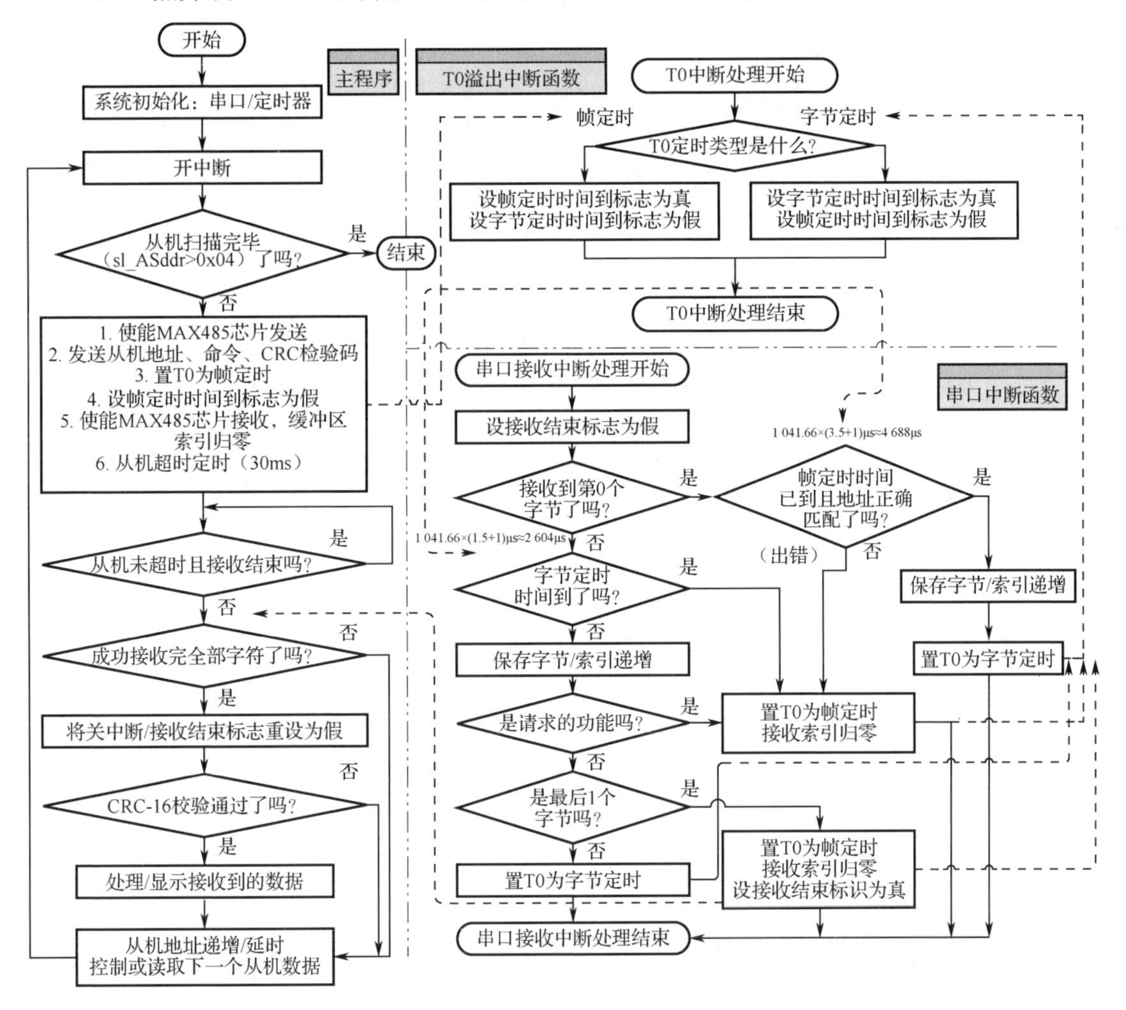

图 5-39　MODBUS 协议主机工作流程图

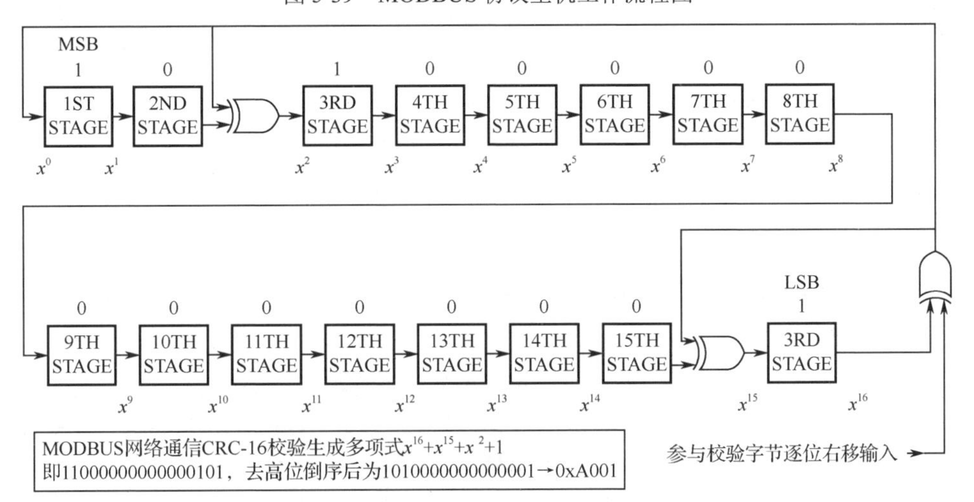

图 5-40　CRC-16 校验生成多项式及其硬件描述

根据上述相关说明，可编写用于 MODBUS 总线通信程序的 CRC-16 校验函数。该函数的编写与“1-Wire 总线器件 ROM 搜索与多点温度监测”案例中 ROMCODE 的 CRC-8 校验算法很相似，必要时可对比阅读 CRC-8 与 CRC-16 这两种校验函数：

```
void CRC_16(u8 d) {
    u8 i;
    for ( i = 0; i < 8; i++) {
        //uCRC16 待右移出的低位与参与校验字节 d 的第 i 位相异
        if ((uCRC16 ^ (d >> i)) & 0x01) {
            //则 uCRC16 右移 1 位,然后与生成多项式编码 0xA001 异或
            uCRC16 >>= 1 ; uCRC16 ^= 0xA001;
        }   else uCRC16 >>= 1;  //否则仅右移 1 位(省略与 0x0000 异或)
    }
}
```

其中，if ((uCRC16 ^ (d >> i))& 0x01)是 if ((uCRC16 & 0x01)^ (d >> i & 0x01))的简化写法。

为提高校验处理速度，与 1-Wire 总线器件中曾使用的查表校验法类似，CRC16 校验也可以改用查表法实现。下面的 Turbo C 代码用于生成 CRC16 校验码表：

```
#include <stdio.h>
#include <conio.h>
unsigned int uCRC16;
void CRC_16(unsigned char d) {
    for( unsigned char i = 0; i < 8; i++ ) {
        if ((uCRC16 ^ (d >> i)) & 0x01) {
            uCRC16 >>= 1 ; uCRC16 ^= 0xA001;
        }   else uCRC16 >>= 1;
    }
}
void main(){
    FILE *CRC16_File;  int i;
    CRC16_File = fopen("c:\\CRC16.txt","w");
    for (i = 0x00; i <= 0xFF; i++) {
        uCRC16 = 0x0000;  CRC_16(i);
        fprintf(CRC16_File,"0x%04X",uCRC16);
        if (i != 0xFF) fprintf(CRC16_File,",");
        if (i % 10 == 9) fprintf(CRC16_File,"\n");
    }
    fclose(CRC16_File);
}
```

将该码表保存于 C 盘根目录下文本文件 CRC16.txt，共计 256 项，每项 2 字节。该码表可直接复制到 Keil C 程序中的 CRC_T16 码表数组。下面通过很简单的代码即可实现 CRC_16 查表校验算法：

```
code u16 CRC_T16[] = {
    0x0000,0xC0C1,0xC181
    ……（限于篇幅，这里略去了大部分校验码）
    0x4380,0x8341,0x4100,0x81C1,0x8081,0x4040
};
void CRC_16(u8 d) {uCRC16 = ( uCRC16 >> 8 )^CRC_T16[(uCRC16 & 0xFF)^d];}
```

注意：本案例主机与所有从机约定的 CRC16 校验码均以 0xFFFF 为初始值，故每次数据校验之前均要设置变量 uCRC16=0xFFFF。本案例主机使用的是“全字节查表”校验算法，从机使用的是“位型”校验算法。以外，还可以使用“半字节查表”校验算法等，限于篇幅，这里不再进一步讨论。

2．实训要求

① 进一步修改程序，使从机可根据主机发送的两种不同命令分别返回两种不同的数据，

如 A/D 转换值及温度值等。

② 设计上位机程序，使各从机数据可显示在上位机软件界面中，上位机软件也可以对各从机进行远程控制。

3. 源程序代码

```
1   //------------------------ MODBUS 主机 main.c --------------------------
2   //  名称：基于 MODBUS 总线的数据采集与开关控制(主机程序)
3   //-----------------------------------------------------------------------
4   //  说明：当程序运行时,主机向各从机发送要求返回 A/D 转换值的命令码或
5   //        开/关状态；当主机完整接收到相关信息后,将其在液晶屏上刷新显示
6   //
7   //-----------------------------------------------------------------------
8   #define u8  unsigned char
9   #define u16 unsigned int
10  #define u32 unsigned long
11  #define MAIN_Fosc       11059200L   //系统时钟频率为 11.059 2MHz
12  #include "STC15xxx.h"
13  #include <intrins.h>
14  #include <stdio.h>
15  #define  ADC_REQ     65              //返回 A/D 转换值命令
16  #define  RELAY_ON    66              //继电器闭合命令
17  #define  RELAY_OFF   67              //继电器断开命令
18  //波特率为 9 600bit/s 的每个字符时间为 1/9 600×(1+8+1)μs≈1 041.66μs
19  //帧间隔时间:          3.5 个字符时间,即 1 041.66×(3.5+1)μs≈4 687.5μs
20  //帧内字节间隔时间:    1.5 个字符时间,即 1 041.66×(1.5+1)μs≈2 604.2μs
21  #define FRAME_SPAN  4688             //帧间隔时间
22  #define BYTE_SPAN   2604             //帧内字节间隔时间
23  code char* Prompts[17] = {
24      " RS-485  MODBUS ",
25      "****************",
26      "  TEST PROGRAM  ",
27      "****************"
28  };
29  volatile u8 recv_Data[6];            //串口接收数据缓冲区(6 个字节)
30  volatile u8 recv_idx = 0;            //串口接收数据缓冲区索引
31  volatile u8 sl_Addr,CMD_CODE;        //RS-485 总线从机地址,命令码字节
32  u8   LCD_Buffer[21];                 //LCD 显示缓冲区
33  bit  F_T0, T_BYTE, T_FRAME, Recv_OK;//相关标志位
34  sbit LED_Recv = P0^4;                //主机接收指示灯
35  sbit LED_Send = P0^7;                //主机发送指示灯
36  sbit RDE_485 =  P3^7;                //RS-485 总线通信控制端
37  bit  ST_K1 = 0,ST_K2 = 0;            //K1,K2 按键初始状态
38  extern void Initialize_LCD();        //LCD 初始化
39  extern void LCD_ShowString(u8 r, u8 c,char *str);//LCD 显示
40  u16 uCRC16;                          //CRC16 校验码
41  void CRC_16(u8 d);                   //CRC16 校验函数
42  bit TX1_Busy;                        //发送忙标志
43  //-----------------------------------------------------------------------
44  // 延时函数
45  //-----------------------------------------------------------------------
46  extern void delay_ms(u8);
47  //-----------------------------------------------------------------------
48  // 宏定义：发送 1 个字节并等待发送结束
```

```
49 //---------------------------------------------------------------------------
50 #define Send_Byte(x) {                              \
51     LED_Send = 1;   RDE_485 = 1;                    \
52     SBUF = x;       TX1_Busy = 1;                   \
53     while(TX1_Busy);                                \
54     LED_Send = 0;                                   \
55 }
56 //---------------------------------------------------------------------------
57 // 宏定义:设置 T0 的定时初始值并设相关标志位(振荡器频率为 11.059 2MHz)
58 //---------------------------------------------------------------------------
59 #define Set_TIMER0(x) {                             \
60     AUXR &= 0x7F;   /*12T 模式*/ \
61     TMOD &= 0xF0;   /*设置定时器模式*/              \
62     TMOD |= 0x01;                                   \
63     TH0 = (u16)(-11.0592/12.0 * x) >> 8;            \
64     TL0 = (u16)(-11.0592/12.0 * x) & 0xFF;          \
65     TF0 = T_BYTE = T_FRAME = 0;                     \
66     F_T0 =(x == FRAME_SPAN) ?1:0;                   \
67     if (F_T0) recv_idx = 0;                         \
68 }
69 //---------------------------------------------------------------------------
70 // 串口初始化
71 //---------------------------------------------------------------------------
72 void UartInit() {           //9 600bit/s,11.059 2MHz
73     SCON = 0x50;            //8 位数据,可变波特率
74     AUXR &= 0xBF;           //T1 时钟频率为 Fosc/12,即 12T
75     AUXR &= 0xFE;           //串口 1 选择 T1 为波特率发生器
76     TMOD &= 0x0F;           //设置 T1 为 16 位自动重装载方式
77     TL1 = 0xE8;             //设置定时初始值
78     TH1 = 0xFF;             //设置定时初始值
79     ET1 = 0;                //禁止 T1 中断
80     TR1 = 1;                //启动 T1
81     TI = RI = 0;            //将串口中断标志清零
82     TX1_Busy = 0;           //默认为非忙状态
83 }
84 //---------------------------------------------------------------------------
85 // 主程序
86 //---------------------------------------------------------------------------
87 void main() {
88     u8 i,t;
89     P0M1 = 0x00; P0M0 = 0x00;   //将 P0～P3 配置为准双向口
90     P1M1 = 0x00; P1M0 = 0x00;
91     P2M1 = 0x00; P2M0 = 0x00;
92     P3M1 = 0x00; P3M0 = 0x00;
93     Initialize_LCD();           //LCD 初始化
94     //输出系统封面文字(4 行)
95     for (i = 0; i < 4; i++) LCD_ShowString(i,0,(char*)Prompts[i]);
96     //等待足够时间,待从机完成初始化
97     delay_ms(200);delay_ms(200);
98     LED_Recv=1; LED_Send=1;     //主机收/发指示灯均熄灭
99     UartInit();                 //串口初始化配置
100    //中断配置
101    ES = 1; ET0 = 1;            //允许串口中断与 T0 中断
102    EX0 = 1; EX1 = 1;           //允许 INT0 与 INT1 中断
```

```
103     IT0 = 1; IT1 = 1;               //T0 与 T1 下降沿触发
104     PX0 = 1; PX1 = 1;               //设置优先级
105     Recv_OK = 0;                    //初始时将接收成功标志设为 0(假)
106     RDE_485 = 1;                    //允许 RS-485 总线发送
107     TR0 = 1;                        //启动 T0
108     EA = 1;                         //开中断
109     while(1) {
110         //---------------------------------------------------------------
111         // 循环访问地址为 0x01～0x04 的 4 个 RS-485 总线从机
112         //---------------------------------------------------------------
113         for (sl_Addr = 0x01; sl_Addr <= 0x04; sl_Addr++) {
114             LED_Send = 0;                   //主机发送指示灯开
115             RDE_485 = 1;                    //允许 RS-485 总线发送(禁止接收)
116             delay_ms(5);
117             uCRC16 = 0xFFFF;                //校验码初始值统一约定为 0xFFFF
118             CRC_16(sl_Addr);                //当前从机地址校验
119             switch (sl_Addr) {              //选择待发送的命令码
120                 case 0x01: CMD_CODE = (ST_K1)? RELAY_ON:RELAY_OFF; break;
121                 case 0x02: CMD_CODE = (ST_K2)? RELAY_ON:RELAY_OFF; break;
122                 case 0x03: case 0x04: CMD_CODE = ADC_REQ; break;
123             }
124             CRC_16(CMD_CODE);               //当前操作命令码校验
125             Send_Byte(sl_Addr);             //(1)发送从机地址
126             Send_Byte(CMD_CODE);            //(2)发送命令码字节
127             Send_Byte(uCRC16);              //(3)发送校验码低字节
128             Send_Byte(uCRC16>>8);           //(4)发送校验码高字节
129             Set_TIMER0(FRAME_SPAN);         //用 T0 控制帧间隔时间
130             Recv_OK = 0;                    //先设接收成功标志为 0(假)
131             RDE_485 = 0;                    //允许 RS-485 总线接收(禁止发送)
132             LED_Send = 1;                   //主机发送指示灯关
133             //如果主机接收从机数据未完成且未超时(30ms)则等待
134             t = 30; while (!Recv_OK && --t) delay_ms(1);
135             //-----------------------------------------------------------
136             //如果主机接收从机数据成功则继续下面的处理
137             if (Recv_OK) {
138                 EA = 0;                     //关中断
139                 Recv_OK = 0;                //将接收成功标志重设为 0(假)
140                 uCRC16 = 0xFFFF;            //将校验码初始值统一约定为 0xFFFF
141                 //对来自当前从机的 6 个字节数据进行 CRC16 校验
142                 for (i = 0; i < 6; i++) CRC_16(recv_Data[i]);
143                 //校验通过时显示
144                 if (uCRC16 == 0x0000) {
145                     LED_Send = 1;           //主机发送指示灯关
146                     //从机发送的 6 个字节分别是
147                     //站号/命令码/2 个字节数据/2 个字节 uCRC16
148                     //recv_Data[2],[3]所保存的是从机返回数据
149                     //下面的代码生成待显示字符串并将其发送 LCD 显示
150                     if (sl_Addr >= 0x03) {  //针对从机 3,4 显示模拟电压
151                         sprintf(LCD_Buffer, "#%d: %4.2fV  %4.2fV",
152                         (int)sl_Addr,
153                         (float)((int)recv_Data[2] * 5.0 / 256.0),
154                         (float)((int)recv_Data[3] * 5.0 / 256.0));
155                         //发送到 LCD 显示(显示 LCD 的下两行,每行显示两组)
156                         LCD_ShowString(sl_Addr-1,0,LCD_Buffer);
```

```
157                     }
158                     else {                    //针对从机 1,2 显示开关状态
159                         sprintf(LCD_Buffer, "#%d: %3s",(int)sl_Addr,
160                             (recv_Data[2]==0)?"ON":"OFF");
161                         LCD_ShowString(0, (sl_Addr-1) * 8,LCD_Buffer);
162                     }
163                 }
164             }
165             //每完成一个从机数据处理后延时 10ms,再开中断
166             delay_ms(10); EA = 1;
167             //-----------------------------------------------------------
168         }
169         delay_ms(10); //每完成一轮(4 个从机)扫描后等待 10ms
170     }
171 }
172 //-------------------------------------------------------------------
173 // 串口接收中断
174 //-------------------------------------------------------------------
175 void SerialPort_INT() interrupt 4 {
176     u8 R;
177     if (RI) {
178         RI = 0;                            //将 RI 清零
179         LED_Recv = ~LED_Recv;              //主机接收指示灯闪烁
180         R = SBUF;                          //从串口(来自 RS-485 总线)读取 1 个字节
181         Recv_OK = 0;                       //先暂时设接收成功标志为 0(假)
182         //-------------------------------------------------------------
183         //如果当前要接收的是第 0 个字节
184         if (recv_idx == 0) {
185             //如果帧定时时间未到或所收到的字节与设备地址不匹配
186             //则重新设 T1 定时时间为帧间隔时间 FRAME_SPAN
187             if (T_FRAME == 0 || R != sl_Addr) { Set_TIMER0(FRAME_SPAN); }
188             //否则表示接收的第 0 个字节与其设备地址匹配
189             else {
190                 recv_Data[recv_idx++] = R;//将 R 保存到串口接收数据缓冲区 recv_Data
191                 Set_TIMER0(BYTE_SPAN);  //重设 T0 定时时间为帧内字节间隔时间
192             }
193         }
194         //-------------------------------------------------------------
195         //否则要接收的是第 0 个字节（即地址字节）之后的数据
196         else {
197             //如果后续接收过程中帧内字节间隔时间未超过 1.5 个字符时间
198             if (T_BYTE == 0) {
199                 recv_Data[recv_idx++] = R; //首先将有效字节保存到串口接收数据
200                                            //缓冲区 200
201                 //如果接收到地址字节(第 0 个字节)后的字节(第 1 个字节)不等于操作码
202                 //则将串口接收数据缓冲区索引归零,并重设 T0 定时时间为帧间隔时间
203                 //(注意当 recv_idx == 2 时,刚刚保存的 R 是第 1 个字节)
204                 if ( recv_idx == 2 && R != CMD_CODE) {
205                     Set_TIMER0(FRAME_SPAN); }
206                 //如果接收到来自当前从机的完整的 6 个字节数据
207                 else if (recv_idx == 6) {
208                     Set_TIMER0(FRAME_SPAN); //重设 T0 定时时间为帧间隔时间
209                     Recv_OK = 1;            //将接收成功标识志设为 1(真)
210                 }
```

```
211                 else {  //重设 T0 定时时间为帧内字节间隔时间
212                     Set_TIMER0(BYTE_SPAN);
213                 }
214             }
215             //同一帧内字符间隔时间超时,重设 T1 为帧间隔时间
216             else  { Set_TIMER0(FRAME_SPAN); }
217         }
218     }
219     if (TI) { TI = 0; TX1_Busy = 0; }
220 }
221 //----------------------------------------------------------------------
222 // T0 定时器溢出中断
223 //----------------------------------------------------------------------
224 void TIMER0_OVF_INT() interrupt 1 {
225     TF0 = 0;
226     //F_T0: T0 用于实现帧定时还是字节定时的标志
227     //当 F_T0 = 0 时,将帧定时时间(3.5 个字符)到设为 0(假),将字节定时时间到设为 1(真)
228     //当 F_T0 = 1 时,将帧定时时间(3.5 个字符)到设为 1(真),字节定时时间到设为 1(假)
229     if (F_T0 == 0)  { T_FRAME = 0;  T_BYTE  = 1; }
230     else            { T_FRAME = 1;  T_BYTE  = 0; }
231 }
232 //----------------------------------------------------------------------
233 // INT0 中断(P3.2,K1 按键)
234 //----------------------------------------------------------------------
235 void EX_INT0() interrupt 0 {
236     EA = 0; if ((P3 & (1<<2)) == 0x00) ST_K1 = ~ST_K1; EA = 1;
237 }
238 //----------------------------------------------------------------------
239 // INT1 中断(P3.3,K2 按键)
240 //----------------------------------------------------------------------
241 void EX_INT1() interrupt 2 {
242     EA = 0; if ((P3 & (1<<3)) == 0x00) ST_K2 = ~ST_K2; EA = 1;
243 }
244 //----------------------------------------------------------------------
245 // CRC_16 校验函数 (基于该函数可得出 512 个字节的校验码表,改用查表法进行校验)
246 // 多项式“X ^ 16 + X ^ 15 + X ^ 2 + 1”,去高位逆序表示为 0xA001
247 //----------------------------------------------------------------------
248 //void CRC_16(u8 d) {
249 //  u8 i;
250 //  for ( i = 0; i < 8; i++) {
251 //      //uCRC16 待右移出的低位与参与校验字节 d 的第 i 位相异
252 //      if ((uCRC16 ^ (d >> i)) & 0x01) {
253 //          //则 uCRC16 右移 1 位,然后与生成多项式编码 0xA001 异或
254 //          uCRC16 >>= 1 ; uCRC16 ^= 0xA001;
255 //      }   else uCRC16 >>= 1; //否则仅右移 1 位(这里省略了与 0x0000 异或)
256 //  }
257 //}
258 //----------------------------------------------------------------------
259 // CRC_16 校验码表(由上面的 CRC16 校验函数生成, 共 256 项, 512 个字节)
260 //----------------------------------------------------------------------
261 code u16 CRC_T16[] = {
262     0x0000,0xC0C1,0xC181,0x0140,0xC301,0x03C0,0x0280,0xC241,0xC601,
263     0x06C0,0x0780,0xC741,0x0500,0xC5C1,0xC481,0x0440,0xCC01,0x0CC0,
    ……(限于篇幅, 这里略去了部分数据)
```

```
286     0x4400,0x84C1,0x8581,0x4540,0x8701,0x47C0,0x4680,0x8641,0x8201,
287     0x42C0,0x4380,0x8341,0x4100,0x81C1,0x8081,0x4040
288 };
289 //------------------------------------------------------------------------
290 // CRC_16 校验函数(查表法)
291 //------------------------------------------------------------------------
292 void CRC_16(u8 d) {uCRC16 = ( uCRC16 >> 8 )^CRC_T16[(uCRC16 & 0xFF)^d];}
```

```
1   //-----------------------从机 1,2 main.c------------------------------
2   //  名称: MODBUS 总线通信仿真(从机程序)——开关控制
3   //------------------------------------------------------------------------
4   //  说明: 从机接收到主机控制命令后切换继电器开关,并回发当前开关状态
5   //
6   //------------------------------------------------------------------------
7   #define u8      unsigned char
8   #define u16     unsigned int
9   #define uu32    unsigned long
10  #include <reg51.h>
11  #include <intrins.h>
12  #include <stdio.h>
13  #define  RELAY_ON   66                 //继电器闭合命令
14  #define  RELAY_OFF  67                 //继电器断开命令
15  //波特率为 9600bit/s 每字符时间为 1/9600×(1+8+1)μs≈1041.66μs
16  //帧间隔时间:     3.5 个字符时间,即 1041.66×(3.5+1)μs≈4687.5μs
17  //字节间隔时间:   1.5 个字符时间,即 1041.66×(1.5+1)μs≈2604.2μs
18  #define FRAME_SPAN  4688               //帧间隔时间
19  #define BYTE_SPAN   2604               //帧内字节间隔时间
20  volatile u8 recv_Data[6];              //串口接收数据缓冲区(6 个字节)
21  volatile u8 recv_idx = 0;              //串口接收数据缓冲区索引
22  volatile u8 sl_Addr;                   //RS-485 总线从机地址
23  u16 uCRC16;                            //CRC 校验结果
24  volatile bit  Recv_OK;                 //相关标志位
25  volatile bit F_T0, T_BYTE, T_FRAME;//相关标志位
26  sbit  LED_Ptr = P1^4;                  //LED 指示灯
27  sbit  RDE_485 = P1^7;                  //RS-485 通信控制端
28  sbit  SW = P3^2;                       //开关控制线
29  //------------------------------------------------------------------------
30  // 宏定义: 发送 1 个字节并等待发送结束
31  //------------------------------------------------------------------------
32  #define Send_Byte(x) {                       \
33      LED_Ptr = ~LED_Ptr;                      \
34      RDE_485 = 1; SBUF = x;                   \
35      while (TI == 0); TI = 0;                 \
36      LED_Ptr = 1;                             \
37  }
38
39  //------------------------------------------------------------------------
40  // 宏定义: 设置 T0 的定时初始值并设相关标志位(振荡器频率为 11.059 2MHz)
41  //------------------------------------------------------------------------
42  #define Set_TIMER0(x) {                      \
43      TH0 = (u16)(-11.0592/12.0 * x) >> 8;     \
44      TL0 = (u16)(-11.0592/12.0 * x) & 0xFF;   \
45      TF0 = T_BYTE = T_FRAME = 0;              \
46      F_T0 =(x == FRAME_SPAN) ?1:0;            \
```

```
47      if (F_T0) recv_idx = 0;                    \
48  }
49  //-----------------------------------------------------------------------
50  // 延时函数
51  //-----------------------------------------------------------------------
52  void delay_ms(u16 x) {u8 t; while(x--) for(t = 0; t<120; t++);}
53  //-----------------------------------------------------------------------
54  // CRC_16 校验函数 (基于该函数可得出 512 个字节的校验码表,改用查表法进行校验)
55  // 多项式"X ^ 16 + X ^ 15 + X ^ 2 + 1", 去高位逆序表示为 0xA001
56  //-----------------------------------------------------------------------
57  void CRC_16(u8 d) {
58      u8 i;
59      for ( i = 0; i < 8; i++) {
60          if ((uCRC16^ (d >> i)) & 0x01) {uCRC16>>= 1 ; uCRC16^= 0xA001; }
61          else uCRC16>>= 1;
62      }
63  }
64  //-----------------------------------------------------------------------
65  // 主程序
66  //-----------------------------------------------------------------------
67  void main() {
68      u8 i;
69      sl_Addr = P1 & 0x0F;                        //读取本机地址
70      //串口配置
71      TMOD = 0x21;                                //T1 工作于方式 2,T0 工作于方式 1
72      SCON = 0x51;                                //串口方式 1,允许接收
73      PCON = 0x00;                                //波特率不倍增
74      TH1 = TL1 = 0xFD;                           //9 600bit/s@11.059 2MHz
75      TI = RI = 0;                                //将串口中断标志清零
76      //中断配置
77      TR0 = 1;                                    //启动 T0
78      TR1 = 1;                                    //启动 T1
79      ES = 1; ET0 = 1;                            //允许串口中断与 T0 中断
80      EA = 1;                                     //开中断
81      Recv_OK = 0;                                //初始时设接收成功标志为 0(假)
82      RDE_485 = 0;                                //使能 RS-485 总线接收
83      while(1) {
84          //如果本从机已经接收到完整的 4 个字节数据
85          if (Recv_OK) {
86              EA = 0;                             //关中断
87              Recv_OK = 0;                        //接收成功标志重设为 0(假)
88              //对来自主机的 4 个字节数据进行 CRC 校验(初始值统一约定为 0xFFFF)
89              uCRC16= 0xFFFF;  for( i = 0; i < 4; i++) CRC_16 (recv_Data[i]);
90              //校验通过后开始向主机发送数据
91              //(6 个字节:本机地址,操作码,开关状态,补齐字节,2 个字节 CRC)
92              if (uCRC16 == 0x0000) {
93                  RDE_485 = 1;delay_ms(10);   //允许发送, 禁止接收
94                  SW = (recv_Data[1] == RELAY_ON)? 0:1;//执行开关命令
95                  uCRC16 = 0xFFFF;            //校验码初始值统一约定为 0xFFFF
96                  CRC_16(sl_Addr);            //校验本机地址
97                  CRC_16(recv_Data[1]);       //校验开关命令
98                  CRC_16(SW);                 //校验开关状态值
99                  CRC_16(0x00);               //为简化主机程序,用 0x00 补齐
100                 Send_Byte(sl_Addr);         //回发本机地址
```

```
101                 Send_Byte(recv_Data[1]);//回发开关状态命令
102                 Send_Byte(SW);          //回发开关状态值
103                 Send_Byte(0x00);        //回发补齐的 0x00 字节
104                 Send_Byte(uCRC16);      //发送 CRC 校验码低字节
105                 Send_Byte(uCRC16>>8);   //发送 CRC 校验码高字节
106                 RDE_485 = 0;delay_ms(5);//发送结束后再允许本机 RS-485 总线接收
107             }
108             EA = 1;                     //开中断
109         }
110     }
111 }
112 //-------------------------------------------------------------------------
113 // 串口接收中断
114 //-------------------------------------------------------------------------
115 void SerialPort_INT() interrupt 4 {
116     u8 R;
117     LED_Ptr = ~LED_Ptr;                 //从机接收时指示灯闪烁
118     R = SBUF;                           //从串口(来自 RS-485 总线)读取 1 个字节
119     RI = 0;                             //将 RI 清零
120     Recv_OK = 0;                        //先暂时设接收成功标志为 0(假)
121     //---------------------------------------------------------------------
122     //如果当前要接收的是第 0 个字节
123     if (recv_idx == 0) {
124         //如果帧定时时间未到或所收到的字节与设备地址不匹配
125         //则重新设 T1 定时时间为帧间隔时间 FRAME_SPAN
126         if (T_FRAME == 0 || R != sl_Addr) { Set_TIMER0(FRAME_SPAN); }
127         //否则表示接收的第 0 个字节与其设备地址匹配
128         else {
129             recv_Data[recv_idx++] = R;//将 R 保存到串口数据接收缓冲区 recv_Data
130             Set_TIMER0(BYTE_SPAN); //重设 T0 定时时间为帧内字节间隔时间
131         }
132     }
133     //---------------------------------------------------------------------
134     //否则要接收的是第 0 个字节（即地址字节）之后的数据
135     else {
136         //如果后续接收过程中帧内字节间隔时间未超过 1.5 个字符时间
137         if (T_BYTE == 0) {
138             recv_Data[recv_idx++] = R; //将有效字节保存到串口接收数据缓冲区
139             //如果接收到的地址字节（第 0 个字节）后的字节（第 1 个字节）不等于操作码
140             //则将串口接收数据缓冲区索引归 0,并重设 T0 定时时间为帧间隔时间
141             //(注意当 recv_idx == 2 时,刚刚保存的 R 是第 1 个字节)
142             if ( recv_idx == 2 && R != RELAY_ON && R != RELAY_OFF) {
143                 Set_TIMER0(FRAME_SPAN); }
144             //如果接收到来自当前主机的完整的 4 个字节数据
145             else if (recv_idx == 4) {
146                 Set_TIMER0(FRAME_SPAN); //重设 T0 定时时间为帧间隔时间
147                 Recv_OK = 1;            //设置接收成功标志为 1(真)
148             }
149             else {
149                 Set_TIMER0(BYTE_SPAN); //重设 T0 定时时间为帧内字节间隔时间
149             }
150         }
151         //同一帧内字符间隔时间超时,重设 T1 为帧间隔时间
152         else { Set_TIMER0(FRAME_SPAN); }
```

```
153     }
154 }
155 //----------------------------------------------------------------------
156 // T0 中断
157 //----------------------------------------------------------------------
158 void TIMER0_OVF_INT() interrupt 1 {
159     TF0 = 0;
160     //F_T0: 标识 T0 定时器当前用于实现帧间隔时间定时还是字节间隔时间定时
161     //F_T0 = 0 时,将帧间隔时间(3.5 字符)到达设为假,字节间隔时间到达设为真
162     //F_T0 = 1 时,将帧间隔时间(3.5 字符)到达设为真,字节间隔时间到达设为假
163     if (F_T0 == 0)  { T_FRAME = 0;  T_BYTE  = 1; }
164     else            { T_FRAME = 1;  T_BYTE  = 0; }
165 }
```

```
1   //-------------------------从机 3,4 main.c------------------------------
2   //  名称: MODBUS 总线通信仿真(从机程序)——ADC0832 双通道 8 位精度 A/D 转换
3   //----------------------------------------------------------------------
4   //  说明: 从机接到主机 A/D 转换命令后将当前 A/D 转换值回发主机,并在 LCD 刷新显示
5   //
6   //----------------------------------------------------------------------
7   #define u8      unsigned char
8   #define u16     unsigned int
9   #define uu32    unsigned long
10  #include <reg51.h>
11  #include <intrins.h>
12  #include <stdio.h>
13  #define  ADC_REQ  65               //返回 A/D 转换命令码
14  #define  SW_STAT  66               //返回开关状态命令
15  //波特率为 9600bit/s 每字符时间为 1/9600×(1+8+1)μs≈1041.66μs
16  //帧间隔时间:     3.5 个字符时间,即 1041.66×(3.5+1)μs≈4687.5μs
17  //字节间隔时间:   1.5 个字符时间,即 1041.66×(1.5+1)μs≈2604.2μs
18  #define FRAME_SPAN  4688           //帧间隔时间
19  #define BYTE_SPAN   2604           //帧内字节间隔时间
20  volatile u8 recv_Data[6];          //串口接收数据缓冲区(6 个字节)
21  volatile u8 recv_idx = 0;          //串口接收数据缓冲区索引
22  volatile u8 sl_Addr;               //RS-485 总线从机地址
23  u16 uCRC16;                        //16 位 CRC 校验结果
24  bit b, F_T0, T_BYTE, T_FRAME, Recv_OK;//相关标志位
25  sbit  LED_Ptr = P1^4;              //LED 指示灯
26  sbit  RDE_485 = P1^7;              //RS-485 总线通信控制端
27  extern u8 ADx_Value(u8);           //ADC0832  A/D 转换函数
28  //----------------------------------------------------------------------
29  // 宏定义: 发送 1 个字节并等待发送结束
30  //----------------------------------------------------------------------
31  #define Send_Byte(x) {                            \
32      LED_Ptr = ~LED_Ptr;                           \
33      RDE_485 = 1; SBUF = x;                        \
34      while (TI == 0); TI = 0;                      \
35      LED_Ptr = 1;                                  \
36  }
37  //----------------------------------------------------------------------
38  // 宏定义: 设置 T0 的定时初始值并设相关标志位(振荡器频率为 11.0592MHz)
39  //----------------------------------------------------------------------
40  #define Set_TIMER0(x) {                           \
```

```
41       TH0 = (u16)(-11.0592/12.0 * x) >> 8;          \
42       TL0 = (u16)(-11.0592/12.0 * x) & 0xFF;        \
43       TF0 = T_BYTE = T_FRAME = 0;                   \
44       F_T0 =(x == FRAME_SPAN) ?1:0;                 \
45       if (F_T0) recv_idx = 0;                       \
46   }
47   //-----------------------------------------------------------------------
48   // 延时函数
49   //-----------------------------------------------------------------------
50   void delay_ms(u16 x) {u8 t; while(x--) for(t = 0; t<120; t++);}
51   //-----------------------------------------------------------------------
52   // CRC_16 校验函数 (基于该函数可得出 512 个字节的校验码表,改用查表法进行校验)
53   // 多项式“X ^ 16 + X ^ 15 + X ^ 2 + 1”, 去高位逆序表示为 0xA001
54   //-----------------------------------------------------------------------
55   void CRC_16(u8 d) {
56       u8 i;
57       for ( i = 0; i < 8; i++) {
58           if ((uCRC16^ (d >> i)) & 0x01) {uCRC16>>= 1 ; uCRC16^= 0xA001; }
59           else uCRC16>>= 1;
60       }
61   }
62   //-----------------------------------------------------------------------
63   // 主程序
64   //-----------------------------------------------------------------------
65   void main() {
66       u8 i, ADC_CH0, ADC_CH1;                    //CH0,1 通道 A/D 转换值
67       sl_Addr = P1 & 0x0F;                       //读取本机地址
68       //串口配置
69       TMOD = 0x21;                               //T1 工作于方式 2,T0 工作于方式 1
70       SCON = 0x51;                               //串口方式 1,允许接收
71       PCON = 0x00;                               //波特率不倍增
72       TH1 = TL1 = 0xFD;                          //9 600bit/s@11.059 2MHz
73       TI = RI = 0;                               //将串口中断标志清零
74       //中断配置
75       TR0 = 1;                                   //启动 T0
76       TR1 = 1;                                   //启动 T1
77       ES = 1; ET0 = 1;                           //允许串口中断与 T0 中断
78       EA = 1;                                    //开中断
79       Recv_OK = 0;                               //初始时设接收成功标志为 0(假)
80       RDE_485 = 0;                               //使能 RS-485 总线接收
81       while(1) {
82           //如果本从机已经接收到完整的 4 个字节数据
83           if (Recv_OK) {
84               EA = 0;                            //关中断
85               Recv_OK = 0;                       //将接收成功标志重设为 0(假)
86               //对来自主机的 4 字节数据进行 CRC 校验(初值统一约定为 0xFFFF)
87               uCRC16= 0xFFFF;  for( i = 0; i < 4; i++) CRC_16 (recv_Data[i]);
88               //校验通过后向主机发送 6 字节(本机地址,操作码,2 字节 A/D,2 字节 CRC)
89               if (uCRC16== 0x0000) {
90                   RDE_485 = 1; delay_ms(5);   //允许发送, 禁止接收
91                   ADC_CH0 = ADx_Value(0);     //ADC0832 芯片 0 通道 A/D 转换
92                   ADC_CH1 = ADx_Value(1);     //ADC0832 芯片 1 通道 A/D 转换
93                   uCRC16 = 0xFFFF;            //校验码初始值统一约定为 0xFFFF
94                   CRC_16(sl_Addr);            //校验本机地址
```

```
95                  CRC_16(ADC_REQ);                //校验 A/D 转换命令
96                  CRC_16(ADC_CH0);                //校验 A/D 转换结果高字节
97                  CRC_16(ADC_CH1);                //校验 A/D 转换结果低字节
98                  Send_Byte(sl_Addr);             //回发本机地址
99                  Send_Byte(ADC_REQ);             //回发 A/D 转换命令
100                 Send_Byte(ADC_CH0);             //回发 0 通道 A/D 转换值
101                 Send_Byte(ADC_CH1);             //回发 1 通道 A/D 转换值
102                 Send_Byte(uCRC16);              //发送 CRC 校验码低字节
103                 Send_Byte(uCRC16>>8);           //发送 CRC 校验码高字节
104                 RDE_485 = 0;delay_ms(5);        //发送结束后再允许本机 RS-485 接收
105             }
106             EA = 1;                             //开中断
107         }
108     }
109 }
110 //--------------------------------------------------------------------
111 // 串口接收中断
112 //--------------------------------------------------------------------
113 void SerialPort_INT() interrupt 4 {
114     u8 R;
115     LED_Ptr = ~LED_Ptr;                     //从机接收时指示灯闪烁
116     R = SBUF;                               //从串口(来自 RS-485 总线)读取 1 个字节
117     RI = 0;                                 //将 RI 清零
118     Recv_OK = 0;                            //先暂时设接收成功标志为 0(假)
119     //----------------------------------------------------------------
120     //如果当前要接收的是第 0 个字节
121     if (recv_idx == 0) {
122         //如果帧间隔时间定时未到或所收到的字节与设备地址不匹配
123         //则重新设 T1 定时时间为帧间隔时间 FRAME_SPAN
124         if (T_FRAME == 0 || R != sl_Addr) { Set_TIMER0(FRAME_SPAN); }
125         //否则表示接收的第 0 个字节与其设备地址匹配
126         else {
127             recv_Data[recv_idx++] = R;//将字节 R 保存到串口接收数据缓冲区 recv_Data
128             Set_TIMER0(BYTE_SPAN); //重设 T0 定时时间为帧内字节间隔时间
129         }
130     }
131     //----------------------------------------------------------------
132     //否则要接收的是第 0 个字节（即地址字节）之后的数据
133     else {
134         //如果后续接收过程中帧内字节间隔时间未超过 1.5 个字符时间
135         if (T_BYTE == 0) {
136             recv_Data[recv_idx++] = R; //首先将有效字节保存到串接收数据缓冲区
137             //如果接收到的地址字节（第 0 个字节）后的字节（即第 1 个字节）不等于操作码
138             //则将串口接收数据缓冲区索引归零,并重设 T0 定时时间为帧间隔时间
139             //(注意 recv_idx == 2 时,刚刚保存的 R 是第 1 个字节）
140             if ( recv_idx == 2 && R != ADC_REQ) { Set_TIMER0(FRAME_SPAN); }
141             //如果接收到来自当前主机的完整的 4 个字节数据
142             else if (recv_idx == 4) {
143                 Set_TIMER0(FRAME_SPAN); //重设 T0 定时时间为帧间隔时间
144                 Recv_OK = 1;            //设接收成功标志为 1(真)
145             }
146             else {Set_TIMER0(BYTE_SPAN);}//重设 T0 定时时间为帧内字节间隔时间
147         }
148         //同一帧内字符间隔时间超时,重设 T1 为帧间隔时间
```

```
149         else  { Set_TIMER0(FRAME_SPAN); }
150     }
151 }
152 //-----------------------------------------------------------------------
153 // T0 中断
154 //-----------------------------------------------------------------------
155 void TIMER0_OVF_INT() interrupt 1 {
156     TF0 = 0;
157     //F_T0: 标识 T0 定时器当前用于实现帧间隔时间定时还是字节间隔时间定时
158     //F_T0 = 0 时,将帧间隔时间(3.5 字符)到达设为假,字节间隔时间到达设为真
159     //F_T0 = 1 时,将帧间隔时间(3.5 字符)到达设为真,字节间隔时间到达设为假
160     if (F_T0 == 0)  { T_FRAME = 0;  T_BYTE  = 1; }
161     else            { T_FRAME = 1;  T_BYTE  = 0; }
162 }
```

5.15 基于 STC15+ENC28J60+uIP1.0 的以太网仿真应用

基于 STC15+ENC28J60+uIP1.0 的以太网仿真应用电路如图 5-41 所示。该电路使用了以太网接口芯片 ENC28J60，并移植了 uIP1.0 协议栈。系统运行时，客户端 C#语言程序可通过以太网与 STC15 仿真电路交互，读取 A/D 转换结果并在窗体中以图形方式显示，同时还可读取并显示仿真电路中 SW_PORT_4 开关位置。在 C#程序中点击鼠标还可远程控制仿真电路中的继电器开关、LED 显示切换等。

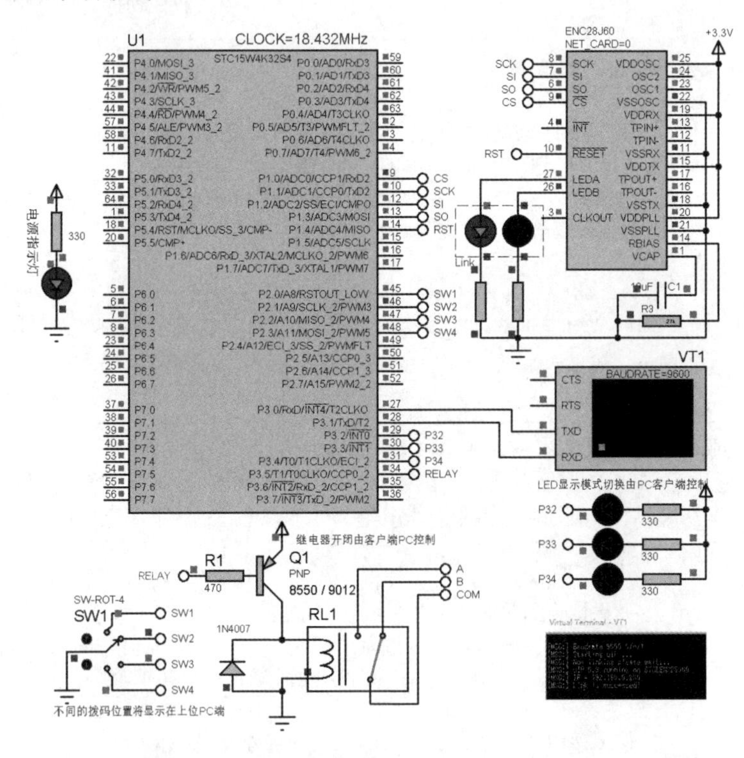

图 5-41　基于 STC15+ENC28J60+uIP1.0 的以太网仿真应用电路

1．程序设计与调试

1）以太网控制器 ENC28J60 简介

以太网控制器 ENC28J60 符合 IEEE 802.3 全部规范，它采用一系列包过滤机制对传入的数据包进行限制，提供有内部 DMA 模块，以实现快速数据吞吐，硬件支持 IP 校验与计算，数据

传输速率可达 10Mbit/s。ENC28J60 带有 SPI 接口，它与 STC 通信通过中断引脚及 SPI 接口实现，可使兼容 SPI 接口的 STC 单片机与以太网通信。ENC28J60 有两个专用引脚连接 LED，用于指示网络活动状态。

2）uIP 协议栈简介

uIP 由瑞典计算机科学学院（网络嵌入式系统小组）Adam Dunkels 开发，其协议栈专门为嵌入式系统而设计，源代码由 C 语言编写且完全公开。uIP 协议栈去掉了完整的 TCP/IP 协议栈中不常用的功能，简化了通讯流程，保留了网络通信必须使用的协议，设计重点放在 IP/TCP/ICMP/UDP/ARP 这些网络层和传输层协议上，保证了代码的通用性和结构的稳定性。

uIP 协议栈主要特征如下。

① 代码便于阅读和移植，协议栈小于 6KB，占用 RAM 非常少，小于几百个字节；

② 硬件处理层、协议栈层和应用层共用一个全局缓存区，不存在数据复制，且发送和接收都是依靠这个缓存区，极大节省了空间和时间；

③ 支持多个主动连接和被动连接并发；

④ 源代码提供一套实例程序：WEB 服务器、WEB 客户端，邮件发送程序（SMTP 客户端）、Telnet 服务器、DNS 主机名解析程序等；

⑤ 数据处理采用轮循机制，不需要操作系统支持。

由于 uIP 资源需求少且易于移植，大部分 8 位微控制器都使用过 uIP 协议栈，很多著名的嵌入式产品和项目也使用了 uIP 协议栈。

3）uIP 主程序与应用服务程序设计

uIP 1.0 提供了主程序框架范例，范例程序稍加修改即可用于 STC15 具体项目设计，uIP 的主程序框架循环完成两个检测：一是检测是否有数据到达，如有则进行相应处理；二是检测是否有周期超时，如有则进行相应处理。

主程序中，timer_set 函数分别设置 TCP 周期处理定时器与 ARP 周期更新定时器，两者定时长度分别为 0.5s 与 10s。

接下来的 uip_init()、uip_arp_init()、app_server_init()分别完成 UIP、UIP_ARP 及应用服务程序初始化，随后用 uip_listen 启动对相应端口的监听。

while 循环中，在网线连接正常的情况下，uip_len = tapdev_read()从网络读取数据帧，对于本例它实际调用的是 enc28j60PacketReceive()，所读取的数据被存入 uip_buf 缓冲，然后进行以下两方面的处理。

① uip_len > 0 表示检测到有数据到达。

检测到有数据到达，接下来的核心工作就是要对 uip_buf 缓冲的数据帧进行解析处理。为便于理解具体的处理过程，图 5-42 给出了以太网数据帧（左）及其传输可能经过的相关层协议（右）。根据该示意图可知，进入的数据帧可能是 IP 包或 ARP 包等（它们属于 TCP/IP 协议栈的网络层）。

当包长 uip_len 非 0，通过 BUF->type == htons(UIP_ETHTYPE_IP)可判断其是否为 IP 包（类型值为 0x0800），根据 main.c 内的宏定义可知 BUF 即((struct uip_eth_hdr *)&uip_buf[0])，它将接收到的缓冲数据强制类型转换为 uip_eth_hdr，以便读取其第 3 个字段（type）的值，uip_eth_hdr（以太网头结构）定义如下，它包括目标 MAC 地址（6 个字节）、源 MAC 地址（6 个字节）、包类型（2 个字节）：

```
struct uip_eth_hdr { struct uip_eth_addr dest; struct uip_eth_addr src; u16_t type; };
```

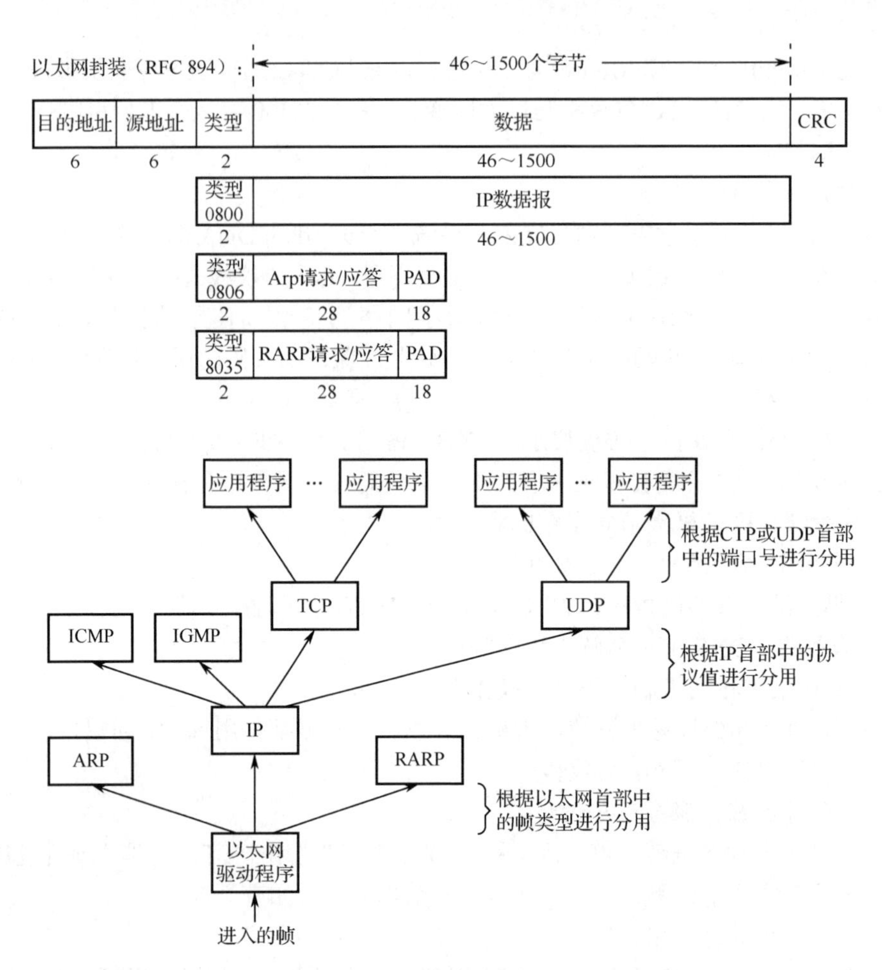

图 5-42　以太网数据帧（上）及其传输可能经过的相关层协议（下）

其中的类型 type 取值如下：

```
#define UIP_ETHTYPE_ARP     0x0806
#define UIP_ETHTYPE_IP      0x0800
#define UIP_ETHTYPE_IP6     0x86DD
```

如果 BUF->type 值为 0x0800 则表示当前接收到的是 IP 包，此时应先调用 uip_arp_ipin()对输入的数据帧进行 ARP 处理，其用意在于“借用”其中的 MAC 地址、IP 地址等信息进行必要的 ARP 表更新操作（ARP 属 TCP/IP 网络层），然后调用 uip_input()处理其中的 IP 数据报，该调用不会被阻塞，它实际上调用的是 uip_process()，uip_process()是 uip.c 的核心程序。

uip_process()涉及连接超时、校验、重发等处理，涉及对 IP 数据报上层协议的处理等（如 TCP、UDP 等，它们属于 TCP/IP 传输层，此外还有对 ICMP 协议的处理）。

本例仿真电路启动后，如果上位机发送读取数据命令、发送继电器控制或 LED 控制命令，IP 数据报中将解析出上层 TCP 数据段，从 TCP 数据段获取当前连接 uip_conn（包括端口号）及用户应用数据段等，其中用户应用数据将被解析存入 uip_appdata 缓冲，uip_process()将调用 UIP_APPCALL 进行处理（UIP_APPCALL 属 TCP/IP 协议栈应用层，本例将 UIP_APPCALL 定义为用户定制的 app_server_appcall 子程序，其代码在 app_server.c 文件中可以找到）。

对于 uip_process()，或应用程序（如 app_server_appcall）所准备的待发送数据（注：其中的 uip_send 函数调用并不实际发送数据，而仅将待发送数据存入放入 uip_sappdata），最后出站前，主程序中还要先调用 uip_arp_out()，其作用是在 ARP 表中查找目的 IP、MAC 等信息以构成以太网帧头，如果 ARP 表中不存在则将 IP 包替换成 ARP 请求。

完成上述准备的后，主程序调用 tapdev_send()向物理网络发出数据（本例通过 ENC28J60 发出，内部实际调用的是 enc28j60PacketSend 函数。）

② 检测到发生周期超时。

主程序中检测是否超时的语句有以下两个。

- if(timer_expired(&periodic_timer))用于检测是否出现 TCP 处理周期超时。
- if(timer_expired(&arp_timer))用于检测是否出现 ARP 更新周期超时。

两者都需要在出现周期超时时，用 timer_reset 恢复对应的周期计时变量。

对于前者，periodic_timer 的超时周期为 0.5s，程序执行到该位置，说明此时当前连接上无任何动静，且时间已过了 0.5s，那么主程序应将所有 N 个连接全部重新检查一下，看是否有其他的某连接上有事务需要处理，其内部通过 for 循环扫描所有连接，并调用 uip_periodic(i)对第 i 个连接进行处理，uip_periodic 内部调用的仍是 uip.c 的核心程序 uip_process()，在完成相应处理后，如果 uip_len > 0 则表示有数据需要出站，随后调用的同样是 uip_arp_out()、tapdev_send()。

对于后者，arp_timer 用于以 10s 周期更新 ARP 表，因为网络中的可能出现的网卡更换、网络配置变更等都会导致 ARP 表出现“老化”。

根据上述分析，可有图 5-43 所示的 UIP 主程序流程图。

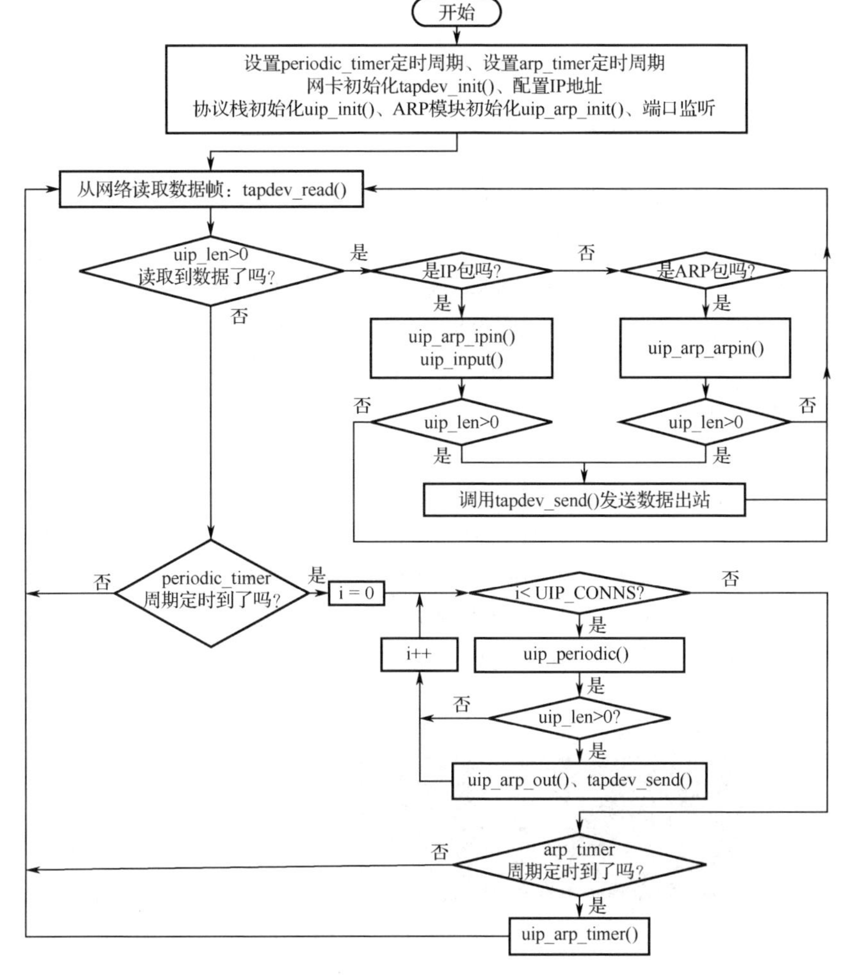

图 5-43 UIP 主程序流程图

4）调试时要注意的几个问题

① WinPcap 或 NPcap 安装与物理网卡配置。

仿真运行本例时，需安装 WinPcap.exe（或 NPcap）以支持网络抓包（实物电路测试时则不需要该设置）。另外还要完成图 5-44 所示设置，将本机适配器“配置”中高级选项内的所有“校验”及“减负”设置关闭。

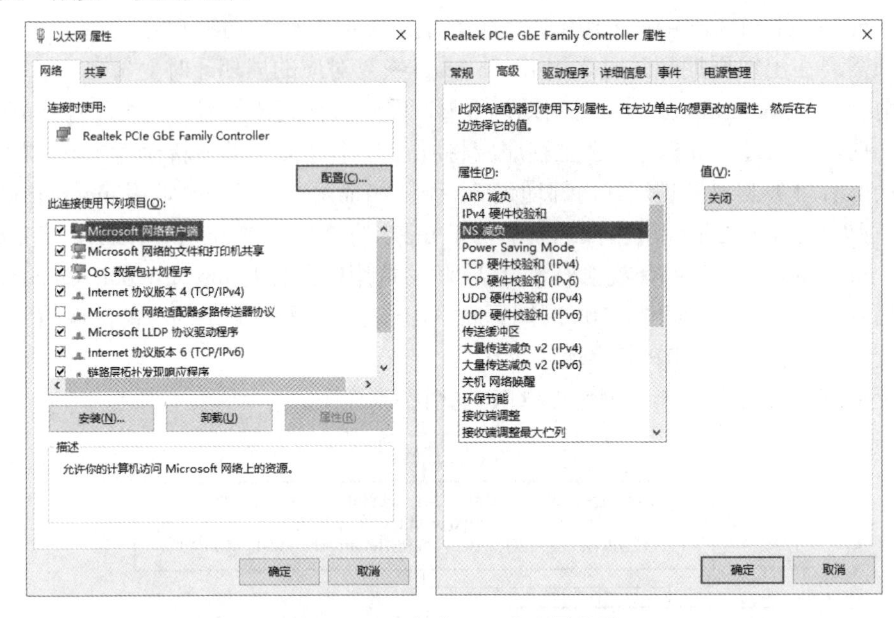

图 5-44　PC 机物理网卡配置设置

② STC 单片机系统中的 IP 地址配置。

源程序中的 IP 地址通常取值 192.168.xxx.xxx，或 172.16.xxx.xxx，但仿真主机可能不在此网段，这样设置会导致访问失败。遇此问题时，可打开 Windows 字符行命令窗口（或直接执行 cmd），然后在命令行界面下输入 ipconfig /all 回车，查看本机 IP 及网关等信息，确保所设置的仿真电路 IP 地址在相同网段内。

③ 关于上位机 C#语言程序。

启动仿真电路运行后，其虚拟终端中将出现相应提示，包括启动状态及 IP 地址等，此时即可启动图 5-45 所示的 STC8051 以太网客户端程序界面（C#设计），设置好 IP 地址并点击连接，如果提示连接成功，点击相应按钮即可与 STC+ENC28J60 构建的以太网应用系统进行通信，读取相应数据（包括随机数据与开关闭合状态），其中随机数据将以图形折线方式显示，点击其他相应按钮时，还可对继电器、LED 等进行相应控制。

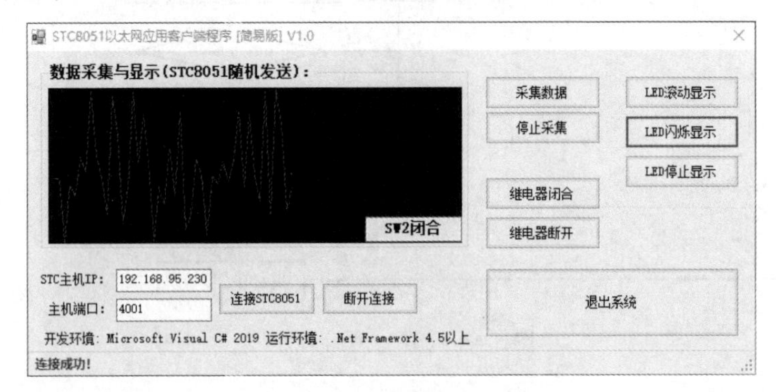

图 5-45　STC8051（STC15）以太网客户端程序界面（C#语方言设计）

2. 实训要求

① 在仿真电路中启用 AD0 通道进行模数转换，并将模拟电压回传到上位机程序显示。

② 仍基于 uIP 1.0 设计基于 HTTP 的 WEB 应用，将本例功能改为在 WEB 页中实现。

3. 源程序代码

```
1   //------------------------- main.c ---------------------------------
2   //  名称：基于 STC+ENC28J60+uIP 1.0 的以太网仿真应用
3   //------------------------------------------------------------------
4   //  说明：仿真电路基于 STC14W4K32S4 与以太网接口芯片 ENC28J60 设计，移植了
5   //        uIP 1.0 协议栈，系统运行时，C#客户端程序可通过以太网与 STC 仿真
6   //        电路交互，读取 A/D 转换结果并在窗体中以图形方式显示，同时还将
7   //        读取并显示仿真电路中 SW_PORT_4 开关位置，在 C#程序中点击鼠标还可
8   //        远程控制仿真电路中的继电器开关、LED 显示切换等。
9   //
10  //------------------------------------------------------------------
11  #include "STC15xxx.h"
12  #include "My_Macro.h"             //宏定义头文件
13  #include "delay.h"                //延时函数头文件
14  #include "uip.h"                  //uIP TCP/IP
15  #include "uip_arp.h"              //ARP 模块宏定义
16  #include "timer.h"                //定时器头文件
17  #include "uart.h"                 //串口头文件
18  #include "enc28j60.h"             //enc28j60 驱动程序头文件
19  #include "app_server.h"           //应用服务头文件
20  #include "myopt.h"                //自定义选项头文件
21  #include "spi.h"                  //SPI 接口头文件
22  #include <intrins.h>
23  #include <stdio.h>
24  #include <stdlib.h>
25  //IP 包缓冲定义，将通用缓冲强制转换为以太网包头 uip_eth_hdr 以便解析 IP
26  #define BUF ((struct uip_eth_hdr *)&uip_buf[0])
27  #ifndef NULL
28  #define NULL (void *)0
29  #endif /* NULL */
30  clock_time_t tick_cnt;            //TICK 计时变量（处理 TCP 连接和 ARP 更新）
31  u16 clock_j = 0;
32  clock_time_t clock_time(void) {//返回 TICK 计时变量值
33      return tick_cnt;
34  }
35  extern void Timer0Init();         //T0 定时器初始化函数
36  //------------------------------------------------------------------
37  // 主程序
38  //------------------------------------------------------------------
39  void main() {
40      u8 i; idata char IPstr[30];
41      uip_ipaddr_t ipaddr;
42      struct timer periodic_timer, arp_timer;
43      P0M1 = 0x00; P0M0 = 0x00;         //将 P0 配置为准双向口
44      P1M1 = 0x00; P1M0 = 0x00;         //将 P1 配置为准双向口
45      P2M1 = 0xFF; P2M0 = 0x00;         //将 P2 配置为高阻输入口
46      P3M1 = 0x00; P3M0 = 0x00;         //将 P3 配置为准双向口
47      //设置 0.5s 定时周期轮询处理 TCP 连接
48      timer_set(&periodic_timer, CLOCK_SECOND / 2);
```

```
49      //设置 10s 定时周期定时更新 ARP
50      timer_set(&arp_timer, CLOCK_SECOND * 10);
51      Timer0Init();                           //T0 初始化
52      UartInit();                             //串口初始化
53      Printf_String("\r\n[MSG:] Baudrate 9600 8/n/1  ");
54      Printf_String("\r\n[MSG:] Starting uIP ...");
55      Printf_String("\r\n[MSG:] Now linking please wait...");
56      tapdev_init();                          //初始化以太网芯片 ENC28J60
57      DelayMS(200);
58      while(1) {
59          if(enc28j60_mac_is_linked()) {                  //查询连接状态
60              uip_ipaddr(ipaddr, 192,168,95,200);     //设置固定 IP 地址
61              uip_sethostaddr(ipaddr);
62              Printf_String("\r\n[MSG:] uIP 1.0 running on STC&ENC28J60");
63              //在虚拟终端显示 IP 地址
64              sprintf(IPstr,"\r\n[MSG:] IP = %d.%d.%d.%d",
65                  (int)uip_ipaddr1(ipaddr),(int)uip_ipaddr2(ipaddr),
66                  (int)uip_ipaddr3(ipaddr),(int)uip_ipaddr4(ipaddr));
67              Printf_String(IPstr);
68              uip_ipaddr(ipaddr, 192,168,95,1);  //设置 DNS
69              uip_setdraddr(ipaddr);
70              uip_ipaddr(ipaddr, 255,255,255,0); //设置掩码
71              uip_setnetmask(ipaddr);
72                  Printf_String("\r\n[MSG:] Link is successed!");
73              break;
74          }
75          DelayMS(240);
76      }
77      uip_init();                             //UIP 初始化
78      uip_arp_init();                         //初始化 ARP 模块
79      //app_server_init();                    //应用服务程序初始化
80      //在 4001～4003 端口监听
81      uip_unlisten(HTONS(4001)); uip_listen(HTONS(4001));
82      uip_unlisten(HTONS(4002)); uip_listen(HTONS(4002));
83      uip_unlisten(HTONS(4003)); uip_listen(HTONS(4003));
84      while(1) {
85          if(enc28j60_mac_is_linked() == 0) { //检测网线是否断开
86              Printf_String("\r\n[MSG:] Link is removed!");
87              DelayMS(250);
88              break;
89          }
90          uip_len = tapdev_read();    //从网络设备读取信息
91          //=============================================================
92          if(uip_len > 0) {            //判断读取的数据包长度是否>0
93              //IP 包处理-----------------------------------------------
94              if(BUF->type == htons(UIP_ETHTYPE_IP)) {
95                  uip_arp_ipin();      //对输入的 IP 包进行 ARP 处理（更新 ARP 表）
96                  uip_input();         //处理输入的 IP 包（非阻塞调用）
97                  if(uip_len > 0) {   //如果包长大于 0
98                  //数据准备出站前，在 ARP 表中找到目的 IP 地址构成以太网报头
99                  //如果该目的 IP 不在当前局域网则使用默认路由 IP
100                 //ARP 表中不存在则将原 IP 包替换成 ARP 请求
101                     uip_arp_out();  //根据实际情况对出站包加包头
102                     tapdev_send();  //向网络发送数据
```

```
103                 }
104             }
105             //处理 ARP 包------------------------------------------------------
106             else if(BUF->type == htons(UIP_ETHTYPE_ARP)) {
107                 uip_arp_arpin();    //处理输入的 ARP 包
108                 if(uip_len > 0) tapdev_send();//向网络发送数据
109             }
110         }
111         //===============================================================
112         //否则如果 0.5s 定时器超时
113         else if(timer_expired(&periodic_timer)) {
114             timer_reset(&periodic_timer);//复位 0.5s 定时器
115             //轮流处理每个 TCP 连接（UIP_CONNS 默认为 40）
116             for(i = 0; i < UIP_CONNS; i++) {    //逐一检查各连接
117                 //处理 TCP 通信事件（周期性处理第 i 个连接）
118                 uip_periodic(i);
119                 if(uip_len > 0) {   //如果包长大于 0
120                     uip_arp_out();  //加以太网头结构，主动连接可能构造 ARP 请求
121                     tapdev_send();  //向网络发送数据
122                 }
123             }
124             //-----------------------------------------------------------
125             //arp_timer 定时到,ARP 表 10 秒更新一次,如不更新 ARP 表则屏蔽以下代码
126             if(timer_expired(&arp_timer)) {
127                 timer_reset(&arp_timer);    //复位 ARP 定时器
128                 uip_arp_timer(); //周期性处理 ARP 动态映射表老化功能
129             }
130         }
131     }
132 }
```

```
1   //--------------------------- app_server.c -----------------------------
2   // 名称：TCP 应用服务程序
3   //---------------------------------------------------------------------
4   #include "STC15xxx.h"
5   #include "delay.h"
6   #include "app_server.h"               //TCP 服务程序头文件
7   //#include "httpd.h"                  //httpd 服务程序头文件
8   #include "uip.h"
9   #include "uart.h"
10  #include <string.h>
11  #include <stdlib.h>
12  sbit Relay_Control = P3^5;            //继电器控制引脚定义
13  volatile char LedMode = 0x00;
14  //---------------------------------------------------------------------
15  // 应用服务初始化
16  //---------------------------------------------------------------------
17  void app_server_init() { }
18  //---------------------------------------------------------------------
19  // 应用服务调用（处理）
20  //---------------------------------------------------------------------
21  void app_server_appcall() {
22      u16 k, temp; u8 C[] = "###", out_data[4];
23      switch(uip_conn->lport) {         //判断端口号
```

```
24 //       case HTONS(80):     httpd_appcall();    break;
25 //       case HTONS(8000):   break;
26 //       case HTONS(8001):   break;
27          case HTONS(4001):
28          case HTONS(4002):
29          case HTONS(4003):
30              if(uip_newdata()) {
31                  k = uip_datalen();  //获取所读取的字节长度
32                  if (k >= 2) {   //若字节长度≥2，则读取前 2 个到 C[0],C[1]
33                      C[0] = (u8)(*uip_appdata);
34                      C[1] = (u8)(*(uip_appdata+1));
35                      P0 = uip_buf[0]; P4 = uip_buf[1];
36                  } else break;       //否则接到的数据无效，直接跳出 switch
37                  Printf_String(C);   //终端显示（测试用）
38                  //RO 表示继电器闭合（Relay ON：RO），否则为断开
39                  if (C[0] == 'R') Relay_Control = (C[1] == 'O') ? 0:1;
40                  //Lx 表示 LED 流水灯滚动模式
41                  if (C[0] == 'L') LedMode = C[1];
42                  if (C[0] == 'G') {
43                      if (C[1] == 'D') {  //如果第 2 个字符不是 D 则不发送头部
44                          out_data[0] = 'D';//如果采集数据有固定格式此头部可省
45                          //发送一个随机字作为采集的数据
46                          temp = rand() % 1023;
47                          out_data[1] = temp % 1023 >> 8;
48                          out_data[2] = temp % 1023;
49                          //发送多路开关闭合状态字节
50                          P2 |= 0x0F;
51                          if      ((P2 & (1<<0)) == 0x00) out_data[3] = 0x01;
52                          else if ((P2 & (1<<1)) == 0x00) out_data[3] = 0x02;
53                          else if ((P2 & (1<<2)) == 0x00) out_data[3] = 0x03;
54                          else if ((P2 & (1<<3)) == 0x00) out_data[3] = 0x04;
55                          else out_data[3] = 0x00;
56                          //将待发送数 out_data 放入 uip_sappdata
57                          uip_send(out_data,4);
58                      }
59                  }
60                  break;
61              }
62          default:break;
63      }
64  }
65  //-----------------------------------------------------------------------
66  // T0 初始化(1ms@18.432MHz)
67  //-----------------------------------------------------------------------
68  void Timer0Init() {
69      AUXR |= 0x80;                       //1T 模式
70      TMOD &= 0xF0;                       //设置定时器模式
71      TL0 = 0x00;                         //设置定时初始值
72      TH0 = 0xB8;                         //设置定时初始值
73      TF0 = 0;                            //将 TF0 清零
74      TR0 = 1;                            //T0 开始定时
75      ET0 = 1;                            //使能定时中断
76      EA = 1;                             //开总中断
77  }
```

```
78 //-----------------------------------------------------------------------
79 // T0 中断子程序(定时 1ms)——控制 LED 显示刷新
80 //-----------------------------------------------------------------------
81 void timer0_interrupt() interrupt 1 {
82     static u8 tCount1 = 0;              //累加计时变量（静态）
83     static u8 x1 = 0x10, x2 = 1;        //LED 显示控制变量
84     EA = 0;                             //关总中断
85     if (++tCount1 == 4) {               //累加定时为：4×1ms=4ms
86         tCount1 = 0;                    //将累加变量清零
87         if (LedMode == '1') {           //收到“1”则控制 LED 滚动显示
88             P3 |= 0x1C; P3 &= ~x1; x1 >>= 1;
89             if (x1 == 1<<1) x1 = 1<<4;
90         }
91         else if (LedMode == '2') {  //收到“2”则控制 LED 闪烁显示
92             x2 = !x2; if (x2 == 0) P3 |= 0x1C; else P3 &= ~0x1C;
93         }
94         else P3 |= 0x1C;                //否则关闭 LED 显示
95     }
96     EA = 1;                             //开总中断
97 }
```

第6章　板上实践（选学）

前述内容中已给出了数十个 STC8051 系列单片机的 C 语言程序基础设计案例、外围硬件拓展设计案例及综合设计案例。这些案例均在仿真环境下测试通过。为进一步提升 STC8051 系列单片机实物硬件应用开发设计能力，本章进一步提供了 10 片硬件资源模块板及 20 项实战设计参考案例，供选择学习调试及实践锻炼。这些案例绝大多数已有前述对应仿真案例，仅少部分器件在当前版 Proteus 无对应模型。通过实物模块板应用实践，可进一步验证 STC8051 系列单片机仿真案例，进一步夯实开发者信心，提升实物开发设计能力。

表 6-1 给出了所有 10 片模块板资源清单及实战参考项目清单（20 项）。

表 6-1　STC8051 系列单片机外围扩展资源模块板及参考实战项目清单

模块板号	模块板的板载主要资源	实战参考项目
1	8 位单色/1 位多色 LED 数码管+单路+5 向按键	① 独立按键控制 8 位 LED 与 3 色 LED 显示 ② 按键控制单只与集成式数码管显示
2	32×16 点阵屏/GT21 字库	③ 32×16 点阵屏滚动显示中英文 ④ 上位机串口发送信息刷新点阵屏显示
3	1602LCD/继电器/蜂鸣器 键盘矩阵	⑤ 1602LCD+键盘矩阵模拟计算器 ⑥ 1602LCD+继电器、蜂鸣器、键盘矩阵设计电子密码锁
4	OLED/触摸键（基于 TTP224-B） AT24C16（I^2C）/W25Q64（SPI） DHT22/DS18B20/DS1302 电位器/光敏/热敏/PCF8591	⑦ 触摸面板控制 I^2C/SPI 接口存储器读写与显示 ⑧ OLED 显示 DS18B20/DHT22 传感器数据 ⑨ OLED 显示 DS1302 实时时钟（带可调功能） ⑩ OLED 显示可变电位器/光敏/热敏元件 A/D 转换值
5	COG/GPS/BDS（北斗）/SD 卡 气压传感 BMP180 红外测温 MLX90614-BAA	⑪ COG 显示 MLX90614 红外测温值与 BMP180 气压值 ⑫ COG 显示 GPS/BDS（北斗）导航定位信息 ⑬ COG 显示 SD 卡文件读写信息
6	TFT/称重模块/雷达测距	⑭ TFT 彩屏与 HX711 设计电子秤 ⑮ TFT 彩屏显示 HC-SR04 雷达测距值
7	OLED/舵机 SG90/摇杆 红外遥控/直流电机 N20	⑯ 摇杆电位器控制 SG90 舵机转动与 OLED 显示 ⑰ 红外遥控控制直流电机运转
8	2 类步进电机（单极/双极）	⑱ 4 相 5 线及 2 相 4 线步进电机运转控制
9	RFID 模块/指纹模块/继电器	⑲ RFID 识别与指纹识别控制继电器开关
10	W5500/4 位按键/3 位 LED 温度/电机/继电器	⑳ 基于 STC15+W5500 的以太网远程控制

实物板右边均为 STC15 核心板（微控制器为 STC15W4K32S4），左边为外围扩展硬件模块板，STC15 核心板端口通过 90° 排针与左边模块板连通。所有原理图及实物 PCB 中 40 针 PORT 的引脚标识均以“Y”开头，它与 STC15 的“P”对应，例如“Y30”即对应于“P30”。

如图 6-1 所示，1 号模块板的板载主要资源包括 8 位 LED、1 位三色 LED、1 位独立共阳数码管 3911BS、2 组 4 位集成式共阳数码管 3641B（或称 3461B），它们拼装为 8 位集成式数码管，4 位独立按键、1 个 5 向按键（又称导航微动按键）。图 6-2 为 1 号模块板原理图。

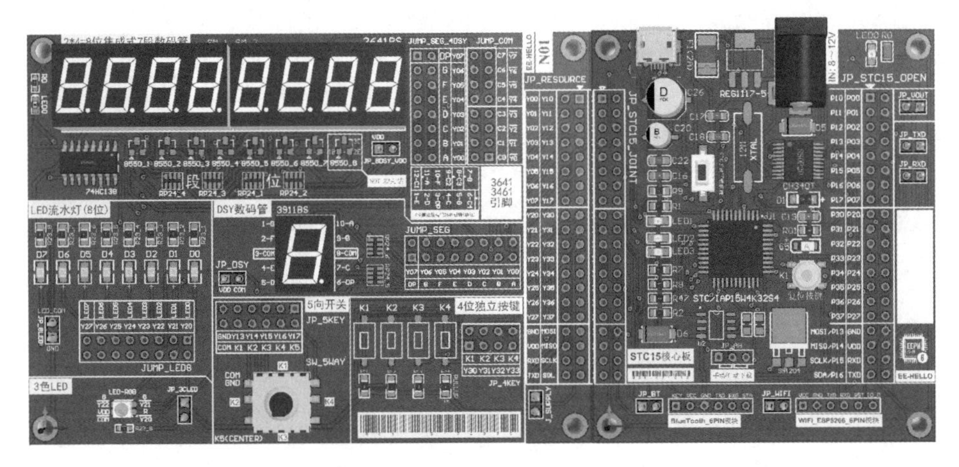

图 6-1　LED+数码管+按键资源模块电路板（1 号模块板）

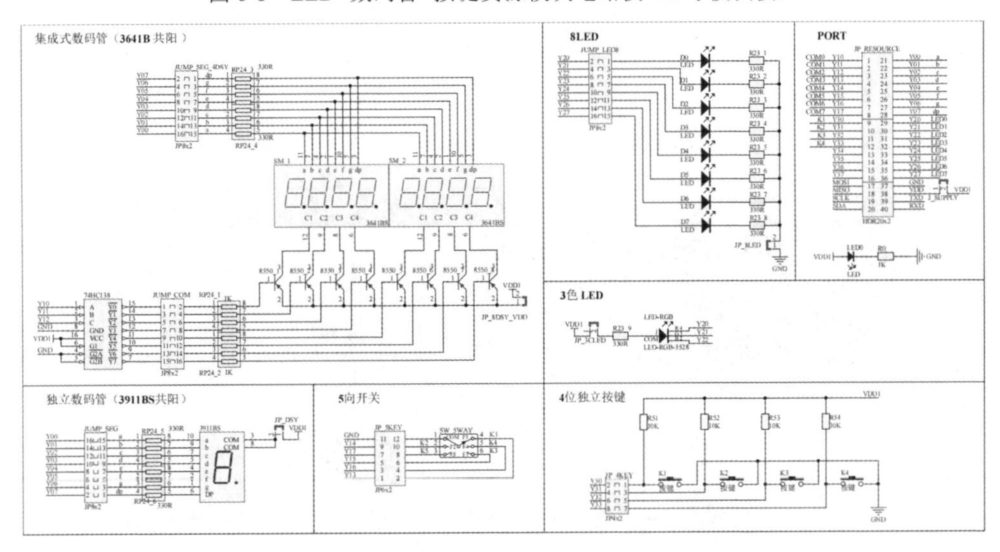

图 6-2　LED+数码管+按键模块原理图（1 号模块板）

如图 6-3 所示，2 号模块板的板载主要资源包括 8 片共阳 8×8LED（1.0cm×1.0cm，7088BS），拼装成 32×16 点阵屏，4 片 74HC595 输出 4×8=32 位行码，2 片 74HC138 对 2×8=16 行进扫描，8 片 APM4953 提供功率驱动，此外板上还提供了 SPI 接口中文字库芯片 GT21。图 6-4 为模块 2 原理图。

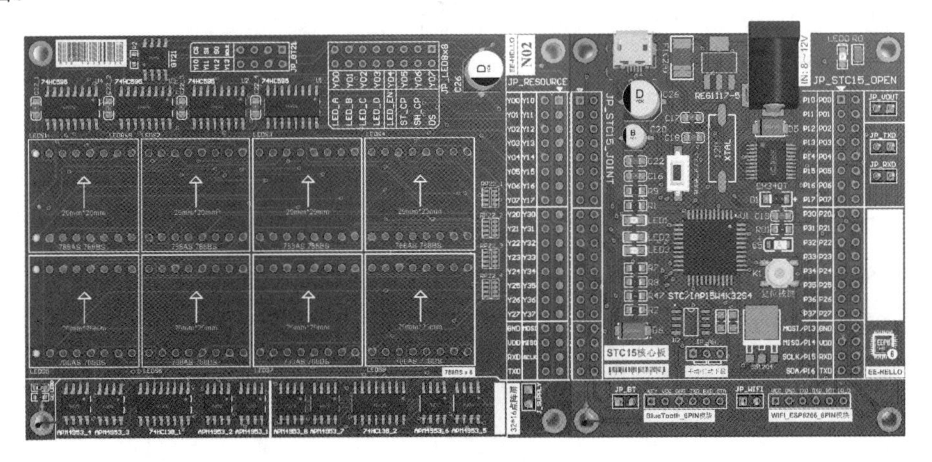

图 6-3　32×16 点阵屏+SPI 接口字库 GT21 模块电路板（2 号模块板）

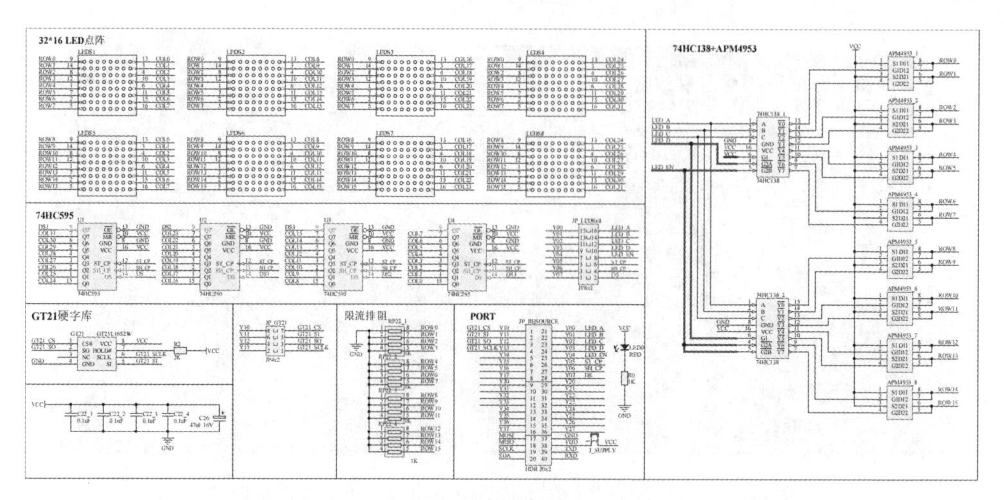

图 6-4　32×16 点阵屏+SPI 接口字库 GT21 模块原理图（2 号模块板）

如图 6-5 所示，3 号模块板的板载主要资源包括 1602LCD（蓝白色电位器 RP1 可调节对比度），板上还有 4×4 键盘矩阵、5V 继电器 4K001F（含接线端子）、蜂鸣器，其中继电器与蜂鸣器均用 PNP 三极管 8550 驱动（封装为 SOT23）。图 6-6 为 3 号模块板原理图。

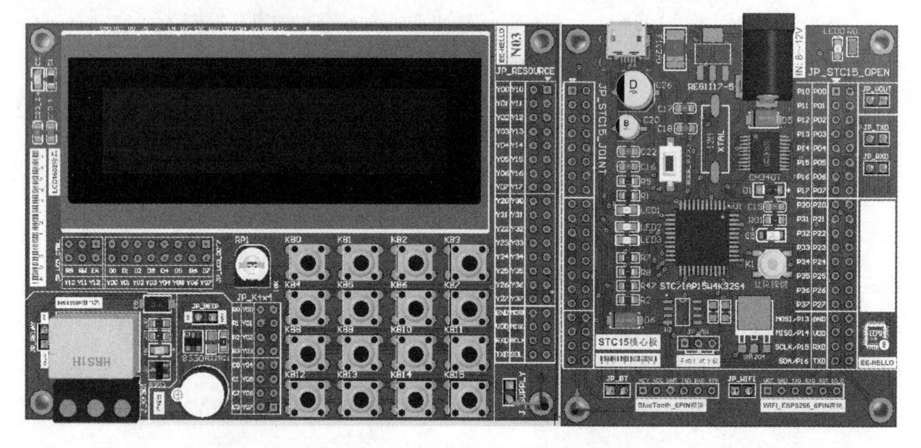

图 6-5　1602LCD +键盘矩阵+继电器+蜂鸣器模块电路板（3 号模块板）

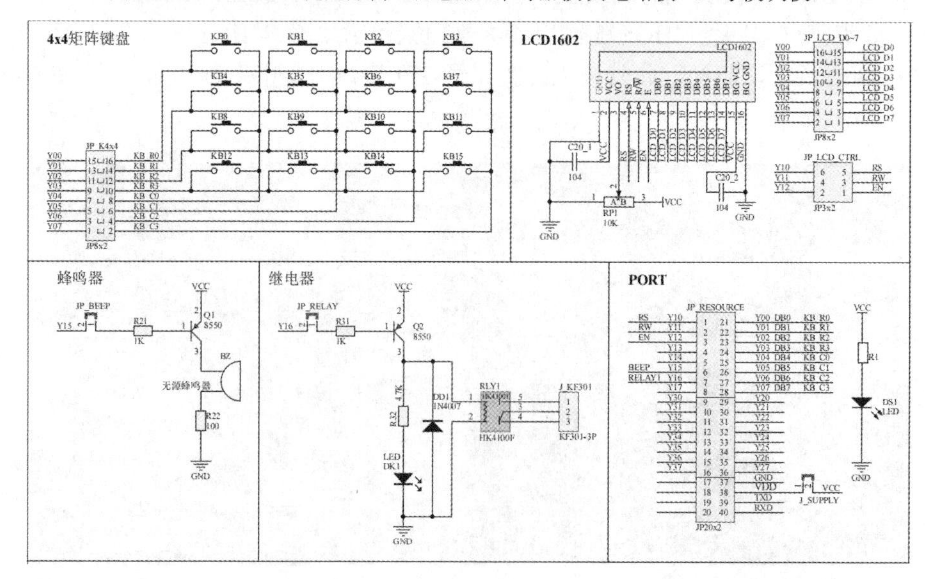

图 6-6　1602LCD +键盘矩阵+继电器+蜂鸣器模块原理图（3 号模块板）

如图 6-7 所示，4 号模块板的板载主要资源包括 SPI 接口 OLED、4 位触摸键、DS1302（带可充电电池及 32.768kHZ 晶振）、AT24C16（I²C）、W25Q64（SPI）、DS18B20（1-Wire）、DHT11/22，在 A/D 与 D/A 转换器 PCF8591（I²C）外围，有模拟信号输入源，包括两组旋钮式电位器、光敏、热敏电阻，此外还有 D/A 输出控制亮度变化的 1 位 LED。图 6-8 为 4 号模块板原理图。

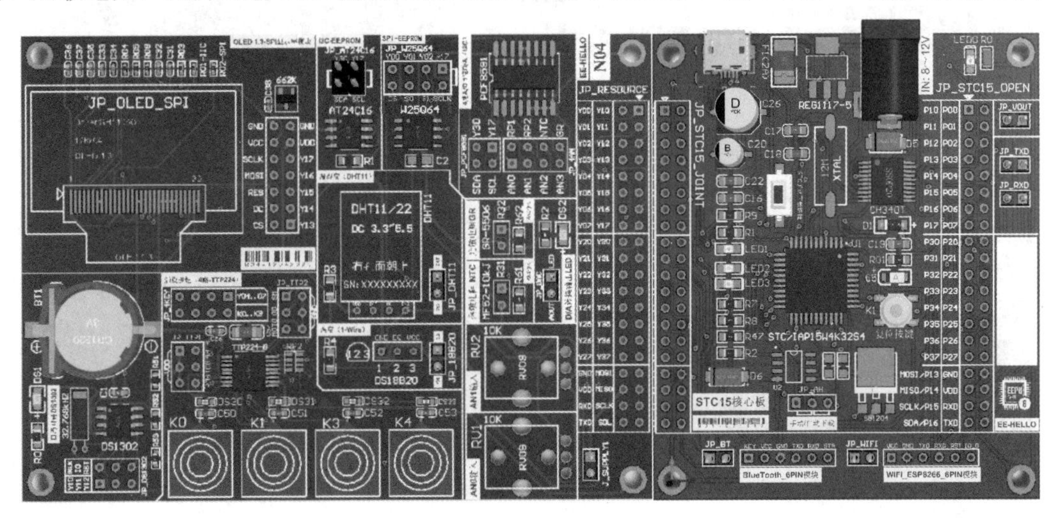

图 6-7　OLED+触摸键+DS1302+2 组存储器+温度+温湿度+A/D 与 D/A 模块电路板（4 号模块板）

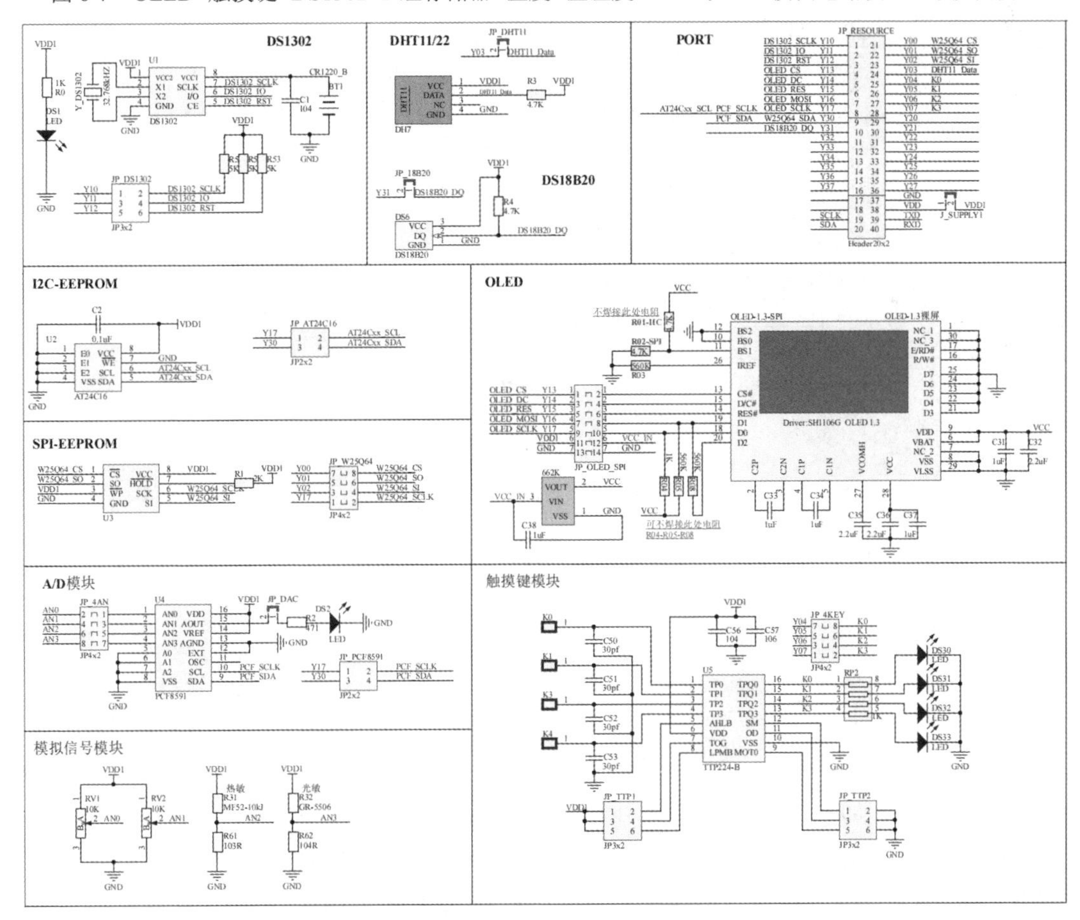

图 6-8　OLED+触摸键+DS1302+2 组存储器+温度+温湿度+A/D 与 D/A 模块原理图（4 号模块板）

如图 6-9 所示，5 号模块板的板载主要资源包括 COG-19264 液晶屏、气压传感器 BMP180、红外测温传感器 MX90614、GPS/BDS（北斗）模块、SD 卡模块及 4 位独立按键，其中 BMP180、MX90614、SD 卡模块均增加了电平转换电路（5V-3.3V）。图 6-10 为 5 号模块板原理图。

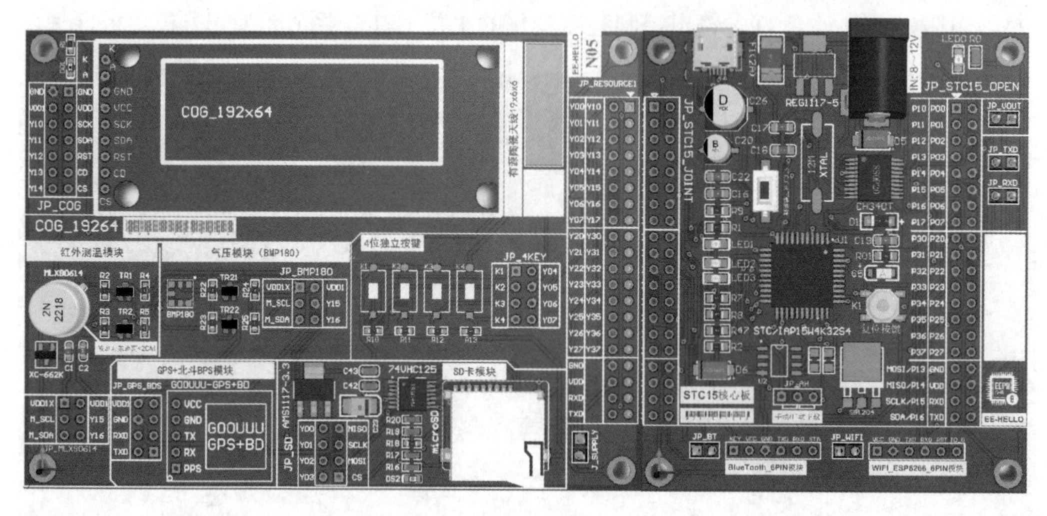

图 6-9　COG+BMP180 气压+MLX90614 红外测温+GPS/BDS（北斗）+SD 卡模块电路板（5 号模块板）

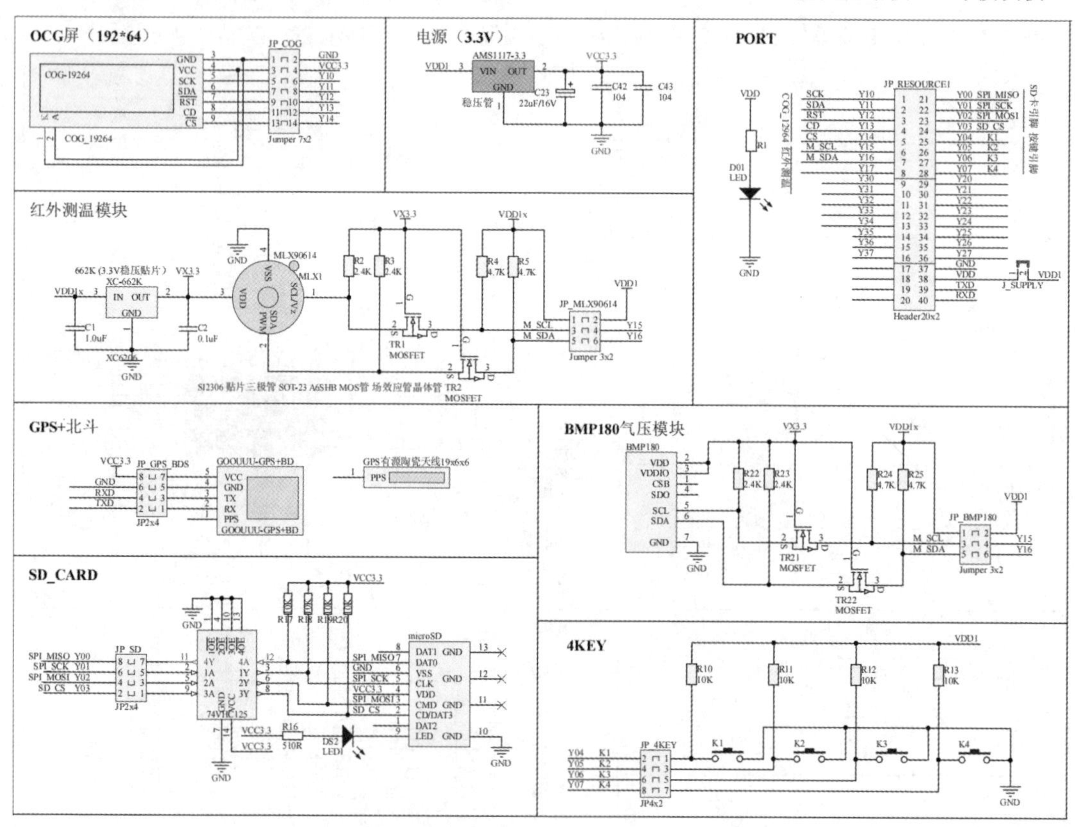

图 6-10　COG+BMP180 气压+MLX90614 红外测温+GPS/BDS（北斗）+SD 卡模块原理图（5 号模块板）

如图 6-11 所示，6 号模块板的板载主要资源包括 TFT-1.3 液晶屏（ST7789U）、雷达测距模块 HC-SR04、称重传感器模块（A/D 芯片为 HX711）、4×4 键盘矩阵、蜂鸣器。图 6-12 为 6 号模块板原理图。

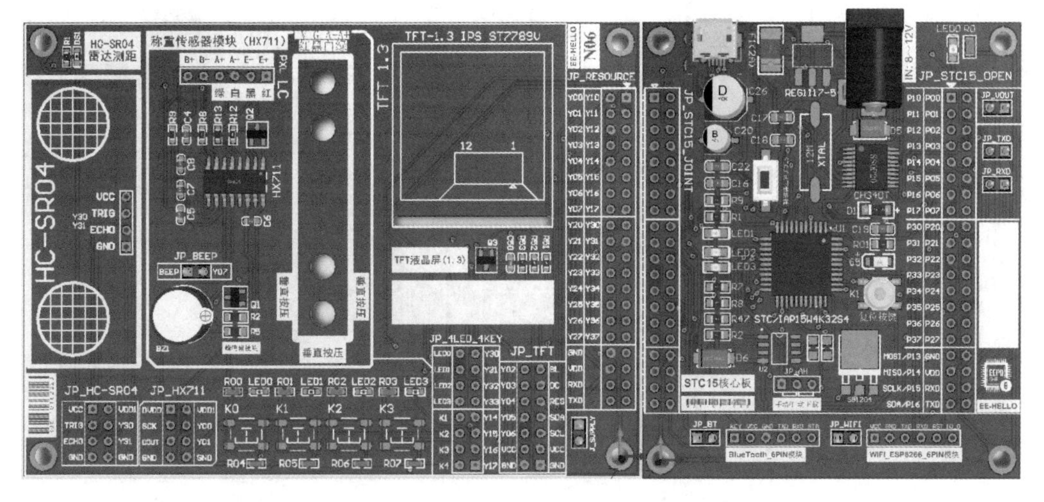

图 6-11　TFT+称重模块+雷达测距模块电路板（6 号模块板）

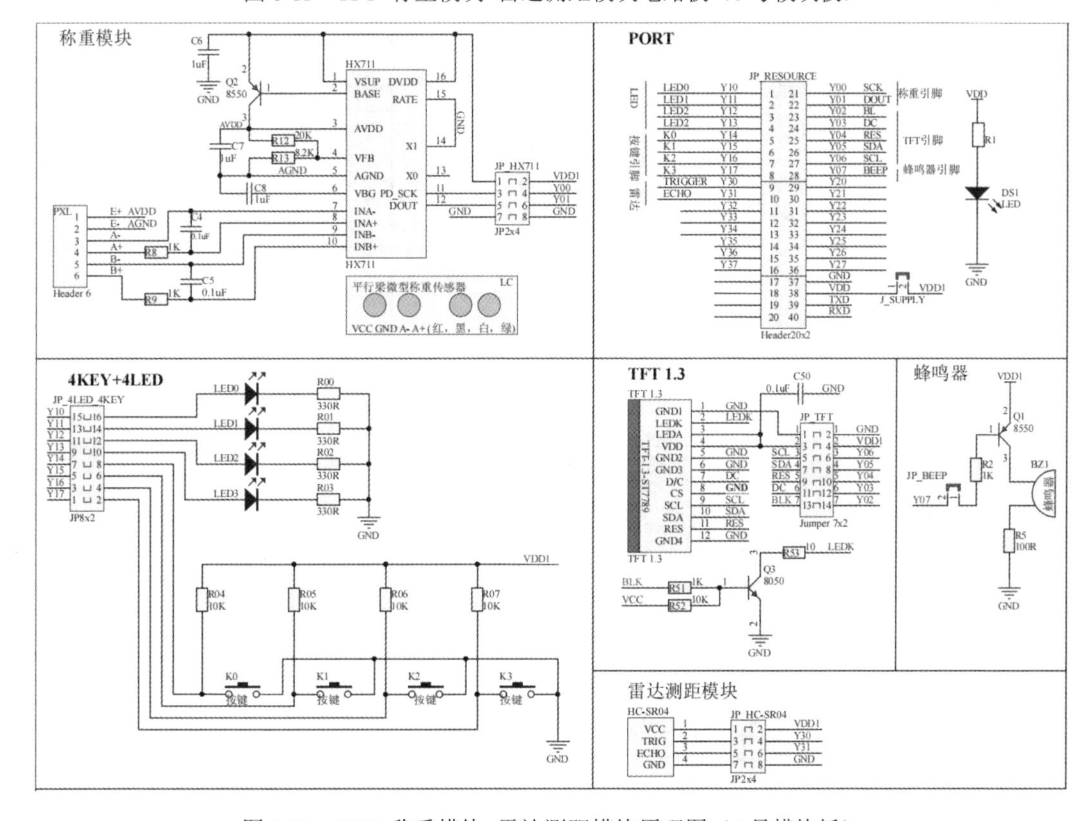

图 6-12　TFT+称重模块+雷达测距模块原理图（6 号模块板）

如图 6-13 所示，7 号模块板的板载主要资源包括 2 路摇杆电位器、SG90 舵机、N20 微型直流电机、I²C 接口 OLED、红外遥控接收头（HS0038B）、4 路按键，图 6-14 为 7 号模块板原理图。

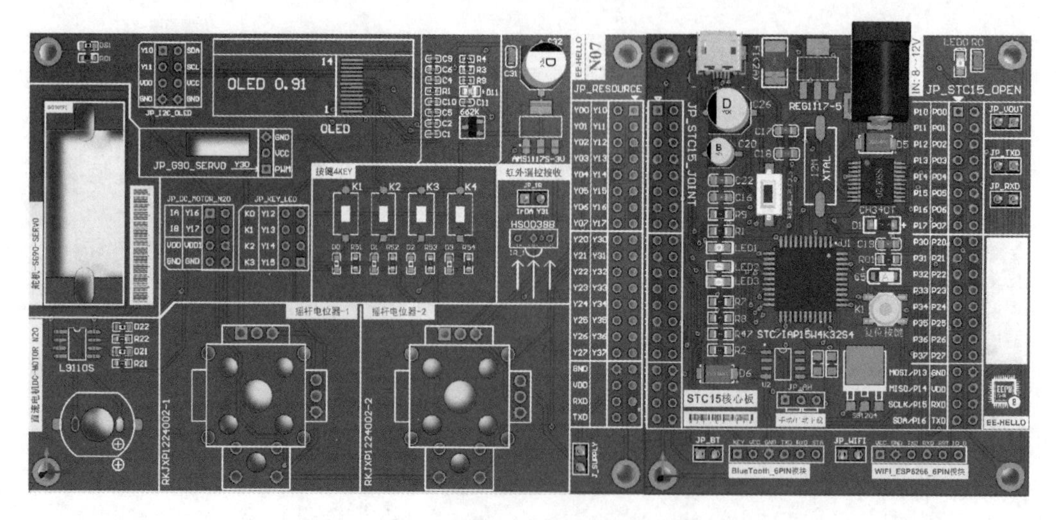

图 6-13　摇杆电位器+舵机+直流电动机+OLED+红外接收模块电路图（7 号模块板）

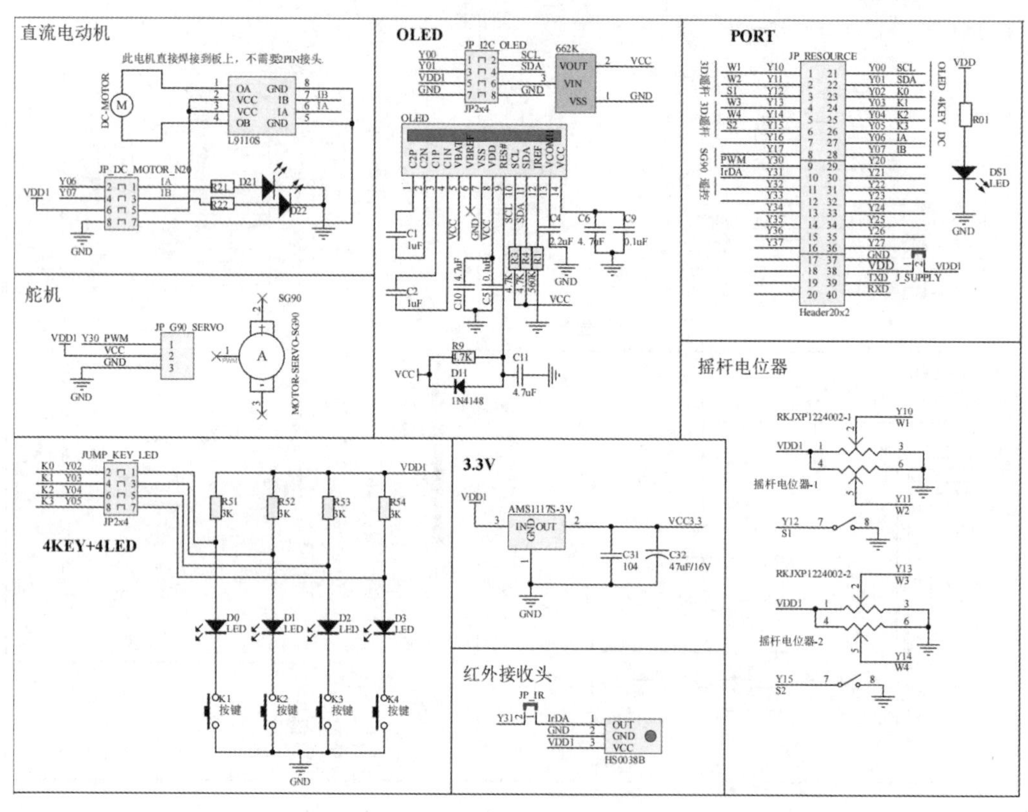

图 6-14　摇杆电位器+舵机+直流电动机+OLED+红外接收模块原理图（7 号模块板）

如图 6-15 所示，8 号模块板的板载主要资源包括两种步进电机，分别为 ULN2803 驱动的 4 相 5 线步进电机 24BYJ48-5V 与 L6219 驱动的 2 相 4 线步进电机 20BY45-5V。图 6-16 为 8 号模块板原理图。

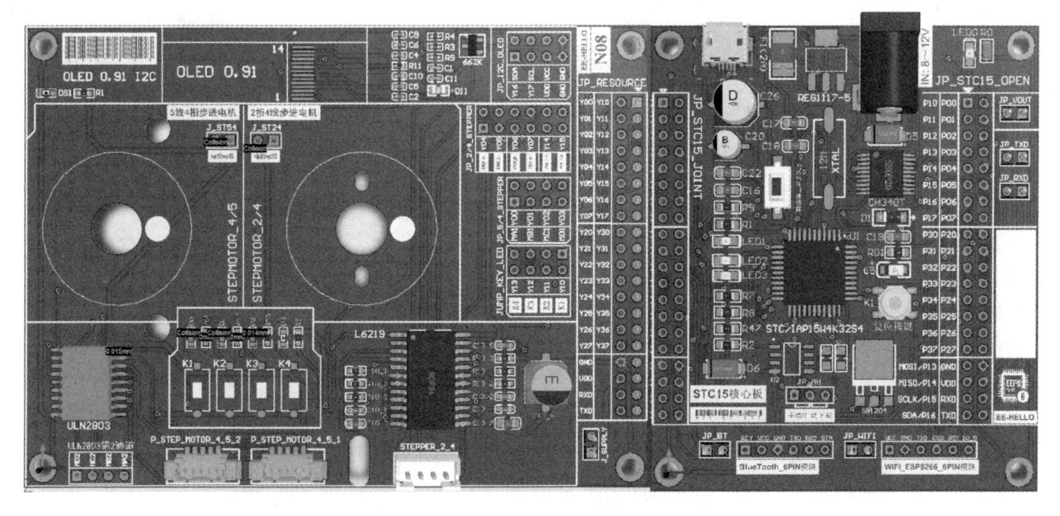

图 6-15　4 相 5 线步进电机与 2 相 4 线步进电机控制模块电路（8 号模块板）

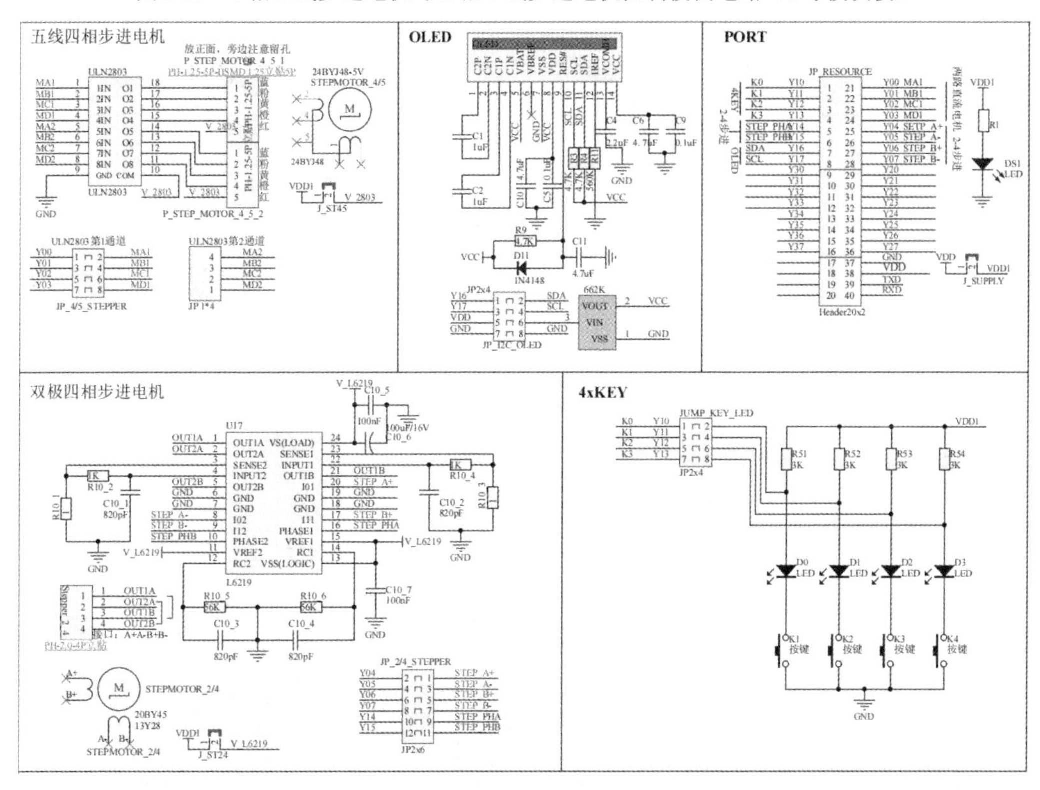

图 6-16　4 相 5 线步进电机与 2 相 4 线步进电机控制模块原理图（8 号模块板）

如图 6-17 所示，9 号模块板的板载主要资源包括 I^2C 接口 OLED（0.91 寸）、RFID（RC522）射频读卡模块、R503 指纹模块（串口）、1 路蜂鸣器、2 路 LED、4 路独立按键，其中 RFID 与指纹模块均使用 TXS0108E 进行双向电平转换（5～3.3V）。图 6-18 为 9 号模块板原理图。

如图 6-19 所示，10 号模块板的板载主要资源包括 W5500 以太网模块、OLED、DS18B20、继电器、蜂鸣器、3 位独立 LED、4 位独立按键。图 6-20 为 10 号模块板原理图。

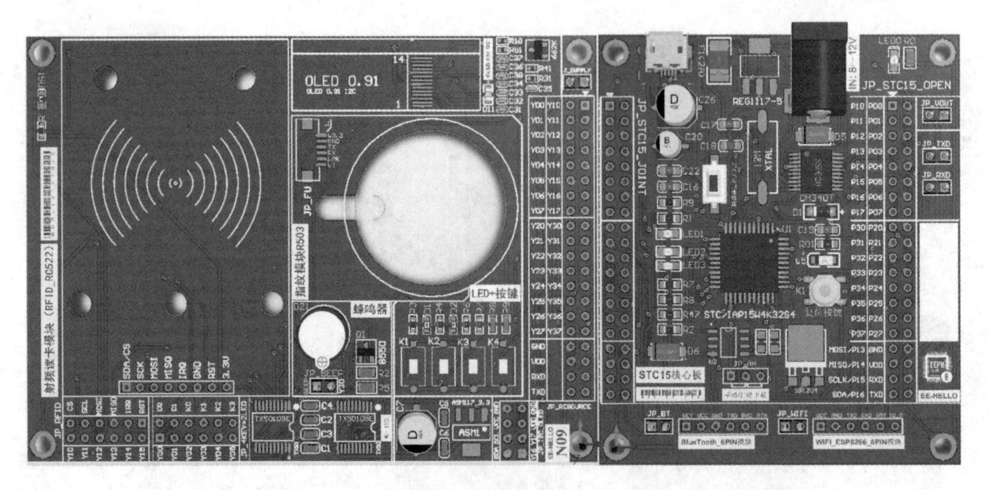

图 6-17　RFID+指纹+OLED+蜂鸣器+按键模块电路（9 号模块板）

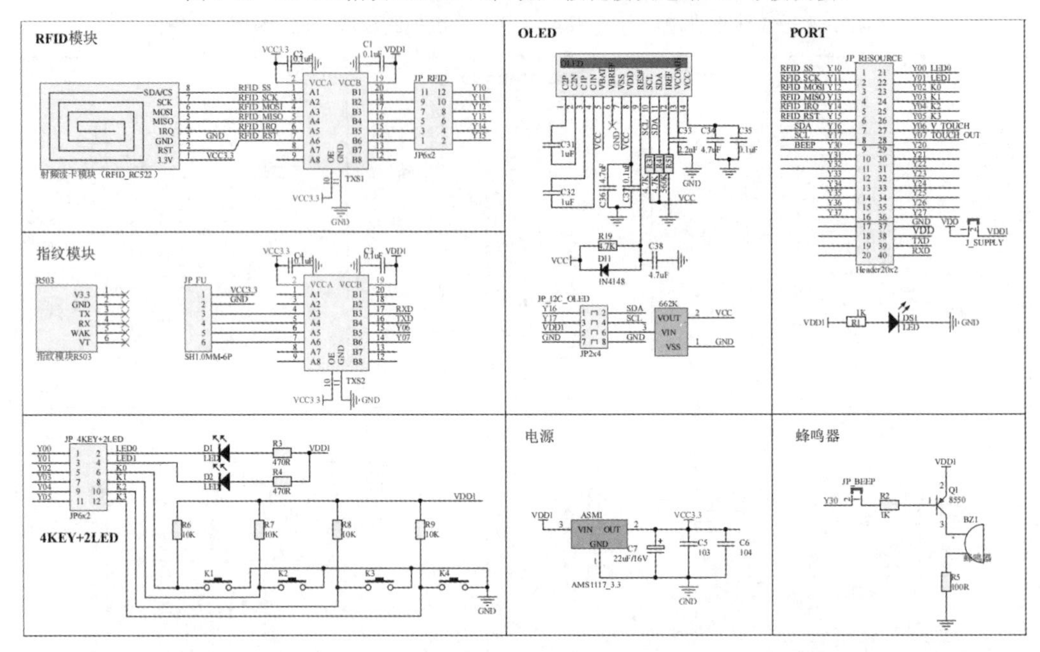

图 6-18　RFID+指纹+OLED+蜂鸣器+按键模块原理图（9 号模块板）

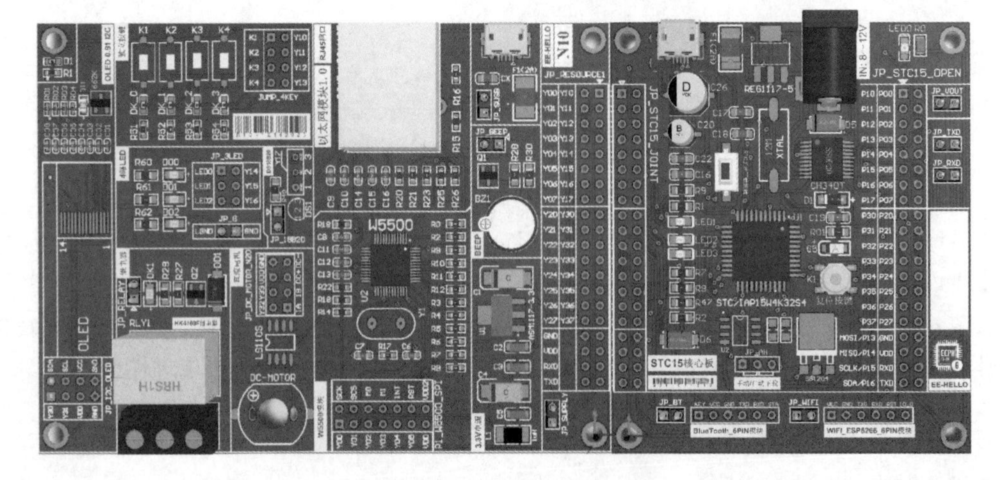

图 6-19　W5500 以太网+OLED+温度+继电器+蜂鸣器+3 位 LED+4 位按键模块电路（10 号模块板）

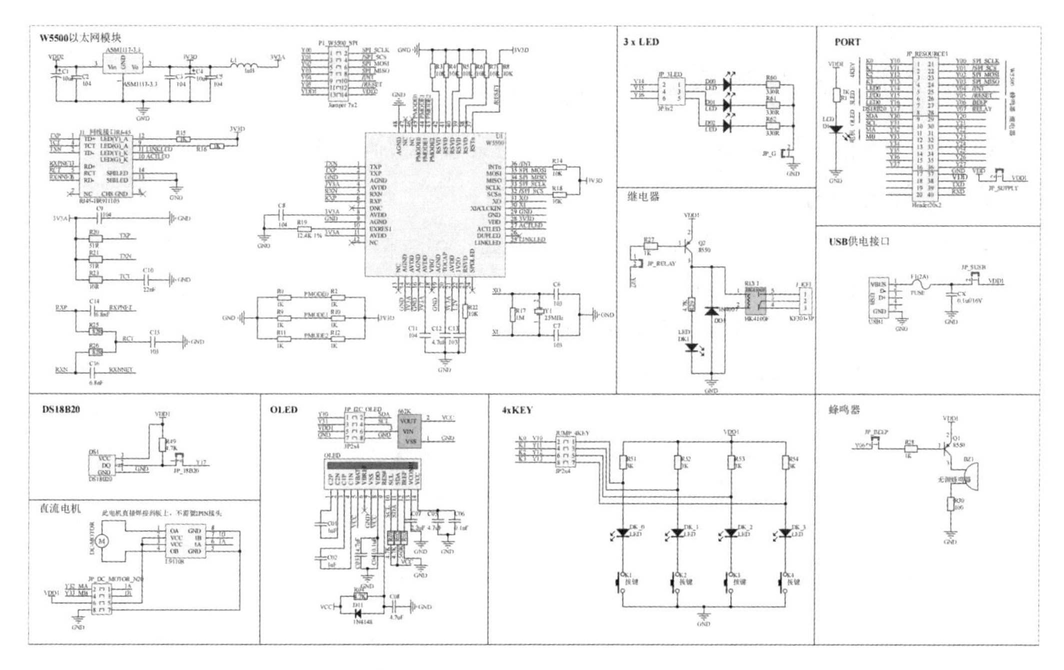

图 6-20　W5500 以太网+OLED+温度+继电器+蜂鸣器+3 位 LED+4 位按键模块原理图（10 号模块板）

6.1　独立按键控制 8 位 LED 与 3 色 LED 显示

实战目标：编程控制 1 号模块板，分别用 4 位独立按键及 5 向按键控制 8 位 LED 按不同方式滚动显示，然后编程用两类按键分别控制三色 LED 显示。

1．程序设计与调试

独立按键有多种不同封装形式，图 6-1 模块板按键全为贴片，根据原理图可知，按下按键时将向 STC 单片机 P3 端口低 4 位（P3.0～P3.3）对应引脚输入低电平，释放时输入高电平。8 位贴片式 LED 封装可选择 0402（或 0603/0805 等），板上 8 位 LED 通过限流电阻接地（共阴连接），阳极逐一连接在 STC15 的 P2 端口。参考基础部分相关案例即可实现指定控制效果。

再来看五向开关，其中 1 引脚为公共端（模块板上已接 GND，2～6 引脚对应 K1～K5，分别对接 STC15 的 P1.3～P1.7，其编程方法与普通按键相同，既可通过 sbit 逐一定义，然后进行判断控制，也可直接对 P1 端口高 4 位通过“&”操作判断具体是哪一引脚出现低电平（表示对应键被按下），此外还可用杜邦线将其连接到 STC 外部中断输入引脚 INTx，通过中断程序实现按键判断与响应。

本项案例详细代码可参阅模块板资源包。

2．实战要求

① 编程用 4 位独立按键分别控制 8 位 LED 实现不同的显示组合效果。

② 编程用五向开关控制 8 位 LED 按不同模式滚动显示。

3．编程笔记

6.2 按键控制单只与集成式数码管显示

实战目标：使用 1 号模块板，编程在单数位与集成式数码管上显示指定内容。

1．程序设计与调试

图 6-1 所示单数位数码管为共阳 3911BS 数码管，跳线帽连通其 COM 端（即 3、8 号引脚连通正电源）后，编程控制 A～DP 引脚即可实现数码管显示，其中连接 STC15 的一端加入了限流排组（2 组 4P 排阻，封装可选 0603/0805）。

模块板上集成式数码管为 3641BS（又称 3461BS），为 4 位集成式共阳数码管，使用 2 组拼装成 8 位集成式数码管。它们的段引脚逐一并联，位引脚全部独立。段引脚通过限流电阻连接 STC15 的 P0 端口，位引脚由 8 位贴片式 8550（PNP）驱动（封装为 SOT23），为减少位码扫描控制引脚数量，模块板上使用了 3-8 译码器 74HC138，可仅使用 STC15 的 3 个引脚对拼装的 8 位集成式数码管逐一进行动态扫描。

本项案例详细代码可参阅模块板资源包。

2．实战要求

① 用 2 组 4 位集成式数码管显示比分，4 位独立按键分别控制两组比分增减。

② 用 5 向按键控制集成式数码管数字向左、右、上、下滚动显示及恢复正常显示。

3．编程笔记

6.3 32×16 点阵屏滚动显示中英文

实战目标：使用 2 号模块板，编程滚动显示一组中英文字符。

1．程序设计与调试

本项设计可重点参考“综合设计”中提供的对应仿真案例代码。

板载 GT21L16S1W-S 字库芯片支持 GB2312 字符集（6763 字），支持 SPI 接口，内置 15×16 等类型点阵字库，以 15×16 点阵字库为例，其格式为横置横排，每一字节高位表示字符左边的像素，低位表示右边的像素，通过 GT21 手册提供的方法可根据汉字内码计算其点阵在芯片中的位置，其中 15×16 汉字点阵在芯片中的字节地址计算方法如下：

```
BaseAdd = 0x0000 ;
if(MSB >= 0xA1 && MSB <= 0xAB && LSB >= 0xA1)
Address =( (MSB - 0xA1) * 94 + (LSB - 0xA1))*32+ BaseAdd;
else if(MSB >=0xB0 && MSB <= 0xF7 && LSB >=0xA1)
Address = ((MSB - 0xB0) * 94 + (LSB - 0xA1)+ 846)*32+ BaseAdd;
```

关于 GT21 更详细的说明可参考技术手册文件，案例详细代码可参阅模块板资源包。

2．实战要求

① 编程控制点阵屏文字逐列左移、右移，或逐行上移、下移显示。

② 编程根据字符串直接从 GT21 读取字符点阵发送 LED 屏显示。

③ 独立设计彩色 LED 点阵显示屏电路，编程控制中文按不同颜色显示。

3．编程笔记

6.4　上位机串口发送信息刷新点阵屏显示

实战目标：使用 2 号模块板，编程通过上位机串口发送待显示中英文字符串，STC15 接收后从 GT21 字库提取字符点阵数据发送 LED 屏显示。

1．程序设计与调试

综合设计中已提供类似案例仿真代码，设计时可作为参考，本项设计要注意配置好两端波特率，同时注意用 SPI 接口 GT21 点阵数据读取程序替换原来的 AT25F4096 点阵读取程序。

案例详细代码可参阅模块板资源包。

2．实战要求

① 编程控制点阵屏正常显示或反相显示。

② 使用 C#语言或其他工具开发上位机程序读取 PC 时间发送 LED 点阵屏显示。

3．编程笔记

6.5　1602 液晶屏和键盘矩阵模拟计算器

实战目标：使用 3 号模块板，编程设计实现简易计算器功能。

1．程序设计与调试

本项设计可参考综合设计部分提供的“计算器”案例，移植代码时注意控制好端口，模块 3 矩阵键盘连接在 P0 端口，行线为 P0.0～P0.3，列线为 P0.4～P0.7。LCD1602 数据端口与键盘矩阵两者共用 STC15 的 P0 端口，驱动 1602LCD 需 EN 线配合（即先置 EN＝1 然后置 EN＝0），要确保键盘矩阵扫描期间 1602LCD 的 EN 线保持为 0，以免键盘矩阵扫描程序影响 1602LCD 显示。

案例详细代码可参阅模块板资源包。

2．实战要求

① 编程使用键盘矩阵与蜂鸣器模拟电子琴并进行演奏测试。

② 使用双堆栈技术对带优先级的表达式求值，例如，表达式 10+3×4=22 而非 34。

3．编程笔记

6.6　1602LCD +继电器+蜂鸣器+键盘设计电子密码锁

实战目标：使用 3 号模块板，编程实现电子密码锁功能。

1．程序设计与调试

本项设计可参考综合设计部分提供的“电子密码锁”仿真案例，该模块板未提供独立的 EEPROM 芯片，移植时注意修改代码使用 STC15 的 EEPROM 保存用户密码（基础设计中提供的 STC15 内置 EEPROM 读写程序可供参考）。运行测试时可用万用表检测接线端子通断情况，以判断继电器闭合或断开是否正常。

案例详细代码可参阅模块板资源包。

2．实战要求

① 修改程序在密码连续错误达 3 次时锁定输入 5 分钟，或连续输出 1 分钟报警声音。

② 使用 MD5 或其他加密算法对所保存的密码进行加密强化。

3．编程笔记

6.7　触摸面板控制 I²C/SPI 接口存储器读写显示

实战目标：使用 4 号模块板，编程用触摸键分别控制 I²C 与 SPI 接口 EEPROM 读写与 OLED 显示。

1．程序设计与调试

模块板 4 提供了 1.3 寸 OLED，同时提供了基于 TTP244 的触摸按键（K1～K4），它们分别对应连接 STC15 的 P0.4～P0.7，AT24C16 的 SCL、SDA 分别连接在 P1.7、P3.0 引脚，W25Q64 的 CS、SO、SI、SCLK 分别连接在 P0.0、P0.1、P0.2、P3.0，OLED 的 CS、DC、RES、MOSI、SCLK 分别连接在 P1.3～P1.7 引脚，参照硬件拓展部分提供的 I²C 与 SPI 接口 EEPROM 读写程

序及 OLED 显示程序，可快速实现本例目标。

案例详细代码可参阅模块板资源包。

2. 实战要求

① 编程使 K1 按下时板上指定通道 A/D 转换值连续保存到 EEPROM，按下 K2 时停止采集，然后读取 EEPROM 数据并发 OLED 刷新显示。

② 编程在 OLED 显示菜单，用 K1～K4 分别实现菜单上移、下移、执行、停止功能。

3. 编程笔记

6.8 OLED 显示 DS18B20/DHT22 传感器数据

实战目标：使用 4 号模块板，编程读取 DS18B20 温度传感器及 DHT22 温湿度传感器数据，然后送 OLED 刷新显示。

1. 程序设计与调试

本项设计可参考硬件拓展部分提供的 DS18B20 及 DHT22 代码，同时结合 OLED 显示驱动程序完成设计，板上 DS18B20 的 DQ 引脚连接 STC15 的 P3.1，DHT22 数据线连接 P0.3。

案例详细代码可参阅模块板资源包。

2. 实战要求

① 用触摸键设置报警温度，当 DS18B20 温度超过设定值时屏上报警图标开始闪烁。

② 编程用图形方式在 OLED 显示 DHT22 当前温湿度值。

3. 编程笔记

6.9 OLED 显示 DS1302 日期时间

实战目标：使用 4 号模块板，编程实时读取 DS1302 日期时间并发送 OLED 刷新显示，同时实现触控按键对日期时间的调节与保存功能。

1. 程序设计与调试

结合硬件拓展部分提供的 DS1302 驱动程序及 OLED 显示程序完成本项设计，板上 DS1302 的 SCLK、IO、RST 引脚分别连接 STC15 的 P1.0、P1.1、P1.2，VCC1 引脚连接锂电池 CR1220，使用 DS1302 时，注意模块板左下角排针要用跳线帽连通。

案例详细代码可参阅模块板资源包。

2．实战要求

① 编程在 OLED 屏显示可简易日历表，同时刷新显示当前日期时间。

② 编程实现日期时间调节，4 个键分别用于选择调节对象、递增、递减及确认调节。

3．编程笔记

6.10 OLED 显示可变电位器及光敏/热敏元件 A/D 转换值

实战目标：使用 4 号模块板，编程将两路可变电位器、一路热敏、一路光敏共 4 个模拟量通过 PCF8591 进行 A/D 转换并分别发送 OLED 刷新显示。

1．程序设计与调试

本项设计可参考硬件应用部分有关 I^2C 接口 8 位精度 4 通道 A/D 与单通道 D/A 转换器 PCF8591 应用案例，引入这 4 个模拟量时，注意将排针 JP-4AN 全部用跳线帽连通。

案例详细代码可参阅模块板资源包。

2．实战要求

① 编程在 OLED 用两组条形图分别显示两个可变电位器当前模拟电位（0～5V）。

② 编程在 OLED 根据当前热敏与光敏电阻分压值计算并显示当前温度与光照情况。

3．编程笔记

6.11 COG 显示 BMP180 气压及 MLX90614 红外测温值

实战目标：使用 5 号模块板，编程在 COG 显示 BMP180 气压值及 MLX90614 红外测温值。

1．程序设计与调试

板上 COG 是液晶屏的一种模组技术，其中 C 表示处理芯片，O 表示 ON，G 表示玻璃（GLASS）。通常控制每个显示像素时需使用信号线，信号线从视屏板引出到 PCB 控制芯片，随着分辨率越来越高，显示屏越来越小，LCD 加工实现了引线在玻璃上的直接印刷，同时将芯片放在玻璃上，这就是所谓的 COG（即：芯片在玻璃上）。COG 可显示各种字符及图形，其接口灵活、体积小巧轻薄、工作电压低、耗能低，近年来已得到市场认可，广泛应用于手持设备，数码器材，仪器仪表类产品。

气压传感器 BMP180 程序可参阅硬件应用部分对应案例代码，模块板上其 I^2C 接口 SCL、SDA 引脚分别连接 STC15 的 P1.5、P1.6 引脚。红外测温模块 MLX90614 出厂前已校验及线性化，它有两种输出接口，适合于汽车空调、室内暖气、家用电器、手持设备以及医疗设备应用等。板上 MLX90614 的 SCL、PWM/SDA 管脚也连接在 STC15 的 P1.5、P1.6，需外接上拉电阻。上述相关器件技术手册及项目程序代码可参阅模块板资源包。

2. 实战要求

① 编程在 COG 用中文显示气压数据。

② 编程在 COG 显示红外测温值，温度高于指定值时超温报警图标闪烁。

3. 编程笔记

6.12 COG 显示 GPS 与 BDS（北斗）导航信息

实战目标：使用 5 号模块板，编程在 COG 显示经纬度及海拔等信息。

1. 程序设计与调试

编写该程序时可参考硬件应用部分的 GPS 模块代码。本例 ATGM336H-5N 系列模块是高性能 BDS/GNSS 全星座定位导航模块系列的总称，该系列模块产品均基于中科微第四代低功耗 GNSS SOC 单芯片 AT6558，支持多种卫星导航系统，包括 BDS（北斗卫星导航系统）、美国的 GPS、俄罗斯的 GLONASS、欧盟的 GALILEO 以及日本的 QZSS 等，是一种真正意义的六合一多模卫星导航定位芯片，包含 32 个跟踪通道，可同时接收六个卫星导航系统 GNSS 信号并且实现联合定位、导航与授时。使用该模块时注意将模块左边排针全部用跳线帽连接。

案例详细代码可参阅模块板资源包。

2. 实战要求

① 编程在 COG 用中英文显示当前经纬度及海拔信息。

② 进一步修改程序，在 COG 显示当前时间与速度信息。

3. 编程笔记

6.13 COG 显示 SD 卡文件读写信息

实战目标：使用 5 号模块板，编程实现 SD 卡 FAT32 文件系统访问。

1. 程序设计与调试

编写本项程序可参阅综合设计部分的 SD 卡 FAT32 文件系统仿真案例代码，注意板上 SD 卡 MISO、SCLK、MOSI、CS 引脚分别连接 STC15 的 P0.0～P0.3 引脚，按下 K1 时向 SD 卡/Myfolder/myTest.dat 文件写入 100 个随机整数，开始时显示“正在写入…”，结束时显示“写入完成”；按下 K2 时读取文件数据并发 COG 显示；按下 K3 时删除 myTest.dat 文件；按下 K4 时，如果 myTest.dat 文件存在则显示其大小与日期信息，否则显示“访问出错”。

案例详细代码可参阅模块板资源包。

2. 实战要求

① 编程每隔指定时间将 myTest.dat 备份至指定文件夹，新备份文件名附加时间以便区分。

② 编程将气压与测温值按指定时间间隔追加写入 myTest.dat，按下 K1 时停止写入，读取历史数据并发送 COG 滚动显示。

3. 编程笔记

6.14 TFT 彩屏与 HX711 设计电子秤

实战目标：使用 6 号模块板，基于 TFT 彩屏与称重传感器及 HX711 设计电子秤。K1、K2 按键分别用于递增“元”、“角”，K3 用于将单价置为默认值“1.0 元”，K4 用于去皮。

1. 程序设计与调试

综合设计部分已提供基于称重传感器的电子秤仿真案例，本项设计使用 TFT 彩屏显示电子秤信息，包括重量、单价、金额，TFT 彩屏 BLK、DC、RES、SDA、SCL 引脚分别连接 STC15 的 P0.2～P0.6 号引脚。使用 TFT 彩屏时注意将 JP_TFT 排针全部用跳线帽连接，初始运行时可设置默认单价为“1.0”元，另注意将 JP_HX711 排针用跳线帽连接。

案例详细代码可参阅模块板资源包。

2. 实战要求

① 修改程序使 K1、K2 调节单价时蜂鸣器能发出提示音。

② 编程使单击 K4 时能够暂存当前金额，新生成金额自动累加，双击 K4 时清除累加。

3．编程笔记

6.15　TFT 彩屏显示 HC-SR04 雷达测距值

实战目标：使用 6 号模块板，编程实现测距值在 TFT 彩屏的刷新显示，距离小于 20cm 时输出报警声音，距离越小时输出提示音频率越高，距离小于 2cm 时开始输出报警声音。

1．程序设计与调试

设计本项程序可参考硬件应用部分提供的雷达模块代码，模块板上 HC-SR04 的 TRIG、ECHO 引脚分别连接 STC15 的 P3.0、P3.1 引脚，使用该模块时注意将 JP_HC-SR04 排针全部用跳线帽连接。

案例详细代码可参阅模块板资源包。

2．实战要求

① 在 TFT 彩屏上用图形+中文数字方式显示测距值。

② 编程使测距值分别大于 30cm、20cm、10cm、5cm 时，分别点亮 4、3、2、1 只 LED。

3．编程笔记

6.16　摇杆电位器控制 SG90 舵机摆动及 OLED 显示

实战目标：使用 7 号模块板，编程用摇杆控制舵机摆动，OLED 刷新显示摆动方向。

1．程序设计与调试

模块板上两组摇杆电位器各自的输出引脚（W1、W2）（W1、W2）分别连接 P10、P11 及 P13、P14，编程时将这 4 个引脚置为 A/D 输入通道，通过 STC15 的 A/D 转换值，决定 SG90 的摆动幅度，控制摆动的 STC15 引脚为 P3.0，它连接 SG90 的 PWM 引脚。相关信息在 OLED 刷新显示，注意用跳线帽连接 JP_I2C_OLED 排针。

案例详细代码可参阅模块板资源包。

2．实战要求

① 编程用按键 K1～K4 控制 SG90 摆动。

② 编程用红外遥控器控制 SG90 摆动（红外遥控编码在 OLED 刷新显示）。

3．编程笔记

6.17　红外遥控控制直流电机运转

实战目标：使用 7 号模块板，编程用红外遥控器控制直流电机正反转及加减速转动。

1．程序设计与调试

7 号模板块上 N20 直流电机用 L9110S 驱动，控制引脚 IA、IB 为 1、0 时正转，为 0、1 时反转，相同时停转，IA、IB 分别连接 STC15 的 P0.6、P0.7 引脚，注意用跳线帽连接 JP_MOTOR_N20 排针。转速通过 PWM 控制，红外遥控编码在 OLED 屏显示。通用遥控器的 K1～K5 按键，分别对应控制 N20 电机正转、反转、加速、减速、停止。

案例详细代码可参阅模块板资源包。

2．实战要求

① 改用板上 K1～K4 按键对 N20 进行调速控制。

② 改为摇杆对 N20 电机进行控制（控制要求可自定义）。

3．编程笔记

6.18　4 相 5 线及 2 相 4 线步进电机运转控制

实战目标：使用 8 号模块板，分别编程用 K1～K4 控制 ULN2803 驱动 4 相 5 线步进电机 24BYJ48，用 L6219 驱动 2 相 4 线步进电机 20BY45 正反转及加减速运转。

1．程序设计与调试

编程控制 4 相 5 线步进电机时，可参考硬件应用部分提供的仿真案例，板上 ULN2803 第一路电机驱动线路 MA1、MB1、MC1、MD1 分别连接 STC15 的 P0.0～P0.3 引脚。驱动 2 相 4 线双极步机电机 20BY45 的是 L6219，引脚 STEP_A+、STEP_A−、STEP_B+、STEP_B−、STEP_PHA、STEP_PHB 分别连接 STC15 的 P0.4～P0.7 引脚及 P1.4 与 P1.5 引脚。

相关技术手册及案例详细代码可参阅模块板资源包。

2．实战要求

① 修改程序用 OLED 显示 4 相 5 线步进电机运行状态。

② 修改程序用 OLED 显示 2 相 4 线步进电机运行状态。

3．编程笔记

6.19 RFID 识别与指纹识别控制继电器开关

实战目标：使用 9 模块板，分别测试 RFID 模块（RC522）与指纹模块（R503），相关信息用 OLED 屏显示，同时根据授权匹配情况控制继电器开闭。

1．程序设计与调试

对于 RFID 模块，先读取任意 2 块 RFID 卡号，逐一通过 K2 按键将其 ID 号保存（授权），然后按下 K1 时开始测试卡片，如果卡号搜索匹配成功，OLED 屏显示“用户已授权”，否则显示“未授权”。模块板上 RC522 的 RFID_SS、SCLK、MOSI、MISO、IRQ、RST 分别对应连接 STC15 的 P1.0～P1.5 引脚。

对于指纹模块 R503，其 TX、RX 引脚对应连接 STC15 的 RX、TX 引脚（交叉连接），WAK、VT 连接 STC15 的 P0.3、P0.4。测试时先采集两枚指纹，凡授权指纹均通过 K2 保存，按下 K1 时开始测试，所采集指纹如果匹配成功则显示“用户已授权”，否则显示“未授权”。

有关技术手册及案例详细代码可参阅模块板资源包。

2．实战要求

① 使用 RFID 刷卡时凡为授权用户则蜂鸣器输出短延时音，否则输出 3 声警报声。

② 使用指纹模块时凡为授权用户则蜂鸣器输出短延时音，否则输出 3 声警报声。

3．编程笔记

6.20 基于 STC15+W5500 的以太网远程控制

实战目标：使用 10 模块板，移植 UIP1.0 协议栈编程通过客户端 WEB 控制板上继电器开闭，同时读取板上 DS18B20 数据及按键信息，在客户端 WEB 界面刷新显示。

1．程序设计与调试

模块板上以太网模块核心器件为 W5550，移植 UIP 协议栈时，可参考综合设计部分提供的案例代码，W5550 以太网模块通过 SPI 接口与 STC15 连接，其 SCLK、SCS、MOSI、MISO、

INT、RESET 引脚分别对应连接 STC15 的 P0.0～P0.5。案例详细代码可参阅模块板资源包，所实现的功能包括通过网页远程控制继电器、直流电机、3 位 LED，同时读取温度数据、按键状态等，在客户端网页刷新显示。

案例详细代码可参阅模块板资源包。

2．实战要求

① 进一步修改程序，使客户端界面可远程控制远程板上蜂鸣器声音输出。

② 改用客户端 EXE 程序与模块板进行通信并实现所有自定义控制。

3．编程笔记